COURS COMPLET

DE

MATHÉMATIQUES PURES.

TOME SECOND.

Préférez, dans l'enseignement, les méthodes générales; attachez-vous à les présenter de la manière la plus simple, et vous verrez en même temps qu'elles sont presque toujours les plus faciles.

LAPLACE, *Écoles norm.*, tom. IV, p. 49.

COURS COMPLET
DE
MATHÉMATIQUES PURES,

DÉDIÉ

A S. M. ALEXANDRE Ier,

EMPEREUR DE RUSSIE;

PAR L.-B. FRANCOEUR,

Professeur de la Faculté des Sciences de Paris, de l'École normale et du Lycée Charlemagne, Chevalier de la Légion-d'Honneur, Officier de l'Université, ex-Examinateur des Candidats de l'École royale Polytechnique, Membre honoraire du département de la Marine russe, Correspondant de l'Académie des Sciences de Saint-Pétersbourg, des Sociétés Philomatique, d'Encouragement pour l'industrie nationale, d'Instruction élémentaire et des Méthodes d'Enseignement, des Académies de Rouen, Cambrai, Toulouse, etc.

OUVRAGE DESTINÉ AUX ÉLÈVES DES ÉCOLES NORMALE ET POLYTECHNIQUE, ET AUX CANDIDATS QUI SE PRÉPARENT A Y ÊTRE ADMIS.

TROISIÈME ÉDITION,
Revue et augmentée.

TOME SECOND.

PARIS,
BACHELIER (SUCCESSEUR DE MME V^E COURCIER),
LIBRAIRE POUR LES MATHÉMATIQUES,
QUAI DES AUGUSTINS, N° 55.

1828

IMPRIMERIE DE HUZARD-COURCIER,
RUE DU JARDINET, N° 12.

COURS COMPLET

DE

MATHÉMATIQUES PURES.

LIVRE CINQUIÈME.

ALGÈBRE SUPÉRIEURE.

I. DES COMBINAISONS ET DES PUISSANCES.

Permutations et Combinaisons.

475. Lorsque des termes sont composés de lettres semblables ou différentes, placées dans divers ordres, nous nommerons ces assemblages des *Arrangemens*, ou des *Permutations*; mais si l'une de ces lettres au moins est différente dans chaque terme, et qu'on n'ait point égard aux rangs des lettres, ces termes seront des *Combinaisons* (*). Ainsi *abc*, *bac*, *cba*, *bca*, sont 4 permutations, et *abc*, *abd*, *bcd*, *acd*, 4 combinaisons 3 à 3.

(*) Les combinaisons sont aussi appelées *Produits différens*; nous rejetons cette expression défectueuse; car *ab* et *cd*, qui sont des combinaisons différentes de deux lettres, peuvent cependant former des produits égaux, comme $3\times8=6\times4=12\times2$. On distingue aussi les *permutations* des *arrangemens*, en ce qu'on réserve le 1er nom aux arrangemens de *p* lettres entre elles, ou *p* à *p* : mais cette distinction n'a aucun but utile, et nous n'en ferons pas usage, non plus que de plusieurs autres dénominations.

Pour désigner le nombre de permutations qu'on peut faire avec m lettres, en les prenant p à p, nous écrirons $[mPp]$; le nombre des combinaisons sera indiqué par $[mCp]$.

Proposons-nous de *trouver le nombre* y *de toutes les permutations de* m *lettres prises* p *à* p, $y = [mPp]$. Considérons d'abord les arrangemens qui commencent par une lettre telle que a, mais qui diffèrent, soit par quelque autre lettre à droite de a, soit seulement par l'ordre suivant lequel elles sont rangées. Si l'on supprime cette initiale a, on aura un égal nombre d'assemblages de $p - 1$ lettres; ce seront visiblement tous les arrangemens possibles des $m - 1$ autres lettres $b, c, d...$, prises $p - 1$ ensemble; désignons-en le nombre par $\phi = [(m-1)P(p-1)]$. Donc si l'on prend ces $m - 1$ lettres $b, c, d...$, qu'on forme avec elles toutes les permutations $p - 1$ à $p - 1$, qu'enfin on place a en tête de chaque terme, on aura toutes celles des permutations p à p qui ont a pour initiale. En effet, pour que l'une de celles-ci fût omise ou répétée plusieurs fois, il faudrait qu'après y avoir supprimé a, qui est en tête, les assemblages restans présentassent la même erreur, et que quelque permutation $p - 1$ à $p - 1$ des lettres $b, c, d...$ fût elle-même omise ou répétée; ce qui est contre la supposition.

Il y a donc autant d'arrangemens de $m - 1$ lettres prises $p - 1$ à $p - 1$, que d'arrangemens de m lettres p à p, où a est initial : ce nombre est ϕ. Or, si l'on raisonne pour b comme on a fait pour a, on trouvera de même ϕ permutations qui commencent par b; il y en a ϕ qui ont c en tête, etc...; et comme chaque lettre doit être initiale à son tour, le nombre cherché y est composé d'autant de fois ϕ qu'il y a de lettres;

$$y = m\phi, \quad \text{ou } [mPp] = m.[(m-1)P(p-1)].$$

Il suit de là que, 1°. pour obtenir le nombre y'' d'arrangemens de m lettres 2 à 2, ϕ est alors le nombre d'arrangemens de $m - 1$ lettres prises 1 à 1, ou $\phi = m - 1$; donc $y'' = m(m-1)$.

2°. Si l'on veut le nombre y''' d'arrangemens de m lettres 3 à 3, p est 3, et ϕ désigne la quotité d'arrangemens de $m - 1$ lettres 2 à 2, quotité qu'on tire de y'' en changeant m en $m - 1$;

$\phi = (m-1)(m-2)$; d'où $y''' = m(m-1)(m-2)$.

3°. On trouve de même pour le nombre des arrangemens 4 à 4, $y^{IV} = m(m-1)(m-2)(m-3)$, et ainsi de suite.

Il est visible que pour passer de l'une de ces équ. à la suivante, il faut y changer m en $m-1$, puis multiplier par m; ce qui revient à adjoindre aux facteurs $m, m-1\ldots$, l'entier qui suit le dernier de ces nombres; ainsi, pour p lettres ce dernier multiplicateur sera $m-(p-1)$, d'où

$$y = [mPp] = m(m-1)(m-2)\ldots\times(m-p+1)\ldots \quad (1);$$

le nombre des facteurs est p. C'est ainsi que 9 choses peuvent se permuter 4 à 4 d'autant de façons différentes qu'il est marqué par le produit des 4 facteurs $9.8.7.6 = [9P4] = 3024$; c'est le nombre de manières dont 9 personnes peuvent occuper 4 places. De même les arrangemens de m choses 1 à 1 et 2 à 2 réunis, sont en nombre $m + m(m-1) = m^2$.

En faisant $m = p$, on obtient le nombre z d'arrangemens de p lettres p à p, toutes les p lettres entrant dans chaque terme:

$$z = [pPp] = p(p-1)\ldots 3.2.1 = 1.2.3.4\ldots p\ldots \quad (2).$$

Le nombre d'arrangemens des 7 notes de la gamme musicale est $1.2.3\ldots7 = 5040$: en comptant les demi-tons, on a 479 001 600.

476. Cherchons *le nombre* x *des combinaisons différentes de* m *lettres prises* p *à* p, $x = [mCp]$. Supposons ces x combinaisons effectuées, et écrites successivement sur une ligne horizontale: inscrivons au-dessous de la 1re toutes les permutations des p lettres qui s'y trouvent, et nous aurons une colonne verticale formée de z termes (équ. 2). Le second terme de la ligne horizontale donnera de même une colonne verticale de z termes composant toutes les permutations des p lettres qui y sont comprises, et dont une lettre au moins est différente de celles qui entrent dans la combinaison déjà traitée. La 3e combinaison donnera aussi z termes différens des autres, etc. On formera donc ainsi un tableau composé de x colonnes, ayant chacune z termes; en tout xz résultats, qui constituent visiblement tous les arrangemens possibles de nos m lettres prises p à p, sans qu'aucun soit omis ni répété.

Le nombre de ceux-ci étant y (équ. 1), on a $xz=y$, d'où $x=\frac{y}{z}=\frac{mPp}{pPp}$, savoir

$$x=[mCp]=\frac{m}{1}\cdot\frac{m-1}{2}\cdot\frac{m-2}{3}\ldots\times\frac{m-p+1}{p}\ldots \quad (3).$$

Les équ. 1 et 2 étant composées chacune de p facteurs, l'équ. (3) en a aussi p, qui sont des fractions dont les termes sont entiers et suivent l'ordre naturel, décroissans à partir de m pour le numérateur, et croissans jusqu'à p pour le dénominateur. Comme, par sa nature, x doit être un nombre entier, *la formule* (1) *doit être exactement divisible par* (2) : au reste, c'est ce qu'on pourrait prouver directement.

477. On a

$$[mCq]=x'=\frac{m}{1}\cdot\frac{m-1}{2}\cdot\frac{m-2}{3}\ldots\frac{m-q+1}{q}.$$

Soit $p>q$, tous les facteurs de cette équ. entrent dans l'équ. (3) qu'on peut par conséquent écrire

$$x=x'\cdot\frac{m-q}{q+1}\cdot\frac{m-q-1}{q+2}\ldots\frac{m-p+1}{p}.$$

I. Cherchons d'abord s'il se peut que $x=x'$: il est clair qu'il faut que le produit de toutes ces fractions se réduise à 1, ou que les numérateurs forment le même produit que les dénominateurs ; si l'on prend ceux-ci en ordre inverse, on a

$$(m-q)(m-q-1)\ldots=p(p-1)\ldots(q+1).$$

Or, ces deux membres admettent un égal nombre de facteurs continus et décroissans ; si chaque facteur d'une part n'était pas égal à celui qui a même rang de l'autre part, l'égalité serait impossible, puisque, suppression faite des facteurs communs, il resterait des facteurs tous plus grands d'un côté que de l'autre et en pareil nombre. Ainsi, cette équ. exige que $m-q=p$, pour que $x=x'$; de là ce théorème :

$$[mCp]=[mCq] \quad \text{quand} \quad m=p+q.$$

100 lettres prises 88 à 88, et prises 12 à 12, donnent un égal

nombre de combinaisons; et, en effet, [100 C 88] a pour numér. 100.99...90.89.88...13, et pour dénom. 1.2.3...12.13...88; supprimant les facteurs communs 13.14.15....... 88, il reste $\frac{100.99...89}{1.2.3...12} =$ 100 C 12. Cette remarque sert à rendre plus faciles les calculs de la formule (3), quand $p > \frac{1}{2} m$. On a plus tôt trouvé 100 C 4 que 100 C 96 = 3 921 225.

Concluons de là que si l'on écrit successivement les nombres de combinaisons de m lettres 1 à 1, 2 à 2, 3 à 3, ... *les mêmes valeurs se reproduiront en ordre rétrograde au-delà du terme du milieu.* Par ex., pour 8 lettres, ces nombres sont 8, 28, 56, 70, 56, 28, 8. (*Voy.* le tableau ci-après.)

II. Supposons $q = p - 1$; x n'a qu'un seul facteur de plus que x', et l'on a

$$x = x' \cdot \frac{m - p + 1}{p}, \text{ ou } [mCp] = [mC(p-1)] \cdot \frac{m - p + 1}{p} \ldots (4).$$

1°. On en tire cette règle, qui sert à déduire successivement les unes des autres les quotités de combinaisons de m lettres 1 à 1, 2 à 2, 3 à 3... *Écrivez les suites* m, m − 1, m − 2..., et 1, 2, 3......; *composez avec ces nombres respectifs les fractions* $\frac{m}{1}, \frac{m-1}{2}, \frac{m-2}{3} \ldots$; *enfin, multipliez chacune par le produit de toutes les précédentes.* Par ex., pour 8 lettres à combiner, on écrit $\frac{8}{1}, \frac{7}{2}, \frac{6}{3}$, et l'on a 8; $8 \cdot \frac{7}{2} = 28$; $28 \cdot \frac{6}{3} = 56$...; c'est ainsi qu'on trouve que 8 numéros de la loterie forment 8 *extraits*, 28 *ambes*, 56 *ternes*, 70 *quaternes* et 56 *quines*. Les 90 numéros donnent 90 extraits, 4 005 ambes, 117 480 ternes, 2 555 190 quaternes, 43 949 268 quines.

2°. Nos facteurs successifs m, $\frac{1}{2}(m - 1)$, $\frac{1}{3}(m - 2)$.... ont des numérateurs décroissans et des dénominateurs croissans, et les 1ers sont > 1; les produits augmentent donc sans cesse, tant que le rang i est tel qu'on a

$$\frac{m - i + 1}{i} \gtrless 1, \text{ savoir } i \lessgtr \frac{m+1}{2}.$$

Mais ils diminuent au-delà, et nous avons vu que les produits reviennent en sens rétrograde. Cherchons le plus grand terme.

1er *Cas, m impair.* On peut poser $i = \frac{1}{2}(m+1)$, puisque $m+1$ est pair : le dernier facteur fractionnaire devenant $= 1$, reproduit le terme qui précède, lequel a le rang $i = \frac{1}{2}(m-1)$, et pour dernier facteur $\frac{\frac{1}{2}(m+3)}{\frac{1}{2}(m-1)} = \frac{m+3}{m-1}$: ainsi, *les termes vont en croissant jusqu'à celui du milieu qui se répète*, et a pour valeur $[mC\frac{1}{2}(m \pm 1)]$.

2e *Cas, m pair.* Le produit augmente jusqu'au rang $i = \frac{1}{2}m$, car si l'on prend i plus grand, tel que $i = \frac{1}{2}(m+2)$, notre condition ci-dessus n'est pas remplie. Ainsi *le terme du milieu, et le plus grand de tous, ne se répète pas*, et a pour valeur $[mC\frac{1}{2}m]$ dont le dernier facteur est $\frac{\frac{1}{2}m+1}{\frac{1}{2}m}$.

3°. L'équ. (4) donne aussi

$$x + x' = x' \cdot \frac{m+1}{p} = \frac{m+1}{1} \cdot \frac{m}{2} \cdots \frac{m-p+2}{p},$$

à cause de l'équ. n° 477 et de $q = p - 1$; ce 2e membre, comparé à l'équ (3), donne

$$[(m+1)\,Cp] = [mCp] + [mC(p-1)].$$

Cette relation apprend à déduire, par une simple addition, les combinaisons de $m+1$ lettres de celles de m lettres; c'est ainsi que dans le tableau suivant, qu'on nomme *le Triangle arithmétique de Pascal, chaque nombre est la somme des deux termes correspondans de la ligne précédente*. Ainsi on a

7e ligne... 1, 7, 21, 35, 35, 21, 7, 1.

Pour composer la 8e ligne, on fera $1 + 7 = 8$, $7 + 21 = 28$, $21 + 35 = 56$, $35 + 35 = 70$, etc...

Cette loi explique le retour des mêmes termes en sens inverse, puisqu'il suffit qu'il ait lieu dans une ligne pour qu'il se trouve aussi dans la suivante. Du reste, nous savons déduire les termes d'une même ligne les uns des autres et de proche en proche (1°.), ou à l'aide des termes de la ligne qui précède (3°.), ou enfin directement à l'aide de l'équ. (3) qui en est le *terme général.*

COEFFICIENS DU BINOME,
ou *Quotités de Combinaisons.*

0	1 à 1	2 à 2	3 à 3	4 à 4	5 à 5	6 à 6	7 à 7	8 à 8	9 à 9	10 à 10
1	1									
1	2	1								
1	3	3	1							
1	4	6	4	1						
1	5	10	10	5	1					
1	6	15	20	15	6	1				
1	7	21	35	35	21	7	1			
1	8	28	56	70	56	28	8	1		
1	9	36	84	126	126	84	36	9	1	
1	10	45	120	210	252	210	120	45	10	1
1	11	55	165	330	462	462	330	165	55	11
1	12	66	220	495	792	924	792	495	220	66
1	13	78	286	715	1287	1716	1716	1287	715	286
1	14	91	364	1001	2002	3003	3432	3003	2002	1001
1	15	105	455	1365	3003	5005	6435	6435	5005	3003
1	16	120	560	1820	4368	8008	11440	12870	11440	8008
1	17	136	680	2380	6188	12376	19448	24310	24310	19448
1	18	153	816	3060	8568	18564	31824	43758	48620	43758
1	19	171	969	3876	11628	27132	50388	75582	92378	92378
1	20	190	1140	4845	15504	38760	77520	125970	167960	184756

III. Soient $1, m, a, b, c \ldots b, a, m, 1$, les nombres d'une ligne ; ceux de la suivante (3°.) sont $1, 1+m, m+a, a+b \ldots m+1, 1$: la somme des termes de rangs pairs est.......... $1+m+a+b \ldots + m + 1$, la même que ceux de rangs impairs, et aussi que la somme des termes de la ligne précédente. En ajoutant tous les termes de la ligne $m+1$, on a donc le double de la somme de la ligne m. Or, la 2e ligne du tableau est $1+2+1=4=2^2$, donc les lignes suivantes ont pour somme $2^3, 2^4 \ldots 2^m$. Ainsi, *la somme des combinaisons de* m *lettres est* 2^m ; *celle des termes de rangs, soit pairs, soit impairs, est* 2^{m-1}, *somme qu'on trouve pour les combinaisons de* $m-1$ *lettres.*

478. Partageons les m lettres $a, b, c, d \ldots$ en deux ordres, les unes en nombre m', les autres en nombre m'', $(m = m' + m'')$; puis cherchons toutes les combinaisons p à p formées de p' des premières lettres jointes avec p'' des autres $(p = p' + p'')$. Pour

cela faisons toutes les combinaisons des 1res p' à p', et celles des dernières p'' à p'' ; le nombre en sera $m'Cp'$ et $m''Cp''$; accouplons chacun des 1ers résultats à chacun des seconds; p' facteurs d'une part, réunis à p'' de l'autre, formeront p facteurs; et il est visible que ces systèmes accompliront tous ceux qu'on cherche. Leur nombre est donc

$$X = [m'Cp'] \times [m''Cp''] \ldots (5).$$

I. Dans combien de combinaisons des m lettres $a, b, c\ldots$ entre la lettre a? $m' = p' = 1$, et $X = (m - 1)\ C\ (p - 1)$.

II. Combien de combinaisons contiennent a sans b, et b sans a? $m' = 2$, $p' = 1$; d'où $X = 2 \times [(m - 2)\ C\ (p - 1)]$.

III. Combien renferment a et b ensemble? $m' = p' = 2$, $X = (m - 2)\ C\ (p - 2)$.

IV. Combien ne contiennent ni a ni b? $m = 2$, $p' = 0$ et $X = (m - 2)\ Cp$.

V. Sur les combinaisons de m lettres p à p, combien en est-il qui contiennent deux des 3 lettres a, b, c? $m' = 3$, $p' = 2$, $X = 3 \times [(m - 3)\ C\ (p - 2)]$.

VI. Les combinaisons de 10 lettres 4 à 4 sont en nombre 210 : si l'on distingue trois lettres a, b, c, on peut demander combien il y a de ces combinaisons qui ne contiennent aucune de ces trois lettres, combien en renferment une seule, combien 2, combien toutes les trois ensemble : on trouve

1°. Aucune des trois lettres..	$3C0.7C4$	=	1	×	35	=	35
2°. Une seule..................	$3C1.7C3$	=	3	×	35	=	105
3°. Deux......................	$3C2.7C2$	=	3	×	21	=	63
4°. Toutes les trois........	$3C3.7C1$	=	1	×	7	=	7
Nombre total des combinaisons..........							210

Quant aux *permutations de* m *lettres* p *à* p, *qui contiennent* p' *lettres prises parmi* m' *qu'on a désignées*, leur nombre $Y = X \times 1.2.3\ldots p$. En effet, il suffit de prendre chacune des X combinaisons, et de permuter entre elles les p lettres qui y entrent.

Et si l'on veut que chacune des m' désignées occupe partout une place marquée d'avance, les permutations à faire dans les divers termes de X ne frappent plus que sur les p'' autres lettres; d'où

$$Y = X.1.2.3\ldots p'' = [m'Cp'] \times [m''Pp''].$$

A moins cependant que les m' désignées, qui ont leurs p' places marquées, puissent les occuper toutes indifféremment; car elles doivent aussi être permutées entre elles dans les places assignées, et il faut multiplier le produit précédent par $1.2.3\ldots p'$, ou

$$Y = [m'Pp'] \times [m''Pp''].$$

479. *Effectuons les permutations* p *à* p *des* m *lettres* a, b, c... v, de toutes les manières possibles. Otons-en $p - 1$, telles que $i, k \ldots v$; apportons l'une d'elles i à côté de chacune des $m - p + 1$ autres $a, b, c\ldots h$; d'où $ia, ib, ic\ldots ih$. Changeons tour à tour i en $a, b, c\ldots h$, et nous aurons tous les arrangemens 2 à 2 des $m - p + 2$ lettres, $i, a, b\ldots h$. En tête de ces résultats, plaçons la 2ᵉ lettre supprimée k; $kia, kib\ldots kih$; puis changeons successivement k en $i, a, b\ldots h$, et nous aurons toutes les permutations 3 à 3 des $m - p + 3$ lettres $k, i, a, b\ldots h$; et ainsi de suite.

Par ex., pour permuter 3 à 3 les 5 lettres a, b, c, d, e, j'ôte d et e; et portant d près de a, b, c, j'ai da, db, dc; changeant d en a, b et c, il vient tous les arrangemens 2 à 2 des 4 lettres a, b, c, d.

da, db, dc, ad, ab, ac, ba, bd, bc, ca, cb, cd.

Il reste à apporter e en tête de chaque terme, *eda, edb, edc*..., puis à changer e en a, en b, en c et en d; on a alors les 60 arrangemens demandés (*).

(*) Cette théorie sert à trouver le *logogriphe* et l'*anagramme* d'un mot. Ces pénibles bagatelles offrent quelquefois des résultats heureux. Dans *Frère Jacques Clément*, l'assassin de Henri III, on trouve, lettre pour lettre : *C'est l'enfer qui m'a créé.* Jablonski fit les anagrammes de *Domus Lescinia*, en honneur de Stanislas, de la maison des Leczinski ; il trouva ces mots : *Ades incolumis, omnis es lucida, mane sidus loci, sis columna Dei, I scande solium.* Ce dernier fut prophétique; Stanislas devint roi de Pologne.

480. Soit proposé de *former les combinaisons* p *à* p. Cherchons-les d'abord 2 à 2; ôtons a, et apportons cette lettre près de $b, c\ldots$, savoir $ab, ac, ad\ldots$: ce sont les combinaisons 2 à 2 ou entre a. Plaçons de même b près de $c, d\ldots$; puis c près des lettres $d, e\ldots$ *qui sont à droite*, etc., nous aurons toutes les combinaisons 2 à 2.

Pour combiner 3 à 3, ôtons a et combinons 2 à 2 les autres lettres $b, c, d\ldots$, ainsi qu'on vient de le dire; puis apportons a près de chaque terme, b près de chacun de ceux où b n'est pas déjà, c près de ceux qui n'ont ni b ni c, etc., et nous aurons les combinaisons 3 à 3.

En général, pour combiner p à p, ôtez $p-2$ lettres $i, k\ldots v$, et combinez 2 à 2 les autres lettres $a, b, c\ldots h$; portez près de chaque résultat l'une des lettres supprimées i, puis a près des termes sans a, b près de ceux qui n'ont ni a ni $b\ldots$; vous aurez les combinaisons 3 à 3 des lettres $a, b, c\ldots h, i$: portez de nouveau k près de chaque terme, a près de ceux qui n'ont pas a, etc.; et vous aurez les combinaisons 4 à 4 de $a, b\ldots i, k$, et ainsi de suite, jusqu'à ce qu'on ait restitué toutes les $(p-2)$ lettres supprimées.

Développement de la puissance d'un polynome.

481. Lorsqu'on fait $a=b=c\ldots$, le produit de m facteurs $(x+a)(x+b)(x+c)\ldots$ devient $(x+a)^m$; le développement de la puissance m^e d'un binome se réduit donc à effectuer ce produit et à rendre ensuite les 2es termes $a, b, c\ldots$ égaux; ce procédé permet de reconnaître la loi qu'observent les divers termes du produit, avant d'éprouver la réduction. Or, on a vu (n° 97, 4°.) que ce produit a la forme

$$x^m + Ax^{m-1} + Bx^{m-2} + Cx^{m-3}\ldots + \ldots abcd\ldots$$

A étant la somme $a+b+c\ldots$ des 2mes termes des facteurs binomes, B la somme $ab+ac+bc\ldots$ de leurs produits 2 à 2, C celle des produits 3 à 3, $abc+abd\ldots$, etc. En faisant $a=b=c\ldots$, tous les termes de A deviennent $=a$, ceux de B sont $=a^2$, ceux de C, $=a^3\ldots$; ceux de N, $=a^n\ldots$

Donc A devient a répété m fois, ou ma.

Pour B, a^2 doit être répété autant de fois qu'il avait de produits 2 à 2, ou $B = a^2. [mC2] = \frac{1}{2} m(m-1)a^2$.

Pour C, a^3 est pris autant de fois que m lettres donnent de combinaisons 3 à 3; $C = \frac{1}{6} m(m-1)(m-2)a^3$; et ainsi de suite.

Pour un terme Na^{m-n} de rang quelconque n, on a $N = [mCn]a^n$. Enfin le dernier terme est a^m. De là cette formule, découverte par Newton :

$$(x+a)^m = x^m + max^{m-1} + m.\frac{m-1}{2}a^2x^{m-2}$$

$$+ m\frac{m-1}{2}.\frac{m-2}{3}a^3x^{m-3} \ldots + a^m \ldots\ldots (6).$$

Le terme général est ... $T = [mCn].a^nx^{m-n} \ldots (7)$.

T *est le terme qui en a* n *avant lui*, et qui reproduit tous ceux du développement de $(x+a)^m$, en prenant $n = 1, 2, 3\ldots$

Pour obtenir celui de $(x-a)^m$, il faut changer ici a en $-a$, c.-à-d. prendre en signe contraire les termes où a porte un exposant impair.

482. La formule (6) est *composée de* (m + 1) *termes*, *et les coëfficiens sont tous entiers*; ceux des puissances jusqu'à la 20e, ont été donnés p. 7. Les exposans de a vont en croissant de terme en terme; ceux de x en décroissant : la somme de ces deux puissances de a et x est m pour chaque terme; ainsi (p. 5, 1°.) *un terme étant multiplié par* $\frac{a}{x}$ *et par l'exposant de* x, *puis divisé par le rang de ce terme dans la série*, on a le *terme suivant*. Par ex., on trouve

$$(x+a)^9 = x^9 + 9ax^8 + 36a^2x^7 + 84a^3x^6 + 126a^4x^5 + 126a^5x^4 + \ldots$$

Pour obtenir $(2b^3 - 5c^3)^9$, on fera dans cette équ. $x = 2b^3$, $a = -5c^3$, et il viendra $2^9b^{27} - 9.5c^3.2^8b^{24} + 36.5^2c^6.2^7b^{21}\ldots$ ou

$$(2b^3-5c^3)^9 = 512b^{27} - 45.256c^3b^{24} + 36.25.128c^6b^{21} - 84.125.64c^9b^{18}\ldots$$

Du reste, on sait que dans la formule (6),

1°. Après le terme moyen, les coefficiens reviennent en ordre rétrograde, et les coefficiens à égale distance des extrêmes sont égaux : ces coefficiens vont en croissant jusqu'au terme moyen dont on a donné la valeur (p. 6).

2°. Chacun des cofficiens de la puissance m^e étant ajouté à celui qui le suit, donne le coefficient de la puissance $(m+1)^e$ qui a même rang que ce dernier. (*Voy.* pag. 6.)

3°. La somme de tous les coefficiens de la puissance m^e est $=2^m=$ la somme de tous ceux de rangs, soit pairs, soit impairs dans la puissance $(m+1)^e$, comme p. 7. Et en effet, faisant $x=a=1$, l'équ. (6) se réduit à $2^m=$ la somme de tous les coefficiens.

4°. Quand $x=1$ et $a=z$, l'équ. (6) devient

$$(1+z)^m=1+mz+m.\frac{m-1}{2}z^2+m.\frac{m-1}{2}.\frac{m-2}{3}z^3+\text{etc.}..+z^m \dots (8).$$

Comme cette expression est beaucoup plus simple, on y ramène le développement de toute puissance proposée. Pour $(A+B)^m$, on divisera le binôme par A pour réduire le 1er terme à être 1, et l'on multipliera par A^m, pour rendre à la quantité sa valeur $=A^m\left(1+\frac{B}{A}\right)^m$. En faisant cette fraction $=z$, on retombe sur l'équ. (8). Ainsi, après avoir *formé les produits consécutifs des facteurs* m, $\frac{1}{2}(m-1)$, $\frac{1}{3}(m-2)$, $\frac{1}{4}(m-3)$...., comme on l'a dit (p. 5), on aura les coefficiens du développement qu'il faudra ensuite multiplier par les puissances croissantes de z. Par ex., pour $(2a+3b)^8$, je prends $(2a)^8\left(1+\frac{3b}{2a}\right)^8$, et je fais $z=\frac{3b}{2a}$. Je forme les fractions $\frac{8}{1}$, $\frac{7}{2}$, $\frac{6}{3}$, $\frac{5}{4}$, et, par des multiplications successives, j'ai les coefficiens 8, 28, 56, 70; passé ce terme moyen, les suivans sont 56, 28 et 8. Distribuant les puissances croissantes z, z^2, z^3...., multipliant tout par $256a^8$, enfin, mettant pour z la fraction que cette lettre représente, j'ai

$$(2a+3b)^8=256.a^8+3072.a^7b+16128.a^6b^2+48384.a^5b^3 \\ +90720.a^4b^4+108864.a^3b^5....$$

483. Pour développer $(a+b+c+d\ldots+i)^m$, revenons au binome en faisant $b+c\ldots+i=z$;

$(a+z)^m$ a pour terme général $[mC\alpha]a^\alpha z^p$,
α et p étant quelconques, pourvu que $\alpha+p=m$.
Mais si l'on pose $c+d\ldots+i=y$, on a $z=b+y$, et le terme général de $z^p=(b+y)^p$ est.... $[pC\beta]\,b^\beta y^q$,
avec la condition $\beta+q=p$, savoir, $\alpha+\beta+q=m$.
Faisons de même $d+e\ldots+i=x$, le terme général de
$y^q=(c+x)^q$ est.... $[qC\gamma]\,c^\gamma x^r$,
et $\gamma+r=q$, ou $\alpha+\beta+\gamma+r=m$.

En remontant, par des substitutions successives, il est clair que le terme général du développement cherché est

$$N=[mC\alpha].[pC\beta].[qC\gamma]\ldots a^\alpha b^\beta c^\gamma\ldots i^u,\quad \alpha+\beta+\gamma\ldots+u=m.$$

Du reste, α, β, $\gamma\ldots$ sont des arbitraires qui désignent les rangs de chacun de nos termes généraux particuliers dans leurs séries respectives. Le dénominateur du coefficient de N est........ $1.2.3\ldots\alpha\times1.2.3\ldots\beta\times\ldots$, en prenant autant de séries de facteurs qu'il y a d'exposans, le dernier u excepté.

Introduisons-y, pour l'analogie, le produit $1.2.3\ldots u$, ainsi que dans le numérateur, qui prendra la forme

$$m(m-1)\ldots(m-\alpha+1)\times p(p-1)\ldots(p-\beta+1)\times q\ldots(q-\gamma+1)\ldots\times u(u-1)\ldots2.1.$$

Or, $p=m-\alpha$; les facteurs p, $p-1\ldots$, continuent donc la série $m(m-1)(m-2)\ldots$ jusqu'à $(p-\beta+1)$; qui est à son tour continuée par $q=p-\beta$; et ainsi de suite, jusqu'à $u(u-1)\ldots2.1$; le numérateur est donc la suite des facteurs décroissans $m(m-1)\ldots$ jusqu'à 2.1, qu'on peut écrire ainsi: $1.2.3\ldots(m-1)m$. Le terme général cherché est donc

$$N=\frac{1.2.3\ldots m\times a^\alpha b^\beta c^\gamma\ldots i^u}{1.2.3\ldots\alpha\times1.2.3\ldots\beta\times1.2.3\ldots\gamma\ldots\times1.2\ldots u}\ldots(9).$$

Les exposans α, β, $\gamma\ldots$ sont tous les nombres positifs et entiers possibles, compris 0, avec la condition que leur somme $=m$, et il faudra admettre autant de termes de cette forme, qu'on peut prendre de valeurs qui y satisfont dans toutes les combinaisons possibles. Le dénominateur est formé d'autant de séries de facteurs $1.2.3\ldots\alpha$, $1.2.3\ldots\beta$,... qu'il y a de ces exposans. Par ex., pour $(a+b+c)^{10}$, l'un des termes est

$$\frac{1.2.3\ldots10.a^5b^3c^2}{1.2.3.4.5\times1.2.3\times1.2}=2520a^5b^3c^2,$$

et le même coefficient 2520 affectera les termes $a^3b^2c^5$, $a^2b^3c^5$...

484. Tout ceci suppose que l'exposant m est *un nombre entier positif*; s'il n'en est pas ainsi, on ignore quel est le développement de $(1+z)^m$, et il s'agit de prouver qu'il a encore la même forme (8). (*Voy.* n° 675, IV.) C'est à cela que se réduit la proposition pour tout polynome à développer; car en multipliant l'équ. (8) par x^m, on a la série de $(x+xz)^m$, ou $(x+a)^m$, en faisant $xz=a$; ce calcul reproduit l'équation (6), qui deviendrait alors démontrée pour tout exposant m: et par suite, la doctrine du n° 483 serait applicable.

Ainsi m et n désignant des grandeurs quelconques, posons

$$x = 1 + mz + \tfrac{1}{2}m(m-1)z^2 + \text{etc.},$$
$$y = 1 + nz + \tfrac{1}{2}n(n-1)z^2 + \text{etc.};$$

d'où l'on tire $xy = 1 + pz + \tfrac{1}{2}p(p-1)z^2 + \text{etc.}$,

en faisant $p=m+n$.

En effet, sans nous arrêter à faire la multiplication des polynomes x et y, qui donnerait les 1ers termes d'une suite indéfinie, et ne ferait pas connaître la loi qu'elle suit, observons que si m et n sont entiers et positifs, il est prouvé que $x=(1+z)^m$, $y=(1+z)^n$, d'où $xy=(1+z)^{m+n}=(1+z)^p$: dans ce cas, le produit xy est bien tel que nous l'avons posé. Or, si m ou n n'est pas entier et positif, la même chose doit arriver, puisque les règles de la multiplication de deux polynomes ne dépendent pas des grandeurs qu'on peut attribuer aux lettres des facteurs. Par ex., le terme en z^2, dans xy, doit être le produit de certains termes de x et de y, termes qui seront les mêmes, quelles que soient les valeurs de m et n; et puisque ce produit est $\frac{1}{2}p(p-1)z^2$ dans un cas, il sera tel dans tout autre cas.

D'après cela, 1°. *si* m *est entier et négatif*, comme n est arbitraire, faisons $n=-m$, n sera entier et positif, et l'on sait qu'alors $y=(1+z)^n$; $p=0$, réduit la 3ᵉ équ. à $xy=1$, d'où $x=y^{-1}=(1+z)^{-n}=(1+z)^m$.

2°. *Quand* m *est fractionnaire (positif ou négatif)*, faisons $n=m$, d'où $p=2m$ et $xy=x^2$; ainsi, $x^2=1+pz+$ etc...; multiplions de nouveau cette équation par x, nous aurons $x^3=1+qz+\frac{1}{2}q(q-1)z^2+\ldots$, en faisant $q=m+p=3m$. Pareillement $x^4=1+rz+\ldots$ et $r=4m$; enfin

$$x^k=1+lz+\tfrac{1}{2}l(l-1)z^2+\ldots \text{ et } l=km.$$

Soit pris $k=$ le dénominateur de la fraction m, km ou l sera entier, et il est alors prouvé que le développement est celui de $(1+z)^l$; donc $x^k=(1+z)^l$ et $x=(1+z)^m$, à cause de $l=km$.

3°. m *étant irrationnel ou transcendant* (*voy.* note, n° 516), soient n et h deux nombres entre lesquels m soit compris: chaque terme de $x=1+mz+\ldots$ est entre ses correspondans dans les séries $(1+z)^n$ et $(1+z)^h$, il est clair que x est entre ces deux expressions, qui diffèrent entre elles aussi peu qu'on veut. Donc $(1+z)^n$ approche indéfiniment de x, à mesure que n approche de m: soit α la diff., ou $(1+z)^n=x+\alpha$.

De même, β étant la différence entre $(1+z)^n$ et $(1+z)^m$, on a $(1+z)^n=(1+z)^m+\beta$, d'où $x+\alpha=(1+z)^m+\beta$, α et β étant aussi petits qu'on veut; donc (n° 113) ....
$x=(1+z)^m$.

4°. Enfin, l'*exposant étant imaginaire*; c'est par convention qu'on traite ces expressions par les mêmes règles que les réelles; car on ne peut se faire une idée juste d'un calcul dont les élémens seraient des symboles qui ne sont l'image d'aucune grandeur; il n'y a donc rien à démontrer ici (n° 128).

485. Appliquons la formule (6) à des exemples.

I. Pour développer $\frac{a}{a+\beta x}=\frac{a}{a}\times\frac{1}{1+kx}$, k étant $=\frac{\beta}{a}$, formons la série de $(1+kx)^{-1}$ (n° 482, 4°.). Les coefficiens ont pour facteurs -1, $\frac{1}{2}(-1-1)$, $\frac{1}{3}(-1-2)\ldots$, qui tous sont $=-1$; ces produits sont alternativement $+1$ et -1; d'où résulte cette progression par quotient $1-kx+k^2x^2-k^3x^3\ldots$; dont la raison est $-kx$. Donc

$$\frac{a}{a+\beta x}=\frac{a}{a}\left(1-\frac{\beta x}{a}+\frac{\beta^2x^2}{a^2}-\frac{\beta^3x^3}{a^3}\ldots\pm\frac{\beta^nx^n}{a^n}\ldots\right).$$

II. Pour $\sqrt{(a^2\pm x^2)}$, écrivons $a\sqrt{\left(1\pm\frac{x^2}{a^2}\right)}=a\sqrt{(1\pm y^2)}$, en posant $x=ay$. Pour développer la puissance $\frac{1}{2}$ de $1\pm y^2$, composons les facteurs des coefficiens, savoir : $\frac{1}{2}$, $\frac{1}{2}(\frac{1}{2}-1)$, $\frac{1}{3}(\frac{1}{2}-2)\ldots$, ou $\frac{1}{2}$, $-\frac{1}{4}$, $-\frac{3}{6}$, $-\frac{5}{8}\ldots$: les coefficiens sont des fractions dont les numérateurs sont les facteurs impairs $1.3.5.7\ldots$ et les dénominateurs les facteurs pairs $2.4.6.8,\ldots$ Donc

$$\sqrt{(1\pm y^2)}=1\pm\frac{y^2}{2}-\frac{1.y^4}{2.4}\pm\frac{1.3y^6}{2.4.6}-\frac{1.3.5y^8}{2.4.6.8}\pm\ldots,$$

$$\sqrt{(a^2\pm x^2)}=a\left(1\pm\frac{x^2}{2a^2}-\frac{1.x^4}{2.4a^4}\pm\frac{1.3.x^6}{2.4.6.a^6}-\frac{1.3.5.x^8}{2.4.6.8.a^8}\ldots\right).$$

III. On obtiendra de même

$$(1\pm y^2)^{-\frac{1}{2}}=1\mp\frac{1.y^2}{2}+\frac{1.3.y^4}{2.4}\mp\frac{1.3.5y^6}{2.4.6}+\frac{1.3.5.7y^8}{2.4.6.8}\mp\ldots,$$

$$(a^2\pm x^2)^{-\frac{1}{2}}=\frac{1}{a}\left(1\mp\frac{x^2}{2a^2}+\frac{1.3x^4}{2.4a^4}\mp\frac{1.3.5x^6}{2.4.6a^6}+\frac{1.3.5.7x^8}{2.4.6.8a^8}\mp\ldots\right),$$

$$\sqrt[3]{(a+x)}=\sqrt[3]{a}\left(1+\frac{x}{3a}-\frac{x^2}{9a^2}+\frac{5x^3}{81a^3}-\frac{10x^4}{243a^4}+\frac{22x^5}{729a^5}\ldots\right),$$

$$\sqrt[3]{(1-y^3)}=1-\frac{y^3}{3}-\frac{y^6}{9}-\frac{5y^9}{81}-\frac{10y^{12}}{243}-\frac{22y^{15}}{729}-\ldots,$$

$$(1-a)^{-2}=1+2a+3a^2+4a^3\ldots\ldots+(n+1)a^n\ldots$$ (*Voy.* p. 23.)

486. Tous les coefficiens de $(x+a)^m$, quand m est un nombre premier, sont multiples de m, abstraction faite de ceux de x^m et a^m; en effet, l'équ. (3), p. 4, donne

$$1.2.3\ldots p\times[mCp]=m(m-1)(m-2)\ldots(m-p+1);$$

et comme le 2e membre est multiple de m, le 1er doit aussi l'être; on suppose m premier et $> p$; ainsi, m doit diviser mCp.

On prouve de même que tous les termes de $(a+b+c\ldots)^m$ sont multiples de m, excepté a^m, b^m, $c^m\ldots$

K désignant un entier, on a donc

$$(a+b+c\ldots)^m = a^m + b^m + c^m\ldots + mK.$$

Si l'on fait $1 = a = b = c\ldots$, h étant le nombre des termes du polynome, on trouve $h^m = h + mK$; d'où $h^m - h =$ multiple de m, ou $\frac{h(h^{m-1}-1)}{m} =$ entier. Donc, si le nombre premier m ne divise pas h, il doit diviser $(h^{m-1}-1)$. C'est le *théorème de Fermat*, qu'on énonce ainsi : *Si l'entier* h *n'est pas multiple du nombre premier* m, *le reste de la division de* h^{m-1} *par* m *est l'unité*.

Ce théorème peut encore s'énoncer comme il suit : comme $m-1$ est un nombre pair, tel que $2q\ldots$, $h^{m-1}-1 = (h^q-1)(h^q+1)$; ainsi m doit diviser l'un de ces deux facteurs; c.-à-d. que le reste de la division de h^q par m est ± 1, quand m est un nombre premier > 2, et $q = \frac{1}{2}(m-1)$.

Extractions des Racines 4es, 5es....

487. Le procédé que nous avons donné (nos 62 et 67) pour extraire les racines carrées et cubiques peut maintenant être appliqué à tous les degrés. Par ex., pour avoir la racine 4e de 548 464, désignons par A la 4e puissance la plus élevée contenue dans ce nombre, par a les dixaines, et par b les unités de la racine. Comme $A = (a+b)^4 = a^4 + 4a^3b\ldots$, le premier terme a^4 est la 4e puissance du chiffre des dixaines, à la droite de laquelle on placera quatre zéro. Séparant donc les quatre chiffres 8464, on voit que 54 contient cette 4e puissance du chiffre des dixaines, considérées comme simples unités; et comme 16 est la 4e puissance la plus élevée comprise dans 54, on prouve que 2, racine 4e de 16, est le chiffre des dixaines. Ôtant 16 de 54, et rétablissant les chiffres séparés, le reste, 388 464, ren-

ferme les quatre autres parties de $(a+b)^4$, ou $4a^3b+6a^2b^2\ldots$ Mais $4a^3b$ est terminé par trois zéro, qui proviennent de a^3; séparant les trois chiffres 464, le reste 388 contient 4 fois le produit des unités b, par le cube du chiffre 2 des dixaines, considérées comme unités simples, ou $4\times 8b=32b$; 388 contient en outre les mille qui proviennent de $6a^2b^2+\ldots$ Le quotient 10, de 388 divisé par 32, sera donc b, ou $>b$: mais il faut réduire b à 7, ou la racine à 27, ainsi qu'on le vérifie comme pour la racine cubique (*voyez* t. I, p. 92), en formant, comme on le voit ci-après, la quantité $b(4a^3+6a^2b+4ab^2+b^3)$. On trouve le reste 17023. Pour pousser l'approximation plus loin, il faut ajouter quatre zéro dont on sépare trois, et diviser 170230 par $4a'^3$; en faisant $a'=27$: et comme.......... $4a'^3=4a^3+12a^2b+12ab^2+4b^3$, on voit que, pour former ce diviseur $4a'^3$, il faut ajouter $6a^2b+8ab^2+3b^3$ à la partie entre parenthèses ci-dessus, etc.

54.8464	27,2			
16	32 1er divis..	$4a^3$..............		53063
388.464	168...........	$6a^2b$..............		168[illegible]
371 441	392	$4ab^2$....)	2 fois....	[illegible]784
17 0230	343	b^3.....	3 fois....	1029
	53063 × 7 = 371 441		2e diviseur	78732 = 4.27^3

Il est aisé de voir que cette marche de calcul, si commode pour trouver chaque diviseur partiel, est générale, quel que soit le degré de la racine à extraire.

488. Les tables de logarithmes rendent les extractions bien faciles; mais elles ne suffisent plus lorsqu'on veut approcher des racines au-delà des limites que ces tables comportent. On fait alors usage des procédés suivans.

I. Les séries (II, p. 16) servent à extraire les racines carrées avec une grande approximation. Pour avoir $\sqrt{N}$, coupez N en deux parties a^2 et $\pm x^2$, dont la 1re soit un carré exact, et très grande par rapport à la 2e; $\sqrt{N}=\sqrt{(a^2\pm x^2)}$ sera donnée par une série très convergente. Soit, par exemple, demandé $\sqrt{2}$. Je cherche $\sqrt{8}=2\sqrt{2}$; comme $8=9-1$, je prends $a=3$, $x^2=1$; d'où $\sqrt{8}=3\left(1-\frac{1}{18}-\frac{1}{648}\ldots\right)$. Pour rendre la série plus rapidement convergente, prenez les trois premiers termes, qui font 2,829, et comparez à 8 le carré de cette fraction; vous verrez que $8 = 2,829^2 - 0,003241$, d'où

$$\sqrt{8} = 2,829 . \sqrt{\left(1 - \frac{3,241}{2829}\right)} = 2,82842\ 71247\ 784;$$

enfin, prenant la moitié, vous avez $\sqrt{2} = 1,41421\ 35623\ 892$.

Les tables de logarithmes donnent la 1re approximation, qu'on augmente ensuite par le procédé ci-dessus.

On a soin de conserver tous les termes de la série, qui, réduits en décimales, ont des chiffres significatifs dans l'ordre de ceux qu'on veut conserver au résultat; le 1er terme négligé doit commencer par 0,000000..., jusqu'à un rang plus avancé que le degré d'approximation exigé.

Pour qu'on soit en droit de regarder le commencement d'une série comme formant une valeur approchée de sa totalité, il faut qu'elle soit *convergente*. (*Voy*. l'ex. du n° 99.) Or il ne suffit pas pour cela que les termes initiaux décroissent, parce qu'il se pourrait que, plus loin, les termes allassent en augmentant. Mais prenez le *terme général* T, ou le n^e terme de la série; changez dans son expression n en $n - 1$, et divisez par ce résultat; le quotient sera le facteur qui, multipliant le $(n-1)^e$ terme, produit le n^e; et selon que ce facteur sera $>$ ou < 1, la série ira, en cet endroit, en croissant ou en diminuant. *Pour qu'il y ait convergence jusqu'à l'infini, il faut donc que ce facteur soit* < 1, *quelque grand qu'on suppose* n.

Ainsi pour $(x+a)^m$, il suit de l'équ. (4), page 5, que le quotient dont nous parlons ici est $\frac{m-n+1}{n} \cdot \frac{a}{x}$; c'est le facteur qui change le $(n-1)^e$ terme en le n^e (n° 482). Posons cette fraction < 1, nous aurons $n > \frac{(m+1)a}{x+a}$. Ainsi dès que l'on atteint à un certain rang, on est sûr que la formule du binome est convergente jusqu'à l'infini : elle l'est même dès le commencement, quand $a < x$ et $m < 1$, qui est le cas traité ci-dessus.

Pour la série $x - \frac{x^3}{2.3} + \frac{x^5}{2.3.4.5} \ldots \frac{x^{2n-1}}{2.3\ldots 2n-1}, \ldots$ qui est celle de sin x (*voy.* n° 587), changeant n en $n-1$, divisant, etc., on trouve pour le facteur qui sert à passer d'un terme au suivant $\frac{x^2}{(2n-2)(2n-1)}$; d'où pour la convergence, $(2n-2)(2n-1) > x^2$: posant $2n.2n > x^2$, ou $n > \frac{1}{2}x$, on voit que la condition est remplie dès que $n > \frac{1}{2}x$.

II. Supposons qu'on connaisse déjà une valeur approchée a de la racine m^e d'un nombre donné N, qu'on a partagé en a^m et b; la correction x que devra recevoir a sera très petite. Or, soit

$$N = a^m \pm b \quad \text{et} \quad \sqrt[m]{N} = a \pm x,$$

d'où $a^m \pm b = (a \pm x)^m$; b et x sont supposés très petits relativement à a; développant, nous avons

$$b = x(ma^{m-1} \pm A'xa^{m-2} + A''x^2a^{m-3}\ldots),$$

m, A', A''.... étant les coefficiens de l'équ. (6), p. 11. Pour une première approximation, négligeons les petits termes en x^2, x^3..., savoir, $b = mxa^{m-1}$; d'où l'on tire la correction x, à très peu près. Substituant donc cette valeur de x, dans le terme $A'xa^{m-2}$, et négligeant les suivans, on obtient une nouvelle équ. qui conduit à cette valeur bien plus approchée

$$x = \frac{2ab}{2ma^m \pm (m-1)b}.$$

Cette quantité, mise dans $\sqrt[m]{N} = a \pm x$, donne la racine approchée de N. Par ex., pour $m = 2$ et 3, on trouve

$$\sqrt{N} = \sqrt{(a^2 \pm b)} = a \pm \frac{2ab}{4a^2 \pm b} = a \pm \frac{2ab}{3a^2 + N},$$

$$\sqrt[3]{N} = \sqrt[3]{(a^3 \pm b)} = a \pm \frac{ab}{3a^3 \pm b} = a \pm \frac{ab}{2a^3 + N}.$$

L'approximation va surtout rapidement en faisant usage de ces formules plusieurs fois successivement, comme on l'a fait pour obtenir $\sqrt{8}$. Prenez $a = 2,8$; d'où $a^2 = 7,84$, $b = +0,16$, et $\sqrt{8} = 2{,}8 + \frac{896}{31520} = 2{,}82842$; prenant ensuite $a = 2{,}82842$, d'où a^2, b; on a enfin la même valeur de $\sqrt{8}$, que nous avons obtenue précédemment.

Des Nombres figurés.

489. On donne ce nom aux nombres suivans :

1er ordre	1.	1.	1.	1.	1.	1.	1.	1.	1.	1....
2e.....	1.	2.	3.	4.	5.	6.	7.	8.	9.	10.....
3e.....	1.	3.	6.	10.	15.	21.	28.	36.	45.	55....
4e.....	1.	4.	10.	20.	35.	56.	84.	120.	165.	220....
5e.....	1.	5.	15.	35.	70.	126.	210.	330.	495.	715....
6e.....	1.	6.	21.	56.	126.	252.	462.	792.	1287.	2002....
7e.....	1.	7.	28.	84.	210.	462.	924.	1716.	3003.	5005. etc.

Voici la loi que suivent ces nombres : *Chaque terme est la somme de celui qui est à sa gauche, ajouté à celui qui est au-dessus*; 2002 = 1287 + 715. De cette génération, comparée à celle du tableau, page 7, on conclut que les nombres sont les mêmes, mais rangés dans un ordre différent. Une ligne de ce dernier, telle que 1.7.21.35.... est ici une hypoténuse; on a donc $T = [mC(p-1)]$ pour valeur d'un terme quelconque d'ordre p, ou pris dans la ligne p^e, et sur une hypoténuse m^e.

Prenons deux lignes consécutives :

$$(p-1)^e \text{ ordre} \ldots 1 . a \ldots q . r . s . t . v \ldots,$$
$$p^e \ldots\ldots 1 . A \ldots Q . R . S . T \ldots,$$

on a $A = 1 + a \ldots R = Q + r,\ S = R + s,\ T = S + t \ldots$

1°. Ajoutant toutes ces équ., il vient $T = 1 + a \ldots r + s + t$; ainsi, un terme quelconque T est la somme de tous les termes de l'ordre précédent, jusqu'à celui t qui est dans la même colonne; ou bien, *le terme général de l'ordre* p *est le terme sommatoire de l'ordre* p — 1.

2°. On verrait de même qu'*un terme est la somme de la colonne précédente limitée au même ordre*. C'est d'ailleurs ce qui résulte de ce que la p^e colonne *est formée des mêmes nombres que l'ordre* p; car ces termes, deux à deux, sont ceux qui se reproduisent dans une même hypoténuse, comme étant à distance égale des extrêmes. (*Voy.* p. 5, I.)

3°. Sur une hypoténuse, les termes se dépassent d'un rang dans les lignes consécutives; tels sont T et v. Si T est le n^e terme de l'ordre p, ou dans la n^e colonne et la p^e ligne, v est le $(n+1)^e$ terme de l'ordre $p-1$; le terme de la ligne précédente est le $(n+2)^e$ de l'ordre $p-2$...; pour remonter jusqu'au 2e ordre 1.2.3...m, il faut donc au rang n ajouter $p-2$, différence des deux ordres; c.-à-d. que le terme m, n° de l'hypoténuse, s'y trouve occuper le rang $n+p-2$,

$$m=n+p-2;$$

l'équ. $T=mC(p-1)$ revient donc à (p. 4)

$$T=[(n+p-2)\,C(p-1),\quad \text{ou}\quad (n-1)] \qquad (10),$$

ou

$$T=\frac{n}{1}\cdot\frac{n+1}{2}\cdot\frac{n+2}{3}\cdots\frac{n+p-2}{p-1}=\frac{p}{1}\cdot\frac{p+1}{2}\cdots\frac{p+n-2}{n-1},$$

en développant par l'équ. (3), p. 4, et prenant les facteurs du numérateur en ordre inverse. On emploie de préférence la 1re ou la 2e de ces expressions du *terme général* T, selon que p est $<$ ou $>n$. On vérifie même ici que le n^e terme de l'ordre p est le même que le p^e de l'ordre n.

En posant $p=3, 4, 5, \ldots$ on a

3e ordre, 1.3. 6.10...$T=\frac{1}{2}n(n+1)=(n+1)C2$;
4e...... 1.4.10.20...$T=\frac{1}{6}n(n+1)(n+2)=(n+2)C3$;
5e...... 1.5.15.35...$T=\frac{1}{24}n(n+1)(n+2(n+3)$;
etc.

Pour développer $(x+a)^{-h}$, on a (n° 482, 4°.)

$$1,\ -h,\ \tfrac{1}{2}h(h+1),\ -\tfrac{1}{6}h(h+1)(h+2),\ldots$$

pour coefficiens; quand h est entier, ces facteurs rentrent dans l'équ. (10), où p est remplacé par h; ainsi, les coefficiens successifs T de la puissance $-h$ d'un binome, sont la p^e colonne, ou la p^e ligne de notre tableau, avec des signes alternatifs:

$$\pm T=(h+n-2)\,C(h-1),\ \text{ou}\ (n-1).$$

Par ex $(x \pm a)^{-1}$ coeff.	1	∓ 1	$+ 1$	∓ 1	$+ 1$	...
$(x \pm a)^{-2}$	1	∓ 2	3	∓ 4	5	...
$(x \pm a)^{-3}$	1	∓ 3	6	∓ 10	15	...
$(x \pm a)^{-4}$	1	∓ 4	10	∓ 20	35	...

Pour obtenir le *terme sommatoire* Σ ou la somme des n 1ers termes de l'ordre p, dans le tableau n° 489, il suffit (1°.) *de chercher le* n^e *terme de l'ordre* $p+1$, c.-à-d. de changer dans (10) p en $p+1$.

En comparant les termes T, t et S, on a

$$T = mC\,(p-1),\ t = (m-1)\ C\,(p-2),\ S = (m-1)\ C\,(p-1).$$

Développons et réduisons (équ. 3, n° 476), nous trouvons

$$T = \frac{n+p-2}{n-1} \times S = \frac{n+p-2}{p-1} \times t \qquad (11).$$

Ces formules servent à déduire les uns des autres et de proche en proche les termes qui composent, soit la ligne p^e, soit la n^e colonne. Par ex. $p=6$ donne $T = \frac{n+4}{n-1}.\ S$. Faisant $n = 2$, 3, 4, ... on trouve $\frac{6}{1}, \frac{7}{2}, \frac{8}{3}, \frac{9}{4}, \ldots$ pour les multiplicateurs de chaque terme S du 6e ordre, donnant au produit le terme suivant T. Pour $n=7$, $T = \frac{p+5}{p-1}.\ t$, donne $\frac{7}{1}, \frac{8}{2}, \frac{9}{3}, \ldots$ facteurs qui servent à passer d'un terme t de la 7e colonne au suivant T.

Cette équ. (11), où l'on change p en $p+1$, T en Σ, t en T, devient $\Sigma = \frac{p+n-1}{p} \times T$, équ. qui exprime la somme Σ de la série d'ordre p^e arrêté au n^e terme T. Ainsi, pour le 7e ordre, $\Sigma = \frac{1}{7}(n+6).\ T$; la 7e série, arrêtée au 9e terme 3003, a pour somme $\frac{1}{7} \times 15 . 3003$ ou 6435.

490. Nous avons pris pour origine de notre tableau la série $1 : 1 . 1 . 1 \ldots$; prenons $1 . \delta . \delta . \delta \ldots$, et suivons la même génération; le 2e ordre sera l'équidifférence $1 . 1+\delta . 1+2\delta . 1+3\delta \ldots$; et ainsi des ordres suivans, comme on le voit dans ce tableau, dont le précédent n'est qu'un cas particulier.

1er ordre	1.	δ.	δ.	δ.	δ....
2e......	1.	$1 + \delta$.	$1 + 2\delta$.	$1 + 3\delta$.	$1 + 4\delta$...
3e......	1.	$2 + \delta$.	$3 + 3\delta$.	$4 + 6\delta$.	$5 + 10\delta$...
4e......	1.	$3 + \delta$.	$6 + 4\delta$.	$10 + 10\delta$.	$15 + 20\delta$...
5e......	1.	$4 + \delta$.	$10 + 5\delta$.	$20 + 15\delta$.	$35 + 35\delta$...
6e......	1.	$5 + \delta$.	$15 + 6\delta$.	$35 + 21\delta$.	$70 + 56\delta$...

Il est visible que tous les termes ont la forme $T = A + B\delta$; et rapprochant les nombres de ceux du 1er tableau, on trouve que A est le terme de même rang n dans l'ordre précédent $p-1$, et que le facteur B est le terme de même ordre p dans le rang précédent $n-1$:

$$T = n^e \text{ terme de l'ordre } (p-1) + [(n-1)^e \text{ terme de l'ordre } p]\delta,$$

$$T = [(n+p-3)\ C\,(n-2) \text{ ou } (p-1)] . \left(\frac{p-1}{n-1} + \delta\right),$$

$$T = (n-1)\,\frac{n}{2} . \frac{n+1}{3} \ldots \frac{n+p-3}{p-1} . \left(\frac{p-1}{n-1} + \delta\right).$$

Tel est le *terme général* de ce dernier tableau. *Le terme sommatoire* Σ *de l'ordre* p, *est le terme général de l'ordre* p + 1, comme ci-devant. Par ex., $p = 3$ donne, pour le 3e ordre,

$$T = n + \tfrac{1}{2}\,n\delta\,(n-1), \quad \Sigma = \tfrac{1}{2}\,n\,(n+1)\,[1 + \tfrac{1}{3}\,\delta\,(n-1)].$$

On fait dans le 1er ex. $\delta = 2$, et les carrés 1.4.9.16... dérivent de la progression impaire 1.3.5.7...; dans la seconde série $\delta = 3$, etc.

1. 2. 2. 2. 2...	1. 3. 3. 3. 3...	1. 4. 4. 4....
1. 3. 5. 7. 9....	1. 4. 7. 10. 13...	1. 5. 9. 13....
1. 4. 9. 16. 25...	1. 5. 12. 22. 35...	1. 6. 15. 28....
$T = n^2$	$T = n . \dfrac{3n-1}{2}$	$T = n\,(2n-1)$
$\Sigma = n . \dfrac{n+1}{2} . \dfrac{2n+1}{3}$	$\Sigma = n^2 . \dfrac{n+1}{2}$	$\Sigma = n\,\dfrac{n+1}{2} . \dfrac{4n-1}{3}$.

491. Si l'on coupe le côté al (fig. 1) du triangle alm en $n-1$ parties égales, aux points b, d, f,... et qu'on mène bc, de, fg... parallèles à la base lm; ces longueurs croissent comme les nombres 1.2.3.4... En plaçant un point en a, 2 en b et c,

3 sur *de*, 4 sur *fg*..., la somme de ces points, depuis *a*, est successivement 1.3.6.10...; et le triangle *alm* contient autant de ces points qu'il est marqué par le n^e de ces nombres du 3e ordre, qu'on a, pour cette raison, nommés *triangulaires*. Ces points sont équidistans quand le triangle est équilatéral.

De même, dans un polygone de *m* côtés, on mène des diagonales de l'un des angles *a*, et l'on divise ces lignes et les côtés de l'angle *a* en $n-1$ parties égales : joignant par des droites les points de même numéro, on forme $n-1$ polygones qui ont l'angle *a* commun et $m-2$ côtés parallèles. Les périmètres de ces côtés croissent comme 1.2.3.4... Qu'on place un point à chaque angle, un au milieu des côtés parallèles du 2e polygone, 2 points sur chacun des côtés du 3e, etc., ces côtés contiendront 1, 2, 3, ... points de plus, et le contour des $m-2$ côtés parallèles auront chacun $m-2$ points de plus que dans le précédent. Faisons $\delta = m-2$, l'aire de notre polygone contiendra donc des points (équidistans, si la figure est régulière) en quotité marquée par le n^e terme de la série du 3e ordre, qu'on tire de $1.\delta.2\delta.3\delta$... C'est ce qui a fait nommer *Carrés*, *Pentagones*, *Hexagones*... les nombres de ces séries, dont nous avons donné les termes général et sommatoire, pour $\delta = 2$, 3, 4, ... ou $m = 4$, 5, 6... En général, on appelle *nombres polygones*, tous ceux du 3e ordre, parce qu'ils peuvent être équidistans et contenus dans une figure polygonale.

Si l'on raisonne de même pour un angle trièdre, on verra que la série 1.4.10.20..., représente la quotité de points qu'on peut y placer sur des plans parallèles, ce qui a fait nommer ces nombres *Pyramidaux*. Les nombres *polyèdres* composent les séries du 4e ordre, dont nous savons déterminer les termes général et sommatoire, en faisant $p = 4$ et 5. L'analogie a porté à généraliser ces notions, et l'on appelle *nombres figurés* tous ceux qui sont soumis à la loi du n° 489, et compris dans le tableau précédent, quoiqu'on ne puisse réellement représenter tous ces nombres par des figures de Géométrie, au-delà du 4e ordre.

Sur les Permutations et les Combinaisons, dans le cas où les lettres ne sont pas toutes inégales.

492. Effectuons le produit du polynome $a+b+c\ldots$, plusieurs fois facteur, en ayant soin d'écrire, dans chaque terme, la lettre multiplicateur au 1er rang, et de laisser à sa place chaque lettre du multiplicande.

$$\begin{array}{ll} A\ldots & a+b+c\ldots \\ & a+b+c\ldots \\ \hline B\ldots & aa+ab+ac\ldots \\ & ba+bb+bc\ldots \\ & ca+cb+cc\ldots \\ & a+b+c\ldots \end{array}$$

$C\ldots aaa+aab+aac\ldots+aba+abb+abc\ldots+aca+acb\ldots$
$baa+bab+bac\ldots+bba+bbb+bbc\ldots+bca+bcb\ldots$
$caa+cab+cac\ldots+cba\ldots$ et ainsi de suite.

Le produit B est formé des arrangemens 2 à 2 des lettres a, b, $c\ldots$; C, des permutations 3 à 3, etc., en admettant qu'une lettre puisse entrer 1, 2, 3... fois dans chaque terme, et ainsi des autres. En effet, pour que deux arrangemens 3 à 3 dont a est initial, fussent répétés deux fois dans C, ou qu'un d'eux fût omis, il faudrait que le système des deux lettres à droite de a fût un arrangement de 2 lettres répété lui-même ou omis dans B.

Le produit B a m termes dans chaque ligne, et m lignes; m étant le nombre des lettres $a, b, c\ldots$ Ainsi, il y a m^2 arrangemens 2 à 2; le produit C a m lignes chacune de m^2 termes, ce qui fait m^3 arrangemens 3 à 3... enfin *m^n est la quotité des permutations* n *à* n *de* m *lettres, quand chaque lettre peut entrer* 1, 2, 3,... *et jusqu'à* n *fois dans les résultats*, n peut d'ailleurs être $> m$. Par ex., 9 chiffres pris 4 à 4 donnent 9^4, ou 6561 nombres différens.

La somme des arrangemens de m lettres 1 à 1, 2 à 2, 3 à 3,... n à n, est $m+m^2+m^3\ldots+m^n$, ou $m.\dfrac{m^n-1}{m-1}$. Avec 5 chiffres, pris seuls, ou 2, ou 3 ensemble, la quotité des nombres qu'on peut écrire est $\frac{5}{4}(5^3-1)$, ou 155.

Soient n dés A, B, C... à f faces marquées des lettres a, b, $c\ldots$; un jet de ces dés produira un système tel que $abacc\ldots$ Si l'on prend le 1er dé A, et qu'on lui fasse présenter tour à tour ses diverses faces, sans rien changer aux autres dés, le système ci-dessus en produira f; ainsi nos n dés donnent f fois plus de résultats que les $(n-1)$ autres dés B, C...; donc deux dés donnent f^2 basards, 3 dés en donnent f^3, 4 dés f^4,... *n dés à f faces produisent* f^n *hasards*. Nous regardons ici, comme différens, les résultats identiques, lorsqu'ils sont amenés par des dés différens.

Si le 1er dé a f faces, le 2e f', le 3e f'',... le nombre des basards est $f \times f' \times f''$...

493. Soient m places vacantes A, B, C... qu'il s'agit de faire occuper par m lettres, savoir, α places par a, β places par b, etc. Cherchons de combien de façons on peut faire cette distribution. Il est clair que pour placer les α lettres a, il suffit de prendre α des lettres A, B, C,... et de les égaler à a : cela peut se faire d'autant de façons qu'il est possible d'égaler de fois à a, α des lettres A, B, C...; $[mC\alpha]$ marque donc de combien de manières on peut faire occuper α places, sur m qui sont vacantes.

Il reste, dans chaque terme, $m-\alpha$ places vacantes, dont β peuvent être remplies par la lettre b, d'autant de façons qu'il est marqué par $(m-\alpha)\,C\beta$: le produit $mC\alpha \times (m-\alpha)\,C\beta$, indique de combien de manières on peut distribuer α lettres a, et β lettres b, dans m places vacantes.

Sur les $m-\alpha-\beta$ places qui restent à occuper, on peut placer γ lettres c, et chaque terme en produit un nombre $(m-\alpha-\beta)\,C\gamma$,... etc.; ainsi, jusqu'à ce qu'il n'y ait plus de places vacantes, ce qui arrive quand on a $\theta C\theta = 1$. Donc, *si l'on veut distribuer les* m *facteurs* $a^\alpha b^\beta c^\gamma$ ... *de toutes les manières possibles, ou former tous les arrangemens qu'ils peuvent subir, les résultats seront en nombre marqué par* N, formule (9), page 13, qui est le coefficient du terme général d'un polynome.

Par ex., les 10 facteurs $a^4b^3c^2\,d$ forment des permutations en nombre $N = \dfrac{1.2.3...10}{2.3.4 \times 2.3 \times 2}$ ou 12600. Les 7 lettres du mot *Étienne* peuvent être arrangées de 420 façons différentes.

Ce coefficient N exprime aussi *combien il y a de hasards qui, avec* m *dés à* f *faces, peuvent amener un résultat donné.* Car si ces dés ont sur leurs faces les f lettres a, b, c,... et si l'on veut que α dés offrent la face a, ce sera comme si α lettres a devaient se placer dans les rangs dont le nombre est m : ce qui donne $mC\alpha$ hasards pour produire α lettres a. Pour que β de nos $m - \alpha$ autres dés présentent la face b, il faut de même faire remplir β places sur $m - \alpha$ vacantes; chacun de nos résultats précédens en produit donc $(m - \alpha)\ C\beta$, et ainsi de suite.

494. Cherchons *les combinaisons des lettres* a, b, c....., *en admettant que chaque facteur puisse entrer plusieurs fois dans les divers termes* (comme n° 492, excepté que l'ordre des facteurs est ici indifférent). Multiplions plusieurs fois par lui-même le polynome $a + b + c$... en ne prenant pour facteur d'un terme a, b, c..., que les termes du multiplicande qui sont dans la même colonne ou à sa gauche. Il est visible qu'on aura pour résultats successifs les combinaisons demandées 2 à 2, 3 à 3...

$$\begin{array}{rrrr}
a+ & b+ & c+ & d\ldots \\
a+ & b+ & c+ & d\ldots \\
\hline
aa+ & bb+ & cc+ & dd\ldots \\
 & +ab+ & bc+ & cd\ldots \\
 & & +ac+ & bd\ldots \\
 & & & +ad\ldots \\
\hline
aaa+ & bbb+ & ccc+ & ddd\ldots \\
 & +abb+ & bcc+ & cdd\ldots \\
 & +aab+ & acc+ & bdd\ldots \\
 & & +bbc+ & add\ldots \\
 & & +abc+ & ccd\ldots \\
 & & +aac+ & \text{etc}\ldots
\end{array}$$

Quant au nombre des combinaisons, chaque colonne d'un produit contient autant de termes qu'il y en a dans la colonne qui est au-dessus, plus dans celles qui sont à gauche. Si 1, α, β, γ,... sont les nombres des termes des colonnes d'un produit, ceux du produit suivant sont donc 1, $1+\alpha$, $1+\alpha+\beta$, $1+\alpha+\beta+\gamma$. Cette série se tire de $1.\alpha.\beta$... selon la loi des nombres figurés (n° 489); donc, pour les combinaisons 2 à 2, les colonnes successives contiennent 1.2.3.4... termes; pour les combinaisons 3 à 3, elles en ont 1.3.6.10...; pour celles p à p, on a la série du p^e ordre. Le nombre total des combinaisons, ou celui des termes d'un produit, est la somme de la série, étendue à 2, 3, 4... colonnes, selon qu'on a 1, 2, 3.... lettres à combiner; pour n lettres, il faut ajouter les n 1ers termes de l'ordre p, c.-à-d. prendre le n^e terme de l'ordre $p + 1$. Ainsi, *la quotité de com-*

binaisons de n *lettres* p *à* p, *en admettant que chacune puisse y entrer* 1, 2, 3... p *fois, est le* n^e *nombre de l'ordre* p + 1. Il faut donc changer p en $p+1$ dans l'équ. (10) page 22 :

$$T = [(n+p-1)\ Cp \text{ ou } (n-1)] \ldots \quad (12);$$

$$= n\frac{n+1}{2}\frac{n+2}{3}\cdots\frac{n+p-1}{p} = (p+1)\frac{p+2}{2}\cdots\frac{p+n-1}{n-1};$$

n peut être $>$, $=$ ou $<p$. Par ex., 10 lettres 4 à 4 donnent 715 résultats; 4 lettres 10 à 10 en donnent 286. On voit d'ailleurs que n lettres, prises p à p, et $p+1$ lettres prises $n-1$ à $n-1$, donnent autant de combinaisons, puisqu'on peut remplacer n par $p+1$, et p par $n-1$, sans changer T.

Le développement de $(a+b+c\ldots)^p$ est formé (n° 483) d'autant de termes de la forme $Na^\alpha b^\beta c^\gamma\ldots$ qu'on peut prendre de nombres différens pour les exposans α, β, γ,... leur somme demeurant $= p$. La quotité totale des termes est donc égale à celle des combinaisons p à p, qu'on peut former avec les n lettres a, b, c,... en leur attribuant tous les exposans de zéro à p. Il est clair que T *est le nombre de termes de la puissance* p *du polynome* a + b + c...

Si l'on veut la somme des combinaisons de n lettres 1 à 1, 2 à 2,... p à p, il faut ajouter le n^e nombre des ordres successifs $1.2.3\ldots p+1$ dans le tableau du n° 489, ou la n^e colonne, qu'on sait avoir pour somme le $(n+1)^e$ nombre de même ordre $p+1$. Changeons donc n en $n+1$ dans l'équ. (12), et nous aurons, pour la somme demandée,

$$S = [(n+p)\ Cp, \text{ ou } n] - 1.$$

Cette unité soustractive répond aux combinaisons zéro à zéro, qu'on doit omettre ici. Par ex., 5 lettres combinées depuis 1 à 1, jusqu'à 4 à 4, ou 4 lettres de 1 à 1 jusqu'à 5 à 5, donnent ce nombre de résultats $\frac{6.7.8.9}{1.2.3.4} - 1 = 125$.

Si l'on veut les combinaisons depuis p à p, jusqu'à p' à p', on applique deux fois la formule (aux nombres p et p') et l'on retranche les résultats. 5 lettres prises de 4 à 4 jusqu'à 6 à 6 forment 461 — 125, ou 336 combinaisons.

495. Proposons-nous d'avoir *toutes les combinaisons des lettres du monome* $a^{\alpha}b^{\beta}c^{\gamma}\ldots$, *prises* 1 *à* 1, 2 *à* 2, 3 *à* 3, *jusqu'à la dimension* $\alpha+\beta+\gamma\ldots$ Les exposans 1, 2, 3,... α peuvent affecter a; de même 1, 2, 3,... β pour b, etc.; la question se réduit visiblement à trouver tous les diviseurs de $a^{\alpha}b^{\beta}c^{\gamma}\ldots$, qui sont les termes du produit (note page 33 du 1er. vol.)

$$(1+a+a^2\ldots a^{\alpha})\,(1+b+b^2\ldots b^{\beta})\,(1+c\ldots c^{\gamma})\ldots$$

Le nombre des termes, ou celui des combinaisons demandées, est $(1+\alpha)(1+\beta)(1+\gamma)\ldots$ Par ex.: $a^5b^4c^3d^2$ a 360 diviseurs (6.5.4.3) en y comprenant 1; il y a donc 359 manières de combiner les facteurs 1 à 1, 2 à 2, etc.

Et si l'on ne veut que *ceux de ces diviseurs qui contiennent* a, comme les autres divisent $b^{\beta}c^{\gamma}\ldots$, et que ceux-ci sont en nombre $(1+\beta)(1+\gamma)\ldots$, en les retranchant, il reste $\alpha(1+\beta)(1+\gamma)\ldots$ pour la quotité des diviseurs qui admettent a: comme si l'on eût apporté, près de toutes les combinaisons sans a, les facteurs a, a^2, a^3,...

Pour savoir combien, parmi les diviseurs de $a^{\alpha}b^{\beta}c^{\gamma}\ldots$, il en est qui renferment a^mb^n, je prends tous ceux de $c^{\gamma}d^{\delta}\ldots$, dont le nombre est $(1+\gamma)(1+\delta)\ldots$, et j'apporte a^mb^n près de chacun: les résultats sont donc en nombre égal.

Notions sur les Probabilités.

496. Quand on attend un évènement du hasard, la prudence consiste à réunir le plus grand nombre de chances favorables: l'évènement devient *probable* à raison de la valeur et de la quotité de ces chances. Des évènemens sont *également possibles*, quand il y a autant de motifs d'espérer que chacun arrivera, en sorte qu'il y ait une égale indécision pour présumer celui qui sera réalisé, et que des joueurs qui se partageraient ces chances en même nombre pour chacun, eussent des motifs

égaux d'espoir, et un droit égal à le voir se vérifier. On juge du degré de *probabilité* d'un évènement, en comparant le nombre des chances qui l'amènent au nombre total de toutes les chances également possibles.

La probabilité se mesure par une fraction dont le dénominateur est la quotité de tous les évènemens également possibles, et dont le numérateur est le nombre des cas favorables. Je veux amener 5 et 2 avec deux dés dont les faces portent 1, 2, 3, 4, 5 et 6; il n'y a que deux cas, sur 36 également possibles, de voir 5 et 2 arriver; donc la probabilité est $\frac{2}{36}$ ou $\frac{1}{18}$. Si j'espère amener 7 pour somme des points, je compte trois cas doubles, qui me sont favorables, 5 et 2, 6 et 1, 4 et 3; j'ai donc $\frac{6}{36}$ ou $\frac{1}{6}$, pour probabilité : il y a 1 à parier contre 5 qu'on réussira.

Il faut donc *nombrer toutes les chances possibles et égales, puis celles qui sont heureuses, et former une fraction de ces deux nombres.* Quand la probabilité est $> \frac{1}{2}$, il y a *vraisemblance; incertitude,* si cette fraction est $\frac{1}{2}$, c.-à-d. qu'*on peut indifféremment parier pour ou contre l'évènement.* La probabilité devient certitude quand la fraction est 1, puisque tous les évènemens possibles sont alors favorables. En réunissant les probabilités pour et contre un évènement, on trouve toujours l'unité.

Nous allons faire plusieurs applications de ces principes.

Sur 32 cartes mêlées, 12 sont des figures, 20 des cartes blanches; la probabilité d'amener une figure, en tirant une seule carte, est $\frac{12}{32} = \frac{3}{8}$. Il y a donc 3 à parier contre 5 qu'on amènera une figure, 5 contre 3 qu'on tirera une carte blanche.

Sur m cartes, il y en a p d'une sorte désignée; quelle est la probabilité d'en tirer m' qui soient toutes de cette espèce? Le nombre des cas possibles est mCm'; celui des cas favorables est pCm'; la probabilité demandée est $\frac{pCm'}{mCm'}$. Sur un jeu de 52 cartes, par ex., il y a 13 cœurs; en tirant 3 cartes au hasard, la probabilité qu'elles sont toutes trois des cœurs est $13C3 : 52C3$ ou $\frac{286}{22100}$, environ $\frac{1}{77}$.

Sur m cartes, il y a a cœurs, a' piques ... ; on tire $m' + m''$ cartes; quelle est la probabilité qu'elles sont m' cœurs et

m'' piques? $mC\,(m'+m'')$ est le nombre de tous les hasards possibles. Les a cœurs, combinés m' à m', forment aCm' systèmes; les a' piques, $a'Cm''$: en accouplant ces chances (nº 478), le nombre des favorables est $[aCm'].[a'Cm'']$; c'est le numérateur cherché. Il serait $[aCm'].[a'Cm''].[a''Cm''']$, s'il y avait en outre a'' carreaux dont on voulût tirer m''', etc.

La roue de loterie contient m numéros dont on tire p; un joueur en a pris m'; quelle est la probabilité qu'il en sortira *précisément* p'? Le nombre total des chances est mCp, dénominateur cherché. On a trouvé (nº 478) le nombre des chances favorables; ainsi, le numérateur est

$$X=[(m-m')\,C\,(p-p')].[m'Cp'].$$

Dans la Loterie de France, $m=90$, $p=5$, le dénominateur est $90C5 = 43\ 949\ 268$. Qu'un joueur ait pris 20 numéros, par ex., $m'=20$, s'il veut qu'il en sorte *précisément*

$1=p'$,	numér.	$20\,[70C4]$	probabil.	0,4172
$2=p'$	......	$20.\frac{19}{2}.[70C3]$	....	0,2367
$3=p'$	......	$20.\frac{19}{2}.\frac{18}{3}.[70C2]$	....	0,0626
$4=p'$	......	$70[20C4]$	....	0,0077
$5=p'$	......	$[20C5]$	....	0,0003.

Si l'on veut qu'il sorte au moins 1 numéro, c.-à-d. qu'il en sorte 1, 2, 3, 4 ou 5, il faut prendre la somme 0,7245. Pour qu'il en sorte au moins 2, ajoutez ces résultats, excepté le 1er; la probabilité est 0,3073, etc. Si vous voulez qu'il ne sorte aucun numéro, faites p' nul, ou prenez le complément de 0,7245 à 1; vous aurez 0,2755.

Ces problèmes peuvent s'énoncer ainsi: sur m cartes, il y en a m' désignées; on en tire p, et on veut qu'il y en ait, *ou précisément, ou au moins*, p' prises parmi les désignées: trouver la probabilité? Par ex., un joueur de piquet a reçu 12 cartes, d'où il conclut que, parmi les 20 autres, il y a 7 cœurs; quelle est la probabilité que s'il reçoit encore 5 cartes, il y aura précisément 3 cœurs? $m=20$, $m'=7$, $p=5$, $p'=3$; d'où résulte $\frac{[13C2].[7C3]}{20C5}=\frac{2730}{15504}$, environ $\frac{3}{17}$. En raisonnant comme ci-dessus, on aurait pour la probabilité qu'il viendra au moins 3 cœurs, $\frac{3206}{5504}$, ou environ $\frac{16}{29}$.

On a dans une bourse 12 jetons, dont 4 blancs, on en tire 7, quelle est la probabilité qu'il y en a précisément 3 blancs? $m=12$, $m'=4$, $p=7$, $p'=3$, d'où on tire $\frac{280}{792}$, à peu près $\frac{6}{17}$. La probabilité de tirer au moins 3 jetons blancs sur 7 est $\frac{14}{33}$.

497. Deux évènemens A, A' sont amenés par p, p' causes; il y en a q, q' qui s'y opposent; on admet qu'ils peuvent arriver ensemble ou séparément, et qu'ils sont indépendans l'un de l'autre; on demande quelles sont les probabilités de tous les cas. Imaginons deux dés, l'un à $p+q$ faces colorées, p en blanc, q en noir; l'autre à $p'+q'$ faces colorées, p' en rouge, q' en bleu: il est visible que le jet de chacun de ces dés séparément amène des résultats comparables à nos deux évènemens. A sera réalisé, si l'on amène l'une des p faces blanches, et il ne le sera pas, si l'on amène l'une des q faces noires, etc. Le nombre total des hasards (p. 27) est $(p+q)(p'+q')$, dénominateur commun de toutes nos probabilités.

Si l'on veut qu'une face noire et une rouge arrivent ensemble, les q faces noires et les p' rouges offrent qp' combinaisons; ce sont les cas favorables, donc la probabilité est

$$\frac{qp'}{(p+q)(p'+q')}=\frac{q}{p+q}\times\frac{p'}{p'+q'},$$

c'est celle de voir arriver A' sans que A ait lieu. Il en sera de même des autres cas.

Observez que nous avons ici le produit des probabilités relatives à chacun des évènemens souhaités; donc *si des évènemens sont indépendans les uns des autres, la probabilité qu'ils arriveront ensemble est le produit de toutes les probabilités relatives à chacun séparément*. Ce théorème des *probabilités composées* n'est ici démontré que pour deux évènemens; mais s'il y en avait un 3ᵉ A'', ou un 3ᵉ dé à $p''+q''$ faces, le même raisonnement s'appliquerait, et justifierait la conséquence énoncée.

Par un jet de deux dés à 6 faces, on veut amener 4 et as; quelle est la probabilité de succès? En ne considérant qu'un dé, il y a 6 hasards, dont deux favorables (4 ou as), probabilité simple $\frac{2}{6}$ ou $\frac{1}{3}$; mais ce 1er cas étant arrivé, le 2e dé doit encore amener l'autre point (as ou 4), autre probabilité simple $\frac{1}{6}$; donc probabilité cherchée $\frac{1}{3} \times \frac{1}{6} = \frac{1}{18}$; comme si l'on eût comparé les 2 cas favorables, aux 36 hasards possibles.

On a séparé les couleurs d'un jeu de 32 cartes, en 4 paquets, 8 cœurs, 8 carreaux, etc., on demande combien on peut parier d'amener l'une des 3 figures de cœur? Comme on ignore quel est le paquet qui contient les cœurs, $\frac{1}{4}$ est la probabilité simple qu'on s'adressera à cet assemblage: mais dans ce cas même, sur 8 cartes, il faut tirer l'une des 3 figures, autre probabilité simple $\frac{3}{8}$; donc celle qu'on demande est composée des deux précédentes, ou $\frac{3}{32}$.

Quand les probabilités se composent, elles s'affaiblissent, puisqu'elles résultent du produit de plusieurs quantités < 1. Un homme dont la véracité m'est connue m'atteste un fait qu'il a vu; j'évalue à $\frac{9}{10}$ la probabilité qu'il ne veut pas me tromper, et qu'il n'a pas été induit lui-même en erreur par ses sens. Mais s'il ne tient le fait que d'un témoin aussi véridique, la probabilité n'est plus que de $\frac{9}{10} \times \frac{9}{10}$, ou $\frac{81}{100}$, à peu près $\frac{4}{5}$. S'il y avait ainsi 20 intermédiaires, on n'aurait plus que $\left(\frac{9}{10}\right)^{20}$, c.-à-d. pas même $\frac{1}{8}$: il y aurait 7 à parier contre 1 que le fait transmis est faux, quoique tous les intermédiaires soient également véridiques. On a comparé cette diminution de la probabilité, à l'extinction de clarté des objets, vus par l'interposition de plusieurs morceaux de verre.

498. Quand les probabilités simples sont égales entre elles, le résultat, ou produit, est une puissance de cette quantité. Un évènement A est amené par p causes, il y en a q qui s'y opposent; quelle est la probabilité d'amener k fois A en n coups? Il est clair qu'à chaque coup la probabilité simple est $\frac{p}{p+q}$ pour A, et $\frac{q}{p+q}$ contre. Si l'évènement se réalise k fois, on a la puissance k de la 1re fraction, et s'il n'a pas lieu, les $n-k$

autres coups, on a la puissance $n-k$ de la 2ᵉ. Donc, en multipliant ces deux puissances, il vient la probabilité composée

$$z=\frac{p^k \cdot q^{n-k}}{(p+q)^n},$$

qui exprime qu'en n coups, A sera précisément arrivé k fois, l'ordre de succession des évènemens étant fixé d'avance. Mais si cet ordre est arbitraire, il faut répéter z autant de fois qu'on peut combiner ces résultats, savoir les n fois que l'évènement A arrive, avec les $n-k$ où il n'a pas lieu, facteur nCk; donc $z\times[nCk]$ est la probabilité que A arrivera k fois en n coups, sans désigner ceux où il devra se réaliser.

Et si l'on veut que A arrive au moins k fois, on changera ici k en k, $k+1$, ... jusqu'à n, et l'on prendra la somme des résultats.

Donc le dénominateur de la probabilité cherchée est $(p+q)^n$; le numérateur s'obtient en développant ce binome, et s'arrêtant au terme où entre p^k, qu'on prendra sans ou avec son coefficient, selon qu'on voudra avoir ou n'avoir pas égard aux k rangs où A se réalise en n coups. Et si l'on veut que A arrive au moins k fois, et au plus k' fois, en n coups, on ajoutera tous les termes où p a les exposans k, $k+1$, ... k'.

Par ex., un dé à 6 faces en a 2 qui sont favorables à un joueur; il faut, pour qu'il gagne, qu'en 4 coups il amène 3 fois l'une ou l'autre (ou, en un seul jet de 4 dés, il faut que 3 faces soient favorables); on demande la probabilité de gain? J'ai $p=2$, $q=4$, puis $(p+q)^4=6^4=1296=$

p^4	$=$	16 coups qui amènent 4 fois l'une des faces favorab.	
$4p^3q$	$=$	128	3
$6p^2q^2$	$=$	384	2
$4pq^3$	$=$	512	1
q^4	$=$	256	0

Somme $=1296=(p+q)^4$, dénominateur des probabilités.

Donc, la probabilité d'amener *précisément* 3 fois l'un des cas favorables est $\frac{128}{1296}$ ou $\frac{8}{81}$; on divisera par le coefficient 4, si l'on doit désigner l'ordre où ils arrivent, et l'on aura $\frac{8}{81}$; enfin, ajoutant les deux 1ers nombres, on a $\frac{144}{1296}$ ou $\frac{1}{9}$, pour la probabilité que les faces favorables se présenteront au moins 3 fois.

Quel est le *sort* de deux joueurs *M* et *N* d'égales forces; il manque 6 points à *M* pour gagner la partie, et il en manque 4 à *N*? La somme de ces points est 10; je forme le 9e puissance de $p+q$; je réserve pour *M* les 4 1ers termes (où l'exposant de p est au moins 6), je prends pour *N* les 6 autres termes; enfin je fais $p=q=1$. Je trouve 130 d'une part, 382 de l'autre, et la somme totale 512 : le sort de *M*, ou la probabilité qu'il gagnera, est $\frac{130}{512}$, celle de *N* est $\frac{382}{512}$. Si la partie était rompue avant de tenter rien, l'enjeu devrait être partagé entre *M* et *N* dans le rapport de 130 à 382, à très peu près comme 1 à 3 : c'est aussi le prix qu'ils doivent vendre leurs prétentions à l'enjeu, s'ils consentent à céder le droit qu'ils y ont. Quand la force des joueurs est, par ex., comme 3 à 2, c.-à-d. quand *M* gagne ordinairement à *N* 3 parties sur 5, ou que *M* cède à *N* 1 point sur 3 pour égaliser les forces, le calcul est le même en posant $p=3$ et $q=2$. Dans ce cas, on trouve que le sort de *M* est à celui de *N* environ :: 14 : 15.

499. Il arrive souvent que les causes sont si cachées, ou se croisent d'une manière si variée, qu'il est impossible de les démêler et d'en nombrer la multitude : les principes exposés précédemment ne peuvent plus recevoir d'application. On consulte alors l'expérience, pour s'assurer si les évènemens sont assujettis à un retour périodique, d'où l'on puisse conjecturer avec vraisemblance que la cause inconnue qui les a ramenés souvent sous un ordre régulier, agissant encore, les reproduira dans le même ordre. Le nombre de ces retours est substitué à celui des causes mêmes dans les calculs de probabilité. Un dé jeté 10 fois de suite a présenté 9 fois la face *a*; il y a donc dans l'action qui le pousse, dans sa figure, sa substance, quelque cause cachée qui produit le retour de 9 fois la face *a* : si 100 épreuves ont ramené de même 90 fois cette face *a*, la probabilité $\frac{9}{10}$ favorable à ce retour acquiert une grande force, qui

s'accroît encore quand les épreuves multipliées s'accordent avec cette supposition; puisque si l'on pouvait faire un nombre infini d'épreuves, qui toutes présentassent 9 fois sur 10 la face *a*, on aurait la *certitude* de l'hypothèse.

C'est ainsi que constamment l'expérience a prouvé les faits suivans, dont il est impossible d'assigner les causes.

1°. Le nombre des mariages contractés dans un pays, pour une durée quelconque déterminée, est à celui des naissances et à la population à très peu près, :: 3 : 14 : 396.

2°. Il naît ensemble 15 filles et 16 garçons.

3°. La population, le nombre des naissances, celui des morts et celui des mariages sont :: 2 037 615 : 71 896 : 67 700 : 15 345; à très peu près, par an, les naissances sont le 28e, les morts le 30e, et les mariages le 132e de la population. La différence $\frac{1}{420}$ des naissances aux morts est l'accroissement annuel de la population.

4°. La durée des générations de père en fils est de 33 ans.

5°. Le nombre des morts du sexe masculin est à celui du sexe féminin :: 24 : 23; et dans un pays quelconque, le nombre des vivans du 1er sexe est à celui du 2e :: 33 : 29.

6°. Les décès mâles sont le 58e, les féminins le 61e de la population : à Paris, la totalité des décès n'est que le 32e du nombre des habitans; ces décès s'élèvent annuellement à 22700, terme moyen, et les naissances à 24800.

7°. La moitié de toute population est au-dessous de 25 ans, et tous les 25 ans, une moitié est renouvelée.

8°. En France, le 66e de la population se marie chaque année. La durée de la vie moyenne est de 28 ans $\frac{1}{2}$.

9°. Les rebuts annuels de la Poste aux lettres sont de 19000, etc.....

C'est sur ces considérations qu'on établit les Tables de population et de mortalité : on peut consulter à ce sujet l'*Annuaire* du Bureau des Longitudes.

Nous ne dirons rien de plus sur la doctrine des probabilités, qui est si étendue qu'elle fait la matière de Traités spéciaux. *Voy.* ceux de MM. Laplace, Lacroix, Condorcet, Duvillard, etc.

II. RÉSOLUTION DES ÉQUATIONS.

Composition des Équations.

500. Après avoir transposé, réduit et divisé par le coefficient de la plus haute puissance de x, *toute équation a la forme*

$$kx^m + px^{m-1} + qx^{m-2} \ldots + tx + u = 0 \ldots (1)$$

que nous représenterons, pour abréger, par $X = 0$; $p, q \ldots u$ sont des nombres connus, positifs, négatifs, ou zéro. On nomme *Racine* toute quantité a qui, substituée à x, réduit X à zéro; ou donne $a^m + pa^{m-1} \ldots + u = 0$.

Soit a une quantité prise au hasard; divisons par $x - a$ le polynome proposé X. Reprenons le théorème de la fin du n° 100. Soit R le reste, et $kx^{m-1} + p'x^{m-2} + q'x^{m-3} \ldots + u'$ le quotient de la division du polynome (1) par $(x - a)$: ce quotient, multiplié par $x - a$, et augmenté de R, doit reproduire *identiquement* le dividende (1), qui est par conséquent

$$= kx^m \begin{array}{l} +p' \\ -ak \end{array} \Big| \; x^{m-1} \begin{array}{l} +q' \\ -ap' \end{array} \Big| \; x^{m-2} \begin{array}{l} +r' \\ -aq' \end{array} \Big| \; x^{m-3} \ldots \begin{array}{l} +R \\ -au' \end{array}$$

et puisqu'on doit retrouver ici tous les termes du polynome (1), le facteur p de x^{m-1} ne doit être autre chose que $p' - ak$, qui dans le produit affecte aussi x^{m-1} : de même $q = q' - ap'$, $r = r' - aq' \ldots u = R - au'$. Transposant les termes négatifs, il vient,

$$p' = p + ak, \; q' = q + ap', \; r' = r + aq' \ldots R = u + au'.$$

Ces équ., toutes de même forme, permettent de déduire les coefficiens $p', q', r' \ldots$ du quotient, et le reste R, les uns des autres, de proche en proche : car *chacun se compose du coefficient de même rang dans le dividende* (1), *plus du produit du coefficient qui précède dans le quotient, multiplié par* a.

Voici des ex. de ce genre de calculs :

Diviser $4x^5 - 10x^4 + 6x^3 - 7x^2 + 9x - 11$, par $x - 2$.
Quotient... $4x^4 - 2x^3 + 2x^2 - 3x + 3$, reste -5.

Après avoir écrit $4x^4$, 1er terme du quotient, on forme $4.2 - 10 = -2$, qui est le coefficient de x^3; celui de x^2 est $-2.2 + 6 = +2$; ensuite $2.2 - 7 = -3$, etc. Si le diviseur est $x + 2$, le facteur numérique est partout -2, et le quotient est

$$4x^4 - 18x^3 + 42x^2 - 91x + 191, \text{ reste } -393.$$

Mais on peut aussi trouver un coefficient quelconque indépendamment de tout autre. Car en éliminant successivement p', q', ... entre les équ. ci-dessus, on trouve, comme T. 1, p. 97,

$$p' = ka + p,\ q' = ka^2 + pa + q, \ldots\ R = ka^m + pa^{m-1} \ldots + u.$$

Chaque coefficient est formé du polynome proposé (1), où l'on a changé x en a, et qu'on a limité aux seuls premiers termes, jusqu'à celui qui a même rang que le terme cherché du quotient, mais en supprimant les puissances de a communes à tous ces termes.

On voit donc que si l'on divise X, ou le polynome (1), par $(x - a)$, et si l'on pousse le calcul jusqu'à ce que x n'entre plus dans le dividende, on arrive au reste $ka^m + pa^{m-1} \ldots + u$; expression qui est nulle si a est racine, et qui n'est pas nulle si a n'est pas racine. Donc *X est ou n'est pas divisible par* x — a, *selon que* a *est ou n'est pas racine de l'équation* X = o.

Le calcul qui vient d'être indiqué est très commode pour trouver le quotient de $X : (x - a)$, et même on peut s'en servir, au lieu de substituer a, lorsqu'on veut s'assurer si $x = a$ est racine de l'équ. $X = 0$, parce qu'alors on trouve R nul.

501. $X = 0$ ayant a pour racine, soit Q le quotient exact de X divisé par $x - a$, ou $X = (x - a) Q$; Q est un polynome du degré $m - 1$.

Or, si b est racine de l'équ. $Q = 0$, $x - b$ divise exactement Q, et prenant Q' pour quotient du degré $m - 2$, on a $Q = (x - b) Q'$, puis $X = (x - a)(x - b) Q'$.

De même, c étant racine de $Q'=0$; et Q'' étant le quotient de $Q' : (x-c)$, on a $X=(x-a)(x-b)(x-c)Q''$, et ainsi de suite. Le degré de Q, Q', Q''... s'abaisse d'une unité à chaque facteur binome qu'on met en évidence : après $m-2$ divisions successives, il y a donc $m-2$ de ces facteurs, et le quotient est du 2ᵉ degré, décomposable lui-même en $(x-h)(x-l)$; donc, *en admettant que toute équ. ait une racine*, X *est formé du produit de* m *facteurs binomes du premier degré*,

$$X=(x-a)(x-b)(x-c)\ldots\ldots(x-l).$$

Cette équ. est *Identique*, c.-à-d. qu'il n'y a d'autre différence entre les deux membres que dans leur expression analytique; différence qui cesse dès qu'on exécute le calcul indiqué. Puisque le 2ᵉ membre est rendu nul lorsqu'on prend $x=a, b, \ldots l$, *l'équ.* X $=0$ *a* m *racines, qui sont les seconds termes, en signes contraires, de ses* m *facteurs binomes.* (*Voyez* nᵒ 516.)

Prouvons *qu'on ne peut en outre décomposer* X *en d'autres facteurs* $(x-a')$ $(x-b')$ $(x-c')$... *les quantités* a', b', c'... *étant, toutes ou plusieurs, différentes de* a, b, c... car, si l'on écrit $X=Q(x-a)$, et que $x=a'$ rende X nul, $Q(x-a)$ le sera aussi pour la même valeur supposée $x=a'$; et comme $a'-a$ n'est pas nul, selon l'hypothèse, il faut que $Q=0$ ait a' pour racine. Mais $Q=0$ revient à $Q'(x-b)=0$, et l'on voit de même que a' est racine de $Q'=0$, puis de $Q''=0$, etc., et enfin de $x-l=0$, savoir, $a'-l=0$, $l=a'$ contre la supposition. Donc $x-a'$ ne peut diviser X, non plus que $x-b'$, $x-c'$... (*).

(*) Il faut remarquer que la nature des fonctions imaginaires nous étant inconnue *à priori*, et a' devant, dans ce raisonnement, être supposé quelconque, de ce que $x=a'$ rend $Q(x-a)=0$, il n'est pas évident que Q soit nul. C'est pour cela qu'on croit convenable d'en donner la démonstration suivante, qui est indépendante de cette supposition. On suppose à la fois

$$X=Q(x-a)=M(x-a')\ldots$$

divisons Q par $x-a'$, savoir $\qquad Q=q(x-a')+r$

q désignant le quotient, et r le reste indépendant de x; on a l'équ. identique

Donc, 1°. *tout polynome* X *n'est résoluble qu'en un seul système de facteurs binomes du* 1er *degré, et l'équ.* X = 0 *ne peut avoir plus de* m *racines*.

2°. Toute fraction $X:Y$ qui, lorsqu'on fait $x=a$, devient $\frac{0}{0}$, a $x-a$ pour facteur commun de ses deux termes X et Y; et même $x-a$ peut entrer à une puissance quelconque dans l'un et l'autre. La valeur de la fraction s'obtient en supprimant d'abord les facteurs $x-a$, et faisant ensuite $x=a$; ainsi, *cette valeur est nulle, infinie ou finie*, selon que $x-a$ reste pour facteur dans X ou dans Y, ou ne reste dans l'un ni l'autre, c.-à-d. selon l'exposant que porte $x-a$ dans X et Y.

3°. Si deux équ. ont une même racine a, elles ont $x-a$ pour facteur commun. C'est ce qui arrive pour les suivantes, où la méthode du plus grand commun diviseur fait découvrir $x+3$ pour facteur de l'une et de l'autre,

$$2x^3-3x^2-17x+30=0,\quad x^3-37x-84=0.$$

S'il n'y eût pas eu de diviseur commun, la supposition de la

$$M=q(x-a)+\frac{r(x-a)}{x-a'}\dots(1);$$

posons $\quad \varphi=\frac{r(x-a)}{x-a'},\qquad r(x-a)=\varphi(x-a').$

Il est clair que φ ne contient pas x, puisque le second membre ne serait pas identique avec le 1er. Faisons $x=a$ quelconque; il vient

$$r(\alpha-a)=\varphi(\alpha-a'),$$

d'où $\quad \frac{x-a}{\alpha-a}=\frac{x-a'}{\alpha-a'},\quad x(a'-a)-\alpha(a'-a)=0.$

Or, cette équ. doit subsister quel que soit x, savoir $x(a'-a)=0$, même pour $x=1, 2, 3\dots$ d'où $a'=a$, contre la supposition. Donc l'équ. (1) est absurde, à moins que r ne soit nul; ainsi $x-a'$ divise Q, ou $(x-b)Q'$.

On voit de même que $x-a'$ divise Q', puis $Q''\dots$ et enfin le dernier facteur $(x-l)$, savoir $x-l=(x-a')\theta$, θ étant un nombre, ou...... $x(1-\theta)-(l-a'\theta)=0$, quel que soit x : d'où $x(1-\theta)=0$, $\theta=1$; enfin $l=a'$, contre l'hypothèse.

On conclut de là que si le produit XY de deux polynomes X et Y, est divisible par $x-a$, X ou Y l'est aussi, et $x=a$ rend ce facteur nul : et si XY est divisible par P, les facteurs de P doivent se trouver tous dans X et Y.

coexistence des deux équ. aurait été absurde. Quand ce diviseur est du 2ᵉ degré, il y a deux racines communes : les autres racines sont d'ailleurs étrangères au problème.

4°. On peut, par la division, abaisser le degré d'une équ. d'autant d'unités qu'on connaît de racines (n° 500), la recherche des racines et celle des facteurs étant la même chose. Les facteurs du 2ᵉ degré sont en nombre $\frac{1}{2}m(m-1)$ (n° 476), puisqu'ils résultent des combinaisons 2 à 2 de ceux du 1ᵉʳ (*v.* n° 520) : ceux du 3ᵉ degré sont en nombre $\frac{1}{6}m(m-1)(m-2)$, etc.

502. Puisque la proposée $x^m + px^{m-1} \ldots + tx + u = 0$, est identique avec $(x-a)(x-b)\ldots$, il suit de ce qu'on a vu p. 133 du 1ᵉʳ vol., que,

1°. *Le coefficient* p *du* 2ᵉ *terme est la somme des racines en signes contraires ;*

2°. *Le coefficient* q *du* 3ᵉ *terme est la somme des produits deux à deux des racines.*

3°. r *est la somme des produits* 3 *à* 3 *en signes contraires*, etc.

Enfin, *le dernier terme* u *est le produit des racines, mais en signe contraire si le degré* m *est impair.*

Quand une équ. est privée du 2ᵉ terme px^{m-1}, la somme des racines est nulle : s'il n'y a pas de dernier terme u, l'une des racines est $= 0$.

Transformation des Équations.

503. Soit proposé $kx^m + px^{m-1} \ldots + tx + u = 0 \ldots (1)$.

Transformer cette équ, c'est en composer une autre dont les racines y aient avec celles x de la proposée une relation donnée par une équ. entre x et y. Il s'agit donc d'éliminer x entre celle-ci et la 1ʳᵉ.

Si, par ex., on veut diminuer toutes les racines x de la quantité i, on a $x - i = y$; on mettra donc $i + y$ pour x dans (1) ; d'où

$$(i+y)^m + p(i+y)^{m-1} + q(i+y)^{m-2} \ldots + t(i+y) + u = 0 \quad (2).$$

Sans nous arrêter à développer les puissances de $i + y$, il suit de la loi des termes successifs dans la formule du binome (n° 482), que la transformée (2), ordonnée par rapport aux puissances croissantes de y, est

$$X + X'y + \tfrac{1}{2}X''y^2 + \tfrac{1}{6}X'''y^3 \ldots + ky^m = 0:$$

X est la somme des 1ers termes, ou le polynome proposé, x étant remplacé par i; *X' se déduit de X en multipliant chaque terme par l'exposant de i et diminuant cet exposant de un*; X' est ce qu'on nomme la Dérivée de X, X'' est la dérivée de X', X''' est celle de X''... Ainsi, on peut composer les coefficiens successifs de la transformée, sans développer les puissances de $i+y$; on formera (*):

$$X = ki^m + pi^{m-1} + qi^{m-2} \ldots + ti + u,$$
$$X' = mki^{m-1} + (m-1)pi^{m-2} + (m-2)qi^{m-3} \ldots + t,$$
$$X'' = m(m-1)ki^{m-2} + (m-1)(m-2)pi^{m-3} + \ldots \text{ etc.} \ldots$$

(*) Le procédé exposé page 39 est très commode pour trouver, dans chaque cas particulier, les valeurs des coefficiens X, X', $\frac{1}{2}X''$..... de la transformée en y. Car divisons X par $x-i$, et soient A le quotient et a le reste; divisons A par $x-i$, et soient B le quotient et b le reste; soient C et c le quotient et le reste de B divisé par $x-i$, et ainsi de suite : on a

$$X = A(x-i) + a, \quad A = B(x-i) + b, \quad B = C(x-i) + c \ldots$$

Éliminant successivement A, B, C... on trouve

$$X = a + b(x-i) + c(x-i)^2 + \text{etc} \ldots + k(x-i)^m;$$

d'où l'on voit que les restes a, b, c... de nos divisions successives sont les coefficiens de la transformée, puisque $y = x - i$. Le procédé de la page 39 fait connaître chaque reste et chaque quotient A, B...; le calcul se présente comme dans l'ex. suivant, où l'on prend $y = x - 3$,

Proposée...	$2x^4$	$-7x^3$	$-12x^2$	$+4x$	$+129$	$=0$
Facteur 3	2	-1	-15	-41	$+6$	
	2	$+5$	$+0$	-41		
	2	$+11$	$+33$			
	2	$+17$				
Transformée	$2y^4$	$+17y^3$	$+33y^2$	$-41y$	$+6$	$=0$

La 1re ligne 2, −1, −15... est composée des coefficiens du 1er quotient A, la 2e de ceux du second B, la 3e de C,... on donne à chaque ligne un terme de moins qu'à la précédente. Le dernier terme de chaque ligne est le reste de

Ainsi, pour faire $x = y + 2$ dans $x^3 - 5x^2 + x + 7 = 0$, on a

$$i^3 - 5i^2 + i + 7, \quad 3i^2 - 10i + 1, \quad 6i - 10:$$

mettant 2 pour i, divisant X'' par 2, on a -3, -7, $+1$, d'où :

$$-3 - 7y + y^2 + y^3 = 0.$$

Pour augmenter au contraire toutes les racines x de i, il faut poser $x = y - i$, c.-à-d. changer ci-dessus i en $-i$, ou prendre en signe contraire les puissances impaires de i.

504. On peut disposer de l'arbitraire i de manière à délivrer la proposée de l'un de ses termes. Ordonnons la transformée (2) selon les puissances décroissantes de y :

$$\left.\begin{array}{l|l|l} ky^m + mik & y^{m-1} + \frac{1}{2}m(m-1)i^2k & y^{m-2} + \ldots + ki^m \\ \quad\quad + p & \quad\quad + (m-1)ip & \ldots\ldots\ldots + pi^{m-1} \\ & \quad\quad\quad + q & \ldots\ldots\ldots + qi^{m-2} \\ & & \quad\quad \text{etc.} \end{array}\right\} = 0.$$

Pour *chasser le 2e terme*, on pose $mik + p = 0$;

d'où $$i = -\frac{p}{mk}, \quad x = y - \frac{p}{mk}.$$

Il faut changer x *en* y *moins le coefficient* p *du 2e terme, divisé par le produit du coefficient* k *du 1er et par le degré* m *de l'équ.* : bien entendu que si p et k sont de signes contraires, la soustraction devient une addition ($y+$, au lieu de $y-$). Dans la transformée, la somme des racines est nulle; on a donc augmenté ou diminué toutes les racines d'une quantité i, ce qui a rendu les parties positives, égales aux négatives.

---

la division par $x - 3$, $a = 6$, $b = -41$;... Ce sont donc les coefficiens cherchés en ordre rétrograde.

Ce mode de calcul est surtout fort commode lorsque $i = 1$, c.-à-d. pour trouver la transformée dont l'inconnue est $y = x - 1$, parce qu'on n'a que des additions à faire, selon la loi du tableau page 21. Voici deux exemples.

$$\begin{array}{llll} x^3 - 12x^2 + 41x - 29 = 0 & \quad & x^4 - 6x^3 + 7x^2 - 7x + 7 = 0 \\ 1 \; - 11 \; + 30 \; + 1 & & 1 \; - 5 \; + 2 \; - 5 \; + 2 \\ 1 \; - 10 \; + 20 & & 1 \; - 4 \; - 2 \; - 7 \\ 1 \; - 9 & & 1 \; - 3 \; - 5 \\ y^3 - 9y^2 + 20y + 1 = 0 & & y^4 - 2x^3 - 5y^2 - 7y + 2 = 0. \end{array}$$

Le calcul est plus rapide en posant $x + \frac{p}{mk} = y$; développant la puissance m, et multipliant par k, on en tire de suite la valeur des deux 1ers termes $kx^m + px^{m-1}$. Par ex., pour $x^3 - 6x^2 + 4x - 7 = 0$, on pose $x - 2 = y$, d'après notre théorème : le cube donne $x^3 - 6x^2 = y^3 - 12x + 8$, et la proposée devient $y^3 - 8x + 1 = y^3 - 8y - 15 = 0$, équ. demandée.

Pour $x^2 + px + q = 0$, on fera $x + \frac{1}{2}p = y$, d'où carrant $x^2 + px = y^2 - \frac{1}{4}p^2$ et la transformée $y^2 = \frac{1}{4}p^2 - q$. On en tire y, et par suite les racines x de la proposée; on a donc un nouveau moyen de résoudre les équ. du 2e degré.

Si l'on veut *chasser le* 3e *terme*, on fera

$$\tfrac{1}{2}m(m-1)i^2k + (m-1)ip + q = 0,$$

équ. qui, en général, conduira à des valeurs irrationnelles ou imaginaires de i.

Enfin, pour chasser le dernier terme, on posera $ki^m + pi^{m-1} \ldots + u = 0$; on devra donc résoudre la proposée même : et en effet la transformée aurait une racine de y qui serait $= 0$, d'où $x = i$.

505. *Pour que les racines* x *deviennent* h *fois plus grandes*, posez $y = hx$; mettez donc $x = \frac{y}{h}$ dans la proposée (1);

$$\frac{ky^m}{h^m} + \frac{py^{m-1}}{h^{m-1}} + \frac{qy^{m-2}}{h^{m-2}} \ldots + \frac{ty}{h} + u = 0,$$

d'où $$ky^m + phy^{m-1} + qh^2y^{m-2} \ldots + uh^m = 0.$$

Ce calcul revient à multiplier les termes successifs de l'équ. (1) par $h^0, h^1, h^2, \ldots h^m$.

Observez que si la proposée n'a pas de coëfficiens fractionnaires (et l'on peut toujours chasser les fractions par la réduction au même dénominateur), en posant $y = kx$, c.-à-d. en faisant l'arbitraire $h = k$, la transformée devient divisible en totalité par k, et on a l'équ. $y^m + py^{m-1} + qky^{m-2} \ldots + uk^{m-1} = 0$, *dégagée du coefficient du* 1er *terme*. Ainsi, *pour délivrer une équ.*

des coefficiens fractionnaires, on la réduit d'abord au même dénominateur, et l'on chasse le coefficient k *du* 1er *terme en posant* y = kx; calcul qui revient à multiplier par k^0, k^1, k^2... k^{m-1} les coefficiens, à partir du 2e terme.

Soit, par ex., l'équation $x^4 - \frac{2}{3}x^3 + \frac{5}{6}x^2 - \frac{3}{4}x - \frac{7}{2} = 0$; multipliant par 12, on a $12x^4 - 8x^3 + 10x^2 - 9x - 42 = 0$; faisant $x = \frac{1}{12}y$, c.-à-d., multipliant les facteurs 10, 9 et 42 respectivement par 12, 12^2, 12^3, il vient

$$y^4 - 8y^3 + 120y^2 - 1296y - 72576 = 0.$$

On verra aisément que pour chasser à la fois le 2e terme et le coefficient k du 1er, on doit faire $x = \frac{y - p}{mk}$.

Pour que les racines x *deviennent* h *fois plus petites*, il faut poser $x = hy$, c.-à-d. diviser les coefficiens successifs de la proposée par h^0, h^1, h^2... h^m. Le calcul précédent donnait à l'équ. des coefficiens plus grands, celui-ci les diminue, et s'emploie dans ce but; mais à moins que la division par h, h^2,.. ne se puisse faire exactement, la transformée acquiert des coefficiens fractionnaires. Soit l'équ. $x^3 - 144x = 10368$, en faisant $x = 12y$, on a $y^3 - y = 6$, équ. bien plus simple.

506. Voici encore deux transformations utiles.

Si l'on pose $x = -y$, ce qui ne change que les signes de l'équ. de deux en deux, les racines positives de x deviennent négatives pour y, et réciproquement.

En faisant $x = \frac{1}{y}$, les plus grandes racines de x répondent aux plus petites de y, et réciproquement; la transformée est dite *réciproque de la proposée.* Comme x, x^2... x^m sont remplacés par les diviseurs y, y^2... y^m, en multipliant tout par y^m, les facteurs x, x^2... x^m se trouvent être remplacés par y^{m-1}, y^{m-2}...y^1, 1; ce calcul revient donc à distribuer les puissances de y en ordre inverse de celles de x :

$$\frac{k}{y^m} + \frac{p}{y^{m-1}} + \frac{q}{y^{m-2}} \ldots + \frac{t}{y} + u = 0,$$

d'où $$uy^m + ty^{m-1} + sy^{m-2} \ldots + py + k = 0;$$

et si l'on veut en outre chasser le coefficient u, on posera $y=\frac{y'}{u}$; d'où $x=\frac{u}{y'}$; transformation qui remplit d'un seul coup les deux conditions imposées.

Limites des Racines.

507. Pour que $x=L$ soit racine d'une équ. $X=0$, il faut que L étant substitué à x, le polynome X devienne nul. Mais si $x=L$ *donne un résultat positif*, et si l'on est assuré que tout nombre $>L$ remplit la même condition, il est clair que L surpasse toutes les racines : L est alors ce qu'on appelle une limite supérieure des racines de l'équ. $X=0$.

En mettant $x-1$ en facteur dans x^n, on a

$$x^n=(x-1)x^{n-1}+x^{n-1};$$

opérant de même pour x^{n-1}, puis pour x^{n-2}, il vient

$$x^{n-1}=(x-1)\,x^{n-2}+x^{n-2},\ x^{n-2}=(x-1)x^{n-3}+x^{n-3},\ \text{etc.}$$

Donc en réunissant tous ces résultats, on trouve

$$x^n=(x-1)\,(x^{n-1}+x^{n-2}+x^{n-3}\ldots+x+1)+1.$$

Appliquons cette formule à chacun des *termes positifs* de $X=kx^m+px^{m-1}+qx^{m-2}\ldots$; il vient

$$\begin{array}{r|r|r|r} k(x-1)x^{m-1}+k & (x-1)x^{m-2}+k & (x-1)x^{m-3}\ldots+k & (x-1)+k \\ +p & +p & \ldots+p & +p \\ & +q & \ldots+q & +q \end{array}$$

etc.........

Mais X doit avoir des termes négatifs, puisque, sans cela, aucune valeur positive de x ne rendant X nul, zéro serait la limite supérieure. Laissons ces termes négatifs sous leur forme, et plaçons-les dans les colonnes où x a le même exposant. Ces coefficiens exceptés, tout est positif, pourvu qu'on prenne $x>1$; mais toute colonne où entre un coefficient négatif $-s$ a la forme $(k+p+q\ldots)(x-1)-s$, le facteur de $x-1$ étant *la somme des coefficiens positifs qui précèdent* s; il est clair que le résultat n'y serait négatif qu'autant qu'on prendrait $(k+p+q\ldots)(x-1) < s$; on aura le signe + si l'on fait

$$x \overline{\overline{>}} 1 + \frac{s}{k+p+q\ldots} \qquad (M).$$

Qu'on en dise autant de chaque colonne où se trouve un terme négatif, et qu'on prenne $x =$ ou $>$ la plus grande des quantités (M), le polynome X recevra une valeur positive, et cette valeur (M) remplira la condition exigée pour la limite cherchée L, puisque (M), ainsi que tout nombre plus grand, rend tous les termes de l'équ. positifs. Donc, *divisez chaque coefficient négatif par la somme des positifs qui le précèdent; prenez la plus grande des fractions ainsi obtenues, ajoutez un, et vous aurez une limite supérieure des racines.*

Pour l'équ. $4x^5 - 8x^4 + 23x^3 + 105x^2 - 80x + 11 = 0$, on divise 8 par 4, et 80 par $4 + 23 + 105$, $\frac{8}{4} > \frac{80}{132}$; donc $1 + \frac{8}{4}$, ou 3, est $> x$; 3 est limite.

Observez que tout nombre plus grand que la valeur (M) jouit aussi de la propriété de surpasser toutes les racines; mettant zéro pour $p, q\ldots$ on trouve $x \overline{\overline{>}} 1 + \frac{s}{k}$; et comme on peut toujours rendre $k = 1$, on a coutume de dire que *le plus grand coefficient négatif de l'équ., pris positivement et augmenté de l'unité, est une limite supérieure des racines.* Cette expression est plus simple que la première; elle se forme à vue et sans calcul; on la préfère quand on n'a pour but que de démontrer des propositions générales. Mais lorsqu'on procède à la recherche des valeurs numériques des racines, il importe de choisir pour limite supérieure un nombre qui soit le moins élevé possible, et voisin de la racine la plus grande; il est plus avantageux d'employer la 1re limite (M), et même celle qui résulte du théorème suivant (*).

(*) Il y a des auteurs qui ont écrit que, pour avoir la limite l des racines d'une équ., il fallait trouver un nombre $x = l$, qui rendît le 1er *terme plus grand que la somme de tous les autres*: mais il fallait dire le 1er *terme*

508. Faisons dans X, $x=L+y$, L étant un nombre quelconque; la transformée est (503) $X+X'y+\frac{1}{2}X''y^2...+ky^m=0$; or, si l'on prend l'arbitraire L telle, que tous les coefficiens X, X', X''... soient positifs, aucune valeur positive de y ne pourra satisfaire à cette équ.; les valeurs réelles de x correspondront donc à des racines négatives de $y=x-L$, partant $L>x$. Donc, *tout nombre qui, mis pour* x, *dans* X *et ses dérivées* X', X''..., *n'en rend aucune négative, est une limite supérieure des racines de* x.

Dans l'ex. cité, les dérivées sont

$$20x^4-32x^3+69x^2..., \quad 80x^3-96x^2+138x..., \quad 240x^2-192x...;$$

et l'on voit aisément que $x=1$ rend la proposée et ses dérivées positives; ainsi $x<1$, limite plus basse que celle qui avait été trouvée.

Il est à remarquer que si l'on change de signe les puissances impaires de y, ce qui revient à poser $x=L-y$, les racines réelles de y, qui étaient toutes négatives, seront devenues positives. *On sait donc, à l'aide de la limite supérieure des racines d'une équ.* X=0, *la transformer en une autre qui n'ait aucune racine négative.*

509. Changez x en $-x$; ou les signes des termes de rangs pairs, les racines positives de x seront devenues négatives : cher-

---

plus grand que la somme de tous les termes négatifs. Sans nous arrêter à démontrer cette assertion, qui est évidente par ce qui précède, prenons un ex. propre à la mettre en évidence...

L'équ. $x^3-10x+3=0$ a pour racine 3, et tout nombre >3 est limite. Cependant si l'on posait $x^3>3-10x$, on y satisferait par $x=0,3$ ou $0,4$... valeurs qui ne seraient pas des limites.

De même $x^2-6x+4=0$, a sa racine la plus grande un peu supérieure à 5, ainsi $x=6$ est limite. Et cependant $x=\frac{2}{3}$ rend $x^2>4-6x$.

L'erreur dont il s'agit, qui d'ailleurs n'existe que dans l'énoncé, vient de ce que, pour qu'on soit certain qu'un nombre est limite, il est inutile de s'arrêter à considérer l'influence des termes positifs; dès que le 1er terme surpasse tous les négatifs, les positifs, qui se réunissent pour accroître la partie positive, rendent à plus forte raison le résultat positif.

chez la nouvelle limite supérieure L', $-L'$ sera au-dessous des racines négatives, c.-à-d. que toutes les racines de x seront comprises entre $-L'$ et L. Dans notre exemple, nous avons $4x^5+8x^4+23x^3-105x^2-80x-11$, $\frac{105}{35}+1$ est limite; donc les racines négatives sont entre -4 et o, et toutes les racines entre -4 et $+1$.

510. Toutes les racines positives de l'équ. $X=0$ sont renfermées entre zéro et la limite L. En faisant $x=\frac{1}{z}$, les plus grandes racines de x répondront aux plus petites de z; si donc on cherche la limite supérieure l des racines de z, ou $z<l$, on aura $x>\frac{1}{l}$: on aura donc ainsi *une limite inférieure des racines positives de* x*;* celle des négatives s'obtient en changeant x en $-x$, et raisonnant de même.

Si s est *le plus grand coefficient de signe contraire au dernier terme* u de l'équ. $kx^m+px^{m-1}\ldots+u=0$, comme la transformée est $uz^m+\ldots+pz+k=0$, on sait (fin du n° 507) qu'on peut prendre pour limite $z<1+\frac{s}{u}$; donc $x>\frac{u}{u+s}$. C'est entre cette valeur et la limite supérieure L que sont comprises toutes les racines positives de x; mais cette fraction peut être remplacée par une limite plus élevée (507, 508), qui resserre l'intervalle où les racines sont renfermées. Dans notre ex. les racines positives sont entre $\frac{11}{91}$ et 1.

511. Ne conservons que les termes négatifs de X et le premier terme kx^m; il reste $kx^m-Hx^{m-h}-Nx^{m-n}\ldots$; le nombre L qui, mis pour x, donne un résultat positif, produit visiblement le même effet sur X, où la partie positive est plus grande. Si k a le signe $-$, on peut de même rendre $kx^m>$ la somme des termes positifs. Ainsi, *on connaît des valeurs* L *de* x *qui rendent le résultat de* X *de même signe que le* 1er *terme, et telles que tout nombre* $>$ L *remplit la même condition.*

Pour $x=\frac{1}{z}$, $k+px+qx^2\ldots$ devient $\frac{1}{z^m}(kz^m+pz^{m-1}\ldots)$;

le nombre L, qui donne un résultat de même signe que k', répond à $x=\frac{1}{L}$, qui produit le même effet sur $k+px+qx^2\ldots$ Ainsi, *on connaît des valeurs de* x *qui sont assez petites pour que le signe de la quantité* $k+px+qx^2\ldots$ *soit celui de* k, *et telles, que les nombres moindres remplissent la même condition.*

Dans ces deux cas, on peut prendre $L=1+\frac{s}{k}$, s étant le plus grand coefficient de signe contraire à k.

Sur l'existence des Racines.

512. X étant un polynome qui n'a pas de signes $-$, *on peut prendre pour* x *une suite de nombres qui donnent à* X *des valeurs croissantes aussi rapprochées qu'on veut.* En effet, soit fait $x=\alpha$, et $\alpha+i$; les résultats P, et $P+P'i+\frac{1}{2}P''i^2\ldots$ ont pour différence $i(P'+\frac{1}{2}P''i\ldots)$; il s'agit de trouver une valeur de i qui rende cette quantité moindre que tout nombre donné h. Tout est ici positif; i très petit et <1; faisons $i=1$ dans la parenthèse, et rendons $i(P'+\frac{1}{2}P''\ldots)=$ ou $<h$; la condition imposée sera visiblement remplie. Donc on y satisfait en faisant $i=$ ou $<\dfrac{h}{P'+\frac{1}{2}P''+\ldots}$.

Prenant ensuite $x=(\alpha+i)+i'$, et raisonnant de même pour i', on a un 3e résultat, qui diffère du 2e de moins de h; et ainsi de suite.

D'après cela, soient P la somme des termes positifs, et N celle des négatifs d'une équ. $X=0=P-N$; supposons que $x=\alpha$ et $=\lambda$ aient donné des résultats de signes contraires; qu'on substitue à x, dans P et N, où tout est positif, une suite de valeurs croissantes de α vers λ, et assez rapprochées pour que les résultats de P diffèrent de moins de h consécutivement. Il y en aura deux successifs, *au moins*, de signes différens. Par ex.,

$x=\eta$ donne $P'-N'$ négatif, ou $P'<N'$,
$x=\theta$ donne $P''-N''$ positif, ou $P''>N''$.

Comme P et N vont en croissant, il est clair que les 4 nombres

P', N', N'', P'', sont rangés *par ordre de grandeurs croissantes:* et puisque les extrêmes ne diffèrent pas de h, $P'-N'$ et $P''-N''$ sont aussi $< h$; ces binomes sont donc aussi près qu'on veut de zéro, puisque h est d'une petitesse arbitraire: donc $P-N$ est rendu nul, à moins de h près. L'idée qu'on attache aux incommensurables permet d'en conclure qu'*il y a au moins une racine de* $X=0$, *entre les nombres* α *et* λ, *qui donnent à* X *des signes contraires.* Le cas où l'on aurait exactement $P=N$ n'est pas exclu de ce raisonnement.

Si l'on avait

$$x=\eta \text{ donne } P'-N' \text{ positif, ou } P'>N',$$
$$x=\theta \text{ donne } P''-N'' \text{ négatif, ou } P''<N'',$$

on disposerait les quatre résultats *par ordre de grandeurs décroissantes,* N', P', P'', N''; or si N varie par intervalles $< h$, d'où $N''-N'=0$, à moins de h, *à fortiori* on a....... $P'-N'=0=N''-P''$.

Le procédé ci-dessus peut même servir à approcher à volonté d'une racine comprise entre α et λ, en resserrant indéfiniment ces limites par des substitutions de nombres intermédiaires. (*Voy.* n° 525.)

Donc, *toute équ. qui n'a pas de racines réelles ne peut, par aucuns nombres substitués, produire des résultats de signes contraires;* le signe de tous les résultats est celui du 1er terme kx^m, puisque, dès que x a atteint une certaine limite, ces résultats conservent tous ce même signe.

513. P et N convergent d'abord l'un vers l'autre, tant que P est $< N$; ils divergent dès que P est devenu $> N$; mais si ces polynomes pouvaient converger de nouveau, et diverger encore, etc..., $P-N$ passerait ainsi plusieurs fois d'un signe à l'autre, de α à λ; c'est ce qu'il faut examiner.

Admettons que, les résultats étant encore de signes contraires, l'équ. $X=0$ puisse avoir deux racines a et b entre α et λ; on peut (n° 500) poser $X=(x-a)(x-b)Q$. Pour $x=\alpha$, $x-a$ et $x-b$ sont négatifs; ils sont positifs, quand $x=\lambda$; leur produit a donc le signe + dans les deux cas. Mais X doit prendre des signes contraires, par supposition; donc Q change aussi de signe, et $Q = 0$ a une racine entre α et λ; $X = 0$ en a donc aussi pareillement une 3ᵉ dans cette étendue. Si l'on en suppose une 4ᵉ, on en reconnaît de même une 5ᵉ, etc.... Ainsi, *quand deux valeurs, mises pour* x *dans* X = 0, *donnent des résultats de signes contraires, cette équ. a, entre ces limites,* 1, 3, 5..., *ou un nombre impair de racines interceptées.*

Si α et λ donnent des résultats de même signe, par ex., $P - N$ positif, il se peut que tous les nombres intermédiaires à α et λ laissent $P > N$; aucun ne donnant $P = N$, il n'y a pas de racine dans cet intervalle. Mais si $x = \theta$ donne un résultat négatif, on est sûr qu'il existe 1, 3, 5... racines entre α et θ, et 1, 3, 5... entre θ et λ; ce qui fait en tout 2, 4, 6... racines entre α et λ. Ainsi *deux quantités qui, substituées, donnent des résultats de même signe, n'interceptent aucune racine, ou en comprennent un nombre pair.*

La réciproque de ces théorèmes est vraie; car s'il n'y a, par ex., que trois racines a, b, c entre α et λ, la proposée est

$$(x - a)\ (x - b)\ (x - c)\ Q = 0\,;$$

les trois 1ᵉʳˢ facteurs sont négatifs pour $x = \alpha$, positifs pour $x = \lambda$, et leur produit a des signes contraires; mais Q doit conserver le même signe, puisque sans cela, outre nos 3 racines, il y en aurait encore d'autres entre α et λ; donc, etc....

Le cas de $a = b = c$ suppose $X = (x - a)^3 \times Q$. Tout ce qu'on vient de dire a encore lieu, seulement la racine a est comprise 3 fois de α à λ; ainsi, les racines égales ne détruisent pas la généralité de nos théorèmes.

514. Ces raisonnemens supposent que α et λ sont positifs; s'il n'en est pas ainsi, posons $x = y - h$ dans $kx^m + px^{m-1}\ldots$; nous avons $k(y - h)^m + p(y - h)^{m-1} + \ldots$ Faisons $x = \alpha$ et λ; les résultats $k\alpha^m + p\alpha^{m-1}\ldots$, $k\lambda^m + p\lambda^{m-1}\ldots$ sont précisément ceux qu'on obtient en faisant $y = h + \alpha$ et $h + \lambda$ dans la transformée; comme h est arbitraire, ces substitutions sont positives, si l'on veut, et l'on juge aux signes semblables ou différens de ces résultats, s'il y a 1, 3, 5... racines, ou 0, 2, 4..., entre

$h + \alpha$ et $h + \lambda$. Chaque racine intermédiaire $y = h + \theta$, en donnera une $x = \theta$, comprise entre α et λ (*) ; donc, etc....

Le théorème du n° 512, qui n'était démontré qu'autant que X n'a que des signes $+$, l'est dans tous les cas ; car P et N, considérés séparément, recevant toutes les valeurs entre celles que donnent $x = \alpha$ et λ, la différence $P - N$ passe par des grandeurs aussi rapprochées qu'on veut.

515. Examinons les deux cas du degré pair ou impair dans l'équation

$$kx^m + px^{m-1} \ldots + tx + u = 0 = X.$$

I. *Si* m *est pair*, et le dernier terme u positif, en faisant $x = 0$ et $=$ la limite supérieure l, les deux résultats sont positifs ; s'il y a des racines positives, elles sont donc en nombre pair (513). Il en est de même des racines négatives, puisque $x =$ la limite supérieure $- l'$ de celles-ci, donne encore le signe $+$. Donc il y a aussi 0, ou 2, ou 4... racines imaginaires ; mais rien n'indique si en effet quelque substitution peut faire prendre à X le signe $-$, en sorte qu'aucune racine n'est peut-être réelle ; mais il est sûr que *les racines imaginaires, les positives et les négatives, s'il en existe de telles, sont en nombre pair, quand le dernier terme est positif et le degré pair.*

Quand le dernier terme u est négatif, comme $x = 0$ et $= l$ donnent des résultats, l'un négatif, l'autre positif, il y a une racine positive, et peut-être 3, 5... ; changeant x en $- x$, les signes de kx^m et de u restent les mêmes, ce qui atteste l'existence d'une racine positive dans la transformée, et d'une négative dans la proposée, et peut-être de 3, 5... Donc, *toute équ. de degré pair, dont le dernier terme est négatif, a deux racines réelles de signes contraires, et, en général, un nombre impair de chaque signe ; les imaginaires sont en nombre pair.*

(*) Si α et λ sont négatifs, comme -2 et -7, un nombre négatif entre 2 et 7, tel que -4, est dit *intermédiaire* : et si α et λ ont des signes différens, comme $+4$ et -3, tout nombre positif < 4, ou négatif < 3, est intermédiaire : tels sont $+2$, -2 et 0. (*Voy.* le n° 116.)

II. *Si m est impair, et le dernier terme u négatif*, $x = 0$ et $= l$ donnent des résultats de signes différens; partant, une racine positive, ou 3, ou 5... Dégageons la proposée de ces racines, en la divisant par les facteurs binomes correspondans, le quotient sera de degré pair, et de plus le dernier terme sera positif, puisqu'il resterait encore quelque racine positive; on retomberait ainsi sur le cas précédent. Donc, *les racines positives de toute équ. de degré impair, dont le dernier terme est négatif, sont en nombre impair; les négatives et les imaginaires, s'il en est, sont en nombre pair.*

Quand le dernier terme u est positif, lorsqu'on met $-x$ pour x, kx^m prend le signe $-$; changeant ensuite tous les signes, kx^m reprend le signe $+$, et le dernier terme qui était $+u$ devient $-u$; on retombe ainsi sur le cas précédent. Donc, *toute équ. de degré impair, dont le dernier terme est positif, a un nombre impair de racines négatives; les positives et les imaginaires, s'il en est, sont en nombre pair.*

1°. *Toute équ. de degré impair a une racine réelle de signe contraire à celui de son dernier terme.*

2°. *Les racines imaginaires des équ. sont toujours en nombre pair.*

3°. *Une équ. qui n'a pas de racines réelles est nécessairement de degré pair avec un dernier terme positif.*

4°. Soient $a, b \ldots, -a', -b' \ldots$ les racines réelles d'une équ. $X = T(x-a)(x-b)\ldots(x+a')(x+b')\ldots$ On suppose que $T = 0$ n'a pas de racines réelles. Le dernier terme de X étant le produit de celui de T, qui est positif (3°.), par $-a, -b \ldots, +a', +b' \ldots$, son signe ne dépend que du nombre de ces facteurs négatifs. Donc, *le dernier terme d'une équ. est positif ou négatif, selon que le nombre des racines positives est pair ou impair, quel que soit d'ailleurs le nombre des négatives et des imaginaires.*

516. Il est prouvé, sans se fonder sur le théorème (501), que toute équ. $X = 0$ a au moins une racine réelle, excepté quand le degré est pair et le dernier terme positif. S'il était possible de faire voir que, dans ce dernier cas, il existe, sinon une

valeur réelle, du moins un *symbole algébrique, une fonction des coefficiens* (*), qui réduise X à zéro, il serait démontré que toute équ. a une racine, et, d'après le n° 501, qu'elle en a précisément m.

Changeons le dernier terme $+u$ de X, en une quantité $-h$ négative et arbitraire; l'équ. $kx^m \ldots + tx - h = 0$ a au moins une racine positive a, et est divisible par $x - a$. Ainsi, après plusieurs divisions partielles, on arrivera enfin à un dividende de la forme $Ax - h$, et le reste suivant $Aa - h$ devra être $= 0$; a est donc une fonction de h, déterminée par cette condition, et cette fonction existe certainement, quoiqu'on ne la connaisse pas; ainsi on a cette équ. identique

$$kx^m + px^{m-1} + \ldots + tx - h = Q(x - a).$$

On peut prendre pour l'arbitraire h tel nombre qu'on veut, et l'identité subsistera, pourvu qu'on prenne pour a la valeur correspondante à celle de h. Faisons $h = -u$, le 1er membre devient X, et la division par $x - a$ sera possible exactement.

(*) Lorsqu'une formule contient diverses lettres $p, q \ldots$, liées entre elles par des signes indiquant des calculs à exécuter, on dit que cette formule est une *fonction* de ces quantités $p, q \ldots$ Ici, l'inconnue x est fonction des coefficiens; car, si les racines existent, et qu'on les fasse varier, l'équ. ne pourra pas conserver les mêmes coefficiens, attendu qu'elle est le produit de facteurs binomes $(x - a)(x - b) \ldots$ Il y a donc une dépendance entre les racines et les coefficiens, et x doit contenir ceux-ci dans sa valeur : on écrit ainsi cette sorte de relation :

$$x = f(p, q \ldots), \quad x = F(p, q \ldots).$$

On distingue plusieurs sortes de fonctions : les *implicites* où les quantités sont mêlées ensemble : $y^2 - 2xy + 1$ est une fonction implicite de x et y. Elle est *explicite* quand les inconnues sont séparées dans une équ. résolue : $y = x \pm \sqrt{(x^2 - 1)}$ est une fonction explicite de x. Les *fonctions algébriques* sont celles qui ne comportent que les opérations d'Algèbre, jusques et y compris les racines à extraire. Les *fonctions transcendantes* renferment des logarithmes, des exposans inconnus, des sinus, cosinus, etc. On entend aisément les dénominations de *fonctions logarithmiques, exponentielles, circulaires*. On n'énonce ordinairement, dans une fonction, que celles des lettres qui y entrent, auxquelles on veut avoir égard, d'après le but qu'on a en vue. (*Voy.* la note du n° 620.)

Donc l'équ. $X = 0$ a la racine a ; mais comme en mettant $-u$ pour h, les radicaux qui pourraient affecter h dans a ont peut-être cessé d'être réels, il se peut que a soit imaginaire.

517. On peut, à l'aide de la Géométrie, démontrer les théorèmes (nº 515). La courbe dont l'équ. est $y = X$ *n'a qu'une branche continue et indéfinie dans les deux sens* Q'CNM (fig. 2) ; car chaque valeur de x répond toujours à une de y. On donne à ces courbes le nom de *Paraboliques*, à cause que l'une des variables n'entre dans son équ. qu'au 1er degré et dans un seul terme, comme pour la parabole ordinaire. Les abscisses AR, AQ, des points R, Q... où la courbe coupe l'axe des x, répondent à $y = 0$, et sont des racines de l'équ. $X = 0$; elles sont positives pour les sections R, Q..., à droite de l'origine A, négatives pour R', Q'... à gauche.

Cela posé, 1°. si $x = AB$ et AD donnent des résultats de signes différens, les ordonnées correspondantes BC, DE sont de part et d'autre de l'axe; la courbe continue de C en E rencontre l'axe au moins une fois en R, ou 3, ou 5... fois de B en D. De même, lorsque $x = AB$ et AP donnent des résultats de même signe, les ordonnées BC, PM sont du même côté de l'axe, et la courbure va de C en M sans couper l'axe, ou en le coupant en 2, 4... points. Il est facile de trouver dans ces circonstances les preuves de ce qu'on a dit nºs 512 et 513.

2°. Quand X est de *degré pair* avec un dernier terme positif, $x = 0$ et $=$ la limite supérieure AP donnent des points de la courbe qui ne supposent de A en P aucun point de section avec l'axe, ou 2, 4... Il en est de même pour des valeurs négatives de x. Mais si le dernier terme est négatif, $x = 0$ donne l'ordonnée négative AF (fig. 3); et les limites B et D des racines positives et négatives, donnent au contraire les ordonnées positives BC, DE ; la courbe va de E en F, puis en C, et coupe au moins une fois l'axe entre D et A, et une fois entre A et B ; elle peut aussi couper en 3, 5... points, soit d'un côté de A, soit de l'autre. Tout ceci est conforme au nº 515, I.

3°. Si le degré de X est *impair*, avec un dernier terme négatif, $x = 0$ et $=$ la limite AB des racines positives (fig. 4) donnent les points F et C des deux côtés de Ax; la courbe passe de F en C, en coupant l'axe en 1, ou 3, ou 5... points. Et si le dernier terme est positif, $x = 0$, et $= AB$, limite des racines négatives (fig. 5), donnent les points C et F, et 1, 3, 5... intersections de B à A, comme n° 515, II.

Observez que la courbe touche l'axe des x, quand deux ou plusieurs points de section coïncident, c.-à-d. quand il y a des racines égales. (*Voy.* n°s 424, 523 et 713.)

Des Racines commensurables.

518. *L'équ.* $x^m + px^{m-1} + qx^{m-2} \ldots + u = 0$, *dont tous les coefficiens sont entiers, ne peut avoir de racine fractionnaire* $x = \frac{a}{b}$; car on aurait $\frac{a^m}{b^m} + p\,\frac{a^{m-1}}{b^{m-1}} + \ldots = 0$, et multipliant tout par b^m, $a^m + b\,(pa^{m-1} + qba^{m-2} \ldots + ub^{m-1}) = 0$. La 2e partie est multiple de b; donc a^m est divisible par b, ce qui suppose, ou que $b = 1$, ou que a et b ne sont pas premiers entre eux (n° 24, 6°.). Donc, etc...

Ainsi, lorsque l'équ. est préparée d'après le n° 505, en faisant $y = kx$, les coefficiens sont tous entiers, et celui du 1er terme est 1; on est assuré qu'alors il n'y a aucune valeur fractionnaire de y : les racines réelles de y étant divisées par k, donnent celles de x, lesquelles ne seront entières que quand cette division se fera exactement. Ainsi, la recherche des racines fractionnaires que peut avoir une équ. est réduite à celle des racines entières de sa transformée. On obtient ainsi les facteurs binomes rationnels du polynome X, divisé par le coefficient k de son 1er terme.

Soit $\quad X = kx^m + px^{m-1} + qx^{m-2} \ldots sx^2 + tx + u;$

désignons par $\quad kx^{m-1} + p'x^{m-2} \ldots s'x^2 + t'x + u'$

le quotient de X divisé par $x - a$. Nous avons donné (n° 500) un procédé pour déterminer le quotient et le reste R, savoir,

$$ka + p = p',\ kp' + q = q' \ldots s'a + s = t';\ t'a + t = u';$$

le reste de la division est $R = u'a + u$: donc

$$-k = \frac{p - p'}{a} \ldots - s' = \frac{s - t'}{a}, - t' = \frac{t - u'}{a}, - u' = \frac{u - R}{a}.$$

Au lieu de calculer successivement les coefficiens $p' \ldots, s', t', u', R$, de proche en proche, on peut, lorsque R est connu, les obtenir en ordre rétrograde $u', t', s', \ldots$: ce mode n'est utile que dans la recherche des racines entières. En effet, la condition nécessaire et suffisante pour exprimer que $x - a$ divise X, est que R soit nul; or, si a est un nombre entier, il suit de la nature même du calcul que $p' \ldots s', t', u'$, sont tous des *entiers ;* ainsi, 1°. a *divise* u ; *on ne peut chercher les racines entières de l'équ.* X = 0 *que parmi les diviseurs de son dernier terme.* 2°. a *divise* t—u', *puis* s — t'..., *enfin*, p — p', *et ce dernier quotient est le coefficient* k *du premier terme, en signe contraire.*

Telles sont les conditions que doit remplir toute racine entière a; et il est clair que tout nombre entier a qui y satisfait est racine, puisqu'en composant, par le procédé dont il s'agit, le quotient de X divisé par $x - a$, on arrivera à un reste nul, et aux coefficiens $k, p' \ldots s', t', u'$, tels qu'on les avait obtenus.

Voici donc la marche à suivre : on prendra, tant en + qu'en —, tous les diviseurs du dernier terme u, et les quotiens u' de u divisé par ces nombres; on les soumettra aux épreuves ci-dessus prescrites : si, dans la suite des calculs, l'un de ces diviseurs donne quelque quotient fractionnaire, on le rejettera comme ne pouvant être racine; on reconnaît pour telle tout diviseur qui conduit enfin à trouver $-k$, ou le coefficient du 1er terme en signe contraire. La suite des quotiens numériques ainsi obtenus forme les coefficiens $u', t', s' \ldots k$ du quotient algébrique de X divisé par $x - a$, mais avec des signes contraires.

$\pm$ 1 divise tous les nombres; mais comme les épreuves de ces diviseurs de u donnent des quotiens toujours entiers, ce ne serait qu'au terme du calcul qu'on reconnaîtrait, en ne trouvant pas $-k$ pour quotient, que $\pm$ 1 n'est pas racine. On préfère donc substituer $\pm$ 1 dans l'équ. De même on ne soumet pas à ces épreuves les diviseurs qui excèdent les limites des racines (n° 507).

Soit, par ex., $x^4 - x^3 - 16x^2 + 55x - 75 = 0$; comme $75 = 3.5^2$, on trouve aisément (n° 25) que les diviseurs de 75 sont $\pm$ (1, 3, 5, 15, 25 et 75). Nous exclurons ± 1, car la somme des coefficiens de 2 en 2 est $-90 + 54$; et soit qu'on prenne ± 54, la somme n'est pas zéro. Excluons de même les diviseurs qui passent $+17$ et -37, limites des racines. Le calcul se range commodément sous la forme suivante, où * marque les diviseurs à rejeter.

$a =$	15	5	3	-3	-5	-15	-25
$-u' =$	-5	-15	-25	25	15	5	3
$55 - u' =$	50	40	30	80	70	60	58
$-t' =$	*	8	10	*	-14	-4	*
$-16 - t' =$	.	-8	-6	. .	-30	-20	
$-s' =$	...	*	-2	...	$+6$	*	
$-1 - s' =$	...		-3	...	$+5$		
$-k =$	...		-1	...	-1		

Ainsi, la proposée n'a que les deux racines entières, 3 et -5; le quotient par $x + 5$ est $x^3 - 6x^2 + 14x - 15$; divisant de nouveau par $x - 3$, on a

$$(x + 5)(x - 3)(x^2 - 3x + 5) = x^4 - x^3 - 16x^2 \text{ etc...}$$

Voici encore deux autres exemples :

$x^3 + 3x^2 - 8x + 10 = 0$

$a =$	2	-2	-5	-10
$-u' =$	5	-5	-2	-1
$t - u' =$	-3	-13	-10	-9
$-t' =$	*	*	$+2$	*
$s - t' =$	...	...	5	....
$-k =$	...	...	-1	....

$8x^3 - 7x^2 - 63x + 36$

9	6	4	3	2	-2	-3	-4
4	6	9	12	18	-18	-12	-9
-59	-57	-54	-51	-45	-81	-75	-72
*	*	*	-17	*	*	$+25$	$+18$
...	...	...	-24	...	...	$+18$	$+11$
...	...	...	-8	...	...	*	*

Dans le 1er, le facteur $x + 5$ donne le quotient $x^2 - 2x + 2 = 0$. Dans le 2e on n'éprouve parmi les diviseurs de 36 que ceux qui sont entre les limites -5 et $+10$; on a le facteur $x - 3$ et le quotient $8x^2 + 17x - 12$.

Voici des problèmes qu'on résout par ce procédé :

I. Cherchons un nombre N de trois chiffres x, y, z, tels que, 1°. leur produit soit 54; 2°. le chiffre du milieu soit le 6e de la somme des deux autres; 3°. enfin, en soustrayant 594 du nombre proposé, le reste est exprimé par les mêmes chiffres écrits en ordre inverse. Comme $N = 100x + 10y + z$, on a

$$xyz = 54,\quad 6y = x + z,\quad 100z + 10y + x = N - 594.$$

Celle-ci revient à $x - z = 6$; chassant y, on a $x^2z + xz^2 = 324$; enfin, mettant $z + 6$ pour x, on a $z^3 + 9z^2 + 18z = 162$. Or, x, y, z sont des entiers, et notre méthode donne $z = 3$; d'où $x = 9$, $y = 2$ et $N = 923$.

II. Quelle est la base x du système de numération dans lequel le nombre 538 est exprimé par les caractères (4123)?

Il faut trouver la racine entière et positive de l'équation $4x^3 + 1x^2 + 2x + 3 = 538$; elle est $x = 5$. (*Voy.* la note page 6 du tome I.)

En général, si A est le nombre exprimé par les n chiffres $a, b, c \ldots i$, la base x du système est donnée par

$$ax^{n-1} + bx^{n-2} \ldots = A - i;$$

équ. qui n'a qu'une racine positive (n° 530). Du reste, x est entier et $> a, b, c \ldots i$.

III. Soit proposée l'équ. $8\left(\frac{2}{5}\right)^{x^3-5x^2+3x+3} = 125$; le calcul du n° 147, 3°., donne, à cause de $\frac{125}{8} = \left(\frac{5}{2}\right)^3$,

$$(x^3 - 5x^2 + 3x + 3)\log\tfrac{2}{5} = 3\log\tfrac{5}{2}, \text{ ou } x^3 - 5x^2 + 3x + 3 = -3.$$

On en tire $x = 2$ et $= \frac{1}{2}(3 \pm \sqrt{21})$.

IV. Pour $6x^4 - 19x^3 + 28x^2 - 18x + 4 = 0$, on fait.....

$x = \dfrac{1}{6}y$; d'où $y^4 - 19y^3 + 168y^2 - 648y + 864 = 0$. Il n'y a pas de racines négatives, et les positives sont < 20; or, $864 = 2^5.3^3$, et l'on est conduit à éprouver les diviseurs 2, 3, 4, 6... 18. On trouve $y = 3$ et 4; d'où $y^2 - 12y + 72 = 0$; enfin, $x = \frac{1}{2}, \frac{2}{3}, 1 \pm \sqrt{-1}$.

On trouve de même que

$$6x^5 + 15x^4 + 10x^3 - x = x(x + 1)(2x + 1)(3x^2 + 3x - 1).$$

519. On voit que les calculs peuvent être très longs. Voici

un moyen de les abréger. Faisons $x=\theta$ dans la proposée $X=0$, et soit U le résultat qu'on obtient; si l'on fait $x=z+\theta$, la transformée $z^m+Pz^{m-1}\ldots$ a précisément U pour dernier terme (503); θ est ici un entier quelconque; les racines entières de x répondent à celles de z, comprises parmi les diviseurs de U. Désignons ceux-ci par $\pm d'$, $\pm d''\ldots$; il est clair que les racines entières de x sont toutes comprises dans la forme.... $x=\theta\pm d$, nombre qui devra diviser le dernier terme de X.

Ainsi, mettez pour x un entier quelconque θ; prenez tous les diviseurs $\pm d$ du résultat U (il sera utile de choisir θ de manière que U ait un petit nombre de diviseurs); il ne faudra soumettre au procédé prescrit par la méthode générale, que ceux des diviseurs du dernier terme u qui sont compris dans la forme $\theta\pm d$. On peut même prendre plusieurs valeurs de θ, qui offriraient autant de systèmes d'exclusion.

Dans le problème IV, faisant $y=1$, on a $U=366$, dont les diviseurs sont 1, 2, 3, 6, 61; les racines entières de y sont donc de la forme $1\pm$ ces diviseurs; ainsi y est parmi les nombres 2, 3, 4, 7, en s'arrêtant aux limites 0 et 20. Dès lors, il ne faut plus éprouver que 2, 3 et 4, car 7 ne divise pas 864.

520. Cherchons maintenant les *facteurs commensurables du 2e degré de l'équ.* $X=0$. L'un de ces facteurs étant x^2+ax+b, l'autre sera tel que $x^{m-2}+p'x^{m-3}+\ldots$, et l'on aura cette équ. identique

$$X=(x^2+ax+b)(x^{m-2}+p'x^{m-3}+q'x^{m-4}\ldots);$$

les coefficiens sont ici des inconnues en nombre m. Exécutons la multiplication, et comparons les deux membres terme à terme (*voy.* n° 576); nous aurons m équ.; éliminant p', $q'\ldots$ il restera deux équ. entre a et b, et enfin une contenant b seul, et qui sera du degré $\frac{1}{2}m(m-1)$, parce que c'est le nombre des combinaisons 2 à 2 des facteurs du 1er degré. Cette dernière équ. donnera pour b au moins une valeur commensurable, sans quoi X n'aurait pas de facteur rationnel du 2e degré; cette valeur de b, introduite dans une équ. en a et b, donne a, et par suite x^2+ax+b.

Par exemple,

$$x^4-3x^2-12x+5=(x^2+ax+b)(x^2+p'x+q'),$$

d'où

$$a+p'=0,\ b+ap'+q'=-3,\ p'b+aq'=-12,\ q'b=5.$$

Les deux 1res donnent p' et q'; substituant dans les deux autres, on a

$$2ab+3a-a^3=12,\quad b^2+b(3-a^2)+5=0,$$

et chassant b on trouve $a^6-6a^4-11a^2=144$; d'où $a=3$ et -3, $b=5$ et 1, puis les facteurs $(x^2+3x+5)(x^2-3x+1)$.

De l'Élimination.

521. A, a, B, b... étant fonctions de y, cherchons *toutes les couples de valeurs* qui, substituées à x et y dans les polynomes Z et T, les réduisent à zéro :

$$Z=Ax^m+Bx^{m-1}\ldots,\qquad T=ax^n+bx^{n-1}\ldots$$

Soit $m=$ ou $>n$; divisons Z par T, et pour éviter les fractions, multiplions, s'il le faut, Z par un facteur M, qui rende A multiple de a; M est un nombre ou une fonction de y (*). Désignons par Q le quotient, par R le reste, fonction de y, on a

$$MZ=QT+R\ldots.\ (1).$$

Cette équ. est *identique*, exempte de fractions et d'irrationnalités, et se vérifie, quels que soient x et y; substituons donc pour x et y l'une des couples cherchées, Z et T seront nuls; donc R le sera aussi, savoir, $R=0$ et $T=0$.

(*) Le facteur M s'obtient comme pour le commun diviseur (p. 140, t. I). Lorsque le degré n est $=m-1$, cas qui est le plus ordinaire, du moins dans les divisions subséquentes, on prend $M=a^2$, carré du 1er coefficient du diviseur T. Le quotient est alors

$$Q=a(Ax+B)-Ab.$$

On formera de suite cette quantité, et son produit par T, qu'on retranchera de a^2Z : les deux premiers termes disparaîtront, et il sera même inutile de s'en occuper; on aura ainsi le reste R par un calcul très facile.

Réciproquement, si quelques valeurs de x et y rendent Z et T nuls, on a $MZ = 0$; donc $M = 0$, ou $Z = 0$:

Ainsi, lorsqu'au lieu des équ..... $Z = 0$, $T = 0$
on prend celles-ci............. $R = 0$, $T = 0$,

on doit retrouver toutes les couples cherchées de x et y; mais ces équ. en admettent en outre d'autres qui donnent $M = 0$ et $T = 0$, *lesquelles sont étrangères à la question, et introduites par la marche du calcul.* Du reste, le problème est devenu plus simple, quoiqu'il renferme ces solutions inutiles, parce qu'on a soin de pousser la division de Z par T jusqu'à ce que x soit dans le reste R à un degré moindre que dans T.

Divisons de même T, ou plutôt $M'T$ par R, M' étant un facteur convenable; soient Q' le quotient entier, et R' le nouveau reste, nous avons

$$M'T = Q'R + R' \dots \quad (2).$$

On prouvera de même que toutes les couples de valeurs qui rendent nuls T et R, donnent aussi $R = 0$ et $R' = 0$, équ. qui admettent toutes les solutions cherchées; mais que, réciproquement, celles-ci contiennent encore les couples qui rendent nuls M' et R; et qu'en prenant ces dernières équ. au lieu des proposées, on aura les solutions demandées, et en outre d'autres qui sont étrangères, et rendent nuls soit M' et R, soit M et T.

On continue de la sorte ce calcul, qui n'est que celui du *commun diviseur entre les polynomes* Z *et* T, jusqu'à ce que le degré de x soit abaissé dans le dividende mV et dans le diviseur D, de manière à donner *un reste* Y, *indépendant de* x; savoir:

$$mV = Dq + Y \dots\dots \quad (3);$$

d'où $\qquad D = 0$, et $Y = 0 \dots \quad (4)$.

Ces deux équ. admettent donc toutes les solutions cherchées; mais elles en ont de plus d'autres qui sont étrangères, et qu'on reconnaît à ce qu'elles rendent nuls ensemble l'un des facteurs introduits $M, M' \dots m$, avec le *diviseur correspondant* T, R.. D.

L'équ. $Y = 0$ n'a qu'une inconnue y: on en cherchera les

racines; et les substituant dans $D=0$, équ. en général du 1er degré en x, on aura chaque valeur de x, qui s'accouple à celle de y; cependant si D est du 2e degré, chaque racine de y s'accouplera à deux valeurs de x, et ainsi de suite. Donc, *pour éliminer* x *et* y *entre les équ.* $Z=0$, $T=0$, *cherchez le commun diviseur entre* Z *et* T *ordonnés suivant* x; *poussez le calcul jusqu'à ce qu'il vienne un diviseur* D, *qui donne un reste* Y *indépendant de* x; *enfin, remplacez les proposées par* $Y=0$ *et* $D=0$, qu'on nomme *Équations finales*.

Soient $\quad 2x^2-y^2+1=0,\ x^2-3xy+y^2+5=0;$

divisant la 1re équ. par la 2e, le quotient est 2, et le reste, dégagé du facteur 3, est $D=2xy-y^2-3=0$; multipliant la 2e proposée par $4y^2$, et divisant par D, le quotient est $2xy-5y^2+3$, et le reste $Y=-y^4+8y^2+9=0$. On résout cette équ. en faisant $y^2=z$; d'où $z^2-8z=9$, $z=9$, et -1; puis $y=\pm 3$, et $\pm\sqrt{-1}$: enfin, substituant dans D, on obtient les valeurs correspondantes $x=\pm 2, \mp\sqrt{-1}$.

Pour les équ. $x^2+2xy-3y^2+1=0,\quad x^2-y^2=0$. le 1er reste est $D=2xy-2y^2+1$, le 2[e] $Y=4y^2-1=0$

enfin $$x=-y=\pm\tfrac{1}{2}.$$

P, Q, p, q étant les fonctions données de y, les équ.

$$x^2+Px+Q=0,\quad x^2+px+q=0,$$

donnent les équ. finales $\quad (P-p)x+Q-q=0,$

$$(Q-q)^2+q(P-p)^2=p(Q-q)(P-p).$$

Pour $x^3+x^2-xy^2-y^2=0$, $2x^2-x(4y-1)-2y^2+y=0$, le 1er reste est $(16y^2-2y-1)x+8y^3-6y^2-y=0=D$; on multiplie le diviseur par $(16y^2-2y-1)^2$, on divise par D, et l'on a l'équ. finale $32y^3(4y^3-12y^2+3y+1)=0=Y$. On en tire $y=0$, et $\frac{1}{2}$ (n° 518); on abaisse ensuite y au 2e degré, et l'on trouve $y=\frac{1}{4}(5\pm\sqrt{33})$. Enfin, D donne les valeurs correspondantes $x=0, \frac{1}{2}, -1$ et -1.

522. Il nous reste à distinguer, ou plutôt à éviter les *solutions étrangères*, celles qui rendent nuls M et T', ou M' et R, ou, etc.

Soit $y = \varphi$ une racine de l'équ. $M = 0$, qui ne contient pas x; en substituant dans $T = 0$, on aura une équ. $T_1 = 0$ en x seul, laquelle ne sera au plus que du degré $n - 1$, attendu que, par la nature même de notre calcul, M doit être facteur du coefficient a, dans $T = ax^n + bx^{n-1} \ldots$: en résolvant l'équ. $T_1 = 0$, on en pourra tirer $n - 1$ valeurs, $x = \psi$, corrrespondantes à $y = \varphi$, qui rendent M et T nuls ensemble. Substituons φ et ψ à y et x dans les équ. identiques (1) et (2); il est clair qu'on aura R et R' nuls; d'où il faudrait conclure qu'après avoir mis φ pour y dans ces deux restes, il y a $n - 1$ valeurs ψ de x qui donnent $R = 0$ et $R' = 0$. Or c'est ce qui n'est pas possible, puisque R' n'est que d'un degré inférieur à $n - 1$, degré de R : ainsi $y = \varphi$ doit rendre R' nul, sans le secours d'aucune valeur de x, ou plutôt M divise R'. Donc *le facteur* M, *introduit dans la première division, est diviseur du second reste* R', *ou* R' = Mr.

Rejetant donc de R' le facteur M, c.-à-d. remplaçant R' par r, on aura dégagé l'opération des racines étrangères provenues de M; dès lors le calcul du commun diviseur se fera sur le quotient r, au lieu de R'. De même, on trouvera que M' divise exactement le 3e reste R'', qu'on remplacera par le quotient de R'' divisé par M', pour supprimer les racines étrangères, introduites par M', et ainsi de suite. Enfin, on obtiendra l'équ. finale $Y = 0$ dégagée de toutes ces racines; le dernier facteur m de l'équ. (3) n'en peut introduire aucune, attendu que tout facteur $y = \beta$ de m et de Y devrait aussi diviser D. (*Voy.* n°s 523, 4°., et 4e CAS.)

Observez que si l'on pose $y = \varphi$ dans T et R, les polynomes en x qui en résultent doivent être identiques, puisqu'ils deviennent nuls par les $n - 1$ mêmes valeurs $x = \psi$.

Par ex., $x^3y - 3x + 1 = 0$, $x^2(y - 1) + x - 2 = 0$;
multiplions la 1re par $(y - 1)^2$, divisons par la 2e;
1er reste $\quad -x(y^2 - 5y + 3) + (y^2 - 4y + 1) \quad (D)$;
multipliant le diviseur par $(y^2 - 5y + 3)^2$, il vient
2e reste $\quad y^5 - 10y^4 + 37y^3 - 64y^2 + 52y - 16$,
lequel doit être divisible par $(y - 1)^2$; le quotient est l'é-

quation finale, dégagée de toute racine étrangère,

$$y^3 - 8y^2 + 20y - 16 = 0\ldots\quad (Y).$$

Les racines sont $y = 4$, 2 et 2, et $D = 0$ donne $x = -1$, 1 et 1.

Au reste s'il arrivait que la racine $y = \varphi$ de $M = 0$ réduisît T au degré $n - 2$, M ne diviserait plus R, parce que les équ. $R = 0$ et $R' = 0$ pourraient admettre les $n - 2$ racines ψ de $T' = 0$, et le raisonnement ci-dessus ne serait plus applicable. C'est ce qu'on voit par l'ex. suivant, où le facteur y, introduit dans la 1re division, ne divise pas le 2e reste, et se retrouve dans l'équ. finale.

$$(y-1)x^4 - 1 = 0, \quad yx^3 - x + 1 = 0,$$

1er reste $\quad x^2(y-1) - x(y-1) - y;$

2e reste $\quad x(2y^2 - 2y + 1) + y^2 + y - 1,$

3e reste $\quad y(y^4 - 7y^3 + 14y^2 - 9y + 2).$

523. Faisons quelques remarques importantes.

1°. Si $x = \alpha$ et $y = \beta$ rendent nuls Z et T, en faisant $x = \alpha$ dans ces polynomes, les résultats ne contiennent plus x, et sont l'un et l'autre nuls pour $y = \beta$; donc $y - \beta$ en est facteur commun. Pour s'assurer si $x = \alpha$ fait partie d'une des solutions cherchées, et obtenir la racine $y = \beta$ qui y répond, il faut donc poser $x = \alpha$ dans Z et T, chercher le commun diviseur entre les résultats, et l'égaler à zéro. Si ce facteur est du 2e degré, α répond à deux valeurs de y, etc.

2°. Si quelque combinaison des polynomes Z et T donne un résultat plus simple, on l'emploiera de préférence au lieu de Z ; comme aussi il est bon d'ordonner, par rapport à y, si le calcul en devient plus facile. C'est ainsi qu'en ajoutant les équ. du 1er exemple, page 65, et ordonnant relativement à y, qui dans la somme n'est qu'au 1er degré, on obtient de suite les solutions.

Quand Z et T sont au même degré m, en éliminant x^m comme une inconnue, on peut donc abaisser l'une des équ. à un degré moindre.

3°. Si Z est formé de deux facteurs rationnels $Z = P \times Q$, il est clair qu'en même temps que $T = 0$, on doit avoir ou P, ou Q

nul. Ainsi le problème proposé se partage en deux, et n'admet que les solutions de ce double système,

$$T=0 \text{ avec } P=0, \quad T=0 \text{ avec } Q=0.$$

Et si T, P ou Q est lui-même décomposable en facteurs, on partage encore le problème en d'autres plus simples.

Dans le 2e exemple (p. 65), l'équ. $x^2-y^2=0$ donne $x+y=0$, et $x-y=0$; ainsi l'on fera simplement $x=\pm y$ dans la 1re équ.

4°. Quand il arrive qu'un des polynomes qu'on rencontre dans le calcul contient un facteur fonction de y, et il doit l'être de chaque terme (n° 102, II), on ne peut pas ici supprimer ce facteur, comme lorsqu'on a seulement dessein d'obtenir le plus grand commun diviseur. D'après ce qu'on vient de dire, il faut l'égaler à zéro, et considérer cette équ. à part : elle renferme une partie des solutions demandées.

Par ex., pour $x^3-2x^2+y^2=0$, $x^2(y-2)+xy=0$, on multiplie la 1re par $(y-2)^2$, on divise par la 2e;

$$1^{\text{er}} \text{ reste } .\ y[x(3y-4)+y(y-2)^2]\dots\ (D).$$

Avant de prendre ce reste pour diviseur, on ôte le facteur commun y, on pose $y=0$ dans la 2e équation, et l'on a $x=0$. Les autres racines s'obtiennent ensuite en multipliant la 2e équ. par $(3y-4)^2$, et divisant, etc. Le 2e reste doit être divisible par $(y-2)^2$; en supprimant ce facteur étranger, on arrive à l'équ. finale $y^2(y^3-6y^2+9y-4)=0$, (Y); d'où $y=0, 1, 1, 4$, puis $x=0, 1, 1, -2$. De même les équ.

$$x^2+x(y-3)+y^2-3y+2=0; \quad x^2-2x+y^2-y=0$$

conduisent au reste $(y-1)\ (x-2)$: on pose $y=1$ dans le diviseur; d'où $x=0$ et 2. Ensuite on continue le calcul pour le reste $x-2$: le reste final est $y^2-y=0$, savoir, $x=2$ avec $y=0$, ou 1.

5°. *Si* Z *et* T *ont un facteur commun* F, $Z=PF$, $T=QF$, le problème est résolu en posant, ou P et Q nuls, ou $F=0$: le 1er système se traite à l'ordinaire, et donne diverses solutions. Quant à l'équ. $F=0$, comme elle ne peut déterminer x et y à elle seule, *le problème est indéterminé*. Si F ne contient que x ou y, cette inconnue s'en tire, et l'autre est arbitraire; si $F=0$ renferme x et y, l'une est quelconque, et l'autre s'en déduit.

Par exemple, en opérant sur les équ.

$$(y-4)x^2-y+4=0,\quad x^3-x^2-xy+y=0,$$

on trouve le facteur commun $x-1$, c.-à-d. qu'on a

$$(y-4)(x+1)(x-1)=0,\quad (x^2-y)(x-1)=0:$$

on fera donc $x=1$ et y quelconque. Outre ce nombre infini de solutions, on aura encore celles qui résultent de la suppression du facteur $x-1$, savoir, $y=1$ et 4, $x=-1$ et ± 2.

La règle prescrite n° 521 présente quatre cas d'exceptions; car il se peut que le reste final Y n'existe pas, ou soit un nombre, ou que le dernier diviseur D soit nul de lui-même, ou soit un nombre : on ne peut alors rendre Y et D nuls.

1er Cas. *Le reste* Y *n'existe pas*, ses termes s'entre-détruisent : alors il y a entre Z et T un facteur commun, qui est le dernier diviseur. Nous venons d'examiner cette circonstance (5°.), dans laquelle *le problème est indéterminé*.

2e Cas. Y *est un nombre* : comme dans l'équation (3) V et D ne peuvent alors être rendus nuls ensemble, il suit de l'analyse du n° 521 que *le problème est absurde*, les équ. proposées renfermant des conditions contradictoires; c'est ce qui se vérifie sur les équ.

$$3x^2-6xy+3y^2-1=0,\quad 2x^2-4xy+2y^2+1=0.$$

Qu'on pose deux équ. quelconques à une seule inconnue, par exemple, $3z^2-1=0$, $2z^2+1=0$; leur coexistence est impossible (sauf le cas d'un facteur commun, n° 501, 3°.); qu'on fasse $z=x+y$, ou $x-y$, ou telle autre fonction de x et y, il est clair que le problème proposé sera absurde.

3e Cas. *Le dernier diviseur* D *devient un nombre* α, lorsqu'on substitue dans D pour y une racine β tirée de $Y=0$. En divisant D par $y-\beta$, le quotient sera K en x et y, et le reste L en y seul, ou $D=(y-\beta)K+L$, afin qu'en faisant $y=\beta$, D se réduise à la valeur α que reçoit L. Or, pour que D soit nul avec $y=\beta$, il faut évidemment que x soit infini. Par ex. les équ.

$$y^3x^3 + xy^3(y-1) - 1 = 0, \quad y^2x^2 + y^3 - y^2 - 1 = 0$$

ont pour équ. finales $y^2(y-1)=0$, et pour dernier diviseur $xy - 1 = 0$; donc $y - 1$, $x = 1$, et $y = 0$, $x = \infty$.

4e Cas. D *devient nul de lui-même*, en faisant $y = \beta$, valeur tirée de $Y = 0$: alors (n° 500) D a la forme $(y-\beta)K$; d'après l'équ. (3), on voit que $y - \beta$ doit aussi diviser V, et qu'on aurait dû égaler séparément à zéro le facteur $y - \beta$ (n° 523, 4°.). Il convient donc de reprendre le calcul, et d'avoir égard à cette remarque.

Montrons sur un exemple à éliminer trois inconnues:

$$x - 2y + z^2 = 0, \quad x^2 + y^2 = 2, \quad z^2x = 1.$$

Éliminez y entre ces équ., 2 à 2; vous aurez deux équ. finales en x et z, entre lesquelles éliminant z, vous aurez l'équ. en x seul.

$$z^4 + 2xz^2 + 5x^2 = 8, \quad z^2x = 1, \quad 5x^4 - 6x^2 = -1.$$

On a donc $x = \pm 1$, $5x^2 = 1$, et les quatre valeurs de x sont connues; z résulte de l'équ. $z^2x = 1$, etc.

Racines égales.

524. En développant en facteurs le polynome X, dont le degré est m, il sera sous l'une de ces formes,

$$X = (x-a)\ (x-b)\ (x-c)\ (x-d)\ldots\ (A),$$

ou $$X = (x-a)^n (x-b)^p (x-c)\ (x-d)\ldots (B).$$

Dans ce dernier cas, on dit que X a n facteurs égaux à $x - a$, p à $x - b$, ou que l'équ. $X = 0$ a n racines $= a$, p racines $= b$. Il s'agit de s'assurer, sans connaître ces racines, si X est dans ce dernier cas, et de donner à ce polynome la forme (B), en supposant qu'on sache résoudre les équations privées de racines égales.

Comme l'équ. (A) est identique, on peut y remplacer x par $y + x$; faisant cette substitution et développant le 1er membre selon les puissances croissantes de y, on a cette équation identique (n° 503),

$$X+X'y+\tfrac{1}{2}X''y^2\ldots=(y+x-a)(y+x-b)(y+x-c)\ldots$$

X' est la dérivée de X, X'' celle de X'...; or, le 2e membre est formé de facteurs dont y est le 1er terme; le produit rentre donc dans ce qu'on a vu page 133, 1er vol.; les coefficiens sont les produits 1 à 1, 2 à 2, 3 à 3... des secondes parties $x-a$, $x-b$, $x-c$... Donc

1°. X est le produit de ces m binomes, ou le polynome (A).

2°. X' est la somme de leurs produits $m-1$ à $m-1$; c.-à-d. qu'il faudra, dans le produit (A), omettre successivement chaque facteur, et ajouter les résultats.

De même pour les autres coefficiens $\frac{1}{2}X''$, $\frac{1}{6}X'''$,...

Cela posé, si X n'a qu'un seul facteur $=(x-a)$, tous les termes de X' contiennent aussi ce facteur, excepté le terme $R=(x-b)(x-c)\ldots$ où l'on a omis $x-a$; ainsi, X' a la forme $R+(x-a)Q$, et n'est pas divisible par $x-a$. On prouve de même qu'aucun des facteurs inégaux de X ne peut diviser X'. Donc, *si* X *n'a que des facteurs inégaux*, X *et* X' *n'ont pas de commun diviseur.*

Mais si dans (A) on a $a=d=e\ldots$, ce qui est le cas de l'équ. (B), pour former X', chacun des n facteurs $(x-a)$ de X devant être omis à son tour, $x-a$ n'entrera dans ces résultats qu'à la puissance $n-1$, c.-à-d. qu'on aura n termes égaux à $(x-a)^{n-1}(x-b)^p(x-c)\ldots$; en outre il faudra omettre à son tour chacun des autres facteurs $(x-b)$, $(x-c)\ldots$, et ces derniers résultats comprendront tous $(x-a)^n$. Faisant donc $R=(x-b)^p(x-c)\ldots$, on a

$$X'=n(x-a)^{n-1}R+(x-a)^nQ=(x-a)^{n-1}[nR+(x-a)Q].$$

On voit que X est divisible par $(x-a)^n$, et X' par $(x-a)^{n-1}$; ainsi chaque facteur multiple dans X, entre dans X', mais a une puissance précisément moindre de un. Donc, *si* X *a des facteurs égaux*, X *et* X' *ont un commun diviseur, formé du produit de tous les facteurs de* X, *chacun élevé à une puissance moindre d'une unité.*

D'après cela, étant donné un polynome X, on formera sa dérivée X', et l'on procédera à la recherche du plus grand commun diviseur entre X et X'; s'il est l'unité, X n'a pas de facteurs égaux; et s'il y a un diviseur F, fonction de x, aucun des facteurs inégaux de X n'y entrera.

$$F = (x-a)^{n-1}(x-b)^{p-1}\ldots\ (C).$$

Le calcul fera connaître F sous la forme $x^h + p'x^{h-1} + \ldots + u'$; et il s'agira de le décomposer sous la forme (C), afin d'obtenir les facteurs égaux et leurs exposans.

En divisant la proposée (B) par F, *le quotient* q *est formé de tous les mêmes facteurs que* X, *dégagés des exposans*,

$$q = (x-a)\ (x-b)\ (x-c)\ (x-d)\ldots\ (D).$$

Qu'on résolve l'équ. $q = 0$, on reconnaîtra ensuite, à l'aide de la division, quels sont les facteurs $x-a$, $x-b\ldots$ de F, et quel en est l'exposant; accroissant ensuite ces puissances de *un*, on mettra X sous la forme (B).

525. On peut donner à cette théorie une marche plus régulière. Désignons par $[1]$ le produit de tous les facteurs inégaux de X, par $[2]^2$ celui des facteurs carrés, par $[3]^3$ celui des cubes, etc.; que F soit le plus grand diviseur entre X et X'; qu'enfin q soit le quotient de X divisé par F, les relations B, C, D, deviendront

$$X = [1].[2]^2.[3]^3.[4]^4.[5]^5\ldots$$
$$F = [2].[3]^2.[4]^3.[5]^4\ldots \quad q = [1].[2].[3].[4].[5]\ldots$$

Traitons F comme nous avons traité X, et soit G le plus grand diviseur commun entre F et F', puis r le quotient de F divisé par G, ou

$$G = [3].[4]^2.[5]^3\ldots \quad r = [2].[3].[4].[5]\ldots$$

De même on trouve

$$H = [4].[5]^2\ldots \quad s = [3].[4].[5]\ldots$$
$$I = [5]\ldots \quad t = [4].[5]\ldots$$

et ainsi jusqu'à ce qu'on arrive à un polynome N, pour lequel le diviseur commun avec N' soit $= 1$. Il est visible qu'en divisant q par r, le quotient est $[1]$; r par s, il est $[2]$; s par t, il est $[3]\ldots$ Ainsi, sans connaître les facteurs de X, le polynome se trouvera partagé en autant de facteurs qu'il y aura d'exposans différens, mais dégagés de ces puissances. Le premier [1] contiendra tous les facteurs inégaux; le 2e [2] tous les facteurs qui étaient carrés, devenus inégaux; le 3e [3] tous les facteurs cubes, rendus simples, etc... Si X manque de quelqu'un de ces exposans, le quotient correspondant sera $= 1$; enfin, les facteurs dont l'exposant est le plus élevé sont donnés par le dernier N des polynomes G, H..., qui s'est trouvé conduire au diviseur commun 1.

Voici donc le tableau des calculs à effectuer :

polynomes,	X,	F,	G,	H,	I....	N;
1ers quotiens,		q,	r,	s,	t ...	N;
2es quotiens,		[1],	[2],	[3],	[4]...	N.

Chaque terme de la 1re ligne est le commun diviseur du précédent et de sa dérivée; les polynomes qui composent la 2e et la 3e ligne sont les quotiens respectifs de chaque terme de la ligne qui précède, divisé par le terme qui le suit.

Voici quelques applications de ces calculs :

I. Soit

$$X = x^5 - x^4 + 4x^3 - 4x^2 + 4x - 4;$$

on en tire

$$X' = 5x^4 - 4x^3 + 12x^2 - 8x + 4,$$

et le commun diviseur $F = x^2 + 2$; celui-ci a, avec sa dérivée $2x$, le diviseur 1 : la 1re ligne est ainsi terminée. Passant à la 2e, X divisé par F, donne

$$q = x^3 - x^2 + 2x - 2, \quad \text{puis } r = x^2 + 2;$$

divisant q par r, on a $[1] = x - 1$, $[2] = x^2 + 2$; enfin

$$X = (x - 1)(x^2 + 2)^2.$$

II. Soit

$$X = x^6 + 4x^5 - 3x^4 - 16x^3 + 11x^2 + 12x - 9;$$

d'où

$X' = 6x^5 + 20x^4 - 12x^3$..., et le commun diviseur $F = x^3 + x^2 - 5x + 3$; de là $F' = 3x^2 + 2x - 5$, puis le commun diviseur $G = x - 1$, dont la dérivée est 1. Pour former la 2e ligne, on divisera X par F, puis F par G, et l'on aura

$$q = x^3 + 3x^2 - x - 3, \quad r = x^2 + 2x - 3, \quad s = x - 1;$$

enfin divisant q par r, r par s,

$$[1] = x + 1, \quad [2] = x + 3, \quad [3] = x - 1,$$

puis $$X = (x + 1)\ (x + 3)^2\ (x - 1)^3.$$

III. Prenons encore le polynome $X =$

$$x^8 - 12x^7 + 53x^6 - 92x^5 - 9x^4 + 212x^3 - 153x^2 - 108x + 108;$$

d'où

$$X' = 8x^7 - 84x^6 \ldots \quad F = x^4 - 7x^3 + 13x^2 + 3x - 18,$$
$$G = x - 3, \quad G' = 1.$$

Les divisions de X par F, etc., donnent

$$q = x^4 - 5x^3 + 5x^2 + 5x - 6, \quad r = x^3 - 4x^2 + x + 6;$$

enfin

$$[1] = x - 1; \quad [2] = x^2 - x - 2, \quad [3] + x - 3,$$

puis $$X = (x - 1)\ (x - 2)^2\ (x + 1)^2\ (x - 3)^3.$$

IV. Pour $x^6 - 6x^4 - 4x^3 + 9x^2 + 12x + 4$, on a

$$F = x^4 + x^3 - 3x^2 - 5x - 2, \quad G = x^2 + 2x + 1, \quad H = x + 1,$$
$$q = r = x^2 - x - 2, \quad s = t = x + 1,$$
$$[1] = 1, \quad [2] = x - 2, \quad [3] = 1, \quad [4] = x + 1;$$

enfin, $$X = (x - 2)^2\ (x + 1)^4.$$

Racines incommensurables.

526. *Méthode de Newton.* Une équ. étant dégagée de ses racines égales et commensurables, n'en a plus que d'irrationnelles et d'imaginaires. Proposons-nous de trouver les premières. Supposons qu'on soit parvenu à connaître une valeur approchée de l'une des racines, qui soit *seule* comprise entre α et θ; en faisant $x = \gamma$, nombre intermédiaire à α et θ, on juge par le

signe du résultat (n° 512), si la racine est comprise entre α et γ, ou entre γ et θ. Posons que le 1er de ces cas ait lieu. Faisant de nouveau $x=\beta$, entre α et γ, on saura si la racine est entre α et β, ou β et γ, etc.; ainsi, on resserre de plus en plus les limites de x, et l'on approche indéfiniment de sa valeur.

Mais ce procédé laborieux ne peut se pratiquer pour de grandes approximations; on ne l'emploie que pour *obtenir un nombre α approché à moins du* 10e *de la valeur de* x. En désignant l'erreur par y, on a $x=\alpha+y$. Introduisons ce binome dans la proposée

$$kx^m + px^{m-1} + \ldots + tx + u = X = 0;$$

d'où (503) $\quad X + X'y + \frac{1}{2}X''y^2 + \ldots + ky^m = 0.$

Mais y est par supposition une petite quantité, et α n'entre au dénominateur d'aucun des coefficiens, qui sont les valeurs de la proposée X et de ses dérivées, quand on y fait $x=\alpha$. La règle de Newton consiste à regarder les y^2, y^3..., comme assez petits pour pouvoir être négligés, ce qui réduit la transformée à $X+X'y=0$; d'où

$$y = -\frac{X}{X'} = -\frac{k\alpha^m + p\alpha^{m-1}\ldots + t\alpha + u}{mk\alpha^{m-1} + p(m-1)\alpha^{m-2}\ldots + t}.$$

Appelons β cette fraction, ou seulement sa valeur approchée; $y=\beta$ donne $x=\alpha+\beta$ pour seconde approximation. Faisant $\alpha+\beta=\alpha'$, et désignant par y' la nouvelle correction, elle sera donnée par la même fraction, où α sera remplacé par α'; d'où $x=\alpha+\beta+y'=\alpha'+y'$, et ainsi de suite.

Soit, par ex., $x^3-2x-5=0$; en faisant $x=2$ et 3, les résultats -1 et $+16$ accusent qu'il existe une racine entre 2 et 3, et qu'elle est plus proche de 2; comme $x=2{,}1$ donne 0,061, on reconnaît que 2,1 est plus grand que x, et plus voisin de la racine que 2. Faisant $\alpha=2{,}1$, la correction est

$$y = -\frac{\alpha^3 - 2\alpha - 5}{3\alpha^2 - 2} = -\frac{0{,}061}{11{,}23} = -0{,}0054.$$

Bornons-nous aux dix-millièmes, pour une 1re approximation,

$x=2,0946$: et faisons de nouveau $\alpha=2,0946$, nous aurons

$$y=-\frac{0,00054155o536}{11,16204748}=-0,00004851.$$

Notre 4ᵉ décimale était donc défectueuse, et nous avons...... $x=2,09455149$; on pourrait de même pousser le calcul plus loin, corriger les dernières décimales, ou s'assurer de leur exactitude.

Observez qu'en conservant les y^2, on a $y=\frac{-X}{X'+\frac{1}{2}X''y}$; après avoir trouvé la correction y, si on la substitue dans le dénominateur, on aura une valeur plus approchée de y. Ainsi, dans notre ex. $y=-0,0054$, mis dans $\frac{1}{2}X''y$, donne $-0,034$; ajoutant à $11,23$, le dénominateur est $11,196$, d'où $y=0,0054483$, valeur dont la dernière décimale est seule fautive.

Soit encore l'équ. $x^3-x^2+2x=3$: elle a une racine entre les nombres $1,2$ et $1,3$, qui conduisent aux résultats $-0,312$ et $+0,107$. Faisons $\alpha=1,3$; nous avons

$$y=-\frac{\alpha^3-\alpha^2+2\alpha-3}{3\alpha^2-2\alpha+2}=-\frac{0,107}{4,47}=-0,02;$$

ainsi $x=1,28$. Comme $\frac{1}{2}X''y=(3\alpha-1)y=2,9y$, le dénominateur, augmenté de $0,058$, devient $4,412$; d'où $y=-0,0242$; ainsi, $x=1,2758$.

En posant $\alpha=1,276$, on y trouve $y=-0,00031552$, et même par suite $y=-0,00031 5585$; d'où $x=1,27568441 5$; et ainsi de suite.

Nous n'avons pas clairement démontré qu'on ait le droit de rejeter les y^2, y^3...; et, en effet, si a, b, c... sont les racines de $X=0$, comme $x=\alpha+y$, celles de y sont $a-\alpha$, $b-\alpha$..., dont le produit est $\pm X$; ainsi (nº 502),

$$\mp X'=(b-\alpha)(c-\alpha)...+(a-\alpha)(c-\alpha)...+(a-\alpha)\text{ etc.},$$

$$-\frac{X}{X'}=\frac{1}{a-\alpha}+\Sigma,\quad\text{en faisant}\quad \Sigma=\frac{1}{b-\alpha}+\frac{1}{c-\alpha}+...;$$

$$\text{enfin,}\qquad -\frac{X}{X'}\quad\text{ou}\quad \beta=\frac{a-\alpha}{1+(a-\alpha)\Sigma}.$$

Pour que la méthode de Newton soit bonne, il faut que la correction β donne $\alpha + \beta$ plus approché que α de la racine a, soit par excès, soit par défaut; ainsi, l'erreur $a - \alpha$ doit être, *numériquement* et abstraction faite du signe, $> a - \alpha - \beta$. Pour détruire l'influence des signes, élevons cette inégalité au carré; en supprimant $(a - \alpha)^2$ des deux parts, et le facteur β, nous avons $2(a - \alpha) > \beta$; et à cause de notre valeur de β,

$$1 + 2(a - \alpha)\Sigma > 0, \quad \text{ou} \quad \textit{positif.}$$

Suivant que cette inégalité sera vraie ou fausse, la méthode de Newton sera bonne ou mauvaise.

Or, si $a - \alpha$ et Σ ont même signe, la condition est remplie; elle ne l'est pas quand les signes sont différens et que le produit est $> \frac{1}{2}$. Quand α, qui est voisin de a, se trouve l'être aussi de b, la proposée ayant deux racines très rapprochées, dès qu'on tombe sur α entre a et b, $a - \alpha$ et Σ ont des signes contraires, parce que $\frac{1}{b - a}$ est le 1er et le plus grand terme de Σ, qui en reçoit le signe; alors la méthode peut être en défaut. Mais si a est la plus grande ou la moindre racine, et qu'on descende graduellement vers elle dans le 1er cas, ou qu'on s'y élève dans le 2e, le procédé ne sera pas fautif, parce que $a - \alpha$ et Σ auront même signe, attendu que α est $<$ dans le 1er cas, et $>$ dans le 2e, que toutes les racines.

L'équ. $x^4 - 4x^3 - 5x^2 + 18x + 20 = 0$, a une racine entre 3,3 et 3,5; si l'on pose $\alpha = 3,3$, on trouve $y = -0,107$, $x = 3,193$, valeur moins approchée que 3,3; et en effet, 3,3 se trouve compris entre deux racines voisines 3,236... et 3,449...

Si la proposée a deux racines imaginaires, telles que....... $k \pm l\sqrt{-1}$, et il sera prouvé que toutes ces racines sont de cette forme (n° 533), Σ a deux termes tels que

$$\frac{1}{k - \alpha + l\sqrt{-1}} + \frac{1}{k - \alpha - l\sqrt{-1}} = \frac{2(k - \alpha)}{(k - \alpha)^2 + l^2}.$$

Si l est très petit, cette fraction diffère peu de $\frac{2}{k - \alpha}$; ainsi, quand α est voisin de k, elle est très grande, et Σ reçoit son signe. Quand α est entre k et a, les signes de Σ et $a - \alpha$ sont encore différens. Voici donc une nouvelle exception possible; elle a lieu quand la proposée a quelque racine imaginaire $k \pm l\sqrt{-1}$ pour laquelle l est très petit, et k très voisin de a.

On ne peut donc appliquer avec sûreté la méthode de Newton, puisqu'on ne doit s'en servir qu'en supposant une condition impossible à vérifier, attendu qu'elle dépend de racines qui sont inconnues. Cependant, comme les cas d'exception sont rares et se manifestent d'eux-mêmes par le calcul, on l'emploie ordinairement à cause de sa grande facilité.

527. *Méthode de Lagrange.* La chose la plus importante à connaître, quand on veut résoudre une équ., est *le lieu des racines réelles*, c.-à-d. une suite de limites entre lesquelles chaque racine soit *seule* comprise; c'est même là le point réel de la difficulté, le but essentiel de toute théorie des racines incommensurables, et la méthode précédente n'en est pas exempte; car celle de Newton suppose d'abord la connaissance d'un nombre voisin de la racine qu'on demande. Lorsqu'avec Bernoulli, dont la méthode sera exposée n° 556, on a approché de la plus grande racine a, la division ne donne qu'un quotient plus ou moins altéré, qui a pu faire perdre quelques racines réelles, ou même en acquérir aux dépens des imaginaires; et comme cela se rapporte au cas où la proposée a deux racines très voisines, on conçoit la nécessité de les séparer, et en général d'en connaître le lieu.

Lorsqu'on substitue pour x les nombres $-2, -1, 0, 1, 2, 3\ldots$, et qu'on obtient autant de résultats de signes différens que le degré de l'équation a d'unités, toutes les racines sont réelles, et le lieu de chacune est mis en évidence. Mais, excepté ce cas, on demeure toujours incertain sur le nombre des racines réelles et leurs limites, car deux résultats de signes différens pourraient annoncer la présence de 3, 5... racines entre les nombres substitués, comme deux résultats de mêmes signes pourraient désigner l'existence de 2, 4... racines intermédiaires (n° 513). Mais si l'on choisit une série de substitutions successives assez rapprochées pour qu'il ne puisse à la fois tomber au plus qu'une racine entre elles, on sera certain que *chaque changement de signe entre les résultats annoncera une seule racine entre les deux nombres substitués ; tandis qu'il n'existera pas de racine intermédiaire si les résultats ont même signe.*

Si deux racines a et b sont comprises entre α et λ, les quatre nombres α, a, b et λ sont écrits par ordre de grandeurs croissantes ; d'où résulte $\lambda - \alpha > b - a$. Donc, si au contraire $\lambda - \alpha < b - a$, les deux racines a et b ne sont pas à la fois entre α et λ ; ainsi, il suffit de choisir les nombres α et λ moins écartés que ces racines, pour être certain qu'il y a ou une seule racine entre eux, ou aucune. Donc, si δ *est moindre que la plus petite différence entre les racines, et que, partant de la limite inférieure* l, *on substitue les nombres* l, $l + \delta$, $l + 2\delta$... *jusqu'à la limite supérieure* L, *on obtiendra autant de résultats de signes différens qu'il y a de racines réelles.* Chaque changement de signe accusera l'existence d'une seule racine entre les deux nombres substitués ; et il n'y en aura pas d'intermédiaires, si les signes des résultats sont les mêmes.

Pour obtenir ce nombre δ, formons l'équ. dont les racines sont les différences de toutes celles de la proposée, prises 2 à 2 ; faisons $x = a + y$; $X = 0$ devient $X + X'y + \frac{1}{2}X''y^2 ... = 0$. Si a est racine, le 1er terme X s'en va, et divisant par y, on trouve

$$X = 0, \quad X' + \tfrac{1}{2}X''y + \tfrac{1}{6}X'''y^2 ... + ky^{m-1} = 0.$$

Ces équ. sont entre les inconnues a et y ; et comme $y = x - a$, y *est la différence entre la racine* a *et toutes les autres racines.* Éliminons a (n° 521), et il viendra une équ. $Y = 0$, dont l'inconnue y sera la différence entre deux racines quelconques ; car ce résultat étant indépendant de a, est le même que celui qu'on aurait obtenu en faisant $x = b + y$, $x = c + y$, etc. Ainsi, $Y = 0$ est *l'équ. aux différences.*

Puisque y est la différence entre une racine quelconque et toutes les autres racines, le degré de y est le nombre $m(m-1)$ des arrangemens 2 à 2 des m racines x.

Les différences $a - b$, $b - a$, $a - c$, $c - a$ .... sont égales 2 à 2 en signes contraires; en sorte que si $y = \alpha$, on a aussi $y = -\alpha$, et Y doit devenir nul dans les deux cas; ainsi Y *ne doit renfermer que des puissances paires de* y. Cela résulte aussi de ce que Y peut être décomposé en facteurs tous de la forme $(y^2 - \alpha^2)(y^2 - \beta^2)$...

On peut donc poser $y^2 = z$, sans introduire de radicaux : on a ainsi une équ. $Z = 0$, dont l'inconnue z est le carré de toutes les différences des racines; c'est *l'équation au carré des différences.*

528. Nous savons trouver un nombre i moindre que toutes les racines positives de $Z = 0$ (n° 510), $i < z$ ou y^2; $\sqrt{i} < y$: donc $\sqrt{i}$, ou une quantité moindre, pourra être pris pour la différence δ entre les nombres à substituer. Comme Y et Z ont les mêmes coefficiens, i est aussi la limite inférieure de y, ou $i < y$; en sorte qu'on peut prendre à volonté $\delta = i$ ou $\sqrt{i}$. Comme plus δ est petit, et plus il y a de substitutions à effectuer entre les limites l et L, on doit prendre δ le plus grand possible pour ne pas multiplier les opérations. Ainsi, quand $i > 1$, on prendra $\delta = i$, ou même on fera $\delta = 1$, c.-à-d. qu'on substituera les nombres naturels 0, 1, 2, 3...; et si $i < 1$, on prendra $\delta = \sqrt{i}$. Mais comme alors il serait long de substituer pour x une suite de nombres irrationnels et fractionnaires, voici ce qu'on doit faire :

1°. On sait approcher de $\sqrt{i}$, à moins d'une fraction désignée, telle que $\frac{1}{3}$ ou $\frac{1}{4}$... (n° 63); on prendra donc $\sqrt{i}$, par défaut, à moins de $\frac{1}{h}$; d'où $\delta = \frac{k}{h}$. Seulement, comme il ne faut pas compliquer les calculs, en prenant pour h un grand nombre, ni s'éloigner beaucoup au-dessous de $\sqrt{i}$, pour ne pas multiplier les substitutions, on choisira h, selon les cas, de manière à remplir ces deux conditions.

2°. Au lieu de substituer $0, \frac{k}{h}, \frac{2k}{h}, \frac{3k}{h}\ldots$, on rendra les racines, et par conséquent leurs différences, h fois plus grandes (n° 505), en posant $hx = t$, et il restera à mettre pour t, $0, k, 2k\ldots$, ou, si l'on veut, 0, 1, 2, 3... Ainsi, *l'on peut transformer toute équ. en une autre qui n'ait pas plus d'une racine comprise entre deux entiers successifs quelconques.*

Observez que i se tire de l'équ. $Y = 0$, et que Z est inutile à former. De plus, en chassant le 2e terme de X (n° 504), toutes les racines sont augmentées de la même quantité, ce qui n'en change nullement la différence : en sorte que Y reste le même pour X et sa transformée, ce qui rend le calcul plus simple.

529. Soit, par ex., l'équ. $x^3 - 2x = 5$, dont une seule racine nous est connue (n° 526) : pour nous assurer que les deux autres sont imaginaires, changeons x en $x + y$, d'où........ $3x^2 - 2 + 3xy + y^2 = 0$; éliminant x (n° 521), il vient l'équ. $y^6 - 12y^4 + 36y^2 + 643 = 0$. Pour avoir la limite inférieure de y, faisons $y^2 = \frac{1}{v}$; d'où $643v^3 + 36v^2 ... = 0$, et $v < 1 + \frac{12}{679}$; on trouve même $v < 1$; d'où $y > 1$. Ainsi $\delta = 1$ donne autant de changemens de signes qu'il y a de racines réelles; donc, etc...

L'équ. $x^3 - 12x^2 + 41x - 29 = 0$ donne

$$3x^2 - 24x + 41 + (3x - 12)y + y^2 = 0;$$

donc, en chassant x, $y^6 - 42y^4 + 441y^2 = 49$. On fait $y = v^{-1}$, et il vient $49v^6 - 441v^4 ....$, puis $v < 10$, $y > \sqrt{\frac{1}{10}}$, ou $\sqrt{\frac{1}{16}}$; donc $\delta = \frac{1}{4}$. Faisant $x = \frac{1}{4}t$, on a

$$t^3 - 48t^2 + 656t = 1856.$$

Telle est l'équ. qu'il s'agit de résoudre. Posons $t = 0, 1, 2 .....$; nous verrons que t est entre 3 et 4, 21 et 22, 22 et 23; ainsi, x est entre $\frac{3}{4}$ et 1, $\frac{21}{4}$ et $\frac{22}{4}$, $\frac{22}{4}$ et $\frac{23}{4}$; en sorte que x a deux racines entre 5 et 6, qui n'auraient pas été aperçues sans ce calcul. Les racines sont $x = 0{,}95108 .....\ 5{,}35689 .....\ 5{,}69203$. (*Voy.* pag. 110).

De même, $x^3 - 7x + 7 = 0$ donne $y^6 - 42y^4 + 441y^2 = 49$, d'où $v < 9$ et $y > \frac{1}{9}$ et $\sqrt{\frac{1}{9}}$; $\delta = \frac{1}{3}$. Posant $x = \frac{1}{3}t$, etc., on reconnaît bientôt qu'il y a une racine entre -3 et $-\frac{10}{3}$, une entre $\frac{4}{3}$ et $\frac{5}{3}$, enfin une autre entre $\frac{5}{3}$ et 2, savoir :

$$x = -3{,}04892 .... = 1{,}35689 .... = 1{,}69203 ....$$

Enfin pour l'équ. $x^3 - x^2 - 2x + 1 = 0$, comme $x = 0, 1, 2$ donnent $+1$, -1 et $+1$, on sait qu'il y a une racine entre 0 et 1, une entre 1 et 2; mettant $-x$ pour x, on trouve ensuite que la troisième racine est entre -1 et -2. Ainsi l'équ. aux différences n'est d'aucune utilité. Cependant, si on la cherche, on trouve $y^6 - 14y^4 + 49y^2 = 49$; savoir, $y > 1$, $\delta = 1$, ce qui s'accorde avec ce qu'on vient de dire.

Ces calculs sont toujours possibles à effectuer, et ils ne laisseraient rien à désirer, s'ils ne s'élevaient pas avec le degré de l'équ. jusqu'à devenir d'une complication qui les rend impraticables (*voy.* n° 557); mais, pour ce qui regarde la théorie, elle est claire, complète et sans embarras. Il resterait à resserrer les limites des racines pour pousser plus loin l'approximation; et Lagrange a encore donné un procédé facile pour y arriver; nous l'exposerons n° 573.

530. *Règle de Descartes.* Lorsqu'une équ. $X = 0$ est ordonnée, on peut souvent présumer le nombre des racines, soit positives, soit négatives, à la seule inspection des signes. Nous dirons qu'il y a *permanence*, lorsque deux signes successifs seront les mêmes, et *variation*, quand ils seront différens. Le théorème de Descartes consiste en ceci : *Toute équation a* AU PLUS *autant de racines positives que de variations, et de racines négatives que de permanences.* C'est ce qu'il faut démontrer.

Supposons, pour fixer les idées, qu'une équ. proposée présente cette succession de signes :

+ − − + − − − + − + + + + − + − +.

Multiplions par $x + a$, pour introduire une nouvelle racine négative. Il faut d'abord multiplier par x, puis par a, et ajouter les deux produits qui offrent la même succession de signes; le 2ᵉ, pour être ordonné avec le 1ᵉʳ, devra être écrit au-dessous, en reculant d'un rang à droite, comme il suit :

+ − − + − − − + − + + + + − + − +
   + − − + − − − + − + + + + − + − +
+ *i* − *i* *i* − − *i* *i* *i* + + + *i* *i* *i* *i* +

Quand les deux signes correspondans sont les mêmes, ils se conservent au produit; dans le cas contraire, nous avons mis la lettre i pour marquer qu'il y a *incertitude* sur le signe du résultat, quand on n'a pas égard à la grandeur des coefficiens.

Comme les deux lignes sont composées des mêmes signes, les i ne se rencontrent que lorsqu'il y a variation : un nombre pair de variations successives en donne un pair de i, qui sont situés entre des signes semblables; au contraire, quand les variations sont en quotité impaire, les i le sont aussi, et entre des signes différens. Donc, si l'on veut disposer de tous les coefficiens de manière à introduire *le plus grand nombre possible de variations au produit*, il faudra changer les i en $+$ et $-$ alternatifs; et puisque chaque série de i est entre deux signes semblables ou différens, selon que leur nombre est pair ou impair, il est visible qu'on ne pourra introduire plus de variations qu'il y a de ces i, ou de variations dans la proposée. D'ailleurs, le produit a un terme de plus; donc, *il a au moins une permanence de plus.*

Il se peut que les i ne donnent pas tous des variations; alors le produit aurait autant de permanences de plus, outre celle dont l'existence vient d'être constatée. Donc, *l'introduction d'une racine négative emporte celle d'au moins une permanence.*

Multiplions maintenant la proposée par $x-a$, pour introduire une racine positive : le 2e produit partiel, reculé d'un rang à droite, est formé de signes contraires à ceux du 1er, en sorte que les i sont inscrits à chaque permanence de la proposée :

$$\begin{array}{cccccccccccccccccc}
+ & - & - & + & - & - & - & + & - & + & + & + & + & - & + & - & + & \\
 & - & + & + & - & + & + & + & - & + & - & - & - & - & + & - & + & - \\
\hline
+ & - & i & + & - & i & i & + & - & + & i & i & i & - & + & - & + & -
\end{array}$$

Une succession de signes semblables dans la proposée devant se terminer par une variation, toute suite de signes i doit être comprise entre $+$ et $-$. Qu'on dispose de ces i en les changeant tous en $+$, ou tous en $-$, pour former *le plus grand nombre de permanences*, il n'y en aura qu'autant que dans la proposée; le produit ayant un terme de plus qu'elle, a donc *au moins une variation de plus.* Si tous les i ne se changeaient pas en permanences, il y aurait en outre autant de variations de plus. Donc, *l'introduction d'une racine positive emporte celle d'au moins une variation.*

L'équ. proposée étant le produit des facteurs binomes correspondans aux racines réelles, par un polynome contenant toutes les racines imaginaires, chacun des premiers facteurs introduira au moins une permanence ou une variation, selon que le 2e terme de ce facteur est positif ou négatif : le théorème énoncé s'ensuit donc nécessairement.

531. Désignons par P le nombre des racines positives d'une équ. de degré m, par N celui des négatives, par p le nombre des permanences, par v celui des variations ; il est démontré que

$$1^\circ.\ P = \text{ou} < v, \quad 2^\circ.\ N = \text{ou} < p.$$

Or, si toutes les racines sont réelles, on a $P + N = m$, et aussi $v + p = m$, puisqu'il y a en tout $m + 1$ termes, donc

$$P + N = v + p.$$

Comparant P à v, il peut arriver ces trois cas, $P >$, ou $<$, ou $= v$: le 1er est démontré impossible 1°. ; si le 2e a lieu, il faut, pour que la dernière équ. subsiste, qu'on ait par compensation $N > p$, ce qu'on a prouvé ne pouvoir arriver 2°. Donc $P = v$, et $N = p$: *lorsque toutes les racines d'une équ. sont réelles, elle a précisément autant de racines positives que de variations, et autant de racines négatives que de permanences.*

532. La seule inspection des signes d'une équ. permet souvent de reconnaître qu'elle a des racines imaginaires, et dispense du long calcul de l'équ. aux différences ; c'est ce que les exemples suivans feront voir.

1°. *S'il manque un terme, et que les deux signes voisins soient les mêmes, l'équ. a des racines imaginaires.* Car, en donnant le coefficient $\pm\, 0$ au terme qui manque, on a trois termes successifs $Ax^{h+1} \pm 0x^h + Bx^{h-1}$: mais, suivant qu'on prend $+\,0$, ou $-\,0$, on a deux permanences ou deux variations. Si toutes les racines étaient réelles, il y aurait donc à volonté deux racines négatives, ou deux positives, ce qui est absurde. L'équ. $x^3 + 2x = 5$ n'a qu'une racine réelle, qui est entre 1 et 2. (*Voy.* n° 529.)

2°. Les trois variations de $x^3 - 3x^2 + 12x - 4 = 0$ font présumer qu'il existe trois racines positives. Multiplions par $x + a$;

$$x^4 + (a - 3)x^3 + (12 - 3a)x^2 + (12a - 4)x - 4a = 0.$$

Essayons d'attribuer à a une valeur qui introduise des permanences; $a > 3$ et < 4, par ex. $a = 3\frac{1}{2}$, rend les quatre premiers termes positifs; outre nos trois racines positives supposées, cette équ. en aurait donc encore trois négatives, ce qui ne se peut. Donc la proposée n'a qu'une racine réelle, qui est entre 0 et 1.

3°. Qu'on change x en $y + h$ et $y' + h'$, d'où résultent les équ. $Y = 0$, $Y' = 0$. Supposons que Y' ait quelques variations de moins que Y: *si toutes les valeurs de* x *sont réelles*, $Y = 0$ aura l'une de ses racines positives α, qui sera devenue négative $-\alpha'$ dans $Y' = 0$, ou $x = \alpha + h = -\alpha' + h'$. Ainsi, x a une racine $> h$ et $< h'$. Comme on doit en dire autant pour chaque variation qui a disparu, il y aura autant de valeurs de x entre h et h'; et si la doctrine des limites montre que ces racines de x n'existent pas toutes, on sera assuré que x a des valeurs imaginaires.

Par ex., $x^3 - 4x^2 - 2x + 17 = 0$ donne (*voy.* la note p. 43)

$$y^3 + 2y^2 - 6y + 5 = 0, \quad y'^3 + 5y'^2 + y' + 2 = 0,$$

lorsqu'on change x en $y + 2$ et $y' + 3$. Les deux variations qui font présumer deux racines positives de y, n'existant plus pour y', on suppose deux valeurs de x entre 2 et 3. Mais, d'une part, la limite inférieure de y (n° 510) est $y > \frac{5}{11}$: de l'autre, changeant y' en $-y'$, la limite inférieure est $\frac{2}{3}$; et à cause de $y = y' + 1$, $1 - y > \frac{2}{3}$, et $y < \frac{1}{3}$. Ces deux limites étant incompatibles, on en conclut que x a deux racines imaginaires. Si les limites n'étaient pas contradictoires, on demeurerait, il est vrai, incertain s'il y a deux racines de x entre 2 et 3; mais on aurait au moins resserré l'espace qui doit les renfermer.

Racines imaginaires.

533. Soit $X = 0$ une équ. dont les racines sont $a, b, c \dots$; on voit aisément que si l'une des quantités $\alpha \pm \beta \sqrt{-1}$ satisfait à cette équ., l'autre y satisfait aussi. En effet, si l'on effectue la substitution de l'une dans X, le résultat aura la forme $P + Q\sqrt{-1}$. Mais il suit de la loi du développement des puissances que, si l'on met pour x l'autre binome, le résultat sera le même, au signe près des imaginaires : ainsi, la double substitution donne $P \pm Q\sqrt{-1}$. En admettant que l'un de ces résultats soit nul, comme la partie réelle ne peut détruire l'imaginaire, il faut que chacune soit zéro à part, $P = 0$, $Q = 0$. Donc, ce résultat est nul pour les deux substitutions.

S'il existe une racine de la forme $\alpha + \beta\sqrt{-1}$, il doit donc en exister une autre, telle que $\alpha - \beta\sqrt{-1}$. Il faut montrer à présent que toutes les racines imaginaires ont ces formes.

Supposons d'abord que le degré m de X soit le double $2i$ de quelque nombre impair i ($m = 6, 10, 14 \dots$) : formons l'équ. $V = 0$, qui aurait pour inconnue $v = a + b + rab$, r étant un nombre arbitraire. Il faudra remplacer x dans X par a et b, ce qui donnera deux équ. $X_1 = 0$, $X_2 = 0$, et éliminer a et b entre ces trois équ.

$$X_1 = 0, \quad X_2 = 0, \quad v = a + b + rab.$$

Ici, comme pour l'équ. au carré des différences (n° 528), les racines de $V = 0$ sont encore $v = a + c + rac$, $b + c + rbc \dots$, et le degré de V est $n = \frac{1}{2} m (m - 1)$, nombre des combinaisons deux à deux des m racines de x. Or, $n = i(2i - 1)$ est impair, et v a au moins une racine réelle, telle que $v = a + b + rab$.

Comme r peut recevoir une infinité de valeurs, on aura autant d'équ. $V = 0$, qui ont aussi la racine réelle $a + c + r'ac$, ou $b + c + r''bc \dots$; il est clair qu'au plus, après n valeurs de r, on devra tomber sur une équ. $V_1 = 0$, dont la racine réelle sera formée d'une combinaison des 2 mêmes racines qui entrent dans l'une des précédentes; par ex., $v_1 = a + b + r'ab$. Ainsi l'on est certain que v et v_1 sont réelles dans nos deux expressions, qui, en faisant $a+b=A$, $ab=B$, deviennent

$$v=A+rB,\quad v_1=A+r'B.$$

A et B étant dans ces équ. des inconnues au 1.er degré, sont donc réelles. Le diviseur du 2e degré de X, qui répond aux racines a et b, est x^2-Ax+B, trinome réel. Donc, dans le cas de $m=2i$, *la proposée a au moins un facteur réel du 2e degré*, et par suite les racines a et b ont la forme $\alpha\pm\beta\sqrt{-1}$.

Cette conséquence sera vraie pour toute valeur de m, si l'on est assuré que l'équation $V=0$ a une racine réelle, quel que soit r.

Si $m=4i$, i étant toujours impair ($m=4$, 12, 20....), alors le degré n de V est $2i(4i-1)$, qui est dans le cas où nous avions d'abord supposé m : ainsi, $V=0$ a au moins une racine de la forme

$$\varphi=a+b+rab=\alpha+\beta\sqrt{-1}=A+rB.$$

En changeant la valeur de r, le raisonnement ci-dessus démontre l'existence de l'équ. $v_1=\alpha'+\beta'\sqrt{-1}=A+r'B$. Éliminant les inconnues A et B, elles ne sont plus réelles comme précédemment, mais de la forme

$$A=a+b=\gamma+\delta\sqrt{-1},\quad B=ab=\gamma'+\delta'\sqrt{-1}.$$

Ainsi, X a le facteur du 2e degré x^2-Ax+B; d'où

$$x=\tfrac{1}{2}A\pm\tfrac{1}{2}\sqrt{(A^2-4B)}.$$

En remettant pour A et B leurs valeurs, il est visible que A^2-4B a la forme $k\pm l\sqrt{-1}$, dont il s'agit d'extraire la racine carrée. Posons

$$\psi=\sqrt{(k+l\sqrt{-1})}+\sqrt{(k-l\sqrt{-1})},$$
$$\omega=\sqrt{(k+l\sqrt{-1})}-\sqrt{(k-l\sqrt{-1})};$$

d'où $\psi^2=2k+2\sqrt{(k^2+l^2)}$, $\omega^2=2k-2\sqrt{(k^2+l^2)}$;

ce dernier radical est $>k$, et donne son signe à ψ^2 et ω^2 : l'un est positif, $\psi^2=k'^2$; l'autre négatif, $\omega^2=-l'^2$; d'où $\psi=k'$, $\omega=l'\sqrt{-1}$, puis

$$\psi \pm \omega = 2\sqrt{(k \pm l\sqrt{-1})} = k' \pm l'\sqrt{-1}.$$

Telle est la forme de $\sqrt{(A^2 - 4B)}$; d'où résulte évidemment que celle de x est $p \pm q\sqrt{-1}$; et puisque l'une de ces racines existe toujours avec l'autre, X a donc encore ce facteur réel du 2e degré $(x-p)^2 + q^2$. Donc, pourvu que V ait un facteur réel du 2e degré, X en a aussi pareillement un, quel que soit le degré m.

Si $m = 8i$, $n = 4i(8i-1)$, et il est démontré qu'alors V a un facteur réel du 2e degré; donc X en a aussi un; et ainsi de suite. Donc,

1°. *Toute équ. de degré pair est décomposable en facteurs réels du 2e degré;*

2°. *Les équ. de degré impair sont dans le même cas : mais il y a en outre un facteur réel binome du 1er degré;*

3°. *Les racines imaginaires sont toujours accouplées sous la forme* p $\pm$ q $\sqrt{-1}$;

4°. *Toute fonction algébrique imaginaire* F *est réductible à cette forme;* car, quelles que soient ces imaginaires

$$\sqrt[4]{-a},\quad \sqrt[6]{\alpha + \beta\sqrt{-1}},\quad (\alpha + \beta\sqrt{-1})^{m+n\sqrt{-1}} \ldots,$$

en égalant à v la fonction F, élevant aux puissances, et transposant convenablement, on réussira à chasser les imaginaires. On aura ainsi une équ. $V = 0$, dont l'inconnue v a pour l'une de ses racines la valeur de la fonction proposée F. Mais il est prouvé que cette valeur a toujours la forme $p \pm q\sqrt{-1}$; donc, etc...

534. Soit donc $x = \alpha + \beta\sqrt{-1}$ une racine de l'équ. $X = 0$; substituons, et l'équ. prendra la forme $A + B\sqrt{-1} = 0$: cette équ. se partage en deux, $A = 0$, $B = 0$, entre lesquelles il reste à éliminer les inconnues α et β. Mais comme $B\sqrt{-1}$ est formé des puissances impaires de $\beta\sqrt{-1}$, β est facteur de B, et il ne reste plus que des puissances paires de β dans l'équ. $B = 0$; B n'est d'ailleurs que du degré $m-1$ en α.

Si l'on pose $x = \alpha$ dans X et ses dérivées X', X''...., il est aisé de voir (n° 503) que ces deux équ. reviennent à

$$\left.\begin{array}{l} X - \frac{1}{2}\beta^2 X'' + \frac{1}{24}\beta^4 X^{\text{IV}} - \ldots = 0 \\ X' - \frac{1}{6}\beta^2 X''' + \frac{1}{120}\beta^4 X^{\text{V}} - \ldots = 0 \end{array}\right\} (A).$$

Les coefficiens ont pour diviseurs les produits 1.2.3.4... successivement. Lorsqu'on a éliminé α, on ne prend que les valeurs réelles de β^2.

Soit, par ex., $x^3 - 8x + 32 = 0$; on trouve

$$\alpha^3 - 8\alpha + 32 - 3\beta^2\alpha = 0, \quad 3\alpha^2 - 8 - \beta^2 = 0;$$

éliminant $\beta^2 = 3\alpha^2 - 8$, on a $\alpha^3 - 2\alpha - 4 = 0$, d'où

$$\alpha = 2, \beta = \pm 2, \quad x = 2 \pm 2\sqrt{-1}.$$

Les autres valeurs de β sont imaginaires, et il ne faut pas y avoir égard. La proposée est $= (x + 4)\ (x^2 - 4x + 8)$.

535. Soient a, b, c... les racines réelles de l'équation $X = 0$; $\alpha \pm \beta\sqrt{-1}$, $\gamma \pm \delta\sqrt{-1}$..., ses imaginaires; les différences sont de quatre sortes :

1°. *Entre deux racines réelles*, a — b, a — c..., les carrés sont positifs $(a - b)^2$...;

2°. *Entre deux imaginaires d'une même couple*, les carrés sont réels et négatifs $-4\beta^2$, $-4\delta^2$...;

3°. *Entre une réelle et une imaginaire*, les carrés sont imaginaires $(a - \alpha \pm \beta\sqrt{-1})^2$..., à moins qu'on n'ait $a = \alpha$; car le carré est encore réel et négatif $-\beta^2$: mais ce carré se présente deux fois à raison du signe $\pm$ de β, et est le quart du carré d'une autre différence;

4°. *Entre deux imaginaires de couples différentes*, le carré est encore imaginaire $[\alpha - \alpha' \pm (\beta - \beta')\sqrt{-1}]^2$; cependant si $\alpha = \alpha'$, le carré est négatif $= -(\beta - \beta')^2$; et si $\beta = \beta'$, il est positif $(\alpha - \alpha')^2$. Ces carrés se reproduisent d'ailleurs deux fois.

Donc, les racines négatives de l'équ. $Z = 0$ au carré des différences proviennent en général des imaginaires d'une même couple. Pour trouver ces racines négatives, on change z en $-z$, on cherche les positives h, i...; si l'on pose $h = 4\beta^2$, $i = 4\delta^2$..., on en tirera $\beta = \frac{1}{2}\sqrt{h}$, $\delta = \frac{1}{2}\sqrt{i}$, et la partie imaginaire de chaque couple sera connue. Substituant pour β ces valeurs dans les équ. (A), la valeur correspondante de α devra satisfaire à l'une et à l'autre, et elles auront un commun diviseur en α (nº 523, 1º.), qui, égalé à zéro, donnera α.

Dans l'exemple du nº précédent, l'équ. $Z=0$ est

$$z^3-48z^2+576z+25600=0.$$

Changeant les signes alternatifs, je trouve la seule racine positive 16; d'où $\beta=\frac{1}{2}\sqrt{16}=2$. Substituant dans les équ. A, il vient $\alpha^3-20\alpha+32$, et α^2-4, qui ont $\alpha-2$ pour facteur; d'où

$$\alpha=2,\quad x=2\pm2\sqrt{-1}.$$

Pour $x^4+x^2+2x+6=0$, l'équ. $Z=0$ est

$$z^6+8z^5+70z^4+228z^3-3679z^2-1460z+53792=0.$$

Changeant les signes des puissances impaires, on trouve $z=8$ et $=4$, d'où $\beta=\sqrt{2}$ et 1; mais les équ. (A) sont

$$\alpha^4+\alpha^2+2\alpha+6-(6\alpha^2+1)\beta^2+\beta^4=0,$$
$$2\alpha^3+\alpha+1-2\alpha\beta^2=0.$$

Faisant $\beta=\sqrt{2}$ et 1, on trouve les facteurs communs $\alpha-1$ et $\alpha+1$; d'où $\alpha=1$ et -1, puis $x=1\pm\sqrt{-2}$ et $-1\pm\sqrt{-1}$.

Dans le 1er exemple du nº 529, on trouve $z=5,1614\ldots$; d'où $\beta=1,136$, puis $\alpha=-1,0473$; enfin....

$$x=-1,0473\pm1,136\sqrt{-1}.$$

Si les équ. (A) n'avaient pas de commun diviseur, il faudrait en conclure que la racine négative de z provient d'un des cas d'exception indiqués : le calcul vérifierait cette assertion, en donnant des valeurs égales de z, etc.

III. RÉSOLUTION D'ÉQUATIONS PARTICULIÈRES.

Abaissement des Équations.

536. *On peut abaisser le degré d'une équ.* $X=0$, *quand on connaît une relation,* $f(a, b)=0$, *entre deux racines* a *et* b. Car, mettons dans X, a et b pour x, nous aurons ces trois équations

$f(a, b) = 0$, $A = 0$, $B = 0$; éliminant b entre la 1re et la troisième, on a un dernier diviseur $F(a, b)$ et une équ. finale en a seul, qui doit coexister avec $A = 0$: il y a donc un diviseur commun fonction de a, qui, égalé à zéro, donne a. Par suite, $F(a, b) = 0$ donne b. Si ce diviseur n'existait pas, la relation donnée $f(a, b) = 0$ ne subsisterait pas.

Si l'on sait, par ex., que deux des racines x et a de l'équ. $x^3 - 37x = 84$ sont telles, que $1 = a + 2x$; éliminant a de $a^3 - 37a = 84$, il vient $2x^3 - 3x^2 - 17x + 30 = 0$, qui doit avoir un diviseur commun avec la proposée. En effet, on trouve $x + 3$ pour ce facteur; d'où $x = -3$, puis $a = 1 - 2x = 7$: ce sont les deux racines cherchées; la 3e est $x = -4$.

Soit $x^3 - 7x + 6 = 0$; si l'on a encore $1 = a + 2x$, éliminant a de $a^3 - 7a + 6 = 0$, il vient $(2x^2 - 3x - 2)4x = 0$, dont le commun diviseur avec la proposée est $x - 2$; donc $x = 2$, $a = -3$; enfin $x = 1$.

Supposons qu'on sache que 2 est la somme de deux des racines de $x^4 - 2x^3 - 9x^2 + 22x = 22$; comme d'ailleurs $+2$ est la somme des quatre racines, les deux autres forment une somme nulle, $a = -x$: substituant dans $a^4 - 2a^3 \ldots$, on a la proposée, dont les signes alternatifs sont changés, ou $x^4 + 2x^3 - 9x^2 - 22x \ldots$ Ajoutant et retranchant ces deux équ. en x, on trouve

$$x^4 - 9x^2 - 22 = 0, \quad 2x^3 - 22x = 0;$$

équ. qui ont $x^2 - 11$ pour facteur commun; ainsi $x = \pm\sqrt{11}$, et par suite $x = 1 \pm \sqrt{-1}$.

537. Les *équ. réciproques* sont celles dont les termes, à égale distance des extrêmes, ont même coefficient :

$$X = kx^n + px^{n-1} + qx^{n-2} \ldots + qx^2 + px + k = 0 \ldots (1).$$

Si α est l'une des racines, $\frac{1}{\alpha}$ l'est aussi, parce qu'en substituant ces deux valeurs et chassant les dénominateurs, on obtient des résultats identiques. *Les racines s'accouplent donc deux à deux par valeurs réciproques;* de là le nom qu'on donne à ces équ.

1er CAS. *Degré impair.* $n + 1$, qui est le nombre des termes de l'équ. (1), est pair, et le coefficient moyen P se répète; il est visible que $x = -1$ satisfait à l'équ. Ainsi -1 est la seule racine qui ne s'accouple pas avec une réciproque. Pour diviser X par $x+1$, faisons usage du procédé de calcul exposé (n° 500); or, soit Q le quotient, ou $X = Q(x+1)$; changeons x en $\frac{1}{x}$, et désignons par Q_1 ce que deviendra Q; il vient, en multipliant toute l'équ. par x^n, $X = Q_1(1+x)x^{n-1}$, attendu que, par hypothèse, X n'a pas changé : ainsi $Q = Q_1 x^{n-1}$, ce qui veut dire qu'on trouve au quotient une équation réciproque $Q = 0$ de degré pair. Soit, par ex.,

$$x^9 + x^8 - 9x^7 + 3x^6 - 8x^5 - 8x^4 + 3x^3 - 9 \text{ etc.} = 0,$$

on a $\quad x^8 - 9x^6 + 12x^5 - 20x^4 + 12x^3 - 9x^2 + 1 = 0.$

2e CAS. *Degré pair.* Le coefficient moyen P ne se répète pas. Changeons n en $2m$ dans l'équ. (2), et divisons-la par x^m; puis réunissons les termes dont les coefficiens sont égaux :

$$k(x^m + x^{-m}) + p(x^{m-1} + x^{-(m-1)}) + q(x^{m-2})\ldots + P = 0\ldots(2);$$

posons $z = x + x^{-1}$, et éliminons x. Pour cela, formons la puissance entière i de z, et désignons par i, A', A''... les coefficiens du développement de la formule du binome; il vient, en réunissant les termes à égale distance des extrêmes,

$$z^i = (x^i + x^{-i}) + i(x^{i-2} + x^{-(i-2)}) + A'(x^{i-4} + x^{-(i-4)})\ldots;$$

enfin, transposant, on a, quel que soit l'entier i,

$$x^i + x^{-i} = z^i - i(x^{i-2} + x^{-(i-2)}) - A'(x^{i-4} + x^{-(i-4)}) - \ldots$$

Quand i est pair, le coefficient moyen F est unique; il se répète quand i est impair; le dernier terme de notre formule est donc $-F$, dans le 1er cas, et $-F(x+x^{-1})$ dans le 2e. Cette formule donne les divers termes de l'équ. (3). Par ex.,

$$\begin{aligned}
x + x^{-1} &= z,\\
x^2 + x^{-2} &= z^2 - 2,\\
x^3 + x^{-3} &= z^3 - 3(x + x^{-1}),\\
x^4 + x^{-4} &= z^4 - 4(x^2 + x^{-2}) - 6,\\
x^5 + x^{-5} &= z^5 - 5(x^3 + x^{-3}) - 10(x^1 + x^{-1}), \text{ etc.}
\end{aligned}$$

Il reste à faire $i = m$ et $m - 1$, substituer et réduire; puis $i = m - 2$ et $m - 3$, substituer et réduire, etc., attendu que les puissances de i décroissent de 2 en 2. Il est clair que la transformée en z sera réduite au degré m, moitié de n. Une fois les racines de z connues, l'équ. $z = x + x^{-1}$ donne

$$x = \tfrac{1}{2} z \pm \sqrt{(\tfrac{1}{4} z^2 - 1)}.$$

L'équ. prise pour ex., $x^8 - 9x^6 + 12x^5 \ldots$, devient

$$(x^4 + x^{-4}) - 9(x^2 + x^{-2}) + 12(x + x^{-1}) = 20;$$

d'où $z^4 - 13z^2 + 12z = 0$, et $z = 0, 1, 3$ et -4, ainsi $x = \pm\sqrt{-1}$, $\frac{1}{2}(1 \pm \sqrt{-3})$, $\frac{1}{2}(3 \pm \sqrt{5})$ et $-2 \pm \sqrt{3}$. L'équ. du 9e degré revient donc à

$$(x+1)(x^2+1)(x^2-x+1)(x^2-3x+1)(x^2+4x+1) = 0.$$

De même, l'équation

$$2x^5 - 3x^4 + 1x^3 + 1x^2 - 3x + 2 = 0,$$

devient, en divisant par $x + 1$,

$$2x^4 - 5x^3 + 6x^2 - 5x + 2 = 0,$$

ou $$2(x^2 + x^{-2}) - 5(x + x^{-1}) + 6 = 0.$$

Donc $2z^2 - 5z + 2 = 0$, et $z = 2$, et $\frac{1}{2}$; partant $x = 1$, racine double, et $x = \frac{1}{4}(1 \pm \sqrt{-15})$; enfin la proposée revient à

$$(x + 1)(x - 1)^2(2x^2 - x + 2) = 0.$$

Équations à deux termes, Racines de l'unité.

538. Résolvons l'équ. $Ax^n = B$, A et B étant positifs. Soit k la racine n^e de $\frac{B}{A}$, $k^n = \frac{B}{A}$, mettant Ak^n pour B, on a $x^n - k^n = 0$; faisant $x = ky$, il reste à résoudre l'équ. $y^n - 1 = 0$, et à multiplier par k toutes les valeurs de y. *Tout nombre a donc* n *valeurs différentes pour sa racine* n^e*; on les obtient en multipliant sa racine arithmétique par les* n *racines de l'unité.*

L'équ. $Ax^n + B = 0$, par le même calcul, se ramène à $x^n + k^n = 0$, puis à $y^n + 1 = 0$.

Comme l'équ. $y^n - 1 = 0$ est satisfaite par $y = 1$, divisons-la par $y - 1$; nous trouvons cette équ. réciproque, susceptible d'être abaissée (n° 537),

$$y^{n-1} + y^{n-2} + y^{n-3} \ldots + y + 1 = 0 \ldots (1).$$

Si n est impair, comme $y^n - 1 = 0$ ne peut avoir de racines négatives, et que l'équ. (1) n'en a pas de positives, la proposée n'a qu'une racine réelle.

Si n est pair, $y^n - 1 = 0$ est satisfaite par $y = \pm 1$, et divisible par $y^2 - 1$; d'où $y^{n-2} + y^{n-4} \ldots + y^2 + 1 = 0$ (n° 537). Comme il n'y a dans cette équation que des exposans pairs et des termes positifs, il n'y a ni racines positives, ni négatives; la proposée n'a donc d'autres racines réelles que $y = \pm 1$. Soit $n = 2m$; on a $y^{2m} - 1 = (y^m - 1)(y^m + 1)$; et l'équ. proposée se partage en deux autres.

Par ex., $y^3 - 1 = 0$ donne $y^2 + y + 1 = 0$; d'où

$$y = 1, \quad y = -\tfrac{1}{2}(1 \pm \sqrt{-3}).$$

De même $x^4 - k^4 = 0$ donne $y^4 - 1 = 0$; divisant par $y^2 - 1$, on trouve $y^2 + 1 = 0$; de là $y = \pm 1$, et $\pm \sqrt{-1}$; enfin $x = \pm k$, et $\pm k\sqrt{-1}$.

539. Soit α l'une des racines de l'équ. $y^n - 1 = 0$; comme $\alpha^n = 1$, on a $\alpha^{np} = 1$, quel que soit l'entier p, positif ou négatif. L'équ. $y^n - 1 = 0$ est donc satisfaite par $y = \alpha^p$; c.-à-d. que *si α est racine, α^p l'est aussi.* De là cette suite infinie de nombres qui sont tous racines :

$$\ldots \alpha^{-4}, \alpha^{-3}, \alpha^{-2}, \alpha^{-1}, \alpha^0, \alpha^1, \alpha^2, \alpha^3 \ldots (2).$$

1°. Si l'on prend $p > n$, en divisant par n, p a la forme $nq + i$, i étant $< n$; $\alpha^p = \alpha^{nq+i} = \alpha^{nq} \times \alpha^i = \alpha^i$, à cause de $\alpha^{nq} = 1$. Ainsi, dès que p dépasse n, on retombe sur les mêmes valeurs, dans le même ordre : de là cette période

$$(\alpha^1, \alpha^2, \alpha^3 \ldots \alpha^n) \ldots\ldots (3).$$

2°. Si p est négatif, on a $\alpha^{-p} = \alpha^{n-p} = \alpha^{2n-p} = \ldots$ à cause de $\alpha^n = 1$; l'exposant $-p$ peut donc être remplacé par $nk - p$.

D'où l'on voit que les exposans négatifs reproduisent encore les mêmes nombres que les positifs, et dans le même ordre.

Les valeurs (2) *sont donc telles, que si l'on en prend une quelconque, et les* n — 1 *qui la suivent ou la précèdent, on a une période qui se reproduit indéfiniment dans les deux sens.* En outre, l'équ. $\alpha^p = \alpha^q$ est satisfaite non-seulement par $p = q$, mais encore par des valeurs de α qui supposent p et q inégaux; car, divisons par α^q, il vient $\alpha^{p-q} - 1 = 0$. Il suffit donc pour que $\alpha^p = \alpha^q$, que α soit racine de l'équ. $y^{p-q} - 1 = 0$.

540. Il reste à savoir si les n termes de la période (3) sont en effet inégaux. Examinons s'il se peut que $\alpha^p = \alpha^q$, p et q étant $< n$; il faut que α, déjà racine de l'équ. $y^n - 1 = 0$, le soit aussi de $y^m - 1 = 0$, en faisant $p - q = m$; ce qui suppose que ces équ. ont un commun diviseur qui, égalé à zéro, donnera α. Cherchons ce facteur par la méthode accoutumée (n° 103). On divise d'abord $y^n - 1$ par $y^m - 1$, ce qui conduit aux restes, $y^{n-m} - 1$, $y^{n-2m} - 1 \ldots$, enfin $y^i - 1$, i étant l'excès de n sur les multiples de m, qui y sont contenus. Ensuite on divise $y^m - 1$ par ce reste $y^i - 1$, qui donne le reste $y^l - 1$, l étant l'excès de m sur le plus grand multiple de i, etc.; en un mot, on procède comme pour trouver le facteur commun entre n et m.

1°. *Si* n *est un nombre premier,* le commun diviseur entre n et m est 1, et celui de $y^n - 1$ et $y^m - 1$ est $y - 1$; donc il n'y a que $\alpha = 1$ qui puisse rendre $\alpha^p = \alpha^q$; *tous les termes* de la période *sont inégaux;* une seule racine imaginaire α donne, par ses puissances, $\alpha^2, \alpha^3 \ldots \alpha^n$ ou 1, toutes les autres racines.

2°. *Si* n *est le produit de deux facteurs premiers* l *et* h, $n = lh$; posons les équ. $y^l - 1 = 0$, $y^h - 1 = 0$, et soient β et γ des racines autres que $+1$, savoir, $\beta^l = 1$, $\gamma^h = 1$; d'où $\beta^{lh} = \gamma^{lh} = (\beta\gamma)^{lh} = 1$. Puisque β^n, γ^n et $(\beta\gamma)^n$ sont $= 1$, β, γ, et $(\beta\gamma)$ sont racines de $y^n - 1 = 0$; $(\beta, \beta^2 \ldots \beta^l)$ forment l nombres différens, qui se reproduisent périodiquement; ainsi les n puissances de β ne forment que l nombres distincts qui, dans $(\beta, \beta^2 \ldots \beta^n)$, reviennent h fois. De même $(\gamma, \gamma^2 \ldots \gamma^n)$ forment l périodes de h termes.

Mais $(\beta\gamma, \beta^2\gamma^2, \beta^3\gamma^3 \ldots \beta^n\gamma^n)$ sont différens et constituent la période des n racines cherchées. En effet, pour qu'on eût $(\beta\gamma)^p = (\beta\gamma)^q$, ou $(\beta\gamma)^{p-q} - 1 = 0$, il faudrait que $\beta\gamma$ fût racine commune à $y^{p-q} - 1 = 0$ et $y^n - 1 = 0$, équ. qui ne peuvent avoir pour facteurs que $y^l - 1$ ou $y^h - 1$, puisque $n = lh$. Donc on aurait $\beta^l\gamma^l = 1$; d'où $\gamma^l = 1$, à cause de $\beta^l = 1$; et comme aussi $\gamma^h = 1$, l et h auraient un facteur autre que un, contre l'hypothèse. Concluons de là que si l'on prend $\alpha = \beta\gamma$, la période sera $(\alpha, \alpha^2, \alpha^3 \ldots \alpha^n)$ formée de n termes différens.

On peut abaisser l'exposant p de $\beta^p\gamma^p$ au-dessous de l pour β, de h pour γ, puisque $\beta^l = \gamma^h = 1$, et l'on peut ôter de p tous les multiples de l ou h. Ainsi, $\beta^b\gamma^c$ représente tous les termes de la période, b et c étant les restes de la division de p par l et h. Donc, pour obtenir toutes les racines de $y^n - 1 = 0$, on cherchera β et γ, c.-à-d. l'une des racines, autre que $+1$, des équ. $y^l - 1 = 0$, $y^h - 1 = 0$; puis on formera $\beta^b\gamma^c$, en prenant pour b et c toutes les combinaisons des nombres de 1 à l pour b, de 1 à h pour c.

Lorsque $l = 2$, on fait $\beta = -1$.

Quand n est le produit lhi de trois nombres premiers, on prouve de même qu'il faut poser $y^l - 1 = 0$, $y^h - 1 = 0$, $y^i - 1 = 0$, tirer de chacune une racine autre que $+1$, faire le produit de ces racines $\beta\gamma\delta$; enfin, en prendre les puissances, toutes comprises dans la forme $\beta^b\gamma^c\delta^d$, b, c et d étant les combinaisons des nombres 1, 2, 3..., jusqu'à l, h et i; et ainsi des autres cas.

3°. Lorsque l'exposant n est de la forme h^k, h étant un nombre premier, on raisonnera comme dans l'ex. suivant.

$y^{81} - 1 = 0$, où $81 = 3^4$. Posez $y^3 - 1 = 0$, et soit θ une racine imaginaire de cette équ.; extrayez-en les racines 1, 3, 9 et 27, savoir, θ, $\sqrt[3]{\theta}$, $\sqrt[9]{\theta}$, $\sqrt[27]{\theta}$; ce seront autant de solutions de la proposée, puisque les puissances 81es sont des puissances de θ^3, qui $= 1$: le produit $\theta . \sqrt[3]{\theta} . \sqrt[9]{\theta} . \sqrt[27]{\theta} = \alpha$ est aussi racine de y, par la même raison. Or, α, α^2, $\alpha^3 \ldots \alpha^{81}$ sont des quantités toutes différentes, puisque sans cela α serait une racine commune à $y^{81}-1=0$ et $y^i-1=0$, ce qui suppose entre ces équ. un facteur commun, qui ne peut être que $y^3-1=0$; ainsi α serait racine de celle-ci, $\alpha^3=1$, ou $\theta^3.\theta.\sqrt[3]{\theta}.\sqrt[9]{\theta}=1$; élevant à la puissance 9, il vient $\theta=1$ contre l'hypothèse. Ainsi $\alpha, \alpha^2, \alpha^3 \ldots \alpha^{81}$ sont les 81 racines de la proposée.

En général, pour résoudre $y^n-1=0$ lorsque $n=h^k$, posez $y^h-1=0$; θ étant l'une des racines autre que $+1$, extrayez de θ diverses racines dont les degrés i sont marqués par $i=h^0, h^1, h^2 \ldots h^{k-1}$, en sorte que vous formiez les k résultats $\beta, \gamma \ldots$ désignés par $\sqrt[i]{\theta}$; ils seront tous des racines de $y^n-1=0$, aussi bien que leur produit $\alpha=\beta\gamma\delta\ldots$ et les termes $\alpha, \alpha^2 \ldots \alpha^n$, tous différens, constitueront les n racines cherchées.

On voit de même que si $n=h^k l^i$, il faut résoudre $y^h-1=0$ et $y^l-1=0$, multiplier entre elles toutes les racines de ces équ., et faire ce produit $=\alpha$. Soient β et γ des racines, autres que $+1$, de chaque équ.; qu'on fasse

$$\beta'=\sqrt[h]{\beta}, \quad \beta''=\sqrt[h]{\beta'}, \quad \beta'''=\sqrt[h]{\beta''}\ldots\gamma'=\sqrt[l]{\gamma}, \quad \gamma''=\sqrt[l]{\gamma'}\ldots,$$

on aura $\alpha=\beta\beta'\beta''\ldots\times\gamma\gamma'\gamma''\ldots$

Soit, par ex., $y^6-1=0$; on traite $y^2-1=0$ et $y^3-1=0$; d'où $\beta=-1$, $\gamma=-\frac{1}{2}(1+\sqrt{-3})$; puis

$$\alpha=\tfrac{1}{2}(1+\sqrt{-3}), \quad \alpha^2=\tfrac{1}{2}(-1+\sqrt{-3}), \quad \alpha^3=-1, \text{ etc.},$$

et $y=\pm 1, \quad \frac{1}{2}(1\pm\sqrt{-3}), \quad -\frac{1}{2}(1\pm\sqrt{-3})$.

Pour $y^{12}-1=0$, faites $y^4-1=0$ et $y^3-1=0$; pour la 1re équ., prenez -1 et $\sqrt{-1}$, leur produit $-\sqrt{-1}=\beta$; γ est le même que ci-dessus, et l'on a

$$\alpha=\tfrac{1}{2}(\sqrt{-1}-\sqrt{3}), \quad \alpha^2=\tfrac{1}{2}(1-\sqrt{-3}), \quad \alpha^3=\sqrt{-1}, \text{ etc.};$$

d'où $y=\pm 1, \ \pm\sqrt{-1}, \ \pm\frac{1}{2}(1\pm\sqrt{-3}), \ \pm\frac{1}{2}(\sqrt{-1}\pm\sqrt{3})$.

541. Puisque $y=\alpha, \alpha^2, \alpha^3 \ldots$, l'équ. (1) (n° 538) donne

$$1+\alpha+\alpha^2\ldots\alpha^{n-1}=0, \quad 1+\alpha^2+\alpha^4\ldots\alpha^{2n-2}=0, \quad 1+\alpha^3+\alpha^6\ldots=0;$$

ou $\int_1=\int_2=\int_3\ldots=\int_k=0, \ \int_n=n;$

en désignant par f_k la somme des puissances k de toutes les racines, k étant entier et non divisible par n.

542. Nous avons réduit la résolution de l'équ. $y^n - 1 = 0$, au cas où n est un nombre premier. Nous nous servirons des lignes trigonométriques, en renvoyant pour le reste à la note XIV de la *Résol. numér. des équ.*

En faisant $\cos x = p$, on a vu, n° 361, que chacun des cosinus successifs des arcs $2x$, $3x$, $4x$... s'obtient en multipliant les deux précédens par $2p$ et -1, puis ajoutant. Pour mettre en évidence la loi que les résultats observent, faisons usage d'un artifice d'analyse. Soit $2\cos x = y + y^{-1}$; il suit de la loi indiquée, que pour avoir $\cos 2x$, il faut multiplier $\cos x$ ou $\frac{1}{2}(y + y^{-1})$ par $y + y^{-1}$, qui est $2\cos x$, et retrancher $\cos 0x$ ou 1. On trouve $2\cos 2x = y^2 + y^{-2}$; on obtient de même

$$2\cos 3x = y^3 + y^{-3}, \quad 2\cos 4x = y^4 + y^{-4}, \text{ etc.}$$

Démontrons que les résultats suivent toujours la même loi. Supposons que cette loi soit vérifiée pour deux degrés consécutifs $n-2$ et $n-1$; ou

$$2\cos(n-2)x = y^{n-2} + y^{-(n-2)}, \quad 2\cos(n-1)x = y^{n-1} + y^{-(n-1)},$$

multiplions la deuxième équation par $y + y^{-1}$, et retranchons la 1re; il viendra $2\cos nx = y^n + y^{-n}$; ce qui prouve la proposition.

$$\text{On a} \quad 2\cos x = y + \frac{1}{y}, \quad 2\cos nx = y^n + \frac{1}{y^n};$$

$$\text{d'où (*)}, \quad y^2 - 2y\cos x + 1 = 0, \quad y^{2n} - 2y^n \cos nx + 1 = 0 \ldots (1).$$

Si l'on a $\cos x$, ces équ. donneront y et $\cos nx$, ainsi on pourra

(*) En résolvant ces équ. (1), on trouve

$$y = \cos x \pm \sin x \cdot \sqrt{-1}, \quad y^n = \cos nx \pm \sin nx \cdot \sqrt{-1};$$

$$\text{d'où} \quad (\cos x \pm \sin x \cdot \sqrt{-1})^n = \cos nx \pm \sin nx \cdot \sqrt{-1}.$$

Cette belle propriété, dont on fait un fréquent usage dans l'Algèbre supérieure, n'est, il est vrai, démontrée ici qu'autant que n est entier et positif, quoiqu'elle subsiste dans tous les cas. Nous reviendrons sur ce sujet, n° 590.

trouver $\cos nx$ sans chercher successivement $\cos 3x$, $\cos 4x\ldots$; c'est le terme général de la série des cosinus, et l'on pourrait employer ces équ. à la composition des tables; mais le calcul serait compliqué d'imaginaires.

Si les tables de sinus sont formées, qu'on y prenne les valeurs de $\cos x$ et $\cos nx$, nos deux équ. ne contenant plus que y, devront avoir une racine commune α; mais si l'on a $y=\alpha$, on a aussi $y=\frac{1}{\alpha}$, ainsi qu'on peut le reconnaître (les équ. (1) sont réciproques); donc elles ont deux racines communes, ou plutôt la 1re divise la 2e. Posons $nx=\varphi$; quel que soit l'arc φ, il faut donc que

$$y^2-2y\cos\left(\frac{\varphi}{n}\right)+1 \quad \text{divise} \quad y^{2n}-2y^n\cos\varphi+1 \ldots \quad (2).$$

543. Pour appliquer ce théorème, qui est dû à Moivre, au cas qui nous occupe, faisons $\varphi=k\pi$, k désignant un entier quelconque, et π la demi-circonf.; $\cos\varphi$ est $+1$ ou -1, selon que k est pair ou impair, et le 2e trinome devenant $y^{2n}\mp 2y^n+1$, ou $(y^n\mp 1)^2$, on voit que

$$y^2-2y\cos\left(\frac{k\pi}{n}\right)+1 \quad \text{divise} \quad y^n\mp 1\ldots (3),$$

k étant un entier quelconque, *pair pour* y^n-1, *impair lorsqu'il s'agit de* y^n+1. Si le 1er trinome est un carré, on ne prendra pour diviseur que sa racine; ce cas exige que le cosinus soit ± 1; alors k est 0, n, $2n\ldots$, et le facteur se réduit à $y\pm 1$.

Les racines de $y^n\mp 1$ sont donc comprises dans

$$y=\cos\left(\frac{k\pi}{n}\right)\pm\sin\left(\frac{k\pi}{n}\right)\sqrt{-1}\ldots (4).$$

Tant que l'entier k ne passe pas n, l'arc $\frac{k\pi}{n}$ est une fraction croissante de la demi-circonf.; ces arcs ont des cosinus inégaux, et l'on obtient des facteurs différens du 2e degré, que nous représenterons par A, B, $C\ldots L$, M. Comme $n+i$ et $n-i$ sont ensemble pairs ou impairs, soit $k=n\pm i$, i étant $<n$;

l'arc devient $\frac{k\pi}{n} = \pi \pm \frac{i\pi}{n}$, arcs dont le cosinus est le même : d'où résulte que le facteur trinome est le même pour $k = n - i$ et $n + i$. Après avoir donc pris pour k tous les nombres (pairs ou impairs) jusqu'à n, au-delà on retrouve les mêmes facteurs de 2e degré en ordre rétrograde $M, L \ldots C, B, A$.

Passé $2n$, k a la forme $2qn + i$, et l'arc devient $2q\pi + \frac{i\pi}{n}$, dont le cosinus est encore le même; ainsi, on retombe sur les mêmes facteurs dans le même ordre $A, B \ldots L, M \ldots, B, A$. Il est, comme on voit, *inutile de donner à* k *des valeurs* $>$ n.

1°. *Si* n *est pair*, $\frac{1}{2}n \pm i$ sont ensemble pairs ou impairs; $k = \frac{1}{2}n \pm i$ donne les arcs $\frac{k\pi}{n} = \frac{1}{2}\pi \pm \frac{i\pi}{n}$, dont les cosinus sont égaux en signes contraires, savoir, $= \mp \sin\left(\frac{i\pi}{n}\right)$; ainsi, *lorsque* n *est pair, on ne fera pas* k $> \frac{1}{2}$ n, *mais on prendra les cosinus avec le signe* $\pm$.

2°. *Si* n *est impair*, $k = n - i$ est impair quand i est pair, et réciproquement. On n'a donc pas le droit de poser à la fois $k = n - i$ et $k = i$; l'arc devient $\frac{k\pi}{n} = \pi - \frac{i\pi}{n}$; l'arc $\frac{i\pi}{n}$ est $< \frac{1}{2}\pi$, quand on a pris $k = n - i$, en supposant $i < \frac{1}{2}n$: la demi-circ. est diminuée d'un arc moindre que le quadrans, et le cosinus est négativement le même que pour $\frac{i\pi}{n}$, i étant parmi les entiers qu'on n'a pas le droit de prendre pour k. Donc on fera $k = 0, 1, 2, 3 \ldots$, jusqu'à $\frac{1}{2}n$; on obtiendra des arcs $< \frac{1}{2}\pi$; les uns, de deux en deux, conviendront au théorème (3); on prendra les cosinus des autres avec un signe contraire.

Enfin, $y = \frac{x}{a}$ donne $x^2 - 2ax \cos\left(\frac{k\pi}{n}\right) + a^2$, pour la formule générale des facteurs de $x^n \mp a^n$.

Pour $y^4 + 1$, k doit être impair; $k = 1$ donne l'arc $\frac{1}{4}\pi$ ou

$45°$, dont le cos. est $\frac{1}{2}\sqrt{2}$; pris en $\pm$, on a les deux facteurs $y^2 \pm y\sqrt{2}+1$; ainsi

$$x^4 + a^4 = (x^2 + ax\sqrt{2} + a^2)(x^2 - ax\sqrt{2} + a^2).$$

Pour y^6+1, $k=1$ donne l'arc $\frac{1}{6}\pi$, dont le cos. est $\frac{1}{2}\sqrt{3}$, qu'on prendra en $\pm$; $k=3$ donne le cos. zéro; donc

$$y^6 + 1 = (y^2 + y\sqrt{3} + 1)(y^2 - y\sqrt{3} + 1)(y^2 + 1).$$

Soit $y^6 - 1$; faisons $k=0$ et 2; les cos. de zéro et $\frac{1}{3}\pi$ sont 1 et $\frac{1}{2}$, qui, pris en $\pm$, donnent

$$y^6 - 1 = (y+1)(y^2+y+1)(y^2-y+1)(y-1).$$

Soit encore $y^{13} \pm 1 = 0$; $k=0,1,2\ldots$ donne les arcs 0, $\frac{1}{13}\pi$, $\frac{2}{13}\pi$, etc., $\frac{6}{13}\pi$, dont on prendra les cosinus alternativement en $+$ et $-$, le 1er étant négatif pour $y^{13}+1$, positif pour $y^{13}-1$.

544. La proposition (3) est ce qu'on nomme le *Théorème de Côtes* : ce savant l'avait présentée sous une forme géométrique. Du rayon $AR = a$ (fig. 6) soit décrit le cercle $ACHL$, et le diamètre AH, passant en un point arbitraire O ou O'; à partir de A partagez la courbe en $2n$ arcs égaux Aa, aB, $Bb\ldots$, chacun est le n^e de π; menez des rayons vecteurs du point O ou O' aux points de division. Celui qui va au point quelconque C forme le triangle COP, duquel, en faisant l'angle $CRA = \alpha$, $OR = x$, on tire

$$CP = a\sin\alpha, \quad RP = a\cos\alpha, \quad OP = a\cos\alpha - x;$$

donc $OC^2 = x^2 - 2ax\cos\alpha + a^2 = OC.OL$; et si l'arc AC contient k divisions, on a $\alpha = \dfrac{k\pi}{n}$. Ce trinome étant facteur de $x^n \mp a^n$, selon que k est pair ou impair, les rayons vecteurs, menés aux points de divisions alternatifs, constituent tous ces facteurs. $OA = a - x$, $OH = a + x$, répondent aux facteurs réels du 1er degré.

Désignons par Z, Z', $Z''\ldots$ les rayons menés aux divisions paires, et par z, z', $z''\ldots$ ceux qui vont aux impaires; on aura

$z.z'.z''\ldots = a^n + x^n$, que O soit intérieur ou extérieur.
$Z.Z'.Z''\ldots = a^n - x^n$, si O est intérieur.
$Z.Z'.Z''\ldots = x^n - a^n$, si O est extérieur.

Équations à trois termes.

545. Prenons l'équ. $Ax^{2n} + Bx^n + C = 0$, où l'un des exposans de x est double de l'autre; en faisant $x^n = z$, il vient

$$Az^2 + Bz + C = 0.$$

1°. Si les racines de z sont réelles, telles que f et g, on doit résoudre ces équ. à deux termes $x^n = f$, $x^n = g$. Par exemple, trouver deux nombres tels, que leur produit soit 10, et la somme des cubes 133?

$$x^3 + \left(\frac{10}{x}\right)^3 = 133, \quad x^6 - 133x^3 + 1000 = 0.$$

Faisant $x^3 = z$, $z^2 - 133z + 1000 = 0$; d'où $z = 8$ et 125; posant ensuite $x^3 = 8$ et 125, il vient $x = 2$ et 5, et en outre (n° 538) 2α, et $5\alpha^2$, puis 5α et $2\alpha^2$, α étant une racine cubique imaginaire de l'unité. Telles sont les trois solutions du problème.

2°. Si les racines sont égales, on a $B^2 - 4AC = 0$, la proposée est un carré exact, $(ax^n + b)^2 = 0$, et l'on retombe sur une équ. à deux termes. Par ex., trouver un nombre tel, qu'en divisant son double par 3, et 3 par son double, 2 soit la somme des 4es puissances des quotiens?

$$\left(\frac{2x}{3}\right)^4 + \left(\frac{3}{2x}\right)^4 = 2, \quad \text{d'où} \quad (16x^4 - 81)^2 = 0;$$

et comme $y^4 = 1$ a pour racines ± 1 et $\pm\sqrt{-1}$, on a $x = \pm\frac{3}{2}$ et $\pm\frac{3}{2}\sqrt{-1}$.

3°. Enfin, quand les racines sont imaginaires, ou....... $B^2 - 4AC < 0$, on fera $Ax^{2n} = Cy^{2n}$, et la proposée devenant

$$y^{2n} + \frac{B}{\sqrt{(AC)}}y^n + 1 = 0,$$

sera comparable à (2) (n° 542); car le coefficient de y^n est < 2, à cause de $B^2 < 4AC$. Il y a donc un arc φ qui a ce facteur pour cosinus, arc qu'on déterminera par log. d'après la relation

$$\cos\varphi = -\frac{B}{2\sqrt{(AC)}} \dots (5).$$

Notre transformée est donc divisible par $y^2 - 2y\cos\left(\frac{\varphi}{n}\right) + 1 = 0$,

en prenant pour φ tous les arcs dont le cos. est donné par l'équ. (5), et qui sont, non-seulement l'arc $\varphi < 90°$, donné par la table, mais encore $\varphi + 2\pi$, $\varphi + 4\pi \dots$, en général, $\varphi + 2k\pi$, k étant un entier quelconque : soit $\psi = \frac{\varphi + 2k\pi}{n}$, tous les facteurs cherchés sont compris dans la forme

$$x^2\sqrt[n]{A} - 2x\sqrt[2n]{(AC)}.\cos\psi + \sqrt[n]{C} = 0 \dots (6).$$

Il est d'ailleurs inutile de prendre $k > n$, puisque $k = qn + i$ donne l'arc $2q\pi + \frac{\varphi + 2i\pi}{n}$; et supprimant les circonf. $2q\pi$, il reste à prendre le cos. de l'arc qu'on a eu pour $k = i < n$; on retomberait donc sur les mêmes facteurs.

Observez qu'ici le rayon est $= 1$, et que si l'on fait usage des tables de log., il faut soustraire 10 de tous les log. des cos. qu'on emploie dans le calcul. (*Voy.* t. I, p. 366.)

Par ex., soit l'équ. $x^6 - 2x^3 + 1 = 0$: $A = C = 1$, $B = -2$, $n = 3$; on trouve $\cos\varphi = 1$, les arcs $\psi = 0°$, $120°$ et $240°$; partant, la proposée a ses trois facteurs de la forme $x^2 - 2x\cos\psi + 1$; et comme $\cos\psi$ a pour valeurs 1, $-\sin 30° = -\frac{1}{2}$ et.... $-\cos 60° = -\frac{1}{2}$, on trouve $x^2 - 2x + 1$, et $x^2 + x + 1$, ce dernier facteur étant double. Ainsi, la proposée est le carré de $(x-1)(x^2 + x + 1)$, ou de $x^3 - 1$.

Soit encore $x^4 + x^2 + 25 = 0$: $A = B = 1$, $C = 25$, $n = 2$, et $\cos\varphi = -\frac{1}{10}$; les tables donnent, à cause du signe $-$, $\varphi = 95° 44' 20''$, dont la moitié ψ est $47° 52' 10''$; ajoutons $180°$, et nous formerons un arc dont le cosinus est le même que le précédent en signe contraire. Substituant dans le 2ᵉ terme de la formule générale (6), le calcul ci-contre donne -3 pour coefficient de l'un des facteurs. Ainsi nos facteurs sont $x^2 \pm 3x + 5$.

$\cos\psi$ ...	$\bar{1},8266074$
2	$0,3010300$ —
$\sqrt{5}$	$0,3494850$
3	$0,4771224$ —

Enfin, pour $2x^6 + 3x^3 + 5 = 0$, on a $\cos\varphi = \frac{-3}{2\sqrt{10}}$.

3	... $0,4771213$ —	2	$0,3010300$ —
2	— $0,3010300$	$\sqrt[6]{10}$ ...	$0,1666667$
$\sqrt{10}$	— $0,5000000$	$2\sqrt[6]{10}$ ...	$0,4676967$ —
$\cos\varphi$ ...	$\bar{1},6760913$ —		

On trouve $\varphi = 61° 41'$, ou plûtôt $118° 19'$, en prenant le supplément, à cause du signe —. Le tiers est $\psi = 39° 26' 20''$; ajoutant $120°$ deux fois successives, et prenant les $\cos\psi$, on a $\cos 39° 26' 20''$, $-\sin 69° 26' 20''$, et $\sin 9° 26' 20''$. Donc

$2\sqrt[6]{10}$ ...	$0,46770$ —	$0,46770$ —	$0,46770$ —
$\cos\psi$ ...	$\bar{1},88779$	$\bar{1},97141$ —	$\bar{1},21483$
	$0,35549$ —	$0,43911$ +	$\bar{1},68253$ —

Soit fait $\alpha = -2,2672 \quad +2,7486 \quad -0,4814$,

et nos trois facteurs sont de la forme $x^2\sqrt[3]{2} + \alpha x + \sqrt{5}$.

Racines des expressions compliquées de Radicaux.

546. Admettons que $a + \sqrt{b}$ soit un carré, et cherchons-en la racine, qui doit avoir la forme $\sqrt{x} + \sqrt{y}$; si elle était $f + \sqrt{y}$, on aurait $x = f^2$. Posons donc

$\sqrt{(a + \sqrt{b})} = \sqrt{x} + \sqrt{y}$, d'où $x + y + 2\sqrt{xy} = a + \sqrt{b}$;

puis $$x + y = a, \quad 2\sqrt{(xy)} = \sqrt{b},$$

en séparant l'équ. en deux, comme (nᵒ 533). Pour tirer x et y de ces équ., formez les carrés et retranchez, vous aurez

$$x^2 - 2xy + y^2 = (x - y)^2 = a^2 - b.$$

Comme x et y sont supposés rationnels, $a^2 - b$ doit être un carré exact connu, que nous ferons $= k^2$; $x - y = k$, et $x + y = a$ donnent la solution cherchée

$$x = \tfrac{1}{2}(a + k), \quad y = \tfrac{1}{2}(a - k), \quad k = \sqrt{(a^2 - b)}.$$

Soit $\sqrt{(4 + 2\sqrt{3})}$; on a $a = 4, b = 12$; d'où $a^2 - b = k^2 = 4$, puis $k = 2$, $x = 3$ et $y = 1$; la racine demandée est $1 + \sqrt{3}$. Celle de $4 - 2\sqrt{3}$ est $1 - \sqrt{3}$.

Pour $\sqrt{(-1 + 2\sqrt{-2})}$, $a^2 - b = 9$, $k = 3$, $x = 1$, $y = -2$, et l'on a $\pm(1 + \sqrt{-2})$ pour racine.

Si $a + \sqrt{b}$ est un cube exact, on pose

$$\sqrt[3]{(a + \sqrt{b})} = (x + \sqrt{y})\sqrt[3]{z},$$

z étant une indéterminée dont on dispose à volonté pour faciliter le calcul. En élevant au cube et comparant les termes rationnels, on trouve

$$a = z(x^3 + 3xy), \quad \sqrt{b} = z\sqrt{y}(3x^2 + y);$$

carrant ces équ. et retranchant, on a

$$a^2 - b = z^2[(x^3 + 3xy)^2 - (3x^2\sqrt{y} + y\sqrt{y})^2].$$

Or, le facteur de z^2 est la différence de deux carrés, et revient visiblement à $(x + \sqrt{y})^3 \times (x - \sqrt{y})^3$, ou $(x^2 - y)^3$; donc $\frac{a^2 - b}{z^2} = (x^2 - y)^3$. Mais x et y sont supposés rationnels; ainsi, le 1er membre doit être un cube exact; et il sera toujours facile de déterminer z de manière à remplir cette condition, ne fût-ce qu'en posant $z = (a^2 - b)^2$: si $a^2 - b$ est un cube, on fera $z = 1$. En général, on décomposera $a^2 - b$ en facteurs premiers, et l'on distinguera bientôt quels facteurs doivent être introduits ou supprimés, pour avoir un cube exact. Ainsi, z et k seront connus dans les relations

$$k = \sqrt[3]{\left(\frac{a^2 - b}{z^2}\right)}, \quad x^2 - y = k, \quad a = zx(x^2 + 3y);$$

d'où $$y = x^2 - k, \quad 4zx^3 - 3kxz = a.$$

Cette dernière équ. donne x, en se contentant des seules racines rationnelles; la précédente fait connaître y, et l'on a la racine demandée.

Pour $10 + 6\sqrt{3}$ on a $a = 10$, $b = 108$, $a^2 - b = -8$; ainsi $z = 1$, et $k = -2$. Donc $4x^3 + 6x = 10$, d'où $x = 1$, puis $y = 3$; enfin, $\sqrt[3]{(10 + 6\sqrt{3})} = 1 + \sqrt{3}$.

Soit encore $8 + 4\sqrt{5}$; on a $a^2 - b = -16$; on fera $z = 4$, $k = -1$; d'où $4x^3 + 3x = 2$, et $x = \frac{1}{2}$, $y = \frac{5}{4}$; enfin, $\frac{1}{2}\sqrt[3]{4}\cdot(1 + \sqrt{5})$ est la racine cubique de $8 + 4\sqrt{5}$.

En posant $$\sqrt[n]{(a + \sqrt{b})} = (x + \sqrt{y})\sqrt[n]{z},$$

et raisonnant de même, on déterminerait x, y et z, dans le cas où $a + \sqrt{b}$ est une puissance n^e exacte.

547. Dans toute autre formule, il ne suffit pas de substituer, pour les radicaux qui s'y trouvent, leur valeur approchée, parce qu'on néglige ainsi toutes les valeurs imaginaires dont ces radicaux sont susceptibles. On doit remplacer $\sqrt[n]{A}$, par $\alpha\sqrt[n]{A}$, $\alpha^2\sqrt[n]{A}$... (nº 540), en prenant 1, α, α^2... pour les racines de l'équation $y^n - 1 = 0$.

Si l'on a $x = a\sqrt[n]{g} + b\sqrt[n]{g^2} + c\sqrt[n]{g^3} + \ldots$, il suffit de poser
$$y^n = g, \quad x = ay + by^2 + cy^3 \ldots,$$
et d'éliminer y entre ces deux équ.; toutes les racines de l'équ. finale en x seront les valeurs cherchées de x.

Quand on a une fonct. X compliquée de radicaux, $\sqrt[n]{A}$, $\sqrt[m]{B}$...; pour obtenir toutes les valeurs de X, posez $y^n = A$; $t^m = B$, et introduisez pour vos radicaux, les n valeurs de y, les m de t..., combinées entre elles de toutes les manières possibles.

On dégage une équ. $X = 0$ des radicaux qui y entrent, par le même calcul; X est changé en une fonction de x; y, t, et il reste à éliminer y, t.... à l'aide de $y^n = A$, $t^m = B$....; l'équ. finale en x est celle qu'on cherche.

Par exemple, soit $x = \sqrt[3]{A} + \sqrt[3]{B}$; posez $y^3 = A$, $t^3 = B$,

$x = y + t$; mettez pour y les trois valeurs y, αy, $\alpha^2 y$, de même t, αt, $\alpha^2 t$ pour t, et vous aurez les neuf racines de x, en combinant deux à deux ces substitutions; ou bien éliminez y et t entre ces trois équ., et l'équ. finale en x aura pour racines toutes les valeurs demandées.

Équations du troisième degré.

548. Pour résoudre l'équ. $kx^3 + ax^2 + bx + c = 0$, chassons le 2ᵉ terme et le coefficient du premier, en posant (page 44)

$$x = \frac{x' - a}{3k},$$

d'où $x'^3 + 3x'(3kb - a^2) + 2a^3 - 9abk + 27ck^2 = 0$.

Ainsi, toute équ. du 3ᵉ degré est réductible à

$$x^3 + px + q = 0 \ldots\ldots (1).$$

Posons $x = y + z$; d'où $x^3 = 3yz(y + z) + y^3 + z^3$; ainsi la proposée devient

$$(3yz + p)(y + z) + y^3 + z^3 + q = 0.$$

Or, le partage de x en deux nombres y et z peut se faire d'une infinité de manières, et l'on a le droit de se donner leur produit, ou leur différence, ou leur rapport, etc.... Posons donc que le 1ᵉʳ facteur est nul, ou

$$yz = -\tfrac{1}{3}p, \quad y^3 + z^3 = -q.$$

Le cube de la 1ʳᵉ équ. $y^3z^3 = -(\tfrac{1}{3}p)^3$ montre que y^3 et z^3 ont $-q$ pour somme, et $-(\tfrac{1}{3}p)^3$ pour produit, c.-à-d. que les inconnues y^3 et z^3 sont les racines t et t' de l'équ. du 2ᵉ degré (nº 137, 5º.)

$$t^2 + qt = (\tfrac{1}{3}p)^3 \ldots\ldots (2),$$

qu'on nomme *la Réduite*. Connaissant t et t', on a $y^3 = t$, $z^3 = t'$; 1, α, α^2, étant les trois racines cubiques de l'unité (nº 540), on a donc

$$y = \sqrt[3]{t},\ \alpha\sqrt[3]{t},\ \alpha^2\sqrt[3]{t}, \quad z = \sqrt[3]{t'},\ \alpha\sqrt[3]{t'},\ \alpha^2\sqrt[3]{t'}.$$

Mais il ne faut pas, pour obtenir $x = y + z$, ajouter toutes ces valeurs deux à deux, puisqu'on aurait 9 racines au lieu de 3. Comme, au lieu de l'équ. $yz = -\frac{1}{3}p$, on en a employé le cube, on a triplé le nombre des racines; il ne faut donc ajouter que celles de ces valeurs de y et z dont le produit est $-\frac{1}{3}p$, ou $\sqrt[3]{(tt')}$, puisque le 2e membre de l'équ. (2) étant $= -t.t'$, la racine cubique est $= \frac{1}{3}p$. Il est facile de voir, à cause de $\alpha^3 = 1$, que des 9 combinaisons, on ne doit admettre, avec $x = \sqrt[3]{t} + \sqrt[3]{t'}$, que

$$x = \alpha\sqrt[3]{t} + \alpha^2\sqrt[3]{t'}, \quad \text{et} \quad \alpha^2\sqrt[3]{t} + \alpha\sqrt[3]{t'}.$$

Substituant pour α et α^2 leurs valeurs $-\frac{1}{2}(1 \pm \sqrt{-3})$, n° 538, et faisant, pour abréger,

$$s = \sqrt[3]{t} + \sqrt[3]{t'}, \quad d = \sqrt[3]{t} - \sqrt[3]{t'}$$

on a

$$\left.\begin{matrix} x = s, \quad x = -\frac{1}{2}(s \pm d\sqrt{-3}) \end{matrix}\right\} \ldots\ldots (3).$$

Donc, pour résoudre l'équ. du 3e degré (1), il faut d'abord résoudre la réduite (2); et connaissant t et t', on en introduira les valeurs dans les formules (3).

Par ex., $x^3 + 6x = 7$ donne $p = 6$, $q = -7$, et la réduite $t^2 - 7t = 8$; d'où $t = \frac{7}{2} \pm \frac{9}{2}$, $t = 8$, $t' = -1$; les racines cubiques sont 2 et -1; donc,

$$s = 1, \quad d = 3, \quad x = 1, \text{ et } -\frac{1}{2}(1 \pm 3\sqrt{-3}).$$

Soit $y^3 - 3y^2 + 12y = 4$; on pose $y = x + 1$ pour chasser le 2e terme, et l'on a $x^3 + 9x + 6 = 0$, $p = 9$, $q = 6$, et la réduite $t^2 + 6t = 27$; donc $t = 3$, $t' = -9$, et

$$s = \sqrt[3]{3} - \sqrt[3]{9} = -0{,}637835 = x, \quad d = 3{,}522333,$$

puis $y = 0{,}362165$, et $1{,}318918 \pm 1{,}761167\sqrt{-3}$.

L'équ. $x^3 - 3x = 18$ donne $t^2 - 18t + 1 = 0$, $t = 9 \pm 4\sqrt{5}$; la racine cubique est (p. 104) $\frac{3}{2} \pm \frac{1}{2}\sqrt{5}$; ainsi $s = 3$, $d = \sqrt{5}$; enfin, $x = 3$, et $-\frac{1}{2}(3 \pm \sqrt{-15})$.

$x^3 - 27x + 54 = 0$, donne $t^2 + 54t + 729 = 0$, ou...... $(t + 27)^2 = 0$, $t = -27$: ainsi $x = -6$ et 3 (racine double).

549. Tant que *les deux racines* t *et* t' *de la réduite sont*

réelles, $\sqrt[3]{t}$, $\sqrt[3]{t'}$ le sont, ainsi que s et d; il suit des formules (3) que *la proposée n'a qu'une racine réelle*. Cependant, si $t = t'$, on a $d = 0$, et les trois valeurs de x sont réelles, deux étant égales à la moitié de la 3ᵉ en signe contraire. C'est ce qu'on voit dans le dernier exemple.

Mais *si la réduite a ses racines imaginaires* (p est négatif, et l'on a en outre $4p^3 > 27q^2$), les expressions (3) restant compliquées d'imaginaires, il semble qu'aucune racine ne soit réelle, contre ce qu'on sait d'ailleurs (nº 515, 1º.) Ce paradoxe, qui a long-temps arrêté les algébristes, a reçu pour cela le nom de *Cas irréductible*. Il s'agit de montrer qu'alors *les trois racines sont réelles*.

Les valeurs de t et t' étant représentées par $a \pm b\sqrt{-1}$, la racine cubique, ou la puissance $\frac{1}{3}$, se développe (page 16) en série. Sans exécuter ce calcul, il est visible qu'on n'y peut trouver d'imaginaires que dans les termes où $b\sqrt{-1}$ est affecté d'exposans impairs; et comme l'une de ces séries se déduit de l'autre en changeant b en $-b$, il est clair qu'elles sont toutes deux comprises dans la forme $P \pm Q\sqrt{-1}$, dont la somme est $s = 2P$, et la différence $d = 2Q\sqrt{-1}$. Ainsi, les formules (3) se réduisent à ces expressions réelles

$$x = 2P, \text{ est } -P \pm Q\sqrt{3} \ldots \quad (4).$$

Nos racines sont donc réelles, précisément lorsque les équ. (3) les donnent sous forme imaginaire. Ce cas singulier vient de ce qu'en posant $x = y + z$ et $yz = -\frac{1}{3}p$, rien n'exprime que y et z soient en effet réels; et notre calcul prouve même qu'ils sont imaginaires quand les trois racines sont réelles. Pour les obtenir, on développera la puissance $\frac{1}{3}$ de $a + b\sqrt{-1}$ sous la forme $P + Q\sqrt{-1}$; et P et Q seront connus dans les équ. (4).

550. Mais comme il faut que la série soit convergente, on préfère se servir du procédé suivant. Il suit du théorème (2), nº 542, en faisant $n = 3$, que le rayon étant un,

$$y^2 - 2y \cos \tfrac{1}{3}\varphi + 1 \ \textit{divise}\ y^6 - 2y^3 \cos \varphi + 1.$$

Soit fait $x = m(y + y^{-1})$, dans $x^3 - px + q = 0$;
d'où $m^3(y^3 + y^{-3}) + (3m^3 - pm)(y + y^{-1}) + q = 0$.
On chasse le 2ᵉ terme en posant $3m^2 = p$; d'où $m = \sqrt{\tfrac{1}{3}p}$.
Donc $y^6 + \dfrac{qy^3}{\sqrt{(\frac{1}{3}p)^3}} + 1 = 0$. Mais dans le cas que nous traitons, t est imaginaire dans l'équ. (2), où $(\frac{1}{2}q)^2 < (\frac{1}{3}p)^3$: on peut donc trouver un arc φ dont le cos. soit la moitié du facteur de y^3, puisque cette moitié est < 1;

$$\cos\varphi = \frac{-q}{2 \cdot \frac{1}{3}p\sqrt{(\frac{1}{3}p)}} \ldots\ldots (5);$$

alors la proposée, se trouvant réduite à notre 2ᵉ trinome, est divisible par $y^2 - 2y\cos\frac{1}{3}\varphi + 1 = 0$; divisant par y, on a $y + y^{-1} = 2\cos\frac{1}{3}\varphi$; et comme $x = m(y + y^{-1})$, on a

$$x = 2\sqrt{(\tfrac{1}{3}p)} \cdot \cos\tfrac{1}{3}\varphi \ldots\ldots (6).$$

L'arc φ sera donné par un calcul logarithmique : on en prendra le tiers, auquel on ajoutera 120° et 240°, parce qu'on peut prendre, outre l'arc trouvé dans la table, les arcs $\varphi + 2\pi$, $\varphi + 4\pi$, qui ont le même cosinus. L'équ. (6), où $\cos\frac{1}{3}\varphi$ prend trois valeurs, déterminera les trois racines réelles.

Soit, par ex., $x^3 - 5x - 3 = 0$; on a $p = 5$, $q = -3$, $\cos\varphi = \dfrac{3}{2 \cdot \frac{5}{3}\sqrt{\frac{5}{3}}}$. Le calcul ci-contre donne $\varphi = 45°\,48'\,9''$; dont le tiers est 15° 16′ 3″. On y ajoutera 120° et 240°, et l'on prendra les cosinus, qui sont

5 ...	0,6989700
3 ...	−0,4771213
diff. ...	0,2218487
moitié ...	0,1109243
2 ...	0,3010300
dén. ..	−0,6338030
3 ...	+0,4771213
cos φ ...	$\bar{1}$,8433183

$\cos 15°\,16'\,3''$; $-\sin 45°\,16'\,3''$, $-\cos 75°\,16'\,3''$.

On prend ci-contre,

$2\sqrt{\frac{5}{3}}$ ...	0,4119543	0,4119543	0,4119543
$\cos\frac{1}{3}\varphi$ ...	$\bar{1}$,9843955	$\bar{1}$,8515032 −	$\bar{1}$,4053576 −
x ...	0,3963498,	0,2634575 −,	$\bar{1}$,8173119 −,
$x =$	2,490862	−1,834245	−0,6566166

Pour l'équ. $x^3 - 5x + 3 = 0$, il suffit de changer x en $-x$, et l'on retombe sur l'équ. précédente : on a donc les mêmes racines en signes contraires. Au reste, en traitant directement cet ex., l'équ. (5) donnant cos φ négatif, l'arc φ est $> 90°$, et le supplément du précédent ; le calcul se continue de même.

Soit l'équ. $x^3 - 4x + 1 = 0$; d'où $\cos\varphi = \frac{-1}{2 \cdot \frac{4}{3}\sqrt{\frac{4}{3}}}$. Le calcul donne $\varphi = 108° 57' 3'', 5$, et l'on obtient enfin...... $x = 1,860807\ldots - 2,114907\ldots\ 0,254099\ldots$

Équations du quatrième degré.

551. Soit proposée l'équ. $x^4 + px^2 + qx + r = 0$; pour la résoudre, employons la même marche que pour le 3ᵉ degré ; regardons x comme formé de deux parties y et z, $x = y + z$; d'où

$$y^4 + (6z^2 + p)y^2 + (z^4 + pz^2 + qz + r)$$
$$+ 4zy^3 + (4z^3 + 2pz + q)y = 0.$$

Mais nous pouvons poser une relation à volonté entre y et z : égalant à zéro la 2ᵉ ligne qui renferme les puissances impaires de y, nous avons

$$y^2 = -z^2 - \frac{p}{2} - \frac{q}{4z} \ldots \ (1).$$

La transformée devient, en éliminant y^2,

$$z^6 + \tfrac{1}{2}pz^4 + \tfrac{1}{16}(p^2 - 4r)z^2 - \tfrac{1}{64}q^2 = 0,$$

équ. qui n'a que des puissances paires de z. Faisons donc, pour simplifier, $z^2 = \frac{1}{4}t$, et nous aurons

$$t^3 + 2pt^2 + (p^2 - 4r)t - q^2 = 0 \ldots \ (A).$$

C'est *la réduite* qui est du 3ᵉ degré, et a nécessairement au moins une racine réelle et positive (*) : désignons par t cette

(*) Il faut dégager cette équ. de son 2ᵉ terme, en posant $t = \frac{1}{3}(u - 2p)$; d'où $\quad u^3 - 9u(p^2 + 4r) + 72pr - 2p^3 - 27q^2 = 0.$

racine ; nous avons $z = \pm \frac{1}{2}\sqrt{t}$, où le signe est arbitraire. Substituant dans $x = y + z$ et dans (1), il vient

$$x = y \pm \tfrac{1}{2}\sqrt{t},\quad y^2 = -\frac{t}{4} - \frac{p}{2} \mp \frac{q}{2\sqrt{t}} \ldots \ (2).$$

On trouve enfin, en ayant égard à la correspondance des signes, et éliminant y,

$$\left.\begin{aligned} x &= \frac{\sqrt{t}}{2} \pm \sqrt{\left(-\frac{t}{4} - \frac{p}{2} - \frac{q}{2\sqrt{t}}\right)} \\ x &= -\frac{\sqrt{t}}{2} \pm \sqrt{\left(-\frac{t}{4} - \frac{p}{2} + \frac{q}{2\sqrt{t}}\right)} \end{aligned}\right\} \ldots \ (B).$$

Ainsi l'on résoudra la réduite (A) ; et prenant une racine positive t, on la substituera dans les formules (B), qui donnent les quatre valeurs de x.

Soit, par ex., $2x^4 - 19x^2 + 24x = \frac{23}{8}$; $p = -\frac{19}{2}$, $q = 12$, etc. ; la réduite est $t^3 - 19t^2 + 96t = 144$. L'une des racines $t = 3$ donne

$$x = \tfrac{1}{2}\sqrt{3} \pm \sqrt{(4 - 2\sqrt{3})},\ \text{et} - \tfrac{1}{2}\sqrt{3} \pm \sqrt{(4 + 2\sqrt{3})};$$

et comme (p. 104) $\sqrt{(4 \pm 2\sqrt{3})} = 1 \pm \sqrt{3}$,

on a $\qquad x = 1 \pm \frac{1}{2}\sqrt{3},\quad x = -1 \pm \frac{3}{2}\sqrt{3}.$

L'équation $x^4 - 25x^2 + 60x - 36 = 0$ a, pour réduite, $t^3 - 50t^2 + 769t = 3600$; prenons $t = 9$, et nous aurons $x = 3, 2, 1$ et -6.

Pour $x^4 - x + 1 = 0$, on a $t^3 - 4t = 1$; d'où $t = 2{,}114907\ldots$ (*voy.* p. 111) ; on en tire

$$x = -0{,}7271360 \pm 0{,}9340992\sqrt{-1},$$
$$x = +0{,}727236 \pm 0{,}4300139\sqrt{-1}.$$

Enfin, l'équation $x^4 - 3x^2 - 42x = 40$ donne

$$t^3 - 6t^2 + 169t = 1764;$$

d'où $\quad t = 9$; puis $x = 4, -1$ et $\frac{1}{2}(3 \pm \sqrt{-31})$.

552. Examinons les cas qui peuvent se présenter. Nous savons, d'après l'équ. (A), dont t, t', t'' désigneront les racines, que

$$t+t'+t''=-2p,\quad t.t'.t''=q^2:$$

la 1re donne $\quad -t-2p=t'+t''\ldots\ (3);$

la 2e $\quad \sqrt{(t'.t'')}=\frac{q}{\sqrt{t}}\ldots\ (4).$

L'extraction des racines effectuée, on devrait prendre le signe $\pm$; mais si q est positif, $\sqrt{(t'.t'')}$ et $\sqrt{t}$ ont même signe, tandis que le contraire a lieu si q est négatif. Comme la réduite (A) ne contient pas q, mais q^2, elle reste la même, quel que soit le signe de q, ce qui oblige de distinguer deux cas, compris ensemble dans l'équ. (4).

Si q est positif dans la proposée, substituons les valeurs (3) et (4) dans l'équ. (2), où l'on a déjà eu égard au signe $\pm$ de $\sqrt{t}$; nous aurons

$$y^2=\tfrac{1}{4}t'+\tfrac{1}{4}t''\mp\tfrac{1}{2}\sqrt{(t'.t'')}=\tfrac{1}{4}(\sqrt{t'}\mp\sqrt{t''})^2;$$

d'où $\quad y=\frac{1}{2}(\sqrt{t'}\mp\sqrt{t''}),$ et $-\frac{1}{2}(\sqrt{t'}\mp\sqrt{t''}).$

Le double signe $\pm$ doit concorder avec celui de l'équation $x=y\pm\frac{1}{2}\sqrt{t}$, ainsi qu'il résulte du calcul ci-dessus. Par conséquent, q étant positif, on a

$$x=\tfrac{1}{2}\sqrt{t}\pm\tfrac{1}{2}(\sqrt{t'}-\sqrt{t''}),\quad \text{et} -\tfrac{1}{2}\sqrt{t}\pm\tfrac{1}{2}(\sqrt{t'}+\sqrt{t''}).$$

Si q est négatif (*), $\sqrt{(t'.t'')}=-\frac{q}{\sqrt{t}}$; la substitution dans l'équ. (2) ne cause que la modification de signe du dernier terme: le calcul reste donc le même, à ce signe près, et les valeurs de y prennent seulement des $\pm\sqrt{t''}$ au lieu des $\mp\sqrt{t''}$.

$$x=\tfrac{1}{2}\sqrt{t}\pm\tfrac{1}{2}(\sqrt{t'}+\sqrt{t''})\ \text{et}\ -\tfrac{1}{2}\sqrt{t}\pm\tfrac{1}{2}(\sqrt{t'}-\sqrt{t''}).$$

1°. *Si la réduite a ses trois racines réelles*, il ne peut arriver que deux cas; comme leur produit $t.t'.t''=q^2$ est positif, ou deux sont négatives, ou aucune ne l'est. Dans ce dernier cas,

---

(*) Cette distinction n'était pas nécessaire à faire dans les formules (B), parce qu'on doit toujours y substituer, pour p, q, r, leurs valeurs données, affectées des signes qui leur appartiennent; et il est clair que si q est négatif, le signe du dernier terme des équ. (B) change de lui-même.

$\sqrt{t}$, $\sqrt{t'}$, $\sqrt{t''}$ sont réels, et nos quatre racines de x sont réelles. Dans l'autre cas, au contraire, $\sqrt{t'}$ et $\sqrt{t''}$ sont imaginaires, et les quatre valeurs de x le sont aussi. Donc, *quand la réduite tombe dans le cas irréductible, la proposée a ses quatre racines ensemble réelles ou imaginaires, selon que* t *a trois valeurs positives ou une seule*. On en a vu des exemples ci-dessus.

Cependant s'il arrive, dans ce 2e cas, que $t'=t''$, comme deux de nos valeurs de x contiennent la différence des radicaux $\sqrt{t'}$, $\sqrt{t''}$, les imaginaires s'entre-détruiront, et la proposée aura deux racines réelles et égales, et deux imaginaires.

2°. *Si la réduite n'a qu'une seule racine réelle* t, comme t est alors positif, $\sqrt{t}$ est réel. D'ailleurs, désignons t' et t'' par $a \pm b\sqrt{-1}$, d'où

$$\sqrt{t'} \pm \sqrt{t''} = \sqrt{(a+b\sqrt{-1})} \pm \sqrt{(a-b\sqrt{-1})};$$

le carré est $(\sqrt{t'} \pm \sqrt{t''})^2 = 2a \pm 2\sqrt{(a^2+b^2)}$.

Ce dernier radical est visiblement réel et $> a$; ainsi, notre carré a deux valeurs réelles, l'une positive, l'autre négative : en extrayant la racine, qui est $\sqrt{t'} \pm \sqrt{t''}$, on a donc une quantité réelle $\sqrt{A}$ d'une-part, et une imaginaire $\sqrt{-B}$ de l'autre. Remontant aux valeurs précédentes de x, on voit clairement que *si la réduite n'a qu'une seule racine réelle* t, *celle-ci est positive, et la proposée a deux racines réelles et deux imaginaires*.

IV. FONCTIONS SYMÉTRIQUES.

Puissances des racines des Équations.

553. On dit qu'une fonction est *symétrique* ou *invariable*, quand elle n'éprouve aucune altération, en y échangeant deux des lettres qui s'y trouvent l'une en l'autre : telles sont a^2+b^2, $\sqrt{a}+\sqrt{b}$, $a+b+\sin a.\sin b$, etc.; qui demeurent les mêmes lorsqu'on met b pour a, et a pour b. Les coeffi-

ciens des divers termes d'une équ. $X = 0$ sont des fonctions symétriques des racines $a, b, c \ldots$ (n° 502).

Nous représenterons à l'avenir, par $[a^\alpha b^\beta c^\gamma \ldots]$, la fonction symétrique dont $a^\alpha b^\beta c^\gamma \ldots$ est un terme, et dont on obtient les autres termes en échangeant chaque racine $a, b, c \ldots$ en toutes les autres successivement : par $\int_m$ la somme des puissances m de ces racines, ou $\int_m = a^m + b^m + c^m \ldots$. Or, sans connaître ces racines, prouvons qu'on peut toujours trouver les quantités $\int_m$ et $[a^\alpha b^\beta c^\gamma \ldots]$, quels que soient les entiers m, $\alpha, \beta, \gamma \ldots$, en fonction des coefficiens $p, q \ldots$ de la proposée,

$$X = x^m + px^{m-1} + qx^{m-2} \ldots + tx + u = 0.$$

X est identique avec $(x-a).(x-b).(x-c)\ldots$, et l'on a vu (n° 524, 2°.) que la dérivée X' est

$$mx^{m-1} + (m-1)px^{m-2} \ldots + t = (x-b)(x-c)\ldots + (x-a)(x-c)\ldots \text{etc.}$$

En divisant par X, on trouve

$$\frac{mx^{m-1} + (m-1)px^{m-2} \ldots + t}{x^m + px^{m-1} + qx^{m-2} \ldots + u} = \frac{1}{x-a} + \frac{1}{x-b} + \frac{1}{x-c} \ldots$$

En développant $(x-a)^{-1}$, on a (page 16, I)

$$\frac{1}{x-a} = \frac{1}{x} + \frac{a}{x^2} + \frac{a^2}{x^3} + \frac{a^3}{x^4} + \ldots$$

Changeant a en $b, c \ldots$; et prenant la somme de tous ces résultats, notre second membre est

$$= \frac{m}{x} + \frac{\int_1}{x^2} + \frac{\int_2}{x^3} + \frac{\int_3}{x^4} + \text{etc.}$$

Multipliant donc l'équ. par $x^m + px^{m-1} + qx^{m-2} + rx^{m-3} \ldots$

$$mx^{m-1} + (m=2)\ldots$$

$$\begin{array}{l}
mx^{m-1} + (m-1)px^{m-2} + (m=2)qx^{m-3} \ldots + t \quad = \\
mx^{m-1} + \left.\begin{array}{r}\int_1 \\ +mp\end{array}\right| x^{m-2} + \left.\begin{array}{r}\int_2 \\ +p\int_1 \\ +mq\end{array}\right| x^{m-3} + \left.\begin{array}{r}\int_3 \\ +p\int_2 \\ +q\int_1 \\ +mr\end{array}\right| x^{m-4} \ldots \text{ etc. } \left|\begin{array}{r}\ldots + \int_l \\ \ldots + p\int_{l-1} \\ \ldots + q\int_{l-2} \\ \ldots + r\int_{l-3}\end{array}\right| x^{m-l-1} \ldots
\end{array}$$

Le 1er membre a m termes ; le second va à l'infini, chaque ligne ayant son 1er terme reculé d'un rang de plus à droite que dans la ligne qui précède; il y a $m+1$ lignes. En comparant les coefficiens des mêmes puissances de x dans cette identité, on obtient une infinité d'équ. Les m 1res ont chacune un terme de plus que la précédente; elles sont (en supprimant mp, mq..., aux deux membres)

$$\int_1 + p = 0,\ \int_2 + p\int_1 + 2q = 0,\ \int_3 + p\int_2 + q\int_1 + 3r = 0\ldots,$$
$$\int_k + p\int_{k-1} + q\int_{k-2} + r\int_{k-3}\ldots + kv = 0\ldots\ (A),$$

k étant un entier $< m$, et v le coefficient de x^{m-k} dans X. Au-delà de ces m équ., le 1er membre ne donne plus de terme à comparer avec ceux du 2e, et l'on trouve

$$\int_l + p\int_{l-1} + q\int_{l-2} + r\int_{l-3}\ldots + u\int_{l-m} = 0\ldots\ (B),$$

l étant un entier $>$ ou $= m$. On a $\int_0 = a^0 + b^0\ldots = m$.

554. Ces équ. sont dues à Newton : en voici l'usage. La 1re donne $\int_1 = -p$, valeur qui, introduite dans la 2e, donne $\int_2$; on a ensuite $\int_3$...

$$\int_1 = -p,\quad \int_2 = -p\int_1 - 2q,\quad \int_3 = -p\int_2 - q\int_1 - 3r\ldots;$$

et ainsi de proche en proche. En général, la valeur de $\int_l$ conduit à cette règle. Sous les m termes qui, dans la série des $\int$, précèdent celui qu'on veut calculer, écrivez les coefficiens de X en ordre inverse, avec des signes contraires; multipliez chaque terme par celui qui est au-dessous, ajoutez, et vous aurez le terme suivant $\int_l$:

$$\begin{array}{ccccc} \int_{l-m}, & \int_{l-m-1}\ldots & \int_{l-3}, & \int_{l-2}, & \int_{l-1}, \\ -u, & -t\ldots & -r, & -q, & -p. \end{array}$$

Soit, par ex., l'équ. $x^3 - 3x^2 + 2x - 1 = 0$, où $p = -3$, $q = 2$, $r = -1$; les facteurs seront 1, -2 et 3. Ainsi, on trouve d'abord $\int_0 = 3$, $\int_1 = 3$, $\int_2 = 5$; la série des $\int$ se continue comme il suit, chaque terme étant formé du produit des trois qui le précèdent, multipliés respectivement par $1, -2$ et 3.

3, 3, 5, 12, 29, 68, 158, 367, 853, 1983, 4610, 10717, 24914...

Pour $x^3 - 3x^2 + 12x = 4$, les facteurs sont 4, -12 et 3, et l'on obtient

$$3,\ 3,\ -15,\ -69,\ -15,\ 723,\ 2073,\ -2517,\ -29535\ldots$$

Enfin, pour $x^2 - 2x = 5$, les multiplicateurs sont 5, 2 et 0; on trouve 3, 0, 4, 15, 8, 50, 91, 140, 432.....

En appliquant ce théorème à $x^m - 1 = 0$, on obtient, comme page 97,

$$\int_1 = \int_2 = \int_3 = \ldots = 0, \quad \int_m = \int_{2m} = \ldots = m.$$

Il est donc facile d'obtenir la somme de toutes les puissances entières des racines d'une équ. sans connaître ces racines. S'il s'agissait des puissances négatives, on changerait x en $\frac{1}{y}$, et l'on appliquerait nos formules à la transformée en y; on aurait les sommes demandées. Pour l'équ. $x^3 - 3x^2 + 2x = 1$, on aurait les facteurs 1, -3 et 2 de la transformée; d'où les sommes des puissances positives, qui sont les négatives demandées,

$$3,\ 2,\ -2,\ -7,\ -6,\ 7,\ 25,\ 23,\ -22,\ -88\ldots.$$

555. *Cherchons à exprimer toute fonction symétrique* $[a^\alpha b^\beta c^\gamma\ldots]$, *à l'aide de* $\int_1 \int_2 \int_3\ldots$, le nombre des racines $a, b, c\ldots$. comprises dans chaque terme étant n. Cette fonction s'obtiendrait en permutant les m lettres $a, b, c\ldots$ de toutes les manières possibles, n à n, donnant à la 1re lettre l'exposant α, β à la 2e...; le nombre des termes sera mPn. Cependant, s'il arrivait que deux exposans fussent égaux, $\alpha = \beta$, comme les initiales ab, ba n'apporteraient aucune modification au terme résultant, le nombre des termes ne serait que la moitié du précédent : il serait le 6e dans le cas de trois exposans égaux, etc. (*Voy.* n° 493.)

Pour obtenir la valeur de $[a^\alpha b^\beta]$, dont les termes ne contiennent que deux des m racines, opérons les permutations, comme n° 492, en multipliant

$$\int_\alpha = a^\alpha + b^\alpha + c^\alpha\ldots \text{ par } \int_\beta = a^\beta + b^\beta + c^\beta\ldots.$$

Si les facteurs partiels contiennent la même racine, le produit partiel aura la forme $a^{\alpha+\beta}$; sinon ce produit sera tel que $a^\alpha b^\beta$. Ainsi le résultat sera $\int_{\alpha+\beta} + [a^\alpha b^\beta]$; donc

$$[a^\alpha b^\beta] = \int_\alpha \times \int_\beta - \int_{\alpha+\beta} \ldots (C).$$

De même, pour la fonction $[a^\alpha b^\beta c^\gamma]$, multiplions $[a^\alpha b^\beta]$ par $\int_\gamma$; (C) deviendra $= \int\alpha \times \int\beta \times \int\gamma - \int\alpha+\beta \times \int_\gamma$. Formons le produit

$$(a^\alpha b^\beta + a^\alpha c^\beta + b^\alpha c^\beta + \ldots) \times (a^\gamma + b^\gamma + c^\gamma \ldots).$$

1°. Si les facteurs partiels n'ont pas de racine commune, le produit partiel est tel que $a^\alpha b^\beta c^\gamma$; ces résultats réunis forment la fonction $[a^\alpha b^\beta c^\gamma]$ dont on cherche la valeur.

2°. Si les facteurs partiels comprennent une racine commune, le terme sera tel, que $a^{\alpha+\gamma} b^\beta$, ou $a^\alpha b^{\beta+\gamma}$, suivant que cette racine sera le 1er facteur ou le 2°. De là résultent les fonctions $[a^{\alpha+\gamma} b^\beta]$, $[a^\alpha b^{\beta+\gamma}]$, dont l'équ. C donne les valeurs :

$$\int_{\alpha+\gamma} \times \int_\beta - \int_{\alpha+\beta+\gamma}, \quad \int_\alpha \times \int_{\beta+\gamma} - \int_{\alpha+\beta+\gamma}.$$

On a donc..... (D)

$$[a^\alpha b^\beta c^\gamma] = \int_\alpha . \int_\beta . \int_\gamma - \int_{\alpha+\beta} . \int_\gamma - \int_{\alpha+\gamma} . \int_\beta - \int_{\beta+\gamma} . \int_\alpha + 2 \int_{\alpha+\beta+\gamma}.$$

L'esprit de ce genre de calcul est facile à saisir, et l'on peut l'appliquer aux fonctions symétriques formées de quatre facteurs et au-delà. On sait donc évaluer ces fonctions à l'aide des seuls coefficiens de la proposée, puisque les $\int$ sont connues par ce qu'on a exposé précédemment.

Observez que si la fonction symétrique proposée était fractionnaire, en la réduisant au même dénominateur, elle formerait une fraction dont chaque terme serait une fonction invariable. C'est ainsi que

$$\left[\frac{a}{b}\right], \text{ ou } \frac{a}{b} + \frac{b}{a} + \frac{a}{c} + \frac{c}{a} + \frac{b}{c} + \frac{c}{b} \ldots := \frac{[a^2 b]}{abc\ldots}.$$

Appliquons ces préceptes généraux.

Résolution numérique des Équations.

556. Plus a sera grand par rapport aux autres racines $b, c \ldots$, plus $\int_k$ approchera d'être égale à son 1er terme a^k, et $\int_{k-1}$ à a^{k-1} : ces $\int$ sont d'ailleurs connues d'avance. Donc, en divisant, on trouve $a = \int_k : \int_{k-1}$. Ainsi, après avoir formé la série des nombres $\int_0, \int_1, \int_2 \ldots$, le quotient de chaque terme par celui qui le précède, approchera de plus en plus de la racine supérieure a, à mesure que l'indice de $\int$ sera plus élevé. On pourrait de même obtenir la moindre racine (n° 506).

Les imaginaires peuvent modifier notre proposition; car soit $x = \alpha \pm \beta \sqrt{-1}$: faisons $\alpha = \lambda \cos \varphi$, $\beta = \lambda \sin \varphi$, ce qui est toujours permis, puisqu'il en résulte

$$\lambda^2 = \alpha^2 + \beta^2,\ \text{tang}\ \varphi = \frac{\beta}{\alpha},$$

équations d'où l'on peut conclure λ et l'arc φ dans tous les cas. On a $x = \lambda (\cos \varphi \pm \sin \varphi . \sqrt{-1})$; d'où (note, page 98)

$$(\alpha \pm \beta \sqrt{-1})^k = \lambda^k (\cos k\varphi \pm \sin k\varphi . \sqrt{-1}).$$

Nos deux racines imaginaires supposées, introduisent donc dans $\int^k$ le terme $2\lambda^k \cos k\varphi$. Il faut donc que λ, ou $\sqrt{(\alpha^2 + \beta^2)}$, soit moindre que la plus grande racine a, pour que le théorème précédent soit vérifié.

Pour le 1er ex. du n° 554, on a $\int_{13} = 57918$, $\int_{12} = 24914$; le quotient $\frac{57918}{24914} = 2,324717$ est une valeur approchée de x.

557. Formons l'équation au carré des différences.

$$Z = z^n + Pz^{n-1} + Qz^{n-2} \ldots + U = 0,$$

où les inconnues sont P, $Q \ldots U$. On a

$$(x - a)^l = x^l - lax^{l-1} + A'a^2x^{l-2} - A''a^3x^{l-3} \ldots \pm a^l,$$
$$(x - b)^l = x^l - lbx^{l-1} + A'b^2x^{l-2} - A''b^3x^{l-3} \ldots \pm b^l,$$
$$(x - c)^l = x^l - lcx^{l-1} + A' \text{ etc.}$$

Ces équations sont en nombre m; l, A', $A'' \ldots$ sont les coefficiens du binome pour la puissance l : ajoutons, le 2e membre sera

$$mx^l - l\int_1 x^{l-1} + A'\int_2 x^{l-2} - A''\int_3 x^{l-3} \ldots \pm \int_l.$$

Changeons successivement x en $a, b, c \ldots$,

$$(a-b)^l + (a-c)^l \ldots = ma^l - l\int_1 a^{l-1} + \ldots \pm \int_l,$$
$$(b-a)^l + (b-c)^l \ldots = mb^l - l\int_1 b^{l-1} + \ldots \pm \int_l,$$
$$(c-a)^l + \text{etc.}$$

En ajoutant toutes ces équ., le 1er membre est *la somme des puissances* l *des différences de toutes les racines, retranchées deux à deux.* Le 2e membre est

$$m\int_l - l\int_1\int_{l-1} + A'\int_2\int_{l-2} - A''\int_3\int_{l-3} + \ldots \pm m\int_l.$$

Or, si l est impair, on ne peut rien tirer de cette formule; car les différences sont égales deux à deux en signes contraires et leurs puissances l s'entre-détruisent. Le 2e membre est formé de termes dont ceux qui sont à égale distance des extrêmes ont même coefficient, mêmes indices pour $\int$, avec des signes contraires : ces termes se détruisent donc aussi : de là $0=0$.

Mais si l est pair, $(a-b)^l$, $(b-a)^l \ldots$ sont égaux deux à deux, et chaque terme du 1er membre est double; d'ailleurs, les parties du 2e sont encore égales deux à deux, mais ont même signe : elles se doublent donc aussi, excepté le terme moyen, qui ne s'accouple avec aucun autre. Prenant la moitié des deux membres, chaque terme redevient simple, et il faut réduire le terme moyen à moitié. Ainsi d'une part faisant $l=2i$, le 1er membre devient la somme des puissances $2i$, des diff. des racines, ou celle des puissances i des carrés de ces diff., somme que nous représenterons par S_i. D'une autre part $2i$, A' $A''\ldots$ désignant les coefficiens du binome, pour l'exposant $2i$, il vient

$$S_i = m\int_{2i} - 2i\int_1 \cdot \int_{2i-1} + A'\int_2\int_{(2i-2)} - A''\int_3\int_{(2i-3)} \ldots$$
$$\pm \frac{1}{2} \cdot \frac{2i(2i-1)(2i-2)\ldots(i+1)}{2.3.4\ldots i} \times (\int_i)^2 \ldots \quad (N):$$

Les coefficiens $2i$, A', $A''\ldots$ ont pour valeurs les nombres de la ligne $2i$ dans le tableau, p. 7; on doit s'arrêter au terme du milieu, dont on prend la moitié. Ces facteurs sont pour

$i = 1 \ldots\ 1,\ 1$
$i = 2 \ldots\ 1,\ 4,\ 3$
$i = 3 \ldots\ 1,\ 6,\ 15,\ 10$
$i = 4 \ldots\ 1,\ 8,\ 28,\ 56,\ 35$
$i = 5 \ldots\ 1,\ 10,\ 45,\ 120,\ 210,\ 126$
$i = 6 \ldots\ 1,\ 12,\ 66,\ 220,\ 495,\ 792,\ 462.$ Etc.

D'où l'on tire

$S_1 = m\int_2 - (\int_1)^2$
$S_2 = m\int_4 - 4\int_1\int_3 + 3(\int_2)^2$
$S_3 = m\int_6 - 6\int_1\int_5 + 15\int_2\int_4 - 10(\int_3)^2$
$S_4 = m\int_8 - 8\int_1\int_7 \ldots + 35(\int_4)^2$
$S_5 = m\int_{10} - 10\int_1\int_9 \ldots - 126(\int_5)^2$
$S_6 = m\int_{12} - 12\int_1\int_{11} \ldots + 462(\int_6)^2.$

Cela posé, si l'on a calculé la série $\int_0\int_1\int_2 \ldots$, on pourra tirer de cette équ. les valeurs de $(a-b)^2 + (a-c)^2 \ldots$ en faisant $i = 1$; ce sera la somme S_1 des puissances 1 des racines de $Z = 0$; $i = 2$, donnera de même $(a-b)^4 + (a-c)^4 \ldots$, ou S_2, etc. En général, l'équ. (N) donnera la somme S_i des puissances i des racines de l'équ. au carré des différences. Or, d'après les équ. (A) pag. 116, appliquées à cette équ., on a

$$P = -S_1,\ Q = -\tfrac{1}{2}(PS_1 + S_2),\ R = -\tfrac{1}{3}(QS_1 + PS_2 + S_3) \ldots$$

Le calcul des S devra être poussé jusqu'à l'indice $n = \frac{1}{2}m(m-1)$, degré de Z, et celui des $\int$, jusqu'à un indice double.

Pour $x^3 + qx + r = 0$, les $\int_0$, $\int_1 \ldots$ sont

$$3,\ 0,\ -2q,\ -3r,\ 2q^2,\ 5qr,\ -2q^3 + 3r^2;$$

d'où $S_1 = -6q,\ S_2 = 18q^2,\ S_3 = -66q^3 - 81r^2;$

$$P = 6q,\ Q = 9q^2,\ R = 27r^2 + 4q^3.$$

Ce sont les coefficiens de l'équ. au carré des différences pour le 3ᵉ degré. On trouvera les formules pour le 4ᵉ et le 5ᵉ degré dans la *Résolution numér.* de Lagrange, nᵒˢ 38, 39, et note III.

Équations du second degré.

558. L'équ. $x^2 + px + q = 0$ ayant a et b pour racines inconnues, cherchons la valeur $z = a + mb$, m étant un nombre arbitraire. Comme $a + b = -p$, ces deux équ. feront connaître a et b, quand z sera obtenu. Mais on ne peut trouver cette

valeur de $a+mb$, sans obtenir aussi celle de $b+ma$; z ayant ces deux racines, est donné par cette autre équ. du 2e degré

$$[z-(a+mb)]\times[z-(b+ma)]=0.$$

Il est donc impossible de tirer parti de ce calcul, tant que m demeure quelconque. Mais si cette équ. en z est privée du 2e terme, ce qui arrive quand $m=-1$, on a

$$z^2=(a-b)^2=a^2+b^2-2ab=\int_2-2q;$$

et comme (p. 116) $\int_2=p^2-2q$, on trouve

$$z=a-b=\pm\sqrt{(p^2-4q)},\quad a+b=-p,$$

d'où l'on tire enfin les deux racines a et b.

Équations du troisième degré.

559. Les racines de $x^3+px+q=0$ étant a, b, c, la quantité $z=a+mb+nc$ est susceptible de 6 valeurs (équ. 2 ci-après), quand m et n sont quelconques : et comme on ne peut trouver l'une de ces valeurs, sans que le calcul donne en même temps les 5 autres, z doit être racine d'une équ. du 6e degré : il est donc inutile d'espérer qu'on trouvera z avant x. Cependant si l'on admet que m et n peuvent recevoir des valeurs telles, que cette équ. en z soit $z^6+Az^3+B=0$, résoluble par le 2e degré (n° 545), on en tirera bientôt z, et ensuite x. En effet, posant $z^3=u$, on a

$$u=-\tfrac{1}{2}A\pm\sqrt{(\tfrac{1}{4}A^2-B)}=z^3\ldots\ldots(1).$$

Désignant par z' et z'' les deux racines cubiques de u, et par 1, α, α^2 celles de l'unité (n° 539), les six valeurs de z doivent résulter de tous les changemens de place entre a, b, c, dans le trinome $a+mb+nc$: posons

$$\begin{array}{rcl|rcl} z' &=& a+mb+nc & z'' &=& a+nb+mc\ldots\ (2),\\ \alpha z' &=& b+mc+na & \alpha^2 z'' &=& b+nc+ma,\\ \alpha^2 z' &=& c+ma+nb & \alpha z'' &=& c+na+mb. \end{array}$$

Chaque lettre passe ici d'un rang à celui qui est à gauche, et le 1er terme à la dernière place. Il reste donc à déterminer les arbitraires m et n, de manière à ce que ces six équ. soient réalisées. Multiplions $\alpha z'$ par α^2; il vient, à cause de $\alpha^3=1$,

$$z'=\alpha^2 b+m\alpha^2 c+n\alpha^2 a=a+mb+nc.$$

L'identité exige que les coefficiens respectifs de a, b, c, soient égaux, ou $\alpha^2=m$, $m\alpha^2=n$, $n\alpha^2=1$; donc $m=\alpha^2$, $n=\alpha$. En substituant dans les six équ. (2), on trouve qu'elles sont une conséquence de

$$z'=a+\alpha c+\alpha^2 b,\quad z''=a+\alpha b+\alpha^2 c\ldots\ (3).$$

Ainsi, en prenant $m=\alpha^2$, $n=\alpha$, notre trinome a six valeurs, qui ne forment que deux cubes différens z'^3, z''^3; car en multipliant les équ. (3) par α et α^2, on reproduit les 6 équ. (2) dont les 1ers membres n'ont visiblement pour cubes que z'^3 et z''^3.

Il est donc certain que les 6 valeurs de z sont racines d'une équ. de la forme $z^6+Az^3+B=0$, ou

$$(z^3-z'^3)(z^3-z''^3)=z^6-(z'^3+z''^3)z^3+z'^3z''^3=0;$$

il reste à déterminer A et B, savoir :

$$A=-(z'^3+z''^3),\quad B=(z'.z'')^3;$$

car une fois A et B connus en fonction des coefficiens p et q, l'équ. (1) donnera les valeurs de z^3, dont les racines cubiques z' et z'' seront connues. Les équ. (3) donneront ensuite a, b, c, comme nous le montrerons.

Développons le cube de $z'=a+\alpha c+\alpha^2 b$, en mettant 1 pour α^3 chaque fois qu'il se rencontre,

$$z'^3=\int_3+6abc+3\alpha(a^2c+b^2a+c^2b)+3\alpha^2(a^2b+c^2a+b^2c).$$

On obtient z''^3 en changeant ici b en c; ajoutons ces deux résultats, il vient

$$-A=2\int_3-12q+3(\alpha+\alpha^2)[a^2b]=5\int_3-12q,$$

à cause de $abc=-q$, $\int_1=0$, $\alpha+\alpha^2=-1$, et de la formule (*C*, p. 118) qui donne $[a^2b]=\int_1\int_2-\int_3$: et comme $\int_3=-3q$, on a $A=27q$.

D'un autre côté, $z'z''=\int_2+(\alpha+\alpha^2)[ab]=-3p$,

à cause de $\int_2=-2p$, $[ab]=p$, $\alpha+\alpha^2=-1$,

le cube est $B=-27p^3$.

Ainsi, $$u = -27(\tfrac{1}{2}q \pm \sqrt{\tfrac{1}{4}q^2 + \tfrac{1}{27}p^3} = z^3.$$

Comme ici les facteurs de 27 sont les racines t' et t'' de l'équ. $t^2 + qt = (\frac{1}{3}p)^3$, on a $z^3 = 27t$.

Éliminant a, b, c, entre les équ. (3) et $a + b + c = 0$, qui provient de ce que la proposée n'a pas de 2e terme, on a

$$3a = z' + z'', \quad 3b = \alpha z' + \alpha^2 z'', \quad 3c = \alpha^2 z' + \alpha z'';$$

et puisque $z' = 3\sqrt[3]{t'}$, $z'' = 3\sqrt[3]{t''}$, on retrouve les valeurs du n° 548.

Équations du quatrième degré.

560. Pour résoudre l'équ. $x^4 + px^2 + qx + r = 0$, nous ne chercherons pas à former les valeurs de $z = a + lb + mc + nd$, qui sont au nombre de 24; mais de $z = a + b + m(c + d)$, qui n'en a que 6 : et même faisant $m = -1$, nous poserons $z = a + b - c - d$, dont les six valeurs sont égales deux à deux avec des signes contraires. La racine z sera donc donnée par une équ. du 6e degré, telle que $z^6 + Az^4 + Bz^2 + C = 0$, qui n'a que des puissances paires, en sorte que ces 6 valeurs n'ont que trois carrés différens. Posant $z^2 = t$, on retombera sur une équ. du 3e degré, qui donnera t, par suite z, et enfin x.

En développant le carré, on a

$$(a + b - c - d)^2 = (a + b + c + d)^2 - 4(ac + ad + bc + bd).$$

La 1re partie est nulle, puisque le 2e terme manque dans la proposée : ajoutant et ôtant 4 $(ab + cd)$, on a

$$(a + b - c - d)^2 = -4[ab] + 4(ab + cd).$$

Changeant b en c, puis en d, comme $[ab] = p$, on a

$$(a + c - b - d)^2 = -4p + 4(ac + bd),$$
$$(a + d - c - b)^2 = -4p + 4(ad + bc);$$

telles sont les valeurs de nos trois carrés z^2. Il est clair que les calculs seront plus simples, si l'on prend pour inconnue... $u = \frac{1}{4}z^2 + p$, puisque les valeurs de u seront

$$ab + cd, \quad ac + bd, \quad ad + bc :$$

formons l'équ. qui a ces trois racines. Comme on a

$$\int_1 = 0,\quad \int_2 = -2p,\quad \int_3 = -3q,\quad \int_4 = 2p^2 - 4r,$$
$$\int_5 = 5pq,\quad \int_6 = -2p^3 + 6pr + 3q^2,$$

on trouve, d'après la formule D, et en divisant par 2 ou 6 (p. 117), s'il y a lieu, que,

1°. La somme des binomes est $[ab] = p$;

2°. La somme de leurs produits 2 à 2 est

$$[a^2bc] = \int_4 - \tfrac{1}{2}\int_2{}^2 = -4r;$$

3°. Le produit des trois binomes est $abcd \times \int_2 + [a^2b^2c^2]$,

ou $$r\int_2 + \tfrac{1}{6}\int_2{}^3 - \tfrac{1}{2}\int_4 . \int_2 + \tfrac{1}{3}\int_6 = -4pr + q^2;$$

ainsi, on a $$u^3 - pu^2 - 4ru + 4pr - q^2 = 0,$$

ou $$z^6 + 8pz^4 + 16z^2(p^2 - 4r) - 64q^2 = 0,$$

en mettant $\frac{1}{4}z^2 + p$ pour u. Une fois connues les trois valeurs de z^2, puis leurs racines $\pm$ (z, z' et z''), il faudra tirer a, b, c, d des équ.

$$\int_1 = a + b + c + d = 0,\quad a + c - b - d = z',$$
$$a + b - c - d = z,\quad a + d - b - c = z''.$$

Ajoutées 2 à 2, ces équ. donnent

$$a + b = \tfrac{1}{2}z,\quad a + c = \tfrac{1}{2}z',\quad a + d = \tfrac{1}{2}z'',$$

dont la somme $a = \frac{1}{4}(z + z' + z'')$: par suite, on a b, c et d. Or, z, z', z'' étant prises en $\pm$, on a 8 racines au lieu de 4 : et en effet, l'équ. en z dépendant de q^2, et non de q, notre calcul laisse le signe de q arbitraire. Le produit des trois dernières équ. est

$$\tfrac{1}{8}zz'z'' = a^3 + a^2(b + c + d) + [abc] = -q,$$

à cause de $-a = b + c + d$. Le produit $zz'z''$ a donc un signe contraire à q, d'où suivent ces deux systèmes, comme p. 112,

q positif, $x = \frac{1}{4}(z \pm z' \mp z'')$, et $\frac{1}{4}(-z \pm z' \pm z'')$;

q négatif, $x = \frac{1}{4}(z \pm z' \pm z'')$, et $\frac{1}{4}(-z \mp z' \pm z'')$.

Élimination.

561. Soient $Z=0$, ou $kx^m+px^{m-1}+$ etc. $+u=0$,
$T=0$, ou $k'x^n+p'x^{n-1}+\ldots+u'=0$;
deux équ. en x et y. Si la 2e équ. est supposée résolue par rapport à x, savoir, $x=fy$; φy, ψy..., et qu'on substitue ces fonctions de y pour x dans $Z=0$, il en résultera autant d'équ. $A=0$, $B=0$, $C=0$..., en y seul. Si la première est résolue, les valeurs $y=\alpha, \alpha', \alpha''$... étant mises dans $x=fy$, donneront les valeurs correspondantes $x=\beta, \beta', \beta''$...; de là les couples (α, β), (α', β')..., qui rendront Z et T nuls. On en dira autant pour $B=0$ et $x=\varphi y$, $C=0$ et $x=\psi y$...

En posant le produit $A\times B\times C$... $=0$, cette équ. aura pour racines toutes les valeurs de y ainsi obtenues; ce sera donc *l'équation finale* en y, dégagée de toute racine étrangère. Il s'agit de composer le produit ABC...

Désignons fy, φy... par a, b, c.... Si l'on change x en a, b, c.... dans Z, on aura divers polynomes Z, Z', Z''... dont on formera le produit. Ce serait celui qu'on demande, s'il ne contenait pas a, b, c... Mais comme le produit $Z.Z'.Z''$... ne doit pas varier quand on change a en b, en c..., les coëfficiens sont fonctions symétriques de ces lettres, qu'on suppose être racines de l'équ. $T=0$, résolue par rapport à x. On saura donc exprimer ces coefficiens en f_1, f_2, f_3... tirés de $T=0$, c'est-à-dire en fonction des coefficiens de T, qui sont des fonctions de y. Dès lors le produit $Z.Z'.Z''$.... se trouvant dégagé, d'abord de x, et ensuite de a, b, c..., ne contiendra que l'inconnue y, et sera $A.B.C$....

Donc, mettez successivement pour x, dans $Z=0$, les lettres a, b, c... en nombre égal au degré de x dans T; multipliez les polynomes résultans, les coefficiens du produit seront des fonctions symétriques de a, b, c...; tirez ensuite de $T=0$ les valeurs de $f_1.f_2$... en y, et exprimez vos fonctions symétriques en $f_1 f_2$...: vous aurez l'équ. finale demandée.

Soient $x^3y-3x+1=0$, $x^2(y-1)+x-2=0$;

d'où, $(a^3y - 3a + 1)(b^3y - 3b + 1) = 0$,

$$a^3b^3y^2 + y\int_3 - 3aby\int_2 + 9ab - 3\int_1 + 1 = 0.$$

Mais on tire de la deuxième équation proposée

$$\int = \frac{-1}{y-1},\ ab = \frac{-2}{y-1},\ \int_2 = \frac{1}{(y-1)^2} + \frac{4}{y-1}\ldots\ldots\ldots;$$

enfin, on obtient la même équ. finale que p. 66.

Ajoutant les exposans qui, dans chaque terme de Z, affectent x et y, désignons par m la plus grande de ces sommes; m est ce qu'on nomme le *degré* de l'équ. $Z = 0$. y ne doit entrer qu'au premier degré au plus dans le coefficient p de x^{m-1}; au 2e dans celui q de x^{m-2}, etc. Soit n le degré de $T = 0$; prouvons que *le degré de l'équ. finale ne peut excéder le produit* mn *des degrés des équ. proposées.*

On sait que la valeur de $\int_1$ ne contient d'autre coefficient que p'; celle de $\int_2$ contient q', etc... $\int_1, \int_2, \int_3$... ont donc leur degré en y, exprimé par les indices respectifs. D'un autre côté, un terme du produit $Z.Z'.Z''$..., tel que $y^i [a^\alpha b_\beta c^\gamma]$, a son degré $i + \alpha + \beta + \gamma \ldots = mn$ au plus, puisque chaque terme de Z est au plus du degré m, et qu'il y a n facteurs $Z.Z'$... Il suit d'ailleurs des formules du n° 555, qui expriment des fonctions invariables, que $[a^\alpha b^\beta c^\gamma \ldots]$ sera en y du degré $\alpha + \beta + \gamma$. Donc, le terme sera lui-même du degré mn au plus: c. q. f. d.

Voyez un *Mémoire* de M. Poisson, 11e *Journal polytechnique.*

V. FRACTIONS CONTINUES.

Génération et Propriété.

562. Pour approcher de l'inconnue x d'une équ. $X = 0$, supposons qu'on ait trouvé l'entier y immédiatement moindre; on aura $x = y + \frac{1}{x'}$, x' étant une nouvelle inconnue > 1. Substi-

tuant dans $X=0$, on obtient une transformée en x', de même degré, pour laquelle on opérera de même. Cherchant l'entier y' contenu dans x', on fera $x'=y'+\frac{1}{x''}$, puis $x''=y''+\frac{1}{x'''}\ldots$, x'', $x'''\ldots$ étant >1, et l'on obtiendra la série d'équ. (*A*); d'où, par substitution, résulte la valeur de x sous la forme (*B*), qu'on appelle une *Fraction continue*.

$$\begin{aligned} x &= y+\frac{1}{x'} \\ x' &= y'+\frac{1}{x''} \quad (A) \\ x'' &= y''+\frac{1}{x'''} \\ x''' &= y'''+\frac{1}{x^{\text{IV}}} \quad \text{etc.} \end{aligned}$$

$$x=y+\cfrac{1}{y'+\cfrac{1}{y''+\cfrac{1}{y'''+\cfrac{1}{y^{\text{IV}}+\cfrac{1}{y^{\text{V}}+\text{etc.}}}}}} \quad (B)$$

Les entiers y, y', y'', $y'''\ldots$ sont les *termes* de la fraction continue, que nous écrirons sous la forme abrégée

$$x=y,y',y'',y'''\ldots$$

L'évaluation de x en fraction ordinaire se fait par le procédé suivant. Soit, par exemple,

$$x=2,1,3,2,4=2+\cfrac{1}{1+\cfrac{1}{3+\cfrac{1}{2+\cfrac{1}{4}}}}$$

En partant de l'extrémité, je réduis $2+\frac{1}{4}$ à $\frac{9}{4}$; l'unité, divisée par $\frac{9}{4}$, donne $\frac{4}{9}$, et x devient

$$x=2+\cfrac{1}{1+\cfrac{1}{3+\cfrac{4}{9}}}$$

De même $3+\frac{4}{9}=\frac{31}{9}$; $1:\frac{31}{9}=\frac{9}{31}$; d'où $x=2+\cfrac{1}{1+\frac{9}{31}}$

$=2+1:\frac{40}{31}=2+\frac{31}{40}=\frac{111}{40}$, valeur demandée. La marche de ce calcul revient visiblement à celle de la page 38 du 1er vol.; la 1re ligne contient les termes de la fraction continue, la 2e s'en déduit par cette règle : *Multipliez chaque terme par le nombre inscrit au-dessous, et ajoutez celui qui est à droite de ce dernier : la somme est placée au rang à gauche.*

$x=2$,	1,	3;	2,	4	$x=3$,	2,	1,	1,	3,	2,	4,	
111,	40,	31,	9,	4, 1	617,	182,	71,	40,	31,	9,	4,	1.

Pour $x=3, 2, 1, 1, 3, 2, 4$, on a $x=\frac{617}{182}$.

Lorsque la fraction continue s'étend à l'infini, on en obtient une valeur approchée, en négligeant tous les termes, à partir de l'un d'eux. Si l'on néglige x^{IV} dans la 4e des équ. (A), on a $x''' = y'''$, et x''' est rendu *trop petit;* ainsi, en substituant, $x'' = y'' + \frac{1}{y'''}$ est rendu *trop grand; x'* est à son tour *trop petit*, etc. En général, *la fraction continue, arrêtée à un terme de rang impair, est* $<$ x ; *elle est* $>$ x *dans l'autre cas.* Et si on limite successivement la fraction au 1er terme y', au 2e y''; au 3e y''' . . . ; les résultats seront tour à tour $<$ et $>$ x, qui est *compris entre deux consécutifs.* Ces résultats, qu'on nomme *Fractions convergentes*, seront représentés par

$$\frac{a}{a'},\ \frac{b}{b'},\ \frac{c}{c'},\ \frac{d}{d'} \ldots \quad \frac{m}{m'},\ \frac{n}{n'},\ \frac{p}{p'} \ldots \quad (C),$$

en prenant $y,\ y',\ y'',\ y''' \ldots \quad y^{i-2},\ y^{i-1},\ y^{i} \ldots$

pour le terme auquel on limite la fraction continue.

On a $\frac{a}{a'} = \frac{y}{1}$, $\frac{b}{b'} = \frac{yy'+1}{y'}$, $\frac{c}{c'} = \frac{yy'y''+y''+y}{y'y''+1} \ldots$

Cette dernière fraction revient visiblement à $\frac{c}{c'} = \frac{by''+a}{b'y''+a'}$.

Pour obtenir $\frac{d}{d'}$, il suffit de remplacer ici y'' par $y'' + \frac{1}{y'''}$, puisque $x = y, y', y''$ devient par là $x = y, y', y'', y'''$. Or le numérateur revient à

$$by'' + a + \frac{b}{y'''} = c + \frac{b}{y'''} = \frac{cy'''+b}{y'''};$$

le dénominateur est $\frac{c'y'''+b'}{y'''}$; donc $\frac{d}{d'} = \frac{cy'''+b}{c'y'''+b'}$.

En comparant ces valeurs de $\frac{c}{c'}$ et $\frac{d}{d'}$, on reconnaît cette loi :

Le numérateur d'une fraction convergente se déduit des deux précédens, multipliés respectivement par 1 *et par l'entier qui termine la fraction continue; on ajoute ces produits. Le dénominateur observe la même loi*, qui s'étend d'ailleurs à toute la série (C) des convergentes, puisqu'elle résulte d'un calcul qui subsiste pour chacune en particulier. Ainsi

$$p = ny^{(i)} + m,\quad p' = n'y^{(i)} + m' \ldots \ (D),$$

$$\frac{p}{p'} = \frac{ny^i + m}{n'y^i + m'} \ldots \ (E).$$

Il suffit donc de former les deux premières convergentes pour en déduire consécutivement toutes les autres. C'est ainsi qu'on trouve

$$x = 2,\ 1,\ 3,\ 2,\ 4;\quad \frac{2}{1},\ \frac{3}{1},\ \frac{11}{4},\ \frac{25}{9},\ \frac{111}{40}.$$

Ces fractions sont alternativement $<$ et $>$ x, et la dernière est la valeur même de x : ce théorème offre un second moyen d'obtenir cette valeur.

Si dans l'équ. (E), on remplace y^i par la valeur totale z de la fraction continue, prise depuis le terme y^i jusqu'à la fin, $z = y^i,\ y^{i+1},\ y^{i+2} \ldots$, il est clair qu'au lieu d'avoir une convergente, on aura la valeur exacte de x, savoir,

$$x = \frac{nz + m}{n'z + m'} \ldots \ (F):$$

c'est ce qu'on nomme une *Fraction complète*.

563. En éliminant y^i entre les équ. D, il vient

$$pn' - p'n = -(nm' - mn');$$

c'est-à-dire que *la différence des produits en croix des termes de deux convergentes consécutives, est constamment la même, ou en signe contraire :* et comme pour les deux 1res, qui sont y et $\frac{yy'+1}{y'}$, *cette différence est* 1, on en conclut que

$$pn' - p'n = \pm 1,\quad \frac{p}{p'} - \frac{n}{n'} = \pm \frac{1}{p'n'} \ldots \ (G).$$

On prend $+$ quand y^i et $\frac{p}{p'}$ sont de rangs pairs, $\frac{p}{p'} > \frac{n}{n'}$; on prend $-$ dans le cas contraire.

On tire de ce théorème plusieurs conséquences :

1°. Comme tout diviseur de p et p' devrait aussi diviser 1, on voit que p et p' sont premiers entre eux ; il en est de même pour p et n, p' et n'. *Les convergentes sont toutes irréductibles.*

2°. Otons $\frac{n}{n'}$ et $\frac{p}{p'}$ de $x = \frac{pz+n}{p'z+n'}$, fraction complète, dans laquelle $z = y^{i+1}, y^{i+2} \ldots$: les différences sont

$$\frac{\pm z}{n'(pz+n')}, \quad \frac{\mp 1}{p'(p'z+n)} = \delta.$$

La 1re surpasse la 2e ; car $p'z + n'$ est diviseur commun, $n' < p'$ (a', b', c' ... se composant de plus en plus) et $z > 1$ (y^{i+1} est contenu dans z). Ainsi x est plus près de $\frac{p}{p'}$ que de $\frac{n}{n'}$; les signes $\pm$ et $\mp$ viennent de ce que x est entre ces deux convergentes. Donc *les fractions (C) sont de plus en plus approchées de* x*, alternativement par défaut et par excès* : c'est de là qu'elles tirent leur nom de *Convergentes.*

D'ailleurs, δ est l'erreur qu'on fait en bornant la fraction continue à l'entier y^i, c.-à-d., en prenant $x = \frac{p}{p'}$. Mettons 1 pour z, et même négligeons n' ; nous trouvons

$$\delta < \frac{1}{p'} \times \frac{1}{p'+n'}, \quad \text{et } \delta < \frac{1}{p'^2} \ldots (H).$$

Ce sont des limites de l'erreur commise ; on en aurait une plus basse en posant $z = y^{i+1}$, entier contenu dans z. *Chaque convergente n'est pas en erreur de* 1 *divisé par le carré de son dénominateur.* C'est ce qui résulte aussi de ce que

$$\frac{p}{p'} - \frac{n}{n'} = \frac{1}{p'n'} < \frac{1}{n'^2}.$$

Dans notre dernier exemple, $\frac{11}{4}$ n'est pas en erreur de $\frac{1}{10}$ (ni même de $\frac{1}{20}$, ou $\frac{1}{36}$) (*).

3°. Soient $\frac{h}{h'}$, $\frac{k}{k'}$, $\frac{l}{l'}$ des fractions quelconques croissantes : la différence entre les extrêmes surpasse celle de chacune avec l'intermédiaire. Supposons en outre qu'on ait choisi h, h', l et l', tels qu'on ait $lh' - l'h = 1$: nous aurons

$$\frac{l}{l'} - \frac{h}{h'} = \frac{1}{l'h'} > \frac{kh' - k'h}{k'h'} \text{ et } \frac{lk' - kl'}{k'l'}.$$

Ces numérateurs étant entiers et positifs, sont au moins 1 ; remplaçons-les par 1 : nous trouvons $l'h' < k'h'$ et $k'l'$, savoir, $k' > l'$ et h', en supprimant les facteurs communs : k' est le plus grand des trois dénominateurs. De même, en renversant les trois fractions, on prouve que $k > h$ et l. Ainsi, la fraction moyenne est plus compliquée que les extrêmes.

Or, x est entre $\frac{n}{n'}$ et $\frac{p}{p'}$; pour que $\frac{k}{k'}$ fût plus voisin de x que ces deux convergentes, il faudrait que cette fraction tombât entre elles, et par suite fût plus composée. *Chaque convergente approche donc de* x *plus que toute autre fraction qui serait conçue en termes plus simples.*

4°. De $\frac{m}{m'}$, $\frac{n}{n'}$, tirons ces deux fractions

---

(*) Les différences successives entre les convergentes sont

$$\frac{b}{b'} - \frac{a}{a'} = \frac{1}{a'b'}, \quad \frac{c}{c'} - \frac{b}{b'} = \frac{-1}{b'c'} \dots \quad \frac{p}{p'} - \frac{n}{n'} = \frac{\pm 1}{p'n'}.$$

La somme de toutes ces équ. est

$$\frac{p}{p'} = \frac{a}{a'} + \frac{1}{a'b'} - \frac{1}{b'c'} + \frac{1}{c'd'} - \dots \pm \frac{1}{p'n'}.$$

On obtient ainsi une expression développée de la valeur exacte de x, quand $\frac{p}{p'}$ est la dernière convergente, et une grandeur approchée de x dans l'autre cas. Pour notre ex., on trouve

$$\frac{111}{40} = x = \frac{2}{1} + \frac{1}{1} - \frac{1}{4} + \frac{1}{36} - \frac{1}{360}.$$

$$\frac{h}{h'}=\frac{m+(t-1)n}{m'+(t-1)n'},\quad \frac{l}{l'}=\frac{m+tn}{m'+tn'}:$$

t désigne ici o, 1, 2.... jusqu'à y^i, qui est l'entier contenu dans la convergente suivante; d'où

$$\frac{m}{m'},\ \frac{m+n}{m'+n'},\ \frac{m+2n}{m'+2n'},\ldots\ \frac{m+y^in}{m'+y^in'}=\frac{p}{p'}\ldots\ \text{(I)}.$$

Or, on a $\frac{h}{h'}-\frac{l}{l'}=\frac{\pm 1}{h'l'}$, quel que soit l'entier t. Donc ces fractions sont irréductibles (1°.); elles approchent de x plus que toute autre qui serait plus simple (3°.); leurs différences consécutives ayant même signe, ces fractions croissent de la première vers la dernière; toutes sont $< x$, si les extrêmes sont de rangs impairs; elles descendent vers x dans le cas contraire; enfin, l'erreur δ, commise en prenant l'une $\frac{l}{l'}$ pour x, est moindre que $\frac{n}{n'}-\frac{l}{l'}=\frac{1}{n'l'}$, puisque x est entre ces deux fractions.

On voit qu'on peut insérer, entre nos convergentes *principales*, y^i-1 fractions qui jouissent des mêmes propriétés qu'elles : on forme ainsi des convergentes *intermédiaires*. Toutes ces fractions forment deux séries : les unes, tirées des rangs impairs, montent vers x; les autres descendent vers x : on les forme en ajoutant, terme à terme, les convergentes successives $\frac{m}{m'}$, $\frac{n}{n'}$, cette addition réitérée y^i fois.

Dans notre ex., on a $x = 2,\ 1,\ 3,\ 2,\ 4$:
convergentes principales.... $\frac{2}{1}$, $\frac{3}{1}$, $\frac{11}{4}$, $\frac{25}{9}$, $\frac{111}{40}$.

Prenant $\frac{2}{1}$ et $\frac{3}{1}$, j'en tire $\frac{5}{2}$, $\frac{8}{3}$, $\frac{11}{4}$; celle-ci est la troisième convergente, à laquelle j'arrive après trois opérations, à cause de $y^i=3$. Partant de $\frac{11}{4}$ et $\frac{25}{9}$, je trouve $\frac{36}{13}$, $\frac{61}{22}$, $\frac{86}{31}$, $\frac{111}{40}$: donc

$$\left(\tfrac{2}{1}\right),\ \tfrac{5}{2},\ \tfrac{8}{3},\ \left(\tfrac{11}{4}\right),\ \tfrac{36}{13},\ \tfrac{61}{22},\ \tfrac{86}{31},\ < x=\tfrac{111}{40}.$$

Les fractions de rangs pairs offrent de même cette série (elle ne se limite pas);

$\left(\frac{3}{1}\right)$, $\frac{14}{5}$, $\left(\frac{25}{9}\right)$, $\frac{136}{49}$, $\frac{247}{89}$, $\frac{358}{129}$, $\frac{469}{169}\ldots > x$.

Observons qu'on peut faire commencer la série des convergentes principales (C) par $\frac{0}{1}$ et $\frac{1}{0}$, qui remplissent toutes les mêmes condition qu'elles.

Équations déterminées du premier degré.

564. Pour réduire en fraction continue la valeur de x dans l'équ. $Ax = B$, il faut, d'après les principes du nº 562, extraire l'entier y contenu dans $x = \frac{B}{A} = y + \frac{R}{A} = y + \frac{1}{x'}$, R étant le reste de la division de B par A : puis

$$x' = \frac{A}{R} = y' + \frac{R'}{R}, \quad x'' = \frac{R}{R'} = y'' + \frac{R''}{R'}, \quad x''' = \text{etc.}$$

$$\text{Donc} \quad x = y + \frac{R}{A} = y + \cfrac{1}{y' + \cfrac{R'}{R}} = y + \cfrac{1}{y' + \cfrac{1}{y'' + \text{etc.}}}$$

Cette opération donne, pour *termes de la fraction continue, les quotiens successifs qu'on obtient dans le calcul du plus grand commun diviseur entre* A *et* B, savoir, $x = y, y', y'', y'''\ldots$ Cette expression est toujours finie.

Par ex., pour l'équ. $2645x = 9752$, on a

$$9752 \left|\begin{array}{c}2645\\\hline 3\end{array}\right|\begin{array}{c}1817\\\hline 1\end{array}\left|\begin{array}{c}828\\\hline 2\end{array}\right|\begin{array}{c}161\\\hline 5\end{array}\left|\begin{array}{c}23\\\hline 7\end{array}\right. \quad x = \frac{424}{115} = 3,\ 1,\ 2,\ 5,\ 7.$$

On en peut tirer les convergentes principales et intermédiaires, par les calculs (E) et (I); on obtient ainsi

$\left(\frac{0}{1}\right)$, $\frac{1}{1}$, $\frac{2}{1}$, $\left(\frac{3}{1}\right)$, $\frac{7}{2}$, $\left(\frac{11}{3}\right)$, $\frac{70}{19}$, $\frac{129}{35}$, $\frac{188}{51}\ldots < x = \frac{424}{115}$;

$\left(\frac{1}{0}\right)$, $\left(\frac{4}{1}\right)$, $\frac{15}{4}$, $\frac{26}{7}$, $\frac{37}{10}$, $\frac{48}{13}$, $\left(\frac{59}{16}\right)$, $\frac{483}{131}$, $\frac{907}{246}\ldots > x$.

L'une de ces fractions, telle que $\frac{26}{7}$, est plus approchée de x que toute autre plus simple qu'elle, et ne diffère pas de x de $\frac{1}{49}$.

On trouve de même, pour $x = \frac{409}{119} = 3,\ 2,\ 3,\ 2,\ 7$,

$\left(\frac{3}{1}\right)$, $\frac{10}{3}$, $\frac{17}{5}$, $\left(\frac{24}{7}\right)$, $\frac{79}{23}$, $\frac{134}{39}\ldots < x$; $\left(\frac{7}{2}\right)$, $\frac{31}{9}$, $\left(\frac{55}{16}\right)$, $\frac{464}{135}\ldots > x$.

On sait donc résoudre ce problème : *Étant donnée une fraction, en trouver d'autres plus simples, et qui en approchent plus que toute grandeur moins composée.*

Voici plusieurs applications importantes de cette doctrine.

I. On a trouvé, n° 248, pour *le rapport du diamètre à la circonf.* $\pi = 3,1415926$, ou $\frac{31415926}{10000000}$, qui, réduit en fraction continue, donne $\pi = 3, 7, 15, 1, 243, 1, 2\ldots$: de là résultent les convergentes principales et intermédiaires

$$\left(\tfrac{3}{1}\right), \tfrac{25}{8}, \tfrac{47}{15}, \tfrac{69}{22}, \tfrac{91}{29} \ldots \left(\tfrac{333}{106}\right) < x; \quad \left(\tfrac{22}{7}\right), \left(\tfrac{355}{113}\right) \ldots > x.$$

Toutes ces fractions sont des valeurs approchées de π, plus simples que toute autre; parmi elles sont compris les rapports donnés par Archimède et Adrien Métius.

II. *L'année solaire tropique*, ou le temps que le soleil emploie pour revenir au même équinoxe est de $365^j,242264$. (Voyez l'*Uranographie*, n° 33.) En ne donnant que 365^j à l'année civile, l'équinoxe reviendrait, à peu près tous les quatre ans, un jour plus tard, et parcourrait ainsi lentement toutes les dates du calendrier; mais, à des époques convenues, on fait l'année civile de 366 jours, pour rétablir l'accord. Ces années de 366 jours, qu'on nomme *Bissextiles*, revenaient de quatre en quatre ans, dans le calendrier dû à Jules-César. Cette *intercalation* supposait l'année solaire de $365^j,25$; en sorte que l'année civile anticipait à son tour sur celle-ci d'une très petite quantité. Calculons de quelle manière on devrait répartir ces différences pour avoir plus d'exactitude.

Réduisons la fraction $0,2422419$ ou $\frac{2422419}{10000000}$;

d'où $x = 0, 4, 7, 1, 4, 2, 1\ldots \frac{1}{4}, \frac{7}{29}, \frac{8}{33}, \frac{39}{161}, \frac{86}{355}, \ldots$

Si l'on prend pour valeur de x l'une de ces convergentes principales, telle que $\frac{8}{33}$, on suppose l'année solaire de $365^j\,\frac{8}{33}$, et elle doit anticiper sur l'année commune de $\dfrac{8^j}{33}$ par an, ce qui fait, en 33 ans, 8 jours qu'il faudrait intercaler : on ferait donc chaque quatrième année de 366 jours, et après 7 bissextiles, la 8e ne serait placée qu'à la 5e année; on recommencerait ensuite une période de 33 ans. Telle était l'année commune des anciens Persans.

La réforme *Julienne* est établie sur la fraction $\frac{1}{4}$; les bissextiles y reviennent tous les 4 ans: dans le calendrier grégorien, on suit le même procédé; mais on ne conserve qu'une année séculaire bissextile sur quatre, c.-à-d. qu'on intercale 97 jours en 400 ans. La fraction $\frac{97}{400}$ n'étant pas parmi nos convergentes, n'est pas aussi exacte qu'on l'aurait pu prendre: c'est au reste une chose de peu d'importance. (Voyez l'*Uranographie*.)

III. Le mois lunaire est de $29^j,5305887$, le mois solaire de $30^j,4368535$; le rapport de ces nombres, $x = \frac{304368535}{295305887}$, étant converti en fraction continue, on en tire les convergentes

$$\left(\tfrac{1}{1}\right),\ \left(\tfrac{34}{33}\right),\ \tfrac{101}{98},\ \left(\tfrac{168}{163}\right)\ldots < x;\quad \left(\tfrac{33}{32}\right),\ \left(\tfrac{67}{65}\right),\ \tfrac{235}{228}\ldots > x.$$

Prenons, pour ce rapport, $x = \frac{235}{228}$, et il s'ensuivra qu'en 235 mois lunaires, il ne s'écoule que 228 mois, ou 19 fois 12 mois solaires; différence 7: donc, en 19 années solaires, il y a 7 mois lunaires de plus qui s'intercalent, et après lesquelles le soleil et la lune se retrouvent ensemble dans la même position, et recommencent à présenter leurs aspects dans le même ordre. Composons 19 tables indiquant les dates des phases lunaires; dans toutes les années suivantes, on pourra prédire le retour de ces phases, en recourant à celle de ces tables qui est ramenée dans son ordre périodique. C'est ce que Méthon avait appris aux Grecs, dont le calendrier était luni-solaire, et qui avaient nommé *Cycle solaire* ou *Nombre d'or* le numéro qui marquait l'ordre de retour de chaque année dans la période de 19 ans.

Équations indéterminées du premier degré.

565. Nous avons montré (n° 118) qu'il suffisait d'avoir une solution entière, $x = \alpha$, $y = \beta$, de l'équ. $ax + by = c$, pour en conclure toutes les autres; les valeurs de x et y formant des équi-différences, dont la raison est b pour x et $-a$ pour y, savoir, $x = \alpha + bt$, $y = \beta - at$. Les procédés qui nous ont

servi à trouver cette solution sont moins élégans et moins rapides que celui qu'on tire des fractions continues.

Résolvons en convergentes $\frac{a}{b}$, et soit $\frac{p}{p'}$ l'avant-dernière, celle qui précède la proposée : on a vu (*D*, n° 562) que

$$ap' - bp = \pm 1; \quad \text{d'où} \quad ap'c - bpc = \pm c.$$

Le signe + a lieu quand la fraction continue, prise en totalité, est formée d'un *nombre pair* de termes; le — dans le cas contraire. En comparant avec $ax + by = c$, il est clair que si les seconds membres ont même signe, celle-ci est satisfaite en posant $x = \alpha = p'c$, $y = \beta = -pc$; et si c a des signes différens, on fera $x = \alpha = -p'c$, $y = \beta = pc$.

Rien n'est donc plus facile que d'obtenir une solution entière de l'équ. $ax + by = c$; *on résout en continue la fraction* $\frac{a}{b}$; *on prend la convergente* $\frac{p}{p'}$, *qui en provient, en négligeant le dernier terme; on retranche, et l'on a l'équ.* $ap' - pb = \pm 1$, *qu'on multiplie par* c. *Il ne reste plus qu'à comparer ensuite, terme à terme, avec la proposée.*

Soit, par ex., l'équ. $105x - 43y = 17$; la méthode du commun diviseur donne $\frac{105}{43} = 2, 2, 3, 1, 4$; $\frac{22}{9} = 2, 2, 3, 1$.

105	43	19	5	4	1
	2	2	3	1	4
22,	9,	4,	1,	1	

Cette dernière s'obtient en négligeant le terme 4, et recourant au procédé décrit page 129; de $\frac{105}{43}$ ôtant $\frac{22}{9}$, on trouve $105.9 - 43.22 = -1$ (le signe — provient de ce que la fraction continue a 5 termes; d'ailleurs en formant les produits des seuls chiffres des unités dans le 1er membre, la différence est visiblement négative). On multiplie cette équ. par -17; on compare avec la proposée, et l'on a $x = -9.17$, $y = -22.17$;

d'où $\qquad x = -153 + 43t, \quad y = -374 + 105t.$

De même, pour l'équation $424x + 115y = 539$, on a $\frac{424}{115} = 3, 1, 2, 5, 7$: supprimant le 7, il vient $\frac{59}{16}$; retranchant ces fractions, on trouve $424.16 - 115.59 = -1$; multipliant par -539, et comparant à la proposée, il vient $x=-16.539$, $y=59.539$, savoir, $x=-8624+115t$, $y=31801-424t$. Ces équ. sont simplifiées, en changeant t en $t+75$; ce qui conduit à retrancher de 8624 et 31801 les produits de 115 et 424 par 75; on trouve

$$x=1+115t,\quad y=1-424t.$$

$19x+7y=117$ donne $\frac{19}{7}=2,\ 1,\ 2,\ 2$; d'où $\frac{8}{3}=2,\ 1,\ 2$; puis retranchant, $19.3-8.7=1$; multipliant par 117, etc., on obtient

$$x=3.117-7t,\ y=-8.117+19t;\ \text{ou}\ x=1-7t,\ y=14+19t.$$

Le problème de Chronologie, qui consiste à trouver l'année x dont le *cycle solaire* est c, et le *nombre d'or* n, revient à trouver l'entier x, qui, divisé par 28 et 19, donne pour restes $c-9$ et $n-1$. La méthode du n° 121 donne pour cette année

$$x=56(c-n)+c+75+532t.$$

C'est tous les 532 ans que les mêmes nombres c et n reviennent périodiquement ensemble; cette durée est ce qu'on appelle la *Période dyonisienne*. (Voyez l'*Uranographie*, n° 75.)

Et si l'on veut que l'année cherchée x ait en outre i pour *indiction*, c.-à-d. que x divisé par 15 donne le reste $i-3$; on a la période de 7980 ans, dite *Julienne*, imaginée par Scaliger, et l'on trouve

$$x=4845c+4200n-1064i+3267+7980t.$$

On pourra s'exercer encore sur les exemples traités p. 175 du 1er vol.

Équations déterminées du second degré.

566. Résolvons en fractions continues les racines de l'équ.

$$Ax^2-2\alpha x=k.$$

A, α et k sont entiers, A est positif: on suppose la racine irrationnelle positive; car si x est négatif, il suffit de changer α en $-\alpha$, pour donner à cette racine le signe $+$. Si le coefficient du 2e terme n'est pas un nombre pair, on multipliera toute l'équ. par 2. On a

$$x = \frac{\pm\sqrt{t} + \alpha}{A} \ldots\ (1),\quad \text{en faisant}\quad t = \alpha^2 + Ak \ldots\ (2):$$

on suppose t connu, positif et non carré. Prenons d'abord $\sqrt{t}$ avec le signe $+$, et désignons par y le plus grand entier contenu dans x, savoir,

$$x = y + \frac{1}{x'} = \frac{\sqrt{t} + \alpha}{A},\quad x' = \frac{A}{\sqrt{t} + \alpha - Ay}.$$

Soit fait $\qquad \beta = Ay - \alpha \ldots\ (3);$

multiplions la valeur de x', haut et bas, par $\sqrt{t} + \beta$, nous aurons $x' = \frac{A(\sqrt{t} + \beta)}{t - \beta^2}$. Mais il suit des équ. (2) et (3), que $t - \beta^2 = A(k - Ay^2 + 2\alpha y)$, en sorte que A est facteur commun; posant

$$k - Ay^2 + 2\alpha y = B \ldots\ (4),$$

il vient $\quad t - \beta^2 = AB,\quad x' = \frac{\sqrt{t} + \beta}{B} \ldots\ (5).$

Cette valeur de x' étant de même forme que x, on peut extraire l'entier y' contenu dans x', et procéder selon la même marche de calcul, qui donnera $x'' = \frac{\sqrt{t} + \gamma}{C}$, puis $x''' = \frac{\sqrt{t} + \delta}{D}$, etc.; on aura donc

$$t = \alpha^2 + Ak = \beta^2 + AB = \gamma^2 + BC = \delta^2 + CD = \ldots\ (a),$$

$$x = \frac{\sqrt{t} + \alpha}{A},\quad x' = \frac{\sqrt{t} + \beta}{B},\quad x'' = \frac{\sqrt{t} + \gamma}{C},\quad x''' = \frac{\sqrt{t} + \delta}{D} \ldots\ (b),$$

$$\beta = Ay - \alpha,\quad \gamma = By' - \beta,\quad \delta = Cy'' - \gamma \ldots\ (c).$$

Au lieu de faire directement le calcul sur les fractions *complètes* (1), (5), telles que l'ex. proposé les présente, on peut calculer successivement β, γ... B, C..., par les équ. (*c*) et (*a*), ce qui donne successivement ces fractions complètes, et par suite les entiers y', y''... qu'elles renferment.

567. Soit pris une fraction complète quelconque.......

$z = \frac{\sqrt{t}+\pi}{P} = y^{(l)} + \ldots\ldots$, la convergente correspondante $\frac{p}{p'} = y, y', y'' \ldots y^{(l)}$; $\frac{m}{m'}$, $\frac{n}{n'}$, les deux convergentes qui précèdent. On sait (p. 130) que $x = \frac{nz + m}{n'z + m'}$.

Substituant, pour z et x, les fractions complètes qui les expriment, il vient $\frac{\sqrt{t}+a}{A} = \frac{n(\sqrt{t}+\pi)+Pm}{n'(\sqrt{t}+\pi)+Pm'}$: réduisons au même dénominateur, et partageons l'équ. en deux, à cause des termes irrationnels qui se détruisent à part,

$\pi n' = (An - an') - Pm'$, $\pi(An - an') = Pam' - APm + n't$;

éliminant π, il vient, à cause de $m'n - mn' = \pm 1$,

$$(An - an')^2 = \pm PA + n'^2 t,$$

ou

$$A\left(\frac{n}{n'}\right)^2 - 2a\left(\frac{n}{n'}\right) - k = \pm \frac{P}{n'^2} \ldots (f).$$

Ce calcul revient à l'élimination de m et m' entre les trois équ. ci-dessus; d'où résulte que *l'équ. (f) exprime que la fraction $\frac{n}{n'}$ est une des convergentes vers* x : le signe + indique que cette fraction est de rang pair; le —, qu'elle est de rang impair.

Il se présente ici deux cas :

1°. Si z est de rang impair, il faut préférer le signe + mais alors $\frac{n}{n'}$ est de rang pair et $> x$; substituée pour x dans $Ax^2 - 2ax - k$, cette convergente doit donner un résultat positif. Il faut donc que P ait le signe + pour que cette condition soit remplie. Ainsi, *tous les dénominateurs des fractions complètes de rangs impairs sont positifs.*

2°. Quand z a un rang pair, il faut préférer le signe —. Or, si $\frac{n}{n'}$ est compris entre les deux racines de x, le 1er membre est négatif, ce qui exige que P soit positif, comme dans le 1er cas. Mais quand cette convergente est moindre que les deux racines, le contraire a lieu. *Les dénominateurs de rangs pairs ne sont donc négatifs qu'autant que les convergentes de rangs impairs sont à la fois moindres que les deux racines.*

Les dénominateurs des fractions complètes x, x', x''... ne sont donc négatifs que dans les rangs pairs, et encore faut-il que les racines de x soient assez rapprochées l'une de l'autre pour qu'elles ne tombent pas ensemble entre les convergentes successives correspondantes : alors les fractions continues des deux racines ont les mêmes termes initiaux. Mais on ne tarde pas à être assez près de la plus grande racine, pour que les convergentes de rangs impairs tombent entre cette racine et la plus petite : dès lors il ne peut plus se trouver de dénominateurs négatifs, jusqu'à l'infini. Comme *chaque fraction complète est* > 1; si le dénominateur P a le signe $-$, le numérateur $\sqrt{t}+\pi$ doit aussi l'avoir; ainsi, π est négatif et $>\sqrt{t}$; cette complète a donc la forme $\frac{\sqrt{t}-\pi}{-P}$.

Soient $\frac{\sqrt{t}+\delta}{D}$, $\frac{\sqrt{t}+\varepsilon}{E}$, $\frac{\sqrt{t}+\varphi}{F}$... des fractions prises parmi celles qui n'ont pas de dénominateurs négatifs, ce qui a lieu dès la première, quand les deux racines de x n'ont pas d'entier commun. Les équations (a) donnent $DE+\varepsilon^2=t$; donc D, E, ε^2 sont $<t$; partant,

$$D,\ E,\ F\ldots,<t;\quad \varepsilon,\ \varphi\ldots,<\sqrt{t}.$$

Supposons, s'il se peut, qu'on ait $\frac{\sqrt{t}-\varphi}{F}$, et, par suite, $EF=t-\varphi^2$, $Ey^{\text{IV}}=\varepsilon-\varphi$, d'après les équ. ($a$ et c) : la 1re donne

$$EF=(\sqrt{t}+\varphi)(\sqrt{t}-\varphi),\quad \frac{\sqrt{t}-\varphi}{F}=\frac{E}{\sqrt{t}+\varphi};$$

par la 2e, $Ey^{\text{IV}}<\varepsilon$; d'où $E<\sqrt{t}$, et notre fraction complète <1, ce qui est impossible. Donc, il se peut bien que, tant qu'on aura des dénominateurs négatifs, les parties α, β... soient aussi négatives; mais elles seront toutes positives au-delà, et dès lors $Ey^{\text{IV}}=\varepsilon+\varphi$ donne $E<\varepsilon+\varphi$, ou $E<2\sqrt{t}$: *les dénominateurs ne peuvent donc atteindre le double de* $\sqrt{t}$.

Et puisque ces constantes ε, φ...., D, E.... sont toutes positives, entières, et en nombre infini; qu'elles ne peuvent dépasser les limites fixées, on devra, tôt ou tard, retomber sur quelque fraction complète déjà obtenue; et par suite on retrouvera, dans le même ordre, les complètes subséquentes et les termes de la fraction continue, qui reviendront périodiquement. Donc, *après un certain nombre de termes initiaux, on devra trouver une période.* Nous écrirons cette fraction continue sous la forme $x = y, y' \ldots (u, u', u'' \ldots)$, en comprenant entre des crochets la partie périodique, pour en mieux saisir l'ensemble et abréger l'écriture.

Quant à la seconde racine $x = \frac{\alpha - \sqrt{t}}{A}$ supposée positive, on procédera au calcul de la même manière : ν étant l'entier approché de x, on trouvera

$$x' = \frac{A}{\alpha - A\nu - \sqrt{t}} = \frac{A(\alpha - A\nu + \sqrt{t})}{(\alpha - A\nu)^2 - t},$$

en multipliant, haut et bas, par $\alpha - A\nu + \sqrt{t}$. On prouvera de même que A est facteur commun; et x recevra la forme $\frac{\sqrt{t} + \beta'}{B'}$, où $\sqrt{t}$ a le signe $+$. On retombe donc sur la doctrine précédemment exposée.

Soit, par ex., l'équ. $59x^2 - 319x + 431 = 0$: doublant l'équ. pour rendre le 2e coefficient pair, il vient ces résultats successifs :

$$x = \frac{319 + \sqrt{45}}{118} = 2 +, \quad \frac{\sqrt{45} - 83}{-58} = 1 +, \quad \frac{\sqrt{45} + 25}{10} = 3 +,$$
$$\frac{\sqrt{45} + 5}{2} = 5 +, \quad \frac{\sqrt{45} + 5}{10} = 1 +, \quad \frac{\sqrt{45} + 5}{2} \text{ etc.}$$

Donc $x = 2, 1, 3\,(5, 1)$. Pour la 2e racine

$$x_1 = \frac{319 - \sqrt{45}}{118} = 2 +, \quad \frac{\sqrt{45} + 83}{58} = 1 +, \quad \frac{\sqrt{45} - 25}{-10} = 1 +,$$
$$\frac{\sqrt{45} + 15}{18} = 1 +, \quad \frac{\sqrt{45} + 3}{2} = 4 +, \quad \frac{\sqrt{45} + 5}{10} = \text{etc.}$$

on retombe sur une des fractions ci-dessus, et l'on a...... $x = 2, 1, 1, 1, 4\,(1, 5)$.

Pour $2x^2 - 14x + 17 = 0$, $x = \frac{7 \pm \sqrt{15}}{2}$;

$$\frac{\sqrt{}+7}{2} = 5 +, \quad \frac{*\sqrt{}+3}{3} = 2 +, \quad \frac{\sqrt{}+3}{2} = 3 +, \quad \frac{*\sqrt{}+3}{3} \text{ etc.}$$

$$\frac{-\sqrt{}+7}{2} = 1 +, \quad \frac{\sqrt{}+5}{5} = 1 +, \quad \frac{\sqrt{}+0}{3} = 1 +, \quad \frac{\sqrt{}+3}{2} \text{ etc.}$$

Ainsi, $x = 5(2, 3)$, et $= 1, 1, 1, (3, 2)$.

Enfin, l'équ. $1801x^2 - 3991x + 2211 = 0$, donne

$$x = \frac{3991 + \sqrt{37}}{3602} = 1 +, \quad \frac{\sqrt{} - 3889}{-42} = 9 +, \quad \frac{\sqrt{}+11}{2} = 8 +,$$

$$\frac{*\sqrt{}+5}{6} = 1 +, \quad \frac{\sqrt{}+1}{6} = 1 +, \quad \frac{\sqrt{}+5}{2} = 5 +, \quad \frac{*\sqrt{}+5}{6} \text{ etc.}$$

Donc, $x = 1, 9, 8(1, 1, 5)$: l'autre racine s'obtient de même; on trouve $x = 1, 9, 2, 2, (5, 1, 1)$.

On démontre d'ailleurs que *les deux fractions ont leurs périodes formées de mêmes termes en sens rétrogrades.* (Voyez la *Théorie des Nombres* de M. Legendre.)

Une fois la fraction continue trouvée, il est facile d'en déduire une suite de convergentes de plus en plus approchées de la racine, et jouissant des propriétés communes à ces sortes d'expressions (n° 563).

Quand l'équ. du 2e degré est $x^2 = t$, on peut pratiquer tous les mêmes calculs pour développer $\sqrt{t}$ en fraction continue. On remarquera que cette fraction remplit les conditions suivantes, que nous nous contenterons d'énoncer. 1°. La période commence dès le 2e terme; 2°. le dernier terme de cette période est $2y$, double de l'initial y qui n'en fait pas partie; 3°. au dernier terme près, la période est *symétrique*, c.-à-d. qu'elle reste la même quand on la lit en sens rétrograde.

Ainsi $\sqrt{t} = y(y', y'' \ldots, y'', y', 2y)$;

on trouve, par ex., pour $x^2 = 61$, $\sqrt{61} = 7 + \ldots$

$$\frac{\sqrt{}+7}{12} = 1, \quad \frac{\sqrt{}+5}{3} = 4, \quad \frac{\sqrt{}+7}{4} = 3, \quad \frac{\sqrt{}+5}{9} = 1, \quad \frac{\sqrt{}+4}{5} = 2,$$

$$\frac{\sqrt{}+6}{5} = 2, \quad \frac{\sqrt{}+4}{9} = 1, \quad \frac{\sqrt{}+5}{4} = 3, \quad \frac{\sqrt{}+7}{3} = 4, \quad \frac{\sqrt{}+5}{12} \text{ etc.}$$

d'où $x = 7\ (1, 4, 3, 1, 2, 2, 1, 3, 4, 1, 14)$.

La table I donne les périodes pour les entiers $t < 79$; on n'a communément mis que la demi-période, en marquant le terme moyen de ″, quand il doit être répété deux fois, et de ′ quand il est unique; on s'est souvent dispensé d'indiquer le terme initial y, ou l'entier contenu dans $\sqrt{t}$.

568. Étant donnée une fraction continue périodique, proposons-nous de remonter à l'équ. dont elle est racine.

1er CAS. La période commençant dès le premier terme, où $z = (u, u', u'' \ldots u^{(l)})$. Cherchons les deux convergentes terminales de la partie périodique.

$$\frac{h}{h'} = u, u', u'' \ldots u^{(l-1)}, \quad \frac{i}{i'} = u, u', \ldots u^{(l-1)}, u^{(l)};$$

On a (*F*, p. 130),
$$z = \frac{iz + h}{i'z + h'};$$

d'où
$$i'z^2 - 2\omega z = h, \quad z = \frac{\omega + \sqrt{t}}{i'},$$

en faisant, pour abréger,

$$2\omega = i - h', \quad t = \omega^2 + hi'.$$

Par ex., $z = (1, 1, 2, 1)$ donne $\frac{5}{3} = 1, 1, 2$; $\frac{7}{4} = 1, 1, 2, 1$; d'où $h = 5$, $h' = 3$, $i = 7$, $i' = 4$, $\omega = 2$; et enfin $4z^2 - 4z = 5$.

2e CAS. Si la période est précédée d'une partie irrégulière, $x = y, y', y'' \ldots (u, u' \ldots u^{(l)})$, prenons les deux convergentes $\frac{m}{m'}$, $\frac{n}{n'}$ qui terminent cette même partie $y, y', y'' \ldots$, et faisons $z = (u, u' \ldots u^{(l)})$; nous aurons $x = y, y' \ldots y^{(l)}, z$: d'où

$$x = \frac{nz + m}{n'z + m'}, \quad \text{et} \quad z = -\frac{m'x - m}{n'x - n}.$$

Il reste à substituer dans l'équ. $i'z^2 - 2\omega z = h$, et l'on obtient l'équation dont l'une des racines x est la fraction continue proposée.

Par ex., $x = 1, 1(1, 1, 2, 1)$ donne les convergentes $\frac{1}{1}$ et $\frac{2}{1}$, ainsi, $n = 2$, $n' = m = m' = 1$, et $z = -\frac{x-1}{x-2}$. Substituant dans $4z^2 - 4z = 5$, il vient, pour l'équation demandée,

$$3x^2 = 8.$$

Remarquez que la fraction proposée revient à $x = 1(1, 1, 1, 2)$, et qu'on peut faire sortir de la période tant de termes qu'on veut.

Équations indéterminées du second degré.

569. Résolvons d'abord, en nombres entiers, l'équation... $my = x^2 \pm a$, c.-à-d. rendons entière la quantité $\frac{x^2 - r}{m}$, r étant le reste négatif $< m$ de la division de a par m. Si l'on fait $x = 1, 2, 3, 4 \ldots$, x^2 étant divisé par m, les restes présenteront une propriété bien remarquable.

Si m est pair, soit pris $x = \frac{1}{2}m \pm \alpha$, d'où

$$\frac{x^2}{m} = \frac{\frac{1}{4}m^2 \pm m\alpha + \alpha^2}{m} = \pm \alpha + \frac{\frac{1}{4}m^2 + \alpha^2}{m};$$

les restes de $\frac{x^2}{m}$, lorsqu'on prend pour x les deux nombres $\frac{1}{2}m \pm \alpha$, sont donc les mêmes : ainsi, lorsqu'on passe $x = \frac{1}{2}m$, jusqu'à $x = m$, on retrouve les mêmes restes en sens inverse.

C'est ainsi que, pour le diviseur 14, on trouve les restes suivans :

1.4.9.2.11.8.7.8.11.2.9.4.1.

Si m est impair, les nombres $\frac{1}{2}(m \pm 1)$ sont entiers; faisant $x = \frac{1}{2}(m \mp 1) \mp \alpha$, les restes de x^2 divisé par m sont encore égaux; ainsi, passé $x = \frac{1}{2}(m - 1)$ on retrouve les mêmes restes en ordre rétrograde. Ici le terme moyen se répète.

On trouve, par exemple, que, pour le diviseur 17, les restes successifs sont

1.4.9.16.8.2.15.13.13.15.2.8.16.9.4.1.

Ire TABLE des Périodes de $\sqrt{t}$. (*Voyez* page 143.)

t.	Période.	t.	Période.	t.	Période.	t.	Période.	t.	Période.
2	1(2)	19	2.1.3′	34	(1.4.1.10)	50	7(14)	65	8(16)
3	1(1.2)	20	4(2.8)	35	5(1.10)	51	7(7.14)	66	8(8.16)
5	2(4)	21	1.1.2′	37	6(12)	52	4.1.2′	67	5.2.1.1.7′
6	2(2.4)	22	1.2.4′	38	6(6.12)	53	(3.1.3.14)	68	8(4.16)
7	(1.1.1.4)	23	1.3′	39	6(4.12)	54	2.1.6′	69	3.3.1.4′
8	2(1.4)	24	4(1.8)	40	6(3.12)	55	(2.2.2.14)	70	2.1.2′
10	3(6)	26	5(10)	41	6(2.2.12)	56	7(2.14)	71	2.2.1.7′
11	3(3.6)	27	5(5.10)	42	6(2.12)	57	1.1.4′	72	8(2.16)
12	3(2.6)	28	3.2′	43	1.1.3.1.5′	58	1.1.1″	73	1.1.5″
13	(1.1.1.1.6)	29	2.1″	44	1.1.1.2′	59	1.2.7′	74	(1.1.1.1.16)
14	(1.2.1.6)	39	5(2.10)	45	1.2.2′	60	1.2′	75	(1.1.1.16)
15	3(1.6)	31	1.1.3.5′	46	1.3.1.1.2.6′	61	1.4.3.1.2″	76	1.2.1.1.5.4′
17	4(8)	32	1.1′	47	6(1.5.1.12)	62	7(1.6.1.14)	77	1.3.2′
18	4(4.8)	33	1.2′	48	6(1.12)	63	7(1.14)	78	(1.4.1.16)

IIe TABLE des Périodes des restes de $x^2 : m$. (*Voyez* page 145.)

m	Périodes.	m	Pér 1.4.9.16.	m	Périodes 1.4.9. 16.25.36.
5	(1.4.4.1.0)	17	8.2.15.13″...	37	12 27.7.26.10.33.21.11.3.34
6	(1.4.3.4.1.0)	19	6.17.11.7.5″...		30.28″...
7	1.4.2″...	21	4.15.7.1.18.16″	41	8.23.40.18.39.21.5.32.20.10
8	1.4.1.0′...	23	2.13.3.18.12.8.6″		2.37.33.31″...
9	1.4.0.7″...	25	0.11.24.14.6.0	43	6.21.38.14.35.15.40.24.10.41
10	1.4.9.6.5′...		21.19″...		31.23.17.13.11″...
11	1.4.9.5.3″...	27	25.9.22.10.0.19	47	2.17.34.6.27.3.28.8.37.21
12	1.4.9.4.1.0′...		13.9.7″...		7.42.32.24.18.14.12″...
13	1.4.9.3.12.10″	29	25.7.20.6.23.13	49	0.15.32.2.23.46.22.0.29.11
14	1.4.9.2.11.8.7′		5.28.24.22″...		44.30.18.8.0.43.39.37″...
15	1.4.9.1.10.6.4″	31	25.5.18.2.19.7	53	49.11.28.47.15.38.10.37.13.44.
16	1.4.9.0.9.4.1.0′		28.20.14.10.8″.		24.6.43.29.17.7.52.46.42.40″

Quand $x > m$, savoir, $x = tm + \alpha$, comme

$$\frac{x^2}{m} = t^2m + 2\alpha t + \frac{\alpha^2}{m},$$

le reste est le même que si l'on eût pris $x = \alpha < m$.

Concluons de là que, 1°. *si l'on prend* x = 1, 2, 3..., *jusqu'à l'infini, les restes de la division de* x^2 *par* m *se reproduisent et forment une période symétrique de* m *termes.*

La table II donne ces périodes pour les diviseurs les plus simples.

2°. On ne peut rendre $\frac{x^2 - r}{m}$ un entier, qu'autant que r est un des termes de cette période; et si α est le rang de ce terme, $x = \alpha$ donne r pour reste de la division de x^2 par m : on a cette infinité de solutions, $x = tm \pm \alpha$, t étant un entier quelconque. Chaque fois que r entre dans la période, on a une valeur de α, et une équ. semblable donnant un système de solutions. Mais il ne sera nécessaire d'avoir égard qu'à la demi-période, puisque le retour du reste r se fait aux rangs α et $m - \alpha$, également distans des extrêmes, et qu'il ne résulte pas de cette dernière valeur de solution.

Par ex., $13y = x^2 + 40$ donne $\frac{x^2 + 40}{13}$, ou $\frac{x^2 - 12}{13}$ = entier. Dans la demi-période du diviseur 13, le reste 12 ne se trouve qu'au 5e rang; ainsi $x = 13t \pm 5$.

L'équ. $x^2 = 17y + 7$ est impossible en nombres entiers, parce que 7 ne se trouve pas dans la période du diviseur 17.

Enfin, pour $x^2 - 4 = 12y$, comme 4 entre aux rangs 2 et 4, dans la demi-période du diviseur 12, on a

$$x = 12t \pm 2 \text{ et } \pm 4.$$

Observez que quand le diviseur m est un produit pp', $x^2 - r$ n'est divisible par m qu'autant qu'il l'est par p et par p'; on rendra donc entiers $\frac{x^2 - r}{p}$ et $\frac{x^2 - r}{p'}$ par des valeurs telles que $x = tp \pm \alpha$, $x = t'p' \pm \alpha'$. Il restera ensuite à accorder ces solutions entre elles, car les valeurs de t et t' doivent être choisies de manière à donner le même nombre x. Ainsi, on posera (n° 121),

$$\frac{x^2-r}{p},\ \frac{x^2-r}{p'},\ \text{et}\ \frac{x\pm\alpha}{p},\ \frac{x\pm\alpha'}{p'}=\text{entiers.}$$

Quand p est lui-même décomposable en deux facteurs, la 1re fraction peut être remplacée par deux autres; et ainsi de suite.

Par exemple, pour résoudre en nombres entiers l'équation $315y=x^2-46$, comme $315=9.7.5$, je rendrai x^2-46 divisible par 9, 7 et 5; savoir, en extrayant les entiers,

$$\frac{x^2-1}{9},\ \frac{x^2-4}{7},\ \frac{x^2-1}{5}=\text{entiers.}$$

Les périodes de ces diviseurs donnent $\alpha=1$, $\alpha'=2$, $\alpha''=1$; ainsi, il faut rendre (sans dépendance mutuelle entre les $\pm$)

$$\frac{x\pm1}{9},\ \frac{x\pm2}{7},\ \frac{x\pm1}{5}=\text{entiers.}$$

On trouve enfin que si k désigne l'un quelconque des quatre nombres 19, 89, 26 et 44, on a $x=315t\pm k$, d'où

$\pm x=19, 26, 44, 89, 226, 271\ldots\ y=1, 2, 6, 25, 162, 233\ldots$

Pour résoudre en nombres entiers l'équ. $my=ax^2+2bx+c$, multiplions par a,

$$ay=\frac{(ax+b)^2-(b^2-ac)}{m}=\frac{z^2-D}{m};$$

en faisant $\quad ax+b=z,\quad b^2-ac=D.$

On cherchera les solutions $z=mt\pm\alpha$ qui rendent cette fraction un nombre entier : puis on devra résoudre l'équ. du 1er degré $ax+b=mt\pm\alpha$, c.-à-d. qu'on ne prendra que les valeurs entières de t, qui rendront x entier. Si a et m sont premiers entre eux, z^2-D sera multiple de a et de m (puisqu'on a multiplié par a); ainsi on divisera le résultat par a, et l'on aura y. Quand a et m ont un facteur commun θ, il doit aussi l'être de $2bx+c$:

on cherche d'abord la forme générale des valeurs de x, qui remplissent cette condition, $x = \theta x' + \gamma$, et substituant dans la proposée, θ disparaît.

Soit $7y = 3x^2 - 5x + 2$; on multipliera par 2, pour que le coefficient de x soit pair; d'où $a = 6$, $b = -5$, $c = 4$. $D = 1$. On rend $z^2 - 1$ multiple de 7, en faisant $z = 7u \pm 1$, qui est ici $z = 6x - 5$; on en tire

$$x = 7t + 1, \quad \text{et} + 3.$$

L'équ. $11y = 3x^2 - 5x + 6$ est absurde en nombres entiers.

Pour $15y = 6x^2 - 2x + 1$, on rend d'abord $2x - 1$ multiple du facteur 3, commun à 15 et 6, savoir, $x = 3x' + 2$, d'où $5y = 18x'^2 + 22x' + 7$; extrayant les entiers, il reste à rendre $3x'^2 + 2x' + 2$ multiple de 5; on trouve $z = 5t = 3x' + 1$; donc $x' = 3$, $x = 11$, puis $x = 15t' + 11$.

570. Soit l'équation

$$az^2 + 2byz + cy^2 = M,$$

qu'il s'agit de résoudre en nombres entiers.

1er cas. Si $b^2 - ac = 0$; multipliant le 1er membre par a, il devient un carré exact, $(az + by)^2 = aM$; ainsi aM doit aussi être un carré h^2, sans quoi le problème serait absurde. Il reste donc à résoudre en nombres entiers l'équ. $az + by = h$. On prend z et y avec le signe $\pm$, attendu que h doit en être affecté.

Pour $4z^2 - 20zy + 25y^2 = 49$, on pose $2z - 5y = \pm 7$, d'où $y = 2t \mp 1$, $z = 5t \pm 1$.

2e cas. Si $b^2 - ac < 0$, la proposée revient à

$$(az + by)^2 + Dy^2 = aM, \quad u^2 + Dy^2 = aM,$$

en faisant $b^2 - ac = -D$, $az + by = u$. Ainsi, M doit être positif. On fera $y = 0, 1, 2\ldots$, et l'on ne conservera que les valeurs qui rendent $aM - Dy^2$ un carré. Ces essais sont en nombre limité, puisque $Dy^2 < aM$. Une fois y et u déterminés, on ne prendra que ceux de ces nombres qui rendront z entier.

Pour $3z^2 - 2zy + 7y^2 = 27$, on trouve

$$(3z-y)^2+20y^2=81, \quad u^2=81-20y^2;$$

avec $3z-y=u$; donc $\pm y=0$ et 2, $\pm u=9$ et 1,...

$$\pm z=3 \text{ et } 1.$$

3e CAS. Si b^2-ac est un carré positif k^2, multipliant encore par a, et égalant le 1er membre à zéro, pour en obtenir les facteurs, on trouve que la proposée revient à

$$[az+y(b+k)].[az+y(b-k)]=aM.$$

Soient f et g deux facteurs produisant aM; posons-les égaux à ceux du 1er membre, il viendra

$$y=\frac{f-g}{2k}, \quad z=\frac{f-y(b+k)}{a}.$$

Ainsi, après avoir décomposé aM en deux facteurs de toutes les manières possibles, on les prendra tour à tour, l'un pour f, l'autre pour g, et l'on ne conservera que les systèmes qui rendent entiers d'abord y, puis z. On prend y et z en $\pm$, parce qu'on peut donner à f et g le signe $+$ ou $-$. Ainsi, $2z^2+9yz+7y^2=38$, étant doublée pour rendre pair le coefficient de yz, donne $a=4$, $b=9$, $c=14$, $k=5$, $aM=304$; les produisans de 304 sont $2\times152=8\times38=4\times76=1\times304=16\times19$; les deux 1ers systèmes conviennent seuls et donnent

$$\pm y=15 \text{ et } 3, \quad \mp z=53 \text{ et } 1.$$

4e CAS. Si b^2-ac est positif non carré, pour comparer ce qui nous reste à dire avec ce qu'on a vu, nous écrirons la proposée sous la forme $Az^2-2\alpha zy-ky^2=P$. Les racines de l'équ. $Ax^2-2\alpha x=k$ sont irrationnelles (ou $t=\alpha^2+Ak$ est positif non carré); développons-les en fractions continues. Il suit de l'équ. (f) (n° 567), que la convergente qui précède la fraction complète $\frac{\sqrt{t}+\pi}{P}$ est $\frac{n}{n'}$, quand on a cette condition

$$An^2-2\alpha nn'-kn'^2=\pm P,$$

le signe de P dépendant du rang pair ou impair de cette convergente. En comparant cette équ. à la proposée, on reconnait que si le signe des 2es membres est le même, on a cette solution

$$z = n, \quad y = n'.$$

Donc, pour trouver y et z, développez les racines x en fractions continues; si parmi les convergentes $\frac{\sqrt{t}+\alpha}{A}$, $\frac{\sqrt{t}+\beta}{B}$.... il s'en trouve dont le dénominateur soit le second membre P de la proposée, on limitera la continue à l'entier donné par la complète précédente, puis on cherchera la convergente correspondante $\frac{n}{n'}$; et l'on aura $z=n$, $y=n'$; mais il faut que cette convergente soit de rang pair quand le 2e membre P est positif, impair quand P est négatif, si le développement est celui de la plus grande racine; et que le contraire ait lieu pour la plus petite racine. Chaque complète qui vient en rang utile donne une solution, en sorte que si elle fait partie de la période, on a une infinité de valeurs pour z et y.

Soit, par ex., $2z^2 - 14yz + 17y^2 = 5$; on a trouvé (p. 143) que $2x^2 - 14x + 17 = 0$ a pour moindre racine $x = 1, 1, 1 (3, 2)$, et que la 2e complète a 5 pour dénominateur; donc la convergente $\frac{1}{1}$ vient en rang impair, et donne cette solution unique $z = 1$, $y = 1$, parce que la période n'entre ici pour rien.

Si le 2e membre, au lieu de 5, était $+3$, il n'y aurait pas de solution entière, parce que les complètes, dont 3 est le dénominateur, étant toutes de rangs pairs dans la grande racine x, et impairs dans la petite, ne sont pas en rangs utiles.

Mais si le 2e membre est -3, développant la grande racine $x = 5 (2, 3)$, on l'arrêtera aux rangs 1, 3, 5, 7..., parce que les complètes suivantes ont 3 pour dénominateur; de là les convergentes $\frac{5}{1}$, $\frac{38}{7}$, $\frac{299}{55}$..., qui donnent autant de solutions. La moindre racine $x = 1, 1, 1 (3, 2)$, arrêtée aux termes 2e, 4e, 6e..., donne de même $\frac{2}{1}$, $\frac{11}{7}$, $\frac{86}{55}$...; donc, avec $\pm y = 1, 7, 55$..., on prendra $\pm z = 5, 38, 299$... ou 2, 11, 86....

Enfin, quand le deuxième membre est 2, on trouve de même $\pm y = 0, 2, 16, 126, 992$, avec $\pm z = 1, 11, 87, 685, 5393$... ou 1, 3, 25, 197, 1551....

Comme les convergentes sont toujours irréductibles, on n'obtient ainsi que les solutions qui sont premières entre elles : supposons que la proposée en admette qui aient un facteur commun θ, $z=\theta z'$, $y=\theta y'$; on aurait alors

$$\theta^2(az'^2+2bz'y'+cy'^2)=P.$$

P est donc multiple de θ^2; soit P' le quotient, il reste à tirer z' et y' d'une équ. semblable à la proposée, le 2ᵉ membre étant P'; donc, autant P aura de facteurs carrés θ^2, autres que 1, autant on aura de valeurs de θ et d'équ. à traiter, dont le 2ᵉ membre est seul différent, $P'=P:\theta^2$.

Soit, par ex., l'équ. $z^2+2zy-5y^2=9$, qui n'admet pas de solutions premières entre elles; comme 9 est $=3^2$, résolvons $z'^2+2z'y'-5y'^2=1$; l'équ. $x^2+2x=5$ donne

$$x=\frac{\sqrt{6}-1}{1}=1,\ \frac{{}^*\sqrt{6}+2}{2}=2,\ \frac{\sqrt{6}+2}{1}=4,\ \frac{{}^*\sqrt{6}+2}{2},\ \text{etc.};$$

$x=1\,(2,4)$, et les convergentes $\frac{1}{0}$, $\frac{3}{2}$, $\frac{29}{20}$, $\frac{287}{198}$... Les termes de ces fractions sont les valeurs de z' et y'; multipliant haut et bas par 3, on trouve enfin

$$\pm z=3,\ 9,\ 87,\ 861\ldots\quad \pm y=0,\ 6,\ 60,\ 594\ldots$$

La deuxième racine de x ne donne aucune solution nouvelle.

Les dénominateurs des complètes sont $<2\sqrt{t}$ (page 141). Quand le 2ᵉ membre P dépasse cette limite, on ne peut espérer qu'il se trouve parmi ces dénominateurs, et notre procédé ne fait plus connaître les solutions; mais f désignant un facteur de P, $P=fP'$, et n un entier quelconque, posons $y=nz+fy'$;

$$\text{d'où}\quad \left(\frac{a+2bn+cn^2}{f}\right)z^2+2y'z(b+cn)+cfy'^2=P'.$$

Qu'on rende entier ce 1ᵉʳ coefficient, par une valeur convenable de n (p. 148); chaque fois que b^2-ac entrera dans la demi-période du diviseur f, on aura des valeurs de $\pm n$, et autant d'équations à résoudre, telles que $Az^2+2By'z+Cy'^2=P'$, où C et P' sont les mêmes (ainsi que B^2-AC). Ainsi, on peut réduire P à être $P'<2\sqrt{t}$, et même jusqu'à $P'=\pm 1$.

Ainsi l'équ. $66z^2 - 18yz + y^2 = 34$, en prenant $f = 17$, conduit à rendre $\frac{66 - 18n + n^2}{17}$ = entier; d'où $n = 2$ et 16, puis

$$y = 17y' + 2z \quad \text{ou} \quad + 16z, \qquad 2z^2 \pm 14y'z + 17y'^2 = 2.$$

L'une de ces transformées a été résolue (p. 151); l'autre n'en diffère que par le signe de y'; on en tire donc

$\pm z = 1, 11, 87 \ldots 3, 25\ldots$ avec $\pm y = 2, 56, 446\ldots 40, 322\ldots,$
ou avec $\pm y = 16, 142, 1120\ldots 14, 128\ldots$

Nous supprimerons la démonstration qui établit que ce procédé fait obtenir toutes les solutions entières.

571. Ces calculs s'appliquent à l'équ. $z^2 - ty^2 = \pm 1$; mais ils deviennent alors très faciles. On développe $\sqrt{t}$ en fraction continue $z = \sqrt{t} = u\ (u', u'' \ldots u'', u', 2u)$, et l'on ne s'arrête qu'aux complètes dont le dénominateur est 1, en rang impair pour $+1$, et pair pour -1. Or, on prouve aisément que les seules complètes dont 1 est dénominateur (excepté la 1re $\sqrt{t}$), sont celles qui donnent le dernier entier $2u$ de la période, lesquelles ont la forme $\frac{\sqrt{t} + u}{1}$. Les convergentes $\frac{n}{n'}$, qui répondent à tous les retours du terme u' qui précède $2u$, si elles sont en rangs utiles, donnent donc $\pm z = n$, $\pm y = n'$, ces signes étant indépendans l'un de l'autre. Quand la période a un nombre pair de termes, chaque période donne une solution, dans le cas de $+1$, et il n'y en a aucune dans celui de -1. Lorsque la période a ses termes en quotité impaire, les retours aux périodes 1re, 3e, 5e... conviennent lorsque le 2e membre est -1; s'il est $+$, on prend les 2es, 4es, 6es...

Pour l'équ. $z^2 - 14y^2 = \pm 1$, on a (p. 146) $\sqrt{14} = 3(1, 2, 1, 6)$; le terme 1, qui précède 6, ne vient jamais qu'aux rangs pairs; ainsi, la proposée est absurde en nombres entiers, dans le cas de -1. Dans celui de $+1$, on prend les convergentes $\frac{1}{0}, \frac{15}{4}, \frac{449}{120}, \frac{13455}{3596}\ldots$, et l'on a, les signes étant d'ailleurs quelconques,

$$\pm z = 1, 15, 449\ldots, \quad \pm y = 0, 4, 120\ldots$$

Soit $z^2 - 13u^2 = \pm 1$: comme $\sqrt{13} = 3\,(1, 1, 1, 1, 6)$, les convergentes correspondantes au retour du terme 1 qui précède 6, sont $\frac{1}{0}, \frac{18}{5}, \frac{649}{180}, \frac{23882}{6485}\ldots$: d'où $z = 1,649\ldots$, $y = 0, 180\ldots$ pour $+1$; et $z = 18, 23382\ldots$ $y = 5, 6485\ldots$ pour -1.

Soit $z^2 - 3y^2 = 1$; comme $\sqrt{3} = 1\,(1, 2)$, toutes les convergentes $\frac{1}{0}, \frac{2}{1}, \frac{7}{4}, \frac{26}{15}, \frac{97}{56}, \frac{362}{209}\ldots$, donnent des solutions ; il n'y en a aucune, quand le 2e membre est -1.

L'équ. $z^2 - 5y^2 = \pm 1$ a ses solutions dans les fractions alternes $\frac{1}{0}, \frac{9}{4}, \frac{38}{17}, \frac{161}{72}\ldots$

572. L'équation

$$az^2 + 2byz + cy^2 + dz + ey + f = 0,$$

la plus générale du 2e degré, se ramène à la précédente, en la dégageant des termes de 1re dimension. Soit fait

$$z = kz' + \alpha, \quad y = ly' + \beta;$$

d'où $2a\alpha + 2b\beta + d = 0, \quad 2\beta c + 2\alpha b + e = 0 \ldots (1)$,

$$\alpha = \frac{cd - be}{2D}, \quad \beta = \frac{ae - bd}{2D},$$

en posant $b^2 - ac = D$. Tous nos coefficiens sont supposés entiers. Or, il est clair que cette transformation n'est utile qu'autant que z' et y' sont entiers en même temps que z et y. Faisons donc les indéterminées $k = l = \frac{1}{2D}$ savoir,

$$z = \frac{z' + cd - be}{2D}, \quad y = \frac{y' + ae - bd}{2D} \ldots (2).$$

Les valeurs cherchées de y' et z' répondront à des entiers pour z et y : mais la réciproque n'a pas lieu, et l'on devra rejeter les solutions entières de z' et y', qui ne rendent pas z et y entiers. On aura ainsi toutes les valeurs demandées, en ne conservant pour x' et y' que les solutions trouvées, qui ont la forme convenable (n° 565). Maintenant, multiplions les équ. (1) respectivement par α et β, puis ajoutons; nous avons

$$-(a\alpha^2 + 2b\alpha\beta + c\beta^2) = \frac{d\alpha + e\beta}{2} = \frac{ae^2 - 2bed + cd^2}{4D}.$$

Nous désignerons le numérateur par N; la transformée est

$$az'^2 + 2bz'y' + cy'^2 + 4D^2f + ND = 0 \ldots (3);$$

équ. qu'on sait résoudre.

Lorsque $b^2 - ac = 0$, ce calcul ne peut plus se faire; mais multipliant par a, les trois premiers termes forment le carré de $az + by$; posant ce binome $= z'$, le reste du calcul est facile.

Soit l'équation

$$7z^2 - 2zy + 3y^2 - 30z + 10y + 8 = 0;$$

les équ. (2) deviennent $z = \frac{z' - 80}{-40}$, $y \frac{y' + 40}{-40}$; mais y et z ne sont entiers qu'autant que 40, facteur commun des constantes, l'est aussi de z' et y', qu'on peut changer en $40z'$ et $40y'$; ainsi ce facteur 40 s'en va, et l'on pose

$$z = z' + 2, \quad y = y' - 1, \quad 7z'^2 - 2z'y' + 3y'^2 = 27.$$

Cette équ. a été traitée (p. 149) et a donné $\pm z' = 0$ et 2, $\pm y' = 3$ et 1; donc on a

$$z = 4, 0, 2 \text{ et } 2, \quad \text{avec} \quad y = 0, -2, 2 \text{ et } -4.$$

Résolution des Équations numériques.

573. Soit $X = 0$ une équ. qui ait été préparée de manière à n'avoir aucunes racines commensurables, ou égales, ou comprises entre deux nombres entiers successifs (n°s 518, 524, 527); admettons qu'on connaisse pour chaque racine irrationnelle l'entier y qui est immédiatement moindre (n° 528), et procédons à l'approximation ultérieure.

D'après la règle donnée (n° 562), soit fait $x = y + \frac{1}{x'}$, $X = 0$ deviendra $X' = 0$, équ. dont l'inconnue est x'. Or, par supposition, il y a une des valeurs de x' qui est > 1, et il n'y en a qu'une; cette racine répond à la valeur de x dont y est la partie entière, et dont nous voulons approcher. Raisonnons de même pour $X' = 0$, et soit y' l'entier approché de x'; on est assuré qu'il n'y a qu'une valeur de x' qui soit positive et > 1; on posera donc $x' = y' + \frac{1}{x''}$, x'' ayant une racine > 1, et une seule; de là une transformée $X'' = 0$ dont x'' est l'inconnue. On voit donc que la racine x sera développée en fraction continue $x = y, y', y'', y'''...$; qu'on en tirera des convergentes de plus en plus approchées par excès et par défaut, alternativement; que l'erreur résultante de chacune aura une limite connue, etc... Quant au calcul des équ. X', X''..., il est très facile; car soit $X = kx^i + px^{i-1} + qx^{i-2} ... + u = 0$; si l'on pose $x = y + t$, la transformée est (n° 503)

$$X + X't + \tfrac{1}{2}X''t^2 + ... kt^i = 0;$$

mais ici $t = \frac{1}{x'}$; donc, en multipliant tout par x'^i,

$$Xx'^i + X'x'^{i-1} + \tfrac{1}{2}X''x'^{i-2} + ... + k = 0.$$

$X, X', X''....$ sont les valeurs de X et de ses dérivées, lorsqu'on y fait $x = y$; ainsi, après avoir calculé ces coefficiens (*voy.* la note p. 43), il suffira de les substituer dans cette équ.

Soit proposée l'équ. $x^3 - 2x - 5 = 0$, dont une seule racine est réelle et comprise entre 2 et 3 (n° 529); appliquons notre méthode. En faisant $x = 2$, dans $x^3 - 2x - 5$, $3x^2 - 2$, $3x$ et 1, on trouve -1, 10, 6 et 1, pour coefficiens de l'équ. en x'. Mais x' est entre 10 et 11; et l'on trouve de même pour les coefficiens de l'équ. en x'', 61, -94, etc...; donc on obtient ces résultats, où l'on s'est dispensé d'écrire les puissances de x, qui sont assez indiquées par les rangs des termes :

(0)	x^3	+	$0x^2$	−	$2x$	−	5	= 0	entier	2,
(1) ...−	1	+	10	+	6	+	1	= 0	.....	10,
(2)	61	−	94	−	20	−	1	= 0	.....	1,
(3) ...−	54	−	25	+	89	+	61	= 0	.....	1,
(4)	71	−	123	−	187	−	54	= 0	.....	2,
(5) ...−	352	+	173	+	303	+	71	= 0	.....	1,
(6)	195	−	407	−	883	−	352	= 0	.....	3,

etc.

Donc $x = 2, 10, 1, 1, 2, 1, 3 \ldots = \frac{576}{275} = 2{,}09455\ldots$;
valeur qui a 5 décimales exactes, puisqu'elle n'est pas en erreur de $(\frac{1}{275})^2$.

L'équ. $x^3 - x^2 - 2x + 1 = 0$ a ses trois racines réelles, et comprises entre 1 et 2, 0 et 1, -1 et -2. Approchons d'abord de la 1re.

(0)	x^3	$-\ x^2$	$-\ 2x$	$+\ 1$	$= 0$	entier	1,
(1) ...	$-\ 1$	$-\ 1$	$+\ 2$	$+\ 1$	$= 0$	....	1,
(2)	1	$-\ 3$	$-\ 4$	$-\ 1$	$= 0$	....	4,
(3) ...	$-\ 1$	$+\ 20$	$+\ 9$	$+\ 1$	$= 0$	....	20,
(4)	181	$-\ 391$	$-\ 40$	$-\ 1$	$= 0$	....	2,
(5) ...	$-\ 197$	$+\ 568$	$+\ 695$	$+\ 181$	$= 0$	....	3,
(6)	2059	$-\ 1216$	$-\ 1205$	$-\ 197$	$= 0$	....	1,

etc.

$$x = 1, 1, 4, 20, 2, 3, 1, 6, 10, 5, 2 = \frac{1289054}{715371} = 1{,}8019377358.$$

La racine comprise entre 0 et 1 se trouve de même; et comme dès la 2e opération on retombe sur la transformée (2), on doit retrouver les équ. 3, 4, 5...; d'où

$$x = 0, 2, 4, 20, 2, 3, 1, 6, 10, 5, 2 = \frac{573683}{1289054} = 0{,}4450418679.$$

Enfin, pour la racine négative, il faut changer x en $-x$; et comme on a alors l'équ. (1), on pose de suite

$$-x = 1, 4, 20, 2, 3, 1, 6, 10, 5, 2 = \frac{715371}{573683} = 1{,}2469796037.$$

Nous rencontrons ici une particularité propre à l'exemple proposé, en sorte que les trois racines se trouvant formées des mêmes termes, on est dispensé du calcul des deux dernières.

574. Exposons maintenant les moyens d'abréger ces divers calculs.

La fraction continue ayant été poussée jusqu'à l'entier y^i, $x = y, y', y'' \ldots y^i$, soient $\frac{m}{m'}$ et $\frac{n}{n'}$ les deux dernières convergentes; il suit de l'équ. (F, n° 562), ainsi qu'on a vu p. 144, que si z représente la valeur du reste de la fraction continue, on a

$$z = -\frac{m'x - m}{n'x - n} = -\frac{m'}{n'} \mp \frac{1}{n'(n'x - n)},$$

en commençant la division, et à cause de $m'n - mn' = \pm 1$.

Soit δ la différence entre x et la convergente $\frac{n}{n'}$, ou $\delta = \frac{n}{n'} - x$, on a $n'x - n = -n'\delta$; d'où

$$z = -\frac{m'}{n'} \pm \frac{1}{\delta . n'^2}.$$

Ici x désigne, il est vrai, la racine dont on veut approcher, et z est une valeur qui en dépend; mais chacune des autres racines x', x''... donne une équ. semblable; ainsi, z', z''... étant les valeurs de z correspondantes, on a

$$z' = -\frac{m'}{n'} \pm \frac{1}{\delta' . n'^2}, \quad z'' = -\frac{m'}{n'} \pm \frac{1}{\delta'' . n'^2}, \text{ etc.}$$

Ajoutons ces $(i - 1)$ équations, et faisons pour abréger... $\Delta = \frac{1}{\delta'} + \frac{1}{\delta''} + \ldots$; nous avons

$$z' + z'' + z''' \ldots = -\frac{m'}{n'}(i - 1) \pm \frac{\Delta}{n'^2}.$$

La transformée en z étant représentée par $Az^i + Bz^{i-1} + \ldots = 0$, la somme des racines est $z + z' + z'' \ldots = -\frac{B}{A}$; retranchant l'équ. précédente,

$$z = \frac{m'}{n'}(i - 1) - \frac{B}{A} \mp \frac{\Delta}{n'^2};$$

mais $\frac{n}{n'}$ ne tarde pas à approcher assez de x pour que δ soit fort petit; δ', δ''..., qui sont les différences des autres racines x', x''... à notre convergente, sont à peu près égales aux différences de ces racines à x; et plus ces différences sont grandes, plus Δ est petit; n' croît d'ailleurs de plus en plus : ainsi, le dernier terme de notre équ. est alors négligeable; d'où

$$z = \frac{m'}{n'}(i - 1) - \frac{B}{A}.$$

Non-seulement cette équ. donne l'entier π, contenu dans z, mais même en résolvant en continue, par la méthode du commun diviseur, on peut prendre plusieurs termes successifs, comme composant la valeur de z et continuant celle de x; $z = \pi, \rho, \sigma ...$; d'où $x = y, y', y'' ... y^i, \pi, \rho, \sigma ...$ En arrêtant la fraction z à l'un de ses termes u, soient $\frac{p}{p'}, \frac{q}{q'}$ les deux dernières convergentes, on a (équ. F, p. 130)

$$z = \frac{qu + p}{q'u + p'};$$

et substituant dans la transformée en z, on passe de suite à celle qui répond au terme u, en supposant qu'en effet ce terme convienne à la valeur de x. Puisque $z = -\frac{m'x - m}{n'x - n}$, il suffira d'avoir deux limites rapprochées, entre lesquelles x soit compris, et de substituer ces limites dans cette fraction, pour avoir celles de z : ces dernières résolues en continues, leurs termes communs le seront aussi à z, et continueront x.

Pour la 1re racine du dernier ex., partons de la tranformée (4); les convergentes sont $\frac{9}{5} = 1, 1, 4$; $\frac{182}{101} = 1, 1, 4, 20$; d'où l'on tire $z = \frac{10}{101} + \frac{391}{181} = \frac{41301}{18281} = 2, 3, 1, 6 ...$; on remarque que les quatre 1ers termes continuent la valeur de x, laquelle acquiert de suite 8 termes. On en tire les convergentes $\frac{9}{4}$ et $\frac{61}{27}$; d'où $z = \frac{61u + 9}{27u + 4}$, et par suite la transformée (8), en substituant dans (4); et ainsi de suite.

Quand la racine x est commensurable, la fraction continue se termine; sans cela elle va à l'infini. Si la proposée admet quelque facteur rationnel du 2e degré, on obtient une période, et le retour des mêmes termes annonce cette circonstance. Ainsi l'équ. $x^4 - 2x^3 - 9x^2 + 22x - 22 = 0$, lorsqu'on veut poursuivre la racine qui est entre 3 et 4, donne

(1)... $- 10 + 22 + 27 + 10 + 1 = 0$ entier 3,
(2)..... $58 - 314 - 315 - 98 - 10 = 0$ . . . 6,
(3)... $- 4594 + 12322 + 6561\ 1078 + 58 = 0$ . . . 3, etc.

Cette dernière équ. conduit à $z = \frac{9}{19} + \frac{12322}{14594} = \frac{275464}{87286} = 3, 6 \ldots$ Le retour des chiffres (3,6) fait présumer une période : en supposant qu'elle existe, on trouve que $x^2 - 11$ doit être diviseur de la proposée (n° 568); on essaie cette division, qui donne le quotient exact $x^2 - 2x + 2$.

La résolution de l'équ. $x^i = A$, ou l'extraction des racines, rentre dans cette méthode. Ainsi $x^3 = 17$ donne

$$x = 2, 1, 1, 3, 138 = \frac{2489}{968};$$

et formant la valeur de z, on arrive à $z = 1, 3, 2 \ldots$; d'où

$$x = \frac{22527}{8761} = 2{,}5712818.$$

575. L'équation $10^x = 29$ se traite de la même manière. On trouve d'abord que x est entre 1 et 2 ; savoir,

$$x = 1 + \frac{1}{x'}, \quad 10^{1+\frac{1}{x'}} = 29; \; 10 \times 10^{\frac{1}{x'}} = 29; \quad 10 = (2{,}9)^{x'}.$$

On voit ensuite que x' est entre 2 et 3 ;

$$x' = 2 + \frac{1}{x''}, \quad 10 = (2{,}9)^2 \cdot (2{,}9)^{\frac{1}{x''}}, \quad \left(\tfrac{1000}{841}\right)^{x''} = 2{,}9;$$

et ainsi de suite. Donc

$$x = 1, 2, 6, 6, 1, 2, 1, 2 \ldots = \frac{1439}{984} = 1{,}4623980.$$

Cette valeur $> x$ est approchée à moins de $\left(\frac{1}{984}\right)^2$, avec six chiffres décimaux exacts.

$10^x = 23$ donne $x = 1, 2, 1, 3, 4, 17, 2 = \frac{2270}{1667} = 1{,}3617278$.

Ainsi, on sait résoudre, par approximation, l'équ. $10^x = b$, et comme on peut prendre au lieu de 10, toute autre base, *on sait calculer le logarithme d'un nombre dans tout système.*

VI. MÉTHODE DES COEFFICIENS INDÉTERMINÉS.

Décomposition des Fractions rationnelles.

576. F et φ étant des fonctions de x *identiques*, c.-à-d. qui n'ont qu'une simple dissemblance provenue de la manière dont

elles sont exprimées algébriquement, l'équ. $F = \varphi$ n'a pas besoin pour se vérifier qu'on attribue à x des valeurs convenables; et doit subsister, quel que soit le nombre qu'on juge à propos de mettre pour x. Supposons que, par des artifices d'analyse, on parvienne à ordonner F et φ par rapport à x, sous la même forme

$$a + bx + cx^2 + dx^3 \ldots = A + Bx + Cx^2 + Dx^3 \ldots;$$

puisqu'il n'y avait entre F et φ qu'une différence apparente due aux formes sous lesquelles ces fonctions étaient exprimées, cette différence de formes n'existant plus, on doit précisément trouver dans un membre tout ce qui entre dans l'autre; donc,

$$a = A, \quad b = B, \quad c = C \ldots$$

Et en effet, puisque l'équ. doit subsister pour toute valeur de x, si l'on prend $x = 0$, on a $a = A$. Ces deux constantes n'ont pas été rendues égales par cette supposition; elles l'étaient sans cela, et l'hypothèse n'a été ici qu'un moyen de mettre cette vérité en évidence. Dès lors, quel que soit x, on a encore $bx + cx^2 + \ldots = Bx + Cx^2 \ldots$; divisant par x,

$$b + cx + \text{etc.} = B + Cx \ldots;$$

le même raisonnement prouve que $b = B$, puis $c = C \ldots$

Ainsi, étant donnée une fonction F, après s'être assuré directement qu'elle est susceptible d'être exprimée sous une forme désignée φ, contenant des coefficiens constans A, B, $C \ldots$, il est aisé de trouver ces nombres. 1°. On décrira l'identité $F = \varphi$; F étant la fonction proposée, et φ sa valeur mise sous une autre forme reconnue convenable, et contenant les *coefficiens indéterminés* A, B, C...; 2°. par des calculs appropriés, on *ordonnera* les deux membres F et φ selon les puissances de x; 3°. on *égalera entre eux les termes affectés des mêmes puissances de* x; 4°. enfin, on *éliminera* entre ces équ. pour en tirer les valeurs des constantes inconnues A, B, $C \ldots$

Appliquons ce principe à divers exemples.

577. N étant le numérateur d'une fraction rationnelle, D le dénominateur, proposons-nous de la décomposer en d'autres

dont elle soit la somme. Par la division, on peut toujours abaisser le degré du polynome N, par rapport à x, au-dessous de D; c'est dans cet état que nous prenons la fraction. Soit.... $D = P \times Q$, P et Q étant des polynomes premiers entre eux, des degrés p et q, posons

$$\frac{N}{D} = \frac{Ax^{q-1} + Bx^{q-2} \ldots + L}{Q} + \frac{A'x^{p-1} + B'x^{p-2} \ldots + L'}{P}.$$

Pour réduire au même dénominateur $D = P \times Q$, multiplions $Ax^{q-1} + \ldots$ par P, et $A'x^{p-1} + \ldots$ par Q; ces produits seront de degré $p + q - 1$, c.-à-d. formeront un *polynome complet* d'un degré moindre de 1 que D; et comme N est au plus de ce même degré, en comparant chaque terme de N à ceux des produits ci-dessus, on en tirera $p + q$ équ. entre les coefficiens inconnus A, A', B, B'..., dont le nombre est visiblement $p + q$, puisque nos numérateurs ont q et p termes; ces inconnues ne seront qu'au 1er degré, et le calcul conduira bientôt à les trouver. Il est donc prouvé que la décomposition indiquée est légitime, et le calcul donne actuellement les valeurs de toutes les parties composantes.

Et si P et Q sont eux-mêmes décomposables en d'autres facteurs premiers entre eux, sans chercher à déterminer A, A', B..., on remplacera chaque fraction par d'autres formées selon le même principe; c.-à-d. que, *pour décomposer la fraction rationnelle proposée, il faut trouver les facteurs premiers entre eux de son dénominateur, et égaler cette fraction à une suite d'autres qui aient ces facteurs pour dénominateurs, et dont les numérateurs soient des polynomes respectivement d'un degré moindre d'une unité.*

On égalera donc D à zéro pour le résoudre en ses facteurs simples; et il se présentera deux cas, selon que D n'aura que des facteurs inégaux, ou en aura d'égaux. Examinons ces deux cas séparément.

1er CAS. Si $D = (x - a)(x - b)(x - c)\ldots$, on posera

$$\frac{N}{D} = \frac{A}{x-a} + \frac{B}{x-b} + \frac{C}{x-c} + \ldots,$$

et il s'agira de déterminer A, B, C... par le procédé qu'on vient d'exposer.

Par exemple, soit $D=(x-a)(x-b)$; on a

$$\frac{kx+l}{(x-a)(x-b)}=\frac{A}{x-a}+\frac{B}{x-b}$$

d'où
$$kx+l=A(x-b)+B(x-a)$$
$$=(A+B)x-Ab-Ba.$$

Ainsi $\quad k=A+B, \quad -l=Ab+Ba;$

et enfin $\quad A=-\dfrac{ka+l}{b-a}, \quad B=\dfrac{kb+l}{b-a}.$

Pour $\dfrac{2-4x}{x^2-x-2}$, j'égale le dénominateur à zéro pour en obtenir les facteurs binomes; $x^2-x=2$ donne $x=2$ et -1; ce sont les valeurs de b et a. On a $k=-4$, $l=2$; ainsi

$$\frac{2-4x}{x^2-x-2}=\frac{-2}{x+1}-\frac{2}{x-2}.$$

De même $\quad \dfrac{1}{a^2-x^2}=\dfrac{1}{2a(a+x)}+\dfrac{1}{2a(a-x)}.$

Soit encore $\quad \dfrac{1}{x(a^2-x^2)}=\dfrac{A}{x}+\dfrac{B}{a+x}+\dfrac{C}{a-x};$

on trouve $\quad 1=Aa^2+ax(B+C)+x^2(C-A-B);$

donc $\quad 1=Aa^2,\ B+C=0,\ C-A-B=0.$

Éliminant, on a A, B, C, puis

$$\frac{1}{x(a^2-x^2)}=\frac{1}{a^2x}-\frac{1}{2a^2(a+x)}+\frac{1}{2a^2(a-x)}.$$

Lorsque D a des facteurs binomes imaginaires, la même méthode peut s'appliquer, mais on préfère souvent ne décomposer D qu'en facteurs trinomes réels, tels que x^2+px+q, et la proposée, qu'en fractions de la forme $\dfrac{Ax+B}{x^2+px+q}$. C'est ainsi que pour

$$\frac{x^2 - x + 1}{(x+1)(x^2+1)} = \frac{Ax+B}{x^2+1} + \frac{C}{x+1},$$

on trouve $C = \frac{3}{2}, \quad B = A = -\frac{1}{2}.$

De même $\dfrac{x}{x^3 - 1} = \dfrac{Ax+B}{x^2+x+1} + \dfrac{C}{x-1},$

donne $-A = B = C = \frac{1}{3}.$

2e CAS. Chaque facteur de D, de la forme $(x-a)^i$, donne lieu à une composante telle que $\dfrac{Ax^{i-1} + Bx^{i-2} \ldots}{(x-a)^i}$; mais comme celle-ci est elle-même décomposable, on pose de suite, au lieu de cette fraction, la somme équivalente

$$\frac{A}{(x-a)^i} + \frac{B}{(x-a)^{i-1}} + \frac{C}{(x-a)^{i-2}} \ldots + \frac{L}{x-a}.$$

Et en effet, il est visible qu'en réduisant au même dénominateur, le numérateur a la même forme que ci-devant, et un égal nombre de constantes inconnues.

$$\frac{x^3 + x^2 + 2}{x(x-1)^2(x+1)^2} = \frac{A}{x} + \frac{B}{(x+1)^2} + \frac{C}{x+1} + \frac{D}{(x-1)^2} + \frac{E}{x-1}$$

donne $= \dfrac{2}{x} - \dfrac{\frac{1}{2}}{(x+1)^2} + \dfrac{\frac{5}{4}}{x+1} + \dfrac{1}{(x-1)^2} - \dfrac{\frac{3}{4}}{x-1}.$

On trouvera de même

$$\frac{1}{x(x+1)^2(x^2+x+1)} = \frac{1}{x} - \frac{1}{(x+1)^2} - \frac{2}{x+1} + \frac{x}{x^2+x+1}.$$

Si les facteurs égaux du dénominateur étaient imaginaires, quoique le même procédé puisse être appliqué, il serait préférable de les réunir en facteurs réels du 2e degré, sous la forme $(x^2+px+q)^i$; le numérateur est alors $Ax^{2i-1} + Bx^{2i-2} + \ldots$; ou plutôt on prend les fractions composantes

$$\frac{Ax+B}{(x^2+px+q)^i} + \frac{Cx+D}{(x^2+px+q)^{i-1}} + \ldots + \frac{Kx+L}{x^2+px+q}.$$

Par exemple, on fera

$$\frac{1}{(x+1)x^2(x^2+2)(x^2+1)^2}$$

$$=\frac{A}{1+x}+\frac{B}{x^2}+\frac{C}{x}+\frac{Dx+E}{x^2+2}+\frac{Fx+G}{(x^2+1)^2}+\frac{Hx+I}{x^2+1}.$$

Le calcul donnera

$$A=\tfrac{1}{12},\ B=-C=\tfrac{1}{2},\ D=-E=\tfrac{1}{6},\ F=-G=\tfrac{1}{2},$$
$$H=-I=\tfrac{1}{4}.$$

578. L'usage fréquent qu'on fait de la décomposition des fractions rationnelles, rend très utile la méthode suivante, qui abrège les calculs.

1er CAS. *Facteurs inégaux.* Soit $D=(x-a)S$; S étant un produit de facteurs tous différens de $x-a$. La dérivée (p. 43 et n° 664) est $D'=S+(x-a)S'$; on pose

$$\frac{N}{D}=\frac{A}{x-a}+\frac{P}{S};\ \text{d'où}\quad N=AS+P(x-a).$$

Il s'agit de déterminer la constante A, sans connaître le polynome P. Si l'on fait $x=a$, et qu'on désigne par n, s et d ce que deviennent N, S et D, par cette hypothèse (nous ferons usage, dans ce qui suit, de cette notation), nous avons $d'=s$ et $n=As$; partant, $A=\frac{n}{s}=\frac{n}{d'}$. Donc *remplacez le dénominateur* D *de la fraction proposée par sa dérivée* D'; *puis changez* x *en* a, *vous aurez le numérateur* A *de la fraction composante dont* x — a *est le dénominateur.* On devra de même faire $x=b$, c... dans $\frac{N}{D'}$, pour avoir les numérateurs de $\frac{B}{x-b}$, $\frac{C}{x-c}$..., en supposant $D=(x-a)(x-b)(x-c)$...

Pour $\frac{-5x^2-5x+6}{x^4-2x^3-x^2+2x}$, posez $\frac{N}{D'}=\frac{-5x^2-5x+6}{4x^3-6x^2-2x+2}$;

or, vous avez $D=(x-1)(x+1)(x-2)x$; faites donc $x=1$;

-1, 2 et 0, et vous aurez 2, -1, -4 et 3 pour résultats; la proposée revient à $\frac{2}{x-1}-\frac{1}{x+1}-\frac{4}{x-2}+\frac{3}{x}$.

Soit la fraction $\frac{1}{z^6-1}$; on a $\frac{N}{D'}=\frac{1}{6z^5}$; or (p. 101),

$$z^6-1=(z+1)(z-1)(z^2-z+1)(z^2+z+1).$$

Pour les deux 1ers facteurs, on fait $z=\pm 1$, et l'on a $\pm\frac{1}{6}$; le facteur suivant donne $z=\frac{1}{2}(1\pm\sqrt{-3})$; d'où l'on tire

$$\frac{2^5}{6(1\pm\sqrt{-3})^5}=\frac{32}{6(16\mp 16\sqrt{-3})}=\frac{1\pm\sqrt{-3}}{12};$$

les deux fractions composantes sont faciles à trouver; réduites en une seule, on a $\frac{1}{6}\cdot\frac{z-2}{z^2-z+1}$. Enfin, le 4e facteur de D indique qu'il suffit de changer z en $-z$ dans ce dernier résultat. Donc,

$$\frac{1}{z^6-1}=\frac{1}{6}\left(\frac{1}{z-1}-\frac{1}{z+1}+\frac{z-2}{z^2-z+1}-\frac{z+2}{z^2+z+1}\right).$$

2e cas. *Facteurs égaux.* Soit $D=(x-a)^i$; si l'on change x en $a+h$ dans N et D, ces polynomes deviennent (n° 503)

$$N=n+n'h+\tfrac{1}{2}n''h^2+\tfrac{1}{6}n'''h^3+\ldots,\quad \text{et } D=h^i.$$

En divisant, et mettant $x-a$ pour h, on trouve

$$\frac{N}{D}=\frac{n}{(x-a)^i}+\frac{n'}{(x-a)^{i-1}}+\frac{\frac{1}{2}n''}{(x-a)^{i-2}}+\ldots$$

Ainsi *la proposée se décompose en* i *fractions, dont les numérateurs sont ce que deviennent* N, N', $\frac{1}{2}$ N''... *en faisant* x = a.

Par exemple, $\frac{3x^2-7x+6}{(x-1)^3}$; comme le numérateur a pour dérivées $6x-7$ et 6, en faisant $x=1$, on obtient 2, -1 et 3 pour numérateurs des fractions composantes, savoir,

$$\frac{3x^2-7x+6}{(x-1)^3}=\frac{2}{(x-1)^3}-\frac{1}{(x-1)^2}+\frac{3}{x-1}.$$

Mais si le dénominateur contient d'autres facteurs avec $(x-a)^i$, et qu'on ait $D=(x-a)^i.S$, S étant connu et non divisible par $x-a$, on pose

$$\frac{N}{D}=\frac{F}{(x-a)^i}+\frac{P}{S}\ldots \quad (1);$$

d'où $$N=P(x-a)^i+FS.$$

Changeons x en $a+y$ dans cette équ. identique, et développons (n° 503);

$$n+n'y+\tfrac{1}{2}n''y^2\ldots\ldots=y^i(p+p'y+\tfrac{1}{2}p''y^2\ldots)$$
$$+(f+f'y+\tfrac{1}{2}f''y^2\ldots)(s+s'y+\tfrac{1}{2}s''y^2\ldots),$$

en conservant la notation employée ci-dessus pour n, d, s et f. Comparant des deux parts les coefficiens des mêmes puissances de y (n° 576), nous avons

$$n=fs,\quad n'=f's+fs',\quad n''=f''s+2f's'+fs''\ldots(2),$$
$$n^{(l)}=sf^{(l)}+ls'f^{(l-1)}+\tfrac{1}{2}l(l-1)s''f^{(l-2)}\ldots+fs^{(l)}.$$

l désigne ici un entier quelconque $< i$. Ainsi, ces équ. donnent $f, f', f''\ldots$, et par conséquent le développement de la première partie,

$$\frac{F}{(x-a)^i}=\frac{f}{(x-a)^i}+\frac{f'}{(x-a)^{i-1}}+\frac{\frac{1}{2}f''}{(x-a)^{i-2}}\ldots,$$

précisément comme si la fraction proposée n'eût eu que $(x-a)^i$ au dénominateur. On tire de cette équ.

$$F=f+f'.(x-a)+\tfrac{1}{2}f''.(x-a)^2+\ldots.\ (3),$$

F est donc connu ; et l'on a dans l'équ. (1)

$$\frac{P}{S}=\frac{N-FS}{D}=\frac{N-FS}{(x-a)^iS}\ldots\ldots\ (4).$$

Cette identité exige que $(x-a)^i$ soit facteur de $N-FS$; il faut effectuer la division pour obtenir le quotient P; la 2e partie de notre fraction proposée est connue, et il faut la décomposer à son tour.

Soit, par ex., $\dfrac{N}{D}=\dfrac{5x^4-13x^3+14x^2-5x+3}{(x-1)^3(x+1)x}$;

faites $x=1$ dans $S=x^2+x=2$, $S'=2x+1=3$, $S''=2$,

$$N=5x^4-13x^3+\ldots=4,\ N'=20x^3\ldots=4,\ N''=10.$$

Donc, $4=2f$, $4=2f'+3f$, $10=2f''+6f'+2f$;

puis $f=2$, $f'=-1$, $\frac{1}{2}f''=3$, $F=2-(x-1)+3(x-1)^2=3x^2-7x+6$.

Le produit FS, retranché de N, donne

$$2x^4-9x^3+15x^2-11x+3,$$

qui, divisé par $(x-1)^3$, donne $P=2x-3$.

Il reste à décomposer, par le premier procédé,

$$\frac{P}{S}=\frac{2x-3}{x^2+x};\quad \text{d'où}\quad \frac{P}{S'}=\frac{2x-3}{2x+1};$$

faisant $x=-1$ et 0, il vient 5 et -3; puis

$$\frac{N}{D}=\frac{2}{(x-1)^3}-\frac{1}{(x-1)^2}+\frac{3}{x-1}+\frac{5}{x+1}-\frac{3}{x}.$$

Observez que, dans cet ex., il eût été plus court de déterminer d'abord les deux dernières fractions, en faisant $x=-1$ et 0 dans N et D'; d'où

$$\frac{N}{D}=\frac{F}{(x-1)^3}+\frac{5}{x+1}-\frac{3}{x}.$$

Transposant ces deux dernières fractions et réduisant, on trouve aisément la première $\frac{F}{(x-1)^3}=\frac{3x^2-7x+6}{(x-1)^3}$, qui rentre dans ce qu'on a vu ci-devant, et est très facile à décomposer.

De même, pour $\frac{N}{D}=\frac{x^3-6x^2+4x-1}{x^4-3x^3-3x^2+7x+6}$, comme $D=(x+1)^2(x-2)(x-3)$, on fera $x=2$ et 3 dans N et D'; on aura les fractions $\frac{1}{x-2}-\frac{1}{x-3}$; retranchant de la proposée, on a $\frac{x}{(x+1)^2}$, qu'il s'agit de décomposer. Mais on trouve $f=-1$, $f'=1$; donc il vient enfin, en réunissant ces parties,

$$\frac{N}{D}=\frac{1}{x-2}-\frac{1}{x-3}-\frac{1}{(x+1)^2}+\frac{1}{x+1}.$$

Séries récurrentes.

579. Toute fraction rationnelle, ordonnée selon les puissances croissantes de x, dont le numérateur N est d'un degré moins élevé que le dénominateur D, peut se développer en une série infinie $A + Bx + Cx^2 + Dx^3 \ldots$; cela résulte de la division actuelle de N par D, puisque le quotient ne peut jamais donner de puissance négative ni fractionnaire de x. Cette division pourrait faire connaître les coefficiens A, B, $C \ldots$; mais on préfère le calcul suivant, qui met en évidence la loi de la série. On pose

$$\frac{N}{D} = \frac{a + bx + cx^2 \ldots + hx^{i-1}}{1 + \alpha x + \beta x^2 \ldots + \theta x^i} = A + Bx + Cx^2 + Dx^3 \ldots$$

On réduit au même dénominateur; puis comparant les termes où x porte des exposans égaux, l'équ. se partage en d'autres, qui servent à déterminer A, B, $C \ldots$ (n° 576); le dénominateur a 1 pour terme constant, ce qui n'ôte rien à la généralité, parce qu'on peut diviser N et D par ce 1er terme, quel qu'il soit.

$$\text{Soit} \quad \frac{N}{D} = \frac{a}{1 + \alpha x} = A + Bx + Cx^2 + Dx^3 \ldots;$$

$$\text{on a} \quad a = A + \left.\begin{matrix} B \\ + A\alpha \end{matrix}\right| x + \left.\begin{matrix} C \\ + B\alpha \end{matrix}\right| x^2 + \left.\begin{matrix} D \\ + C\alpha \end{matrix}\right| x^3 + \begin{matrix} \ldots \\ + \ldots \end{matrix}$$

$$\text{D'où} \quad a = A,\ B + A\alpha = 0,\ C + B\alpha = 0 \ \ldots\ldots$$

La 1re de ces équ. donne A, la 2e B, la 3[e] $C \ldots$ Enfin M et N étant deux coefficiens successifs de notre série, on a $N + M\alpha = 0$; d'où $N = -M\alpha$: donc *un terme quelconque est le produit du précédent par* $-\alpha x$, c.-à-d. que la série est une progression par quotient, dont la raison est $-\alpha x$. On forme tous les termes de proche en proche, à partir du 1er, $A = a$, qu'on obtient en faisant $x = 0$ dans la fraction proposée.

$$\frac{a}{1 + \alpha x} = a\left[1 - \alpha x + \alpha^2 x^2 - \alpha^3 x^3 \ldots + (-\alpha x)^n \ldots\right].$$

Le *terme général* T, ou le terme qui en a n avant lui, et le *terme sommatoire* Σ, ou la somme des n 1ers termes (nº 144), sont

$$T = a(-\alpha x)^n,\quad \Sigma = a.\frac{1-(-\alpha x)^n}{1+\alpha x}.$$

Réciproquement, si l'on donne la série et la loi qui la gouverne, on en tire bientôt la fraction génératrice; car le 1er terme a est le numérateur, et le dénominateur est 1 — la raison de la progression.

Par ex., $\frac{3}{6-4x}$, $= \frac{\frac{1}{2}}{1-\frac{2}{3}x}$ (en divisant haut et bas par 6)

donne cette série, dont le premier terme est $\frac{1}{2}$ et la raison $\frac{2}{3}x$, $\frac{1}{2}(1+\frac{2}{3}x+\frac{4}{9}x^2+\ldots)$: enfin, on trouve

$$T = \frac{2^{n-1}x^n}{3^n},\ \Sigma = \frac{1-(\frac{2}{3}x)^n}{2(1-\frac{2}{3}x)}.$$

Et si l'on donne cette série et sa loi, on retrouve la fraction génératrice en divisant le 1er terme $\frac{1}{2}$ par 1 — le facteur $\frac{2}{3}x$.

Pour $\frac{a+bx}{1+\alpha x+\beta x^2} = A + Bx + Cx^2 + Dx^3 \ldots,$

on a
$$a+bx = A + \left.\begin{matrix}B\\+A\alpha\\ \end{matrix}\right|x + \left.\begin{matrix}C\\+B\alpha\\+A\beta\end{matrix}\right|x^2 + \left.\begin{matrix}D\\+C\alpha\\+B\beta\end{matrix}\right|x^3\begin{matrix}\ldots\\ \ldots\\ \ldots\end{matrix}$$

puis $A = a,\ B + A\alpha = b,\ C + B\alpha + A\beta = 0\ldots\ldots\ldots$

Ces équ. donnent successivement $A, B, C\ldots$; la 1re $A = a$ peut encore se tirer de l'équ. supposée, en y faisant $x = 0$.

Soient M, N, P, trois coefficiens indéterminés consécutifs du développement; il suit de notre calcul qu'on a $P + N\alpha + M\beta = 0$; d'où $P = -N\alpha - M\beta$: donc, *un terme quelconque de la série se tire des deux précédens multipliés, l'un par* $-\alpha x$, *l'autre par* $-\beta x^2$. On observe que ces facteurs, retranchés de 1, donnent le dénominateur de la fraction proposée. Pour la développer, il faut d'abord trouver les deux 1ers termes $A + Bx$, soit par la division, soit à l'aide des équ. $A = a$, $B = b - a\alpha$; puis à l'aide des facteurs $-\alpha x$ et $-\beta x^2$, on compose les termes suivans, de proche en proche.

Réciproquement, si la série et sa loi sont données, on remonte à *la fraction génératrice, qui est la somme totale de cette série jusqu'à l'infini*, par un calcul simple; 1 moins les deux facteurs, forme le trinome dénominateur $1+\alpha x+\beta x^2$. Quant au numérateur $a+bx$, on a $a=A$, $b=B+A\alpha$.

Par ex., $\frac{2-4x}{x^2-x-2}$, $=\frac{2x-1}{1+\frac{1}{2}x-\frac{1}{2}x^2}$, en divisant haut et bas par -2; les facteurs sont donc $-\frac{1}{2}x$, et $+\frac{1}{2}x^2$: d'ailleurs, on trouve $-1+\frac{5}{2}x$ pour les deux 1ers termes; de là cette série $-1+\frac{5}{2}x-\frac{7}{4}x^2+\frac{17}{8}x^3-\ldots$ Et réciproquement, si la série est connue, c.-à-d. si l'on a les deux premiers termes et les facteurs $-\frac{1}{2}x$, $\frac{1}{2}x^2$, ceux-ci, retranchés de 1, donnent de suite le dénominateur de la fraction génératrice; on a enfin $a=-1$, $b=2$; d'où résulte le numérateur.

En raisonnant de même pour $\frac{a+bx+cx^2}{1+\alpha x+\beta x^2+\gamma x^3}$, on trouve que les trois premiers termes de la série donnent

$$A=a,\ B+A\alpha=b,\ C+B\alpha+A\beta=c,$$

équ. d'où l'on tire les valeurs de A, B et C. Les termes suivans s'en déduisent, comme ci-dessus, et quatre coefficiens successifs sont liés par cette équ. $Q=-P\alpha-N\beta-M\gamma$, en sorte qu'un terme quelconque se tire des trois précédens, en les multipliant par $-\alpha x$, $-\beta x^2$, $-\gamma x^3$. Et réciproquement, on peut remonter de la série à la fraction génératrice qui en exprime la somme totale. Cette loi s'étend à toutes les fractions rationnelles.

580. On nomme *Récurrente* toute série dont chaque terme est déduit de ceux qui la précèdent, en les multipliant par des quantités invariables : ces facteurs s'appellent l'*Échelle de relation*. C'est ainsi que les sinus et cosinus d'arcs équidifférens (n°s 361, 542), les sommes des puissances des racines des équ. (n° 553), forment des séries récurrentes. Nous dirons donc que toute fraction rationnelle dont le dénominateur est

$1 + \alpha x + \beta x^2 \ldots + \theta x^i$, se développe en une série récurrente, dont l'échelle de relation est formée des n facteurs $-\alpha x$, $-\beta x^2$, $\ldots -\theta x^i$; on cherche d'abord les i 1ers termes, soit par la division, soit par les coefficiens indéterminés; les termes suivans s'en déduisent ensuite de proche en proche. Par ex.,

$$\frac{x^3 + 5x^2 - 10x + 2}{x^4 - 3x^3 + x^2 + 3x - 2} = -1 + \frac{7}{2}x + \frac{9}{4}x^2 + \frac{49}{8}x^3 + \frac{73}{16}x^4 + \ldots\ldots$$

On trouve aisément les quatre premiers termes; et comme en divisant la proposée, haut et bas, par -2, on obtient pour les quatre facteurs $\frac{3}{2}x$, $\frac{1}{2}x^2$, $-\frac{3}{2}x^3$ et $\frac{1}{2}x^4$, cette échelle de relation sert à prolonger la série tant qu'on veut.

Il est inutile d'ailleurs de rappeler que si les termes de la série vont en décroissant, on approche d'autant plus de la valeur totale, qu'on prend un plus grand nombre de termes; mais qu'il n'en est pas ainsi quand la série est divergente, et qu'il faut la prendre dans sa totalité pour qu'elle représente la fraction dont elle est le développement. (*Voy.* nos 99 et 488.)

581. Occupons-nous de trouver les termes général T et sommatoire Σ.

En décomposant le dénominateur D en ses facteurs simples, il sera facile de résoudre la fraction proposée en d'autres (no 577). Si D n'a pas de facteurs égaux, les fractions composantes seront réductibles à la forme $\frac{A}{1 + \alpha x}$, $\frac{B}{1 + \beta x} \ldots$, dont chacune engendre une progression géométrique. Ainsi, *la série récurrente est la somme de* i *progressions, en ajoutant les termes de même rang* : le terme général T, ou sommatoire Σ, est donc la somme de ceux de ces progressions, qu'il est facile de calculer pour chacune.

Dans notre exemple du 2e degré, il est facile de voir que les fractions composantes sont $\frac{2}{2-x} - \frac{2}{1+x}$; d'où résultent

$1 + \frac{1}{2}x + \frac{1}{4}x^2 \ldots + (\frac{1}{2}x)^n$, et $-2[1 - x + x^2 \ldots (-x)^n \ldots]$.

En ajoutant les termes où x a le même exposant, on reproduit la série $-1+\frac{5}{2}x-\frac{7}{4}x^2\ldots$, développement de la fraction proposée : le terme général est donc

$$T=(\tfrac{1}{2}x)^n-2(-x)^n.$$

De même $\frac{1}{1-4x+3x^2}$ se décompose en

$$\frac{3}{2-6x}=\frac{3}{2}(1+3x+9x^2\ldots)\text{ et }\frac{1}{2x-2}=-\frac{1}{2}(1+x+x^2\ldots).$$

La série demandée résulte de l'addition de celles-ci ; le terme général est donc $T=\frac{1}{2}x^n(3^{n+1}-1)$.

$$\frac{2+x+x^2}{2-x-2x^2+x^3}=\frac{2}{1-x}+\frac{\frac{1}{3}}{1+x}-\frac{\frac{8}{3}}{2-x}$$

donne $T=\frac{1}{3}x^n[6+(-1)^n-(\frac{1}{2})^{n-2}]$: c'est le terme général de la série $1+x+2x^2+\frac{3}{2}x^3+\frac{9}{4}x^4\ldots$, dont l'échelle de relation est $-\frac{1}{2}x^3$, x^2 et $\frac{1}{2}x$.

Le terme sommatoire Σ se trouve aisément dans ces exemples.

582. Quand le dénominateur a des facteurs égaux, les fractions composantes sont de la forme

$$\frac{K}{1+\alpha x},\quad \frac{K}{(1+\alpha x)^2},\quad \frac{K}{(1+\alpha x)^3},\quad \frac{K}{(1+\alpha x)^4}\ldots$$

dont les termes généraux ont pour coefficiens (p. 23),

$$T=1,\quad n+1,\quad \tfrac{1}{2}(n+1)(n+2),\quad \tfrac{1}{6}(n+1)\ldots(n+3)\ldots$$

Pour $\frac{K}{(1+\alpha x)^i}$, on a $T=(n+1)\frac{n+2}{2}\ldots\frac{n+i-1}{i-1}$.

Il faut en outre admettre partout le facteur $K(-\alpha x)^n$. Dans l'ex. du 4e degré (p. 172), les fractions composantes sont

$$\frac{-\frac{5}{3}}{1-\frac{1}{2}x}-\frac{\frac{4}{3}}{1+x}+\frac{1}{(1-x)^2}+\frac{1}{1-x};$$

d'où $\quad T=[-\frac{5}{3}(\frac{1}{2})^n-\frac{4}{3}(-1)^n+n+2]x^n$.

De même $\frac{1+4x+x^2}{(1-x)^4}=\frac{6}{(1-x)^4}-\frac{6}{(1-x)^3}+\frac{1}{(1-x)^2}$

donne

$$T=(n+1)(n+2)(n+3)-3(n+1)(n+2)+(n+1)=(n+1)^3,$$

la série est $1^3+2^3x+3^3x^2+4^3x^3+\ldots+(n+1)^3x^n\ldots$

583. Si le dénominateur $1+\alpha x+\beta x^2\ldots+\theta x^i$ n'a pas de facteurs égaux, on vient de voir que la série est la somme de i progressions géométriques. Représentons par y, z, $t\ldots.$ la raison inconnue de chacune, et par a, b, $c\ldots.$ son terme initial : le terme général de la série sera

$$T=ay^n+bz^n+ct^n+\ldots.(1).$$

Lagrange a donné ce moyen élégant de déterminer les inconnues $a, b, c\ldots x, y, z\ldots.$ Il suit de la nature des séries récurrentes et de la forme du dénom. de la fraction génératrice, que chaque terme dépend des i antécédens, et qu'en particulier le coefficient quelconque T se tire des i qui le précèdent, en les multipliant respectivement par $-\alpha$, $-\beta$, $-\gamma\ldots$ Ces coefficiens, pris en ordre rétrograde, étant désignés par $S, R\ldots M$, on a

$$T=-S\alpha-R\beta\ldots-M\theta\ldots\quad(2).$$

Or, si le terme général était seulement $T=ay^n$, les termes de rangs $i+h$, $i+h-1\ldots h$, seraient $T=ay^{i+h}$, $S=ay^{i+h-1}$, $R=ay^{i+h-2}\ldots$, $M=ay^h$; en substituant et supprimant le facteur commun ay^h, on aurait alors

$$y^i+\alpha y^{i-1}+\beta y^{i-2}+\ldots+\theta=0\ldots\quad(3).$$

Observons qu'il n'est pas nécessaire de faire des calculs pour composer cette équ., puisqu'elle se tire de suite de la relation donnée (2), ou plus facilement encore du dénominateur de la fraction génératrice, en y changeant x en y^{-1}, et égalant à zéro.

Si l'on suppose que $T=ay^n+bz^n$, on trouve de même

$$a(y^i+\alpha y^{i-1}\ldots)+b(z^i+\alpha z^{i-1}\ldots)=0;$$

or cette équ. est satisfaite en prenant pour y et z deux des racines de l'équ. (3), quels que soient d'ailleurs a et b. Le même raisonnement prouve que si l'on remet le terme général T sous sa forme (1), la condition (2) de dépendance mutuelle des i termes consécutifs de notre série est satisfaite, en prenant pour

$y, z, t\ldots$ les i racines de l'équ. (3). Voilà donc la raison de nos progressions connue ; il reste à trouver le terme initial $a, b, c\ldots.$ Mais nous connaissons les i premiers termes de notre série récurrente $A+Bx+Cx^2\ldots$ Faisons $n=0, 1, 2\ldots$ dans l'équ. (1), et comparons aux données $A, B, C\ldots$: nous aurons ces i équ. du 1er degré

$$A=a+b+c\ldots, B=ay+bz+ct\ldots, C=ay^2+bz^2\ldots \quad (4).$$

On détermine aisément $a, b, c\ldots$ par l'élimination, et le problème est résolu. Concluons de là que, *pour trouver le terme général* T *de la série récurrente proposée, ou la décomposer en* i *progressions géométriques, il faut former et résoudre l'équ.* (3), (*les racines sont les raisons* y, z... *des progressions*) *et substituer pour* y, z..., *ces racines dans les équ.* (4), *qui donneront* a, b, c...

Dans l'ex. du 2e degré (p. 171), la série est $-1+\frac{5}{2}x-\frac{7}{4}x^2\ldots$; le dénominateur x^2-x-2, où bien l'échelle de relation $-\frac{1}{2}$ et $+\frac{1}{2}$, donne $1-y-2y^2=0$; d'où $y=\frac{1}{2}$ et -1; nos équ. (4) deviennent

$$-1=a+b,\ \tfrac{5}{2}=\tfrac{1}{2}a-b;\ \text{d'où}\ a=1,\ b=-2,$$

enfin, $T=(\frac{1}{2})^n-2(-1)^n$, comme précédemment.

L'exemple du troisième degré (page 173) donne cette série

$$1+x+2x^2+\tfrac{3}{2}x^3+\tfrac{9}{4}x^4\ldots;$$

on trouve $1-2y-y^2+2y^3=0$, $y=\frac{1}{2}$ et ± 1;

puis $1=a+b+c$, $1=\frac{1}{2}a-b+c$, $2=\frac{1}{4}a+b+c$;

d'où $a=-\frac{4}{3}$, $b=\frac{1}{3}$, $c=2$, $T=$ etc.

Quand le dénominateur a k facteurs égaux à $x-h$, outre les termes ay^n, $bz^n\ldots$, provenus des facteurs inégaux, il en existe encore d'autres, tels que

$$(a'+b'n+c'n^2\ldots+f'n^{k-1})\,a^{n-k+1};$$

les coefficiens $a', b'\ldots$ se trouvent, comme ci-dessus, en posant $n=0, 1, 2\ldots$, et comparant aux termes initiaux... $A+Bx+Cx^2\ldots$

Séries exponentielles et logarithmiques.

584. La 1re fonction *transcendante* que nous allons développer en série, est l'*exponentielle* a^x. Faisons $a = 1 + y$, la formule du binome donne

$$(1+y)^x = 1 + xy + x\frac{x-1}{2}y^2 \ldots + \frac{x(x-1)(x-2)\ldots(x-n+1)}{1.2.3\ldots n}y^n \ldots$$

Ordonnons par rapport à x. Le seul terme sans x est 1. Il n'y a pour x que des exposans entiers et positifs; ainsi,

$$a^x = 1 + kx + Ax^2 + Bx^3 + Cx^4 \ldots \quad (1).$$

Pour obtenir le terme kx, consultons notre terme général : il est visible que, pour y prendre le terme du produit où x n'est qu'au 1er degré, il faut ne conserver que les 2es termes des facteurs binomes, ou $\frac{x.-1.-2\ldots-(n-1)}{1.2.3\ldots n}\,y^n = \pm\frac{y^n x}{n}$, en prenant + si n est impair. La réunion de tous ces produits est kx, savoir,

$$k = y - \tfrac{1}{2}y^2 + \tfrac{1}{3}y^3 - \tfrac{1}{4}y^4 \ldots \quad (2);$$

y est $a-1$; ainsi k est connu. Il s'agit de trouver $A, B, C\ldots$ Ces constantes restent toujours les mêmes quand on change x en z; d'où

$$a^z = 1 + kz + Az^2 + Bz^3 + Cz^4 \ldots$$

Retranchons (1), et faisons $z = x + i$,

$$a^z - a^x = a^{x+i} - a^x = a^x . a^i - a^x = a^x(a^i - 1)$$
$$= (z-x)[k + A(z+x) + B(z^2 + zx + x^2)\ldots];$$

le terme général est (n° 99)

$$P(z^n - x^n) = (z-x)P(z^{n-1} + xz^{n-2} \ldots + x^{n-1}).$$

Comme $a^i - 1 = ki + Ai^2\ldots$, d'après l'équ. (1): les deux membres sont divisibles par $i = z - x$; donc

$$a^x(k + Ai\ldots) = k + A(z+x) + B(z^2 + zx + x^2)\ldots$$

Cela posé, faisons l'arbitraire $i = 0$, ou $z = x$, et remplaçons a^x par sa valeur (1); nous trouvons

$$(1 + kx + Ax^2 + Bx^3 \ldots)k = k + 2Ax + 3Bx^2 \ldots + (n+1)Px^n \ldots;$$

d'où $\quad 2A = k^2,\ 3B = kA,\ 4C = kB,\ 5D = kC \ldots;$

multipliant ces équ. consécutivement pour éliminer $A, B, C\ldots$, il vient

$$2A = k^2,\quad 2.3B = k^3,\quad 2.3.4C = k^4, \text{ etc.};$$

enfin $\quad a^x = 1 + kx + \dfrac{k^2x^2}{2} + \dfrac{k^3x^3}{2.3} \ldots \dfrac{k^nx^n}{2.3\ldots n} \ldots \quad (A).$

585. L'équ. (2) donne k en fonction de y ou a; pour trouver au contraire a, lorsque k est connu, on fait $x = 1$ dans (A); d'où $a = 1 + k + \frac{1}{2}k^2 + \frac{1}{6}k^3 + \ldots$ Cette série et (2) sont les développemens de l'équ. qui exprime, en termes finis, la liaison de a et k: cherchons cette équation. Faisons ici $k = 1$ et nommons e la valeur que prend alors la base a; $e = 2 + \frac{1}{2} + \frac{1}{6} + \frac{1}{2.4} + \ldots$ Le calcul de ce nombre est facile à faire, tel qu'on le voit ci-contre, chaque terme se tirant du précédent, divisé par 3, 4, 5..., ainsi qu'il suit de la nature de cette série.

	2,5
3e terme	0,16666 66666 66
4e......	0,04166 66666 66
5e......	0,00833 33333 33
6e......	0,00138 88888 88
7e......	0,00019 84126 98
8e......	0,00002 48015 87
9e......	0,00000 27557 32
etc.	....
	$e = 2{,}71828\ 18284\ 59$

Mais, d'un autre côté, à cause de l'arbitraire x, on peut poser $kx = 1$ dans (A); le 2e membre devient $= e$.

D'où $a^{\frac{1}{k}} = e$, $e^k = a$. Telle est l'équ. finie qui lie k et a; *k est le logarithme de* a, *pris dans le système dont la base est* e. On préfère ordinairement cette base e dans les calculs algébriques, parce qu'ils en sont plus simples, ainsi qu'on sera à portée d'en juger. On appelle *logarithmes Népériens*, ceux qui sont pris dans ce système; nous les désignerons à l'avenir par le signe l, en continuant, comme n° 146, d'exprimer par *Log* que la base est un nombre arbitraire, et par *log* que cette base est 10.

Prenant les logarithmes des deux membres de l'équ. $a = e^k$,

(3) $k = \frac{\text{Log } a}{\text{Log } e}$ .... la base étant quelconque b;

(4) $k = la =$ log népér. a. . la base étant e;

(5) $k = \frac{1}{\text{Log } e}$ .... la base étant a.

Telles sont les différentes valeurs qu'on peut prendre pour k dans l'équ. (A).

Lorsqu'on prend la base $a = e$, k est 1, et l'on a

$$e^x = 1 + x + \frac{x^2}{2} + \frac{x^3}{2.3} + \frac{x^4}{2.3.4} \ldots (B).$$

En laissant la base quelconque b, il faut prendre la première valeur de k; $\text{Log } a = k \text{ Log } e$: à cause de $a = 1 + y$, l'équ. (2) devient

$$\text{Log}(1 + y) = \text{Log } e\left(y - \tfrac{1}{2} y^2 + \tfrac{1}{3} y^3 - \tfrac{1}{4} y^4 \ldots\right) \ldots (C).$$

Ajoutons aux deux membres Log h; et posons $hy = z$, nous avons, h et z étant des nombres quelconques, aussi bien que la base du système de log.,

$$\text{Log}(h + z) = \text{Log } h + \text{Log } e\left(\frac{z}{h} - \frac{z^2}{2h^2} + \frac{z^3}{3h^3} - \ldots\right) \ldots (D).$$

Lorsqu'il s'agit de log. népériens, Log e se change en $le = 1$, puisque ce facteur est le log. de la base même du système qu'on considère (nº 146, 1º.); l'équ. (C) devient

$$l(1 + y) = y - \tfrac{1}{2} y^2 + \tfrac{1}{3} y^3 - \tfrac{1}{4} y^4 \ldots;$$

d'où $$\text{Log}(1 + y) = \text{Log } e \times l(1 + y).$$

Ainsi on change tous les log. népériens en log. pris dans un système quelconque b, en multipliant les premiers par Log e (nº 148); ce facteur constant Log e est ce qu'on nomme le MODULE; *c'est le log. de la base népérienne* e *pris dans le système* b, ou, si l'on veut, *c'est* UN *divisé par le log. népérien de la base* b, puisque, d'après les équ. (4) et (5), on a $\text{Log } e = \frac{1}{k} = \frac{1}{lb}$. Nous nous occuperons bientôt de calculer ce facteur pour un système donné de logarithmes.

586. Pour appliquer l'équ. (C) au calcul du log. d'un nombre donné, il faut rendre la série convergente. Faisons le module $\text{Log}\, e = M$, l'équ. (C) donne, en changeant y en $-y$,

$$\text{Log}\,(1-y) = -M\left(y + \tfrac{1}{2}y^2 + \tfrac{1}{3}y^3 + \ldots\right);$$

retranchant de (C), il vient

$$\text{Log}\left(\frac{1+y}{1-y}\right) = 2M\left(y + \tfrac{1}{3}y^3 + \tfrac{1}{5}y^5 + \tfrac{1}{7}y^7\ldots\right)\ldots \quad (E).$$

Il est d'abord clair que si l'on égale cette fraction à un nombre positif N, y sera < 1, et que la série sera convergente; mais elle le devient bien davantage en posant

$$\frac{1+y}{1-y} = \frac{z}{z-1}, \quad \text{d'où} \quad y = \frac{1}{2z-1}.$$

Le premier membre devient $\Delta = \text{Log}\, z - \text{Log}\,(z-1)$, c.-à-d. la différence des log. des nombres consécutifs z et $z-1$. Ainsi,

$$\Delta = 2M\left[\frac{1}{2z-1} + \frac{1}{3(2z-1)^3} + \frac{1}{5(2z-1)^5}\ldots\right]\ldots \quad (F).$$

Lorsque le module M sera connu, on calculera aisément, et de proche en proche, les log. des nombres entiers 2, 3, 4, 5...., puisque cette valeur de la différence Δ entre ces log. est très convergente, et le devient d'autant plus que le nombre z est plus élevé. Et même s'il s'agit de former des log. népériens, M ou $\text{Log}\, e$, devient $le = 1$, il est très aisé de calculer Δ; ainsi on peut composer une table de log. népériens.

Quant à la valeur de M, elle dépend du système pour lequel on veut calculer les log., puisque $M = \frac{1}{la}$; ainsi on doit chercher le log. népérien de la base a. Si, par exemple, $a = 10$, on fera dans l'équ. (F), $M = 1$, puis $z = 2$; on aura $\Delta = l2$ (à cause de $l1 = 0$); le double de $l2$ est $l4$: ensuite $z = 5$ donnera $l5$, et enfin on aura $l10$. Ce calcul est exécuté ci-contre. On divise ensuite 1 par $l10$: c'est ainsi qu'on trouve

$l2 =$	0,69314718
$l4 =$	1,38629436
Δ pr $z = 5$...	0,22314355
$l5 =$	1,60943791
$l2 =$	0,69314718
$l10 =$	2,30258509

$$M = 0{,}43429\ 44819\ 03251\ 82765,$$

on a
$$\log M = \bar{1}{,}63778\ 43113\ 00536\ 77817.$$

$$\text{Compl.} = 0{,}36221\ 56886\ 99463\ 22183$$

$$e = 2{,}71828\ 18284\ 59045\ 23536.$$

Si 3 eût été la base du système, après avoir obtenu $l2$, on eût fait $z = 3$, et l'on aurait eu $l3 = 1{,}09861229$; enfin,

$$M = 1 : l3 = 0{,}9102392.$$

De même pour la base 5,

$$M = 1 : l5 = 0{,}6213349.$$

Il est maintenant aisé de former la table des log. de Briggs et de Callet. La base $a = 10$; la valeur de M accroît la convergence de la série (F); quand z passe 100, le 2ᵉ terme est négligeable, et le 1ᵉʳ suffit pour donner Δ avec 8 décimales. Il faut d'ailleurs calculer 2 ou 3 chiffres au-delà de ceux qu'on veut conserver, afin d'éviter l'accumulation des erreurs; il convient en outre de ne partir que de $z = 10000$, parce que les log. inférieurs se déduisent aisément des autres; dès que z passe 1200, on peut négliger 1 devant $2z$ et poser $\Delta = \frac{M}{z}$.

Par exemple, $z = 10001$, donne $\Delta = 0{,}00043425$; d'où $\log 10001 = 4{,}00043425$. Pour $z = 99857$, on a $\Delta = 0{,}000004349$, quantité qu'il faut ajouter à $\log 99856 = 4{,}9993742$, pour avoir

$$\log 99857 = 4{,}9993785.$$

On observe d'ailleurs que les log. consécutifs conservent une même différence dans une certaine étendue de la table (1ᵉʳ vol., p. 122); il n'est donc nécessaire de calculer les valeurs de Δ que de distance à autre. On remarque que $z = 99840$ donne le même nombre Δ (la valeur ci-dessus) que pour $z = 99860$; donc, dans l'intervalle de ces deux nombres z, Δ est constant, en se bornant à 9 décimales.

Étant donné les log. des deux nombres B et C, trouver celui de $B \pm C$? Ce problème, déjà résolu page 378 du t. I, l'est par

M. Legendre ainsi qu'il suit, dans la Conn. des Temps de 1819.

On pose $\varphi = \frac{C}{B}$.

Log φ est connu, et l'on a $C < B$; d'où

$$\log(B \pm C) = \log B + \log(1 \pm \varphi) = \log B \pm M\varphi - \tfrac{1}{2} M\varphi^2 \ldots$$

M est ici le module, dont on a le log. Lorsque φ est très petit, cette série résout très facilement la question. Mais quand il y a peu de convergence, on cherche un nombre a voisin de φ; soit δ la diff. entre leurs log.

$$\log \frac{\varphi}{a} = \delta, \quad \frac{\varphi}{a} = 10^{\delta}, \quad \varphi = a.10^{\delta} = a(1 + k\delta + \ldots).$$

Nous pouvons supposer δ assez petit pour être en droit de négliger δ^2, ce qui donne $1 \pm \varphi = (1 \pm a)\left(1 \pm \frac{ak\delta}{1 \pm a}\right)$. Prenant les log. et développant, on trouve, à cause de $Mk = 1$,

$$\log(B \pm C) = \log B + \log(1 \pm a) \pm \frac{a\delta}{1 \pm a},$$

bien entendu que les $\pm$ se correspondent dans les deux membres.

Par ex., on a $\log \sin\theta = \bar{1}.2216164$, et l'on demande $\log\cos\theta$. Comme $\cos\theta = \sqrt{(1 - \sin^2\theta)}$, $\log\cos\theta = \frac{1}{2}\log(1 - \sin^2\theta)$; ainsi pour $1 - \sin^2\theta$, on a $B = 1$, $\log B = 0$, $C = \sin^2\theta$.

$\theta = 9°\ 35'\ 20''$		C	$\bar{2},4432328 = \log\varphi$
Soit pris $a = 0,02774$			$\bar{2},4431065$
$1 - a = 0,97226$			$\delta = 0,0001263$
a	$\bar{2},4431065$		
δ	$\bar{4},1014034$		
$1 - a$ ... −	$\bar{1},9877824$		$\bar{1},9877824$
	$\bar{6},5567275$	3e terme	$0,0000036$
		$1 - \sin^2\theta$ ...	$\bar{1},9877788$
		moitié	$\bar{1},9938894 = \log\cos\theta$

Ce procédé est surtout utile quand on veut faire les calculs avec un grand nombre de décimales.

Séries circulaires.

587. Proposons-nous de développer en séries sin x et cos x selon les puissances croissantes de x,

$$\sin x = Mx^m + M'x^{m'}\ldots, \quad \cos x = Nx^n + N'x^{n'}\ldots;$$

comme $x = 0$ donne $\sin x = 0$ et $\cos x = 1$, il faut que, faisant x nul, ces séries se réduisent, l'une à zéro, l'autre à 1; on ne doit donc admettre aucun exposant négatif pour x, puisqu'un terme tel que Kx^{-k} deviendrait infini pour $x = 0$. De plus, cos x a 1 pour terme constant, et sin x n'en a aucun; $N = 1$, $n = 0$; mais on a vu (nº 362) que l'unité est la limite du rapport du sinus à l'arc; ainsi, il faut que la série

$$\frac{\sin x}{x} = Mx^{m-1} + M'x^{m'-1}\ldots$$

soit de la forme $1 - \varphi$, φ décroissant indéfiniment avec x. Les termes constans devant se détruire à part, il est clair qu'il faut que Mx^{m-1} soit $= 1$, savoir, $M = 1$, $m = 1$: partant,

$$\sin x = x + M'x^{m'} + \ldots, \quad \cos x = 1 + N'x^{n'}\ldots.$$

En substituant dans l'équ. $\sin^2 x + \cos^2 x = 1$, on trouve que $n' = 2$ et $2N' = -1$; ainsi, en faisant $\alpha = 2$, on peut poser ces séries, où il faut déterminer les coefficiens et les exposans :

$$\cos x = 1 + Ax^\alpha + Cx^\gamma + Ex^\varepsilon + \ldots,$$
$$\sin x = x + Bx^\beta + Dx^\delta + Fx^\varphi + \ldots$$

Changeons x en $x + h$, dans $P \sin x + Q \cos x$, et développons selon les puissances de h; on peut faire ce calcul soit en développant d'abord le binome selon x, et remplaçant ensuite x par $x + h$; soit en changeant d'abord x en $x + h$ dans ce binome et développant. Les deux résultats $a + bh + ch^2\ldots$, $a' + b'h + c'h^2\ldots$ seront identiques, d'où $b = b'$. Effectuons ce double calcul, en n'y conservant que les 1res puissances de h, qui suffisent à notre objet.

1°. $P \sin x + Q \cos x = P(x + Bx^\beta\ldots) + Q(1 + Ax^\alpha + Cx^\gamma\ldots)$, en mettant $x+h$ pour x, donne pour coefficient de h^1 (chaque terme est une *dérivée*, n° 503);

$$b=P(1+\beta Bx^{\beta-1}+\delta Dx^{\delta-1}\ldots)+Q(\alpha Ax^{\alpha-1}+\gamma Cx^{\gamma-1}\ldots).$$

2°. Mettant d'abord $x+h$ pour x dans le binome,

$$P(\sin x\cos h+\sin h\cos x)+Q(\cos x\cos h-\sin x\sin h)$$
$$=(P\sin x+Q\cos x)\cos h+(P\cos x-Q\sin x)\sin h.$$

Or, on a $\cos h=1+Ah^2\ldots$, $\sin h=h+Bh^\beta\ldots$; substituant et ne conservant que les termes en h^1, la 1re partie ne donnera rien, et il ne restera pour coefficient que $b'=P\cos x-Q\sin x$.

Comme P et Q sont arbitraires, l'équ. $b=b'$ se partage en deux,

$$\begin{aligned}\cos x &= 1+\beta Bx^{\beta-1}+\delta Dx^{\delta-1}+\varphi Fx^{\varphi-1}\ldots\\ &=1+Ax^2+Cx^\gamma+Ex^\epsilon\ldots\\ \sin x &= -2Ax-\gamma Cx^{\gamma-1}-\epsilon Ex^{\epsilon-1}-\ldots\\ &= x+Bx^\beta+Dx^\delta+Fx^\varphi\ldots\end{aligned}$$

Dans ces équ.s identiques, on doit retrouver les mêmes termes dans chaque membre : la comparaison des exposans donne

$$\beta-1=2,\ \gamma-1=\beta,\ \delta-1=\gamma,\ \epsilon-1=\delta,\ \varphi-1=\epsilon;$$

d'où $\beta=3$, $\gamma=4$, $\delta=5$, $\epsilon=6$, $\varphi=7\ldots$

Les exposans de la série $\sin x$ procèdent selon les impairs 1, 3, 5, 7...; ceux de $\cos x$ selon 0, 2, 4, 6... On sent bien que cela devait être ainsi, puisqu'en y changeant x en $-x$, les valeurs de $\sin x$ et $\cos x$ doivent rester les mêmes, le signe de $\sin x$ doit seul changer. Comparant les coefficiens,

$$-2A=1,\ \beta B=A;\ -\gamma C=B,\ \delta D=C,\ -\epsilon E=D\ldots;$$

$$A=-\frac{1}{2},\ B=\frac{-1}{2.3},\ C=\frac{1}{2.3.4},\ D=\frac{1}{2.3.4.5},\ E=\frac{-1}{2\ldots6}\ldots;$$

donc $$\sin x=x-\frac{x^3}{2.3}+\frac{x^5}{2\ldots5}-\frac{x^7}{2\ldots7}+\ldots\ (G),$$

$$\cos x=1-\frac{x^2}{2}+\frac{x^4}{2.3.4}-\frac{x^6}{2\ldots6}+\ldots\ldots\ (H).$$

588. Ces séries donnent les sin. et cos. d'un arc dont x est la longueur, le rayon du cercle étant 1. Supposons connue la circonférence 2π (n° 591). $\pi : x :: 180^\circ$: nombre de degrés de l'arc x. (*Voy.* n° 348.) Substituant dans nos séries $\frac{\pi x}{180}$ pour x, *la lettre* x *désignera le nombre de degrés de l'arc* x, et nos séries deviendront

$$\sin x = Ax - Bx^3 + Cx^5 \ldots, \quad \cos x = 1 - A'x^2 + B'x^4 \ldots$$

Le calcul des coefficiens donne

$\log A = \bar{2},24187\,736759$	$\log C = \overline{11},13020559$	$\log E = \overline{22},61713$
$\log B = \bar{7},94748\,0852 -$	$\log D = \overline{17},990711 -$	$\log F = \overline{27},05950 -$
$\log A' = \bar{4},18272\,47395 -$	$\log C' = \overline{14},593932 -$	$\log E' = \overline{25},85901 -$
$\log B' = 9,58729\,823$	$\log D' = \overline{19},329498$	$\log F' = \overline{30},22219$

589. Mais il importe moins de calculer les sinus et cosinus que leurs log. Soit δ la différence constante des arcs de la table qu'on veut former; un arc quelconque x est $= n\delta$; d'où

$$\sin x = n\delta(1 - \tfrac{1}{6}n^2\delta^2 \ldots), \quad \cos x = 1 - \tfrac{1}{2}n^2\delta^2 + \ldots$$

Faisons $y = \frac{n^2\delta^2}{2.3} - \frac{n^4\delta^4}{2 \ldots 5} \ldots, \; z = \frac{n^2\delta^2}{2} - \frac{n^4\delta^4}{2.3.4} \ldots;$

nous avons $\sin x = n\delta(1 - y)$, $\cos x = 1 - z$; prenant les log. dans un système quelconque, dont le module est M (n° 586), on trouve

$$\text{Log} \sin x = \text{Log}\, n\delta - M(y + \tfrac{1}{2}y^2 + \tfrac{1}{3}y^3 \ldots),$$
$$\text{Log} \cos x = - M(z + \tfrac{1}{2}z^2 + \tfrac{1}{3}z^3 \ldots);$$

enfin, remettant pour y et z leurs valeurs,

$$\text{Log} \sin x = \text{Log}(n\delta) - \frac{M\delta^2}{2.3}n^2 - \frac{M\delta^4}{4.5.9}n^4 - \frac{M\delta^6}{9^2.5.7}n^6 \ldots,$$

$$\text{Log} \cos x = - \frac{M\delta^2}{2}n^2 - \frac{M\delta^4}{3.4}n^4 - \frac{M\delta^6}{9.5}n^6 \ldots$$

Si la base des log. est 10, et que les arcs de la table procèdent de 10″ en 10″, comme cela a lieu dans les tables de Callet, δ est la longueur de l'arc de 10″, ou le 64800e de la demi-circonférence π. D'après les valeurs de π et de M (n°s 591, 586), on trouve, tout calcul fait, que

$$\log \sin x = \log \delta + \log n - An^2 - Bn^4 \ldots,\quad \log \cos x = -A'n^2 - B'n^4 \ldots$$

$\log \delta = \bar{5},68557\ 48668\ 23541$	
$\log A = \overline{10},23078\ 27994\ 564$	$\log B = \overline{20},12481\ 12735$
$\log A' = \overline{10},70790\ 40492\ 84$	$\log B' = \overline{19},30090\ 25326$
$\log C = \overline{30},29868\ 045$	$\log D = \overline{40},54489\ 2$
$\log C' = \overline{28},09802\ 100$	$\log D' = \overline{38},95143\ 2$

Par ex., pour l'arc de $4^\circ \frac{1}{2}$ ou 16200″, on a $n = 1620$.

$\log \delta = \bar{5},68557487$	$\log A = \overline{10},2307828$	$\log B = \overline{20},1248113$
$\log n = 3,2095150\mathrm{I}$	$\log n^2 = 6,4190300$	$\log n^4 = 12,8380600$
$-\ 0,00044649$	$\bar{4},6498128$	$\bar{8},9628713$
$-\ 0,00000009$	On retranche les nombres correspondans.	
$\bar{2},89464330 = \log \sin 4^\circ 30'$		

$\log A' = \overline{10},7079041$	$\log B' = \overline{19},3009025$	$-0,00133947$
$\log n^2 = 6,4190300$	$\log n^4 = 12,8380600$	$-0,00000138$
$\bar{3},1269341$	$\bar{6},1389625$	$-0,00134085$
	complément $= \log \cos 4^\circ 30'$	$= \bar{1},99865915$

Si l'on veut avoir $\log R = 10$, on ajoutera 10 aux caractéristiques. (*Voy.* n° 362.) Les log. des tang. et cot. s'obtiennent par de simples soustractions.

Comme n croît de plus en plus, nos séries ne peuvent guère servir au-delà de 12°, parce qu'elles deviennent trop peu convergentes. On ne les emploie même que jusqu'à 5°; au-delà, on recourt au procédé suivant.

On a
$$\frac{\sin(x+\delta)}{\sin x} = \frac{\sin x \cos \delta + \sin \delta \cos x}{\sin x} =$$
$$\cos \delta + \sin \delta \cot x = \cos \delta (1 + \operatorname{tang} \delta . \cot x);$$

prenant les log., le 1er membre est la différence Δ entre les log. des sinus des arcs $x + \delta$ et x, savoir,

$$\Delta = \log \cos \delta + M(\operatorname{tang}. \delta . \cot x - \tfrac{1}{2} \operatorname{tang}^2 \delta \cot^2 x + \tfrac{1}{3} \ldots).$$

En raisonnant de même pour cos $(x+\delta)$, on trouve que la différence entre les log. consécutifs des cosinus est

$$\Delta' = \log\cos\delta - M(\text{tang}\,\delta\,\text{tang}\,x + \tfrac{1}{2}\text{tang}^2\delta.\ \text{tang}^2 x + \tfrac{1}{3}\ldots).$$

Lorsqu'on se borne à 9 décimales, et qu'on prend δ de 10″, le 1er terme de ces séries donne seul des chiffres significatifs,

$$\Delta = M\,\text{tang}\,\delta\cot x, \quad \Delta' = -M\,\text{tang}\,\delta.\ \text{tang}\,x,$$

et l'on a $\log(M\,\text{tang}\,\delta) = \bar{5},32335\ 91788.$

Quand δ est 1′, on a $\log(M\,\text{tang}\,\delta) = \bar{4},10151\ 043.$

Ainsi, en partant de l'arc $x = 5°$, dont on connaît le sin., le cos., la tang. et la cot., on peut, de proche en proche, calculer tous les sinus et cosinus par leurs différences successives Δ, Δ', soit de 10″ en 10″, soit de 1′ en 1′; par suite on conclura la tang. et la cot. Soit, par exemple,

$x = 10°10'30''$; log cot $x = 0,7459888$	log tang $x = \bar{1},2540112$
constante $= \bar{5},3233592$	$\bar{5},3233592$
$\bar{4},0693480$	$\bar{6},5773704$
Diff. logarithm. $\Delta = 0,0001731$	$\Delta' = -0,000003779$

On remarquera ici, comme p. 180, que les quantités Δ et Δ' sont constantes dans une certaine étendue de la table. Pour éviter l'accumulation des erreurs, on calculera d'avance des termes de distance en distance, lesquels serviront de point de départ. L'équation $\sin 2x = 2\sin x\cos x$, qui donne

$$\log\sin 2x = \log 2 + \log\sin x + \log\cos x,$$

servira à cet usage. Comme $\sin 45° = \frac{1}{2}\sqrt{2}$, tang $45° = \cot 45 = 1$, on pourra partir de cet arc et calculer sin $45° \pm 10''$; ces deux arcs complémentaires ont réciproquement le sin. de l'un pour cos de l'autre; d'où l'on tire leurs tang. et cot.; de là on passera à

$$45° \pm 20'',\ 45° \pm 30'',\ \text{etc.}$$

590. En comparant les séries (G) et (H) à l'équ. (B), on voit que leur somme est e^x, au signe près des termes de 2 en 2 rangs; or, si l'on change x en $\pm x\sqrt{-1}$, dans le développement (B)

de e^x, comme $\sqrt{-1}$ a pour puissances $\sqrt{-1}, -1, -\sqrt{-1}, +1$, lesquelles se reproduisent périodiquement à l'infini, les signes des termes se trouvent être les mêmes que dans les séries G et H; d'où

$$e^{\pm x\sqrt{-1}} = \cos x \pm \sqrt{-1}.\sin x \ldots \quad (I).$$

En ajoutant et retranchant ces deux équations,

$$\cos x = \frac{e^{x\sqrt{-1}} + e^{-x\sqrt{-1}}}{2}, \quad \sin x = \frac{e^{x\sqrt{-1}} - e^{-x\sqrt{-1}}}{2\sqrt{-1}} \ldots (K);$$

d'où

$$\text{tang}\, x = \frac{e^{x\sqrt{-1}} - e^{-x\sqrt{-1}}}{(e^{x\sqrt{-1}} + e^{-x\sqrt{-1}})\sqrt{-1}} = \frac{e^{2x\sqrt{-1}} - 1}{(e^{2x\sqrt{-1}} + 1)\sqrt{-1}},$$

en multipliant haut et bas par $e^{x\sqrt{-1}}$. On ne doit regarder ces expressions que comme des résultats analytiques, où les imaginaires ne sont qu'apparentes; attendu qu'elles doivent disparaître par le calcul même.

Enfin, changeant x en nx dans (I), on a

$$e^{\pm nx\sqrt{-1}} = \cos nx \pm \sqrt{-1}.\sin nx \ldots \quad (L);$$

mais le 1er membre est la puissance n^e de l'équ. (I); donc on a, quel que soit n,

$$\cos nx \pm \sqrt{-1}.\sin nx = (\cos x \pm \sqrt{-1}.\sin x)^n \ldots \quad (M).$$

Ces formules sont très usitées. Nous nous bornerons ici à les appliquer à la résolution des triangles. Faisons

$$z = e^{C\sqrt{-1}}, \quad z' = e^{-C\sqrt{-1}};$$

d'où $\cos C = \frac{1}{2}(z + z'), \quad \sin C.\sqrt{-1} = \frac{1}{2}(z - z').$

Soient A, B, C les trois angles d'un triangle, a, b, c les côtés respectivement opposés; on a

$$a \sin B = b \sin A = b \sin (B + C);$$

d'où $$\frac{\sin B}{\cos B} = \text{tang}\, B = \frac{b \sin C}{a - b \cos C};$$

$$\frac{e^{2B\sqrt{-1}} - 1}{e^{2B\sqrt{-1}} + 1} = \frac{b(z - z')}{2a - b(z + z')}, \quad e^{2B\sqrt{-1}} = \frac{a - bz'}{a - bz}:$$

enfin,

$$2B\sqrt{-1} = l(a - bz') - l(a - bz)$$

(équ. D)
$$= \frac{b}{a}(z - z') + \frac{b^2}{2a^2}(z^2 - z'^2) + \frac{b^3}{3a^3}(z^3 - z'^3)\ldots\ldots$$

Mais la formule (L) donne

$$z^m = \cos mC + \sqrt{-1}.\sin mC,\ z'^m = \cos mC - \sqrt{-1}.\sin mC;$$

d'où
$$z^m - z'^m = 2\sqrt{-1}.\sin mC;$$

en substituant et supprimant le facteur commun $2\sqrt{-1}$, il vient

$$B = \frac{b}{a}\sin C + \frac{b^2}{2a^2}\sin 2C + \frac{b^3}{3a^3}\sin 3C + \ldots$$

L'équ. $c^2 = a^2 - 2ab\cos C + b^2 = a^2 - ab(z + z') + b^2$,

se réduit à $c^2 = (a - bz)(a - bz')$, à cause de $zz' = 1$. Prenant les log., on obtient

$$2\log c = 2\log a - M\left[\frac{b}{a}(z + z') + \frac{b^2}{2a^2}(z^2 + z'^2)\ldots\right];$$

et comme $z^m + z'^m = 2\cos mC$, on a

$$\log c = \log a - M\left(\frac{b}{a}\cos C + \frac{b^2}{2a^2}\cos 2C + \frac{b^3}{3a^3}\cos 3C\ldots\right),$$

Ces deux séries servent à résoudre un triangle, où b est très petit par rapport à a, connaissant *les deux côtés* a *et* b *et l'angle compris* C.

591. L'équ. (I) donne, en prenant les log. népériens,

$$\pm x\sqrt{-1} = l(\cos x \pm \sqrt{-1}.\sin x);$$

retranchant ces deux équ. l'une de l'autre,

$$2x\sqrt{-1} = l\frac{\cos x + \sqrt{-1}.\sin x}{\cos x - \sqrt{-1}.\sin x} = l\left(\frac{1 + \sqrt{-1}.\operatorname{tang} x}{1 - \sqrt{-1}.\operatorname{tang} x}\right)$$

à cause de $\sin x = \cos x \operatorname{tang} x$. Or, la formule ($E$) p. 179 donne le développement de ce log.; et supprimant le facteur commun $2\sqrt{-1}$, on a cette expression de l'arc x, lorsqu'on connaît sa tangente,

$$x = \text{tang}\, x - \tfrac{1}{3}\text{tang}^3 x + \tfrac{1}{5}\text{tang}^5 x - \tfrac{1}{7}\text{tang}^7 x \ldots \quad (N).$$

Cette formule sert à trouver *le rapport π de la circonférence au diamètre.* Deux arcs x et x', dont les tang. sont $\frac{1}{2}$ et $\frac{1}{3}$, ont pour tang. de leur somme $\text{tang}(x+x') = \dfrac{\frac{1}{2}+\frac{1}{3}}{1-\frac{1}{2}\cdot\frac{1}{3}} = 1$; cette somme est donc $x + x' = 45^\circ$. Faisons dans (N) $\text{tang}\, x = \frac{1}{2}$, $\text{tang}\, x' = \frac{1}{3}$, et ajoutons ; nous aurons la longueur de l'arc de 45°, qui est le quart de la demi-circonférence π du cercle dont le rayon est 1 :

$$\tfrac{1}{4}\pi = \tfrac{1}{2} - \tfrac{1}{3}(\tfrac{1}{2})^3 + \tfrac{1}{5}(\tfrac{1}{2})^5 \ldots + \tfrac{1}{3} - \tfrac{1}{3}(\tfrac{1}{3})^3 + \tfrac{1}{5}(\tfrac{1}{3})^5 \ldots$$

On obtient des séries plus convergentes par le procédé de Machin. Prenons l'arc x dont la tang. est $\frac{1}{5}$; d'où (L, n° 359)

$$\text{tang}\, 2x = \frac{2\,\text{tang}\, x}{1 - \text{tang}^2 x} = \tfrac{5}{12}, \quad \text{tang}\, 4x = \frac{2\cdot\frac{5}{12}}{1 - (\frac{5}{12})^2} = \tfrac{120}{119};$$

cet arc $4x$ diffère donc très peu de 45° ; A étant l'excès de $4x$ sur 45°, ou $A = 4x - 45^\circ$, on a $\text{tang}\, A = \dfrac{\text{tang}\, 4x - 1}{1 + \text{tang}\, 4x} = \frac{1}{239}$.

Par conséquent, si l'on fait $\text{tang}\, x = \frac{1}{5}$ et qu'on répète 4 fois la série N, on aura l'arc $4x$; de même $\text{tang}\, A = \frac{1}{239}$, donne l'arc A ; et retranchant, on obtient l'arc de 45°, ou

$$\tfrac{1}{4}\pi = 4\left[\tfrac{1}{5} - \tfrac{1}{3}(\tfrac{1}{5})^3 + \tfrac{1}{5}(\tfrac{1}{5})^5 \ldots\right] - \tfrac{1}{239} + \tfrac{1}{3}(\tfrac{1}{239})^3 - \ldots$$

Nous avons donné (n° 248) le résultat de ces calculs avec 20 décimales. $\pi = 3{,}14159\ 26535\ 89793$,

$$\log \pi = 0{,}49714\ 98726\ 94, \quad 1\pi = 1{,}14472\ 98858\ 494.$$

592. Faisons $x = k\pi$ dans l'équ. (I), k désignant un entier quelconque ; on a $\sin x = 0$, $\cos x = \pm 1$, selon que k est pair ou impair,

$$e^{\pm k\pi\sqrt{-1}} = \pm 1, \quad 1(\pm 1) = \pm k\pi\sqrt{-1};$$

multipliant par le module M, et ajoutant la valeur numérique A de Log. a,

$$\text{Log}\,(\pm a) = A \pm kM\pi\sqrt{-1},$$

k étant un nombre quelconque pair, s'il s'agit de Log $(+a)$, et impair pour Log $(-a)$. Donc *tout nombre a une infinité de log. dans le même système ; ces log. sont tous imaginaires si ce nombre est négatif ; s'il est positif, un seul est réel* (*).

593. Développons maintenant sin z et cos z selon les sinus et cosinus des arcs z, $2z$, $3z$... Posons

$$\cos z + \sqrt{-1}.\sin z = y, \quad \cos z - \sqrt{-1}.\sin z = v;$$

d'où $yv = 1$, $2\cos z = y + v$; $1, u, A', A''$... étant les coefficiens de la puissance u, on a, quel que soit u,

$$2^u \cos^u z = y^u + uy^{u-2} + A'y^{u-4} + A''y^{u-6} \ldots$$

L'équation (M) donne $y^k = \cos kz + \sqrt{-1}.\sin kz$.
Donc

$$2^u \cos^u z = \cos uz + u\cos(u-2)z + A'\cos(u-4)z \ldots (P),$$
$$\pm \sqrt{-1}\,[\sin uz + u\sin(u-2)z + A'\sin(u-4)z \ldots].$$

Le $\pm$ provient ici de $\sqrt{-1}$, qui admet toujours ce double signe. Quand u est entier, $\cos^u z$ ne peut avoir qu'une seule valeur ; ces deux expressions doivent donc être égales, et la série se réduit à la 1re ligne (P) ; mais si u est fractionnaire, $u = \frac{p}{n}$, on a une racine à extraire, qui admet n valeurs ; si l'on prend pour z les valeurs z, $z + 2\pi$, $z + 4\pi$ ....., $z + (n-1)\pi$,

(*) De $a^2 = (-a)^2$, on tire $2\,\text{Log}\,a = 2\,\text{Log}\,(-a)$; il ne faut pas en conclure avec d'Alembert, que $+a$ et $-a$ ont les mêmes log. ; car, k et l étant pairs, on a

$$\text{Log}\,a = A \pm kM\pi\sqrt{-1}, \quad \text{et} = A \pm lM\pi\sqrt{-1},$$

et ajoutant, $2\,\text{Log}\,a = 2A \pm (k+l)M\pi\sqrt{-1}$. De même, k' et l' étant impairs, on trouve $2\,\text{Log}\,(-a) = 2A \pm (k'+l')M\pi\sqrt{-1}$. Or, il est visible que cette dernière expression est comprise dans la première, parce que $k'+l'$ est un nombre pair, sans que $2\,\text{Log}\,(-a)$ soit en général $= 2\,\text{Log}\,a$: pour que Log a soit réel, il faut que $k = l = 0$, et k', l', étant impairs ne peuvent être $= 0$; ainsi on ne peut avoir en nombres réels Log a = Log $-a$. D'Alembert devait donc conclure seulement que, parmi les log imaginaires de $+a$ et $-a$, il en est qui, ajoutés deux à deux, donnent des sommes égales.

$\cos z$ et le 1er membre resteront les mêmes, tandis que les développemens seront différens, le $\sqrt{-1}$ restant où il convient, ce seront les n valeurs demandées.

Pour obtenir $\sin^u z$, changeons ci-dessus z en $90° - z$; désignons $u, u-2, u-4\ldots$ par h, h sera les facteurs $u-2x$ de l'arc z dans le 2e membre; les cos hz deviendront

$$\cos(\tfrac{1}{2}h\pi - hz) = \cos\tfrac{1}{2}h\pi . \cos hz + \sin\tfrac{1}{2}h\pi . \sin hz.$$

Remettons $u-2x$ pour h; l'arc $\frac{1}{2}h\pi$ deviendra $\frac{1}{2}\pi u - \pi x = \frac{1}{2}\pi u$, puisqu'on peut ajouter à l'arc des demi-circonférences, sauf à prendre le sin. ou le cos. avec le signe convenable. Désignons par C et S le cos. et le sin. de l'arc $\frac{1}{2}\pi u$: raisonnant de même pour les sinus de uz, $(u-2)z\ldots$, on trouve que le changement de z en $90° - z$ répond à celui de $\cos z$ en $\sin z$,

$$\begin{array}{lll} \text{de } \cos(u-2x)z & \text{en} & \pm(C\cos hz + S\sin hz), \\ \text{de } \sin(u-2x)z & \text{en} & \pm(S\cos hz - C\sin hz), \end{array}$$

en prenant $+$ si x est pair, $-$ si x est impair. On fera donc $h = u, u-2, u-4\ldots$, et l'on prendra les résultats successifs en $+$ et en $-$ tour à tour. Donc

$$\begin{aligned} 2^u \sin^u z = & (C \pm \sqrt{-1}.S)[\cos uz - u\cos(u-2)z + A'\cos(u-4)z\ldots] \\ & + (S \mp \sqrt{-1}.C)[\sin uz - u\sin(u-2)z + A'\sin(u-4)z\ldots]. \end{aligned}$$

Quand u est un nombre entier, comme $\sin^u z$ n'a qu'une valeur, ces deux développemens sont égaux, et les deux termes imaginaires doivent s'entre-détruire; mais il faut distinguer deux cas, parce que C et S, qui sont le cos. et le sin. de multiples du quadrans $\frac{1}{2}\pi u$, se réduisent à zéro, à $+1$ ou à -1, selon que u est pair ou impair.

1°. *Si* u *est pair*, $S = 0$; C est $+1$ pour $u = 4n$, C est -1 si $u = 4n+2$; d'où $\pm 2^u \sin^u z = \cos uz - u\cos(u-2)z\ldots$ Mais les coefficiens de la formule du binome sont les mêmes à distance égale des extrêmes. De plus l'arc qui en a x avant lui est $u-2x$; et celui qui en a x après, en a $u-x$ avant, et par conséquent est $u-2(u-x) = -(u-2x)$; les cosinus de ces arcs sont donc aussi les mêmes deux à deux, et les termes en s'ajoutant deviennent divisibles par 2, excepté le terme moyen; donc, u, A', A''... désignant les coefficiens p. 7,

$$\pm 2^{u-1}\sin^u z = \cos uz - u\cos(u-2)z + A'\cos(u-4)z \ldots (Q);$$

il ne faut pousser le développement que jusqu'au terme moyen (qui est constant), *dont on prendra la moitié.* (Voy. p. 6 pour la valeur de ce coefficient.) On prend le signe + quand u est de la forme $4n$, et le — si $u = 4n + 2$.

2°. *Si* u *est impair*, $C = 0$, $S = \pm 1$; et l'on a

$$\pm 2^u \sin^u z = \sin uz - u\sin(u-2)z \ldots;$$

les arcs sont encore égaux, en signes contraires, à égale distance des extrêmes; et comme le signe du coefficient se trouve différent, les termes s'ajoutent encore deux à deux, et l'on a

$$\pm 2^{u-1}\sin^u z = \sin uz - u\sin(u-2)z + A'\sin(u-4)z \ldots (R).$$

On ne poussera le développement que jusqu'au terme moyen (qui contient $\sin z$, et dont on ne prend plus la moitié); le signe + a lieu quand $u = 4n + 1$, le — quand $u = 4n + 3$.

3°. Enfin la série (P) offre de même des termes qui s'ajoutent 2 à 2, lorsque u est entier et positif, et l'on a

$$2^{u-1}\cos^u z = \cos uz + u\cos(u-2)z + A'\cos(u-4)z + \ldots (S);$$

en n'étendant la série qu'aux arcs positifs, et *prenant la moitié du terme moyen* constant, quand n est pair.

On en tire aisément les équations suivantes :

$$\begin{aligned}
2\cos^2 z &= \cos 2z + 1,\\
4\cos^3 z &= \cos 3z + 3\cos z,\\
8\cos^4 z &= \cos 4z + 4\cos 2z + 3,\\
16\cos^5 z &= \cos 5z + 5\cos 3z + 10\cos z,\\
32\cos^6 z &= \cos 6z + 6\cos 4z + 15\cos 2z + 10, \text{ etc.}\\
-2\sin^2 z &= \cos 2z - 1;\\
-4\sin^3 z &= \sin 3z - 3\sin z,\\
8\sin^4 z &= \cos 4z - 4\cos 2z + 3,\\
16\sin^5 z &= \sin 5z - 5\sin 3z + 10\sin z,\\
-32\sin^6 z &= \cos 6z - 6\cos 4z + 15\cos 2z - 10, \text{ etc.}
\end{aligned}$$

594. Réciproquement, développons les sinus et cosinus d'arcs

multiples, selon les puissances de $\sin z = s$, $\cos z = c$. Le 2ᵉ membre de l'équation (M p. 187), est $(c+\sqrt{-1}.s)^n$: en le développant par la formule du binome, on arrive à une équ. de la forme

$$\cos nz + \sqrt{-1}.\sin nz = P + Q\sqrt{-1};$$

et puisque les imaginaires doivent se détruire entre elles, l'équation se partage en deux autres, $\cos nz = P$, $\sin nz = Q$, la 1ʳᵉ contenant tous les termes où $s\sqrt{-1}$ porte des exposans pairs; ainsi, n étant entier ou fractionnaire, positif ou négatif, on a

$$\cos nz = c^n - n\frac{n-1}{2}c^{n-2}s^2 + \frac{n(n-1)(n-2)(n-3)}{2.3.4}c^{n-4}s^4 - \ldots,$$

$$\sin nz = nc^{n-1}s - \frac{n(n-1)(n-2)}{2.3}c^{n-3}s^3 + \frac{n(n-1)\ldots(n-4)}{2.3.4.5}c^{n-5}s^5 - \ldots$$

Ainsi, s étant $= \sin z$, et $c = \cos z$, on a

$\cos 2z = c^2 - s^2$, $\quad\sin 2z = 2cs$,
$\cos 3z = c^3 - 3cs^2$, $\quad\sin 3z = 3c^2s - s^3$,
$\cos 4z = c^4 - 6c^2s^2 + s^4$, $\quad\sin 4z = 4c^3s - 4cs^3$,
$\cos 5z = c^5 - 10c^3s^2 + 5cs^4$, $\quad\sin 5z = 5c^4s - 10c^2s^3 + s^5$,
$\cos 6z = c^6 - 15c^4s^2 + 15c^2s^4 - s^6$, $\quad\sin 6z = 6c^5s - 20c^3s^3 + 6cs^5$,
etc. etc.

595. Dans ces formules, les sinus sont mêlés avec les cosinus; on peut en trouver d'autres en fonction du seul sinus, ou du cosinus. Puisque les arcs z, $2z$, $3z$... font une équi-différence, les sinus et cosinus forment une série récurrente (n° 361), dont les facteurs sont $2\cos z$ et -1. De même, si les arcs procèdent de 2 en 2, savoir, z, $3z$, $5z$..., ou bien $0z$, $2z$, $4z$...; les facteurs sont $2\cos 2z$ et -1; or, $2\cos 2z = 2(c^2 - s^2) = 2 - 4s^2$. Ainsi, partant de $\cos z = 1$, $\sin 0z = 0$, $\cos z = c$, $\sin z = s$, il est bien aisé de former les séries récurrentes qui suivent, dont on a les deux 1ᵉʳˢ termes et la loi (n° 580).

$\sin 2z = s(2c)$, $\quad\cos 2z = 2c^2 - 1$,
$\sin 3z = s(4c^2 - 1)$, $\quad\cos 3z = 4c^3 - 3c$;
$\sin 4z = s(8c^3 - 4c)$, $\quad\cos 4z = 8c^4 - 8c^2 + 1$,
$\sin 5z = s(16c^4 - 12c^2 + 1)$, $\quad\cos 5z = 16c^5 - 20c^3 + 5c$,
$\sin 6z = s(32c^5 - 32c^3 + 6c)$, $\quad\cos 6z = 32c^6 - 48c^4 + 18c^2 - 1$,
$\sin 7z = s(64c^6 - 80c^4 + 24c^2 - 1)$, $\quad$ etc.

$\sin 2z = c(2s)$, $\sin 3z = 3s - 4s^3$,
$\sin 4z = c(4s - 8s^3)$, $\sin 5z = 5s - 20s^3 + 16s^5$,
$\sin 6z = c(6s - 32s^3 + 32s^5)$, $\sin 7z = 7s - 56s^3 + 112s^5 - 64s^7$,
$\sin 8z = c(8s - 80s^3 + 192s^5 - 128s^7)$, etc.

$\cos 2z = 1 - 2s^2$, $\cos 3z = c(1 - 4s^2)$,
$\cos 4z = 1 - 8s^2 + 8s^4$, $\cos 5z = c(1 - 12s^2 + 16s^4)$,
$\cos 6z = 1 - 18s^2 + 48s^4 - 32s^6$, $\cos 7z = c(1 - 24s^2 + 80s^4 - 64s^6)$,
etc. etc.

Quant à la loi de ces équ., elle est démontrée, onzième leçon du Calcul des Fonctions, où Lagrange trouve ces formules générales :

$$\sin nz = s\left[(2c)^{n-1} - (n-2)(2c)^{n-3} + (n-3)\frac{n-4}{2}(2c)^{n-5}\right.$$

$$\left. - \frac{(n-4)(n-5)(n-6)}{2.3}(2c)^{n-7} + \frac{(n-5)\ldots(n-8)}{2.3.4}(2c)^{n-9}\ldots\right];$$

$$2\cos nz = (2c)^n - n(2c)^{n-2} + n\frac{n-3}{2}(2c)^{n-4} - n\frac{n-4}{2}\frac{n-5}{3}(2c)^{n-6}$$

$$+ n\frac{(n-5)\ldots(n-7)}{2.3.4}(2c)^{n-8}\ldots \pm 1, \text{ ou } nc.$$

Quand n est pair, on peut poser

$$\sin nz = c\left[ns - n.\frac{n^2-2^2}{2.3}s^3 + n\frac{n^2-2^2}{2.3}.\frac{n^2-4^2}{4.5}s^5\ldots(2s)^{n-1}\right],$$

$$\cos nz = 1 - \frac{n^2}{2}s^2 + \frac{n^2}{2}.\frac{n^2-2^2}{3.4}s^4 - \frac{n^2}{2}.\frac{n^2-2^2}{3.4}.\frac{n^2-4^2}{5.6}s^6\ldots\tfrac{1}{2}(2s)^n;$$

et quand n est impair,

$$\sin nz = ns - n.\frac{n^2-1^2}{2.3}s^3 + n.\frac{n^2-1^2}{2.3}.\frac{n^2-3^2}{4.5}s^5\ldots\tfrac{1}{2}(2s)^n,$$

$$\cos nz = c\left[1 - \frac{n^2-1^2}{1.2}s^2 + \frac{n^2-1^2}{1.2}.\frac{n^2-3^2}{3.4}s^4\ldots(2s)^{n-1}\right].$$

Méthode inverse, ou retour des Séries.

596. Étant donnée l'équation $y = \varphi x$, où φx est une série, il s'agit de trouver $x = Fy$ en série ordonnée selon y. Si cette dernière a une forme connue, telle que, par exemple,

$$x = Ay + By^2 + Cy^3 + Dy^4 \ldots,$$

il ne s'agit que de déterminer les coefficiens $A, B, C \ldots$ On substituera dans la proposée $y = \varphi x$, cette série et ses puissances pour x, x^2, x^3, et l'on aura une équ. identique, qu'on partagera en d'autres, par la comparaison des termes où y a la même puissance : ces équations feront connaître les constantes A, B, C, $D \ldots$

Soit $\qquad y = M(x - \frac{1}{2}x^2 + \frac{1}{3}x^3 - \frac{1}{4}x^4 \ldots);$

qu'on se soit assuré que la série ci-dessus convient pour x (cela suit de ce que y est le log. de $1 + x$, ou $a^y = 1 + x$: *voyez* n°.585); substituant donc pour x la série $Ay + By^2 \ldots$, il vient

$$\begin{aligned}
\frac{y}{M} = Ay + By^2 + Cy^3 + \quad & Dy^4 \ldots \quad \text{pour } x, \\
- \tfrac{1}{2}A^2y^2 - ABy^3 - (\tfrac{1}{2}B^2 + AC)y^4 \ldots \quad & - \tfrac{1}{2}x^2, \\
+ \tfrac{1}{3}A^3y^3 + A^2By^4 \ldots \quad & + \tfrac{1}{3}x^3, \\
- \tfrac{1}{4}A^4y^4 \ldots \quad & - \tfrac{1}{4}x^4;
\end{aligned}$$

d'où $\quad AM = 1, \; B = \frac{1}{2}A^2, \; C = AB - \frac{1}{3}A^3, \; D = \ldots$

puis $\quad A = \frac{1}{M}, \; B = \frac{A^2}{2}, \; C = \frac{A^3}{2.3}, \; D = \frac{A^4}{2.3.4}$, etc.

Enfin, $\qquad x = Ay + \frac{A^2y^2}{2} + \frac{A^3y^3}{2.3} + \frac{A^4y^4}{2.3.4} \ldots$

De même $\qquad y = x - x^2 + x^3 - x^4 \ldots$

se renverse ainsi, $\quad x = y + y^2 + y^3 + y^4 \ldots$

Mais il est rare qu'on connaisse d'avance la forme de la série cherchée $x = Fy$; on indique alors les puissances de y par des lettres, $x = Ay^\alpha + By^\beta + Cy^\gamma \ldots$, et il s'agit de déterminer les coefficiens et les exposans, en considérant qu'après la substitution dans $y=\varphi x$, il faut que chaque terme soit détruit par d'autres où y a la même puissance. C'est ainsi que nous avons opéré (n° 587).

Soit $$y=\tfrac{1}{2}x^2+\tfrac{1}{3}x^3+\tfrac{1}{4}x^4+\ldots;$$

supposons $$x=Ay^\alpha+By^\beta+Cy^\gamma+\ldots,$$

α, β, γ... étant des nombres croissans. Nous ne mettons pas de terme sans y, parce que $x=0$ répond à $y=0$. En substituant pour x sa valeur, nous voyons que,

1°. Les exposans 2, 3, 4.... qu'avait x, formant une équi-différence, α, β, γ.... doivent en former également une, puisqu'en développant, les puissances x^2, x^3.... jouiront visiblement de la même propriété.

2°. Si l'on trouve α et β, γ, δ.... s'ensuivront.

3°. Le terme où y aura le plus petit exposant est $\frac{1}{2}A^2y^{2\alpha}$; il doit s'ordonner avec le 1er membre y, d'où $2\alpha=1$, $\frac{1}{2}A^2=1$; ainsi, $\alpha=\frac{1}{2}$, $A=\sqrt{2}$.

4°. Les termes qui ensuite ont le moindre exposant, étant $ABy^{\alpha+\beta}$ et $\frac{1}{3}A^3y^{3\alpha}$, pour s'ordonner ensemble, ils doivent avoir $\alpha+\beta=3\alpha$, ou $\beta=\frac{2}{2}$; ainsi $\gamma=\frac{3}{2}$, $\delta=\frac{4}{2}$.... savoir,

$$x=Ay^{\frac{1}{2}}+By^{\frac{2}{2}}+Cy^{\frac{3}{2}}+\text{etc.};$$

en refaisant le calcul, on trouve bientôt A, B, C...; d'où

$$x=y^{\frac{1}{2}}\cdot\sqrt{2}-\tfrac{2}{3}y+\tfrac{1}{18}\sqrt{2}\cdot y^{\frac{3}{2}}-\tfrac{58}{135}y^2+\ldots$$

C'est ainsi que

$$y=x-\frac{x^3}{1.2.3}+\frac{x^5}{1.2\ldots5}-\frac{x^7}{1.2\ldots7}\ldots,$$

se renverse sous la forme $x=Ay+By^3+Cy^5$....

On trouve, tout calcul fait (*voy.* n° 800),

$$x=y+\frac{1.y^3}{2.3}+\frac{1.3y^5}{2.4.5}+\frac{1.3.5y^7}{2.4.6.7}+\frac{1.3.5.7y^9}{2.4.6.8.9}\ldots$$

Pour $x = ay + by^2 + cy^3 + \ldots$, on obtient

$$y = \frac{x}{a} - \frac{bx^2}{a^3} + \frac{2b^2 - ac}{a^5} x^3 + \frac{5abc - a^2d - 5b^3}{a^7} x^4 \ldots$$

La série $x = ay + by^3 + cy^5 + dy^7 \ldots$ donne

$$y = \frac{x}{a} - \frac{bx^3}{a^4} + \frac{3b^2 - ac}{a^7} x^5 + \frac{8abc - a^2d - 12b^3}{a^{10}} x^7 \ldots$$

Enfin, $y = x^{-\frac{1}{2}} - \frac{1}{2} x^{\frac{1}{2}} - \frac{1}{8} x^{\frac{3}{2}} - \frac{1}{16} x^{\frac{5}{2}} - \frac{5}{128} x^{\frac{7}{2}} \ldots$

donne $$x = Ay^{-2} + By^{-4} + Cy^{-6} \ldots;$$

et par suite,

$$x = y^{-2} - y^{-4} + y^{-6} - y^{-8} + \ldots$$

Si la proposée était $y = a + bx + cx^2 \ldots$, pour la commodité du calcul, il serait bon de transposer a, et de faire

$$\frac{y - a}{b} = z, \quad \text{d'où} \quad z = x + \frac{c}{b} x^2 + \frac{d}{b} x^3 \ldots;$$

on développerait ensuite x en z. Au reste, voyez n° 711, où nous avons traité la question du retour des suites de la manière la plus générale.

Des Équations de condition.

597. Lorsque la loi qui régit un phénomène physique est connue et traduite en équ. $\varphi(x, y \ldots a, b \ldots) = 0$, il arrive souvent que les constantes $a, b, c \ldots$ sont inconnues, $x, y \ldots$ étant des grandeurs variables avec les circonstances du phénomène. On consulte alors l'expérience pour déterminer $a, b, c \ldots$; en mesurant des valeurs simultanées de $x, y, z \ldots$, et les substituant dans l'équ. $\varphi = 0$: puis répétant l'expérience, on observe d'autres valeurs pour $x, y, z \ldots$, ce qui donne d'autres *équations de condition* entre les constantes inconnues $a, b, c \ldots$, que l'élimination fait ensuite connaître.

Mais les valeurs tirées de l'observation n'étant jamais exactes, les nombres $a', b', c' \ldots$, qu'on obtient ainsi pour $a, b, c \ldots$, ne peuvent être regardés que comme approchés : on doit donc poser, dans $\varphi = 0$, $a = a' + A$, $b = b' + B$..., et déterminer les erreurs A, B..., dont a, b... sont affectés ; et comme A, B... sont de très petites quantités, on est autorisé à en négliger les puissances supérieures : ainsi, l'équ. $\varphi = 0$ ne contient plus les inconnues A, B . . . qu'au 1er degré, par ex., sous la forme

$$0 = x + Ay + Bz + Ct \ . \ . \ (1).$$

On supplée alors à l'imperfection des mesures de x, y, z... par le nombre des observations. En réitérant souvent les expériences, on obtient autant d'équ. (1), où x, y, z... sont connus ; on compare ces équ., on en combine plusieurs entre elles, de manière à obtenir une équ. moyenne, où l'une des constantes ait le plus grand facteur possible, tandis qu'au contraire les autres facteurs deviennent très petits : par là l'erreur de la détermination des coefficiens se trouve beaucoup affaiblie. En réduisant ces équ. de condition au nombre des inconnues, l'élimination donne bientôt les valeurs de A, B...

Cette méthode est usitée en Astronomie ; mais elle est bien moins exacte que celle des *moindres carrés*, proposée par M. Legendre, qui rachète la longueur des calculs par la précision des résultats. Concevons que l'observation ait donné des valeurs peu exactes de x, y, z... ; substituées dans l'équ. (1), le 1er membre n'y sera pas zéro, mais un nombre e très petit et inconnu. D'autres expériences donneront de même les erreurs e', e''... correspondantes aux valeurs x', x'', y', y''..., savoir,

$$e' = x' + Ay' + Bz' \ldots, \quad e'' = x'' + Ay'' + Bz'' \ldots, \text{ etc.}$$

Formons la somme des carrés de ces équ., et n'écrivons que les termes en A, parce que les autres termes ont même forme : on trouve que $e^2 + e'^2 + e''^2$... est

$$= A^2(y^2 + y'^2 \ldots) + 2A(xy + x'y' \ldots) + 2AB(yz \ldots) + 2AC, \text{ etc.}$$

Ce 2e membre a la forme $A^2m + 2An + k$; il est le plus petit possible quand on prend A tel, que la dérivée soit nulle,

$Am + n = 0$ (*voy.* nos 140, II, et 717) : en ne considérant que le facteur constant et inconnu A, on a donc

$$xy + x'y' \ldots + A(y^2 + y'^2 \ldots) + B(yz + y'z' \ldots) + C(yt \ldots) \text{ etc.} = 0.$$

Il faut multiplier chacune des équ. de condition (1) *par le facteur* y *de* A, *et égaler la somme à zéro.* On conserve au facteur y son signe. En opérant de même pour B, C..., on obtient autant d'équ. semblables qu'il y a de constantes inconnues ; ces équ. sont du 1er degré, et l'élimination est facile à faire.

Par ex., la Mécanique enseigne que, sous la latitude y, la longueur x du pendule simple à secondes sexagésimales est $x = A + B \sin^2 y$, A et B étant des nombres invariables, qu'il s'agit de déterminer. Il suffirait de mesurer avec soin les longueurs x sous deux latitudes différentes y, pour obtenir deux équ. de condition propres à donner A et B. Mais la précision sera bien plus grande si, comme l'ont fait MM. Mathieu et Biot, on mesure x sous six latitudes différentes, et qu'on traite, par la méthode précédente, les six équ. de condition. Les quantités $A + B \sin^2 y - x$, évaluées en mètres, donnent ces six erreurs,

$$A + B.0,3903417 - 0,9929750, \quad A + B.0,4932370 - 0,9934740,$$
$$A + B.0,4972122 - 0,9934620, \quad A + B.0,5136117 - 0,9935967,$$
$$A + B.0,5667721 - 0,9938784, \quad A + B.0,6045628 - 0,9940932.$$

Comme le coefficient de A est 1, l'équ. qui s'y rapporte est formée de la somme des six erreurs. Pour B, on multipliera chaque trinome par le facteur qui affecte B, et l'on ajoutera les six produits : donc

$$6A + B.3,0657375 - 5,9614793 = 0,$$
$$A.3,0657375 + B.1,5933894 - 3,0461977 = 0.$$

L'élimination donne A et B ; enfin, on a

$$x = 0,9908755 + B \sin^2 y, \quad \log B = \bar{3},7238509, \quad B = 0,00529416.$$

Voy. la *Conn. des temps de* 1816, où M. Mathieu discute par cette méthode les observations du pendule faites par les Espagnols en divers lieux.

LIVRE SIXIÈME.

ANALYSE APPLIQUÉE AUX TROIS DIMENSIONS.

I. TRIGONOMÉTRIE SPHÉRIQUE.

Notions fondamentales.

598. Trois plans *MON*, *NOP*, *MOP* (fig. 7), qui passent par le centre d'une sphère, déterminent un angle trièdre *O*, et coupent la surface selon des grands cercles, dont les arcs *CA*, *CB*, *AB* forment un triangle sphérique *ABC*; les angles plans de ce trièdre *O* sont respectivement mesurés par les côtés ou arcs de ce triangle, savoir, *NOP* par *AB*, *MON* par *AC*, *MOP* par *BC*. L'angle *C* du triangle est mesuré par celui que forment deux tangentes en *C*, aux arcs contigus *AC*, *BC*; ces tangentes, situées dans les plans de ces arcs, forment l'angle dièdre de ces mêmes plans *NOMP*, c.-à-d. mesurent l'inclinaison de la face *NOM* sur *POM*. Donc, *les angles plans du trièdre* O *sont mesurés par les côtés du triangle sphérique* ABC, *et les inclinaisons des faces sont les angles de ce triangle.*

Les problèmes où, donnant quelques parties d'un triangle sphérique, on se propose de trouver les autres parties, sont précisément les mêmes que ceux où, connaissant plusieurs élémens d'un trièdre, on veut obtenir les autres. *Il y a six élémens: trois angles* A, B, C, *et les trois côtés opposés* a, b, c, *du triangle sphérique*; ou, si l'on veut, *trois angles plans* a, b, c, *et les trois angles dièdres opposés* A, B, C, *du trièdre dont il s'agit. Étant données trois de ces six parties, il est question de déterminer les trois autres.*

D'après cela, qu'on dirige des rayons visuels à trois points *M*, *N*, *P* éloignés dans l'espace, tels que trois étoiles, par ex., ces lignes seront les arètes d'un trièdre *O*, dont les élémens constituans seront ceux d'un triangle sphérique *ABC* formé par les arcs de grands cercles qui joignent les points où ces arètes vont percer la surface d'une sphère de rayon arbitraire, dont l'œil est le centre *O*.

Ces principes servent à démontrer les théorèmes suivans.

1°. Tout angle plan d'un trièdre étant moindre que deux droits, *chaque côté de tout triangle sphérique est* < 180°. *Chaque angle est aussi plus petit que deux droits;* c'est ce qui suit aussi du triangle polaire. (*V.* ci-après n° 599.)

Toutes les fois qu'un calcul conduira à trouver pour valeur d'un angle ou d'un côté de triangle, un arc > 180°, cette solution devra être rejetée comme impossible.

2°. Puisque la somme des angles plans de tout angle polyèdre est moindre que 4 droits (n° 280), *la somme des trois côtés de tout triangle sphérique est plus petite que* 360°. L'angle trièdre d'un cube, formé de 3 angles droits, montre que chaque côté d'un triangle sphérique peut valoir et même surpasser 90°.

3°. *La somme des trois angles de tout triangle sphérique est toujours comprise entre 2 et* 6 *angles droits*, ou > 180° et < 540°. En effet, chaque angle dièdre étant moindre que 2 droits, la somme des trois angles est < 6 droits. D'un autre côté, en coupant les trois arètes d'un trièdre par un plan quelconque, on forme un triangle rectiligne, dont la somme des angles est = 180°; et il est clair que chacun de ces angles est moindre que si la section eût été faite perpend. à l'arète, ce qui alors aurait donné l'angle même du triangle sphérique : donc la somme des trois angles surpasse 2 droits.

4°. *Deux triangles sphériques sont égaux lorsque trois angles, ou trois côtés, ou deux côtés et l'angle compris, ou deux angles et le côté adjacent, sont respectivement égaux chacun à chacun.* Ces théorèmes se prouvent, ainsi que les deux suivans, comme pour les triangles rectilignes (n° 198).

5°. *Dans un triangle sphérique isoscèle, l'arc abaissé perpend.*

du sommet sur la base, divise par moitié cette base et l'angle du sommet; les angles égaux sont opposés aux côtés égaux, et réciproquement.

6°. *Dans tout triangle sphérique, le plus grand angle est toujours opposé au plus grand côté, le moyen l'est au moyen, le moindre au plus petit.*

7°. *Un côté est toujours moindre que la somme des deux autres, et plus grand que leur différence :* car la somme de deux angles plans d'un trièdre surpasse le 3e, d'où $a < b + c$, et $b < a + c$ ou $a > b - c$. Donc aussi, *la demi-somme des trois côtés d'un triangle surpasse toujours un côté quelconque.*

599. Coupons notre trièdre O par trois plans respectivement perpend. aux arètes; ces plans détermineront un second trièdre O' opposé au 1er; *les angles plans de l'un seront supplémens des angles dièdres de l'autre, et réciproquement.*

En effet, AOB étant (fig. 8) l'une des faces du trièdre proposé O, AA', BA' les traces des deux plans perpend. aux arètes OA, OB, et par suite à la face AOB, les angles A et B du quadrilatère $AOBA'$ sont droits; ainsi l'angle A' est supplément de O. Mais nos deux plans coupans sont des faces du nouveau trièdre O', et se coupent selon la droite $O'A'$, arète de ce corps : l'angle dièdre formé par ces plans est visiblement mesuré par l'angle $AA'B$, puisque le plan AOB leur est perpendic. Donc l'angle plan O du 1er est supplément de l'angle dièdre A' du 2e. Il en faut dire autant des autres faces; ainsi les angles plans de l'un O, sont supplémens des angles dièdres de l'autre. La réciproque est vraie, puisqu'on peut regarder le trièdre O' comme le proposé, et O comme celui qu'on a construit.

Cela prouve que si l'on compare les deux triangles sphériques déterminés par ces deux trièdres, les angles de l'un seront supplémens des côtés de l'autre, et réciproquement.

Étant donné un triangle sphérique ABC *dont* a, b, c, *sont les côtés, on peut toujours en construire un autre* A'B'C', *dont les côtés sont* a', b', c', *tel, que les angles* A, B, C, *de l'un soient les supplémens respectifs des côtés* a', b', c', *de l'autre, et réciproquement,* savoir :

$$a' = 180^\circ - A,\ b' = 180^\circ - B,\ c' = 180^\circ - C \ldots (1),$$
$$A' = 180^\circ - a,\ B' = 180^\circ - b,\ C' = 180^\circ - c \ldots (2).$$

Le triangle ainsi formé s'appelle *polaire* ou *supplémentaire* du 1er.

Ces équ. sont d'une grande importance, car elles réduisent à trois les six problèmes de la Trigonométrie sphérique. Donne-t-on, par ex., les trois angles d'un triangle ABC? Pour trouver un côté a, il suffira de substituer à ce triangle son supplémentaire $A'B'C'$, dont on connaîtra les trois côtés a', b', c' (équ. 1); et lorsqu'on aura trouvé l'un des angles A', on en conclura (équ. 2) le côté a du proposé, lequel $= 180 - A'$. En sorte qu'il suffit de savoir résoudre un triangle dont on a les trois côtés, pour savoir résoudre celui dont on connaît les trois angles, et ainsi des autres cas. Cela s'éclaircira mieux par la suite.

On en tire de nouveau la conséquence 3°. p. 201, car la somme des trois dernières équ. est $A' + B' + C' = 6$ droits $- (a + b + c)$; et puisque la somme $a + b + c$ des côtés est moindre que 4 droits, celle des angles, ou $A' + B' + C'$ est $>$ 2 droits, savoir la somme des trois angles de tout triangle $> 180^\circ$.

600. Si l'on coupe le trièdre O (fig. 9) par un plan pmn perpend. à une arète OA, en un point m, tel que $Om = 1$, on a

$$mn = \text{tang}\, c,\ nO = \text{séc}\, c,\ mp = \text{tang}\, b,\ Op = \text{séc}\, b.$$

Or les triangles rectilignes mnp, npO donnent (n°. 355),

$$np^2 = mn^2 + pm^2 - 2mn.pm.\cos A$$
$$np^2 = nO^2 + pO^2 - 2nO.pO.\cos a;$$

et retranchant, à cause des triangles rectangles et de $Om = 1$,

$$0 = 1 + 1 - 2\,\text{séc}\, c\,\text{séc}\, b \cos a + 2\,\text{tang}\, c\,\text{tang}\, b \cos A.$$

Or mettant $\frac{1}{\cos}$ pour séc, $\frac{\sin}{\cos}$ pour tang, etc.,

$$0 = 1 - \frac{\cos a}{\cos c \cos b} + \frac{\sin c \sin b \cos A}{\cos c \cos b},$$

ce qui donne l'*équation fondamentale*

$$\cos a = \cos b \cos c + \sin b \sin c \cos A \ldots (3).$$

Bien entendu que l'on peut ici changer a et A, en b et B, en c et C, en sorte que cette équ. en représennte trois.

On tire de là $\cos A = \dfrac{\cos a - \cos b \cos c}{\sin b \sin c}$,

d'où $1 - \cos^2 A$ ou

$$\sin^2 A = 1 - \frac{(\cos a - \cos b \cos c)^2}{\sin^2 b \sin^2 c}.$$

Réduisant au dénom. commun, faisant $\sin^2 = 1 - \cos^2$, il vient

$$\sin^2 A = \frac{1 - \cos^2 b - \cos^2 c - \cos^2 a + 2 \cos a \cos b \cos c}{\sin^2 b \sin^2 c}.$$

Prenons la racine et divisons les deux membres par $\sin a$, le 2e sera une fonction *symétrique* de a, b, c, que nous nommerons M; savoir $\dfrac{\sin A}{\sin a} = M$. Changeant A et a, en B et b, en C et c, le 2e membre restera le même; ainsi le 1er demeure constant, d'où résulte cette équ.

$$\frac{\sin A}{\sin a} = \frac{\sin B}{\sin b} = \frac{\sin C}{\sin c} \ldots \quad (4).$$

Dans tout triangle sphérique, les sinus des angles sont proportionnels aux sinus des côtés opposés.

D'après la propriété du triangle supplémentaire, changeons, dans l'équ. (3), a en $180° - A$, etc., nous aurons

$$-\cos A = \cos B \cos C - \sin B \sin C \cos a \ldots \quad (5).$$

Éliminons b de l'équ. (3) : d'abord mettons pour $\sin b$ sa valeur $= \dfrac{\sin B \sin a}{\sin A}$; puis remplaçons a et A par b et B, dans (3);

d'où $\cos b = \cos a \cos c + \sin a \sin c \cos B.$

En substituant ces valeurs dans (3), puis $1 - \sin^2 c$ pour $\cos^2 c$; enfin divisant tout par le facteur commun $\sin a \sin c$, on a

$$\sin c \cot a = \cos c \cos B + \sin B \cot A \ldots \quad (6).$$

Les équ. 3, 4, 5 et 6 sont le fondement de toute la Trigonométrie et suffisent à la résolution de tous les triangles, sous la condition d'y échanger les lettres A, B..., les unes en les autres.

Résolution des Triangles sphériques rectangles.

601. Désignons par A l'angle droit, par a l'hypoténuse (fig. 7); puis faisons $A = 90°$ dans les équ. 3, 4, 5 et 6, nous aurons

$$\cos a = \cos b \cos c \ldots\ (m),$$
$$\sin b = \sin a \sin B \ldots\ (n),$$
$$\cos a = \cot B \cot C \ldots\ (p),$$
$$\text{tang}\, c = \text{tang}\, a \cos B \ldots\ (q);$$

or, il est permis de changer B en A, et b en a, et réciproquement, dans les équ. 5 et 6, sans qu'elles cessent d'être vraies pour un triangle quelconque : faisant ensuite $A = 90°$, il vient

$$\cos B = \sin C \cos b \ldots\ (r),$$
$$\cot B = \cot b \sin c \ldots\ (s).$$

Ces six équ. suffisent pour traiter tous les cas de la résolution des triangles rectangles : *des cinq élémens* a, b, c, B, C, *deux sont donnés, et l'on cherche l'un quelconque des trois autres.* Les questions de ce genre comprennent trois élémens, dont un inconnu ; on dénommera les angles du triangle par A, B, C ; A étant à l'angle droit, puis on cherchera celle des équ. ci-dessus qui comprend les trois élémens dont il s'agit. Seulement on sera quelquefois obligé, pour trouver cette équ., de changer de place les lettres B et C. Tout problème relatif à la résolution des triangles rectangles contient trois élémens, deux donnés et un inconnu. Voici tous les cas qui peuvent se présenter :

L'hypot. a { et deux angles B, C........, prenez l'équ. (p),
un angle B et { le côté b opposé........ (n),
le côté c adjacent........ (q),
les trois côtés a, b, c........................ (m) },
un côté b de l'angle droit et les angles B, C.......... (r),
deux côtés b, c de cet angle et un angle B opposé.... (s).

Le fréquent usage de ces formules rend indispensable de les avoir sans cesse présentes à la mémoire, ce qui est assez difficile, parce que plusieurs ne sont pas symétriques. Mauduit a donné un moyen empirique assez commode de les retrouver. En comparant les trois élémens qui entrent dans le problème à l'ordre où ils se présentent dans la figure, lorsqu'on fait le tour du triangle, on reconnaît que, si l'on ne compte pas l'angle droit, ces trois arcs sont ou *successifs* ou *alternatifs*. Or, pourvu qu'on change les côtés de l'angle droit en leur complément, on a, dans tous les cas, ces deux équations :

cos. arc intermédiaire = *produit* { *des sinus des arcs* ALTERNES, *des cot. des arcs* CONTIGUS.

Il est en effet facile de voir que ces deux conditions reproduisent les six équ. précédentes.

Nos équ. démontrent diverses propriétés générales qu'il est utile de remarquer dans tous les triangles rectangles.

1°. De l'équ. (m) on conclut que l'un des trois côtés est $<$ ou $>$ 90°, selon que les deux autres côtés sont d'espèces semblables ou différentes. Cela résulte de ce que les cos. des arcs $>$ 90° sont négatifs.

2°. L'équ. (p) montre que si l'on compare l'hypoténuse aux deux angles adjacens B et C, l'un de ces trois arcs est $<$ ou $>$ 90°, selon que les deux autres sont d'espèces semblables ou différentes.

3°. Les équ. (r ou s) prouvent que chacun des angles B et C, est toujours de même espèce que le côté opposé.

4°. De l'équ. (q) on conclut que l'hypoténuse et un côté sont de même espèce quand l'angle compris est aigu, et d'espèces différentes quand il est obtus.

5°. Enfin, si le côté b de l'angle droit $=90°$, savoir $\cos b = 0$, les équ. (m et r) donnent $\cos a = 0$, $\cos B = 0$, les côtés CA, CB sont donc égaux à 90° et perpend. sur AB ; le triangle est isoscèle bi-rectangle ; C est le pôle de l'arc AB (fig. 7).

Ces théorèmes reçoivent leur application, lorsqu'on décompose en deux triangles rectangles un triangle donné, par un arc perpend. à sa base.

602. Quoique ces formules résolvent tous les cas, il convient de remarquer qu'elles manqueraient de précision, si l'inconnue

était fort petite et donnée par un cos, ou près de 90° et donnée par un sinus. (*V.* t. I, p. 371.) Voici comment on devrait opérer alors.

L'équ. $\tang^2 \frac{1}{2} x = \frac{1 - \cos x}{1 + \cos x}$ (t. I, p. 362),

sert à changer les cos en tang $\frac{1}{2}$. Par ex., 1°. pour trouver l'hypoténuse a, étant donnés les angles B et C, l'équ. (p) devient

$$\tang^2 \tfrac{1}{2} a = \frac{1 - \cot B \cot C}{1 + \cot B \cot C} = \frac{\sin B \sin C - \cos B \cos C}{\sin B \sin C + \cos B \cos C},$$

$$\tang^2 \tfrac{1}{2} a = \frac{-\cos(B + C)}{\cos(B - C)} \ldots\ldots\ldots\ldots (8).$$

On conclut de cette équ. que *la somme des deux angles* B et C *est toujours* $> 90°$, pour que le 2ᵉ membre soit positif.

2°. De même, pour avoir un côté b de l'angle droit, connaissant les angles B et C, l'équ. (r) donne $\cos b = \frac{\cos B}{\sin C} = \frac{\sin x}{\sin C}$, en faisant $x = 90° - B$; d'où (équ. citée, et n° 360)

$$\tang^2 \tfrac{1}{2} b = \frac{\sin C - \sin x}{\sin C + \sin x} = \frac{\tang \frac{1}{2}(C - x)}{\tang \frac{1}{2}(C + x)},$$

$$\tang \tfrac{1}{2} b = \sqrt{\tang\left(45° + \frac{B - C}{2}\right) \tang\left(\frac{B + C}{2} - 45°\right)} \ldots (9).$$

3°. Connaissant l'hypoténuse a et un côté c, pour avoir l'angle adjacent B, l'équ. (q) donne

$$\tang^2 \tfrac{1}{2} B = \frac{1 - \tang c \cot a}{1 + \tang c \cot a} = \frac{\cos c \sin a - \sin c \cos a}{\cos c \sin a + \sin c \cos a},$$

$$\tang^2 \tfrac{1}{2} B = \frac{\sin(a - c)}{\sin(a + c)} \ldots\ldots\ldots\ldots (10).$$

On remarquera que les sin de $a - c$ et $a + c$ doivent être de même signes, pour qu'il n'y ait pas d'imaginaires; ainsi quand $a + c > 180°$, l'hypoténuse a est $< c$. On voit que quand le triangle a des angles obtus, l'hypoténuse n'est pas le plus grand côté : c'est au reste ce qui sera évident par la fig. 10 et le n° 607.

4°. Enfin, l'équ. (m) donne $\cos c = \frac{\cos a}{\cos b}$, d'où

$$\text{tang}^2 \tfrac{1}{2}c = \text{tang}\,\tfrac{1}{2}(a+b).\,\text{tang}\,\tfrac{1}{2}(a-b)\ldots \quad (11).$$

5°. Enfin, si l'on cherche un côté b, connaissant l'angle opposé b et l'hypoténuse a, au lieu de l'équ. (n), quand b est près de 90°, voici ce qu'on fera : posez

$$b = 90° - 2z, \quad \text{tang}\,x = \sin a \sin B.$$

L'équ. (n) revient à $\cos 2z = \text{tang}\,x$, d'où (équ. citée)

$$\text{tang}^2 z = \frac{1 - \text{tang}\,x}{1 + \text{tang}\,x} = \text{tang}\,(45° - x);$$

d'où $\quad \text{tang}\,(45° - \tfrac{1}{2}b) = \sqrt{\text{tang}\,(45° - x)}\ldots \quad (12)$

L'arc x s'obtiendra par l'équ. ci-dessus, et par suite on aura b.

Nous mettrons ici un triangle d'épreuve pour s'exercer aux calculs.

Élémens.	Log sin.	Log cos.	Log tang.
a = 71° 24′ 30″	$\bar{1}$.9767235	$\bar{1}$.5035475 +	0.4731759 +
b = 140. 52. 40	$\bar{1}$.8000134	$\bar{1}$.8897507 —	$\bar{1}$.9102626 —
c = 114. 15. 54	$\bar{1}$.9598303	$\bar{1}$.6137969 —	0.3460333 —
B = 138. 15. 45	$\bar{1}$.8232900	$\bar{1}$.8728570 —	$\bar{1}$.9504341 —
C = 105. 52. 39	$\bar{1}$.9831068	$\bar{1}$.4370867 —	0.5460201 —

Triangles obliquangles.

603. Prenons les divers cas que cette théorie peut offrir.

1er CAS. *Étant donnés les trois côtés* a, b, c, *trouver un angle* A?

L'équ. (3), p. 203, lorsqu'on y met pour $\cos A$ sa valeur $1 - 2\sin^2 \tfrac{1}{2}A$, devient

$$\cos a = \cos(b-c) - 2\sin b \sin c \sin^2 \tfrac{1}{2}A\ldots \quad (7).$$

Cette équ. est d'un fréquent usage. On en tire, par l'équ. de la note n° 360 qui exprime $\cos B - \cos A$,

$$2 \sin b \sin c \sin^2 \tfrac{1}{2} A = \cos (b - c) - \cos a.$$
$$= 2 \sin \tfrac{1}{2}(a+b-c) . \sin \tfrac{1}{2}(a+c-b) \text{ (*)}.$$

Cette équ., propre au calcul des log., fait connaître A, par a, b et c. Faisant, pour abréger,

$$2p = a + b + c,$$

on a
$$\sin^2 \tfrac{1}{2} A = \frac{\sin (p-b) \sin (p-c)}{\sin b \sin c}.$$

De même, en mettant $2 \cos^2 \frac{1}{2} A - 1$ pour $\cos A$, dans l'équation (3), on a

$$\cos^2 \tfrac{1}{2} A = \frac{\sin p . \sin (p-a)}{\sin b \sin c}.$$

2e CAS. *Étant donnés les trois angles* A, B, C, *trouver un côté* a ?

La propriété du triangle supplémentaire (n° 599), appliquée aux formules qu'on vient de trouver, donne par la substitution des valeurs (1) p. 203,

$$2P = A + B + C,$$

$$\sin^2 \tfrac{1}{2} a = \frac{-\cos P \cos (P - A)}{\sin B . \sin C},$$

$$\cos^2 \tfrac{1}{2} a = \frac{\cos (P - B) \cos (P - C)}{\sin B . \sin C}.$$

3e CAS. *Étant donnés deux côtés* a *et* b, *et l'angle compris* c, *trouver le* 3e *côté* c.

L'équ. (3), p. 203, peut servir sous la forme

$$\cos c = \cos a \cos b (1 + \tang a \tang b \cos C).$$

(*) Comme le 1er membre est essentiellement positif, on doit avoir à la fois dans le 2e, $c < a + b$ avec $c > b - a$, puisqu'il serait absurde de prétendre que le contraire de ces relations existe. On a donc de nouveau le théorème 7°., page 202.

Cette formule ne se prête pas au calcul des log., non plus que la suivante ; nous reviendrons bientôt sur ces problèmes

4ᵉ CAS. *Étant donnés deux angles* C *et* B, *et le côté adjacent* a, *trouver le* 3ᵉ *angle* A ?

L'équ. (5, nº 600) donne

$$\cos A = \cos B \cos C (\operatorname{tang} B \operatorname{tang} C \cos a - 1).$$

5ᵉ CAS. De deux côtés et les angles opposés, connaissant trois de ces parties, trouver la 4ᵉ. Employez la règle (4) des quatre sinus, nº 600.

604. Excepté lorsqu'on donne les trois côtés et les trois angles, tout problème de Trigonométrie sphérique comprend toujours dans les données un angle et un côté adjacent (que nous nommerons A et b dans ce qui suit), outre un 3ᵉ élément. En abaissant de l'un des angles, tel que C (fig. 2 *bis*), un arc CD perpendiculaire sur le côté opposé c, ce côté sera coupé en deux segmens φ et φ', et l'angle C en deux angles θ et θ', savoir,

$$c = \varphi + \varphi', \quad C = \theta + \theta';$$

bien entendu que l'une de ces parties serait négative dans chaque équation, *si la perpendiculaire tombait hors du triangle; or, on sait que c'est ce qui arrive quand l'un des angles* A *et* B *à la base est aigu, et l'autre obtus ; elle tombe au contraire en dedans quand ces angles sont de même espèce.* En effet, les triangles ACD, BCD donnent (équ. p. 205)

$$\operatorname{tang} CD = \operatorname{tang} A \sin \varphi = \operatorname{tang} B \sin \varphi'.$$

Les sinus sont essentiellement positifs ici ; donc tang A et tang B sont de mêmes signes, ou A et B de même espèce. Si la perpendiculaire tombe dans le triangle, A et B sont les angles à la base ; mais si elle tombe en dehors, comme pour le triangle ACB', B est ici le supplément de l'angle $CB'A$ du triangle ; celui-ci est donc alors d'espèce différente de A, ce qui justifie notre théorème.

D'après cet exposé, on voit que le triangle proposé est décomposé en deux autres, qu'on peut traiter séparément pour y trouver les élémens demandés.

605. Au reste, on peut comprendre tous les cas dans les formules suivantes : (1) et (2) se déduisent des équ. (q et p) ; 5, 6, 7 et 8 se trouvent en tirant de chaque triangle rectangle (fig. 2 *bis*), par les équ. (m, r, s et q), les valeurs de l'arc perpendiculaire CD, et les égalant deux à deux, savoir,

$$\tan\varphi = \tan b \cos A \ldots (1) \qquad \cot\theta = \tan A \cos b \ldots (2)$$

$$c = \varphi + \varphi' \ldots\ldots (3) \qquad C = \theta + \theta' \ldots\ldots (4)$$

$$\frac{\cos a}{\cos b} = \frac{\cos \varphi'}{\cos \varphi} \ldots\ldots (5) \qquad \frac{\cos A}{\cos B} = \frac{\sin\theta}{\sin\theta'} \ldots\ldots (6)$$

$$\frac{\tan A}{\tan B} = \frac{\sin\varphi'}{\sin\varphi} \ldots\ldots (7) \qquad \frac{\tan a}{\tan b} = \frac{\cos\theta}{\cos\theta'} \ldots\ldots (8)$$

$$\frac{\sin A}{\sin a} = \frac{\sin B}{\sin b} = \frac{\sin C}{\sin c} \ldots \quad (9).$$

Selon les cas, on tire φ ou θ des équ. (1) et (2) ; en ayant égard aux signes des lignes trigonométriques, ces arcs φ et θ recevront un signe déterminé, et l'on en introduira les valeurs dans les équ. suivantes, en y conservant ce signe.

Voici le détail des divers cas :

Outre les données b *et* A,

1°. Si l'on connaît c (*deux côtés et l'angle compris*, b, c, A), l'équ. (1) donne φ, (3) φ', qui peut être négatif ; (5) a ; (7) B, (9) C, dont l'espèce est d'ailleurs connue (n° 604).

2°. Si l'on a C (*deux angles et le côté adjacent*, A, C, b), l'équ. (2) donne θ ; (4) θ' qui peut être négatif, (6) B, (8) a, (9) c, d'espèce connue.

3°. Quand on a a (*deux côtés et un angle opposé*, b, a, A), l'équ. (1) donne φ, (5) φ', (3) c, (7) et (9) B et C.

Ou bien, (2) donne θ, (8) θ', (4) C, (6 et 9) B et c.

Le problème a, en général, deux solutions, car φ' ou θ' étant calculé par son cos., l'arc a le double signe $\pm$: c et C ont donc deux valeurs, à moins qu'on ne soit conduit à rejeter l'une comme négative. φ' et θ' entrent dans (7 et 6) par leurs sinus, ce qui comporte deux valeurs de B ; de même pour C et c.

4°. Si l'on a B (*deux angles et un côté opposé*, A, B, b), l'équ. (1) donne φ, (7) φ', (3) c, (5 et 9) a et C.

Ou bien, (2) donne θ, (6) θ', (4) C, (8 et 9) a et c.

On a encore deux solutions, car φ' ou θ' est donné par un sinus; l'arc a deux valeurs supplémentaires : ainsi c dans (3), ou a dans (8), reçoit deux valeurs; de même pour a ou C dans (5 et 4), etc....

Observez que dans chacun de ces cas on n'a besoin d'employer que des équ. de n^{os} soit pairs, soit impairs: quand on a le choix de l'un des systèmes, on doit préférer celui qui conduit à des opérations plus simples.

606. Voici plusieurs conséquences importantes:

1°. L'équ. (5) donne $\dfrac{\cos b - \cos a}{\cos b + \cos a} = \dfrac{\cos \varphi - \cos \varphi'}{\cos \varphi + \cos \varphi'}$,

et, en vertu des équ. de la note n° 360, comme $c = \varphi + \varphi'$,

$$\tang \tfrac{1}{2}(\varphi' - \varphi) = \tang \tfrac{1}{2}(a + b) \tang \tfrac{1}{2}(a - b) \cot \tfrac{1}{2} c \ldots \quad (10).$$

Connaissant les trois côtés, cette équ. donne la différence des segmens, et par suite ces segmens eux-mêmes, puis les angles A et B, en résolvant les triangles rectangles ACD, BCD,

$$\cos A = \tang \varphi \cot b, \quad \cos B = \tang \varphi' \cot a \ldots \quad (11).$$

2°. L'équ. 6, traitée de même, donne

$$\tang \tfrac{1}{2}(\theta' - \theta) = \tang \tfrac{1}{2}(A + B) \tang \tfrac{1}{2}(A - B) \tang \tfrac{1}{2} C \ldots (12).$$

Lorsque les trois angles sont donnés, cette équ. fait connaître θ et θ'; on a ensuite les côtés a et b dans les triangles BCD, ACD,

$$\cos b = \cot \theta \cot A, \quad \cos a = \cot \theta' \cot B \ldots \quad (13).$$

3°. L'équ. 8 donne de même

$$\tang \tfrac{1}{2}(\theta' - \theta) = \frac{\sin (a - b)}{\sin (a + b)} \cot \tfrac{1}{2} C \ldots \quad (14).$$

Connaissant deux côtés a, b, *et l'angle compris* C, on aura θ et θ', puis A et B par les équ. (13).

4°. Enfin, l'équ. (7) donne

$$\operatorname{tang} \tfrac{1}{2}(\varphi'-\varphi) = \frac{\sin(A-B)}{\sin(A+B)} \operatorname{tang} \tfrac{1}{2} c \ldots (15).$$

Quand on a deux angles A, B, *et le côté adjacent* c, cette équ. donne φ et φ', et les équ. (11) font connaître a et b.

Les équ. que nous venons de trouver servent surtout à démontrer les *analogies de Néper*. Égalons les valeurs 10 et 15, et aussi 12 et 14 (c'est comme si l'on éliminait φ et φ' entre 5 et 7, ou θ et θ' entre 6 et 8); nous aurons, à cause de $\sin 2\alpha = 2 \sin\alpha \cos\alpha$,

$$\operatorname{tang}\tfrac{1}{2}(a+b)\operatorname{tang}\tfrac{1}{2}(a-b) = \operatorname{tang}^2\tfrac{1}{2}c.\frac{\sin\frac{1}{2}(A-B)\cos\frac{1}{2}(A-B)}{\sin\frac{1}{2}(A+B)\cos\frac{1}{2}(A+B)},$$

$$\operatorname{tang}\tfrac{1}{2}(A+B)\operatorname{tang}\tfrac{1}{2}(A-B) = \cot^2\tfrac{1}{2}C.\frac{\sin\frac{1}{2}(a-b)\cos\frac{1}{2}(a-b)}{\sin\frac{1}{2}(a+b)\cos\frac{1}{2}(a+b)}.$$

Or, l'équ. (9) donne

$$\frac{\sin a + \sin b}{\sin a - \sin b} = \frac{\sin A + \sin B}{\sin A - \sin B};$$

d'où

$$\frac{\operatorname{tang}\frac{1}{2}(a+b)}{\operatorname{tang}\frac{1}{2}(a-b)} = \frac{\operatorname{tang}\frac{1}{2}(A+B)}{\operatorname{tang}\frac{1}{2}(A-B)}.$$

Multipliant et divisant membre à membre chacune des deux équ. ci-dessus par cette dernière, tous les facteurs qui ne sont pas détruits sont au carré : en prenant la racine, il vient les équ. suivantes, comme si l'on eût décomposé chacune des 1res en deux facteurs,

$$\operatorname{tang}\tfrac{1}{2}(a+b) = \operatorname{tang}\tfrac{1}{2}c\,\frac{\cos\frac{1}{2}(A-B)}{\cos\frac{1}{2}(A+B)}\ (*),$$

$$\operatorname{tang}\tfrac{1}{2}(a-b) = \operatorname{tang}\tfrac{1}{2}c.\frac{\sin\frac{1}{2}(A-B)}{\sin\frac{1}{2}(A+B)},$$

(*) Comme $\operatorname{tang}\frac{1}{2}c.\cos\frac{1}{2}(A-B)$ est une quantité positive, il faut que $\operatorname{tang}\frac{1}{2}(a+b)$ et $\cos\frac{1}{2}(A+B)$ aient mêmes signes. Donc *la demi-somme de deux angles quelconques est toujours de même espèce que celle des côtés opposés, et réciproquement.*

$$\text{tang}\ \tfrac{1}{2}(A+B) = \cot \tfrac{1}{2} C . \frac{\cos \frac{1}{2}(a-b)}{\cos \frac{1}{2}(a+b)},$$

$$\text{tang}\ \tfrac{1}{2}(A-B) = \cot \tfrac{1}{2} C . \frac{\sin \frac{1}{2}(a-b)}{\sin \frac{1}{2}(a+b)}.$$

Telles sont les fameuses *analogies de Néper.* On s'en sert principalement pour obtenir à la fois deux côtés ou deux angles d'un triangle, dont on connaît deux angles et le côté adjacent, ou deux côtés et l'angle compris.

Triangles isoscèles. Soient C et B les angles égaux, c et b les côtés égaux, A l'angle du sommet, a la base; l'arc AD, qui va au milieu de BC, donne deux triangles rectangles égaux (nº 598, 5º.), dans lesquels on a

$$\sin \tfrac{1}{2} a = \sin \tfrac{1}{2} A \sin b \ldots\ (n),$$
$$\text{tang}\ \tfrac{1}{2} a = \text{tang}\ b \cos B \ldots\ (q),$$
$$\cos b = \cot B \cot \tfrac{1}{2} A \ldots\ (p),$$
$$\cos \tfrac{1}{2} A = \cos \tfrac{1}{2} a \sin B \ldots\ (r).$$

Ces relations sont formées des combinaisons 3 à 3 des quatre élémens A, B, a, b; elles feront connaître l'un quelconque de ces arcs, lorsqu'on en donnera deux autres. Ainsi, *de ces quatre choses, l'angle* A *du sommet d'un triangle isoscèle, la base* a, *l'arc* b *des côtés égaux, l'arc* B *des angles égaux, deux étant données, on sait toujours trouver les deux autres.*

Cas douteux des Triangles sphériques.

607. Ces triangles résultent de la section d'une sphère par trois plans qui passent par le centre. La fig. 10 a pour *base* le grand cercle $MKmf$, et représente un hémisphère produit par l'un de ces plans; les deux autres sont $AC\alpha$ et BC, qui se coupent selon le rayon CO, et déterminent le triangle ABC. Tout plan, tel que $AC\alpha$, coupe cet hémisphère selon une demi-circonférence, et les arcs CA, $C\alpha$ sont supplémentaires : l'angle $A = \alpha$ est l'inclinaison de ce plan sur la base. En menant le plan MCm par le rayon CO, et perpendiculaire à la base

MKm, puis prenant $MA' = MA$ de part et d'autre de ce plan, on obtient un 2ᵉ plan $A'Ca'$ symétrique à ACa, et l'on a

$$ma = ma', \quad AC = A'C, \quad Ca = Ca', \quad A = A' = a = a'.$$

Si l'on fait tourner le plan ACa autour du rayon CO, ce plan sera perpendic. en MCm, puis prendra diverses inclinaisons sur la base, en B, A, K..., formant deux angles supplémentaires d'un côté et de l'autre. Les arcs CB, CA, CK... vont en croissant à mesure qu'ils s'écartent de l'arc perpendicul. $CM = \psi$, qui est le plus petit de tous, jusqu'à Cm, qui est le plus grand; car le triangle rectangle ACM, où $CA = b$, donne $\cos ACM = \cot b \tang \psi$, et le facteur $\tang \psi$ est constant. Quand l'angle ACM est devenu droit, comme pour l'arc CK, dont le plan est perpendiculaire à MCm, on a $\cot b = 0$, et l'arc CK est de 90°. Le plan continuant de tourner, $\cos ACM$ devient négatif, et croît ainsi que $\cot b$; donc l'arc CA, CK, Ca' continue de croître.

En tournant ainsi, le plan coupant s'incline de plus en plus sur la base, en prenant les positions CB, CA, CK..., car le triangle rectangle ACM donne encore

$$\sin \psi = \sin b \sin A \ldots \quad (16),$$

équ. où le 1ᵉʳ membre est constant et où $\sin b$ va d'abord en croissant, comme on vient de le voir; donc $\sin A$ décroît en même temps. Mais dès que b atteint 90°, l'arc ayant la position CK perpendiculaire à CM, $\sin b$ diminue; donc $\sin A$ croît, l'angle A, aigu à la base, a pris sa moindre valeur k, et recommence à augmenter. Ce point K est le pôle de l'arc MCm; on a $CK = MK = MK' = 90°$ (n° 601, 5°.); l'angle K est mesuré par CM, ou $K = \psi$ d'un côté, par Cm ou $K = 180° - \psi$ de l'autre côté du plan CK perpendiculaire à CM.

On voit donc que tous les arcs partant de C pour aboutir en quelque point du demi-cercle $K'MK$, sont $< 90°$; les autres, de K en m, K', sont $> 90°$; le moindre de tous est $CM = \psi$; le plus grand est $Cm = 180° - \psi$; et tout arc CA, CK, Ca'...

est compris entre ces limites. Plus un arc approche de CM, plus il est petit; le contraire arrive pour Cm : l'arc intermédiaire CK est de 90°.

L'inclinaison des plans sur la base, de 90° qu'elle est en CM, diminue en prenant les positions successives CB, CA... jusqu'en CK, où elle devient $K = \psi$; puis elle croît de nouveau au-delà de K, jusqu'à devenir de 90° en Cm. Les angles obtus, du côté opposé du plan, supplémens des 1res, ont 180° — ψ pour limite. L'angle est aigu quand il regarde le petit arc perpendiculaire CM, et obtus quand il est tourné vers Cm.

D'après cela, il est facile de voir si, pour un triangle quelconque BCA, l'arc perpendiculaire à la base AB tombe au dedans ou au dehors du triangle (*voyez* le n° 604); et l'on vérifie les corollaires donnés n° 601, sur les relations de grandeur des côtés et des angles des triangles rectangles.

608. Les problèmes qui donnent lieu à des solutions doubles sont ceux où un angle et le côté opposé entrent parmi les données.

Supposons qu'on donne *deux côtés* a *et* b *et l'angle opposé* A. Coupez l'hémisphère $MKmf$ par un plan $AC\alpha$ passant par le centre O, et incliné de A sur la base, et prenez $AC = b$, C sera le sommet du triangle, que *fermera* un arc $CB = a$. Examinons ces circonstances.

Si $b < 90°$, et A aigu, CA l'un des côtés $= b$, le côté terminal a pourra tomber dans l'espace $A'CA$ (en faisant $MA = MA'$), pourvu qu'on ait $a < b$; alors il y aura *deux solutions*, telles que ACB et ACB' : et si l'angle A est obtus, b étant toujours $< 90°$, il y aura encore deux solutions, pourvu que a soit $> C\alpha'$ ou $C\alpha = 180° - b$, attendu que deux arcs a égaux se placeront entre $C\alpha$ et $C\alpha'$. Mais il n'y aura qu'*une solution* si l'arc a tombe dans l'espace $\alpha CA'$ ou $\alpha' CA'$, que A soit aigu ou obtus; ce qui arrivera quand la longueur de l'arc a sera intermédiaire entre $C\alpha$ et CA', savoir, b et $180° - b$.

Prenons maintenant $b > 90°$, tel que l'arc $C\alpha$, nous verrons de même qu'il y a *deux solutions* quand le côté terminal a tombe dans l'un des espaces $A'CA$ ou $\alpha C\alpha'$, et *une seule* quand il tombe dans $\alpha CA'$ ou $\alpha'CA$: ce dernier cas exige que a soit encore entre b et $180^\circ - b$. On voit en outre quedès que le côté terminal a tombe dans ces derniers espaces, l'angle B est de même espèce que le côté b qui lui est opposé.

Concluons de là que *si l'on donne deux côtés* b *et* a, *avec un angle opposé* A, *il y a en général deux solutions ; mais qu'une seule est admissible lorsque* a *est compris entre* b *et* $180^\circ - b$ *:* alors B et b sont de même espèce. Or, on sait (nº 604) que la perpendiculaire abaissée du sommet C sur la base c tombe dans l'intérieur du triangle, quand les angles A et B sont de même espèce, et en dehors dans le cas contraire. On saura donc si la base c est $\varphi + \varphi'$, ou $\varphi - \varphi'$, et si C est $\theta + \theta'$, ou $\theta - \theta'$. L'analyse du 3ᵉ cas du nº 605 est complétée par cette considération, qui décide quelle solution on doit préférer.

Donc, lorsqu'on devra résoudre un triangle dont on connaît a, b et A, il y aura en général deux solutions; mais on comparera le côté a aux arcs b et $180^\circ - b$; et si a est intermédiaire entre ces valeurs, on n'aura qu'une solution; B et b sont de même espèce, et l'on sait comment tombe l'arc perpendiculaire sur la base.

Il se peut encore que les données ne se prêtent à former aucun triangle; si le côté CA ou $C\alpha$ fait un angle aigu A avec la base, le côté terminal doit nécessairement surpasser $CM = \psi$, et ne pas excéder $C\alpha$, puisqu'il devrait passer de l'autre côté du plan $AC\alpha$, et l'angle aigu A n'en ferait plus partie; et si A est obtus, le côté a ne peut être $< b$ par la même raison, ni dépasser $CM = 180^\circ - \psi$. On détermine d'ailleurs ψ par l'équation (16). Donc *le triangle est impossible, quand on a*

A $< 90^\circ$ *avec* a $< \psi$ *ou* $>$ *celui des arcs* b *et* $180^\circ -$ b *qui est obtus,*
ou A $> 90^\circ$ *avec* a $> 180^\circ - \psi$ *ou* $<$ *celui des arcs* b *et* $180^\circ -$ b *qui est aigu.*

Au reste, ces circonstances n'exigent aucun calcul spécial, et l'impossibilité se manifeste d'elle-même par les opérations.

609. Venons-en au cas où *l'on donne deux angles* A *et* B *avec*

le côté opposé b. Après avoir coupé l'hémisphère (fig. 10) par un plan $AC\alpha$ incliné de A sur la base, on prend AC ou $\alpha C = b$; puis par le point C on mène un autre plan BC incliné de B sur la base, lequel ferme le triangle. Examinons les divers cas.

Quand le côté terminal a tombe dans l'angle $\alpha CA'$, il peut être placé d'un côté ou de l'autre du plan $K'CK$, comme Cf et Cf', parce qu'il y a des deux parts des plans formant avec la base le même angle B; c'est ce qui produit les deux triangles fCA, $f'CA$: et au contraire, si le côté a tombe dans l'angle ACA', il n'y a qu'une solution. En raisonnant comme ci-dessus, on reconnaît que l'angle A étant aigu ou obtus, que b soit $>$ ou $< 90°$, c'est quand le côté a tombe dans les angles $\alpha' CA$ ou αCA qu'il y a deux solutions : tandis que dans les angles $\alpha C\alpha'$ ou ACA', il n'y en a qu'une; ce qui est le contraire de ce qui arrivait précédemment. Mais il est visible que l'angle B est intermédiaire entre A et $180° - A$, quand il n'y a qu'une solution.

Donc, *si l'on donne deux angles* B *et* A, *avec le côté opposé* b, *il y a en général deux solutions*; *mais une seule est admissible quand* B *est compris entre* A *et* 180° — A *;* alors le côté inconnu a est de même espèce que A; l'arc perpendiculaire abaissé du sommet C sur la base, tombe au dedans ou au dehors du triangle (n° 604), selon que B et A sont de même espèce ou d'espèces différentes : on sait donc choisir les signes des $c = \varphi \pm \varphi'$, $C = \theta \pm \theta'$.

Ainsi, lorsqu'on voudra résoudre un triangle où A, B et b seront connus, on comparera B à A et à $180° - A$, attendu que si B est intermédiaire, il n'y aura qu'une seule solution ; A et a seront de même espèce, ce qui apprendra comment tombe l'arc perpendiculaire sur la base.

Il y a aussi des cas où *le triangle est impossible*, et l'on verra, comme ci-devant, que cela arrive quand on a

b $< 90°$ *avec* B $< \psi$, *ou* $>$ *le plus grand des arcs* A *et* 180° — A,
ou b $> 90°$ *avec* B $> 180° - \psi$, *ou* $<$ *le moindre des arcs* A *et* 180° — A.

Au reste, le calcul même met en évidence l'absurdité, en donnant des sinus ou cosinus > 1, et il n'est pas nécessaire de faire un calcul spécial pour reconnaître si le cas présent a lieu.

610. *Quand le triangle proposé est rectangle*, l'un des côtés est tel que CM ou Cm; et si l'on donne un angle et un côté opposé, il y a deux solutions, réductibles en certains cas à une seule.

1°. Étant donnés l'hypoténuse a et un côté b, trouver l'angle opposé B, ou réciproquement? L'équ. n (n° 601) donne b ou B par un sinus, qui répond à deux angles supplémentaires. Cependant on n'a jamais qu'une solution, parce que les deux arcs CA ou CA' qui ferment le triangle CMA ou CMA', sont symétriques. Ainsi B et b sont de même espèce (n° 601, 3°.), et il n'y a plus d'indécision.

2°. Étant donnés un côté b de l'angle droit et l'angle opposé B, la 3e partie cherchée admet deux valeurs; car si l'on demande l'hypoténuse a, l'équ. (n) donne $\sin a$: si l'on cherche le 3e côté c, l'équ. (s) donne $\sin c$; enfin, pour avoir l'angle C adjacent au côté donné b, l'équ. (r) donne $\sin C$. Ainsi l'inconnue reçoit deux valeurs supplémentaires pour l'angle correspondant à ce sinus.

611. Voici quelques applications numériques.

I. Soient $a = 133°\,19'$, $b = 57°\,28'$, $A = 45°\,23'$;

le triangle est impossible, puisque a surpasse $180° - b = 122°32'$, et que A est un angle aigu.

II. Il faut en dire autant si l'on a $A = 120°$, $B = 51°$, $b = 101°$; car on trouve que $B < 180° - A$ ou $60°$, avec $b > 90°$.

III. Soient $b = 40°0'10''$, $a = 50°10'30''$, $A = 42°15'14''$;

il n'y a qu'une seule solution, attendu que A, B et b sont $< 90°$; la perpend. tombe dans le triangle, φ et φ' sont positifs, et c est la somme de ces arcs.

$\tan b$...	$\bar{1}.9238563$	$\cos a$...	$\bar{1}.8064817$	$\varphi =$	$31°50'46''$
$\cos A$...	$\bar{1}.8693330$	$\cos \varphi$...	$\bar{1}.9291471$	$\varphi' =$	$44.44.50$
$\tan \varphi$...	$\bar{1}.7931893$	$-\cos b$...	$\bar{1}.8842363$	$c =$	$76.35.36$
		$\cos \varphi'$...	$\bar{1}.8513925$		

Pour trouver l'angle C du sommet

cos b... $\bar{1}.8842363$	tang b... $\bar{1}.9238563$	$\theta = 55^\circ\ 9'\ 59''$
tang A... $\bar{1}.9583058$	cot a... $\bar{1}.9211182$	$\theta' = 66.26.21$
cot θ... $\bar{1}.8425421$	cos θ... $\bar{1}.7567851$	$C = 121.36.20$
	cos θ'... $\bar{1}.6017596$	

Enfin, la règle des quatre sinus donne $B = 34^\circ\,15'\,3''$.

IV. Pour $B = 42^\circ 15' 14''$, $A = 121^\circ 36' 20''$, $b = 50^\circ\ 10'\ 30''$; on a deux solutions, attendu que $B < 180 - A$ ou $58^\circ 23' 40''$, b étant $< 90^\circ$.

cos b... $\bar{1}.8064817$	cos B... $\bar{1}.8693330$	sin b... $\bar{1}.8853636$
tang A... $0.2108864 -$	sin θ... $\bar{1}.8406262 -$	sin A... $\bar{1}.9302745$
cot θ... $0.0173681 -$	cos A... $-\bar{1}.7193880 -$	sin B... $\bar{1}.8276379$
$\theta = -43^\circ 51' 16''$	sin θ'... $\bar{1}.9905712 -$	sin $a = \bar{1}.9880004$
$\theta' = 78.26.19$ ou $101^\circ\ 53.41$		$a = 76^\circ\ 35'\ 36''$
$C = 34.15.\ 3$ ou $58.\ \ 2.25$		ou $= 103.24.24$

tang b... 0.0788818	cot B.... 0.0416956
cos A... $\bar{1}.7193874\ -$	tang A.... $0.2108873\ -$
tang φ... $\bar{1}.7982692\ -$	sin φ..... $\bar{1}.7259905\ -$
$\varphi = -32^\circ 8'\ 50''$	sin φ'.... $\bar{1}.9785734\ +$
$\varphi' = 72.9.\ 0$ ou $107^\circ 51'\ 0''$	
$c = 40.0.10$ ou $75.42.10$	

L'une de ces deux solutions reproduit le triangle de l'ex. III; c'est pour l'une fCA' dans notre fig. 10, pour l'autre $f'CA'$.

Nous donnerons ici, pour exercer à ce genre de calcul, tous les élémens d'un triangle sphérique, angles, côtés et segmens.

On pourra varier les questions, en prenant pour données les divers arcs qui se rapportent aux cas que nous avons distingués successivement.

Arcs.	Log sin.	Log cos.	Log tang.
$A = 121°36'19''81$	$\bar{1}.9302747$	$\bar{1}.7193874$ —	0.2108873 —
$B = 42.15.13,66$	$\bar{1}.8276379$	$\bar{1}.8693336$	$\bar{1}.9583044$
$C = 34.15.\ 2,76$	$\bar{1}.7503664$	$\bar{1}.9172860$	$\bar{1}.8330804$
$a = 76.35.36,0$	$\bar{1}.9880008$	$\bar{1}.3652279$	0.6227729
$b = 50.16.30,0$	$\bar{1}.8853636$	$\bar{1}.8064817$	0.0788819
$c = 40.\ 0.10,0$	$\bar{1}.8080926$	$\bar{1}.8842363$	$\bar{1}.9238563$
$\varphi = -32.\ 8.50,0$	$\bar{1}.7259905$ —	$\bar{1}.9277212$	$\bar{1}.7982692$ —
$\varphi' = 72.\ 9.\ 0,0$	$\bar{1}.9785741$	$\bar{1}.4864674$	0.4921067
$\theta = -43.51.16,2$	$\bar{1}.8406262$ —	$\bar{1}.8580013$	$\bar{1}.9826249$ —
$\theta' = 78.\ 6.19,0$	$\bar{1}.9905733$	$\bar{1}.3141056$	0.6764677
On a pour l'arc perpendiculaire			
$P = 40.51.\ 3,0$	$\bar{1}.8156385$	$\bar{1}.8787600$	$\bar{1}.9368784$

II. SURFACES ET COURBES A DOUBLE COURBURE.

Principes généraux.

612. Pour fixer (fig. 11) la position d'un point M dans l'espace, on conçoit trois axes Ax, Ay, Az, que nous supposerons rectangulaires pour plus de facilité, et les plans zAx, zAy, xAy, qui passent par ces lignes; puis on donne la distance PM, ou $z=c$, de ce point à sa projection P sur l'un de ces plans, ainsi que cette projection, et par conséquent les coordonnées AN, AS du point P, ou $x=a$, $y=b$: les données a, b et c ne sont autre chose que les distances MQ, MR, MP à ces trois plans; ces droites achèvent le parallélépipède QN.

En considérant qu'outre l'angle trièdre $zAxy$, les trois plans coordonnés forment sept autres trièdres, on verra bientôt que la position absolue du point M dans l'espace n'est fixée par les longueurs de a, b, c, qu'autant qu'on introduira les notions sur les signes (n° 340). Ainsi, au-dessous du plan xAy, conçu dans son étendue indéfinie, les z sont négatifs; si le point est à gauche du plan zAy, vers x', x est négatif; y l'est en arrière du plan zax.

613. Imaginons une équ. entre les trois coordonnées x, y, z, telle que $f(x, y, z) = 0$; elle sera indéterminée. Prenons, pour deux de ces variables, des valeurs quelconques $x = a = AN$, $y = b = PN$ (fig. 11); notre équ. donnera, pour z, au moins une racine $z = c$. Si c est réel, on élèvera en P la perpend. $PM = c$ au plan yAx, et le point M de l'espace sera ainsi déterminé. Changeant de valeurs pour les arbitraires x et y, c.-à-d. prenant à volonté des points P sur le plan xAy, on tirera de l'équ. autant de valeurs de z; tous les points M, ainsi obtenus, seront sur une surface, qu'on forme en les unissant par la pensée, et établissant entre eux la continuité : cette surface sera, par ex., un cône, un cylindre, une sphère; $f(x, y, z) = 0$ sera *l'équation de la surface*, parce qu'elle en distingue les divers points de tous ceux de l'espace. Si z a plusieurs racines réelles, la surface aura plusieurs nappes; et si z est imaginaire, la perpend. indéfinie élevée en P au plan xy ne la rencontrera pas.

Si, après avoir pris une valeur fixe de y, telle que $y = b = AS$, on fait varier x, l'ordonnée $PM = z$ se mouvra suivant SP parallèle au plan xz, et les variations correspondantes qu'elle éprouvera seront déterminées par $f(x, b, z) = 0$, qui est par conséquent l'équ. de l'intersection de la surface par le plan SM, entre les deux coordonnées x et z, comptées dans le plan $QMPS$. De même, en faisant $x = a$, ou $z = c$, on a les intersections de la surface par des plans MN, ou QR, parallèles aux yz ou aux xy.

$z = 0$ est visiblement l'équ. du plan xy, $z = c$ celle d'un plan qui lui est parallèle, et en est distant de la quantité c; $x = 0$ est l'équ. du plan yz; $x = a$ est celle du plan qui lui est parallèle, mené à la distance a.

614. Le triangle rectangle AMP donne $z^2 + AP^2 = AM^2$; et comme on tire de APN, $AP^2 = x^2 + y^2$, on a

$$x^2 + y^2 + z^2 = R^2,$$

en faisant $AM = R$. Donc, 1°. la distance d'un point à l'origine est la racine des carrés des trois coordonnées de ce point. 2°. Si x, y et z sont variables, cette équ. caractérisera tous les points de l'espace dont la distance à l'origine est la même et $= R$: c'est donc *l'équation de la sphère* qui a R pour rayon et le centre à l'origine.

Soient deux points, l'un $N(x, y, z)$, l'autre $M(x', y', z')$ (fig. 12), n et m leurs projections sur le plan xy, mn est celle de la ligne $MN = R$. Or (nº 373), on a

$$mn^2 = (x - x')^2 + (y - y')^2.$$

De plus, MP, parallèle à mn, forme le triangle MNP rectangle en P; d'où $MN^2 = MP^2 + PN^2 = mn^2 + PN^2$; et comme $PN = Nn - Mm = z - z'$, on a

$$(x - x')^2 + (y - y')^2 + (z - z')^2 = R^2 :$$

R est la distance entre les points (x, y, z), (x', y', z') (*); et si l'on regarde x, y, z comme des variables, *cette équation est celle d'une sphère de rayon* R, et dont le centre est situé au point $M(x', y', z')$.

615. Concevons une surface cylindrique droite à base quelconque (nº 287); cette base est une courbe donnée sur le plan xy par son équ. $f(x, y) = 0$. En attribuant à x et y des valeurs qui satisfassent à cette équ., le point du plan xy que ces coordonnées déterminent, est un de ceux de la courbe qui sert de base au cylindre; la perpend. z indéfinie, élevée en ce point au plan xy, est une génératrice de ce corps; ainsi, quelque valeur qu'on attribue à z, l'extrémité de cette perpend. sera sur la

(*) Comme mB, nC (fig. 12) parallèles à Ay, donnent $BC = x - x' =$ la projection de MN sur l'axe des x, on voit que *la longueur d'une ligne dans l'espace est la racine carrée de la somme des carrés de ses projections sur les trois axes.*

On a aussi $MP = MN.\cos NMP$; donc la projection mn est le produit de la longueur projetée par le cos. de l'inclinaison; et réciproquement une ligne dans l'espace est le quotient de sa projection sur un plan divisé par le cosinus de l'angle qu'elle fait avec ce plan. Ces théorèmes s'étendent aussi aux aires planes situées dans l'espace. (*Voyez* nº 753.)

surface du cylindre, en quelque point qu'on la termine. Donc, *l'équation de la surface d'un cylindre droit est celle de sa base*, ou $f(x, y) = 0$.

Si la génératrice du cylindre droit est perpend. au plan des xz, l'équ. de cette surface est celle de la base tracée sur ce plan, etc.

Le même raisonnement prouve que l'équ. d'un plan perpend. à l'un des plans coordonnés est celle de sa *Trace* sur celui-ci, c.-à-d. de la ligne d'intersection de ces deux plans. Soit donc $AB = \alpha$ (fig. 13), $a = \text{tang } CBI$, $x = az + \alpha$, qui est l'équ. de la ligne BC sur le plan zAx, est aussi celle du plan $FEBC$, perpend. à zAx, et menée suivant BC.

616. Soient $M=0$, $N=0$, les éq. de deux surfaces quelconques; chacune de ces équ. distingue en particulier ceux des points de l'espace qui appartiennent à l'une des surfaces; ainsi leur existence simultanée appartient à la ligne suivant laquelle ces surfaces se coupent. Donc, *un point est déterminé par trois équations entre* x, y, z, *qui sont les coordonnées de ce point; une surface par une seule équation; une courbe en a deux, qui sont celles des surfaces qui, par leur intersection, déterminent cette ligne.* Comme il y a une infinité de surfaces qui passent par une ligne donnée, on sent qu'une même courbe dans l'espace a une infinité d'équations.

Si l'on élimine z entre $M = 0$, $N = 0$, on trouvera une équ. $P = 0$ en x et y; ce sera celle d'un cylindre droit, qui coupe nos deux surfaces suivant la courbe dont il s'agit, et aussi l'équ. de la projection (n° 272) de cette courbe sur le plan xy. De même, en éliminant y, on aura l'équ. $Q = 0$ de la projection sur le plan xz, ou du cylindre projetant. $P = 0$, $Q = 0$, sont les équ. de nos deux cylindres, qu'on peut substituer aux surfaces données; ce sont les équ. des projections de notre courbe, et celles de la courbe même: donc, *on peut prendre pour équ. d'une courbe les équ. de ses projections sur deux plans coordonnés.*

617. Appliquons ces principes à la ligne droite. Nous prendrons pour ces équ. celles de deux plans quelconques qui la

contiennent; mais il sera convenable de préférer ceux qui fournissent des résultats plus simples. L'axe des z a pour équations $x=0$, $y=0$, qui sont celles des plans yz et xz. De même $x=\alpha, y=\beta$, sont les équ. d'une droite PM (fig. 11) parallèle aux z, et dont le pied P, sur le plan xy, a pour coordonnées $x=\alpha$, $y=\beta$. On raisonnera de même pour les autres axes; $x=0$, $z=0$ sont les équ. de celui des y, etc.....

Soit une droite quelconque EF, dans l'espace (fig. 13); conduisons un plan $FEBC$ perpendiculaire au plan xz; BC en sera la projection sur ce plan (nº 272). De même on projettera EF en HG sur le plan yz; les équ. de ces projections, ou des plans projetans, sont celles de la droite EF, ou

$$x=az+\alpha,$$
$$y=bz+\beta.$$

Il sera aisé de voir que α et β sont les coordonnées AB, AG, du point E où la droite EF rencontre le plan xy, et que a et b sont les tangentes des angles que ses projections BC, HG, font avec l'axe Az. En éliminant z, on obtient l'équ. de la projection sur le plan xy,

$$ay=bx+a\beta-b\alpha.$$

618. Si la droite EF (fig. 13) passe par un point donné $F(x', y', z')$, les projections C et H de ce point sont situées sur celles de la droite; donc les équ. sont (nº 369):

$$x-x'=a(z-z'),$$
$$y-y'=b(z-z').$$

On trouvera aisément les valeurs de a et b lorsque la droite doit passer par un second point (x'', y'', z'').

Quand la droite passe par l'origine A, ses équations sont

$$x=az,\quad y=bz.$$

Il est aisé de voir que les projections de deux droites parallèles sur le même plan, sont parallèles (nº 268); donc les équ. de ces lignes doivent avoir pour z les mêmes coefficiens a et b, et différer seulement par les valeurs des constantes α et β.

Équations du Plan, du Cylindre, du Cône, etc.

619. Quelles que soient les conditions qui déterminent la nature d'une surface, elles se réduisent toujours, en dernière analyse, à donner la loi de sa génération, qui consiste en ce qu'une courbe *Génératrice*, variable ou constante de forme, glisse le long d'une ou plusieurs lignes données, qu'on nomme *Directrices*. L'équ. de la surface engendrée s'obtient en raisonnant ici comme au n°. 462 ; nous allons en donner divers exemples, en commençant par le plan.

Un plan DC (fig. 14) est engendré par une droite EF, qui glisse sur deux autres qui se croisent : les traces BC, BD de ce plan sur ceux de xz, yz, se rencontrent en B sur l'axe des z, et ont pour équations, savoir,

$$BC \ldots y = 0, \quad z = Ax + C,$$
$$BD \ldots x = 0, \quad z = By + C \ldots \; (1),$$

en faisant $AB = C$. La trace BC, glissant parallèlement le long de BD, engendre ce plan BDC; c'est ce qu'il s'agit d'exprimer par l'analyse.

Soit EF une parallèle quelconque à BC, dans l'espace ; le plan projetant $EHIF$ sera parallèle à zx, HI le sera à Ax. La projection de EF sur le plan zx le sera à BC, en sorte que les équations de EF seront

$$y = \alpha, \quad z = Ax + \beta \ldots \; (2).$$

Pour avoir le lieu E de l'intersection de EF avec la directrice BD, éliminons x, y et z entre les quatre équations (1) et (2), il viendra l'équation de *condition*

$$\beta = B\alpha + C \ldots \; (3),$$

qui exprime que les lignes BD et EF se coupent. Si donc on donne à α et β des valeurs qui y satisfassent, on sera sûr que les équ. (2) seront celles de la génératrice dans une de ses positions. Concevons donc qu'on mette dans (2) pour β sa valeur $B\alpha + C$, ces équ. seront celles d'une génératrice quelconque, dont la position dépendra de la valeur qu'on attribuera à l'arbitraire α. On en conclut que, si l'on élimine α entre elles, c.-à-d. α et β entre les trois équ. (2) et (3), l'équ. résultante

$$z = Ax + By + C,$$

est celle du plan, puisque x, y et z représentent les coordonnées des divers points d'une génératrice quelconque.

C est le z à l'origine, ou AB; A et B sont les tangentes des angles que font avec les axes des x et des y les traces BC, BD du plan, sur ceux des xz et des yz.

Si l'on fait varier C seul, le plan se meut parallèlement, parce que ses traces demeurent parallèles (n° 268). Donc

1°. Toute équation du 1er degré est celle d'un plan;

2°. Deux équations quelconques du 1er degré sont celles d'une ligne droite;

3°. Lorsque l'équ. d'un plan est donnée, on obtient les équ. des traces sur les plans des xz, yz et xy, en faisant successivement $y = 0$, $x = 0$, $z = 0$; ce sont les équ. de ces plans. Ainsi, $Ax + By + C = 0$ est l'équ. de la trace du plan sur celui des xy.

On aurait pu prendre une droite quelconque dans l'espace pour génératrice, et la faire glisser sur les traces; ce calcul plus compliqué, auquel on pourra s'exercer, aurait conduit au même résultat.

620. Le même raisonnement sert à trouver l'équation du *Cylindre*. Soient $M = 0$, $N = 0$, les équ. d'une courbe quelconque donnée dans l'espace, sur laquelle doit glisser la droite génératrice, en restant parallèle à elle-même (n° 287). Désignons par

$$x = az + \alpha, \quad y = bz + \beta \ldots \ (1),$$

les équ. d'une parallèle à la génératrice, a et b étant donnés, α et β dépendant de la position de cette droite. Or, pour qu'elle coupe la directrice, il faut que ces quatre équ. puissent coexister; c.-à-d. que, si l'on élimine x, y et z entre elles, α et β doivent être tels, que l'équ. finale $\beta = F\alpha$ soit satisfaite. Si l'on met dans (1) $F\alpha$ pour β, ces deux équ. seront donc celles d'une génératrice quelconque, dont la position dépendra de la valeur de α; et si l'on élimine ensuite α entre elles, on aura une relation entre x, y et z, qui aura lieu pour une génératrice quelconque; ce sera par conséquent l'équ. cherchée.

Concluons de là que pour trouver l'équ. d'une surface cylindrique, il faut éliminer x, y et z entre les équ. (1) et celles $M=0$, $N=0$, de la courbe directrice; puis, dans l'équ. de condition $\beta = F\alpha$, qui en résulte, mettre $x - az$ pour α, et $y - bz$ pour β; l'équation du cylindre est donc de la forme $y - bz = F(x - az)$, la forme (*) de la fonction F dépendant de la nature de la directrice. (*Voy.* n°s 705 et 879.)

Si, par ex., la base est un cercle de rayon r, tracé dans le plan xy, et placé comme l'est celui de la fig. 18, le diamètre AE sur l'axe des x et l'origine en A, les équ. de la directrice sont $y^2 + x^2 = 2rx$, $z = 0$; éliminant x, y et z par les équ. (1), il vient $\beta^2 + \alpha^2 = 2r\alpha$, pour l'équ. de condition (**). Ainsi

$$(y - bz)^2 + (x - az)^2 = 2r(x - az)$$

est *l'équ. du cylindre oblique à base circulaire;* la direction de l'axe donne les valeurs de a et b. Si cet axe est dans le plan xz, on a $b=0$,

$$y^2 + (x - az)^2 = 2r(x - az).$$

Enfin, si le centre du cercle est situé à l'origine, il suffit de remplacer le 2e membre par r^2.

(*) Les signes Fx, fx, φx... servent à désigner des fonctions différentes de x; ils indiquent des formules dans lesquelles la même quantité x entre, mais combinée de diverses manières avec les données. Au contraire, fx, fz sont la même fonction de deux quantités différentes x et z : en sorte que si l'on changeait z en x dans celle-ci, on reproduirait identiquement l'autre. $f(\sqrt{z}+a)$, $f\left(\frac{a}{b+\log z}\right)$ désignent que si l'on faisait $\sqrt{z}+a=x$, et $\frac{a}{b+\log z}=x$, ces fonctions deviendraient identiques, et $=fx$.

(**) Cela est visible de soi-même, puisque α et β sont les coordonnées du pied de la génératrice. Même remarque pour le cône.

On pourrait trouver l'équ. du plan, en le considérant comme un cylindre dont la base est une ligne droite.

621. Soient $M = 0$, $N = 0$....... (1),
les équations de la directrice quelconque d'une surface *conique* (n° 289). Les coordonnées du sommet étant a, b, c, toute droite qui passe par ce point a pour équ. (n° 618),

$$x - a = \alpha(z - c), \quad y - b = \beta(z - c) \ldots \quad (2).$$

Si cette droite rencontre la courbe, elle sera une génératrice; éliminons donc x, y et z entre ces quatre équ., et à l'aide des équ. (2), éliminons α et β de l'équ. finale $\beta = F\alpha$, nous aurons pour le cône une équation telle que

$$\frac{y - b}{z - c} = F\left(\frac{x - a}{z - c}\right).$$

La forme de la fonction F, dépendant de la courbe directrice, est donnée par le calcul même que nous venons d'exposer. (*Voy.* n°s 705 et 879.)

Par ex., si la base est le cercle AE (fig. 18), ces équ. sont $z = 0$; $y^2 + x^2 = 2rx$; l'origine est à l'extrémité A du diamètre, lequel est couché sur l'axe des x; l'équ. de condition $\beta = F\alpha$ est ici

$$(a - \alpha c)^2 + (b - \beta c)^2 = 2r(a - \alpha c);$$

d'où. $$(az - cx)^2 + (bz - cy)^2 = 2r(z - c)(az - cx).$$

Telle est l'*équ. du cône oblique à la base circulaire*, le sommet S étant au point (a, b, c). Si nous voulons que l'axe SC soit dans le plan xz, comme on le voit (fig. 18), on fera $b = 0$, et il viendra

$$c^2(x^2 + y^2) + 2c(r - a)\,xz + a(a - 2r)\,z^2 + 2acrz - 2c^2rx = 0.$$

Enfin, quand le cône est droit $a = r$. Il est alors plus commode de prendre l'axe des z pour celui du cône, et l'on trouve, pour l'équ. de cette surface ainsi disposée,

$$c^2(x^2 + y^2) = r^2(z - c)^2, \quad \text{ou} \quad x^2 + y^2 = m^2(z - c)^2,$$

en nommant m la tangente de l'angle formé par l'axe et la génératrice, ou posant $mc = r$.

Si le cercle de la base n'était pas tracé dans le plan xy, mais dans un plan incliné sur les xy, et perpend. aux xz, A étant la tang. de l'angle que cette base fait avec le plan xy, il faudrait remplacer les équ. (1) par $z = Ax$ et $x^2 + y^2 + z^2 = r^2$.

622. On peut concevoir toute *surface de révolution* comme engendrée (nº 286) par le mouvement d'un cercle BDC (fig. 15), dont le plan est perpend. à un axe Az, le centre I étant sur cet axe, et le rayon IC tel, que ce cercle coupe toujours une courbe quelconque donnée CAB. Nous ne traiterons d'abord que le cas où l'axe est pris pour celui des z. Tout cercle BDC dont le plan est parallèle aux xy, a pour équ. celles de son plan et de son cylindre projetant, ou

$$z = \beta, \quad \text{et} \quad x^2 + y^2 = \alpha^2 \ldots \ (1);$$

en faisant $AI = \beta$, et le rayon $IC = \alpha$.

Les équ. de la directrice donnée CAB étant

$$M = 0, \quad N = 0 \ldots \ (2),$$

pour que ces courbes se rencontrent, il faut qu'en éliminant x, y et z entre ces quatre équ., la relation $\beta = F\alpha$, à laquelle on parviendra, soit satisfaite. Si l'on met $F\alpha$ pour β dans (1), ces équ. seront alors celles du cercle générateur dans une de ses positions dépendante de α; et si l'on élimine ensuite α, on aura l'équ. demandée. Ainsi, on éliminera x, y et z des quatre équ. (1) et (2); puis dans l'équ. finale $\beta = F\alpha$, on mettra z pour β, et $\sqrt{(x^2 + y^2)}$ pour α; l'équ. de la surface de la révolution a donc la forme $z = F(x^2 + y^2)$: celle de la fonction F dépend de la nature de la courbe directrice, et est donnée par le calcul que nous venons d'exposer.

I. Soit d'abord pris pour directrice un cercle dans le plan xz, et dont le centre soit à l'origine; on a, pour les équ. (2), $y = 0$, $x^2 + z^2 = r^2$, et pour l'équ. de condition $\alpha^2 + \beta^2 = r^2$, ce qui est d'ailleurs évident par soi-même; donc, remettant $x^2 + y^2$ pour α^2, et z pour β, on a $x^2 + y^2 + z^2 = r^2$ pour l'équ. de la sphère (nº 614).

II. Traçons dans le plan xz une parabole située comme on le voit fig. 15; ses équations seront $y = 0$, $x^2 = 2pz$; d'où $\alpha^2 = 2p\beta$, et

$$x^2 + y^2 = 2pz,$$

équ. du *Paraboloïde de révolution* autour de l'arc des z.

III. De même, l'équ. de l'*Ellipsoïde* et de l'*Hyperboloïde de révolution*, dont le 1er axe A se confond avec celui des z, est

$$A^2(x^2 + y^2) \pm B^2z^2 = \pm A^2B^2;$$

le signe supérieur a lieu pour l'ellipsoïde.

IV. Supposons qu'une droite quelconque tourne autour de l'axe des z; cherchons la surface de révolution qu'elle engendre. Les équ. de cette droite mobile, qui est la directrice, sont

$$x = az + A, \quad y = bz + B;$$

d'où $$(a\beta + A)^2 + (b\beta + B)^2 = \alpha^2,$$

pour équ. de condition. Celle de la surface est donc

$$x^2 + y^2 = (a^2 + b^2)z^2 + 2(Aa + Bb)z + A^2 + B^2.$$

En faisant $x = 0$, on trouve (n° 450) que l'intersection par le plan yz est une hyperbole; comme x et y n'entrent ici qu'assemblés en binome $x^2 + y^2$, z est une fonction de $x^2 + y^2$, et la surface engendrée est un hyperboloïde de révolution.

Cependant si la droite génératrice coupe l'axe des z, ses deux équ. doivent être satisfaites en faisant $x = y = 0$ et $z = c$; d'où $A = -ac$, $B = -bc$; donc on a

$$(a^2 + b^2)(z - c)^2 = x^2 + y^2,$$

qui appartient à un cône droit (n° 621).

Pour trouver l'équ. d'une surface de révolution dont l'axe a une situation quelconque, il faut ou recourir à une transformation de coordonnées (n° 636), ou traiter directement le problème d'une manière analogue à la précédente. (*Voyez* n° 629.)

Problèmes sur le plan et la ligne droite.

623. Remarquons, comme au n° 375, qu'on peut se proposer deux genres de problèmes sur les surfaces. Tantôt il s'agit de déterminer les points qui jouissent de certaines propriétés,

tantôt de donner à la surface une position ou des dimensions telles, qu'elle remplisse des conditions demandées. Dans le 1er cas, x, y, z sont les inconnues ; dans le 2e, il faut déterminer quelques constantes de l'équ. d'une manière convenable. Les conditions données doivent, dans tous les cas, conduire à autant d'équ. que d'inconnues, sans quoi le problème serait indéterminé ou absurde. Nous allons appliquer ces considérations générales au plan.

624. *Trouver les projections de l'intersection de deux plans* donnés par leurs équations

$$z = Ax + By + C, \quad z = A'x + B'y + C'.$$

En éliminant z, on a la projection sur le plan xy,

$$(A - A')x + (B - B')y + C - C' = 0.$$

De même chassant x ou y,

$$(A' - A)z + (AB' - A'B)y + AC' - A'C = 0,$$
$$(B' - B)z + (A'B - AB')x + BC' - B'C = 0,$$

sont les équ. des projections sur les plans des yz et des xz.

625. *Faire passer un plan par un, deux ou trois points donnés.* L'équ. de ce plan étant $z = Ax + By + C$, s'il passe par le point (x', y', z'), on a $z' = Ax' + By' + C$; et retranchant, il vient

$$z - z' = A(x - x') + B(y - y');$$

c'est l'équ. du plan qui passe par le point (x', y', z'). Le problème resterait indéterminé si les constantes A et B n'étaient pas données, à moins qu'elles ne fussent liées par deux équations d'où il faudrait les déduire. Si, par exemple, le plan doit être parallèle à un autre, $z = A'x + B'y + C'$, on aura

$$A = A', \quad B = B'.$$

Quand le plan doit passer par un 2e point (x'', y'', z''), on a $z'' = Ax'' + By'' + C$; ce qui laisse une constante arbitraire, et permet de faire passer le plan par un 3e point, etc. (*Voy.* n° 369.)

626. *Trouver le point d'intersection de deux droites.*

équ. de la 1re.... $x = az + \alpha, \quad y = bz + \beta,$

équ. de la 2e.... $x = a'z + \alpha', \quad y = b'z + \beta'.$

Pour le point cherché, x, y et z satisfont à ces quatre équations; éliminant, on trouve l'équation de condition

$$(\alpha - \alpha')(b - b') = (\beta - \beta')(a - a').$$

Si elle n'est pas satisfaite, les lignes ne se coupent pas; et si elle l'est, le point d'intersection a pour coordonnées

$$z = \frac{\alpha - \alpha'}{a' - a} = \frac{\beta - \beta'}{b' - b}, \quad x = \frac{a'\alpha - a\alpha'}{a' - a}, \quad y = \frac{b'\beta - b\beta'}{b' - b}.$$

627. *Trouver les conditions pour qu'une droite et un plan coïncident ou soient parallèles.* Soient les équ. du plan et de la droite

$$z = Ax + By + C,$$

$$x = az + \alpha, \quad y = bz + \beta:$$

en substituant $az + \alpha$ et $bz + \beta$ pour x et y dans la 1re, on a

$$z(Aa + Bb - 1) + A\alpha + B\beta + C = 0.$$

Si la droite et le plan n'avaient qu'un point de commun, on en trouverait ainsi les coordonnées; mais pour qu'elle soit entièrement située dans le plan, il faut satisfaire à cette équ. quel que soit z; d'où (n° 576),

$$Aa + Bb = 1, \quad A\alpha + B\beta + C = 0;$$

ce sont les équ. de condition cherchées.

Si la droite est simplement parallèle au plan, il faut qu'en les transportant parallèlement jusqu'à l'origine, la droite et le plan coïncident; ainsi, ces équ. doivent être satisfaites en y supposant α, β et C nuls; d'où

$$Aa + Bb - 1 = 0.$$

628. *Exprimer qu'une droite est perpend. à un plan.* Le plan projetant la droite sur les xy est, à la fois perpend. au plan donné et à celui des xy; ces deux derniers se coupent donc suivant une perpend. au plan projetant (nos 272 et 273); c.-à-d. que la

trace du plan donné sur les xy est perpend. à toute droite dans le plan projetant, et par suite à la projection sur le plan xy de la droite donnée. Donc, *lorsqu'une ligne est perpendic. à un plan, les traces de ce plan et les projections de la ligne sont à angle droit.* D'après cela, les équ. du plan et de la droite étant les mêmes qu'au numéro qui précède, celles des traces du plan sur les xz et yz, sont

$$z = Ax + C, \quad z = By + C,$$

ou
$$x = \frac{1}{A}z - \frac{C}{A}, \quad y = \frac{1}{B}z - \frac{C}{B};$$

la relation connue (n° 370, équ. 4) donne

$$A + a = 0, \quad B + b = 0.$$

Cette équ. détermine deux des constantes du plan ou de la droite qui lui est perpendiculaire. Les autres constantes devront être données, ou assujetties à d'autres conditions.

629. Lorsque l'on veut mener un plan perpendic. à la droite donnée, l'équ. de ce plan est donc

$$z + ax + by = C.$$

Les coordonnées du pied de la droite sur le plan xy sont α et β; la sphère, dont le centre est en ce point, a pour équation (n° 614),

$$(x - \alpha)^2 + (y - \beta)^2 + z^2 = r^2.$$

Ces deux dernières équ. appartiennent donc à un cercle dont le plan est perpend. à la droite donnée; le rayon de ce cercle et sa situation absolue dépendent de r et de C.

Soient $M = 0$, $N = 0$, les équ. d'une courbe; pour qu'elle coupe notre cercle, il faut que ces quatre équ. puissent coexister; en éliminant x, y et z, on a une équ. de condition $r = F(C)$, et remettant

$z + ax + by$ pour C, et $\sqrt{[(x - \alpha)^2 + (y - \beta)^2 + z^2]}$ pour r,

on aura l'équ. de la surface engendrée par la révolution de la courbe donnée autour de l'axe quelconque.

630. Si au contraire le plan est donné, et si l'on veut que la droite lui soit perpendiculaire, et passe par un point donné (x', y', z'), on a pour les équ. de la droite,

$$x-x'+A(z-z')=0, \quad y-y'+B(z-z')=0.$$

631. On en déduit la distance du point au plan; car, mettons l'équ. du plan sous la forme

$$z-z'=A(x-x')+B(y-y')+L,$$

en faisant $\quad L=C-z'+Ax'+By'$;

puis éliminons les coordonnées x, y, z du pied de la perpend., il vient

$$z-z'=\frac{L}{1+A^2+B^2}, \quad x-x'=\frac{-AL}{1+A^2+B^2}, \quad y-y'=\frac{-BL}{1+A^2+B^2}.$$

Donc (n° 614) la distance δ entre les extrémités est

$$\delta=\frac{L}{\sqrt{(1+A^2+B^2)}}.$$

632. *Trouver la distance d'un point à une droite.* Les équ. de la droite étant toujours comme n° 627, le plan perpendiculaire, mené par le point donné (x', y', z'), a pour équation

$$a(x-x')+b(y-y')+z-z'=0.$$

Éliminant x, y et z à l'aide des équ. de la droite, on trouve, pour les coordonnées du point de rencontre,

$$x=\frac{aM}{1+a^2+b^2}+\alpha, \quad y=\frac{bM}{1+a^2+b^2}+\beta, \quad z=\frac{M}{1+a^2+b^2},$$

en faisant $\quad M=a(x'-\alpha)+b(y'-\beta)+z'$.

La distance P entre les points (x, y, z), (x', y', z'), tout calcul fait, est donnée par

$$P^2=(x'-\alpha)^2+(y'-\beta)^2+z'^2-\frac{M^2}{1+a^2+b^2}.$$

633. *Trouver l'angle* **A** *que forment deux droites.* Menons, par l'origine, des parallèles à ces lignes; l'angle de ces deux

parallèles est ce qu'on appelle l'angle des droites, qu'elles se coupent ou non. Soient donc les équ. de ces parallèles

(1)... $x = az$, $y = bz$, (2)... $x = a'z$, $y = b'z$;

il faut trouver A en fonction de a, b, a' et b'. Concevons une sphère dont le centre serait à l'origine, et qui aurait l'unité pour rayon; on aura les coordonnées des points où elle coupe nos droites, en éliminant x, y et z entre leurs équ. respectives et celle de la sphère, qui est $x^2 + y^2 + z^2 = 1$. On trouve... $(a^2 + b^2 + 1)z^2 = 1$, d'où l'on tire z, puis x et y par les équ. (1); on accentue ensuite a et b pour avoir z', x' et y';

$$z = \frac{1}{\sqrt{(1 + a^2 + b^2)}}, \; x = \frac{a}{\sqrt{(1 + a^2 + b^2)}}, \; y = \frac{b}{\sqrt{(1 + a^2 + b^2)}},$$

$$z' = \frac{1}{\sqrt{(1 + a'^2 + b'^2)}}, \; x' = \frac{a'}{\sqrt{(1 + a'^2 + b'^2)}}, \; y' = \frac{b'}{\sqrt{(1 + a'^2 + b'^2)}}.$$

La distance D de ces points est donnée par

$$D^2 = (x - x')^2 + (y' - y)^2 \text{ etc.} = 2 - 2(xx' + yy' + zz'),$$

à cause de $x'^2 + y'^2 + z'^2 = 1$, $x^2 + y^2 + z^2 = 1$. On a, dans l'espace, un triangle isoscèle dont les trois côtés sont 1, 1 et D; l'angle A est opposé à ce dernier; l'équ. (D, n° 355) donne pour cet angle $\cos A = 1 - \frac{1}{2}D^2 = xx' + yy' + zz'$, ou

$$\cos A = \frac{1 + aa' + bb'}{\sqrt{(1 + a^2 + b^2)}\sqrt{(1 + a'^2 + b'^2)}}.$$

1°. Pour en déduire les angles X, Y, Z, qu'une droite fait avec les axes des x, y et z, il faut donner à la 2e ligne tour à tour la situation de chacun de ces axes, puis mettre ici les valeurs de a' et b' correspondantes. Par ex., $x = 0$, $y = 0$, sont les équ. de l'axe des z: pour que les équ. (2) deviennent celles-ci, il faut poser $a' = b' = 0$. Si l'on introduit ces valeurs dans notre formule, on aura

$$\cos Z = \frac{1}{\sqrt{(1 + a^2 + b^2)}}.$$

Faisons tourner la droite autour de l'origine pour l'appliquer sur le plan des xz, sans sortir du plan projetant; l'angle dont

b' est la tangente diminuera, et deviendra nul: ainsi il faut faire $b'=0$, pour avoir l'angle qu'une droite dans l'espace fait avec une autre située dans le plan des xz; ce qui réduit le numérateur à $1+aa'$, et le second radical à $\sqrt{(1+a'^2)}$. Et si cette 2e droite se rapproche de l'axe des x, a' croît, et devient infini lorsqu'elle coïncide avec cet axe. Alors 1 disparaît (*)

(*) Soit la fraction $\frac{Ax^a+Bx^b+\ldots}{Mx^m+Nx^n+\ldots}$, que l'on peut écrire ainsi.... $\frac{x^a(A+Bx^{b-a}+\ldots)}{x^m(M+Nx^{n-m}+\ldots)}$, en supposant que a et m sont les moindres exposans de x dans les deux termes. Il se présente trois cas.

1°. Si $m=a$, les facteurs x^a, x^m se détruisent; plus x décroît, et plus la fraction approche de $\frac{A}{M}$, qui est la limite répondant à $x=0$.

2°. Si $m>a$, on a $\frac{A+Bx^{b-a}+\ldots}{x^{m-a}(M+Nx^{n-m}\ldots)}$, dont l'infini est visiblement la limite; la fraction croît donc sans bornes quand x diminue.

3°. Enfin, si $m<a$, la limite est zéro. Cette manière de prendre la limite est ce qu'on appelle *faire* x *infiniment petit*.

Si les exposans a et m sont, au contraire, les plus élevés dans les deux termes, la fraction se met sous la forme $\frac{x^a\left(A+\frac{B}{x^{a-b}}+\ldots\right)}{x^m\left(M+\frac{N}{x^{m-n}}+\ldots\right)}$. Or plus x croît, et plus les termes $\frac{B}{x^{a-b}}$, $\frac{N}{x^{m-n}}\ldots$, approchent de zéro, qui répond à x infini; en sorte que si $a=m$, la limite est $\frac{A}{M}$; si $a>m$, la fraction devient $\frac{x^{a-m}(A+\ldots)}{M+\ldots}$, qui est infinie avec x; enfin, si $a<m$, la limite est zéro. On appelle cette opération *faire* x *infiniment grand*.

Il est facile de voir que le raisonnement ne porte que sur le 1er terme du numérateur et du dénominateur, en sorte qu'on aurait pu d'abord réduire la fraction à $\frac{Ax^a}{Ma^m}$. Il en serait de même de toute autre fonction algébrique, ce qu'on démontrerait par un raisonnement analogue. Concluons donc que, *pour faire* x *infini dans une fonction, il faut n'y conserver que les termes où cette lettre porte les exposans les plus élevés : au contraire, pour faire* x *infiniment petit, il faut supprimer tous les termes, excepté ceux qui ont les moindres puissances de* x.

C'est ainsi que, quand $x=\infty$, $\frac{a+\sqrt[3]{(x^3+bx^2+c)}}{m+\sqrt{(x^2+n)}}$ se réduit à $\frac{\sqrt[3]{x^3}}{\sqrt{x^2}}=1$.

devant aa' et a'^2, ce qui réduit le numérateur à aa', et le second radical à $\sqrt{a'^2}$ ou a'; leur quotient étant a, on a pour l'angle X qu'une droite dans l'espace fait avec l'axe des x,...

$$\cos X = \frac{a}{\sqrt{(1 + a^2 + b^2)}}.$$

En faisant de même $a' = 0$, $b' = \infty$, on trouve $\cos Y$. Donc, les cosinus des angles qu'une droite fait avec les axes, sont

$$\cos X = \frac{a}{\sqrt{(1 + a^2 + b^2)}},$$

$$\cos Y = \frac{b}{\sqrt{(1 + a^2 + b^2)}},$$

$$\cos Z = \frac{1}{\sqrt{(1 + a^2 + b^2)}}.$$

2°. Ces valeurs sont aussi celles des sinus des angles que la droite fait avec les plans des yz, xz et xy, puisque ces angles sont visiblement les complémens de X, Y et Z.

3°. Ajoutons les carrés de ces cosinus; il vient

$$\cos^2 X + \cos^2 Y + \cos^2 Z = 1.$$

On peut donc mener dans l'espace une droite qui forme, avec les axes des x et des y, des angles donnés X et Y; mais Z est déterminé. C'est ce qui d'ailleurs est visible. (*Voy.* n° 637.)

4°. Prenons une longueur quelconque MN (fig. 12), sur une droite, qui fait dans l'espace les angles X, Y, Z avec les axes, et projetons-la sur les x et les y; les projections sont

$$BC = MN \,.\, \cos X, \quad \text{et} \quad MN \,.\, \cos Y.$$

Mais mn ou MP, est la projection de MN sur le plan xy, $mn = MN \,.\, \sin Z$; et projetant de nouveau mn sur les x et les y, ces projections sont $BC = mn \,.\, \cos\theta$ et $mn \,.\, \sin\theta$, θ étant l'angle que fait mn avec les x; donc nos projections sont $BC = MN \,.\, \sin Z \,.\, \cos\theta$, et $MN \,.\, \sin Z \,.\, \sin\theta$; égalant les valeurs des mêmes projections, il vient

$$\cos X = \sin Z \,.\, \cos\theta, \quad \cos Y = \sin Z \,.\, \sin\theta.$$

Au lieu de déterminer une direction dans l'espace, par les trois angles X, Y, Z qu'elle fait avec les axes, il suffit de donner l'angle qu'elle fait avec sa projection sur le plan xy (complément de l'angle Z), et l'angle θ de cette projection avec l'axe des x; et réciproquement.

En ajoutant les carrés de ces deux équ., on a

$$\cos^2 X + \cos^2 Y = \sin^2 Z = 1 - \cos^2 Z;$$

relation déjà trouvée (3°.).

5°. Mettant les valeurs de $\cos X, X', Y\ldots$ dans $\cos A$, p. 236,

$$\cos A = \cos X \cos X' + \cos Y \cos Y' + \cos Z \cos Z';$$

l'angle des deux droites est exprimé en fonction des angles que chacune d'elles fait avec les trois axes.

6°. Si les deux lignes sont perpendiculaires, $\cos A = 0$, et l'on a, pour l'équation qui exprime cette condition,

$$1 + aa' + bb' = 0,$$

ou $$\cos X \cos X' + \cos Y \cos Y' + \cos Z \cos Z' = 0.$$

634. *Trouver l'angle θ de deux plans.* Leurs équ. étant

$$z = Ax + By + C, \quad z = A'x + B'y + C',$$

si de l'origine on abaisse des perpend. sur ces plans, l'angle de ces lignes sera égal à celui des plans. Soient donc $x = az$, $y = bz$, les équ. d'une droite menée par l'origine; pour qu'elle soit perpend. au 1er plan, il faut qu'on ait (n° 628), $A + a = 0$, $B + b = 0$. Les équ. des perpend. sont donc

$$x + Az = 0, \quad y + Bz = 0\ldots \quad x + A'z = 0, \quad y + B'z = 0.$$

Ainsi, le cosinus de l'angle de ces droites, et par conséquent celui des plans est

$$\cos\theta = \frac{1 + AA' + BB'}{\sqrt{(1 + A^2 + B^2)}\,\sqrt{(1 + A'^2 + B'^2)}}.$$

1°. Si l'on fait prendre au 2e plan la situation de celui des xz, $y = 0$ est son équ.; il faut donc faire $A' = C' = 0$, et $B' = \infty$, pour avoir l'angle T qu'un plan fait avec celui des xz. On a de même les angles U et V qu'il fait avec les yz et les xy. Donc

$$\cos T = \frac{B}{\sqrt{(1+A^2+B^2)}},$$

$$\cos U = \frac{A}{\sqrt{(1+A^2+B^2)}},$$

$$\cos V = \frac{1}{\sqrt{(1+A^2+B^2)}},$$

d'où $$\cos^2 T + \cos^2 U + \cos^2 V = 1,$$

et $$\cos\theta = \cos T \cos T' + \cos U \cos U' + \cos V \cos V',$$

pour le cosinus de l'angle de deux plans en fonction de ceux qu'ils forment respectivement avec les plans coordonnés.

2°. Si les plans sont à angle droit

$$1 + AA' + BB' = 0,$$

ou $$\cos T \cos T' + \cos U \cos U' + \cos V \cos V' = 0.$$

635. *Trouver l'angle η d'une droite et d'un plan.* Soient

$$z = Ax + By + C \quad \text{et} \quad x = az + \alpha, \quad y = bz + \beta,$$

leurs équ. L'angle cherché est celui que la droite fait avec sa projection sur le plan (n° 272); si l'on abaisse d'un point de la droite une perpend. sur ce plan, l'angle de ces deux lignes sera donc complément de η. De l'origine, menons une droite quelconque, $x = a'z$, $y = b'z$; pour qu'elle soit perpend. au plan, il faut (n° 628), qu'on ait $a' = -A$, $b' = -B$. L'angle qu'elle forme avec la ligne donnée a pour cosinus la valeur déterminée p. 236; donc

$$\sin \eta = \frac{1 - Aa - Bb}{\sqrt{(1 + a^2 + b^2)}\,\sqrt{(1 + A^2 + B^2)}}.$$

Il sera aisé d'en conclure que les angles que la droite fait avec les plans coordonnés des xz, yz et xy, ont pour sinus respectifs

$$\frac{b}{\sqrt{(1+a^2+b^2)}}, \quad \frac{a}{\sqrt{(1+a^2+b^2)}}, \quad \frac{1}{\sqrt{(1+a^2+b^2)}};$$

ce qui s'accorde avec ce qu'on a vu (n° 633, 2°.).

Transformation des coordonnées.

636. Pour transporter l'origine au point (α, β, γ), sans changer la direction des axes, qu'on suppose d'ailleurs quelconque, par un raisonnement semblable à celui du n° 382, on verra qu'il faut faire

$$x = x' + \alpha, \quad y = y' + \beta, \quad z = z' + \gamma.$$

Les axes primitifs x, y, z sont parallèles aux nouveaux x', y', z', quels que soient les angles qu'ils forment entre eux; on doit d'ailleurs attribuer aux coordonnées α, β, γ de la nouvelle origine les signes qui dépendent de sa position (n° 612). Si elle est située sur le plan xy, $\gamma = 0$; si elle est sur l'axe des z, α et β sont nuls, etc.

637. Pour changer la direction des axes, en conservant la même origine, imaginons trois nouveaux axes Ax', Ay', Az'; les 1ers axes seront ici supposés rectangulaires, et les nouveaux axes, de direction donnée arbitraire. Prenons un point quelconque, puis menons les coordonnées x', y', z' de ce point, et projetons-les sur l'axe des x; l'abscisse x sera, comme n° 383, la somme de ces 3 projections. Désignons par (xx') l'angle $x'Ax$ formé par les axes des x et x', par $(y'\,y)$ l'angle $y'Ay$, etc. nous aurons

$$\left.\begin{array}{l} x = x'\cos(x'x) + y'\cos(y'x) + z'\cos(z'x) \\ y = x'\cos(x'y) + y'\cos(y'y) + z'\cos(z'y) \\ z = x'\cos(x'z) + y'\cos(y'z) + z'\cos(z'z) \end{array}\right\} \ldots (A).$$

Ces deux dernières équ. se trouvent en projetant les x', y' et z' sur l'axe des y, et ensuite sur celui des z.

Telles sont les relations qui servent à changer la direction des axes. Comme $(x'x)$, $(x'y)$, $(x'z)$ sont les angles que forme la droite Ax' avec les axes rectangulaires des x, y, z, on a (n° 633, 3°.)

$$\begin{array}{l} \cos^2(x'x) + \cos^2(x'y) + \cos^2(x'z) = 1 \\ \text{de même} \quad \cos^2(y'x) + \cos^2(y'y) + \cos^2(y'z) = 1 \\ \cos^2(z'x) + \cos^2(z'y) + \cos^2(z'z) = 1 \end{array} \Bigg\} \ldots (B).$$

Les angles que les nouveaux axes forment entre eux donnent (nº 633, 5º.)

$$\cos(x'y') = S, \quad \cos(x'z') = T, \quad \cos(y'z') = U \ldots \text{ (C)},$$

en faisant, pour abréger,

$$S = \cos(x'x)\cos(y'x) + \cos(x'y)\cos(y'y) + \cos(x'z)\cos(y'z),$$
$$T = \cos(x'x)\cos(z'x) + \cos(x'y)\cos(z'y) + \cos(x'z)\cos(z'z),$$
$$U = \cos(y'x)\cos(z'x) + \cos(y'y)\cos(z'y) + \cos(y'z)\cos(z'z).$$

Si les nouvelles coordonnées sont rectangulaires, on a

$$S = 0, \quad T = 0, \quad U = 0 \ldots \text{ (D)}.$$

Les éq. (*A*), (*B*), (*C*), (*D*), contiennent les neuf angles que font les axes x', y', z', avec les x, y, z. On voit que lorsqu'on veut choisir un nouveau système de coordonnées, ces neuf angles ne forment que six arbitraires, parce que les équ. (*B*) en déterminent trois; et même, quand ce système est aussi rectangulaire, les équ. (*D*), qui expriment cette condition, ne laissent plus que trois arbitraires. L'axe des x' fait avec les x, y, z, trois angles, dont deux sont quelconques, et le 3ᵉ s'ensuit : l'axe des y' serait dans le même cas s'il ne devait pas être perpend. aux x'; mais cette condition ne laisse réellement qu'une arbitraire; ce qui fait 3 en tout, puisque ces données fixent la situation de l'axe des z', perpend. au plan $x'y'$.

638. Au lieu de déterminer la position des nouveaux axes rectangles, par les angles qu'ils forment avec les premiers, on peut prendre les données suivantes (*Mécan. cél.*, t. I. p. 59).

Un plan $CAy'x'$ (fig. 16) est incliné de θ sur xAy qu'il coupe selon AC; cette trace AC fait avec Ax l'angle $CAx = \psi$: dans le plan CAy', déterminé par θ et ψ, traçons les deux axes rectangles Ax', Ay' : le 1ᵉʳ faisant avec la trace AC l'angle $CAx' = \varphi$. Les nouveaux axes sont ainsi fixés par les angles θ, ψ et φ, qui donnent l'inclinaison sur le plan xy du plan $x'y'$, la direction de la trace AC et celle de Ax' dans ce plan $x'y'$ ainsi déterminé; l'axe y', dans ce plan, fait l'angle $x'Ay'$ de 90° ; et l'axe z' est perpend. à ce même plan. Pour transformer les axes, il reste à exprimer les angles $x'x$, $y'x$...., qui entrent dans les équ. A, en fonction des données θ, ψ et φ.

Les droites Ax, Ax' et AC forment un trièdre dont on connaît deux angles plans φ et ψ, ainsi que l'angle dièdre compris θ. Appliquons ici la formule (3, pag. 203) de la Trigonométrie sphérique; faisons $c = (x'x)$, $C = \theta$, $a = \psi$, $b = \varphi$.

$$\cos(x'x) = \cos\psi \cos\varphi + \sin\psi \sin\varphi \cos\theta.$$

Il est clair que pour l'angle xAy', il suffit d'opérer de même le trièdre $x'ACy$, dont les angles-plans sont $(x'y)$, $CAy = 90^\circ + \psi$, et $CAx' = \varphi$: et pour $y'Ay$, on prend le trièdre $y'ACy$, où $CAy' = 90^\circ + \varphi$, et $CAy' = 90^\circ + \psi$; donc

$$\cos(y'x) = -\cos\psi \sin\varphi + \sin\psi \cos\varphi \cos\theta,$$
$$\cos(x'y) = -\sin\psi \cos\varphi + \cos\psi \sin\varphi \cos\theta,$$
$$\cos(y'y) = \sin\psi \sin\varphi + \cos\varphi \cos\psi \cos\theta.$$

Considérons le trièdre $z'AxC$; l'axe Az' fait avec AC un angle droit (n° 266) ainsi qu'avec le plan CAy'; l'angle des plans xy et $z'AC$ est $90^\circ + \theta$, en supposant le plan CAy' situé au-dessus de celui des xy. Faisons, dans l'équ. (3) p. 203,

$$c = (z'x),\ C = 90^\circ + \theta,\ a = 90^\circ,\ b = \psi;$$

nous aurons $\cos(z'x) = -\sin\psi \sin\theta.$

De même le trièdre $z'ACy$ donne

$$\cos(z'y) = -\cos\psi \sin\theta,$$

en augmentant ψ de 90°. Enfin, l'angle zAC étant aussi droit, et l'angle dièdre $zACx' = 90^\circ - \theta$, le trièdre $zACx'$ donne

$$\cos(x'z) = \sin\varphi \sin\theta,$$

d'où $\cos(y'z) = \cos\varphi \sin\theta;$

enfin, $\cos(z'z) = \cos\theta.$

On a ainsi les valeurs des neuf coefficiens des équations (A).

Les équ. de conditions B et D sont satisfaites d'elles-mêmes par ces valeurs, ainsi qu'on peut s'en assurer.

Des Intersections planes.

639. Lorsque l'intersection des deux surfaces est une courbe plane, il est plus commode, pour en connaître les propriétés, de la rapporter à des coordonnées prises dans ce plan *DOC* (fig. 17), déterminé par l'angle θ, qu'il forme avec le plan xy, et par l'angle ψ que fait avec Ox l'intersection OC de ces plans ; nous prendrons cette ligne OC pour axe des x' : la perpend. OA, menée sur OC, dans le plan coupant DOC, sera l'axe des y'.

Comme il s'agit d'avoir en $x'y'$ l'équ. de la courbe d'intersection des surfaces, il est clair qu'après avoir fait la transformation (A) pour rapporter l'une de ces surfaces aux axes x', y', z', il suffira de faire ensuite $z'=0$, et l'on aura son intersection avec le plan $x'Oy'$. Il est préférable, dans un cas aussi simple, de faire $z'=0$ dans les équ. (A), et de chercher directement les cosinus de $(x'x)$, $(y'x)\ldots$ Dans le trièdre $AOCB$, on connaît les angles plans $a=\psi$, $b=90°$, et l'angle dièdre compris $C=\theta$: donc, l'équ. (3, p. 203) devient

$$\cos(y'x)=\sin\psi\cos\theta,\qquad \cos(y'y)=-\cos\psi\cos\theta.$$

De plus

$$(x'x)=\psi,\quad \cos(x'y)=\sin\psi,\quad (x'z)=90°.$$

Enfin, le plan $x'Oy'$, qu'on suppose élevé au-dessus de celui des xy, fait avec l'axe Oz l'angle $(y'z)=90°-\theta$. Ainsi, les équations (A) donnent

$$\left.\begin{aligned} x &= x'\cos\psi + y'\sin\psi\cos\theta \\ y &= x'\sin\psi - y'\cos\psi\cos\theta \\ z &= y'\sin\theta \end{aligned}\right\}\ldots\ldots (E).$$

On serait aussi parvenu à ces résultats, en se servant des équ. du n° 638.

640. Appliquons ces équ. au cône oblique dont la base est un cercle. Le plan zAx (fig. 18) perpend. au plan coupant AB, et mené par l'axe SC, sera celui des xz ; la section AB de ces deux

plans, ou *l'axe de la courbe*, coupe celle-ci au *sommet* A, qui sera pris pour origine des coordonnées : le plan xAy, parallèle à la base circulaire du cône, sera celui des xy; il coupe le cône selon un cercle AE, de rayon r, qu'on peut regarder comme la *directrice* même (n° 621); ainsi, notre cône, dont le sommet a pour coordonnées a, o, c, dont l'axe est dans le plan xz, et la base, sur le plan xy, a pour équ. $c^2(x^2+y^2)+2c(r-a)xz\ldots=0$, comme p. 229; le plan coupant AB étant perpend. aux xz, coupe le plan xy selon l'axe Ay, et il faut poser $\psi=90°$ dans les équ. (E); d'où

$$x=y'\cos\theta,\quad y=x',\quad z=y'\sin\theta\ldots\ (1),$$

$$y'^2[c^2\cos^2\theta+2c(r-a)\sin\theta\cos\theta+(a^2-2ar)\sin^2\theta]$$
$$+c^2x'^2+2cry'(a\sin\theta-c\cos\theta)=0\ldots\ (2).$$

Telle est l'équ. de la courbe, qui peut d'ailleurs représenter toutes les sections du cône oblique (excepté les parallèles à la base), en faisant varier a, c, r et θ; les x' sont comptées sur Ay, les y' sur AB. Il est aisé de discuter cette équ. (n° 450), et de reconnaître que les courbes sont de même espèce que pour le cône droit.

Si l'on veut que la section soit un cercle, les cofficiens de x'^2 et y'^2 seront égaux (n° 446); d'où

$$(c^2+2ar-a^2)\operatorname{tang}^2\theta=2c(r-a)\operatorname{tang}\theta.$$

$\operatorname{tang}\theta=0$ reproduit la base AE du cône. Quant à l'autre valeur de $\operatorname{tang}\theta$, pour l'interpréter, nous avons

$$\operatorname{tang}SAD=\frac{SD}{AD}=\frac{c}{a},\quad \operatorname{tang}SAB=\frac{c-a\operatorname{tang}\theta}{a+c\operatorname{tang}\theta}.$$

En mettant pour $\operatorname{tang}\theta$ notre 2ᵉ racine, il vient, toute réduction faite,

$$\operatorname{tang}SAB=\frac{c^3+a^2c}{2a^2r-a^3+2c^2r-ac^2}=\frac{c}{2r-a}=-\frac{SD}{DE},$$

ou $$\operatorname{tang}SAB=-\operatorname{tang}SED=\operatorname{tang}SE'A.$$

La section est donc encore un cercle, quand les angles SAB',

SEA, formés avec les génératrices opposées, sont égaux. Le plan coupant yAB étant comparé au cercle $A'E$ de la base, c'est ce qu'on appelle des *sections sous-contraires*.

Pour obtenir les sections planes du cône droit, il suffit de poser $a = r$ dans l'équation (2),

$$y'^2(c^2\cos^2\theta - r^2\sin^2\theta) + c^2x'^2 + 2cry'(r\sin\theta - c\cos\theta) = 0\,;$$

cette équ. revient à celle du n° 400. Du reste, on ne peut plus rendre égaux, de deux manières, les facteurs de x'^2 et y'^2; et, en effet, les deux sections sous-contraires coïncident alors.

641. Le cylindre oblique, dont la base est un cercle situé comme pour le cône ci-dessus, et l'axe dans le plan xz, a pour équ. (p 228)

$$y^2 + (x - az)^2 = 2r(x - az):$$

en y introduisant les valeurs (1), le plan coupant étant perpend. aux xz, on a

$$y'^2(\cos^2\theta + a^2\sin^2\theta - 2a\sin\theta\cos\theta) + x'^2 = 2ry'(\cos\theta - a\sin\theta).$$

La section est une ellipse qui se réduit au cercle quand $\sin\theta = 0$, ce qui reproduit la base du cylindre, et quand

$$(a^2 - 1)\tang\theta = 2a, \quad \text{ou} \quad \tang\theta = -\tang 2\alpha\,;$$

(équ. *L*, 359), α étant l'angle que l'axe du cylindre fait avec les z : donc θ est le supplément de 2α.

Surfaces du second ordre.

642. L'équation générale du 2ᵉ degré est

$$ax^2 + by^2 + cz^2 + 2dxy + 2exz + 2fyz + gx + hy + iz = k \ldots (1).$$

Pour *discuter* cette équ., c.-à-d. déterminer la nature et la position des surfaces qu'elle représente, simplifions-la par une transformation de coordonnées qui chasse les termes en xy, xz et yz; les axes, de rectangulaires qu'ils sont, seront rendus obliques, en substituant les valeurs (*A*), p. 241; et les neuf angles qui y entrent étant assujettis aux conditions (*B*), il y a six arbitraires dont on peut disposer d'une infinité de manières.

Égalons à zéro les coefficiens des termes en $x'y'$, $x'z'$ et $y'z'$. Mais si l'on veut que la direction des nouveaux axes soit aussi rectangulaire, comme cette condition est exprimée par les trois relations (D), les six arbitraires sont réduites à trois, que nos trois coefficiens, égalés à zéro, suffisent pour faire connaître, et le problème devient déterminé.

Ce calcul sera rendu plus facile par le procédé suivant. Soient $x=\alpha z$, $y=\beta z$ les équ. de l'axe des x'; en faisant, pour abréger, $l=\dfrac{1}{\sqrt{(1+\alpha^2+\beta^2)}}$, on trouve (*voy.* p. 238)

$$\cos(x'x)=l\alpha,\quad \cos(x'y)=l\beta,\quad \cos(x'z)=l.$$

En raisonnant de même pour les équ. $x=\alpha'z$, $y=\beta'z$ de l'axe des y', et enfin, pour l'axe des z', on a

$$\cos(y'x)=l'\alpha',\quad \cos(y'y)=l'\beta',\quad \cos(y'z)=l',$$
$$\cos(z'x)=l''\alpha'',\quad \cos(z'y)=l''\beta'',\quad \cos(z'z)=l'',$$

Les équ. (A) de la transformation deviennent

$$\begin{aligned} x &= l\alpha x' + l'\alpha' y' + l''\alpha'' z',\\ y &= l\beta x' + l'\beta' y' + l''\beta'' z',\\ z &= lx' + l'y' + l''z'. \end{aligned}$$

Les neuf angles du problème sont remplacés par les six inconnues $\alpha, \alpha', \alpha'', \beta, \beta', \beta''$, attendu que les équ. (B) se trouvent satisfaites d'elles-mêmes.

Substituons donc ces valeurs de x, y, z dans l'équ. générale du 2e degré, et égalons à zéro les coefficiens de $x'y'$, $x'z'$ et $y'z'$:

$$\begin{aligned} &(a\alpha+d\beta+e)\alpha'+(d\alpha+b\beta+f)\beta'+e\alpha'+f\beta'+c=0\ldots\ x'y',\\ &(a\alpha+d\beta+e)\alpha''+(d\alpha+b\beta+f)\beta''+e\alpha+f\beta+c=0\ldots\ x'z',\\ &(a\alpha''+d\beta''+e)\alpha'+(d\alpha''+b\beta''+f)\beta'+e\alpha''+f\beta''+c=0\ldots\ y'z'. \end{aligned}$$

L'une de ces équ. peut s'obtenir seule, et sans faire la substitution en entier; de plus, d'après la symétrie du calcul, il suffit de trouver une de ces équ. pour en déduire les deux autres. Éliminons α' et β' entre la 1re et les équ. $x=\alpha'z$, $y=\beta'z$ de l'axe des y' ; il viendra cette équ., qui *est celle d'un plan*,

$$(a\alpha+d\beta+e)x+(d\alpha+b\beta+f)y+(e\alpha+f\beta+c)z=0\ldots(2).$$

Or, la 1re équ. est la condition qui chasse le terme $x'y'$: en tant qu'on n'a égard qu'à elle, on peut prendre α, β, α', β' à volonté, pourvu qu'elle soit satisfaite : il suffira donc que l'axe des y' soit tracé dans le plan dont nous venons de donner l'équ., pour que la transformée n'ait pas de terme en $x'y'$.

De même, en éliminant α'' et β'' de la 2e équ., à l'aide des équ. de l'axe des z', $x=\alpha''z$, $y=\beta''z$, on aura un plan tel, que si l'on prend pour axe des z' toute droite qu'on y tracerait, la transformée sera privée du terme en $x'z'$. Mais, d'après la forme des deux 1res équ., il est clair que ce second plan est le même que le premier : donc, si l'on y trace les axes des y' et z' à volonté, *ce plan sera celui des* y' *et* z', et la transformée n'aura pas de termes en $x'y'$, ni en $x'z'$. La direction de ces axes, dans ce plan étant quelconque, on a une infinité de systèmes qui atteignent ce but ; l'équ. (2) sera, comme on voit, celle d'un plan parallèle à celui qui coupe par moitié toutes les parallèles aux x, et qu'on nomme *Plan diamétral*. Si, en outre, on veut que le terme en $y'z'$ disparaisse, la 3e équ. devra faire connaître α' et β' ; et l'on voit qu'il y a une infinité d'axes obliques qui remplissent les trois conditions imposées.

643. Mais admettons que les x', y' et z' doivent être rectangulaires ; l'axe des x' devra être perpend. au plan des $y'z'$ dont nous avons trouvé l'équ. ; et pour que $x=\alpha z$, $y=\beta z$ soient les équ. d'une perpend. à ce plan (2), il faut que (n° 628)

$$a\alpha + d\beta + e = (e\alpha + f\beta + c)\alpha \ldots (3),$$
$$d\alpha + b\beta + f = (e\alpha + f\beta + c)\beta \ldots (4).$$

Substituant dans (3) la valeur de α tirée de (4), on trouve

$$\begin{aligned} & [(a-b)fe + (f^2 - e^2)d]\beta^3, \\ + & [(a-b)(c-b)e + (2d^2 - f^2 - e^2)e + (2c-a-b)fd]\beta^2, \\ + & [(c-a)(c-b)d + (2e^2 - f^2 - d^2)d + (2b-a-c)fe]\beta, \\ + & (a-c)fd + (f^2 - d^2)e = 0. \end{aligned}$$

Cette équ. du 3e degré donne pour β au moins une racine réelle ; l'équ. (4) en donne ensuite une pour α ; ainsi l'axe des x' est déterminé de manière à être perpend. au plan $y'z'$, et à priver l'équ. des termes en $x'z'$ et $x'y'$. Il reste à tracer, dans ce plan $y'z'$, les axes à angle droit, et tels que le terme $y'z'$ disparaisse; mais il est évident qu'on trouvera de même un plan des $x'z'$, tel que l'axe des y' lui soit perpend., et que les termes $x'y'$, $z'y'$ soient chassés. Or, il arrive que les conditions qui expriment que l'axe des y' est perpend. à ce plan sont encore (3) et (4), en sorte que la même équ. du 3ᵉ degré doit encore donner β'. Il en est de même pour l'axe des z'. Donc les trois racines de l'équ. en β sont réelles, et sont les valeurs de β, β' et β''; par suite α, α' et α'' sont données par l'équ. (4). *Il n'y a donc qu'un système d'axes rectangulaires qui délivre l'équ. des termes en* x'y', x'z', y'z', *et il en existe un dans tous les cas; notre calcul enseigne à trouver ces axes.*

Ce système prend le terme d'*Axes principaux de la surface.*

644. Analysons les cas que peut offrir l'équ. du 3ᵉ degré en β.

1°. Si l'on a $\quad (a-b)fe+(f^2-e^2)d=0,$

l'équ. est privée du 1ᵉʳ terme; on sait qu'alors une des racines de β est infinie, aussi bien que α, qui, d'après l'équ. (4), se réduit à $e\alpha+f\beta=0$; les angles correspondans sont droits: l'un des axes, celui des z', par ex., se trouve dans le plan xy, et l'on obtient son équ. en éliminant α et β à l'aide de $x=\alpha z$, $y=\beta z$; cette équ. est $ex+fy=0$. Les directions des y' et z' sont données par notre équ. en β, réduite au 2ᵉ degré.

2°. Si, outre ce 1ᵉʳ coefficient, le 2ᵉ est aussi $=0$, tirant b de l'équ. ci-dessus, pour substituer dans le facteur de β^2, il se réduit au dernier terme de l'équ. en β:

$$(a-c)fd+(f^2-d^2)e=0.$$

Ces deux équ. expriment la condition dont il s'agit. Or, le coefficient de β se déduit de celui de β^2, en changeant b en c, et d en e, et il en est de même pour le 1ᵉʳ et le dernier terme de l'équ. en β; donc l'équ. du 3ᵉ degré est satisfaite d'elle-même. Il existe donc alors une infinité de systèmes d'axes rectangulaires, qui chassent les termes en $x'y'$, $x'z'$ et $y'z'$. Éliminant a et b des équ. (3) et (4), à l'aide des deux équ. de condition ci-dessus, on trouve qu'elles sont le produit de $f\alpha - d$, et $e\beta - d$ par le facteur commun $ed\alpha + fd\beta + fe$. Ces facteurs sont donc nuls; et éliminant α et β, on trouve

$$fx = dz, \quad ey = dz, \quad edx + fdy + fez = 0.$$

Les deux 1res sont les équ. de l'un des axes; la 3e, celle d'un plan qui lui est perpend., et dans lequel sont tracés les deux autres axes sous des directions arbitraires. Ce plan coupera la surface selon une courbe où tous les axes à angle droit sont principaux, qui est par conséquent un cercle, seule des courbes du 2e degré qui jouisse de cette propriété. La surface est alors de révolution autour de l'axe dont nous venons de donner les équ.; c'est ce qu'on reconnaît bientôt en transportant l'origine au centre du cercle. (Voy. *Annales de Math.*, t. II, deux beaux Mémoires de M. Bret.)

645. L'équ., une fois dégagée des trois rectangles, est telle que

$$kz^2 + my^2 + nx^2 + qx + q'y + q''z = h \ldots \quad (5).$$

Chassons les termes de première dimension, en transportant l'origine (n° 636) : il est clair que ce calcul sera possible, excepté si l'équ. manque de l'un des carrés x^2, y^2, z^2 : nous examinerons ces cas à part; il s'agit d'abord de discuter l'équ.

$$kz^2 + my^2 + nx^2 = h \ldots \quad (6).$$

Toute droite passant par l'origine, coupe la surface en deux points, à égales distances des deux parts, puisque l'équ. reste la même après avoir changé les signes de x, y et z : l'origine étant au milieu de toutes les cordes menées par ce point, est un *Centre; la surface jouit donc de la propriété d'avoir un centre, toutes les fois que la transformée ne manque d'aucun des carrés des variables.*

Nous prendrons toujours n positif: il reste à examiner les cas où k et m sont positifs, ou négatifs, ou de signes différens.

646. Si, dans l'équ. (6), k, m et n sont positifs, il faut que

h le soit aussi, sans quoi l'équ. serait *absurde et ne représenterait rien;* et si h est nul, on a $x=0$, $y=0$ et $z=0$ à la fois (n° 112), et la surface n'est qu'*un seul point.*

Mais quand h est positif, en faisant séparément x, y ou z nul, on trouve des équ. à l'ellipse, courbes qui résultent de la section de notre surface par les trois plans coordonnés. Tout plan parallèle à ceux-ci donne aussi des ellipses, et il serait aisé de voir qu'il en est de même de toutes les sections planes (n° 639) : c'est pour cela que ce corps a le nom d'*Ellipsoïde.* Les longueurs A, B, C des *trois axes principaux* s'obtiennent en cherchant les sections de la surface par les axes des x, y et z, savoir, $kC^2=h$, $mB^2=h$, $nA^2=h$; éliminant k, m et n de l'équ. (6),

$$\frac{z^2}{C^2}+\frac{y^2}{B^2}+\frac{x^2}{A^2}=1,\quad A^2B^2z^2+A^2C^2y^2+B^2C^2x^2=A^2B^2C^2;$$

telle est l'équ. de *l'ellipsoïde rapportée à son centre et à ses trois axes principaux.* On peut concevoir cette surface engendrée par une ellipse tracée dans le plan xy, mobile parallèlement à elle-même, pendant que ses deux axes varient, cette courbe glissant le long d'une autre ellipse tracée dans le plan xz. Si deux des quantités A, B, C sont égales, on a une ellipsoïde de révolution; si $A=B=C$, on a une sphère.

647. Supposons k négatif, m et h positifs, ou

$$kz^2-my^2-nx^2=-h.$$

En posant x ou y nul, on reconnaît que les sections par les plans de yz et xz sont des hyperboles, dont l'axe des z est le 2e axe : les plans menés par l'axe des z donnent cette même courbe; on dit que la surface est un *hyperboloïde.* Les sections parallèles au plan de xy sont toujours des ellipses réelles où A, B, $C\sqrt{-1}$ désignant les longueurs comprises sur les axes, à partir de l'origine, l'équ. est la même que ci-dessus, au signe près du 1er terme, qui devient ici négatif.

648. Enfin, quand k et h sont négatifs,

$$-kz^2+my^2+nx^2=-h,$$

tous les plans qui sont menés par l'axe des z coupent la surface selon des hyperboles, dont l'axe des z est le premier axe; le plan xy ne rencontre pas la surface, et ses parallèles, passé deux limites opposées, donnent des ellipses. On a un *hyperboloïde à deux nappes* autour de l'axe des z. L'équ. en A, B, C est encore la même que ci-dessus, excepté que le terme en z^2 est seul positif.

649. Lorsque $h=0$, on a, dans ces deux cas, $kz^2=my^2+nx^2$, *équ. d'un cône*, qui est à nos hyperboloïdes ce que les asymptotes étaient à l'hyperbole. (*Voy.* p. 229.)

Il resterait à traiter le cas de k et m négatifs; mais il se réduit à une simple inversion dans les axes, pour le ramener aux deux précédens. L'hyperboloïde est à une ou deux nappes autour de l'axe des x, selon que h est négatif ou positif.

650. Quand l'équ. (5) est privée de l'un des carrés, de x^2 par ex., en transportant l'origine, on peut dégager cette équ. du terme constant, et de la 1re puissance de y et de z, savoir,

$$kz^2+my^2=hx.$$

Les sections par les plans des xz et xy sont des paraboles tournées dans un sens, ou dans le sens opposé, selon les signes de k, m et h; les plans parallèles à ceux-ci donnent aussi des paraboles. Les plans parallèles aux yz donnent des ellipses, ou des hyperboles, selon le signe de m. La surface est *un paraboloïde elliptique* dans un cas, *hyperbolique* dans l'autre; $k=m$ lorsque le paraboloïde est de révolution.

651. Quand $h=0$, l'équ. a la forme $a^2z^2\pm b^2y^2=0$, selon les signes de k et m. Dans un cas, on a $z=0$ et $y=0$, quel que soit x, la surface se réduit à l'axe des x; dans l'autre, $(az+by).(az-by)=0$ indique qu'on peut rendre à volonté chaque facteur nul: ainsi, l'on a le système de deux plans qui se croisent selon l'axe des x.

652. Lorsque l'équ. (5) est privée de deux carrés, par ex.,

de x^2 et y^2, en transportant l'origine parallèlement aux z, on réduira l'équ. à

$$kz^2 + py + qx = h.$$

Les sections par les plans menés selon l'axe des z sont des paraboles. Le plan xy et ses parallèles donnent des droites qui sont parallèles entre elles. La surface est donc un *cylindre à base parabolique* (n° 620).

Si les trois carrés manquaient dans l'équ. (5), elle serait celle d'un plan.

653. Il est bien aisé de reconnaître le cas où la proposée (1) est décomposable en deux facteurs rationnels; ceux où elle est formée de carrés positifs, qui se résolvent en deux équ., représentant la section de deux plans; enfin ceux où, étant formée de trois parties essentiellement positives, elle est absurde. Tout ceci est analogue à ce qu'on a dit n°s 453 et 459.

LIVRE SEPTIÈME.

CALCUL DIFFÉRENTIEL ET INTÉGRAL.

I. RÈGLES GÉNÉRALES DE LA DIFFÉRENTIATION.

Définitions, Théorème de Taylor.

654. Plus une branche de connaissances embrasse d'objets et reçoit d'applications diverses, et plus il est difficile d'en donner une définition exacte qui permette d'en concevoir toute l'étendue, et comprenne tous les sujets que l'on peut y rattacher. Cette partie de la haute analyse, qu'on nomme *Calcul différentiel*, s'applique à des questions si variées, que nous n'en pouvons exposer la nature, sans faire d'abord quelques observations préliminaires.

Étant donnée une équation $y = f(x)$ entre deux variables x et y, qu'on peut regarder comme représentée par une courbe plane BMM' (fig. 22) rapportée à deux axes coordonnés rectangulaires Ax, Ay, on comprend que si l'on attribue à l'abscisse x une suite de valeurs quelconques, d'où l'on tirera celles des ordonnées correspondantes y, on aura une série de points M, M' de la courbe; mais que ces points seront séparés les uns des autres par un certain intervalle, quelque voisines qu'on suppose les valeurs de x. Ainsi, dans cet état, l'équation $y = fx$ n'exprime pas qu'il y ait *continuité* entre les points. Cette remarque peut être faite pour toute équation entre 3, 4... variables. Voyons si l'analyse ne peut pas fournir quelque artifice propre à manifester la continuité dans les fonctions.

Prenons pour exemple l'équation $y = ax^3 + bx^2 + c$. Si, après avoir considéré le point M, qui a pour coordonnées x et y, nous voulons prendre un autre point M' pour le comparer au 1er, en nommant $x+h$ et $y+k$ ses coordonnées AP', $P'M'$, on aura $y+k=a(x+h)^3+b(x+h)^2+c$, et développant

$$y+k=(ax^3+bx^2+c)+(3ax^2+2bx)h+(2ax+b)h^2+ah^3.$$

Or, *le coefficient de la* 1re *puissance de* h, savoir $3ax^2+2bx$, est déduit de la fonction proposée, en porte l'empreinte, et ne convient qu'à elle seule; de plus, ce coefficient est indépendant de h, qui est la distance PP' des extrémités des deux abscisses, et qui par suite mesure l'intervalle des deux points de la courbe: donc ce coefficient est composé de manière à exprimer qu'on considère deux points de la courbe aussi rapprochés qu'on veut, et par conséquent que la fonction est continue. De là on tire que toutes les fois qu'une question proposée, de quelque nature qu'elle soit, reposera sur la notion de *continuité*, c'est le coefficient de la 1re puissance de h dans le développement de cette fonction, où x est remplacé par $x+h$, qui, convenablement combiné et analysé, pourra résoudre le problème.

Raisonnons de même sur le cas général $y=f(x)$: le signe f représente ici une *fonction* quelconque de x. (*V.* la note p. 228) Si l'on remplace x par $x+h$, et y par $y+k$, on aura l'équation $y+k=f(x+h)$: il s'agit maintenant de développer $f(x+h)$ de manière à mettre en évidence les termes affectés des différentes puissances de h. Ce calcul sera soumis à la nature de la fonction f, et nous verrons bientôt comment on peut l'effectuer pour chaque forme de f : contentons-nous de faire remarquer ici que si l'on prend $h=0$, ce qui suppose $k=0$, et fait coïncider le 2e point avec le 1er, tous les termes où h est facteur devront disparaître dans le développement dont il s'agit de $f(x+h)$, en sorte qu'il ne restera que le seul 1er terme, qui par conséquent doit être y, ou $f(x)$. On voit aussi que h ne peut être affecté d'aucun exposant négatif, car s'il existait dans $f(x+h)$ un terme tel que Mh^{-m}, lequel équivaut à $\frac{M}{h^m}$, en faisant h nul, ce terme devenant infini, on ne retrouverait plus

$f(x)$. Il suit de là que $f(x+h)$ *doit se développer de cette manière* f(x + h) = fx + *une suite de termes dont* h *est facteur à différentes puissances positives.*

655. Mais on peut voir qu'en général

$$f(x+h) = f(x) + y'h + \alpha h \ldots\ldots (1),$$

savoir, outre le terme fx, dont on vient de prouver l'existence, 1°. un terme $y'h$ contenant la 1re puissance de h multipliée par une fonction de x seul, que nous désignons par y', et 2°. un ensemble d'autres termes où h entre à des puissances supérieures à la 1re, et que nous désignons par αh; α étant fonction de x et de h, et admettant encore le facteur h à quelque puissance positive.

Pour prouver cette proposition, qui sert de base à tout le calcul différentiel, menons une tangente TH au point M (x, y) de la courbe BMM' dont l'équation est $y = fx$. On sait que cette droite s'obtient en menant par ce point M une ligne quelconque MM', appelée *sécante*, et la faisant tourner autour du point N jusqu'à ce que les points M et M' de section coïncident ensemble. Faisons par analyse cette opération géométrique. En changeant x en $x+h$, et y en $y+k$, pour considérer un second point M' de la courbe, nous aurons $y + k = f(x+h)$ pour l'ordonnée $P'M'$; on a $MQ = h$, $P'M' = f(x+h)$, $M'Q = k$, ou $k = P'M' - PM = f(x+h) - f(x)$; d'où le triangle rectangle $MM'Q$ donne

$$\text{tang}\, MM'Q = \frac{M'Q}{MQ} = \frac{k}{h} = \frac{f(x+h) - f(x)}{h}.$$

Pour en déduire la direction de la tangente cherchée TM, il faut, dans cette expression, faire h nul, afin d'exprimer que M' se rapproche de M jusqu'à coïncidence. La valeur de tang HMQ est donc ce que devient le dernier membre ci-dessus, lorsqu'on y pose $h = 0$. Et puisque la direction cherchée de la tangente dépend du point M, il est clair qu'on doit trouver une fonction de x pour résultat; nommons-la y'.

De là résulte que la valeur de ce dernier membre doit être

formée de deux parties; 1°. du terme y', qui est indépendant de h; 2°. d'autres termes dont h est facteur à diverses puissances positives, et qui disparaissent lorsqu'on pose $h = 0$. Désignons ces termes ensemble par α, qui est une fonction de x et de h, et nous aurons

$$\frac{f(x+h) - f(x)}{h} = y' + \alpha \ldots \quad (2),$$

équation qui revient à celle ci-dessus, en chassant le dénominateur h et transposant $f(x)$. Pour que ce raisonnement ne fût pas exact, il faudrait que le point (x, y) que nous avons pris sur la courbe n'eût aucune tangente, ce qui ne saurait arriver que dans certains cas spéciaux, où en effet le calcul différentiel présente des résultats obscurs: mais tant qu'on se tient dans des généralités qui laissent x quelconque, on est assuré que l'équation (1) est toujours vraie.

656. Quelle que soit la forme de la fonction f, on est donc certain que l'expression $f(x+h)$ est susceptible, par des calculs convenables, d'être développée en plusieurs termes, dont le 1er est la fonction proposée $f(x)$; le 2e un terme $y'h$ qui ne renferme h qu'à la 1re puissance et en facteur d'une fonction de x; enfin d'autres termes compris dans la forme αh, qui tous contiennent le facteur h à quelque puissance plus élevée que un, c'est-à-dire $h = 0$ donnant $\alpha = 0$.

Ce second terme $y'h$ a pour coefficient y' une fonction de x, qui est essentiellement résultante de la proposée y, ou fx; et de plus, comme elle est indépendante de h, elle est propre à exprimer que la fonction f est continue, puisqu'elle provient de ce qu'on considère à la fois deux points d'une courbe aussi voisins qu'on veut. Ce facteur y' de la 1re puissance de h est ce qu'on appelle *la dérivée* ou *le coefficient différentiel* de la fonction y: on l'exprime aussi par $f'(x)$.

La fonction α est elle-même susceptible, comme on va bientôt le dire, de se développer en plusieurs termes, procédant selon les puissances de h, et dont chaque coefficient peut, aussi bien que y', exprimer la continuité dans y: mais comme on verra que ces coefficiens dépendent de y', cette remarque n'affaiblit en rien notre conséquence ; seulement, selon les problèmes, on peut être conduit à préférer tel ou tel de ces coefficiens pour cet objet.

657. On voit, dans l'équation (2), que plus h décroît, et plus α devient petit, jusqu'à être nul quand h devient zéro : on en tire cette conséquence, qui donne même souvent un excellent procédé de calcul pour déduire la fonction $f'(x)$ de $f(x)$, que la dérivée y' d'une fonction y est ce que devient le 1er membre de l'équation (2) lorsqu'on rend h nul ; c'est-à-dire que *la dérivée* y', *ou le coefficient différentiel d'une fonction* y, *est la limite du rapport de l'accroissement de cette fonction à celui de la variable* ; en effet, le numérateur $f(x+h)-f(x)$ est l'excès de la fonction variée sur la fonction primitive, et le dénominateur est l'accroissement h attribué à x. (*Voy.* ce qu'on a dit n° 113 sur les *limites*.)

658. L'origine du mot *différentiel* est utile à connaître. Puisque, dans l'équation (2), le terme α est aussi petit qu'on veut avec h, tandis que y', qui est indépendant de h, reste constant, il est clair que plus h sera petit, plus le 2e membre approchera de se réduire à y' ; ainsi la différence $f(x+h)-f(x)$ se réduit à $y'h$, pour des valeurs de h très petites ; et comme $y'h$ est la différence entre la fonction variée et la fonction primitive, on a appelé $y'h$ une petite différence, ou une *différentielle*. Et même Leibnitz, inventeur de ce calcul, ayant désigné par le signe d un accroissement infiniment petit attribué à une variable, dy et dx ont été des symboles destinés à remplacer les lettres k et h ci-dessus, et l'on a eu $y'dx$ (au lieu de $y'h$) pour la différentielle de y, savoir $dy=y'dx$. Cette notation est reçue dans le genre de calcul dont nous exposons les principes. *La dérivée* ou *le coefficient différentiel de la fonction* $y=f(x)$, *est* y', *ou* $f'(x)$, *ou* $\frac{dy}{dx}$; *c'est le coefficient du 2e terme, ou de la 1re puissance de* h *dans le développement de la fonction variée* $f(x+h)$; ou *la limite de rapport du l'accroissement du la fonc-*

tion f(x) *à celui de la variable* x ; ou enfin *le coefficient de la différence infiniment petite* dy = y′dx , *qu'on trouve lorsque* x *croît de* dx.

En attachant au mot *dérivée* l'acception précédente, nous pouvons définir le calcul différentiel, *une branche de haute analyse, dans laquelle on recherche les dérivées de toutes les fonctions proposées, on assigne leurs propriétés particulières, et l'on applique ces dérivées aux problèmes dans lesquels la continuité des fonctions est une des conditions essentielles.*

Regardons l'expression y' comme connue, lorsque fx est donné ; puisque y' est une fonction de x, elle est susceptible de varier, et d'avoir à son tour une dérivée, que nous désignerons par y'' ; de même, la dérivée de y'' sera y''', celle de y''' sera y^{IV}... On conçoit donc ce qu'on entend par *les dérivées de premier, de second, de troisième ordre....*

659. Nous ne savons pas encore comment x et h entrent dans α (équ. 2) ; voyons à développer cette fonction. Représentons $y' + \alpha$ par P ; cette équ. deviendra

$$f(x+h) = fx + Ph = y + Ph \ldots (3).$$

Posons $x + h = z$, d'où $h = z - x$, $fz = y + P(z - x)$.

Or P, qui était fonction de x et de h, l'est actuellement de x et z ; ces variables sont indépendantes, puisque leur diff. h est arbitraire. On peut donc regarder z comme un nombre constant donné, et faire varier x seul (avec y et P qui contiennent x). Changeons donc x en $x + i$ dans la dernière équ. 1°. fz ne changera pas ; 2°. y deviendra $y + y'i + \beta i$; 3°. $P(z - x)$ se changera en $(P + P'i + \gamma i)(z - x - i)$. Ne conservons dans toute l'équ. que les coefficiens des termes où i est au 1er degré, savoir (*V.* nos 576 et 668.)

$$P = y' + P'(z - x) \ldots (4).$$

Traitons cette équ. comme la précédente : sans reproduire ici le calcul, on voit de suite que le changement de x en $x + i$ donne

$$2P' = y'' + P''(z - x) \ldots \quad (5);$$

de même $$3P'' = y''' + P'''(z - x) \ldots$$

$$4P''' = y^{\text{IV}} + P^{\text{IV}}(z - x) \text{ etc.} \ldots$$

Éliminons P, P' P'', ... des équ. (3), (4), (5)... puis rétablissons h au lieu de $z - x$; et nous aurons

$$f(x+h) = y + y'h + \frac{y''h^2}{2} + \frac{y'''h^3}{2.3} + \frac{y^{\text{IV}}h^4}{2.3.4} + \ldots \quad (A);$$

c'est la formule appelée *Théorème de Taylor*, du nom du célèbre géomètre qui l'a découverte.

Par le théorème (1), toute fonction fx était décomposée en $y + y'h + \alpha h$, la 3ᵉ partie αh renfermant tous les termes où h a une puissance supérieure à la première : maintenant nous connaissons la formation de ces termes.

Il est donc démontré que, lorsqu'on attribue à x un accroissement h dans une fonction quelconque fx, la série (A), développement de $f(x+h)$, *n'a que des puissances entières et positives de* h, du moins quand x conserve une valeur indéterminée (nº 655). Cette série (A) sert à trouver ce développement, toutes les fois qu'on sait tirer de fx les dérivées successives $f'x$, $f''x$..., ou y', y''...

Par ex., soit $y = x^m$, on en tire $y' = mx^{m-1}$, puisque tel est le coefficient de h^1 dans le développement de $(x+h)^m$. De même $y'' = m(m-1)x^{m-2}$, $y''' = m(m-1)(m-2)x^{m-3}$, etc. Donc en substituant dans l'équ. (A), $f(x+h)$ devient $(x+h)^m$, et l'on retrouve la série de Newton. Il suffit donc de savoir que le 2ᵉ terme de $(x+h)^m$ est $mx^{m-1}h$, pour en avoir le développement total, quel que soit l'exposant m.

Nous avons appris, page 169 et suiv., à développer diverses fonctions en séries : comme la recherche de ces expressions est une application simple des principes du calcul des dérivations, nous les tirerons de la formule de Taylor, en suivant les règles de ce calcul : nous ne ferons donc aucun usage de ces séries avant de les avoir démontrées de nouveau.

Règles de la différentiation des Fonctions algébriques.

660. La manière dont la dérivée y' est composée en x, dépend de la fonction primitive y, et en porte l'empreinte. Il faut, pour chaque fonction proposée, savoir former cette dérivée : c'est ce qu'on obtient par deux procédés. Le 1er résulte de la définition même, exprimée par l'équ. (1) :

On changera x *en* x + h *dans la fonction proposée* fx, *et l'on exécutera les calculs nécessaires pour mettre en évidence le terme affecté de la* 1re *puissance de* h : *le coefficient de ce terme est la dérivée cherchée* y', *ou* f'x.

661. Le second procédé est fondé sur la propriété de limites du n° 657. Après avoir changé x en $x+h$, on retranchera la fonction proposée, et l'on divisera par h, afin de composer le rapport $y'+\alpha$, de l'accroissement de la fonction à celui de la variable : puis faisant décroître h indéfiniment, on cherchera la grandeur vers laquelle ce rapport tend sans cesse, c.-à-d. qu'on en cherchera la valeur dans le cas de $h=0$: cette *limite* sera y'.

Mais il convient de composer des règles pour chaque espèce de fonction, afin d'être dispensé d'appliquer directement ces procédés, dans les divers exemples qu'on rencontre ; ces règles donnent la dérivée pour chaque cas, sans qu'il soit nécessaire de faire des raisonnemens spéciaux ; on opère alors comme lorsqu'on fait une multiplication, une extraction de racines, ou tout autre calcul algébrique.

662. Soit $y=A+Bu-Ct\ldots$; A, B, $C\ldots$ étant des constantes, u, $t\ldots$ des fonctions de x. Pour obtenir la dérivée, appliquons la première règle. En mettant $x+h$ pour x, A ne change pas, Bu devient $B(u+u'h+\alpha h)$, Ct est changé en $C(t+t'h+\beta h)$; ainsi la fonction variée $f(x+h)$ est ici

$$Y=(A+Bu-Ct\ldots)+(Bu'-Ct'\ldots)h+B\alpha h-C\beta h\ldots$$

Donc, $y'=Bu'-Ct'\ldots$ *La dérivée d'un polynome est la somme des dérivées de tous les termes, en conservant les signes et les coefficiens : les termes constans ont zéro pour dérivée.*

Ainsi, $y = a^2 - x^2$ donne $y' = -2x$.

$y = 1 + 4x^2 - 5x - 3x^3$ donne $y' = 8x - 5 - 9x^2$.

663. Pour $y = u \times t$, u et t étant fonctions de x : mettant $x + h$ pour x, il vient $f(x+h)$ ou

$$Y = (u + u'h + \alpha h)(t + t'h + \beta h),$$
$$y' = u't + ut'.$$

De même, $y = u.t.v$, en faisant $t.v = z$, devient $y = u.z$; d'où $y' = u'z + uz'$: mais aussi $z' = t'v + tv'$; donc

$$y' = tvu' + tuv' + uvt'.$$

Ainsi, *la dérivée d'un produit est la somme des dérivées prises en regardant successivement chaque facteur comme seul variable.* Notre démonstration s'étend à 4, 5... facteurs. (*Voy.* n° 680).

$y = (a + x)(a - x)$ donne $y' = (a - x)1 - (a + x)1$, puisque $+1$ et -1 sont les dérivées des facteurs ; ou $y' = -2x$.

$y = (a + bx)x^3$ donne $y' = bx^3 + 3x^2(a + bx)$.

664. z et u étant des fonctions identiques de x, changeons x en $x + h$ dans $z = u$; nous aurons

$$z + z'h + \alpha h = u + u'h + \beta h.$$

Donc $z' = u'$ (n° 576) ; de même, on a $z'' = u''$, $z''' = u'''$.....

Donc, *deux fonctions identiques ont aussi leurs dérivées identiques pour tous les ordres.*

665. Soit $y = \frac{u}{t}$; on en tire $ty = u$; d'où $y't + yt' = u'$,

puis $$y' = \frac{u' - yt'}{t}, \text{ ou } y' = \frac{u't - ut'}{t^2}.$$

La dérivée d'une fraction est égale à celle du dénominateur, moins le produit de la fraction proposée par la dérivée de son dénominateur, cette différence divisée par ce dénominateur ;

666. Ou bien, *est égale au dénominateur multiplié par la*

dérivée du numérateur, moins le numérateur multiplié par la dérivée du dénominateur, cette différence divisée par le carré du dénominateur.

On peut encore tirer ces règles en effectuant la division de

$$Y = \frac{u + u'h + \alpha h}{t + t'h + \beta h} = \frac{u}{t} + \frac{tu' - ut'}{t^2} \cdot h + \ldots$$

d'où $y' =$ etc.

Ainsi, $y = \frac{x}{a} - \frac{x^2}{1 - x}$, donne $y' = \frac{1}{a} - \frac{(2 - x)x}{(1 - x)^2}$.

$$y = \frac{a + \frac{1}{2}bx^2}{3 - 2x};\ y' = \frac{(3 - 2x)bx + 2(a + \frac{1}{2}bx^2)}{(3 - 2x)^2} = \frac{(3 - x)bx + 2a}{(3 - 2x)^2}.$$

667. Si le numérateur u est constant, on fera $u' = 0$, et l'on aura $y' = -\frac{ut'}{t^2} = -\frac{yt'}{t}$: *la dérivée d'une fraction dont le numérateur est constant, est moins le produit du numérateur par la dérivée du dénominateur, divisé par le carré de ce dénominateur.*

Par ex., $y = \frac{4}{x^2}$ donne $y' = -\frac{4 \cdot 2x}{x^4} = -\frac{8}{x^3}$,

$$y = -\frac{1}{x^3}, \quad y' = \frac{3x^2}{x^6} = \frac{3}{x^4}.$$

668. Cherchons maintenant la dérivée des puissances.

1°. *Si* m *est entier et positif* dans $y = x^m$, comme $x^m = x \cdot x^{m-1}$, la dérivée relative au 1er facteur est $1 \cdot x^{m-1}$; d'après la règle des produits, il en faut dire autant de chacun des m facteurs; donc la dérivée est $y' = mx^{m-1}$.

Et s'il s'agit de $y = z^m$, z étant une fonction de x, comme $z^m = z \cdot z^{m-1}$ la dérivée relative au 1er facteur est $z' \cdot z^{m-1}$; chacun des m facteurs z donne cette même quantité. Donc la dérivée est $y' = mz^{m-1} \cdot z'$.

Par ex., $y = (a + bx + cx^2)^m = z^m$, en faisant

$$z = a + bx + cx^2;$$

et l'on a

$$z' = b + 2cx,\ y' = mz^{m-1}z' = m(a + bx + cx^2)^{m-1} \times (b + 2cx).$$

Pour $y = x^3(a + bx^2)$, en faisant $a + bx^2 = z$, on a $z' = 2bx$: et par la règle n° 663, $y' = 3x^2z + x^3z' = x^2(3a + 5bx^2)$.

Enfin, $y = (a + bx)^2$; on a $y = z^2$ en posant $a + bx = z$, d'où

$$z' = b,\quad y' = 2zz' = 2b(a + bx).$$

2°. *Quand* m *est entier et négatif*, $m = -n$, et $y = z^m = z^{-n}$, on a $y = \frac{1}{z^n}$; d'où $y' = \frac{-nz^{n-1}.z'}{z^{2n}}$, en vertu de la règle n° 667, et de ce qu'on vient de démontrer, 1°.

Ainsi,

$$y' = -nz^{-n-1}.z' = mz^{m-1}.z'.$$

Pour $y = \frac{a}{x^p}$, on a $y' = -\frac{pa}{x^{p+1}}$.

3°. *Quand* m *est fractionnaire*, $m = \frac{p}{q}$, on a $y = z^{\frac{p}{q}}$, d'où $y^q = z^p$, en élevant à la puissance q : prenons les dérivées des deux membres qui sont des fonctions identiques de x (n° 664); p et q sont ici des *entiers positifs* ou *négatifs* ; il suit des deux cas précédens que $qy^{q-1}.\ y' = pz^{p-1}.\ z'$; comme $p = qm$, et $y = z^m$, on a (*voy.* n° 670)

$$qz^{mq-m}y' = qmz^{qm-1}.\ z';\quad \text{d'où}\quad y' = mz^{m-1}.\ z'.$$

Quel que soit l'exposant m, z *étant une fonction de* x, *la dérivée de* z^m *est donc* $mz^{m-1}.z'$, z' étant une dérivée qu'on tire de $z = fx$. Nous ne disons rien des exposans irrationnels ou imaginaires, qui rentrent dans les précédens. (*Voy.* p. 15.) Au reste, voici une démonstration qui embrasse tous les cas.

669. Changeons x en $x + h$ dans $y = x^m$,

$$Y = (x + h)^m = y + y'h + \text{etc.};$$

d'où

$$\left(\frac{x+h}{x}\right)^m = \left(1 + \frac{h}{x}\right)^m = (1 + z)^m = 1 + \frac{y'x}{x^{m-1}} + \text{etc.},$$

en divisant tout par x^m, et faisant $h = xz$. Or, $(1 + z)^m$ est indépendant de x, puisque, h étant arbitraire, z est quelconque, même quand on détermine x : il faut donc que notre dernier membre soit aussi sans x, et par conséquent le second terme en particulier ; d'où $\frac{y'}{x^{m-1}}$ = constante ; c.-à-d. que y' doit être composé en x, de manière que, divisé par x^{m-1}, le quotient soit une fonction de m, telle que fm, ou $y' = x^{m-1}.fm$.

Déterminons fm. Nous avons

$$(x+h)^m = x^m + hx^{m-1} \cdot fm + \text{etc.}$$

Donc, $$(x+h)^n = x^n + hx^{n-1} \cdot fn + \text{etc.}$$

$$(x+h)^{m+n} = x^{m+n} + hx^{m+n-1} \cdot f(m+n) + \ldots,$$

en changeant m en n ; et en $m+n$. Mais en multipliant les deux 1res équ., on trouve pour produit la 3e équ., excepté qu'il y a $fm + fn$, au lieu de $f(m+n)$: donc (note, p. 228)

$$f(m+n) = fm + fn.$$

En considérant n comme un accroissement de m, on a $f(m+n) = fm + nf'm +$ etc. ; partant, $fn = nf'm +$ etc. ; et puisque le 1er membre est indépendant de m, le 2e doit aussi l'être, savoir, $f'm$ = un nombre inconnu a ; d'où $f'' = f''' = \ldots = 0$,

et $$fn = an ; \quad \text{d'où} \quad fm = am.$$

Il s'agit de déterminer la constante numérique a. Or, on a

$$(x+h)^m = x^m + hx^{m-1}\, am + h^2 \ldots$$

Faisant $m = 1$, $x + h = x + ha$; d'où $a = 1$.

Ainsi, $fm = m$, et la dérivée est $y' = mx^{m-1}$.

Maintenant pour $y = z^m$, où z est fonction de x, on a $f(x+h) = (z + z'h + \ldots)^m = z^m + mz^{m-1}z'h + \ldots$ et $y' = mz^{m-1}.z'$.

670. Pour $y = \sqrt[m]{z} = z^{\frac{1}{m}}$, on a

$$y' = \frac{1}{m} z^{\frac{1}{m}-1} \cdot z' = \frac{z'}{m\sqrt[m]{z^{m-1}}} ;$$

c'est la formule des dérivées des fonctions radicales.

Pour $y = \sqrt[4]{(a+bx^2)^5}$, on fait $z = a + bx^2$, et l'on a

$$y = z^{\frac{5}{4}},\ y' = \tfrac{5}{4}\, z^{\frac{1}{4}} . z' = \tfrac{5}{4}\sqrt[4]{(a+bx^2)} . 2bx.$$

De même $y = \sqrt[5]{x^3}$ donne $y' = \frac{3}{5} x^{\frac{3}{5}-1} = \frac{3}{5\sqrt[5]{x^2}}$.

Comme les radicaux du 2ᵉ degré se rencontrent plus souvent, on forme une règle pour le cas de $m = 2$; $y = \sqrt{z}$ donne $y' = \frac{z'}{2\sqrt{z}}$: *la dérivée d'un radical carré est le quotient de la dérivée de la fonction affectée de ce radical, divisée par le double de ce même radical.*

Par ex., $y = a + b\sqrt{x} - \frac{c}{x}$, donne $y' = \frac{b}{2\sqrt{x}} + \frac{c}{x^2}$.

Pour $y = (ax^3 + b)^2 + 2\sqrt{(a^2 - x^2)} . (x - b)$,

on a $y' = 6ax^2 (ax^3 + b) + \frac{2a^2 - 4x^2 + 2bx}{\sqrt{(a^2 - x^2)}}$.

Enfin, $y = \frac{x}{-x + \sqrt{(a^2 + x^2)}}$ donne

$$y' = \frac{a^2}{\sqrt{(a^2 + x^2)} . (2x^2 + a^2 - 2x\sqrt{a^2 + x^2})}.$$

Si l'on eût multiplié haut et bas la fraction proposée par $x + \sqrt{(a^2 + x^2)}$, on aurait eu

$$y = \frac{x^2}{a^2} + \frac{x}{a^2}\sqrt{(a^2 + x^2)},\quad y' = \frac{2x}{a^2} + \frac{a^2 + 2x^2}{a^2\sqrt{(a^2 + x^2)}}.$$

671. Étant donnée une fonction compliquée $y = fx$, supposons qu'en représentant par z une partie de cette fonction, ou $z = Fx$, la proposée devienne plus simple et exprimée en z seul, $y = \varphi z$; on a ces trois équ., dont la 1ʳᵉ résulte de l'élimination des z entre les deux autres :

$$(1)\ y = fx,\quad (2)\ z = Fx,\quad (3)\ y = \varphi z.$$

Nous allons tirer la dérivée y' de ces deux dernières, sans nous servir de la 1ʳᵉ. Comme il y a deux variables x et z, notre notation ne suffit plus ; car y' ne désigne pas plus la dérivée de la 1ʳᵉ équ. que celle de la 3ᵉ ; cependant x est variable dans l'une, z dans l'autre, et les fonctions f et φ sont très différentes. La dérivée de y s'exprime aussi bien par dy que par y' (n° 658); et puisque la dérivée de x est $x'=1$, ou d$x=1$, nous écrirons $\frac{dy}{dx}$, pour marquer que la dérivée de y est prise relativement à *la variable principale* x, qui reçoit l'accroissement arbitraire h. *On appelle* dy *la différentielle de* y, *expression synonyme de* dérivée, *et qui n'en diffère que par la notation qu'elle suppose.*

Changeant x en $x+h$ dans (2), et désignant par k l'accroissement de z, $Z-z=k$, on a $k=\frac{dz}{dx}h+\ldots$; dès lors, pour que y devienne, dans l'équ. (3), la même quantité Y, que si l'on eût changé x en $x+h$ dans (1), il faut changer z en $z+k$, savoir,

$$Y=\varphi(z+k)=y+\frac{dy}{dz}k+\ldots$$

Le coefficient de k est ici la dérivée de $y=\varphi z$, prise comme si z était seule variable et indépendante de x, ce qu'exprime notre notation.

Substituant pour k sa valeur, on a

$$Y=y+\frac{dy}{dz}\cdot\frac{dz}{dx}h+\text{etc.}$$

Donc (*) $$\frac{dy}{dx}=\frac{dy}{dz}\cdot\frac{dz}{dx}.$$

Le 2ᵉ membre est le produit des dérivées des équ. (2) et (3), c'est-à-dire de φz par rapport à z, et de Fx par rapport à x. *La dérivée d'une fonction de* z, *lorsque* z *est fonction de* x, *est le produit des dérivées de ces deux fonctions.*

(*) Observez que les dz qui sont ici ne s'entre-détruisent pas, parce que le dz qui divise dy indique, non-seulement une division, mais aussi que la dérivée ou différentielle dy est tirée de l'équ. $y=\varphi z$, comme si l'accroissement h était attribué à z, et non pas à x; alors dz est $=1$: d'un autre côté, le multiplicateur dz indique que la dérivée de z est tirée de l'équ. $z=Fx$, x ayant pris l'accroissement h, ou d$x=1$.

Il est inutile de donner des exemples de ce théorème, qui a déjà été appliqué, n° 668, à la dérivée de z^m; il nous sera d'ailleurs très utile par la suite.

672. Il peut arriver que l'équ. $y = fx$ soit assez composée pour qu'il soit nécessaire d'y introduire deux variables z et u, représentant des fonctions de x; alors l'équ. proposée $y = fx$... (1) résulte de l'élimination de x entre ces trois équ. données

$$(2)\ldots\ z = Fx,\quad (3)\ldots\ u = \psi x,\quad (4)\ldots\ y = \varphi(z, u).$$

Il s'agit de tirer de celles-ci la dérivée de la première, comme si l'on eût changé x en $x + h$ dans l'équ. (1). Cette transformation faite dans les équ. (2) et (3), donne pour les accroissemens k et i qui reçoivent z et u,

$$k = \frac{dz}{dx}h + \ldots\quad i = \frac{du}{dx}h + \ldots.$$

Changeons donc z en $z + k$, et u en $u + i$ dans l'équ. (4); et comme cette partie du calcul est la même, soit que k et i aient une valeur déterminée, soient qu'ils restent arbitraires, z et u y sont traités comme des variables indépendantes. Il est donc permis de changer d'abord z en $z + k$ sans altérer u; puis, dans le résultat, de mettre $u + i$ pour u sans faire varier z. Ce double calcul conduira au même but que si l'on eût fait à la fois les deux changemens.

Mettant $z + k$ pour z dans $y = \varphi(z, u)$, u est assimilé aux autres constantes de l'équ., et y devient $y + \frac{dy}{dz}k + \ldots$ Il reste à substituer ici $u + i$ pour u. Le 1er terme y doit alors être considéré comme ne contenant qu'une seule variable u, et devient

$$y + \frac{dy}{du}i + \ldots.$$

Le 2e terme $\frac{dy}{du}k$ est pareillement une fonction de la variable u; mettant $u + i$ pour u, le développement commencera par ce même premier terme (n° 654), en sorte que la somme est

$$Y = y + \frac{dy}{du} i + \frac{dy}{dz} k + \ldots$$

Il n'a pas été besoin de considérer les termes subséquens, parce que le but du calcul étant de trouver le coefficient de h, les termes i^2, k^2, ik..... donneraient des h^2, h^3.... Substituons donc ici les valeurs ci-dessus de k et i; nous avons

$$Y = y + \left(\frac{dy}{du} \cdot \frac{du}{dx} + \frac{dy}{dz} \cdot \frac{dz}{dx}\right) h + \ldots$$

Le coefficient de h est la dérivée cherchée, comme si on l'eût tirée directement de l'équ. proposée $y = fx$, savoir,

$$\frac{dy}{dx} = \frac{dy}{du} \cdot \frac{du}{dx} + \frac{dy}{dz} \cdot \frac{dz}{dx}.$$

La remarque de la note précédente s'applique ici.

673. S'il y avait trois variables dans la fonction transformée $y = \varphi(z, u, t)$, il suffirait d'ajouter au 2ᵉ membre un 3ᵉ terme de même forme, $\frac{dy}{dt} \cdot \frac{dt}{dx}$; et ainsi de suite.

Donc, *la dérivée d'une fonction composée de différentes fonctions particulières, est la somme des dérivées relatives à chacune, considérée séparément et indépendamment l'une de l'autre, en suivant la règle du* n° 671. Il est visible que les dérivations des produits et des quotiens ne sont que des cas particuliers de ce théorème (nᵒˢ 663 à 667).

Soit $y = \frac{a + bx}{(1 - x)^2}$; on a $y = \frac{z}{u^2}$, en faisant

$$z = a + bx, \quad u = 1 - x; \quad \text{d'où } z' = b, \quad u' = -1.$$

La dérivée de y, u étant constante, est $\frac{z'}{u^2}$; on a $\frac{-2zu'}{u^3}$ pour la dérivée relative à u, par les règles nᵒˢ 667 et 668, 2°.; la somme est la dérivée cherchée : donc $y' = \frac{b}{u^2} + \frac{2z}{u^3} = \frac{b + bx + 2a}{(1 - x)^3}$.

$$y = \frac{(1-x^2)^2 - (3-2x)x}{4-5x} = \frac{z^2-u}{t}, \text{ en faisant}$$

$z = 1-x^2$, $u = 3x-2x^2$, $t = 4-5x$, $z' = -2x$, $u' = 3-4x$, $t' = -5$; prenant les dérivées successivement, en ne considérant qu'une variable z, u, ou t; et ajoutant, on a

$$y' = \frac{2zz'}{t} - \frac{u'}{t} - \frac{(z^2-u)t'}{t^2} = \frac{16x^3 - 15x^4 - 7}{(4-5x)^2}.$$

Lorsque les valeurs qu'on doit égaler à des variables $z, u \ldots$ ne sont pas très compliquées, on préfère opérer sans le secours de cette transformation, en la supposant tacitement. C'est ainsi qu'on tire de suite de

$$y = (a-2x+x^3)^3, \quad y' = 3(a-2x+x^3)^2(3x^2-2).$$

674. Après avoir trouvé la dérivée y', en traitant cette fonction de x selon les règles qui viennent d'être posées, on en tirera la dérivée du 2ᵉ ordre y'' : celle-ci donnera de même y''', puis y^{IV}, etc.

Par exemple, $y = x^{-1}$ donne $y' = -x^{-2}$, $y'' = 2x^{-3}$, $y''' = -2.3x^{-4}$ etc.; $y^{(n)} = \pm 2.3 \ldots nx^{-(n+1)}$.

De même $y = \sqrt{x} = x^{\frac{1}{2}}$ donne $y' = \frac{1}{2}x^{-\frac{1}{2}}$, $y'' = -\frac{1}{2}.\frac{1}{2}x^{-\frac{3}{2}}$,

$$y''' = \frac{1.3}{2^3}x^{-\frac{5}{2}},\ y^{\text{IV}} = -\frac{1.3.5}{2^4}x^{-\frac{7}{2}},\ y^{(n)} = \mp \frac{1.3.5\ldots(2n-3)}{2^n\sqrt{x^{2n-1}}}.$$

Pour $y = x^m$, on a $y' = mx^{m-1}$, $y'' = m(m-1)x^{m-2}\ldots$,

$$y^{(n)} = m(m-1)(m-2)\ldots(m-n+1)x^{m-n}.$$

675. Il est facile maintenant d'appliquer le théorème de Taylor (*A*, n° 659) à toutes les fonctions algébriques, c.-à-d. d'en obtenir le développement en série, selon les puissances croissantes de h, lorsqu'on y a changé x en $x+h$.

I. Soit $y = x^{-1}$; nous venons de trouver y', y'' ..... Donc

$$\frac{1}{x+h} = \frac{1}{x} - \frac{h}{x^2} + \frac{h^2}{x^3} - \ldots \pm \frac{h^n}{x^{n+1}}.$$

Ce développement est une progression par quotient (n° 579).

II. $y = \frac{x^2 - a^2}{x} = x - \frac{a^2}{x}$, donne de même

$$f(x+h) = \frac{x^2 - a^2}{x} + \left(1 + \frac{a^2}{x^2}\right)h - \frac{a^2h^2}{x^3} + \dots$$

III. Pour $y = \sqrt{x}$; on trouve y', y''..., et substituant dans la série de Taylor, on a

$$\sqrt{(x+h)} = \sqrt{x} + \frac{h}{2\sqrt{x}} - \frac{1.h^2}{2.4\sqrt{x^3}} \dots \pm \frac{1.3.5\dots(2n-3)}{2^n\sqrt{x^{2n-1}}} \cdot \frac{h^n}{2.3\dots n}.$$

IV. En général, $y = x^m$ donne le développement de la formule de Newton, quel que soit l'exposant m.

$$(x+h)^m = x^m + mx^{m-1}h + m\frac{m-1}{2}x^{m-2}h^2 + \dots$$
$$+ m.\frac{m-1}{2}.\frac{m-2}{3}\dots\frac{m-n+1}{n}x^{m-n}h^n\dots$$

Fonctions exponentielles et logarithmiques.

676. Pour avoir la dérivée de $y = fx = a^x$, suivons la règle du n° 660 : il vient

$$f(x+h) = a^{x+h} = a^x.a^h = a^x + y'h + \text{etc. (n° 655)};$$

d'où, en divisant par a^x, $a^h = 1 + \frac{y'}{a^x}h + \text{etc.}$

Le 1er membre de cette équation étant indépendant de x, le 2e, et en particulier le coefficient de h, doit aussi l'être : donc, y' doit être composé en x, de telle sorte que, divisé par a^x, le quotient soit une constante k, fonction inconnue de la base a, $y' = ka^x$. Ainsi,

$$y' = ka^x,\ y'' = k^2a^x,\ y''' = k^3a^x \dots y^{(n)} = k^na^x,$$

et $$a^x = 1 + kx + \frac{k^2x^2}{2} + \frac{k^3x^3}{2.3} + \frac{k^4x^4}{2.3.4}\dots,$$

d'après la formule de Taylor. La constante k se détermine comme au n° 585 : on pose $x = 1$; puis, dans $a = 1 + k + \frac{1}{2}k^2\dots$, on fait $k = 1$, et l'on désigne par e la base qui correspond,

$e = 2{,}71828 1828\ldots$ Enfin, on pose $kx = 1$ dans la 1re série; le 2e membre devient e, et l'on a $a^{\frac{1}{k}} = e$, $a = e^k$; d'où

$$k = \frac{\text{Log}\, a}{\text{Log}\, e} = \text{l}a = \frac{1}{\log e},$$

selon que le système des log. est quelconque, ou a pour base e, ou enfin a. Les notations convenues p. 177, sont ici employées: la désigne que la base des log. est e, ou qu'il s'agit des log. népériens, etc. En un mot, le Calcul différentiel reproduit les séries démontrées n° 585, et par suite les conséquences qu'on en avait tirées.

677. Soit $y = a^z$, z étant une fonction de x, $z = fx$: la règle n° 671 donne $y' = ka^z . z' = a^z . z' \text{l}\, a$; z' se tire de $z = fx$. *La dérivée d'une exponentielle est le produit de cette même quantité par la dérivée de l'exposant, et par la constante* k, *qui est le log. népérien de la base.*

$$y = e^{mz} \text{ donne}\ldots\ldots y' = e^{mz} . mz'.$$
$$y = a^{3x+1}\ldots\ldots\ldots\ldots y' = a^{3x+1} . 3\text{l}a.$$
$$y = a^{\sqrt{(2x+1)}}\ldots\ldots y' = a^{\sqrt{(2x+1)}} . \frac{\text{l}\, a}{\sqrt{(2x+1)}}.$$

678. Pour $y = \text{Log}\, x$, la règle n° 660 conduit à

$$Y = \text{Log}\,(x+h) = \text{Log}\, x + y'h + \text{etc.}$$

$$\text{Log}\,(x+h) - \text{Log}\, x = \text{Log}\left(\frac{x+h}{x}\right) = \text{Log}(1+z) = y'xz + \text{etc.},$$

en posant $h = xz$. Observez, comme n° 669, que z est indépendant de x, puisqu'en changeant convenablement l'arbitraire h, z peut demeurer constant lorsque x varie. Le 2e membre, et en particulier le terme $y'xz$, doit donc ne pas contenir x; y' est composé en x, de manière que le produit $y'x$ soit une constante M, $y'x = M$. Ainsi, (n° 674),

$$y' = \frac{M}{x},\ y'' = -\frac{M}{x^2},\ y''' = \frac{2M}{x^3},\ y^{\text{IV}} = -\frac{2.3M}{x^4},\ldots$$

$$\text{Log}\,(x+h) = \text{Log}\, x + M\left(\frac{h}{x} - \frac{h^2}{2x^2} + \frac{h^3}{3x^3} - \ldots\right),$$

$$\text{Log}(1+z) = M(z - \tfrac{1}{2}z^2 + \tfrac{1}{3}z^3 - \tfrac{1}{4}z^4 + \ldots).$$

Quant à la valeur inconnue de M, elle dépend de la base a du système. Soit t le log. de $1+z$, $a^t = 1+z = 1 + kt + \frac{1}{2}k^2t^2\ldots$; d'où $z = kt\,(1 + \frac{1}{2}kt\ldots)$. Substituant dans la série de Log $(1+z)$, nous avons, en supprimant le facteur commun t,

$$1 = Mk(1 + \tfrac{1}{2}kt\ldots) - \tfrac{1}{2}Mk^2t(\quad)^2\ldots$$

Cette relation doit subsister, quel que soit t, k et M conservant leurs valeurs constantes. Soit pris $z=0$, d'où $t=0$, puis $1=Mk$;

d'où $$M = \frac{1}{k} = \log e = \frac{1}{la},\quad y' = \frac{1}{kx} = \frac{1}{xla}.$$

Il est aisé de voir que M est ce que nous avons nommé le *module* (p. 178), facteur constant dans un système de log., qui sert à traduire ceux-ci en log. népériens, et réciproquement. On retrouve donc ici les mêmes séries et la même théorie que précédemment.

679. Soit $y = \text{Log}\,z$, z étant une fonction de x; on a (n° 671),

$$y' = \frac{Mz'}{z} = \frac{z'}{kz} = \frac{z'}{zla}.$$

La dérivée du log. d'une fonction est la dérivée de cette fonction, multipliée par le module et divisée par cette même fonction. Le facteur M est 1, quand il s'agit des log. népériens (*).

$$y = \text{l}\left(\frac{u}{t}\right) = \text{l}u - \text{l}t \text{ donne } \quad y' = \frac{u'}{u} - \frac{t'}{t} = \frac{tu' - ut'}{ut},$$

$$y = \text{Log}\,z^n = n\,\text{Log}\,z\ldots \quad y' = \frac{Mnz'}{z},$$

$$y = \text{Log}\,\frac{x}{\sqrt{(1+x^2)}}\ldots \quad y' = \frac{M}{x(1+x^2)},$$

(*) On aurait pu tirer la dérivée des log. de celle des exponentielles : $y = a^z$ donne $y' = a^z.z'\,\text{l}a = yz'.\text{l}a$; d'où $z' = \dfrac{y'}{y\,\text{l}a} = \dfrac{My'}{y}$. Réciproquement, de cette dernière équ. on peut déduire la précédente, c.-à-d. la dérivée y' de a^x.

$$y = \text{Log}(x + \sqrt{1+x^2})\ldots\quad y' = \frac{M}{\sqrt{(1+x^2)}},$$

$$y = \text{l}\sqrt{\left(\frac{\sqrt{1+x^2}+x}{\sqrt{1+x^2}-x}\right)},\; y' = \frac{1}{\sqrt{(1+x^2)}},$$

$$y = \text{l}\,\frac{\sqrt{1+x}+\sqrt{1-x}}{\sqrt{1+x}-\sqrt{1-x}},\quad y' = \frac{-1}{x\sqrt{1-x^2}}.$$

680. Les log. servent souvent à faciliter la recherche des dérivées.

I. Soit $y = utvz\ldots$; on en tire $\text{l}y = \text{l}u + \text{l}t + \text{l}v + \ldots$; puis $\frac{y'}{y} = \frac{u'}{u} + \frac{t'}{t} + \frac{v'}{v}\ldots\ldots$ Multipliant par la proposée, on a y', ce qui prouve que la règle n° 663 est vraie, quel que soit le nombre des facteurs.

II. $y = z^t$ donne $\text{l}y = t.\text{l}z$, $\frac{y'}{y} = \frac{tz'}{z} + t'.\text{l}z$;

donc $$y' = z^t.\left(\frac{tz'}{z} + t'\text{l}z\right).$$

III. De $y = a^{b^z}$, on tire $\text{l}y = b^z.\text{l}a$, $y' = a^{b^z}.b^z.z'\,\text{l}a\,\text{l}b$.

IV. $y = z^{t^u}$ donne $\text{l}y = t^u\text{l}z$; donc

$$\frac{y'}{y} = \frac{t^u z'}{z} + \text{l}z.t^u\left(\frac{ut'}{t} + u'\text{l}t\right),\; y' = z^{t^u}.t^u\left(\frac{z'}{z} + u'\text{l}t.\text{l}z + \frac{ut'.\text{l}z}{t}\right).$$

Fonctions circulaires.

681. Cherchons la dérivée de $y = \sin x$, le rayon étant 1; on a $\sin(x \pm h) = \sin x \cos h \pm \cos x.\sin h = y \pm y'h + \text{etc.}$;

d'où $2\cos x.\sin h = 2y'h + \text{etc.}$, $\sin h = \frac{y'}{\cos x}.h + \text{etc.}$

Le 2ᵉ membre doit ne pas contenir x; ainsi le coefficient de h est une constante inconnue A, $y' = A\cos x$, $\sin h = Ah + \text{etc.}$: on en tire $\frac{\sin h}{h} = A + \text{etc.}$; et faisant décroître h, on voit que

A est la limite du rapport du sinus à l'arc h, limite (n° 362) qu'on sait être $=1$; ainsi, $A=1$, $y'=\cos x$.

De même pour $z=\cos x$,

$$\cos(x\pm h)=\cos x.\cos h\mp\sin x.\sin h=z\pm z'h+\text{etc.}$$

En retranchant, on en tire $2\sin x.\sin h=-2z'h+\text{etc.}$;

puis $\sin h=\dfrac{-z'}{\sin x}h+\text{etc.}$ Mais on a trouvé $\sin h=h+\text{etc.}$;

en comparant, on a $\dfrac{-z'}{\sin x}=1$, $z'=-\sin x$.

Une fois connues les dérivées de $\sin x$ et $\cos x$, il est aisé de passer aux dérivées d'ordres supérieurs, et l'on trouve qu'elles se reproduisent périodiquement dans l'ordre

$$\sin x,\quad \cos x,\quad -\sin x,\quad -\cos x.$$

Le théorème de Taylor donne par conséquent

$$\sin(x+h)=\sin x\left(1-\frac{h^2}{2}+\frac{h^4}{2.3.4}\cdots\right)$$
$$+\cos x\left(h-\frac{h^3}{2.3}+\frac{h^5}{2\ldots5}\cdots\right).$$

Faisons ensuite successivement $h=0$ et $=90°$, nous trouvons les mêmes séries que page 183 ; d'où résultent la formation des tables, le rapport π du diamètre à la circonférence et les formules des n°s 588 à 595.

682. Pour $y=\sin z$, on a $y=z'.\cos z$.
Si $y=\cos z$, on a $y'=-z'.\sin z$.

Soit $y=\tang z=\dfrac{\sin z}{\cos z}$, on a (n° 666) $y'=\dfrac{z'}{\cos^2 z}=z'.\text{séc}^2 z$.

La dérivée de la tangente d'un arc est le carré de la sécante, multiplié par la dérivée de l'arc fonction de x.

Pour $y=\cot z$, on a $y'=\dfrac{-z'}{\sin^2 z}$.

Puisque $\sqrt{\frac{1}{2}(1+\cos x)}=\cos\frac{1}{2}x$, la dérivée de ce radical est $-\frac{1}{2}\sin\frac{1}{2}x$; c'est en effet ce que le calcul donne.

Soit $y=\cos mz$; on a $y'=-mz'.\sin mz$,
$y=\sin mz\ldots\ldots\ y'=\ \ mz'.\cos mz$.

De $y = \cos(\mathrm{l}x)$, on tire $y' = -\frac{\sin(\mathrm{l}x)}{x}$.

Pour $y = \cos x^{\sin x}$, on a $\mathrm{l}y = \sin x . \mathrm{l}\cos x$; puis

$$y' = \cos x^{\sin x}\left(\cos x . \mathrm{l}\cos x - \frac{\sin^2 x}{\cos x}\right).$$

$y = \frac{1}{\cos z}$, donne $y' = \frac{z' \operatorname{tang} z}{\cos z} = z' \operatorname{tang} z . \operatorname{séc} z$; c'est la dérivée de $y = \operatorname{séc} z$.

Pour $y = \mathrm{l}\sin z$, on a $y' = \frac{(\sin z)'}{\sin z} = \frac{z' \cos z}{\sin z} = z' \cot z$,

$$y = \mathrm{l}\cos z \ldots\ldots y' = \frac{(\cos z)'}{\cos z} = -z' \operatorname{tang} z,$$

$$y = \mathrm{l}\operatorname{tang} z \ldots\ldots y' = \frac{z'}{\cos^2 z \operatorname{tang} z} = \frac{2z'}{\sin 2z}.$$

M. Legendre a donné dans la Conn. des Temps de 1819 des séries propres au calcul des log. de sin., cos. et tang.

Soit $y = \log . \sin x$; appliquant le théorème de Taylor, et désignant par M le module, on a

$$y' = M\cot x, \quad y'' = -\frac{M}{\sin^2 x}, \qquad y''' = \frac{2M\cos x}{\sin^3 x} \ldots$$

$$\log\sin(x+h) = \log\sin x + Mh\cot x - M\frac{h^2 \cot x}{\sin 2x} + \text{etc.}$$

Transposant $\log\sin x$, il vient, par la diff. Δ entre ce log et celui de $\sin(x+h)$,

$$\Delta = Mh\cot x\left(1 - \frac{h}{\sin 2x} + \frac{h^2}{3\sin^2 x}\right) - \frac{Mh^4}{4\sin^4 x}\left(1 - \tfrac{2}{3}\sin^2 x\right).$$

On trouve de même pour les diff. Δ_1 et Δ_2 entre les log. des cos. ou des tang. de $x+h$ et de x;

$$\Delta_1 = -Mh\operatorname{tang} x\left(1 + \frac{h}{\sin 2x} + \frac{h^2}{3\cos^2 x}\right) - \frac{Mh^4}{4\cos^4 x}\left(1 - \tfrac{2}{3}\cos^2 x\right),$$

$$\Delta_2 = \frac{2Mh}{\sin 2x}\left(1 - h\cot 2x + \frac{2}{3}h^2 + \frac{4}{3}h^2\cot^2 2x\right) + \frac{4Mh^4\cos 2x}{\sin^4 2x}\left(1 - \frac{\sin^2 2x}{6}\right);$$

h représente ici la longueur de l'arc différentiel. (*V.* t. I, p. 355.) C'est ainsi que pour avoir log sin 27° 33′, connaissant logarithme sin 27° 30′, on fait $h =$ arc de $3' = 3 \sin 1'$. Voici le calcul :

h.......	$\bar{4}.94085$		$\bar{4}.94085$ —	1er terme =	0.00072803
M......	$\bar{1}.63778$		$\bar{4}.86215$	2e...... =	—0.00000078
cot x....	0.28352	sin $2x$...	—$\bar{1}.91336$	3e...... =	0.
1er terme	$\bar{4}.86215$	2e......	$\bar{7}.88964$ —	Δ...... =	0.0007273
Le 3e terme ne produit rien quand on ne prend que 7 décimales.				log sin x... =	$\bar{1}.6644056$
				log sin 27° 33′ =	$\bar{1}$,6651329

Cette méthode est surtout utile lorsqu'on veut calculer les log. avec une grande approximation.

683. Supposons que x soit le sinus d'un arc y ; ce qu'on écrit ainsi :

$$y = \text{arc}\,(\sin = x)\,,\ \text{ou}\ x = \sin y.$$

La variable x qui reçoit l'accroissement h, n'est plus l'arc, mais bien le sinus. Or, l'équ. $x = \sin y$ donne

$$1 = y' \cos y,\quad y' = \frac{1}{\cos y} = \frac{1}{\sqrt{(1 - x^2)}}.$$

Pour $y = \text{arc}\,(\sin = z)$, on a donc $y' = \dfrac{z'}{\sqrt{(1 - z^2)}}$.

Pour $y = \text{arc}\,(\cos = z)$, on aurait $y' = \dfrac{-z'}{\sqrt{(1 - z^2)}}$.

Prenons $y = \text{arc}(\text{tang} = z)$; d'où $z = \text{tang}\, y$, $z' = \dfrac{y'}{\cos^2 y}$,

$$y' = z'.\cos^2 y;\ \text{et puisque}\ \cos^2 y = \frac{1}{1 + z^2},\quad y' = \frac{z'}{1 + z^2}.$$

Ainsi, *la dérivée d'un arc, exprimée par son sinus, est* 1 *divisé par le cosinus; celle d'un arc, exprimée par son cosinus, est* — 1 *divisé par le sinus; enfin, celle d'un arc exprimé par sa tangente, est* 1 *divisé par* 1 + *le carré de cette tangente.*

Si le rayon, au lieu d'être 1, était r, on aurait, en rendant les formules homogènes (n° 347, 2°.),

$y = \text{arc}(\sin = z)$, $y = \text{arc}(\text{tang} = z)$, $y = \text{tang}\, z$,

$$y' = \frac{rz'}{\sqrt{(r^2 - z^2)}}, \quad y' = \frac{r^2z'}{r^2 + z^2}, \quad y' = \frac{r^2z'}{\cos^2 z}.$$

Dérivées des Équations.

684. En résolvant l'équ. $F(x, y) = 0$ sous la forme $y = fx$, il serait facile d'en tirer $y', y'', y'''\ldots$: mais cette résolution, qui est rarement possible, n'est nullement nécessaire ; car mettons, pour y, sa valeur fx dans la proposée ; il en résultera une fonction de x identiquement nulle, que nous désignerons par $z = F(x, fx) = 0$; les dérivées $z', z'', z'''\ldots$ seront nulles (n° 664). Or, pour obtenir z', il convient, d'après ce qu'on a vu n° 672, de simplifier l'expression compliquée $F(x, fx)$, en égalant à y le groupe de termes fx, et d'appliquer la règle de ce n° à l'équ. $z = F(x, y) = 0$, qui est la proposée même. Donc

$$z' = \frac{dz}{dx} + \frac{dz}{dy} \cdot y' = 0, \quad y' = -\frac{dz}{dx} : \frac{dz}{dy}.$$

Ces deux termes sont des fonctions connues de x et y, qu'on nomme *Différentielles partielles*. Par exemple, de l'équation $y^2 + x^2 - r^2 = z = 0$, on tire

$$\frac{dz}{dx} = 2x, \quad \frac{dz}{dy} = 2y, \quad x + yy' = 0, \quad y' = -\frac{x}{y}.$$

De même $x^2 + y^2 - 2rx = r^2$ donne $yy' + x - r = 0$, $y' = \dfrac{r - x}{y}$.

$$x^4 + 2ax^2y = ay^3; \quad (2ax^2 - 3ay^2)y' + 4x^3 + 4axy = 0.$$

685. Il est vrai que y' est exprimé en x et y, et non en x seul, comme cela serait arrivé si l'on eût résolu l'équation $F(x, y) = 0$. Si l'on veut déduire y' en x seul, il reste à éliminer y entre l'équ. $z = 0$, et sa dérivée $z' = 0$.

C'est ainsi que, dans le premier exemple, on a $x^2 + y^2 = r^2$, $x + yy' = 0$; d'où chassant y, $x^2 = y'^2(r^2 - x^2)$, $y' = \dfrac{x}{\sqrt{(r^2 - x^2)}}$.

Cette élimination, qui est rarement utile, élève y' au degré même où se trouvait y dans la propoosé $z=0$; car quand il y a n valeurs $y=fx$, comme le calcul de la dérivation laisse dans y' les mêmes radicaux que dans fx (n° 670), y' a aussi n valeurs. Si y' n'est qu'au 1er degré dans $z'=0$, cela vient de ce que y s'y trouve aussi, et comporte les mêmes radicaux que l'élimination de y doit reproduire.

686. L'équ. $z'=0$ renferme x, y' et y, qui sont des fonctions de x. Le raisonnement du n° 684 prouve qu'on peut en tirer l'équ. $z''=0$, en regardant y et y' comme contenant x, et appliquant la règle n° 672. La notation dont on s'est servi devient alors plus étendue. Par ex., $\frac{d^2y}{dxdy}$, $\frac{d^3y}{dx^2dy}$ signifieront que dans la première, la dérivée est prise d'abord en considérant x comme variable, et qu'on a pris ensuite la dérivée du résultat relativement à y; dans la deuxième, on prend les dérivées trois fois successives : deux fois par rapport à x, et une fois pour y. Du reste, il suit de ce qu'on a dit (n° 672), que ces dérivées peuvent être prises dans tel ordre qu'on veut : dans le 2e cas, on pourrait, par ex., les prendre par rapport à y, puis deux fois pour x, ou bien une fois pour x, une fois pour y, et enfin une pour x. (*Voy.* n° 703.)

D'après cela, l'équ. $z'=\frac{dz}{dx}+\frac{dz}{dy}\cdot y'=0$ donne

$$\frac{d^2z}{dx^2}+2y'.\frac{d^2z}{dx.dy}+\frac{dz}{dy}y''+\frac{d^2z}{dy^2}y'^2=0.$$

Cette équ. du 1er degré en y'' donnera y'' exprimé en x, y et y'; on pourra éliminer y' à l'aide de l'équ. $z'=0$; et si l'on veut chasser y par l'équ. $z=0$, alors le degré de y'' s'élèvera.

Le dernier ex. n° 684 $(2ax^2-3ay^2)\,y'+4x^3+4axy=0$, en prenant les dérivées relativement à x, y et y', comme variables indépendantes, donne

$$(2ax^2-3ay^2)\,y''+12x^2+4ay+8axy'-6ayy'^2=0.$$

687. Si la proposée $z=0$ renferme un terme constant, il

disparaît de la dérivée $z' = 0$, comme on l'a vu n° 662. Ainsi, $x^2 + y^2 = r^2$ donne $x + yy' = 0$, qui est indépendant de r, et exprime une propriété commune à tous les cercles dont le centre est à l'origine. Il est même permis de chasser telle constante qu'on veut, en l'éliminant à l'aide des équ. $z = 0$, $z' = 0$, sauf à faire reparaître celle qu'on aurait chassée d'abord. $y = ax + b$ donne $y' = a$, qui ne contient pas b; et chassant a, on a.... $y = y'x + b$, qui est indépendante de a.

La dérivée du 2ᵉ ordre perd une 2ᵉ constante; celle du 3ᵉ ordre, une 3ᵉ constante, etc., et le résultat exprime ainsi une propriété de l'équ. proposée, quelles que soient ces constantes. $y^2 = a - bx^2$ donne $yy' = -bx$, $yy'' + y'^2 = -b$; et chassant b, il vient cette équ. dégagée de a et b, $yy' = (yy'' + y'^2)\,x$.

On peut encore chasser une constante c, en résolvant la proposée $z = 0$, sous la forme $c = f(x, y)$, et différentiant. Comme les deux procédés doivent conduire à des résultats équivalens, et que celui-ci introduit des radicaux dépendans du degré de c, il est visible que si l'on préfère éliminer c entre les équ. $z = 0$, $z' = 0$, le degré de y' doit s'élever. Par ex.,

$$y^2 - 2cy + x^2 = c^2, \quad (y - c)\,y' + x = 0$$

donnent
$$(x^2 - 2y^2)\,y'^2 - 4xyy' - x^2 = 0.$$

688. On voit donc que toute dérivée de l'ordre n, de l'équ. $z = F(x, y) = 0$, ne doit contenir $y^{(n)}$ qu'au 1ᵉʳ degré; quand il en est autrement, l'équ. ne provient pas d'une dérivation immédiate, mais de ce qu'on a éliminé quelque constante, ou x, ou y, à l'aide de l'équ. proposée.

Changement de la Variable indépendante.

689. Toute question générale, traitée par le Calcul différentiel, conduit à une expression en $x, y, y', y'', \ldots$, telle que

$$\psi[x, y, (y'), (y'')\ldots].$$

Lorsqu'on veut l'appliquer ensuite à un ex. proposé $y = Fx$, il faut tirer (y'), (y'')..., substituer dans ψ, et cette fonction n'est plus exprimée qu'en x. Les crochets [] sont mis pour indiquer que x est *variable principale*, et reçoit l'accroissement h. Mais il peut arriver qu'au lieu de $y = Fx$, on donne deux équ. qui lient y et x à une 3e variable t.

$$y = \varphi t, \quad x = ft \dots \quad (a).$$

Il faudrait donc éliminer t entre ces deux éq., pour obtenir $y = Fx$, en tirer (y'), (y''), et substituer dans ψ. Ce calcul, ordinairement long, ou même impossible à effectuer, n'est pas nécessaire; il suffit d'exprimer la fonction ψ en t, à l'aide des équ. (a) et de leurs dérivées $\varphi', f' \dots$: celles-ci ne sont plus prises par rapport à x, mais bien à t, devenue *variable indépendante*. Proposons-nous donc de modifier la fonction donnée ψ, pour l'amener à renfermer $t, \varphi', f' \dots$, au lieu de $x, y, (y') \dots$ Soient h, k, i les accroissemens que prennent ensemble les variables x, y, t:

$$\begin{array}{lllll} y = Fx \text{ donne} & k = (y')h & + \frac{1}{2}(y'')h^2 & + \dots & (1), \\ y = \varphi t \dots\dots & k = y'i & + \frac{1}{2}y''i^2 & + \dots & (2), \\ x = ft \dots\dots & h = x'i & + \frac{1}{2}x''i^2 & + \dots & (3). \end{array}$$

Ces dérivées se rapportent aux fonctions respectives F, φ, f; (y') est la dérivée de Fx relative à x; y' et x'' sont celles des équ. (a) par rapport à t, ou

$$(y') = \frac{dy}{dx}, \; y' = \frac{dy}{dt} = \varphi' t, \quad x' = \frac{dx}{dt} = f' t.$$

La fonction ψ est donnée en (y'), $(y'') \dots$, et l'on veut la traduire en $x', y', x'', y'' \dots$, qui sont des fonctions connues de t. Égalant les valeurs de k, puis mettant pour h la série (3), en se bornant aux deux premières puissances de h, on a

$$(y')x'i + [(y')x'' + (y'')x'^2] \cdot \tfrac{1}{2} i^2 \dots = y'i + \tfrac{1}{2} y'' i^2 \dots;$$

et comme i est quelconque (n° 576),

$$(y')x' = y', \quad (y')x'' + (y'')x'^2 = y'', \text{etc.}$$

Donc, pour exprimer ψ en t seul, il faut y substituer à $x, y, (y'), (y'') \dots$ les valeurs $x = ft$, $y = \varphi t$,

$$(y') = \frac{y'}{x'}, \; (y'') = \frac{x'y'' - y'x''}{x'^3} \dots \quad (D).$$

On peut tirer (y''), (y''')... de la valeur de (y'), qui est le quotient des dérivées relatives à t, tirées des équations (a); $(y') = \frac{y'}{x'} = \frac{\varphi' t}{f' t} = \frac{dy}{dt} : \frac{dx}{dt}$. Car (y') représente une fonction de x, $(y') = F'x$, qu'on peut à son tour regarder comme une fonction de t, telle que $(y') = \varphi_1 t$, puisque $x = ft$.

Qu'on raisonne de même pour ces trois dernières équ., on en conclura que (y'') doit être le quotient des dérivées de $\varphi_1 t$ et ft relatives à t. Or, celle de $\varphi_1 t = \frac{y'}{x'}$ est $\frac{x'y'' - y'x''}{x'^2}$; donc, en divisant par x' dérivée de ft, on retrouve l'expression D ci-dessus de (y''). Pareillement, la dérivée de cette valeur de (y'') étant divisée par x', donne

$$(y''') = \frac{y'''}{x'^3} - \frac{3x''y''}{x'^4} - y'\left(\frac{x'''}{x'^4} - \frac{3x''^2}{x'^5}\right) \ldots \quad (E),$$

et ainsi des autres. On peut donc employer ψ de trois manières :

1°. En éliminant t entre les équ. (a), tirant (y'), (y'')..... de l'équ. résultante $y = Fx$; enfin, substituant dans ψ;

2°. En mettant dans ψ pour (y'), (y'')..., leurs valeurs (D), (E)..., ce qui exprime ψ en x, y, y', y''..., et par suite en t, à l'aide des équ. (a) et de leurs dérivées;

3°. Enfin, en formant en fonction de t la fraction $(y') = \frac{y'}{x'}$, puis prenant les dérivées relatives à t, divisant chaque fois par x' ou $f't$, et enfin substituant dans ψ les valeurs ainsi obtenues pour (y'), (y'')....

690. Soit r une fonction donnée de t, $r = ft$; supposons que les équ. (a) soient $x = r \cos t$, $y = r \sin t$ (*); d'où

(*) Ces équ. sont celles qui transforment les coordonnées de rectangulaires en polaires (n° 385) : lorsqu'une formule différentielle ψ aura été trouvée pour le 1er système, le calcul suivant la réduira à être propre au 2e. C'est ce qui a lieu pour les valeurs suivantes de ψ : l'une exprime la tang. de l'angle β, que fait un rayon vecteur avec la tang. à une courbe quelconque ; l'autre en est le rayon de courbure (nos 724, 733). Ces expressions sont donc, par notre calcul, traduites en coordonnées polaires.

$x' = r' \cos t - \;\; r \sin t \qquad\qquad y' = r' \sin t + \;\; r \cos t,$

$x'' = r'' \cos t - 2r' \sin t - r \cos t, y'' = r'' \sin t + 2r' \cos t - r \sin t,$

etc.....

Substituant, dans ψ, d'abord les expressions (D) qui y introduiront $y', x', y''\ldots$, au lieu de $(y'), (y'')\ldots$, puis celles que nous venons d'obtenir, il n'y entrera plus que t et $r, r', r''\ldots$, qui sont connues en t, par l'équ. $r = ft$. Par ex., si

$$\psi = \frac{x(y') - y}{y(y') + x}, \text{ on a } \psi = \frac{y'x - x'y}{yy' + xx'},$$

d'après la valeur (D) de (y') : et comme celles de x' et y' donnent $y'x - x'y = r^2, yy' + xx' = rr'$ (cette équ. est la dérivée de $x^2 + y^2 = r^2$), on trouve enfin $\psi = \frac{r}{r'}$.

Pareillement, soit $\psi = \frac{[1 + (y')^2]^{\frac{3}{2}}}{(y'')} = \frac{(x'^2 + y'^2)^{\frac{3}{2}}}{x'y'' - y'x''}$:

on a $\quad x'^2 + y'^2 = r^2 + r'^2, \quad x'y'' - y'x'' = r^2 + 2r'^2 - rr'';$

donc
$$\psi = \frac{(r^2 + r'^2)^{\frac{3}{2}}}{r^2 + 2r'^2 - rr''}.$$

ψ est donc connu pour chaque valeur de t, puisque les formules seront exprimées en t seul, lorsqu'on aura $r = ft$.

691. Quand ψ a été ainsi transformé, t est variable indépendante; et si l'on veut que x soit remis dans son état primitif, il suffira de poser $x' = 1$, d'où $0 = x'' = x''' = \ldots$; car y' redevient (y'), et par suite y'' se change en (y''), etc. C'est ce qu'on peut vérifier sur nos exemples.

Une fois que ψ est généralisé et convient à la variable principale t, il est indifférent que x l'ait été originairement, et l'on peut supposer que c'était quelque autre variable u qui était indépendante. Or, en faisant $x' = 1$, on exprime que la variable principale est x; donc $t' = 1$ établit la même chose pour t : *la condition qui exprime que* t *est variable principale, est* t$' = 1$; d'où $0 = t'' = t''' \ldots$: on dit alors que *la différentielle de* t *est cons-*

tante. Lorsque ψ a été généralisé pour convenir à toute variable principale, *aucune différentielle n'y est constante.*

Puisque la série (3) p. 281, dérive de l'éq. $x = ft$, x' désigne $\frac{dx}{dt}$, et $x' = 1$ montre que la différentielle de x relative à une 3ᵉ variable t quelconque, est constante. De même, si l'on pose $t' = 1$, pour que t devienne variable principale, il faut entendre que *la dérivée de* t, *relative à une autre variable* u, *est constante.* Voici l'usage de cette proposition.

692. S'il arrive que ψ ne contienne pas x, $\psi = [y, (y'), (y'')...]$, l'équ. $x = ft$ n'est plus nécessaire, et il suffit d'en avoir la dérivée $x' = f't$; car les relations (D) n'introduisent pas x dans ψ, mais seulement x', y'..., et les calculs précédens sont faciles. Or, si cette équ. dérivée donnée contenait t, au lieu de x, pour variable dépendante, qu'on ait, par ex., $F(t, t', x) = 0$, il faudrait d'abord généraliser cette équ., pour qu'aucune différentielle n'y soit constante, en mettant $\frac{t'}{x'}$ pour t'; puis faire $t' = 1$, pour rendre t variable principale; ce qui revient à remplacer de suite t' par $\frac{1}{x'}$.

Supposons, par ex., que les équ. (a) soient $y = \varphi t$, $y = (t')$, la dérivée étant ici relative à x; pour qu'elle le devienne à t, on fera

$$y = \frac{1}{x'};\ \text{d'où}\ x' = \frac{1}{y},\ x'' = -\frac{y'}{y^2},\ \text{etc.}$$

Quand ψ aura été généralisé par les relations (D), on y introduira ces valeurs, et ψ se trouvera exprimé en t, et en dérivées relatives à t, si x n'y entre pas. C'est ainsi que

$$\psi = \frac{[1 + (y')^2]^{\frac{3}{2}}}{(y'')}\ \text{devient}\ \frac{(x'^2 + y'^2)^{\frac{3}{2}}}{x'y'' - y'x''},\ \text{puis}\ \frac{(1 + y^2y'^2)^{\frac{3}{2}}}{y(yy'' + y'^2)}.$$

On voit que ψ sera exprimé en fonction de t, puisque y', y'' ont des dérivées relatives à t, qu'on tire de $y = \varphi t$: ψ sera donc connu pour chaque valeur de t.

De même, si les équ. (a) sont $y = \varphi t$, $t'^2 = 1 + (y')^2$, les dérivées étant relatives à x, on change celle-ci en $t'^2 = x'^2 + y'^2$; posant $t' = 1$, la variable indépendante est t, et l'on a $x'^2 + y'^2 = 1$; d'où $x'x'' + y'y'' = 0$. Notre valeur de ψ généralisée devient donc, en éliminant x'' ou y'', $\psi = \frac{x'}{y''} = -\frac{y'}{x''}$. Pour obtenir ψ en fonction de t, il ne reste plus qu'à tirer de $y = \varphi t$, les dérivées y', y'', relatives à t, puis $x' = \sqrt{(1 - y'^2)}$, et substituer dans $\psi = x' : y''$. Si au lieu de $y = \varphi t$, on eût donné $x = ft$, on aurait opéré de même sur la 2ᵉ valeur de ψ.

Prenons encore $\psi = \frac{(y''')}{x(y'')}$, x étant variable principale, et où l'on veut que t le soit à son tour, et que $t'^2 = 1 + (y')^2$; les formules D, E donnent, après avoir multiplié haut et bas par x'^5,

$$\psi = \frac{y'''x'^2 - 3x'x''y'' - y'x'x''' + 3y'x''^2}{xx'^2(x'y'' - y'x'')},$$

de $x'^2 + y'^2 = 1$ on tire $x'x'' + y'y'' = 0$, $x'x''' + x''^2 + y'y''' + y''^2 = 0$. Éliminant de cette dernière x'', puis y'^2, à l'aide des deux précédentes, on trouve $x''' = -\frac{y'y'''}{x'} - \frac{y''^2}{x'^3}$. Par là l'expression ψ devient enfin

$$\psi = \frac{y'''}{xx'y''} + \frac{4y'y''}{xx'^3}.$$

693. Quelques démonstrations peuvent être simplifiées par ces principes. Si l'on a l'équ. $y = fx$ (*), et ses dérivées (y), (y''), ..

(*) Ceci peut se démontrer directement; car soient k et h les accroissemens que prennent ensemble y et x;

$y = fx$ donne $k = y'h + \frac{1}{2}y''h^2 + \ldots$,

$x = \varphi y$ donne $h = x'k + \frac{1}{2}x''k^2 + \ldots$;

d'où $h = x'y'h + (x'y'' + x''y'^2) . \frac{1}{2}h^2 + \ldots$;

puis $1 = x'y'$, $x'y'' + x''y'^2 = 0$, etc. ....

Enfin, on a les valeurs de y', y''....

relatives à x, et qu'on veuille trouver les dérivées de $x = \varphi y$ relatives à y, sans résoudre la première équation, on fera $y' = 1$, $0 = y'' = y'''$... dans les équ. (D), c.-à-d. qu'il suffira de poser $(y') = \frac{1}{x'}$, $(y'') = -\frac{x''}{x'^3}$....

Par exemple, $y = a^x$ donne $(y') = ka^x$: on en tire $\frac{1}{x'} = ka^x = ky$; d'où $x' = \frac{1}{ky}$, lorsque y est variable indépendante. Il est visible qu'on a ainsi la dérivée de $x = \text{Log}\, y$.

Pour $y = \sin x$, on a $(y') = \cos x$; donc, on trouve $\frac{1}{x'} = \cos x$, $x' = \frac{1}{\cos x} = \frac{1}{\sqrt{(1-y^2)}}$, dérivée de l'équation $x = \text{arc}\,(\sin = y)$ p. 277.

Enfin, de $y = \text{tang}\, x$ on tire la dérivée de $x = \text{arc}\,(\text{tang} = y)$:

$$(y') = \frac{1}{\cos^2 x} = \frac{1}{x'},\ x' = \cos^2 x = \frac{1}{1+y^2}.$$

694. Pour généraliser une fonction ψ du 1er ordre, on change

$$(y') \text{ en } \frac{y'}{x'},\ \text{ou} \frac{dy}{dx} = \frac{dy}{dt} : \frac{dx}{dt},\ \text{ou} \frac{dy}{dx} = \frac{dy}{dx},$$

en supprimant le diviseur commun dt; mais en conservant le souvenir que, dans le 2e membre, dy et dx désignent des différentielles prises relativement à t. Donc, *quand une fonction dérivée ψ est du 1er ordre, et qu'on l'a exprimée par la notation différentielle* d, *elle ne devra éprouver aucune altération lorsqu'on voudra changer de variable indépendante, seulement les* dy, dx... *qui y entrent désigneront les différentielles relatives à cette nouvelle variable.* C'est ce qui rend la notation différentielle très commode dans le Calcul intégral, et dans toute opération où l'on est conduit à changer de variable principale, pourvu qu'il n'y entre que des dérivées de 1er ordre.

Soit $y = \sin z$; $y' = \cos z . z'$, revient à $dy = \cos z . dz$; d'où $dz = \frac{dy}{\cos z} = \frac{dy}{\sqrt{1-y^2}}$; ce calcul est préférable à celui du n° 693, pour obtenir la dérivée de l'équ. $z = \text{arc}(\sin = y)$.

Au reste, l'avantage dont nous parlons n'a plus lieu pour le 2e ordre, car la 2e formule (D) devient

$$\frac{d^2y}{dx^2} = \frac{dx.d^2y - dy.d^2x}{dx^3}.$$

Ici les dérivées sont relatives à une troisième variable t, dont on suppose que x et y sont des fonctions données. Il suit des principes d'où nous sommes partis, que le 1er membre n'est autre chose que la dérivée de $\frac{dy}{dx}$, qu'on divise ensuite par dx ; et qu'en considérant ces dy et dx comme des fonctions de t, on peut poser (n° 689, 3°.)

$$\frac{d^2y}{dx^2} = \frac{d\left(\frac{dy}{dx}\right)}{dx}, \quad \frac{d^3y}{dx^3} = \frac{d\left(\frac{d^2y}{dx^2}\right)}{dx} \ldots,$$

en sorte qu'il est bien facile de retrouver les équ. (D), (E)..., et même de les conserver dans la mémoire.

Des cas où la Série de Taylor est en défaut.

695. La formule (A, n° 659) peut ne pas être vraie, quand on mettra pour x un nombre a; car $y = fx$, devenant $f(a+h)$ lorsqu'on change x en $a+h$, il se pourra que, x étant engagé sous des radicaux, la valeur $a+k$, qu'on mettra pour x, laisse h sous quelque radical, parce que les constantes de la fonction f auraient détruit a : ainsi h aurait des puissances fractionnaires. On sent d'ailleurs que $f(a+h)$ ne contenant d'autre variable que h, n'est pas toujours développable suivant les puissances entières et positives de h. C'est ainsi que cot h, log h... ont des exposans négatifs pour h, puisque $h = 0$ les rend infinis.

Soit $y = \sqrt{x} + \sqrt[3]{(x-a)^4}$; pour $x = a+h$, on a

$$Y = \sqrt{(a+h)} + \sqrt[3]{h^4} = \sqrt{a} + \frac{h}{2\sqrt{a}} + h^{\frac{4}{3}} - \frac{h^2}{8\sqrt{a^3}} \ldots$$

De même $\frac{1}{(x-a)^2} + \sqrt{x}$, donne $\frac{1}{h^2} + \sqrt{(a+h)}$... ou $h^{-2} + \sqrt{a}$...

Enfin, $\frac{1}{\sqrt{(x-a)}} + \sqrt{x}$ devient $h^{-\frac{1}{2}} + \sqrt{a} + \frac{h}{2\sqrt{a}}$...

Jusqu'ici nos règles ont été sans exception, parce que x a conservé sa valeur générale ; mais quand nous voudrons appliquer ces règles à des cas particuliers où x sera un nombre donné, il se pourra qu'accidentellement on tombe sur une exception du théorème de Taylor ; il convient de trouver des caractères qui annoncent cette circonstance, et d'apprendre ce qu'on doit faire alors pour trouver la vraie série de $f(a+h)$.

696. Ordonnons, suivant h, le développement de $f(a+h)$; m étant la moindre puissance fractionnaire de h, comprise entre les entiers l et $l+1$; on a

$$f(a+h) = A + Bh + Ch^2 + Dh^3 \ldots + Lh^l + Mh^m \ldots$$

Si m est négatif, Mh^m est le 1er terme de la série. A, B, C... sont, en général, des constantes finies et inconnues.

Puisque cette équ. a lieu, quel que soit h, prenons les dérivées relatives à cette variable :

$$f'(a+h) = B + 2Ch + 3Dh^2 \ldots + lLh^{l-1} + mMh^{m-1} \ldots$$
$$f''(a+h) = 2C + 2.3Dh \ldots + l(l-1)Lh^{l-2} + m(m-1)Mh^{m-2} \ldots$$
$$f'''(a+h) = 2.3D \ldots + l(l-1)(l-2)Lh^{l-3} + m(m-1)(m-2)Mh^{m-3} \ldots$$
etc.....

En faisant $h=0$, on trouve

$$A = fa, \quad B = f'a, \quad C = \tfrac{1}{2} f''a, \quad D = \tfrac{1}{6} f'''a \ldots.$$

Les coefficiens A, B... L sont donc les valeurs que prend fx et ses dérivées, lorsqu'on y fait $x=a$, précisément comme dans la série de Taylor. Mais, à chaque dérivation, le 1er terme disparaît, parce qu'il est constant ; à la l^e dérivation, on obtient L ; à la $(l+1)^e$, on a

$$f^{(l+1)}(a+h) = m(m-1) \ldots Mh^{m-l-1} + \ldots;$$

et comme m est une fraction $< l+1$, ce 1er terme a un exposant négatif, et $h=0$ donne $f^{(l+1)}a=\infty$. A partir de $y^{(l+1)}$, toutes les dérivées sont de même infinies, parce que cet exposant reste sans cesse négatif (n° 668, 2°.).

Donc, 1°. si la valeur $x=a$ ne rend infinie aucune des fonctions y, y', y''..., le développement de Taylor n'est pas fautif (n° 659).

2°. *Si l'une des fonctions* y, y', y''... *devient infinie pour* $x=a$, *toutes les suivantes le sont aussi; le théorème de Taylor n'est fautif qu'à partir du terme qui contient la première dérivée infinie;* h *reçoit en ce lieu un exposant fractionnaire.*

3°. Si y est infini, y', y''... le sont aussi, et h a des puissances négatives.

4°. Pour $y=x^m$, comme la dérivée de l'ordre n est de la forme Ax^{m-n}, qu'aucune valeur de x ne rend infinie, si ce n'est $x=0$, quand m n'est pas entier et positif, on reconnaît que la formule du binome $(x+h)^m$ n'est jamais fautive (ce cas excepté). On en dira autant des séries de a^x, Log $(1+x)$ sin x et cos x.

697. Il reste à trouver le développement qui doit remplacer la partie fautive, quand ce cas existe : à cet effet, changez x en $a+h$ dans fx, et faites le développement de $f(a+h)$ à l'aide des séries connues. Par ex.,

$$y=c+(x-b)\sqrt{(x-a)} \text{ donne } y'=\frac{3x-2a-b}{2\sqrt{(x-a)}}.$$

$x=a$ rend y' infini; donc y'', y'''... le sont aussi, et h doit avoir un exposant entre 0 et 1 dans le développement de $Y=f(a+h)$: le 1er terme est $y=c$. Qu'on change en effet x en $a+h$ dans la proposée, on a $Y=c+(a-b)h^{\frac{1}{2}}+h^{\frac{3}{2}}$.

Soit encore $y=c+x+(x-b)(x-a)^{\frac{3}{2}}$;

d'où $$y'=1+(x-a)^{\frac{3}{2}}+\tfrac{3}{2}\quad -b)\sqrt{(x-a)},$$

$$y''=3\sqrt{(x-a)}+\frac{3(x-b)}{4\sqrt{(x-a)}};$$

$x=a$ donne $y=c+a$, $y'=1$; les autres dérivées sont infinies. Le développement de $f(a+h)$ commence par $(c+a)+h$, les autres termes ne procèdent plus selon h^2, h^3... En effet, mettons $a+h$ pour x, y devient

$$Y=(c+a)+h+(a-b)h^{\frac{3}{2}}+h^{\frac{5}{2}}.$$

698. Lorsqu'on a trouvé les divers termes non fautifs de la série Y, pour obtenir les suivans, retranchez de $f(a+h)$ la partie connue, le reste étant réduit, sera une fonction S de h, qu'il s'agira de développer en une série qui ne procède plus selon les puissances entières de h.

Soit A la valeur de S pour $h=0$; on a $S=A+Mh^m$, m étant la plus haute puissance de h qui divise $S-A$, afin que le quotient $M=\frac{S-A}{h^m}$ ne soit nul, ni infini, pour $h=0$. Cette condition fera connaître le nombre m, et la fonction M de h. De même on fera $h=0$ dans M; et B étant la valeur que prend alors M, on posera $M=B+Nh^n$, et l'on trouvera n et N; ainsi de suite. Donc,

$$S=A+Bh^m+Ch^{m+n}+Dh^{m+n+p}\dots$$

sera le développement demandé. Si S doit avoir des puissances négatives de h, on fera $h=h'^{-1}$, et l'on développera selon h'; on changera ensuite les signes des exposans de h'. (*Voyez* les *Fonct. analyt.*, n°s 11 et 120.)

699. Examinons ce qui arrive, lorsque $x=a$ chasse un terme P de la fonction fx; P a pour facteur quelque puissance m de $x-a$ (n° 500), ou $P=Q(x-a)^m$.

1°. Si m est entier et positif, la dérivée m^e contient un terme dégagé du facteur $x-a$, puisque l'exposant s'abaisse successivement jusqu'à... 2, 1, 0; ainsi, le facteur Q, qui a disparu de toutes les dérivées, reparaît dans la m^e et les suivantes : le théorème de Taylor n'est pas fautif, et il ne se présente ici rien de particulier. Soit $y=(x-a)^2.(x-b)-ax^2$; on a

$$Y=-a^3-2a^2.h-bh^2+h^3.$$

2°. Quand m est une fraction comprise entre l et $l+1$, $x=a$

fait disparaître Q de toutes les dérivées; celle de l'ordre $l+1$ prenant le facteur $(x-a)^{m-l-1}$, l'exposant est négatif, la dérivée infinie, et la série de Taylor fautive à partir de ce terme; et en effet, puisque le radical indiqué par $(x-a)^m$ disparaît de toute la série, et reste cependant dans $f(a+h)$, les deux membres n'auraient pas autant de valeurs l'un que l'autre, si h ne prenait ce même radical.

Ainsi $y=x^3+(x-b)(x-a)^{\frac{5}{2}}$

donne $\quad Y=a^3+3a^2h+3ah^2+(a-b)h^{\frac{5}{2}}+h^3+h^{\frac{7}{2}}$.

Voyez aussi les exemples, n°s 695 et 697.

3°. Si m est négatif, P et toutes ses dérivées, ayant $x-a$ au dénominateur, sont infinis pour $x=a$, et le développement de Taylor étant fautif dès le 1er terme, h a des puissances négatives. C'est ce qui arrive pour

$$y=\frac{x^2}{x-a};\quad \text{d'où}\quad Y=a^2h^{-1}+2a+h,$$

$$y=\frac{1}{\sqrt{(x^2-ax)}},\quad Y=\frac{1}{a}\left(\frac{h}{a}\right)^{-\frac{1}{2}}-\frac{1}{2a}\left(\frac{h}{a}\right)^{\frac{1}{2}}+\frac{3}{8a}\left(\frac{h}{a}\right)^{\frac{3}{2}}\ldots\ldots$$

700. Supposons que $x=a$ fasse disparaître de y un radical qui subsiste dans y', c.-à-d. que la 1re puissance de $x-a$ soit facteur de ce radical: pour $x=a$, y' se trouve avoir plus de valeurs que y, à cause du radical, qui n'existe que dans y'. En élevant l'équ. $y=fx$ à la puissance convenable, on pourra détruire ce radical, qui n'entrera plus dans l'équ. $z=F(x,y)=0$. Prenons la dérivée (n° 684) $\dfrac{dz}{dx}+\dfrac{dz}{dy}.y'=0$, et substituons a pour x, et pour y la valeur unique dont il s'agit; les coefficiens deviendront des nombres A et B, savoir, $A+By'=0$. Mais, par supposition, y' a au moins deux valeurs correspondantes α et β, savoir, $A+B\alpha=0$, $A+B\beta=0$; donc $B(\alpha-\beta)=0$, ou $B=0$ et $A=0$, puisque α est différent de β. Donc notre équ. dérivée de $z=0$ est satisfaite d'elle-même et indépendante de toute valeur de y':

$$\frac{dz}{dx}=0,\ \frac{dz}{dy}=0,\ y'=\frac{0}{0}.$$

Passons à l'équ. dérivée du 2ᵉ ordre (nº 686), qui a la forme

$$\frac{dz}{dy}.y''+My'^2+2Ny'+L=0;$$

le 1ᵉʳ terme disparaît; et comme M, N et L sont des fonctions de x et y sans radicaux, l'équ. $My'^2+2Ny'+L=0$ fera connaître les deux valeurs de y', attendu que M, N et L sont des constantes connues : à moins qu'il ne dût y avoir plus de deux valeurs de y', contre une de y, pour $x=a$; car M, N et L devraient se trouver nuls ensemble, et il faudrait recourir à l'équ. du 3ᵉ ordre. y'' et y''' s'en iraient, parce que leurs coefficiens étant $3(My'+N)$ et $\frac{dz}{dy}$ qui sont nuls, y' entrerait alors au cube.

En général, on doit remonter à une dérivée de l'ordre du radical que $x=a$ chasse de y.

Soit par ex. $\qquad y=x+(x-a)\sqrt{(x-b)}$,

$$y'=1+\sqrt{(x-b)}+\frac{x-a}{2\sqrt{(x-b)}}.$$

$x=a$ donne $y=a$, et $y'=1\pm\sqrt{(a-b)}$. Mais la proposée revient à

$$(y-x)^2=(x-a)^2.(x-b);$$

d'où $\quad 2(y-x)y'=2(y-x)+(x-a)(3x-2b-a)$.

Chaque membre devient nul quand $x=y=a$. La dérivée du 2ᵉ ordre est

$$(y-x)y''+(y'-1)^2=3x-2a-b,$$

qui donne $(y'-1)^2=a-b$, et la même valeur de y' que ci-dessus.

De même $y=(x-a).(x-b)^{\frac{1}{3}}$, donne $y=0$, $y'=\sqrt[3]{(a-b)}$, quand $x=a$. Mais si l'on chasse le radical, et qu'on prenne les dérivées des trois premiers ordres

$$y^3 = (x-a)^3(x-b),$$
$$3y^2y' = (x-a)^2(4x-3b-a),$$
$$y^2y'' + 2yy'^2 = 2(x-a)(2x-a-b),$$
$$y^2y''' + 6yy'y'' + 2y'^3 = 8x - 6a - 2b.$$

$x=a$ et $y=0$ satisfont aux trois premières équ., et la 4e donne $y' = \sqrt[3]{a-b}$, comme ci-devant.

Si le radical disparaît de y et y', mais reste dans y'', $(x-a)^2$ est facteur de y et y', qui ont un égal nombre de valeurs, tandis que y'' en a davantage, pour $x=a$. Si donc on fait évanouir le radical de la proposée $y=fx$, et qu'on cherche y'' à l'aide de la dérivée du 2e ordre de l'équ. implicite $z=0$, elle devra donner $y''=\frac{0}{0}$, comme se trouvant satisfaite d'elle-même. On passera aux dérivées 3e, 4e..., qui seules peuvent faire connaître y''.

On raisonne de même quand $(x-a)^3$ est facteur d'un radical dans $y=fx$, etc.

Par exemple $y = x + (x-a)^2\sqrt{x}$, quand $x=a$, donne $y=a$, $y'=1$, $y''=\pm 2\sqrt{a}$: mais la proposée revient à

$$(y-x)^2 = (x-a)^4 x;$$

d'où

$$2(y'-1)(y-x) = (x-a)^3(5x-a),$$
$$(y'-1)^2 + y''(y-x) = 2(x-a)^2(5x-2a),$$
$$3y''(y'-1) + y'''(y-x) = 6(x-a)(5x-3a),$$
$$3y''^2 + 4y'''(y'-1) + y^{\text{IV}}(y-x) = 12(5x-4a).$$

Quand $x=a$, on trouve $y=a$; tout se détruit dans l'équ. du 1er ordre; celle du 2e donne $y'=1$; la suivante est $0=0$, et enfin la dernière donne $y''=\pm 2\sqrt{a}$.

Limites de la Série de Taylor.

701. Prenons un terme Ah^α de la série $f(a+h)$, α étant positif; ce terme et tous ceux qui suivent ont une somme de la forme $h^\alpha(A+Bh^\beta)$ (n° 698). Or, $A+Bh^\beta$ se réduit à A lorsque h est nul, et croît par degrés insensibles avec le facteur h: si h est très petit, A l'emporte donc sur Bh^β. Ainsi, *on peut*

prendre h *assez petit pour qu'un terme quelconque de la série* f(a+h) *surpasse la somme de tous ceux qui le suivent.*

702. Quand a croît et devient $a+h$, fa peut être de nature à augmenter ou à diminuer, h étant positif. Dans la série $f(a+h) = fa + hf'a\ldots$ comme on peut prendre h très petit, le signe de $f'a$ détermine celui du développement de $f(a+h) - fa$; si $f'a$ est positif, fa est donc croissant; le contraire arrive quand $f'a$ a le signe $-$. C'est ainsi que sin a croît jusqu'à 90°, pour décroître ensuite, parce que la dérivée cos a est positive dans le 1er quadrans, négative dans le 2e. Donc, *si* f'x *reste positif depuis* x = a *jusqu'à* x = a + b, *sans devenir infini*, fx *va croissant dans toute cette étendue.*

Que dans $f'(a+h)$ on fasse croître h de zéro à b, et que $a+h=p$ et $a+h=q$ soient les valeurs qui donnent le moindre et le plus grand résultat;

$$f'(a+h) - f'p, \quad f'q - f'(a+h)$$

seront positifs : or, ce sont les dérivées, relatives à h, de (*)

$$f(a+h) - fa - hf'p, \quad fa + hf'q - f(a+h).$$

Ces fonctions doivent donc croître depuis $h=0$ jusqu'à $h=b$; et comme $h=0$ les rend nulles, elles sont positives dans cette étendue, ou

$$f(a+h) > fa + hf'p \quad \text{et} \quad < fa + hf'q;$$

ce serait le contraire si h était négatif : donc $f(a+h) = fa +$ un nombre compris entre $hf'p$ et $hf'q$, c.-à-d. que *si l'on borne la série* f(a+h) *au seul premier terme* fa, *l'erreur est* > hf'*p et* < hf'*q*.

Admettons maintenant que la série de Taylor ne soit pas fau-

(*) $F(x+h)$ devient Fz, quand on pose $x+h=z$; prenons la dérivée relative soit à x, soit à h; comme $z'=1$, elle sera également $F'z$ (n° 672). On peut donc supposer $F'(x+h)$ provenue indifféremment de la variation de x ou de h dans $F(x+h)$. Ainsi, quoique nous considérions ici des dérivées relatives à h, elles se trouvent être les mêmes que si on les eût prises pour x, et fait ensuite $x=a$.

tive dans ses trois 1ers termes $f(a+h)=fa+hf'a+\frac{1}{2}h^2f''a\ldots$
Soient p et q les valeurs moindre et plus grande que reçoit $f''(a+h)$, depuis $h=0$ jusqu'à $h=b$; dans cette étendue, les quantités

$$f''(a+h)-f''p,\quad f''q-f''(a+h)$$

sont positives, ainsi que leurs primitives

$$f'(a+h)-f'a-hf''p,\quad f'a+hf''q-f'(a+h),$$

puisque $h=0$ les rend nulles. Il faut en dire autant des primitives de ces dernières, qui sont

$$f(a+h)-fa-hf'a-\tfrac{1}{2}h^2f''p,\quad fa+hf'a+\tfrac{1}{2}h^2f''q-f(a+h);$$

donc
$$f(a+h)=fa+hf'a+\tfrac{1}{2}h^2A,$$

A étant un nombre compris entre $f''p$ et $f''q$. *En bornant la série de Taylor aux deux premiers termes, l'erreur est donc comprise entre les limites* $\frac{1}{2}h^2f''p$ *et* $\frac{1}{2}h^2f''q$.

En général, si l'on arrête la série de $f(a+h)$ au terme qui précède h^n, l'erreur sera comprise entre les produits de $\dfrac{h^n}{1.2.3\ldots n}$ par $f^{(n)}p$ et $f^{(n)}q$, ou par des nombres, l'un plus grand que la 1re, l'autre inférieur à la 2e de ces quantités : p et q sont les valeurs de $x+h$, qui rendent $f^n(x+h)$ le plus petit et le plus grand dans l'étendue comprise de $h=0$ à h quelconque. Mais il faut qu'aucune des fonctions fx, $f'x,\ldots f^{(n)}x$ ne devienne infinie depuis $x=a$ jusqu'à $x=a+h$.

Et puisque p et q sont des valeurs intermédiaires entre a et $a+h$, l'erreur est $\dfrac{h^n.f^{(n)}(a+j)}{1.2.3\ldots n}$, j étant un nombre convenablement choisi et inconnu. On peut donc poser exactement, pourvu qu'aucune des dérivées ne soit infinie,

$$f(x+h)=fx+hf'x+\frac{h^2}{2}.f''x\ldots+\frac{h^{n-1}.f^{(n-1)}x}{1.2.3\ldots n-1}+\frac{h^nf^{(n)}(x+j)}{1.2.3\ldots n}.$$

Nous avons ainsi une nouvelle démonstration de la série de Taylor, et nous savons mesurer l'erreur qu'on commet en l'arrêtant à un terme désigné, ou obtenir une expression finie qui en soit la valeur.

Par ex., $y=a^x$ donne $y^{(n)}=k^n.a^x$; $f^{(n)}(x+h)=k^n.a^{x+k}$: la plus petite et la plus grande valeur répondent à $h=0$ et k quelconque. Les limites de l'erreur sont les produits de $\frac{k^n h^n}{2.3...n}$ par a^x et a^{x+h}. Pour a^h, ces derniers facteurs sont 1 et a^h.

Pour $\log(x+h)$, les limites sont $\pm\frac{h^n}{n}\times\left(\frac{1}{x^n}\text{ et }\frac{1}{(x+h)^n}\right)$.

Enfin, $y=x^m$ donne $y^{(n)}=[mPn]x^{m-n}$ (nº 475) : l'erreur est donc entre ces limites

$$\frac{h^n[mPn]}{1.2.3...n}\times[x^{m-n}\text{ et }(x+h)^{m-n}],\text{ ou }[mCn]h^n(x+h)^{m-n}.$$

Développement des fonctions de plusieurs Variables.

703. Soit z une fonction de deux variables indépendantes x et y, $z=f(x, y)$; proposons-nous de changer x en $x+h$, y en $y+k$, et de développer selon les puissances de ces accroissemens arbitraires h et k. Opérons comme nous l'avons fait nº 672; au lieu de faire à la fois ces deux changemens, mettons d'abord $x+h$ pour x, sans faire varier y; z, considérée comme fonction d'une seule variable x, deviendra

$$f(x+h,y)=z+\frac{dz}{dx}.h+\frac{d^2z}{dx^2}\cdot\frac{h^2}{2}+\frac{d^3z}{dx^3}\cdot\frac{h^3}{2.3}+\text{etc.}$$

Dans ce résultat, mettons partout $y+k$ pour y, sans changer x. D'abord le 1er terme z deviendra

$$f(x,y+k)=z+\frac{dz}{dy}.k+\frac{d^2z}{dy^2}\cdot\frac{k^2}{2}+\frac{d^3z}{dy^3}\cdot\frac{k^3}{2.3}+\text{etc.}$$

De même, représentons par u, la fonction de x et y désignée par $\frac{dz}{dx}$; en mettant $y+k$ pour y, u se changera en....., $u+\frac{du}{dy}k+\frac{d^2u}{dy^2}\cdot\frac{k^2}{2}+\text{etc.}$ Ainsi, remettant pour u sa valeur,

$$\frac{dz}{dx}h\text{ deviendra }\frac{dz}{dx}h+\frac{d^2z}{dxdy}hk+\frac{d^3z}{dxdy^2}\,\frac{k^2h}{2}+\ldots,$$

$\frac{d^2z}{dx^2}\cdot\frac{h^2}{2}$ deviendra $\frac{d^2z}{dx^2}\cdot\frac{h^2}{2}+\frac{d^3z}{dx^2dy}\,\frac{h^2k}{2}+\ldots;$

ainsi de suite. En réunissant ces diverses parties, on a

$$\begin{aligned}f(x+h,y+k)=z&+\frac{dz}{dy}k+\frac{d^2z}{dy^2}\,\frac{k^2}{2}+\frac{d^3z}{dy^3}\cdot\frac{k^3}{2.3}+\ldots\\&+\frac{dz}{dx}h+\frac{d^2z}{dxdy}kh+\frac{d^3z}{dxdy^2}\cdot\frac{k^2h}{2}+\ldots\\&+\frac{d^2z}{dx^2}\,\frac{h^2}{2}+\frac{d^3z}{dx^2dy}\cdot\frac{h^2k}{2}+\ldots\\&+\frac{d^3z}{dx^3}\cdot\frac{k^3}{2.3}+\ldots\end{aligned}$$

Le terme général est $\frac{d^{m+n}z}{dy^m dx^n}\times\frac{k^m.h^n}{(2.3\ldots m)\,(2.3\ldots n)}$.

Il est visible qu'on aurait pu changer d'abord y en $y+k$, puis dans le résultat x en $x+h$. Mais par là on aurait obtenu une série de forme différente de la première, qui aurait dû lui être identique : toutes les dérivées relatives à x auraient précédé celles de y. Il suffit, pour y parvenir, de changer ci-dessus y en x, et k en h, et réciproquement. L'identité de ce nouveau résultat avec le précédent, donne, en comparant terme à terme,

$$\frac{d^2z}{dydx}=\frac{d^2z}{dxdy},\quad \frac{d^3z}{dy^2dx}=\frac{d^3z}{dxdy^2},\quad \frac{d^3z}{dydx^2}=\frac{d^3z}{dx^2dy},$$

et en général $$\frac{d^{m+n}z}{dy^m dx^n}=\frac{d^{m+n}z}{dx^n dy^m}.$$

Concluons de là que *lorsqu'on doit prendre les dérivées successives d'une fonction* z *relativement à deux variables, il est indifférent dans quel ordre on fera cette double opération.*

Par ex., $z=\frac{x^3}{y^2}$ donne $\frac{dz}{dx}=\frac{3x^2}{y^2}$, $\frac{dz}{dy}=-\frac{2x^3}{y^3}$;

la dérivée de la 1re, par rapport à y, ainsi que celle de la 2e, relativement à x, sont également $-\frac{6x^2}{y^3}$.

Les dérivées du 2e ordre sont

$$\frac{d^2z}{dx^2}=\frac{6x}{y^2},\quad \frac{d^2z}{dy^2}=\frac{6x^3}{y^4};$$

donc $-\frac{12x}{y^3}$ est à la fois la dérivée de la 1re, relativement à y, et la dérivée du 2e ordre de $\frac{dz}{dy}$ relativement à x; $\frac{18x^2}{y^4}$ est la dérivée de $\frac{d^2z}{dy^2}$ par rapport à x, et aussi celle du 2e ordre de $\frac{dz}{dx}$ par rapport à y; et ainsi des autres.

704. Puisque x et y sont indépendans dans l'équ. $z=f(x,y)$, on peut en prendre la dérivée relativement à x seul ou à y; désignons par p et q les fonctions connues de x et y, qu'on trouve pour ces dérivées respectives, $\frac{dz}{dx}=p$, $\frac{dz}{dy}=q$. Mais s'il y avait une dépendance établie entre y et x, telle que $y=\varphi x$, ces différences partielles ne pourraient plus être prises à part, puisque la variation de x entraînerait celle de y. Pour renfermer ces deux cas en un seul, on a coutume de supposer que cette relation $y=\varphi x$ existe, et la dérivée se met sous la forme $dz=pdx+qdy$ (n° 684); mais comme on laisse cette fonction φ arbitraire, il faudra y avoir égard dans les usages auxquels cette équ. sera réservée. Si la question exige que la dépendance soit établie, de $y=\varphi x$ on tirera $dy=y'dx$, et substituant on aura $dz=(p+qy')dx$. Si la dépendance n'existe pas, l'équ. différentielle se partagera d'elle-même en deux autres: car dz représente la différentielle de z prise relativement à x et y ensemble, ou $\frac{dz}{dx}dx+\frac{dz}{dy}dy$; et, comme l'équ. subsiste quel que soit φ, ou sa dérivée y', on aura

$$\frac{dz}{dx}+\frac{dz}{dy}y'=p+qy',\quad \text{d'où}\quad \frac{dz}{dx}=p,\ \frac{dz}{dy}=q.$$

$$z=\frac{ay}{\sqrt{(x^2+y^2)}}\quad \text{donne}\quad dz=\frac{-axydx+ax^2dy}{(x^2+y^2)^{\frac{3}{2}}},$$

équ. qu'on partage en deux autres

$$\frac{dz}{dx} = -\frac{axy}{(x^2+y^2)^{\frac{3}{2}}}, \quad \frac{dz}{dy} = \frac{ax^2}{(x^2+y^2)^{\frac{3}{2}}}.$$

$$z = \text{arc}\left(\text{tang} = \frac{x}{y}\right) \quad \text{donne} \quad dz = \frac{ydx - xdy}{y^2 + x^2},$$

d'où l'on tire $\quad \dfrac{dz}{dx} = \dfrac{y}{y^2 + x^2}, \quad \dfrac{dz}{dy} = \dfrac{-x}{y^2 + x^2}.$

Soit en général $u = o$, une équ. entre les trois variables x, y et z; si l'on a en outre une autre relation $z = F(x, y)$, on ne doit plus considérer dans la proposée qu'une seule variable indépendante; ainsi l'on a (n° 673)

$$\frac{du}{dx}dx + \frac{du}{dy}dy + \frac{du}{dz}dz = o \ldots \quad (1),$$

$$\text{d'où} \left(\frac{du}{dx} + p\frac{du}{dz}\right)dx + \left(\frac{du}{dy} + q\frac{du}{dz}\right)dy = o,$$

parce que $z = F(x, y)$ donne $dz = pdx + qdy$. On tirera donc aisément la valeur de $\dfrac{dy}{dx}$, qui est la dérivée qu'on aurait obtenue en éliminant z de l'équ. $u = o$.

Mais s'il n'y a aucune autre relation que $u = o$, on en pourra supposer une, pourvu qu'elle demeure arbitraire; en sorte que notre équ. se partagera en deux autres, à cause que y' est quelconque,

$$\frac{du}{dx} + p\frac{du}{dz} = o, \quad \frac{du}{dy} + q\frac{du}{dz} = o,$$

où p et q sont les dérivées ou différentielles partielles de z relatives à x et y. C'est, en effet, ce qu'aurait donné l'équ. $u = o$, si l'on y eût regardé tour à tour y et x comme constans, ainsi qu'au n° 684; l'équ. (1) est donc la dérivée de $u = o$, qu'il y ait ou non une autre dépendance entre les variables x, y et z.

Il est inutile d'insister sur les dérivées des ordres supérieurs, et il est évident qu'on pourra différentier chaque équ. du 1er

ordre, soit par rapport à x, soit relativement à y, ce qui en donnera trois du 2e ordre: et ainsi des autres ordres.

On pourra aisément trouver le développement des fonctions de 3, 4..., variables suivant les puissances de leurs accroissemens, puisqu'il ne s'agira que de répéter les mêmes opérations séparément pour chaque variable.

705. Nous avons dit que la dérivée d'une équ. entre deux variables peut servir à l'élimination d'une constante. Il se présente quelque chose de plus étendu dans le cas de trois variables: c'est ici le germe du calcul aux différences partielles, devenu si célèbre par ses applications à la Mécanique, à l'Astronomie, etc.

Soit $z=ft$, t désignant ici une fonction connue de deux variables $t=F(x, y)$. Les dérivées relatives à x et y séparément sont (n° 671)

$$\frac{dz}{dx} \text{ ou } p=f't\times\frac{dt}{dx}, \quad \frac{dz}{dy} \text{ ou } q=f't\times\frac{dt}{dy}:$$

la fonction $f't$ est la même de part et d'autre, et les dérivées $\frac{dt}{dx}$, $\frac{dt}{dy}$, sont supposées connues en x et y. En divisant, $f't$ disparaît, et l'on trouve $p\,\frac{dt}{dy}=q\,\frac{dt}{dx}$, relation qui exprime que z est une fonction de t, $z=ft$, quelle que soit d'ailleurs la forme de cette fonction f.

Par exemple, $z=f(x^2+y^2)$ donne

$$p=f'(x^2+y^2)\times 2x, \quad q=f'(x^2+y^2)\times 2y;$$

d'où

$$py-qx=0.$$

Or, de quelque manière que x^2+y^2 entre dans la valeur de z, cette dernière équ. demeurera la même; elle s'accordera avec

$$z=\log(x^2+y^2), \; z=\sqrt{(x^2+y^2)}, \; z=\frac{x^2+y^2}{\sin(x^2+y^2)}, \text{ etc...}$$

D'où il suit que toute fonction de x^2+y^2 doit être un cas particulier de *l'équation aux différentielles partielles* $py-qx=0$.

De même $y - bz = f(x - az)$, lorsqu'on différentie séparément par rapport à z et x, puis à z et y, donne

$$-bp = (1 - ap) \times f', \quad (1 - bq) = -aq \times f'.$$

Éliminant f', on a $ap + bq = 1$ pour l'équ. aux différentielles partielles de la proposée, quelque forme qu'ait d'ailleurs la fonction f.

En traitant de même $\dfrac{y-b}{z-c} = f\left(\dfrac{x-a}{z-c}\right)$, on trouve

$$z - c = p(x - a) + q(y - b).$$

Nous aurons par la suite occasion de faire sentir l'importance de cette théorie; nous nous bornerons ici à dire que les trois équ. du 2e ordre peuvent servir à éliminer deux fonctions arbitraires, etc.

II. APPLICATIONS DU CALCUL DIFFÉRENTIEL.

Développement en séries des fonctions d'une seule Variable.

706. Faisons $x = 0$ dans la série de Taylor (page 260), et désignons par f, f', f''... les valeurs constantes que prennent $fx, f'x, f''x, \ldots$ lorsqu'on y met zéro pour x, on a

$$fh = f + hf' + \tfrac{1}{2}h^2 f'' + \tfrac{1}{6}h^3 f''' + \ldots$$

Il est vrai que cette formule n'a lieu qu'autant que $x = 0$ ne rend infinie aucune des quantités $fx, f'x$... Changeant ici h en x, f, f', f''.... sont indépendans de h, il vient

$$y = fx = f + xf' + \frac{x^2}{2}f'' + \frac{x^3}{2.3}f''' + \frac{x^4}{2.3.4}f^{\text{IV}} + \ldots$$

Telle est la formule, due à Maclaurin, qui sert à développer toute fonction de x en série suivant les puissances entières et positives de x, lorsqu'elle en est susceptible.

Par exemple, $y = (a + x)^m$ donne

$$y' = m(a+x)^{m-1}, \quad y'' = m(m-1)(a+x)^{m-2} \ldots;$$

d'où $f = a^m$, $f' = ma^{m-1}$, $f'' = m(m-1)a^{m-2} \ldots$,

ce qui reproduit la série de Newton (p. 271).

De $y = \sin x$, on tire $y' = \cos x$, $y'' = -\sin x$, $y''' = -\cos x$; d'où o, 1, o et -1 pour les valeurs alternatives de $f, f', f'' \ldots$ jusqu'à l'infini. En substituant ci-dessus, on trouve la série de $\sin x$ (p. 183).

On appliquera aisément les mêmes calculs à $\cos x$, a^x, $\log(1+x) \ldots$, et, en général, à toute fonction de x. Si l'on prend $y = \text{arc}(\tang = x)$, on retrouvera la série N (p. 189). (*Voy.* n° 800.)

707. Si l'une des fonctions $f, f', f'' \ldots$ est infinie, la formule de Maclaurin ne peut plus être employée, parce que la fonction proposée ne procède pas suivant les puissances entières et positives de la variable. Il faut alors, ou la soumettre aux procédés du n° 698, ou plutôt lui faire subir une transformation qui la rende propre à notre calcul : la supposition de $y = x^k z$ remplit souvent ce but, en déterminant la constante k, de sorte que $x = 0$ ne rende infinie aucune des fonctions z, z', $z'' \ldots$

Par ex., la série de $\cot x$ ne peut procéder suivant les puissances positives de x, puisque $\cot 0 = \infty$. Faisons $y = \frac{z}{x} = \cot x$; d'où $z = \frac{x \cos x}{\sin x}$, ou, à cause des formules G et H, p. 183,

$$z = \frac{1 - \frac{1}{2}x^2 + \frac{1}{24}x^4 - \ldots}{1 - \frac{1}{6}x^2 + \frac{1}{120}x^4 - \ldots},$$

fonction dont on aura aisément les dérivées successives, qui ne sont pas infinies lorsque x est nul. On trouve $f = 1$, $f' = 0$, $f'' = -\frac{2}{3}$, $f''' = 0 \ldots$; d'où

$$z = 1 - \frac{x^2}{3} - \frac{x^4}{3^2.5} - \ldots,$$

et $\frac{z}{x}$ ou $\cot x = x^{-1} - \frac{x}{3} - \frac{x^3}{3^2.5} - \frac{2x^5}{3^3.5.7} - \frac{x^7}{3^3.5^2.7} \ldots$

Ce procédé a d'ailleurs l'inconvénient de ne pas faire connaître la loi de la série, quoiqu'elle soit mise ici en évidence.

Nous enseignerons bientôt les moyens d'employer le Calcul différentiel au développement de y en une fraction continue fonction de x. (*Voyez* n° 835.) On en tire même y sous la forme de série, d'après le procédé de la note p. 132.

708. On peut appliquer aussi le théorème de Maclaurin aux équ. à deux variables. Ainsi, pour $mz^3 - xz = m$, on prendra z', z''... (n° 684), on fera $x = 0$, et l'on aura

$$f = 1, \quad f' = \frac{1}{3m}, \quad f'' = 0, \quad f''' = \frac{-2}{27m^3} \dots;$$

d'où
$$z = 1 + \frac{x}{3m} - \frac{x^3}{81m^3} + \frac{x^4}{243m^4} - \dots$$

On peut même développer suivant les puissances descendantes de x. On mettra t^{-1} pour x; et après avoir obtenu la série selon les exposans croissans de t, on remettra x^{-1} pour t, et l'on aura celle qu'on demande. Par exemple, pour..... $my^3 - x^3y - mx^3 = 0$, on fera $x^3 = t^{-1}$; d'où $my^3t - y = m$; on prendra les dérivées y', y''..., relatives à t, puis on fera partout $t = 0$; enfin, on mettra les résultats pour f, f', f''... dans la série de Maclaurin, où t tiendra lieu de x. Ce calcul donnera, en remettant x^3 pour t,

$$y = -m - m^4x^{-3} - 3m^7x^{-6} - 12m^{10}x^{-9} + 55m^{13}x^{-12}\dots$$

709. On propose de développer $u = fy$ suivant les puissances de x, y étant lié à x par l'équation

$$y = a + x.\varphi y \dots (1),$$

les fonctions fy et φy sont données. Observons que si, à l'aide de l'équ. (1), on éliminait y, u ne contiendrait plus que x, et la formule de Maclaurin deviendrait applicable. On chercherait alors u, u', u''...; puis f, f', f''..., en faisant $x = 0$. Or, le calcul différentiel sert à trouver les dérivées u', u''... sans recourir à l'élimination. En effet, les dérivées (n° 671) relatives à x pour l'équation (1), sont

$$y' = \varphi y + xy'\varphi' y, \quad y'' = 2y'\varphi' y + xy''\varphi y + xy'^2\varphi'' y, \text{ etc.};$$

celles de $u = fy$ sont

$$u' = y'f'y, \quad u'' = y''f'y + y'^2f''y, \text{ etc.},$$

et, faisant $x = 0$, y, y', y''... deviennent

$$a, \quad \varphi a, \quad 2\varphi a\varphi' a = (\varphi^2 a)', \quad (\varphi^3 a)'', \text{ etc.};$$

de sorte qu'en substituant, u, u', u''... deviennent

$$fa; \ \varphi a f'a; \ (\varphi^2 a)'.f'a + \varphi^2 a.f''a = (\varphi^2 a.f'a)', \text{ etc.}$$

Ce sont les valeurs de f, f', f''..., et l'on trouve (*)

$$fy = fa + x\varphi af'a + \frac{x^2}{2}(\varphi^2 a.f'a)' + \frac{x^3}{2.3}(\varphi^3 a.f'a)'' + \ldots$$

On entend par fa, φa ce que deviennent les fonctions données fy, φy, quand on y fait $y = a$; par $\varphi^2 a$ le carré de φa, par $f'a$

(*) Quoique, par ce procédé, on puisse trouver autant de termes qu'on voudra de cette série, cependant la loi n'est pas évidente. Nous donnerons ici la démonstration de M. Laplace. (*Méc. cél.*, tom. I, pag. 172.)

Considérons x et a comme des variables dans l'équ. (1), et prenons les dérivées relatives à chacune (n° 704). Nous continuerons de représenter par y', u', u''..., les dérivées qui se rapportent à x. Il viendra

$$\frac{dy}{da} = 1 + x\varphi' y.\frac{dy}{da}; \quad y' = \varphi y + xy'\varphi' y = \varphi y.\frac{dy}{da},$$

en éliminant $\varphi' y$. Traitons de même $u = fy$; nous aurons

$$\frac{du}{da} = f'y.\frac{dy}{da}, \ u' = y'f'y; \text{ d'où } u'\frac{dy}{da} = y'\frac{du}{da},$$

et mettant pour y' sa valeur ci-dessus,

$$(2)\ldots \quad u' = \varphi y.\frac{du}{da} = \varphi y.f'y.\frac{dy}{da}.$$

Les dérivées $f'y$, y', u' sont relatives à x. Puisque u' est le produit de $\frac{dy}{da}$ par une fonction de y, on peut supposer que la valeur (2) de u' est aussi la dérivée relative à a d'une fonction z de y, telle que $z = Fy$, en sorte que

$$u' = \frac{dz}{da}; \text{ d'où } u'' = \frac{d^2z}{dadx} = \frac{dz'}{da};$$

z' est ici la dérivée de Fy, relative à x. Or, de même que

$$u = fy, \ y = a + x\varphi y \text{ donnent l'équ. (2),}$$

la dérivée de fa relative à a, par $(\varphi^2 a . f'a)'$ celle de la fonction $\varphi^2 a . f'a$...

Voyez une application de cette équ., *Méc. cél.*, t. I, p. 177.

Soit demandée la valeur développée de $u = y^m$, en supposant $y = a + xy^n$. Comparant à l'équation (1), on a

$$fa = a^m, \quad f'a = ma^{m-1}, \quad \varphi a = a^n, \quad \varphi a f'a = ma^{m+n-1},$$
$$\varphi^2 a f'a = ma^{m+2n-1}, \quad {}^3af'a = ma^{m+3n-1} \ldots;$$

$$\text{d'où } y^m = a^m + mxa^{m+n-1} + m . \frac{m+2n-1}{2} x^2 a^{m+2n-2} + \ldots$$

On aurait aussi la valeur de y^n, dans le cas où l'équ. (1) serait remplacée par $\alpha + \beta y + \gamma y^m = 0$; il suffirait de faire ici

$$a = -\frac{\alpha}{\beta}, \quad x = -\frac{\gamma}{\beta}.$$

---

en prenant $z = Fy$ au lieu de la 1re, on trouve que (2) devient

$$(3) \ldots \quad z' = \varphi y . \frac{dz}{da} = \varphi y . u' = \varphi^2 y . \frac{du}{da};$$

donc
$$u'' = \frac{dz'}{da} = \left(\varphi^2 y . \frac{du}{da}\right)',$$

le $'$ indiquant une dérivée relative à a.

Regardons de même $\varphi^2 y . \frac{du}{da}$ comme étant la dérivée relative à a d'une fonction $t = \psi y$, savoir,

$$\varphi^2 y . \frac{du}{da} = \frac{dt}{da} = z', \quad u'' = \frac{d^2 t}{da^2}, \quad u''' = \frac{d^3 t}{da^2 . dx} = \frac{d^2 t'}{da^2};$$

mais changeons, dans la règle du bas de la p. 304, $u = fy$ en $t = \psi y$, nous verrons que l'équ. (2) deviendra

$$t' = \varphi y . \frac{dt}{da} = \varphi y . z' = \varphi^3 y . \frac{du}{da}; \text{ donc } u''' = \left(\varphi^3 y . \frac{du}{da}\right)''.$$

De même on aura.............................. $u^{\text{IV}} = \left(\varphi^4 y . \frac{du}{da}\right)'''$, etc...

les dérivées étant toujours relatives à a. Faisant $x = 0$, d'où

$$y = a, \quad u = fa, \quad \frac{du}{da} = f'a,$$

on obtient enfin pour u', u''... des valeurs dont la loi est facile à reconnaître; d'où l'on tire enfin la série de la page 304.

710. En faisant ci-devant $x = 1$, on trouve le développement de fy, lorsque $y = a + \varphi y$,

$$fy = fa + \varphi a f'a + \tfrac{1}{2}(\varphi^2 a . f'a)' + \tfrac{1}{6}(\varphi^3 a . f'a)'' + \ldots$$

On tire de là la puissance n de la moindre racine y de l'équation $y = a + \varphi y$, en faisant $fy = y^n$, $fa = a^n$, $f'a = na^{n-1}$;

$$y^n = a^n + n[\varphi a . a^{n-1} + \tfrac{1}{2}(\varphi^2 a . a^{n-1})' + \tfrac{1}{6}(\varphi^3 a . a^{n-1})'' \ldots].$$

Les traits indiquent des dérivées relatives à a; on ne met pour a sa valeur numérique, qu'après les calculs. (voyez *Résol. numér.*, note XI).

Par ex., l'équ. $\gamma y^2 - \beta y + \alpha = 0$ est ramenée à la forme $y = a + \varphi y$, en posant

$$a = \frac{\alpha}{\beta},\ \varphi a = \frac{\gamma}{\beta} a^2,\ \varphi a . a^{n-1} = \frac{\gamma}{\beta} a^{n+1},\ \varphi^2 a . a^{n-1} = \frac{\gamma^2}{\beta^2} a^{n+3} \ldots;$$

prenant les dérivées convenables, on trouve enfin

$$y^n = \left(\frac{\alpha}{\beta}\right)^n \left[1 + n\left(\frac{\alpha\gamma}{\beta^2}\right) + n\frac{n+3}{2}\left(\frac{\alpha\gamma}{\beta^2}\right)^2 + n\frac{n+4}{2}\cdot\frac{n+5}{3}\left(\frac{\alpha\gamma}{\beta^2}\right)^3 \ldots\right],$$

terme général $\left(\frac{\alpha}{\beta}\right)^n \cdot \frac{n}{i} \times [(2i + n - 1) \cdot C(i-1)] \times \left(\frac{\alpha\gamma}{\beta^2}\right)^i$.

Pour avoir la puissance n de la plus grande racine y, il faudrait changer y en y^{-1}, c.-à-d. remplacer, dans le résultat, α par γ, γ par α, et y^n par y^{-n}.

711. Lorsqu'on veut la 1re. puissance de y, l'équation étant $y = a + \varphi y$, on fait ci-dessus $n = 1$,

$$y = a + \varphi y = a + \varphi a + \tfrac{1}{2}(\varphi^2 a)' + \tfrac{1}{6}(\varphi^3 a)'' + \ldots$$

Cette suite s'applique surtout à la *méthode inverse des séries*, qui consiste à tirer la valeur de y de l'équ. $\alpha + \beta y + \gamma y^2 + \ldots = 0$, qu'on réduit à la forme $y = a + \varphi y$, en posant

$$a = -\frac{\alpha}{\beta},\ \varphi a = -\frac{\gamma a^2 + \delta a^3 \ldots}{\beta},\ \varphi^2 a = \frac{\gamma^2 a^4 + 2\gamma\delta a^5 \ldots}{\beta^2} \ldots,$$

il vient enfin

$$y = -\frac{\alpha}{\beta} - \frac{\alpha^2\gamma}{\beta^3} + \frac{\alpha^3\delta}{\beta^4} - \frac{\alpha^4\varepsilon}{\beta^5} \ldots - \frac{2\alpha^3\gamma^2}{\beta^5} + \frac{5\alpha^4\gamma\delta}{\beta^6} \ldots - \frac{5\alpha^4\gamma^3}{\beta^7} \ldots$$

Sur la résolution des Équations.

712. Démontrons de nouveau plusieurs théorèmes sur les équations.

I. Soit y une fonction de x, qui admet les facteurs $(x-a)^m$, $(x-b)^n\ldots$, en sorte qu'on ait

$$y=(x-a)^m.(x-b)^n\ldots\times P,$$

P ne contenant que des facteurs du 1er degré inégaux; prenant les log. des deux membres et leurs dérivées, on trouve

$$y'=(x-a)^{m-1}(x-b)^{n-1}\ldots[mP(x-b)\ldots+nP(x-a)\ldots \text{etc.}]$$

Ainsi, la fonction de x proposée a $(x-a)^{m-1}(x-b)^{n-1}\ldots$ pour plus grand commun diviseur, avec sa dérivée, ce qui reproduit le théorème des racines égales (p. 71).

II. La dérivée de $\mathrm{l}\,(\cos x \pm \sin x.\sqrt{-1})$, est (n° 679) $\dfrac{-\sin x \pm \cos x.\sqrt{-1}}{\cos x \pm \sin x.\sqrt{-1}}$, qui se réduit à $\pm\sqrt{-1}$. Or, $\sqrt{-1}$ est aussi la dérivée de $x\sqrt{-1}+A$, A étant une constante arbitraire (n° 768); donc

$$\mathrm{l}\,(\cos x \pm \sin x.\sqrt{-1}) = \pm x\sqrt{-1}+A.$$

Comme cette équ. doit avoir lieu quel que soit x, on fera $x=0$, d'où l'on tirera $A=0$. On en conclut le théorème (I, p. 187), d'où il sera aisé de tirer les formules K, L, M, et par suite les facteurs de $x^m \pm a^m$ (p. 99).

III. L'équ. $x^m+px^{m-1}+\ldots+u=0$, étant décomposée en ses facteurs simples $(x-a)(x-b)(x-c)\ldots$, les log. de ces deux fonctions de x sont identiques; d'où

$$\mathrm{l}\,(x^m+px^{m-1}+\ldots)=\mathrm{l}\,(x-a)+\mathrm{l}\,(x-b)+\ldots;$$

et prenant les dérivées de part et d'autre, on retrouve l'équ. de la page 115, et par suite le théorème de Newton sur les sommes des puissances des racines, qui forment une série récurrente dont l'échelle de relation est $-p$, $-q\ldots$, $-u$.

IV. Fx désignant une fonction rationnelle et entière de x, soit k la partie approchée d'une des racines de l'équ. $Fx=0$, et y la correction qu'elle doit subir; d'où $x=k+y$, et

$$F(k+y)=Fk+yF'k+\tfrac{1}{2}y^2F''k+\ldots=0.$$

Lorsqu'on néglige y^2, $y^3\ldots$, attendu que y est une petite quantité, on trouve $y=-\frac{Fk}{F'k}$, ce qui s'accorde avec la méthode de Newton (p. 75).

En ne négligeant aucun terme, on peut tirer la valeur de y de cette équ., à l'aide de la série n° 711. On y fera $\alpha=Fk$, $\beta=F'k\ldots$, et posant, pour abréger, $z=\frac{Fk}{F'k}$, qui est la première correction en signe contraire, il vient

$$y=-z-\frac{z^2}{2}\cdot\frac{F''k}{F'k}+\frac{z^3}{2.3}\ldots$$

La racine cherchée, ou $k+y$, est donc

$$x=k-z-\frac{z^2}{2}\cdot\frac{F''k}{F'k}+\frac{z^3}{2.3}\left[\frac{F'''k}{F'k}-3\left(\frac{F''k}{F'k}\right)^2\right]+\ldots$$

C'est ainsi que de l'équ. $x^3-2x=5$, on tire $k=2,1$ pour valeur approchée de l'une de ses racines (p. 75); or

$$Fk=k^3-2k-5=0{,}061,\ F'k=3k^2-2=11{,}23,\ F''k=6k=12{,}6;$$

donc $$z=\frac{Fk}{F'k}=\frac{61}{11230},\ \frac{F''k}{F'k}=\frac{1260}{1123},$$

et $$x=2{,}1-0{,}00543188-0{,}00001655=2{,}09455157.$$

Sur les Valeurs $\frac{0}{0}$, $0\times\infty$, etc.

713. Nous avons dit (p. 41, 2°.) que quand $x=a$ change une fraction proposée en $\frac{0}{0}$, $x-a$ est facteur commun des deux termes, et qu'il faut la dégager de ce facteur, qui peut y entrer à des puissances différentes. Le calcul différentiel donne un moyen facile d'atteindre ce but, et d'avoir la valeur de cette fraction, dans le cas de $x=a$, *valeur qui est nulle, ou finie, ou infinie.* Changeons x en $x+h$; la fraction proposée

$$\frac{P}{Q} \text{ deviendra } \frac{P + hP' + \frac{1}{2}h^2P'' + \ldots}{Q + hQ' + \frac{1}{2}h^2Q'' + \ldots} \ldots (A);$$

faisons ensuite $x = a$: P et Q sont nuls; on divise ensuite haut et bas par h, et l'on a

$$\frac{P' + \frac{1}{2}hP'' + \ldots}{Q' + \frac{1}{2}hQ'' + \ldots} = \frac{P'}{Q'},$$

quand $h = 0$; les suppositions de $x = a$ et $h = 0$ reviennent à avoir changé x en a. Ainsi, lorsque $x = a$, $\frac{P}{Q} = \frac{P'}{Q'}$. S'il arrive que P' ou Q' soit encore $= 0$, la fraction est donc nulle ou infinie; et si P' et Q' disparaissent ensemble des développemens (A), il faudra les diviser par $\frac{1}{2}h^2$ et faire $h = 0$; on aura, pour $x = a$, $\frac{P}{Q} = \frac{P''}{Q''}$; et ainsi de suite.

Donc, *pour avoir la valeur d'une fraction qui devient $\frac{0}{0}$ lorsque* x = a, *on différenciera le numérateur et le dénominateur un même nombre de fois, jusqu'à ce que l'un ou l'autre ne devienne plus zéro lorsqu'on mettra* a *pour* x. Il ne faut pas craindre que toutes les dérivées P', Q', P'', Q''... soient nulles, car alors, quel que soit h, on aurait $f(a + h) = 0$, ce qui est impossible.

714. Voici quelques exemples de cette théorie.

I. La somme des n premiers termes de la progression...... $\div\!\!\div 1 : x : x^2 : x^3 \ldots$, est $\frac{x^n - 1}{x - 1}$ (n° 144); si $x = 1$, cette fraction devient $\frac{0}{0}$; prenant les dérivées des deux termes, qui sont nx^{n-1} et 1, puis faisant $x = 1$, il vient n pour la somme cherchée, ce qui est évident.

II. Soit $\frac{ax^2 + ac^2 - 2acx}{bx^2 - 2bcx + bc^2}$, qui devient $\frac{0}{0}$ pour $x = c$; les dérivées du 1er ordre donnent encore $\frac{ax - ac}{bx - bc} = \frac{0}{0}$; il faut procéder à une nouvelle dérivation, et l'on a $\frac{a}{b}$. Il a fallu deux opérations successives, parce que $(x-c)^2$ était facteur commun.

III. De même $\dfrac{x^3-ax^2-a^2x+a^3}{x^2-a^2}$ donne $\frac{0}{0}$ pour $x=a$; les dérivées des deux termes sont $3x^2-2ax-a^2$, et $2x$; la 1re est nulle quand $x=a$; zéro est donc la valeur cherchée, ce qui vient de ce que le facteur du numérateur est $(x-a)^2$, et que celui du dénominateur est $(x-a)$. Pour la même fraction renversée on aurait trouvé l'infini, par une raison semblable. C'est ce qui arrive pour $x=a$ dans

$$\frac{ax-x^2}{a^4-2a^3x+2ax^3-x^4}.$$

IV. $x=0$ rend $\dfrac{a^x-b^x}{x}=\frac{0}{0}$; les dérivées donnent

$$\frac{a^x\,\mathrm{l}a-b^x\,\mathrm{l}b}{1}=\mathrm{l}a-\mathrm{l}b=\mathrm{l}\left(\frac{a}{b}\right).$$

V. Pour $y=\dfrac{1-\sin x+\cos x}{\sin x+\cos x-1}$, dans le cas où l'arc x est le quadrans, on a

$$y=\frac{-\cos x-\sin x}{\cos x-\sin x}=1.$$

VI. Quand $x=a$, $\dfrac{\sqrt{(2a^3x-x^4)}-a\sqrt[3]{(a^2x)}}{a-\sqrt[4]{(ax^3)}}$ devient $\frac{0}{0}$:

les dérivées des deux termes donnent

$$\frac{a^3-2x^3}{\sqrt{(2a^3x-x^4)}}-\frac{a^2}{3\sqrt[3]{(ax^2)}}:-\frac{3a}{4\sqrt[4]{(a^3x)}}=\frac{16a}{9}.$$

VII. On verra de même que $x=1$ donne $\frac{0}{0}$ pour

$$\frac{1-x+\mathrm{l}x}{1-\sqrt{(2x-x^2)}}=-1,\quad\text{et}\quad\frac{x^x-x}{1-x+\mathrm{l}x}=-2.$$

715. La méthode que nous venons d'exposer cessera d'être applicable si le théorème de Taylor est *fautif dans l'ordre des termes qu'on est obligé de conserver* : ce qu'on reconnaîtra aisé-

ment ; puisque l'une des dérivées auxquelles on sera conduit deviendra infinie. Alors il faudra changer x en $a+h$ dans P et Q, et effectuer les développemens (n° 698), en se bornant au 1er terme de chacun. On aura $\frac{P}{Q}=\frac{Ah^m+\ldots}{Bh^n+\ldots}$, m ou n étant fractionnaire ou négatif. On divisera les deux termes par la puissance la plus basse de h, et l'on fera $h=0$. Si $m=n$, on a la valeur finie $\frac{A}{B}$; la proposée est nulle ou infinie, suivant que m est $>$ ou $<n$.

I. Soit $\frac{(x^2-a^2)^{\frac{3}{2}}}{(x-a)^{\frac{3}{2}}}$; $x=a$ donne $\frac{0}{0}$, et il est inutile de recourir aux dérivées des deux termes, puisqu'elles deviennent infinies (n° 699, 2°.). Faisant $x=a+h$, on trouve pour $h=0$,

$$\frac{(2ah+h^2)^{\frac{3}{2}}}{h^{\frac{3}{2}}}=\frac{(2a+h)^{\frac{3}{2}}}{1}=(2a)^{\frac{3}{2}}.$$

II. $\frac{\sqrt{x}-\sqrt{a}+\sqrt{(x-a)}}{\sqrt{(x^2-a^2)}}$ devient $\frac{0}{0}$ pour $x=a$; faisons $x=a+h$; nous avons

$$\frac{(a+h)^{\frac{1}{2}}-a^{\frac{1}{2}}+h^{\frac{1}{2}}}{(2ah+h^2)^{\frac{1}{2}}}=\frac{h^{\frac{1}{2}}+\frac{1}{2}a^{-\frac{1}{2}}h+\ldots}{h^{\frac{1}{2}}(2a+h)^{\frac{1}{2}}}=\frac{1}{\sqrt{(2a)}},$$

en développant par la formule du binome, divisant haut et bas par $h^{\frac{1}{2}}$, et faisant ensuite $h=0$.

III. Pour $x=c$ dans $\frac{(x-c)\sqrt{(x-b)}+\sqrt{(x-c)}}{\sqrt{2c}-\sqrt{(x+c)}+\sqrt{(x-c)}}$, on mettra $c+h$ pour x ; on pourra même employer la formule de Taylor à la recherche des termes provenus de $(x-c)\sqrt{(x-b)}$ et $\sqrt{(x+c)}$, pour lesquels elle n'est pas fautive (n° 699) ; on aura $\frac{\sqrt{h}+h\sqrt{(c-b)}+\ldots}{\sqrt{h}-\frac{1}{2}h\,(2c)^{-\frac{1}{2}}+\ldots}$; divisant par $\sqrt{h}$ et faisant ensuite $h=0$, on trouve 1 pour la valeur cherchée.

IV. $\frac{(x^2-a^2)^{\frac{3}{2}}+x-a}{(1+x-a)^3-1}=\frac{h+(2ah)^{\frac{3}{2}}\ldots}{3h+3h^2\ldots}$, en changeant x en $a+h$, et développant; divisant ensuite haut et bas par h, et faisant $h=0$, on a $\frac{1}{3}$ pour valeur de la proposée quand $x=a$.

716. Lorsque $x=a$ donne à un produit $P\times Q$ la forme $0\times\infty$, on met pour Q une valeur $\frac{1}{R}$, telle que R soit nul pour $x=a$; alors on a la fraction $\frac{P}{R}$ qui devient $\frac{0}{0}$. Par ex., $y=(1-x)\operatorname{tang}(\frac{1}{2}\pi x)$, est dans ce cas quand $x=1$; comme $\operatorname{tang}=\frac{1}{\cot}$, on a $y=\frac{1-x}{\cot(\frac{1}{2}\pi x)}=\frac{2}{\pi}$, en traitant cette fraction par les règles prescrites.

Quand $\frac{P}{Q}$ devient $\frac{\infty}{\infty}$, P et Q ont la forme $\frac{1}{R}$, R devenant nul pour $x=a$; ainsi la proposée rentre dans le cas de $\frac{0}{0}$.

Soit par ex., $P=\operatorname{tang}\left(\frac{\pi}{2}\cdot\frac{x}{a}\right)$, et $Q=\frac{x^2}{a(x^2-a^2)}$; la fraction $\frac{P}{Q}$ devient $\frac{\infty}{\infty}$ lorsque $x=a$; mais elle se change en

$$\frac{P}{Q}=\frac{a(x^2-a^2)}{x^2\cot\left(\frac{\pi}{2}\cdot\frac{x}{a}\right)},\ \text{d'où}\ \frac{2a^2}{-\frac{1}{2}\pi a}=-\frac{4a}{\pi}.$$

Enfin, si l'on a $\infty-\infty$ pour $x=a$, on transformera l'expression en $\frac{1}{P}-\frac{1}{Q}$, P et Q étant nuls, ou $\frac{Q-P}{PQ}$, qui rentre dans ce qu'on vient de dire. C'est ainsi que $x\operatorname{tang}x-\frac{1}{2}\pi\operatorname{séc}x$, dans le cas où $x=90°$, devient

$$\frac{x\sin x-\frac{1}{2}\pi}{\cos x}=\frac{0}{0},\ \text{d'où}\ \frac{x\cos x+\sin x}{-\sin x}=-1.$$

Des Maxima et Minima.

717. Lorsqu'en attribuant à x différentes valeurs successives dans une fonction $y=fx$, elle croît d'abord pour diminuer

ensuite, on donne le nom de *maximum* à l'état de la fonction qui sépare les accroissemens des décroissemens; et si fx diminue d'abord pour croître ensuite, le *minimum* est la valeur qui sépare ces deux états. On dit donc qu'*une fonction* fx *est rendue* un maximum *ou un* minimum *par la supposition de* x=a, *lorsqu'elle est plus grande dans le* 1er *cas, et plus petite dans le* 2e, *que les valeurs qu'elle aurait en prenant pour* x *deux nombres, l'un* > a, *l'autre* < a, IMMÉDIATEMENT.

Si, par exemple, l'équ. $y=fx$ est représentée par une courbe *CENM...* (fig. 2), les ordonnées *immédiatement* voisines des *maxima CB*, *GF*, sont plus petites que celles-ci; le contraire a lieu pour le *minimum IR*. On voit aussi qu'une fonction fx peut avoir plusieurs *maxima* et *minima* inégaux entre eux.

Ainsi, pour juger si fa est un *maximum* ou un *minimum*, il faut que $f(a+h)$ et $f(a-h)$ soient tous deux $>fa$, ou tous deux $<fa$, quelque petit que soit h. Mais

$$f(a\pm h)=fa\pm hf'a+\frac{h^2}{2}f''a\pm\text{etc.}$$

Dans ces développemens, on pourra toujours prendre h assez petit pour que le terme $hf'a$ l'emporte sur la somme de ceux qui le suivent (n° 701), en sorte que le signe de $hf'a$ sera celui de toute la suite à partir de ce terme. On aura donc $f(a\pm h)=fa\pm\alpha h$; fa ne pouvant pas être compris entre ces valeurs, n'est ni *maximum* ni *minimum* : ainsi, il faut que $f'a=0$. Pour trouver les valeurs de x, qui sont seules capables de rendre fx un *maximum* ou un *minimum*, il faut donc résoudre l'équation $y'=f'x=0$.

Alors nos développemens sont

$$f(a\pm h)=fa+\tfrac{1}{2}h^2f''a\pm\tfrac{1}{6}h^3f'''a+\ldots$$

Si $f''a$ est positif, on voit que $f(a\pm h)=fa+\alpha h^2$; d'où il suit qu'il y a *minimum*; on a un *maximum* quand $f''a$ est négatif.

Mais si $f''a=0$,

$$f(a\pm h)=fa\pm\tfrac{1}{6}h^3f'''a+\tfrac{1}{24}h^4f^{\text{IV}}a+\ldots,$$

et l'on retombe sur un développement semblable à celui du 1er cas, d'où il résulte qu'il n'y a ni *maximum*, ni *minimum*, quand $f'''a$ n'est pas nul : et si $f'''a = 0$, $f^{\text{IV}}a$ est négatif pour le 1er de ces états et positif pour le 2e ; et ainsi de suite.

Après avoir trouvé les racines de l'équation $f'x = 0$, *on substituera chacune dans* $f''x$, $f'''x$..., *jusqu'à la première dérivée qui n'est pas nulle : la racine correspondra à un* maximum *ou à un* minimum, *suivant que cette dérivée sera négative ou positive, pourvu qu'elle soit d'ordre pair; car sans cela elle ne donnerait ni l'un ni l'autre.*

718. Présentons quelques exemples.

I. Pour $y = \sqrt{(2px)}$, on a $y' = \frac{p}{\sqrt{(2px)}}$; cette quantité ne pouvant être rendue nulle, la fonction $\sqrt{(2px)}$ n'est susceptible ni de *maximum* ni de *minimum*.

II. $y = b - (x-a)^2$ donne $y' = -2(x-a) = 0$, d'où $x = a$, $y'' = -2$; ainsi $x = a$ donne le *maximum* $y = b$, puisque y'' est négatif; c'est ce qui est d'ailleurs visible.

$y' = b + (x-a)^2$ a au contraire un *minimum*.

En général $y' = X(x-a)^n = 0$ donne $x = a$,

$$y'' = [X'(x-a) + nX]\,(x-a)^{n-1}, y''' = \text{etc.}$$

Il sera facile de voir que $x = a$ donne un *maximum* ou un *minimum*, suivant que X devient par là négatif ou positif, pourvu que n soit impair.

III. Soit $y = \frac{x}{1+x^2}$; on en tire (n°s 666 et 665),

$$y' = \frac{1-x^2}{(1+x^2)^2},\quad y'' = -2x\,\frac{1+2y'(1+x^2)}{(1+x^2)^2},$$

$y' = 0$ donne $x = \pm 1$; mais alors $y = \pm \frac{1}{2}$ et $y'' = \mp \frac{1}{2}$; donc $x = 1$ répond au *maximum* $\frac{1}{2}$; et $x = -1$ au *minimum* $-\frac{1}{2}$; ou plutôt au *maximum* négatif, puisque nous sommes convenus de regarder les quantités comme plus petites quand elles sont plus avancées vers l'infini négatif.

IV. Pour $y^2 - 2mxy + x^2 = a^2$, on trouve (n°s 684 et 665)

$$y' = \frac{my - x}{y - mx}, y'' = \frac{2my' - y'^2 - 1}{y - mx} \ldots\ldots$$

$y' = 0$ donne $my = x$; éliminant x et y à l'aide de la proposée, on trouve

$$x = \frac{\pm ma}{\sqrt{(1 - m^2)}}, y = \frac{\pm a}{\sqrt{(1 - m^2)}}, y'' = \frac{\mp 1}{a\sqrt{(1 - m^2)}};$$

on a donc un *maximum* et un *minimum*.

V. Pareillement $x^3 - 3axy + y^3 = 0$ donne

$$y' = \frac{ay - x^2}{y^2 - ax}, \quad y'' = \frac{2(ay' - x - yy'^2)}{y^2 - ax} \ldots;$$

on voit que $x = 0$ répond au *minimum* $y = 0$, et $x = a\sqrt[3]{2}$ au *maximum* $y = a\sqrt[3]{4}$. (*Voy*. p. 338 et fig. 27.)

VI. Partager un nombre a en deux parties, de sorte que le produit de la puissance m de l'une, par la puissance n de l'autre, soit le plus grand possible. En prenant x pour l'une des parties, il faudra rendre un *maximum* la quantité

$$y = x^m (a - x)^n;$$

d'où $y' = x^{m-1} (a - x)^{n-1} [ma - x(m + n)]$,

$$y'' = x^{m-2} (a - x)^{n-2} [(m + n - 1) (m + n)x^2 - \text{etc.}].$$

$y' = 0$ donne $x = 0$, $x = a$ et $x = \frac{ma}{m + n}$; cette dernière racine convient au *maximum* qui est $m^m n^n \left(\frac{a}{m + n}\right)^{m+n}$; les deux autres répondent à des *minima* quand m et n sont pairs.

Pour partager un nombre a en deux parties dont le produit soit le plus grand possible, il faut en prendre la moitié (nº 97, 3º.).

VII. Quel est le nombre x dont la racine x^e est un *maximum*? On a (nº 680)

$$y = \sqrt[x]{x}, y' = y. \frac{1 - 1x}{x^2} = 0 \text{ et } 1x = 1;$$

le nombre cherché est donc la base des logarithmes népériens, ou $x = e = 2,71828\ldots$

VIII. De toutes les fractions quelle est celle qui surpasse sa puissance m^e du plus grand nombre possible? Soit x cette fraction; on a $y = x - x^m$,

$$y' = 1 - mx^{m-1} = 0, \text{ d'où } x = \sqrt[m-1]{\frac{1}{m}}.$$

IX. De toutes les cordes supplémentaires d'une ellipse, quelles sont celles qui forment le plus grand angle? En désignant par a et b les demi-axes, α la tangente de l'angle que l'une de ces cordes fait avec les x, l'angle des cordes (nº 409) a pour tangente $\frac{a^2\alpha^2 + b^2}{\alpha(a^2 - b^2)}$; c'est cette quantité qu'il s'agit de rendre un *maximum* par une valeur convenable de α, ou plutôt (en négligeant le diviseur constant $a^2 - b^2$)

$$y = a^2\alpha + \frac{b^2}{\alpha}, \text{ d'où } y' = a^2 - \frac{b^2}{\alpha^2} = 0, \ \alpha = \pm \frac{b}{a};$$

donc les cordes dont il s'agit sont dirigées à l'une des extrémités du petit axe : leurs parallèles, menées par le centre, sont les diamètres conjugués qui forment le plus grand angle possible: ces diamètres sont égaux. (*Voy.* p. 436 du 1er vol.)

X. De tous les triangles construits sur une même base a, et *Isopérimètres*, c.-à-d. de même contour $2p$, quel est celui dont l'aire est la plus grande? On a (nº 318, III)

$$y^2 = p(p-a)\,(p-x)\,(a+x-p)$$

en désignant l'aire par y, et l'un des côtés inconnus par x; car le 3e côté est $2p - a - x$. Pour rendre y^2 un *maximum*, prenons les log. et la dérivée, nous aurons

$$\frac{-1}{p-x} + \frac{1}{a+x-p} = 0, \text{ d'où } 2x = 2p - a;$$

ainsi le triangle cherché est isoscèle.

En général, de tous les polygones isopérimètres, celui dont l'aire est la plus grande est équilatéral; car soit $ABCDE$ (fig. 19) le polygone *maximum*, si AB n'est pas $= BC$, faisons le triangle isoscèle AIC, tel que $AI + IC = AB + BC$; nous aurons le triangle $AIC > ABC$, d'où $AICDE > ABCDE$, ce qui est contraire à l'hypothèse.

XI. Sur une base donnée $AC = a$ (fig. 20), quel est le plus petit des triangles circonscrits au cercle OF? Soit le rayon $OF = r$, $AF = AD = x$, le périmètre $2p$, CF sera $= CE = a - x$; $BE = BD$ sera $= p - a$. Les trois côtés étant a, $p - x$ et $p - a + x$, on a pour l'aire y du triangle (n° 318, III)

$$y^2 = px(p - a)(a - x),$$

d'où
$$yr^2 = x(y - ar)(a - x);$$

à cause de $y = pr$ (n° 318, IV) : prenant la dérivée, et faisant $y' = 0$, on trouvera $(y - ar)(a - 2x) = 0$; d'où $x = \frac{1}{2}a$; F est le milieu de AC; les deux autres côtés sont égaux, et le triangle est isoscèle.

XII. Sur les côtés d'un carré $ABCD$ (fig. 21), prenons les parties égales quelconques Aa, Bb, Cc, Dd; la figure $abcd$ sera un carré; car, 1°. $aB = bC \ldots$, le triangle $dAa = aBb = \ldots$, d'où $ab = bc = cd = ad$; 2°. a est le sommet de deux angles complémens, et de l'angle dab; donc celui-ci est droit; de même pour l'angle abc; etc....

Cela posé, de tous les carrés inscrits dans un carré donné, on demande quel est le plus petit? Soit $AB = a$, $Aa = x$, d'où $aB = a - x$; puis le triangle Aad donne

$$ad^2 = 2x^2 - 2ax + a^2, \quad 4x - 2a = 0;$$

donc $x = \frac{1}{2}a$; ainsi le point a est au milieu de AB.

XIII. De tous les parallélépipèdes rectangles égaux à un cube donné a^3 et dont la ligne b est une arète, quel est celui dont la surface est la plus petite? Soient x et z les autres arètes, bxz sera le volume $= a^3$: donc, les dimensions du parallélépipède sont b, x et $\frac{a^3}{bx}$; $\frac{a^3}{b}$, bx et $\frac{a^3}{x}$ sont donc les aires des faces; le double de leur somme est l'aire totale,.

$$y = \frac{2a^3}{b} + 2bx + \frac{2a^3}{x},\ y' = 2b - \frac{2a^3}{x^2} = 0,\ x = \sqrt{\frac{a^3}{b}} = z;$$

donc les deux autres dimensions x et z doivent être égales.

Si le côté b n'est pas donné, x étant toujours l'un d'eux, les autres doivent être $\sqrt{\frac{a^3}{b}}$; $\frac{2a^3}{b} + 4\sqrt{a^3x}$ est donc l'aire totale,

d'où $$\frac{a^3}{b^2} = \sqrt{\frac{a^3}{b}},\quad \text{et}\quad b = a;$$

le cube proposé est donc le parallélépipède rectangle de moindre surface.

719. Lorsqu'on veut appliquer cette théorie aux courbes, on forme (n° 684) la dérivée de leur équation : les racines réelles de x et y, qui satisfont à la proposée et à sa dérivée, s'obtiennent par l'élimination ; elles peuvent seules répondre à des *maxima* ou *minima* d'ordonnées. On prendra la dérivée du 2e ordre, et faisant $y' = 0$, puis mettant pour x et y l'une des couples de racines obtenues, si $x = AF$ et $y = FG$ (fig. 2) rendent y'' négatif, le point G sera un *maximum* : si les coordonnées AR, RI, rendent y'' positif, I sera au contraire un *minimum*. (*Voy.* les exemples IV et V.)

Quand les développemens de $f(a \pm h)$ sont fautifs dans les termes auxquels on est forcé de recourir pour reconnaître les *maxima* ou *minima*, il faut chercher ces développemens tels qu'ils doivent être (n° 698), et voir s'ils sont en effet l'un et l'autre $>$ ou $<fa$. Ainsi $y = b + (x-a)^{\frac{5}{3}}$ donne

$$y' = \tfrac{5}{3}(x-a)^{\frac{2}{3}},\quad y'' = \tfrac{10}{9}(x-a)^{-\frac{1}{3}},$$

$y' = 0$ donne $x = a$, qui rend $y'' = \infty$; ainsi la formule de Taylor est fautive. Mais $f(a \pm h) = b \pm h^{\frac{5}{3}}$, donc il n'y a ni *maximum* ni *minimum*. Au contraire de $y = b + (x-a)^{\frac{4}{3}}$, on tire

$$f(a+h) = b + h^{\frac{4}{3}} = f(a-h);$$

donc $x = a$ et $y = b$ répondent à un *minimum*. On aurait un *maximum* pour $y = b - (x - a)^{\frac{4}{3}}$.

720. Quant aux fonctions de deux variables, $z = f(x, y)$, imitons les raisonnemens du n° 717. Changeons x en $x + h$, et y en $y + k$ et développons comme n° 703; en faisant $k = \alpha h$, nous aurons

$$Z = z + h\left(\frac{dz}{dx} + \alpha\frac{dz}{dy}\right) + \frac{h^2}{2}\left(\frac{d^2z}{dx^2} + 2\alpha\frac{d^2z}{dydx} + \alpha^2\frac{d^2z}{dy^2}\right)\dots$$

Or, pour qu'on ait toujours $Z < z$, ou $Z > z$, quels que soient h et k, il faut que le second terme soit nul indépendamment de α, d'où

$$\frac{dz}{dy} = 0, \quad \text{et} \quad \frac{dz}{dx} = 0 \dots \quad (1);$$

mais en outre, le terme suivant doit être positif dans le cas du *minimum*, et négatif pour le *maximum*. On éliminera donc x et y entre les équ. (1), et leurs racines pourront seules convenir au but proposé : il faudra substituer ces racines dans le terme suivant $\frac{h^2}{2}\left(\frac{d^2z}{dx^2}\dots\right)$, qui devra être perpétuellement de même signe, quelque valeur qu'on attribue à α, et quel qu'en soit le signe. Or, une quantité $A + 2\alpha B + C\alpha^2$ ne peut conserver son signe quel que soit α, à moins que ses facteurs ne soient imaginaires (n° 139, 9°.), ce qui exige que $AC - B^2$ soit > 0. Il faut donc qu'on ait

$$\frac{d^2z}{dx^2} \cdot \frac{d^2z}{dy^2} - \left(\frac{d^2z}{dxdy}\right)^2 > 0 \dots \quad (2).$$

$\frac{d^2z}{dx^2}$ et $\frac{d^2z}{dy^2}$ devront donc être de même signe : s'il est négatif, pour $k = 0$, ou $\alpha = 0$, notre trinome devenant $\frac{d^2z}{dx^2}$, c.-à-d. négatif, le trinome conserve toujours ce signe; il y a donc *maximum*; il y a *minimum* quand $\frac{d^2z}{dx^2}$ et $\frac{d^2z}{dy^2}$ sont positifs. Et si la condition (2) n'est pas remplie, il n'y a ni *maximum*, ni *minimum*.

Quand les racines des équ. (1) rendent nuls les termes de notre trinome, il faut recourir au 4ᵉ terme du développement qui doit aussi être nul, puis au 5ᵉ, et ainsi de suite.

721. Quelle est, par ex., la plus courte distance entre deux droites données? Nous prendrons l'une de ces lignes pour axe des x, et l'autre aura pour équation

$$z = ax + \alpha, \quad y = bx + \beta.$$

Prenons sur la 1ʳᵉ un point, dont x' soit l'abscisse : sa distance à un point quelconque de la seconde sera R, savoir (n° 614)

$$R^2 = (x - x')^2 + y^2 + z^2,$$

ou $$R^2 = (x - x')^2 + (bx + \beta)^2 + (ax + \alpha)^2.$$

Désignons ce 2ᵉ membre par t, nous aurons

$$\frac{dt}{dx} = 2(x - x') + 2(bx + \beta)b + 2(ax + \alpha)\,a = 0;$$

$$\frac{dt}{dx'} = -2(x - x') = 0; \text{ d'où } x = x' = -\frac{a\alpha + b\beta}{a^2 + b^2}.$$

Puisque $x = x'$, la ligne cherchée est perpend. à l'axe des x, et par conséquent elle l'est aussi à la 2ᵉ droite qu'on aurait pu prendre pour cet axe : c'est ce qu'on sait déjà (n° 274). Du reste

$$\frac{d^2t}{dx^2} = 2(1 + a^2 + b^2), \quad \frac{d^2t}{dx'^2} = 2, \quad \frac{d^2t}{dx\,dx'} = -2;$$

la condition (2) est satisfaite, puisque $4(a^2 + b^2) > 0$; il y a *minimum*. La longueur de la ligne cherchée est $R = \dfrac{a\beta - b\alpha}{\sqrt{(a^2+b^2)}}$.
L'équ. de sa projection sur le plan yz étant $y = Az$, comme elle passe par un point (x, y, z) de la 2ᵉ droite,

$$A = \frac{y}{z} = \frac{bx + \beta}{ax + \alpha} = -\frac{a}{b};$$

donc ces lignes satisfont à la condition (n° 633, 6°.), et sont perpend. entre elles; ce qu'on avait déjà prouvé.

Méthode des Tangentes.

722. Soit proposé de mener une tangente TM (fig. 22) au point $M(x, y)$ de la courbe BMM', dont l'équation est donnée $y = fx$: celle de la droite TM est

$$Y - y = \tang \alpha\,(X - x),$$

X et Y étant les coordonnées variables de la droite, x et y celles du point de contact M, α l'angle T. Il a été prouvé, n° 655, que la dérivée $y' = f'x$ est la tangente de l'angle T, la limite du rapport des accroissemens MQ et $M'Q$ des coordonnées x et y. C'est même sur ce principe que nous avons établi l'existence des dérivées pour toute fonction de x, et par suite le Calcul différentiel entier. Donc (n° 346)

$$\tang \alpha = y', \quad \cos \alpha = \frac{1}{\sqrt{(1 + y'^2)}}, \quad \sin \alpha = \frac{y'}{\sqrt{(1 + y'^2)}}.$$

$$Y - y = y'(X - x).$$

1°. La normale MN fait avec l'axe des x un angle (n° 370) dont la tangente est $-\frac{1}{y'}$; son équation est donc

$$y'(Y - y) + X - x = 0.$$

2°. En faisant $Y = 0$, on a les abscisses AT, AN, des pieds de la tangente et de la normale; d'où l'on tire $x - X$, ou

$$\text{sous-tangente } TP = \frac{y}{y'}, \quad \text{sous-normale } PN = yy'.$$

Lorsque ces valeurs ont un signe négatif, cela indique que ces lignes tombent en sens opposé à celui de notre figure; il suffit alors d'examiner si c'est y ou y' qui est négatif, pour reconnaître la situation de ces lignes. (*Voy.* n° 339.)

3°. Les hypoténuses TM et MN donnent

$$\text{tangente } TM = \frac{y}{y'}\sqrt{(1 + y'^2)},$$

$$\text{normale } MN = y\sqrt{(1 + y'^2)}.$$

4°. En appliquant le raisonnement ci-dessus (*voyez* n° 420) au cas où l'angle des coordonnées est quelconque, on trouvera que l'équation de la tangente et la valeur de la sous-tangente restent les mêmes.

723. Voici quelques exemples de ces formules :

I. Dans la parabole $y^2 = 2px$, d'où $yy' = p$, $\frac{y}{y'} = 2x$; la normale $MN = \sqrt{(2px + p^2)}$ (n° 404).

II. Pour l'ellipse et l'hyperbole $a^2y^2 \pm b^2x^2 = \pm a^2b^2$; d'où $y' = \mp \frac{b^2x}{a^2y}$; on tire de là les sous-tangentes, etc. (*Voy.* n°s 408 et 414.) Par ex., on trouve pour la longueur de la normale, en faisant $c^2 = a^2 \mp b^2$,

$$N = \frac{b\sqrt{\pm(a^4 - c^2x^2)}}{a^2}.$$

III. Pour l'équ. $y^m = x^n a^{m-n}$, on trouve $\frac{y}{y'} = \frac{mx}{n}$. La parabole en est un cas particulier : c'est ce qui a fait donner aux courbes renfermées dans cette équ. le nom de *paraboles*, m et n étant positifs. $y^3 = a^2x$ s'appelle la *première parabole cubique* ; $y^3 = ax^2$ est la *seconde*.

De même on donne le nom d'*hyperboles* aux courbes dont l'équ. est $x^ny^m = a^{m+n}$; leur sous-tangente est $\frac{y}{y'} = -\frac{mx}{n}$; elle est la même, prise en signe contraire, que dans le cas précédent.

IV. Pour la courbe dont l'équation est $x^3 - 3axy + y^3 = 0$, on a

$$y' = \frac{ay - x^2}{y^2 - ax}, \quad \text{sous-tangente} = \frac{y^3 - axy}{ay - x^2}, \text{ etc.}$$

V. Dans la logarithmique (n° 468), $y = a^x$ donne........ $\frac{y}{y'} = \frac{1}{\text{l}a}$; la sous-tangente est égale au module (n° 585).

VI. Soient $AP = x$, $PM = y$, $MQ = z = \sqrt{(2ry - y^2)}$ (fig. 23), l'équ. de la cycloïde AMF est $x = \text{arc}\,(\sin = z) - z$, (n° 471); l'arc est ici pris dans le cercle générateur MGD, dont le rayon $= r$. La dérivée est donc (n° 683)

$$1 = \frac{rz'}{\sqrt{(r^2 - z^2)}} - z', \text{équ. où } z' = \frac{(r-y)y'}{\sqrt{(2ry - y^2)}}.$$

Donc, chassant z et z', la cycloïde a pour équation dérivée

$$yy' = \sqrt{(2ry - y^2)}, \quad \text{ou} \quad y' = \sqrt{\left(\frac{2r - y}{y}\right)},$$

l'origine étant au point de rebroussement A.

Pour mener une tangente TM, on remarquera que

$$\text{sous-normale} = yy' = \sqrt{(2ry - y^2)} = z = MQ.$$

Ainsi, la ligne MD menée au point de contact D du cercle générateur avec l'axe AE, est la normale. La corde MD en est la longueur; on obtient, en effet, $y\sqrt{(1 + y'^2)} = \sqrt{(2ry)}$. La corde supplémentaire MG est la tangente. On voit donc que pour mener une tang. en M, on décrira MN parallèle à l'axe AE, puis la corde KF, et enfin MG parallèle à KF.

Si l'origine est située au point le plus élevé F, en sorte qu'on prenne $FS = x$, $SM = y$, l'équation de la cycloïde est.... $x = \text{arc}(\sin = z) + z$ (n° 471); la dérivée est

$$y' = \sqrt{\left(\frac{y}{2r - y}\right)}.$$

On aurait aussi trouvé cette équ. en transportant l'origine en F (changeant x en $\pi r - x$, et y en $2r - y$).

724. On peut résoudre un grand nombre de problèmes relatifs aux tangentes, tels que de les tracer par un point extérieur, ou parallèlement à une droite donnée, ou etc. (*V.* n°s 407 et 413.) Cherchons, par ex., l'angle β formé par la tang. TM (fig. 24), et le *rayon vecteur* AM mené de l'origine au point de contact $M(x,y)$. L'angle θ que ce rayon vecteur fait avec les x est donné par $\text{tang}\,\theta = \frac{y}{x}$; d'ailleurs $\text{tang}\,\alpha = y'$; donc

$$\text{tang}(\alpha - \theta) \quad \text{ou} \quad \text{tang}\,\beta = \frac{y'x - y}{x + yy'}.$$

Dans les applications, il faut avoir attention au signe que prend cette fraction.

Pour l'équ. $y^2 + x^2 = r^2$, qui appartient au cercle, on trouve tang $\beta = \infty$, ce qui est d'ailleurs évident.

725. Lorsqu'une courbe BM (fig. 24) est rapportée à des coordonnées polaires $AM = r$, $MAP = \theta$, les formules précédentes ne peuvent servir qu'autant qu'on traduit préalablement l'équ. $r = f\theta$ de la courbe, en x et y, à l'aide des relations (n° 385)

$$x = r\cos\theta,\quad y = r\sin\theta,\quad x^2 + y^2 = r^2.$$

Transformons, au contraire, en r et θ les formules de tang., etc. Prenons donc θ pour variable indépendante au lieu de x; et ce calcul, qu'on a déjà fait page 283, donne

$$\text{tang}\,\beta = \frac{r}{r'}.$$

726. On pourrait de même traduire en r, r' et θ les valeurs yy', $\frac{y}{y'}$, etc.; mais, à cause de leur complication, on préfère le procédé suivant. On nomme *sous-tangente* la longueur de la partie AT, prise sur la perpend. à AM; le point T étant ainsi déterminé, la tangente TM s'ensuit. Or, le triangle TAM donne $AT = AM$ tang. β, ou

$$\text{sous-tang} = AT = \frac{r^2}{r'}.$$

Pour la spirale d'Archimède (n° 472, fig. 25), on a

$$r = \frac{a\theta}{2\pi},\quad \frac{r^2}{r'} = \theta r,\quad \frac{r}{r'} = \theta.$$

Ainsi la sous-tangente AT est égale en longueur à l'arc de cercle décrit du rayon $AM = r$, et qui mesure l'angle $MAx = \theta$. Quant à l'angle β, il croît sans cesse avec l'arc θ; et comme ce n'est qu'après une infinité de révolutions du rayon vecteur que θ devient infini, l'angle droit est la limite de β.

Dans la spirale hyperbolique (n° 473)

$$r=\frac{a}{\theta},\quad \text{sous-tang}=-a,\quad \text{tang}\,\beta=-\theta;$$

la sous-tangente est constante; l'asymptote est la limite de toutes les tangentes; enfin, l'angle du rayon vecteur avec la tangente est obtus et décroît à mesure que θ augmente. (*Voyez*, dans le 1er volume, la figure 260.)

Pour la spirale logarithmique (n° 474)

$$r=a^{\theta},\quad \text{tang}\,\beta=\frac{1}{\text{l}a},\quad \text{sous-tang}=\frac{r}{\text{l}a}.$$

La courbe coupe tous ses rayons vecteurs sous le même angle, qui est de 45°, quand a est la base des log. népériens : la sous-tang. croît proportionnellement au rayon vecteur.

Des Rectifications et Quadratures.

727. Lorsque l'équ. $y=fx$ d'une courbe BMM' (fig. 22) est donnée, la longueur $BM=s$ d'un arc développé est déterminée quand ses extrémités B et M sont connues : cherchons cette longueur. Pour cela, remarquons que B restant fixe, s varie avec le point M; ainsi s est une fonction de $x=AP$, qu'il s'agit de trouver, $s=Fx$. Si x croît de $h=PP'$, y croîtra de $M'Q=k$, et s de $MM'=l$; donc

$$\begin{array}{ll} y=fx \text{ donne} & f(x+h)=y+y'h+\tfrac{1}{2}y''h^2+\ldots; \\ s=Fx & F(x+h)=s+s'h+\tfrac{1}{2}s''h^2+\ldots; \end{array}$$

d'où $k=y'h+\frac{1}{2}y''h^2+\ldots,\qquad l=s'h+\frac{1}{2}s''h^2+\ldots;$

$$\text{corde } MM'=\sqrt{(h^2+k^2)}=h\sqrt{(1+y'^2+y'y''h+\ldots)}.$$

D'un autre côté, la tangente MH donne (n° 722)

$$QH=y'h,\quad MH=h\sqrt{(1+y'^2)},\quad M'H=-\tfrac{1}{2}y''h^2\ldots;$$

donc $$\frac{\text{corde } MM'}{MH+M'H}=\frac{\sqrt{(1+y'^2+y'y''h+\ldots)}}{\sqrt{(1+y'^2)}-\frac{1}{2}y''h\ldots}.$$

Plus h décroît, plus ce rapport approche de l'unité; 1 est donc aussi la limite du 1er membre; et puisque l'arc MM' est compris entre sa corde et la ligne brisée $MH + M'H$, 1 est aussi la limite du rapport de la corde à l'arc, ou de

$$\frac{\text{corde}}{\text{arc}} = \frac{\sqrt{(1 + y'^2 + y'y''h \ldots)}}{s' + \frac{1}{2}s''h \ldots}; \quad \text{d'où} \quad 1 = \frac{\sqrt{(1 + y'^2)}}{s'},$$

$$s' = \sqrt{(1 + y'^2)}, \quad \text{ou} \quad ds = \sqrt{(dx^2 + dy^2)}.$$

Cette formule sert à rectifier tous les arcs de courbe. On y met pour y' sa valeur $f'x$, tirée de l'équ. donnée $y = fx$ de la courbe, et l'on obtient la dérivée s' de l'équ. $s = Fx$; il faut ensuite *intégrer* $F'x$, c.-à-d. remonter de cette dérivée à sa fonction primitive Fx. Nous donnerons bientôt (n° 809) les moyens de faire ce calcul.

L'équation du cercle, dont le centre est à l'origine, est

$$y^2 + x^2 = r^2, \quad \text{d'où} \quad yy' + x = 0;$$

$$s' = \sqrt{\left(1 + \frac{x^2}{y^2}\right)} = \pm\frac{r}{y} = \frac{\pm r}{\sqrt{(r^2 - x^2)}};$$

c'est la dérivée de l'arc de cercle s, exprimée en fonction de son sinus ou cosinus (qui est x, *V.* n° 683). Pour rectifier l'arc de cercle, il faudrait donc intégrer cette fonction (n° 809, III).

D'après notre valeur de s', on peut simplifier les formules de la page 321, qui deviennent

$$\text{tang}\,\alpha = y' = \frac{dy}{dx}, \quad \cos\alpha = \frac{1}{s'} = \frac{dx}{ds}, \quad \sin\alpha = \frac{y'}{s'} = \frac{dy}{ds},$$

$$\text{tangente} = \frac{ys'}{y'} = \frac{y\,ds}{dy}, \quad \text{normale} = ys' = \frac{y\,ds}{dx}.$$

728. Pour obtenir l'aire $BCPM = t$ (fig. 22), imitons les raisonnemens précédens; nous verrons que t est fonction de x, ou $t = \varphi x$; que les accroissemens k et i de l'ordonnée et de l'aire pour l'abscisse $x + h$, sont

$$k = M'Q = y'k + \ldots, \quad i = MPP'M' = t'h + \ldots$$

On a rectangle $MPP'Q = yh$, $LP' = (y + k)h$; l'unité est la limite de leur rapport $\frac{y}{y + k}$, 1 est donc aussi la limite du rapport entre le rectangle $MPP'Q = yh$ et l'accroissement.... $MPP'M' = i$ de l'aire t. Ce rapport est

$$\frac{yh}{i} = \frac{y}{t' + \frac{1}{2}t''h + \ldots}; \quad \text{donc} \quad \frac{y}{t'} = 1, \quad \text{ou} \quad t' = y.$$

Il faudra mettre ici fx pour y, et intégrer l'équation $t' = fx$. (*Voyez* n° 805.)

Si les coördonnées faisaient l'angle α, on trouverait

$$t' = y \sin \alpha.$$

729. Cherchons l'aire $AKM = \tau$ (fig. 24), comprise entre deux rayons vecteurs AM, AK, dont le dernier demeure fixe, l'autre variant avec M. On a l'aire AKM ou

$$\tau = ABMK - ABM;$$

mais

$$ABM = ABCD + DCMP - AMP = ABCD + t - \tfrac{1}{2}xy;$$

donc $$\tau = ABMK - ABCD - t + \tfrac{1}{2}xy.$$

Or, la variation du point M ne change pas les points B, C et K; prenant la dérivée, en regardant $ABMK$ et $ABCD$ comme constans,

$$\tau' = -t' + \tfrac{1}{2}(xy' + y) = \tfrac{1}{2}(xy' - y).$$

Traduisons les valeurs de s' et τ' en coordonnées polaires r et θ; en mettant $\frac{s'}{x'}$, $\frac{y'}{x'}$, $\frac{\tau'}{x'}$, pour s', y' et τ' (n° 689),

$$s'^2 = x'^2 + y'^2, \quad \tau' = \tfrac{1}{2}(xy' - yx'):$$

la variable principale est devenue quelconque; pour qu'elle soit θ, il suffit de mettre ici, pour x, y, x' et y', les valeurs du n° 690, et il viendra

$$s' = \sqrt{(r^2 + r'^2)}, \quad \tau' = \tfrac{1}{2}r^2,$$

qui sont les formules des rectifications et des quadratures de courbes rapportées à des coordonnées polaires, l'équ. étant $r = f\theta$: on aurait d'ailleurs pu les obtenir directement par la méthode des limites.

Des Osculations.

730. Si l'on prend un point M (fig. 26) sur une courbe BMZ, et qu'on mène une tangente TM et une normale MN; puis, des différens points $a, b\ldots$ de la normale, si l'on décrit des cercles qui passent en M, TM sera leur tangente commune. Or, il est clair que, par la disposition de ces cercles, les uns sont en dedans, les autres en dehors de la courbe; en sorte qu'il en est un qui approche plus que tout autre de la courbe BMZ, de part et d'autre du point M. C'est ce qu'on nomme le *Cercle osculateur;* son centre D et son rayon DM sont appelés *Centre* et *Rayon de courbure;* et comme en changeant le point M, le cercle change aussi de centre et de rayon, on nomme *Développée* la courbe IOD, qui passe par tous les centres de courbure : la ligne donnée BMZ est la *Développante* de IOD.

Pour trouver le cercle osculateur d'une courbe, en un point donné M, il faudrait exprimer en analyse les conditions qui le déterminent : généralisons ces considérations. Concevons deux courbes qui se coupent; leurs équ. $y=fx$, $Y=FX$ donnent $y=Y$ pour la même abscisse $x=X$, qui est celle du point commun : jusqu'ici il n'y a qu'une simple intersection. Comparons le cours des deux lignes de part et d'autre de ce point, et pour cela, mettons $x+h$ pour x et X, dans y et Y; les ordonnées correspondantes sont

$$y+y'h+\tfrac{1}{2}y''h^2\ldots,\quad Y+Y'h+\tfrac{1}{2}Y''h^2+\ldots;$$

d'où $$\delta=h(y'-Y')+\tfrac{1}{2}h^2(y''-Y'')+\ldots,$$

pour la distance entre les deux points de nos courbes dont l'abscisse est $x+h$: il faut dans $Y', Y''\ldots$, remplacer X par x. Plus δ sera petit pour une valeur donnée de h, plus les points correspondans seront voisins, de sorte que le degré de rapprochement de nos courbes dépend de la petitesse de δ, dans une étendue déterminée de h.

Or, s'il arrive que la valeur de x, pour laquelle $y=Y$, rend aussi $y'=Y'$, on a

$$\delta = \tfrac{1}{2}h^2(y'' - Y'') + \tfrac{1}{6}h^3(y''' - Y''') + \ldots;$$

et nos deux courbes approchent plus l'une de l'autre que ne le ferait une troisième qui, passant par le même point (x, y), ne remplirait pas cette même condition. Car, soit $\gamma = \varphi\xi$ l'équ. de celle-ci, la distance Δ, entre les points de cette courbe et de la première, qui ont pour abscisse $x + h$, est

$$\Delta = h(\gamma' - y') + \tfrac{1}{2}h^2(\gamma'' - y'') + \ldots,$$

en supposant $\varphi x = fx$, pour qu'elles aient le point commun (x, y). Or, les valeurs de δ et Δ ont la forme

$$\delta = bh^2 + ch^3 + \ldots \quad \Delta = Ah + Bh^2 + Ch^3 \ldots;$$

d'où $\Delta - \delta = Ah + (B - b)h^2 + (C - c)h^3 + \ldots.$

Si donc on prend h assez petit (n° 701) pour que le terme Ah donne son signe à ces séries, $\Delta - \delta$ ayant le signe de Δ, on aura $\Delta > \delta$ pour cette valeur de h, et pour toutes celles qui sont moindres, quel que soit le signe de h. Ainsi la courbe $y = Fx$ approche de celle $y = fx$, dans toute cette étendue h, et de part et d'autre du point commun, plus que ne le fait la 3ᵉ courbe $\gamma = \varphi\xi$, quelle qu'en soit la nature.

Si, outre $y' = Y'$, on a aussi $y'' = Y''$, on verra de même que nos deux courbes approchent l'une de l'autre, dans les points voisins de celui qui est commun, plus qu'une troisième qui ne remplirait pas ces deux conditions, et ainsi de suite. Nous dirons de deux lignes qu'elles ont *un Contact* ou *une Osculation du 1er ordre*, lorsqu'elles satisfont aux conditions $y = Y$, $y' = Y'$, pour la même abscisse x. De même $y = Y$, $y' = Y'$, $y'' = Y''$ seront les conditions *du contact du 2ᵉ ordre*, etc.; et il est démontré que ces deux courbes sont plus proches l'une de l'autre vers le point commun, qu'une 3ᵉ courbe, à moins que celle-ci ne forme une semblable osculation.

731. Ces principes posés, si quelques-unes des constantes $a, b, c \ldots$ que renferment les équ. $y = fx$, $Y = FX$ des deux courbes, sont arbitraires, la nature de ces lignes est fixée, mais leur position et certaines dimensions ne le sont pas. On

peut donc déterminer ces $n+1$ constantes par un nombre égal de conditions $y=Y$, $y'=Y'$, $y''=Y''$...., et les courbes auront ainsi un contact du n^e ordre : elles approcheront plus près l'une de l'autre que toute autre courbe qui ne formerait pas une osculation de même ordre.

732. Appliquons ceci à la ligne droite : soit $y=fx$ l'équ. donnée d'une courbe. Prenons une droite dont la situation soit indéterminée ; nos équ. sont

$$y=fx, \quad Y=aX+b,$$

a et b étant quelconques. Si l'on pose $y=Y$ et $y'=Y'$, ou

$$y=ax+b, \quad y'=a,$$

il y aura osculation du 1er ordre ; la droite sera tangente : en effet, pour qu'une autre droite approchât plus qu'elle de la courbe, de part et d'autre du point commun, il faudrait que celle-ci remplît les mêmes conditions, c.-à-d. qu'elle eût les mêmes valeurs pour ses constantes. Ainsi, y' est la tangente de l'angle que fait notre droite avec les axes ; éliminant a et b, l'équ. de la tangente est

$$Y-y=y'(X-x),$$

comme n° 722. On tire aisément de là l'équ. de la normale ; la valeur de la sous-tangente, etc.

733. Raisonnons de même pour le cercle : les équ. de la courbe donnée, et d'un cercle considéré dans une situation quelconque, sont

$$y=fx, \quad (Y-b)^2+(X-a)^2=R^2;$$

a et b sont les coordonnées du centre, R est le rayon. Nous établirons un contact du 2e ordre pour déterminer ces trois constantes. Les dérivées de cette dernière équ. sont

$$(Y-b)Y'+X-a=0, \quad (Y-b)Y''+Y'^2+1=0;$$

donc
$$(y-b)^2+(x-a)^2=R^2 \ldots\ldots (1),$$
$$(y-b)y'+x-a=0 \ldots\ldots (2),$$
$$(y-b)y''+y'^2+1=0 \ldots\ldots (3).$$

Tirant $y-b$ et $x-a$ des deux dernières,

$$y-b=-\frac{1+y'^2}{y''},\quad x-a=\frac{y'(1+y'^2)}{y''};$$

la 1re donne $$R=\pm\frac{(1+y'^2)^{\frac{3}{2}}}{y''}\ (*):$$

$$a=x-\frac{y'}{y''}(1+y'^2),\quad b=y+\frac{1+y'^2}{y''}.$$

On a donc ainsi le rayon et le centre de courbure. Tout autre cercle approchera moins de notre courbe que celui-ci, parce qu'il devrait pour cela remplir les mêmes conditions, c.-à-d. coïncider avec lui.

734. On voit que, 1°. la tangente à la courbe l'est aussi au cercle osculateur, puisque y' a la même valeur pour l'une et l'autre.

2°. L'équ. de la normale est $y'(Y-y)+X-x=0$; si l'on y met a et b pour X et Y, elle est satisfaite, puisqu'on retrouve la relation (2), qui ne suppose qu'un contact du 1er ordre entre la courbe et le cercle : donc *le centre de courbure est sur la normale*, ainsi que le centre de tout cercle qui a la même tangente TM (fig. 26).

3°. Si l'on élimine x et y entre l'équ. $y=fx$ de la courbe, et celles 2 et 3 qui déterminent a et b, on aura une relation entre les coordonnées du centre de courbure, quel que soit le point M ; ce sera donc *l'équ. de la développée.*

4°. Puisque R, a et b sont des fonctions de x, que le calcul détermine aisément, si on les substituait dans les équ. 1 et 2, elles seraient identiques : on peut donc les différencier en regardant R, a et b comme variables. Opérons d'abord sur l'équ. (2) ; il vient

---

(*) La valeur de R doit comporter le signe $\pm$; mais comme cette expression n'a de sens que lorsqu'elle est positive (n° 336), on devra préférer celui de ces deux signes qui donnera à la valeur de R le signe $+$. Si y'' est positif, ce qui arrive lorsque la courbe tourne sa convexité vers l'axe des x, on prendra le signe $+$; il faudra préférer le signe $-$ dans le cas contraire. (*Voy.* n° 743.)

$$(y-b)\,y''+y'^2-b'y'-a'+1=0;$$

d'où
$$b'y'+a'=0,$$

en retranchant de (3) : c'est, comme on devait s'y attendre, la dérivée de l'équ. (2) par rapport à a et b seuls. On a donc $-\frac{1}{y'}=\frac{b'}{a'}$ pour la tangente de l'angle que fait la normale avec l'axe des x. Soit $b=\varphi a$ l'équ. de la développée; sa tangente au point (a,b) fait avec l'axe des x un angle dont la tang. trigonométrique est $\frac{db}{da}=\frac{b'}{a'}=-\frac{1}{y'}$ (n° 689), puisque, dans notre calcul, nous avons regardé b et a comme des fonctions où x est variable principale. Donc *la normale à la développante est tangente à la développée.*

5°. Faisons la même chose pour l'équ. (1), c'est-à-dire prenons-en la dérivée en faisant tout varier, et ôtons le résultat de l'équ. (2); ou plutôt prenons la dérivée de (1) relativement à a, b et R seuls. Il vient

$$-(y-b)\;b'-(x-a)\;a'=RR'.$$

Pour en tirer une relation qui appartienne à tous les points de la développée, il faut éliminer x et y. Mettons donc pour $x-a$ et $y-b$ leurs valeurs tirées de (1) et (2); après y avoir substitué $-\frac{a'}{b'}$ pour y', on trouve

$$x-a=-\frac{y'R}{\sqrt{(1+y'^2)}}=\frac{a'R}{\sqrt{(a'^2+b'^2)}},$$

$$y-b=\quad\frac{R}{\sqrt{(1+y'^2)}}=\frac{b'R}{\sqrt{(a'^2+b'^2)}};$$

donc
$$\frac{a'^2R+b'^2R}{\sqrt{(a'^2+b'^2)}}=-RR',\ \text{ou}\ R'=\sqrt{(a'^2+b'^2)}.$$

Si l'on prend a pour variable principale, $R'=\sqrt{(1+b'^2)}$ est la dérivée du rayon de courbure relativement à a. Mais celle de l'arc s de la développée est aussi $s'=\sqrt{(1+b'^2)}$ (n° 727);

donc $R' = s'$, équ. qui est la dérivée de $R = s + A$, A étant une constante arbitraire (n° 768).

Pour un autre arc S de développée, le rayon de courbure est $S + A$, l'origine fixe de cet arc étant la même; ainsi $s - S$ est la différence des deux rayons. Il suit de là que si O et D (fig. 26) sont les centres de courbure des points B et M, l'arc OD de la développée est la différence des rayons de courbure BO, MD. Donc, si l'on courbe un fil sur la développée OD, et si on le tend suivant BO, en le déroulant de dessus OD, l'extrémité B décrira la développante BM : c'est sur cette propriété qu'est fondée la dénomination de ces courbes.

6°. Les expressions du rayon de courbure et des coordonnées du centre se présentent sous diverses formes, suivant qu'on y prend telle ou telle variable pour indépendante. C'est ainsi qu'on a vu (n° 692) que

$$R = \frac{(x'^2 + y'^2)^{\frac{3}{2}}}{x'y'' - y'x''}, \quad R = \frac{x'}{y''} = -\frac{y'}{x''},$$

suivant que la variable principale est arbitraire, ou bien est l'arc s : si cette variable est l'abscisse x, on peut écrire ainsi les valeurs de R, a et b,

$$R = \frac{s'^3}{y''}, \quad a = x - \frac{y's'^2}{y''}, \quad b = y + \frac{s'^2}{y''}.$$

7°. Si les coordonnées sont polaires, on exprimera x et y en fonction de ces nouvelles coordonnées $AM = r$, $MAP = \theta$ (fig. 24); puis on substituera pour x, x'.... leurs valeurs dans celle de R où aucune variable n'est principale. (*Voy.* les formules, n° 690.) On a, toutes réductions faites,

$$R = \frac{(r'^2 + r^2)^{\frac{3}{2}}}{2r'^2 - rr'' + r^2} = \frac{s'^3}{2r'^2 - rr'' + r^2}.$$

735. Appliquons cette théorie à quelques exemples.

I. Pour la parabole $y^2 = 2px$, $y' = \frac{p}{y}$, $y'' = -\frac{p^2}{y^3}$; en substituant dans nos formules, on trouve

$$s' = \sqrt{\left(\frac{2x+p}{2x}\right)}, \quad R = \frac{(2px+p^2)^{\frac{3}{2}}}{p^2} = \frac{N^3}{p^2},$$

N étant la longueur de la normale (n° 723, I). Donc *le rayon de courbure de la parabole est égal au cube de la normale, divisé par le carré du demi-paramètre.* Au sommet A (fig. 26), où $x=0$, on a $R=p$; ainsi, la distance AI du sommet à son centre de courbure est le double de celle du foyer. Plus x croît, plus la courbure diminue, et cela indéfiniment. Les coordonnées du centre de courbu re sont

$$a = 3x + p, \quad b = -\frac{2xy}{p}.$$

Éliminant x et y de $y^2 = 2px$, on a, pour équ. de la développée, $b^2 = \frac{8}{27p}(a-p)^3$, d'où $b^2 = \frac{8a^3}{27p}$, en transportant l'origine en I : c'est la seconde parabole cubique. Nous apprendrons bientôt à la discuter (p. 345).

II. Pour l'ellipse on a $m^2y^2 + n^2x^2 = m^2n^2$,

$$m^2yy' + n^2x = 0, \quad m^2yy'' + m^2y'^2 + n^2 = 0,$$

$$y' = -\frac{n^2x}{m^2y}, \quad y'' = -\frac{n^4}{m^2y^3}, \quad 1 + y'^2 = \frac{n^2}{m^4}\cdot\frac{m^4 - c^2x^2}{y^2},$$

c étant la distance du foyer au centre, $c^2 = m^2 - n^2$.

$$R = -\frac{(m^4 - c^2x^2)^{\frac{3}{2}}}{m^4n}, \quad a = \frac{c^2x^3}{m^4}, \quad b = -\frac{c^2y^3}{n^4}.$$

Telles sont les valeurs du rayon et des coordonnées du centre de courbure pour l'ellipse. En comparant les valeurs de R, de la normale (p. 322) et du paramètre p, on reconnaît que $R = \frac{m^2N^3}{n^4} = \frac{N^3}{(\frac{1}{2}p)^2}$: c'est le même théorème que pour la parabole. Puisqu'un arc de la développée est la différence entre les rayons de courbure qui partent de ses extrémités (p. 333), et que ces rayons sont des quantités finies, cet arc est rectifiable. La même chose arrive pour toutes les courbes algébriques; on peut trouver une droite de même longueur qu'un arc donné de la développée.

Comme R décroît quand x augmente, c'est aux quatre extrémités des axes que R est *maximum* ou *minimum* : aux sommets O, O' de l'ellipse (fig. 53) la courbure est la plus grande, $R=\frac{n^2}{m}$, $a=\pm\frac{c^2}{m}$, $b=0$; en D et D', elle y est la moins grande, $R=\frac{m^2}{n}$, $b=\pm\frac{c^2}{n}$, $a=0$; les points h, h', i, i', ainsi déterminés, sont les centres de courbure des extrémités des axes. Pour avoir l'équ. de la développée, tirons les valeurs de x et y de celles de a et b, et substituons dans l'équ. de l'ellipse ; nous avons

$$\sqrt[3]{\left(\frac{b^2n^2}{c^4}\right)}+\sqrt[3]{\left(\frac{a^2m^2}{c^4}\right)}=1,\ \text{ou}\ \sqrt[3]{\left(\frac{b}{p}\right)^2}+\sqrt[3]{\left(\frac{a}{q}\right)^2}=1,$$

en faisant $Ch=q$, $Ci=p$. D'après ce qui sera dit (p. 346), on trouve que la courbe a des rebroussemens aux quatre points h, h', i, i', et qu'elle est formée de quatre arcs convexes vers les deux axes, à l'égard desquels elle est symétrique : la développée est dessinée au ponctué dans la figure 53.

Pour l'hyperbole (n° 397), changez n en $n\sqrt{-1}$.

III. La cycloïde (fig. 23) donne (p. 323)

$$y'=\sqrt{\left(\frac{2r-y}{y}\right)}=\sqrt{\left(\frac{2r}{y}-1\right)},\ y''=-\frac{r}{y^2},$$

d'où
$$s'^2=\frac{2r}{y},\ \text{et}\ R=2\sqrt{(2ry)}=2N.$$

Le rayon de la courbure étant double de la normale, prolongeons MD et prenons $M'D=MD$, M' sera le centre de courbure ; il serait aisé d'en déduire la figure de la développée, mais nous préférerons suivre la méthode générale, qui donne

$$a=x+2\sqrt{(2ry-y^2)},\ b=-y,$$

pour éliminer x et y. Comme l'équ. de la cycloïde est une dérivée, nous prendrons celles de a et b, $a' = \frac{2r - y}{y}$, $b' = -y'$. Divisant ces valeurs, on a

$$\frac{b'}{a'} = \frac{-yy'}{2r-y} = -\sqrt{\frac{y}{2r-y}} = -\sqrt{\frac{-b}{2r+b}},$$

en mettant $-b$ pour y. Or, si l'on prend les ordonnées positives b en sens contraire, il vient $\frac{b'}{a'} = \sqrt{\frac{b}{2r-b}}$, qui est précisément l'équ. de la même cycloïde, lorsque l'origine est en F. Donc la développée LA de la cycloïde est une cycloïde égale; l'arc AL est identique avec FA'; le sommet F est porté en A.

IV. Dans la spirale logarithmique (fig. 25), $r = a^\theta$;

d'où $$R = r\sqrt{(1 + \text{l}^2 a)} = r \text{ séc } \eta = \frac{r}{\cos \eta},$$

la tangente de l'angle $AMN = \eta$ du rayon vecteur avec la normale étant $= \text{l}\, a$ (n° 726). La projection du rayon de courbure MN sur le rayon vecteur est $= r$; ainsi, la perpend. AN, élevée sur ce rayon au pôle, rencontre la normale au centre N de courbure. AM est donc la sous-tangente de la développée, et AN son rayon vecteur; AM forme avec la courbe MI, en chaque point, le même angle β que AN fait avec la développée. Donc, la développée est cette même courbe placée en sens différent.

On appliquerait de même la théorie des osculations à des courbes d'un ordre plus élevé (voy. *Fonct. anal.*, n° 117); et il est visible que deux courbes qui ont un contact du 2e, 3e, 4e.... ordre, ont même tangente et même cercle osculateur à ce point.

736. La différence entre les ordonnées des deux courbes étant $\delta = Mh^m + Nh^{m-1} + \ldots$, suivant que Mh^m est positif ou négatif, comme le signe de δ est celui de ce terme quand h est très petit, l'ordonnée de la courbe est plus grande ou moindre que celle de son osculatrice : ce qui fait juger si la 1re est en dessus ou en dessous de l'autre. Mettant $-h$ pour h, le signe de Mh^m changera lorsque m sera impair, et la courbe sera coupée par son

osculatrice au point commun. On voit donc qu'*une courbe est toujours coupée par son cercle osculateur.*

Des Asymptotes.

737. Si le développement de $f(x+h)$ est fautif, alors on ne peut établir une osculation qu'autant que la série de $F(x+h)$ procède suivant la même loi, du moins dans l'ordre des premiers termes qu'on doit comparer : cette condition dépend de la nature des fonctions fx et Fx, et ne peut avoir lieu qu'accidentellement, c.-à-d. pour de certaines valeurs de x; le même raisonnement exige alors qu'on égale les premiers coefficiens pour qu'il y ait osculation. (Voy. *Fonct. analyt.*, n° 120.)

Soient $y = fx$, $y = Fx$ les équ. de deux courbes : supposons qu'on ait développé fx et Fx en séries, suivant les puissances descendantes de x (*voy.* p. 303), en sorte que chacune de ces fonctions soit mise sous la forme

$$Ax^a + Bx^{a-b} + \ldots + Mx^{-m} + Nx^{-m-n} + \ldots$$

Si les exposans de ces deux développemens sont les mêmes jusqu'à un certain terme Mx^{-m}, et qu'on puisse disposer de quelques constantes pour rendre aussi les 1ers coefficiens égaux sans introduire d'imaginaires, la différence entre deux ordonnées quelconques sera $M'x^{-m} + \ldots$ Il suit de là que l'une de nos courbes ira en s'approchant continuellement de l'autre, à mesure que x croîtra, mais sans jamais l'atteindre : et il y aura un terme, passé lequel aucune autre courbe, qui ne remplirait pas ces conditions, ne pourra en approcher davantage. Nos courbes seront donc des *Asymptotes* l'une de l'autre.

Ainsi, *quand une courbe s'étend indéfiniment, elle a une infinité d'asymptotes*, qu'on trouve en développant $y = fx$ en série descendante, et prenant pour ordonnée de la ligne cherchée la somme des premiers termes, jusqu'à un rang quelconque dont l'exposant soit négatif; ou bien en composant une fonction Fx, dont le développement commence par ces mêmes premiers termes.

I. Par exemple, pour l'hyperbole (n° 416)

$$y = \pm \frac{b}{a}\sqrt{(x^2 - a^2)} = \pm \frac{bx}{a} \mp \tfrac{1}{2} bax^{-1} + \ldots$$

Donc les droites qui ont pour équ. $y = \pm \dfrac{bx}{a}$ sont les asymptotes rectilignes, et jouissent seules de cette propriété.

Il en est de même de $x = 0$ et $y = 0$, pour $xy = m^2$.

II. La courbe dont l'équ. est $y = \dfrac{k}{\sqrt{(x^2 - a^2)}}$ est formée de quatre branches symétriques par rapport aux axes, et dont nous pourrons bientôt trouver la figure. On a (n° 135)

$$y = kx^{-1} + \text{etc.},\quad x = a + \tfrac{1}{2}\cdot\frac{k^2}{a} y^{-2} + \ldots .$$

selon qu'on forme le développement, suivant les puissances de x ou de y. Les droites qui ont pour équ. $y = 0$ et $x = a$, sont donc des asymptotes. L'hyperbole qui a pour asymptotes les axes des x et des y, et k pour puissance, l'est aussi; mais le rapprochement est ici beaucoup plus grand.

III. Soit $y^3 - 3axy + x^3 = 0$, fig. 27 (n° 708); on a

$$y = -x - a + \tfrac{1}{3}a^3x^{-2} - \tfrac{1}{3}a^4x^{-3} \ldots .$$

La droite $y = -x - a$ est donc une asymptote; elle se construit en prenant $AB = AC = a$, et tirant BC.

IV. Soit enfin $y^4 - 2x^2y^2 - x^4 + 2axy^2 - 5ax^3 = 0$;

$$y = \pm px \pm \frac{a(3\sqrt{2} - 4)}{8p} + Ax^{-1} + \ldots ,$$

p désignant $\sqrt{(1 \pm \sqrt{2})}$. Donc, en construisant les droites GF, GH (fig. 28), qui ont pour ordonnées ces deux premiers termes, on aura les asymptotes rectilignes de la courbe proposée.

Des Points multiples et conjugués.

738. Lorsque les branches d'une courbe passent par un même point, soit en se coupant, soit en se touchant, ce point est ap-

pelé *double*, *triple*...., *multiple*, suivant qu'il est commun à deux, trois...., ou plusieurs branches. Étant donnée l'équ. d'une courbe, proposons-nous de déterminer ces points, si elle en a, et leur nature.

Soient $$V=0, \quad My'+N=0$$

l'équ. en x et y de la courbe, et sa dérivée : on suppose V délivré de radicaux.

1er CAS. Si les branches de la courbe se coupent au point cherché, il y a plusieurs tangentes en ce point : ainsi, pour une valeur de x, et celle de y qui y répond, y' doit avoir autant de valeurs qu'il y a de branches. Or, on a vu (n° 700) que cette condition rend M et N nuls.

2e CAS. Si les branches de la courbe se touchent, il n'y a qu'une valeur de y'; et même quand le contact est du $(n-1)^e$ ordre, il n'y a (n° 731) qu'une valeur de y', y''... $y^{(n-1)}$; mais on doit en trouver plusieurs pour $y^{(n)}$. Or, l'équation dérivée de l'ordre n a la forme $My^{(n)}+\ldots=0$, M étant ici le même coefficient (n° 686) que pour y', y''..., dans les dérivées successives ; et comme cette équ. est du 1er degré, et exempte de radicaux, elle ne peut donner plusieurs valeurs de $y^{(n)}$ pour une seule de x et de y : on a donc encore $M=0$, et par conséquent $N=0$, par la même raison qu'au n° 700.

Concluons de là que, *pour trouver les points multiples d'une courbe, on égalera à zéro les dérivées* M *et* N *de son équ.* V = 0, *prises tour à tour par rapport à* y *et à* x. *Puis, éliminant* x *et* y *entre deux de ces équ.*

$$M=0, \quad N=0, \quad V=0\ldots (1):$$

les valeurs réelles qui satisferont à la 3e, *pourront seules appartenir aux points multiples.*

Je dis *pourront appartenir*, parce que ces points peuvent aussi ne pas exister avec ces équ., ainsi qu'on va le voir. On passera à la dérivée du 2e ordre (n° 686), $My''+Py'^2+\text{etc.}=0$; et prenant l'une des couples de valeurs de x et y qu'on vient de trouver, on les substituera ici : y'' disparaîtra, et y' sera donné par une équ. du 2e degré. Si les racines sont réelles, il y aura *un point double ;* les deux tangentes à ces branches seront déterminées par ces valeurs de y', et donneront la direction des courbes en ce lieu.

739. Mais si les racines sont imaginaires, il y aura un point sans tangente, et par conséquent tout-à-fait isolé des branches de la courbe ; c'est ce qu'on nomme *un Point conjugué.* En effet, s'il y a un tel point pour l'abscisse a, les ordonnées voisines doivent être imaginaires ; en supposant l'équ. $V=0$, mise sous la forme $y=fx$, si l'on y met $a\pm h$ pour x, la valeur correspondante de y, ou $f(a\pm h)$, sera imaginaire pour h très petit. Soit $y^{(n)}$ le 1er coefficient qui sera imaginaire dans cette série ; comme l'équ. $My^{(n)}+\text{etc.}=0$ ne peut présenter $y^{(n)}$ sous cette forme, attendu qu'elle ne contient pas de radicaux, même après en avoir éliminé $y', y'' \ldots y^{(n-1)}$, il faut donc que l'on ait $M=0$, et par suite $N=0$.

Ainsi, les points conjugués sont compris parmi ceux que donnent les équ. (1) ; mais on les distingue en ce que la courbe n'y peut avoir de tangente : y' doit être imaginaire, x et y étant réels.

740. Il pourrait arriver que tous les termes de la dérivée du 2e ordre disparussent : alors il faudrait recourir à celle du 3e, d'où y''' et y'' s'en iraient, et qui contiendrait y' au 3e degré. Il y aurait *un point triple* si les trois racines étaient réelles, et il n'y aurait pas de point multiple dans le cas contraire.

Quand on est forcé de recourir à l'équ. du 4e ordre, où y' est au 4e degré, la courbe a *un point quadruple, double* ou *conjugué,* suivant que les quatre racines sont réelles, ou que deux sont imaginaires, ou qu'enfin aucune n'est réelle ; et ainsi de suite.

741. Voici quelques exemples.

I. Soit $ay^3-x^3y-bx^3=0$; d'où

$$1^\circ \ldots\ (3ay^2-x^3)\,y'-3x^2(y+b)=0,$$
$$2^\circ \ldots\ 6ayy'^2-6x^2y'-6x(y+b)=0,$$
$$3^\circ \ldots\ 6ay'^3-18xy'-6y-6b=0.$$

Nous avons omis les termes en y'', y'''..., qui disparaîtraient par la suite du calcul. De

$$3ay^2 - x^3 = 0, \quad x(y+b) = 0,$$

on tire $y = -b$, $x = \sqrt[3]{(3ab^2)}$, qui ne satisfont pas à la proposée; et $x = 0$, $y = 0$: l'origine peut donc être un point multiple. Mais tous les termes de la dérivée du 2e ordre disparaissent; celle du 3e devient $ay'^3 = b$, qui ne donne pour y' qu'une seule racine réelle; donc notre courbe n'a pas de point multiple.

II. Prenons $\quad y^4 - x^5 + x^4 + 3x^2y^2 = 0,$

d'où $\quad 2yy'(2y^2 + 3x^2) + 4x^3 - 5x^4 + 6y^2x = 0.$

En posant $y(2y^2 + 3x^2) = 0$, $x(4x^2 - 5x^3 + 6y^2) = 0$, on trouve que $x = 0$ et $y = 0$ peuvent seules remplir ces conditions et satisfaire à la proposée. Les dérivées des 2e et 3e ordres sont par là nulles d'elles-mêmes; celle du 4e devient $y'^4 + 3y'^2 + 1 = 0$, dont les racines sont imaginaires; ainsi, l'origine est un point conjugué.

III. Pour $x^4 - 2ay^3 - 3a^2y^2 - 2a^2x^2 + a^4 = 0$ (fig. 29),

on a $\quad -6a\,(y+a)\,yy' + 4x\,(x^2 - a^2) = 0$

$$-6a\,(2y+a)\,y'^2 + 12x^2 - 4a^2 = 0.$$

Voici comment on trouvera la figure de la courbe, qui d'ailleurs est symétrique par rapport à l'axe des y, puisque x n'entre dans la proposée qu'avec des puissances paires. On fera

$$(y+a)y = 0, \quad x(x^2 - a^2) = 0;$$

et combinant ces équ. avec la proposée, on trouvera qu'il ne peut y avoir que trois points multiples, savoir,

en D et D', où $y = 0$ et $x = \pm a$,

et en E, où $x = 0$ et $y = -a$.

Ces points sont doubles; les tangentes Ec, Ef, Da, Db..... font, avec Ax, des angles qui ont pour tangentes $y' = \sqrt{\frac{2}{3}}$ pour le point E, et $y' = \sqrt{\frac{4}{3}}$ pour D et D'.

Pour les points où la tangente est parallèle aux x, on fera y' nul, ou $0 = x(x^2 - a^2)$. 1°. $x = 0$ répond à $y = -a$, ce qui redonne le point E, pour lequel y est $\frac{0}{0}$, et non pas $= 0$; on trouve aussi le *maximum* en F, $y = \frac{1}{2}a$. 2°. $x = \pm a$ donne, outre les points D et D', les *minima* O et H pour lesquels $y = -\frac{3}{2}a$.

Enfin, $y' = \infty$, ou $y(y + a) = 0$ fait connaître les points I et G, où la courbe a sa tangente parallèle aux y : on trouve $AB = AC = DE$.

IV. Soit encore $x^4 + 2ax^2y - ay^3 = 0$ (fig. 30);

d'où $$ay'(2x^2 - 3y^2) + 4x(x^2 + ay) = 0.$$

Après avoir trouvé que l'origine peut seule être un point multiple, on est conduit à la dérivée du 3ᵉ ordre, qui donne $y' = 0$ et $y' = \pm \sqrt{2}$. Ainsi, en A il y a un point triple: la courbe a pour tangentes l'axe des x et les lignes Ab, Ac à 45°.

On a les *minima* H et O en faisant $y' = 0$; ou $x(x^2 + ay) = 0$,

d'où $$y = -a \text{ et } x = \pm a.$$

Enfin les limites G et F se trouvent en posant $y' = \infty$, ou $2x^2 = 3y^2$;

d'où $$x = \pm \tfrac{4}{9}a\sqrt{6} \text{ et } y = -\tfrac{8}{9}a.$$

V. L'équ. $y^4 - axy^2 + x^4 = 0$ (fig. 31) donne

$$\begin{aligned} &1^\circ \ldots\ 2yy'(2y^2 - ax) + 4x^3 - ay^2 = 0,\\ &2^\circ \ldots\ 2(6y^2 - ax)y'^2 - 4ayy' + 12x^2 = 0,\\ &3^\circ \ldots\ 24yy'^3 - 6ay'^2 + 24x = 0.\end{aligned}$$

On trouve que l'origine est un point triple; et comme l'on a $y' = 0$ et $y' = \infty$, les axes sont tangens à la courbe.

VI. On pourra s'exercer (fig. 32) sur l'équation. . . . . $y^4 + x^4 - 3ay^3 + 2bx^2y = 0$; la courbe a aussi un point triple à l'origine. (*Voy.* encore l'ex. IV, p. 338, fig. 28.)

742. Lorsque l'équ. est explicite, la recherche des points multiples est bien plus aisée. On a vu (p. 290) que l'abscisse correspondante doit chasser un radical de la valeur de y, en rendant nul son coefficient. Le degré de ce radical dépend du nombre des branches, et l'exposant du coefficient détermine s'il y a simple intersection ou osculation.

L'équ. $y=(1-x)\sqrt{(2-x)}$ donne $y'=\frac{3x-5}{2\sqrt{(2-x)}}$.

y perd un radical pour $x=1$, qui ne disparaît pas de y'. Ainsi, l'origine étant en I (fig. 33), $IC=1$ donne un point double en C, pour lequel les branches se coupent sous un angle droit, puisque $y'=\pm 1$. D'ailleurs, $x=\frac{5}{3}$ donne les *maxima* vers D et D'; $IA=2$ fixe la limite A de la courbe.

Pour l'équ. $y=(2-x)\sqrt{(1-x)}$, la courbe a un point conjugué dont l'abscisse est $x=2$, parce que y est imaginaire dans les points voisins. L'origine est de même un point conjugué pour la courbe dont l'équ. est $y=x\sqrt{(x-b)}$.

Enfin, $y=(x-a)^2\sqrt{(x-b)}+c$, où $a>b$, est l'équ. de la courbe $EDFG$ (fig. 34) formée de deux branches qui ont en D la même tangente ED. Si $x-a$ eût été au cube, les deux branches auraient eu même cercle osculateur, etc... Du reste, un point triple, quadruple... est annoncé par un radical du 3e, 4e degré....

On a décrit un cercle du diamètre $AI=2r$ (fig. 33); une droite AF tourne en A, tandis que PN, perpend. à AI, glisse parallèlement. On demande quelle est la courbe AMC des points M de section de ces deux droites mobiles, le point N étant sans cesse au milieu de l'arc ANF sous-tendu par AF. L'origine étant en C, les équ. des droites mobiles PN, AF sont $x=\alpha$, $y=\beta(x-r)$; les coordonnées du point M sont $CP=\alpha$, $PM=\beta(\alpha-r)$: comme PN est une ordonnée au cercle, $PN^2=r^2-\alpha^2$. Or, N étant le milieu de l'arc ANF, le rayon CN est perpend. sur AF, et les triangles APM, CPN sont semblables : d'où

$$\frac{AP}{PM}=\frac{PN}{PC},\quad \frac{r-\alpha}{\beta(\alpha-r)}=\frac{\sqrt{(r^2-\alpha^2)}}{\alpha}=\frac{-1}{\beta}:$$

telle est l'équ. de condition entre les constantes α et β (n° 462); en les éliminant, à l'aide de $x=\alpha$, $y=\beta(x-r)$, il vient, pour l'équ. de la courbe proposée,

$$y=\pm x\sqrt{\left(\frac{r-x}{r+x}\right)};\text{ d'où } y'=\frac{r^2-x^2-rx}{(r+x)\sqrt{(r^2-x^2)}}.$$

Il est aisé de reconnaître la fig. 33. L'origine C a un point double, pour lequel $y' = \pm 1$: les tangentes y sont inclinées à 45 degrés sur AI. La *feuille* AC a un *maximum* vers D, et ne s'étend pas au-delà du sommet A, qui est une limite. De même que le point M est donné par le milieu N de l'arc ANF, le milieu N' de l'arc $AN'F$ donne M' : on a ainsi deux branches infinies CO, CO'; les points O et O' de section avec le cercle ont pour abscisse $-\frac{1}{2}r$. Ces branches ont, pour asymptotes, la tangente du cercle au point I.

Concavité, convexité et points singuliers des Courbes.

743. On peut employer les situations diverses de la tangente à la recherche de la figure des courbes (406, 411). Étant donnée l'équ. $y = fx$, et sa tang. au point (x, y); comparons les ordonnées pour la même abscisse $x + h$ (nº 722), fig. 22.

$$P'H = y + y'h, \quad f(x+h) = P'M' = y + y'h + \tfrac{1}{2}y''h^2 + \ldots.$$

Comme on peut prendre h assez petit pour que le signe de $\frac{1}{2}y''h^2$ soit celui du reste de la série, l'ordonnée de la courbe est plus grande ou plus petite que celle de la tangente, suivant que y'' est positif ou négatif; en sorte que la courbe tourne vers l'axe des x sa convexité dans le 1er cas, et sa concavité dans le 2e. Si les ordonnées étaient négatives, ce serait visiblement le contraire : donc *une courbe tourne vers l'axe des* x *sa convexité ou sa concavité, suivant que* y *et* y'' *sont de mêmes signes ou de signes contraires.*

Il est aisé de voir qu'au point d'*inflexion* M (fig. 39 et 40), où la courbe change sa concavité en convexité, y'' doit aussi changer de signe, ce qui exige qu'en ce point y'' soit nul ou infini : à moins cependant que y ne change de signe en même temps que y'', le point qu'on considère se trouvant dans ce cas sur l'axe des x. C'est au reste ce qui va être développé.

744. Après avoir pris un point (α, β) sur notre courbe, pour juger s'il présente quelque particularité, c'est-à-dire s'il est

Singulier, il faut comparer les parties de la courbe de part et d'autre de ce point, les ordonnées $f(\alpha \pm h)$. Distinguons deux cas.

1er CAS. *Le développement de* $f(\alpha + h)$ *ne contenant pour* h *aucun exposant fractionnaire dont le dénominateur soit pair*,

on a $$f(\alpha + h) = \beta + Ah^a + Bh^b + \ldots$$

Les coefficiens sont réels, puisque, s'ils étaient imaginaires, le point (α, β) serait conjugué (n° 739). De plus (quel que soit le signe de h) h^a, $h^b \ldots$ sont réels, en sorte que la courbe s'étend de part et d'autre du point (α, β).

1°. Si le développement de $f(\alpha + h)$ est fautif dès le deuxième terme Ah^a, ou si a est une fraction > 0 et < 1, y' est infini (n° 696), et au point (α, β) la tang. est perpend. aux x. En prenant les dérivées relatives à h, on a

$$f'(\alpha + h) = aAh^{a-1} + \ldots, \quad f''(\alpha + h) = a(a-1)Ah^{a-2} \ldots$$

La valeur de $f'(\alpha + h)$ est destinée à donner la direction de la tang. au point de la courbe dont l'abscisse est $\alpha + h$, puisqu'il est indifférent que x ou h ait varié dans $f(x + h)$. (*Voyez* la note, p. 294.)

Cela posé, le signe de Ah^a et de ses dérivées décide de celui des séries entières, lorsque h est très petit. Que a soit une fraction $\frac{m}{n}$, où n est impair : si m l'est aussi, l'ordonnée $f(\alpha + h)$ croît d'un côté et décroît de l'autre côté de l'ordonnée tangente, parce que $A\sqrt[n]{h^m}$ change de signe avec h. Il y a donc une *inflexion*, disposée comme le montrent les fig. 35 et 36, suivant que A est positif ou négatif.

En effet, $f''(\alpha + h)$ change aussi de signe avec h, parce que $a-2$ donne à h, dans le 1er terme, un exposant impair $m-2n$: ainsi, la courbe présente d'un côté sa concavité, et de l'autre sa convexité à l'axe des x (n° 743). Nous avons construit les équ.

$$y = \beta + (x - \alpha)^{\frac{3}{5}} \ldots \quad \text{(fig. 35)},$$

$$y = \beta - (x - \alpha)^{\frac{3}{5}} \ldots \quad \text{(fig. 36)}.$$

On en dira autant pour $y^3 = a^2x$ et $(y-1)^3 = 1-x$.

Mais si m est pair, $A\sqrt[n]{h^m}$ a toujours le même signe que A, quel que soit celui de h, en sorte que les ordonnées, voisines de notre tangente de part et d'autre, croissent lorsque A est positif, et décroissent dans le cas contraire, à peu près comme pour les *maxima*. La courbe prend la forme indiquée fig. 37 et 38, que nous appellerons *Cératoïde* (*). Le signe de $f''(\alpha+h)$ est visiblement négatif pour l'un, et positif pour l'autre; en sorte que la courbe doit présenter à l'axe des x, des deux côtés de l'ordonnée tangente, sa concavité ou sa convexité, suivant que A a le signe + ou le signe —.

Les équ. $y = \beta + (x-\alpha)^{\frac{2}{3}}$ et $y = \beta - (x-\alpha)^{\frac{2}{3}}$ donnent les fig. 37 et 38. On en trouve un autre exemple dans la Cycloïde.

2°. Mais si le développement n'est pas fautif dans les deux premiers termes, $a = 1$, $b > 1$, y' n'est plus infini, et l'on a A pour la tang. de l'angle que fait avec l'axe des x la droite qui touche la courbe au point (α, β): elle est parallèle aux x, si $A = 0$; inclinée à 45°, si $A = 1$, etc.

$$f(\alpha+h) = \beta + Ah + Bh^b + \ldots\ldots$$
$$f'(\alpha+h) = A + bBh^{b-1} + \ldots\ldots$$
$$f''(\alpha+h) = b(b-1)Bh^{b-2} + \ldots\ldots$$

D'après cela, si l'exposant b est un nombre pair, ou une fraction dont le numérateur soit pair, la courbe ne présente au point (α, β) rien de particulier, puisqu'elle s'étend, de part et d'autre, au-dessus de la tangente si B est positif, et au-dessous si B est négatif; la différence entre les ordonnées de ces deux lignes étant Bh^b + etc. On voit d'ailleurs qu'alors le signe de $f''(\alpha+h)$ est le même que celui de B.

C'est ce qui a lieu pour l'équ. $y = \beta + x^2 + (x-\alpha)^{\frac{4}{3}}$.

(*) Nous avons préféré les dénominations de *Cératoïde* et *Ramphoïde* à celles de *rebroussement* de la 1re et de la 2e espèce sous lesquelles ces points sont connus. Ces mots sont dérivés de Κέρας, *corne*, Ῥάμφος, *bec d'oiseau*, Εἶδος, *forme*.

Cependant, si $A = 0$, il y a *maximum* ou *minimum*. (*Voy.* p. 318.) Cela arrive pour $y = \beta + k(x - \alpha)^{\frac{4}{3}}$.

Quand b est un nombre impair, ou une fraction dont le numérateur m est impair, $b = \frac{m}{n}$; Bh^b, ou $B\sqrt[n]{h^m}$, change de signe avec h, les ordonnées croissent d'un côté et décroissent de l'autre: de plus, $f''(\alpha + h)$ est dans le même cas, puisque l'exposant de son 1er terme est aussi un nombre impair $b - 2$, ou une fraction dont le numérateur $m - 2n$ est impair : donc il y a une *inflexion* au point (α, β), dont la disposition dépend de la direction de la tangente, et du signe de B.

Voici plusieurs exemples.

1°. $y = x + (x - \alpha)^3$; 2°. $y = \frac{1}{2}x + (x - \alpha)^{\frac{1}{3}}$ (fig. 39);

3°. $y = \quad x - (x - \alpha)^3$; 4°. $y = -(x - \alpha)^{\frac{5}{3}}$ (fig. 40);

5°. $y = -x + (x - \alpha)^{\frac{7}{3}}$ (fig. 43):

la tangente est inclinée à 45° dans les exemples 1°. et 3°.; à 135° dans le 5e; elle est parallèle aux x dans le 4e.

Si b est entier (c.-à-d., 3, 5, 7...), y'' est nul; on pourra rapprocher notre théorème de celui des *maxima* (n° 717). Chacune des racines de $y'' = 0$ ne peut répondre à une inflexion, qu'autant que la 1re des dérivées y''', y^{iv}..., qu'elle ne rend pas nulle, est d'ordre impair. Si b n'est pas entier, comme il est > 1, y'' est nul ou infini, suivant que b est $>$ ou $<$ 2.

745. 2e cas. *Le développement de* f$(\alpha + h)$ *contenant un radical pair*, l'une des ordonnées $f(\alpha + h)$ ou $f(\alpha - h)$ est imaginaire; l'autre est double, à cause du radical pair qui y introduit le signe $\pm$. Ainsi, la courbe ne s'étend que d'un côté de l'ordonnée β, et elle a deux branches.

1°. Si le développement est fautif dès le 2e terme, a est entre 0 et 1; l'ordonnée β est tangente. Supposons que $a = \frac{m}{n}$, n étant pair, le terme $\pm A\sqrt[n]{h^m}$ montre que le point (α, β) est une *Limite* de la courbe dans le sens des x; elle a la forme NMQ ou $N'MQ'$ (fig. 41), suivant que h doit être pris en $+$ ou en $-$; l'une des ordonnées est $> \beta$, l'autre est $< \beta$ ou PM : d'ailleurs, pour les points voisins de M, l'une des valeurs de $f''(\alpha + h)$ est positive, l'autre est négative; ce qui prouve que l'une des branches NM est convexe, et que l'autre QM est concave vers l'axe des x.

Les équ. $y = k + x \pm (x - \alpha)^{\frac{3}{4}}$, et $y = k + x \pm (\alpha - x)^{\frac{3}{4}}$ donnent, l'une QMN, l'autre $Q'MN'$. Nous en avons trouvé plusieurs exemples (n° 741).

Mais si le radical pair affecte un des termes qui suivent Ah^a, pour les ordonnées voisines de celle qui est tangente, β est $< f(\alpha + h)$ quand A est positif; le contraire a lieu lorsque A est négatif; en sorte que les branches de courbe ont (fig. 42) la forme QMN dans un cas, $Q'MN'$ dans l'autre. On voit d'ailleurs qu'alors $f''(\alpha + h)$ étant de signe contraire à A, la courbe doit affecter cette figure, que nous nommerons une *Ramphoïde*. C'est ce qui a lieu pour $y = \beta + k(x - \alpha)^{\frac{1}{3}} + l(x - \alpha)^{\frac{1}{4}}$.

Quand h doit être négatif pour que $f(\alpha + h)$ soit réel, la courbe est à gauche de l'ordonnée tangente PM.

2°. Lorsque le développement n'est fautif qu'au-delà du 2e terme, $a = 1$ et la tangente à la courbe au point (α, β) sera facile à construire. Si le terme Bh^b porte le radical pair, il a la forme $\pm B\sqrt[n]{h^m}$; l'une des branches est au-dessus de la tang., l'autre s'abaisse au-dessous, puisque cette droite a pour ordonnée $Y = \beta + Ah$: il y a donc une *Cératoïde*. On a y'' nul ou infini, suivant que b est $>$ ou $<$ 2. Pour l'équ. $y = \beta + x + (x - \alpha)^{\frac{3}{2}}$, (fig. 45) la tangente est inclinée à 45°.

Pour $2y = -1 - x + 2(1 - x)^{\frac{5}{2}}$, on a la fig. 44.

Mais si l'exposant, dont le dénominateur est pair, est au-delà de Bh^b, le signe de B suffit pour décider quelle est la plus grande, de l'ordonnée de la courbe, ou de celle $\beta + Ah$ de la tangente. On voit donc qu'il y a une *Ramphoïde*. On a (fig. 46) pour l'équation

$$y = \beta + x + ax^2 + b\sqrt{x^5} \ldots \text{ la courbe } QMN,$$
$$y = \beta + x - ax^2 + b\sqrt{x^5} \ldots \text{ la courbe } Q'MN'.$$

746. Concluons de là que, 1°. aux limites, dans le sens des x ou dans le sens des y, y' est nul ou infini.

2°. Aux inflexions et aux cératoïdes, y'' est nul ou infini.

3°. Pour trouver les points singuliers, il faut prendre la dérivée $My' + N = 0$ de l'équ. $\varphi(x, y) = 0$ de la courbe; faire $M = 0$ ou $N = 0$; en tirer, à l'aide de $\varphi(x, y) = 0$, les racines qui *peuvent* seules appartenir aux limites.

4°. On prendra de même la dérivée du 2e ordre, ou celle de $y' = -\frac{M}{N}$, qui donne $y'' = \frac{Q}{N}$ (on suivra la 1re règle du n° 665), puis on posera $Q = 0$, ou $N = 0$: ces équ. font connaître l'x et l'y des points qui sont des inflexions ou des cératoïdes.

5°. Il faudra ensuite chercher le développement de $f(x+h)$ pour chacune des valeurs de x ainsi obtenues, ou plutôt reconnaître le cours de la courbe de part et d'autre du point qu'elles déterminent.

6°. Les ramphoïdes et les cératoïdes peuvent être considérées comme des points multiples et soumis à la même analyse : elles ont une tangente commune à leurs deux branches au point de rebroussement.

7°. On peut encore, dans la discussion des équations, s'aider du développement de y en série ascendante ou descendante (n° 707) suivant les puissances de x; on aura aisément les limites de la courbe, si elle en comporte; et pour les branches infinies, on obtiendra leurs asymptotes courbes ou droites, etc.

Voici encore quelques exemples : on en trouvera beaucoup d'autres dans le Traité de *Cramer*.

$y = x + \sqrt[4]{(x-1)}$, $y = x^2 + \sqrt{(x-2)}$ (fig. 41),

$y = x + \sqrt{(x-1)^3}$, $y = x^3 + \sqrt{x^3}$ (fig. 45),

$y = x^2 + \sqrt{(x-1)^5}$, $y = ax^2 + \sqrt{x^5}$ (fig. 46),

$y = \sqrt[3]{x^8} + ax$, $y = \sqrt[3]{(x-\alpha)^{10}} + x$ (fig. 24),

$y = \sqrt[3]{(x-1)^2}$ (fig. 37), $y = \beta - \sqrt[5]{x^2}$ (fig. 38),

$y = x^2 + \sqrt[3]{(x-1)^5}$ (fig. 39), $y = x^3 + x^2 - \sqrt[5]{x^7}$ (fig. 40).

Des Surfaces et des Courbes dans l'espace.

747. Soient $z=f(x,y)$, $Z=F(X, Y)$ les équations de deux surfaces courbes ; pour qu'elles aient un point commun (x, y, z), il faut que pour les mêmes ordonnées $Z=z$, on ait $x=X$, $y=Y$. Prenons sur chacune un autre point répondant aux abscisses $x+h$ et $y+k$; nous représenterons, pour abréger, les z correspondans (n° 703) par

$$\begin{array}{ll} z+ph+\frac{1}{2}rh^2+\ldots & Z+Ph+\frac{1}{2}Rh^2+\ldots \\ \quad +qk+\ shk+\ldots & \quad +Qk+\ Shk+\ldots \\ \qquad +\frac{1}{2}tk^2+\ldots & \qquad +\frac{1}{2}Tk^2+\ldots \end{array}$$

La distance entre les deux points dont il s'agit est

$$(P-p)\,h+(Q-q)\,k+\tfrac{1}{2}\,(R-r)\,h^2+\ldots$$

Si $P=p$ et $Q=q$, c.-à-d. si les différentielles partielles du 1er ordre de nos fonctions f et F sont respectivement égales, les raisonnemens du n° 730 feront voir qu'une 3e surface ne pourra approcher des premières autant qu'elles approchent l'une de l'autre, à moins que celle-là ne remplisse les mêmes conditions à leur égard : il y a alors *contact du* 1er *ordre*. Pour le contact du 2e ordre, il faudrait en outre que les différences partielles du 2e ordre fussent aussi égales entre elles, ou

$$R=r,\quad S=s,\quad T=t.$$

Par ex., tout plan a pour équ. (n° 619) $Z=AX+BY+C$; sa position dépend des constantes A, B, C, qu'on peut déterminer en établissant une osculation du 1er ordre. x, y et z étant les coordonnées du point de contact, il vient

$$z=Ax+By+C,\quad p=A,\quad q=B,$$

p et q désignant toujours les fonctions $\frac{dz}{dx}$, $\frac{dz}{dy}$, tirées de l'équ. $z=f(x,y)$ de la surface courbe ; cette équ. ayant par conséquent pour dérivée $dz=pdx+qdy$.

Si l'on élimine A, B, C, on trouve, pour le plan tangent,

$$Z-z=p\,(X-x)+q\,(Y-y)\ldots\ (A).$$

Une fois l'équ. du plan tangent obtenue, il sera facile de trouver tout ce qui se rapporte à sa position. Par ex., le cos. de l'angle qu'il fait avec le plan xy, est $\varphi = \frac{1}{\sqrt{(1+p^2+q^2)}}$.

La normale qui passe par le point (x, y, z) est de plus perpendiculaire au plan tangent; ces conditions, exprimées en analyse (n° 628), donnent, pour les équ. de la normale,

$$X - x + p(Z - z) = 0, \quad Y - y + q(Z - z) = 0 \ldots \ (B).$$

748. Voici plusieurs exemples de l'usage qu'on peut faire des équations A et B.

I. Tous les cylindres ont cette propriété distinctive, que le plan qui les touche en un point, touche selon une génératrice; cette droite est parallèle à une autre (n° 620) dont on donne les éq. $x = az, y = bz$. Énonçons ce fait en analyse, et nous aurons exprimé que la surface touchée est un cylindre, sans avoir particularisé la courbe directrice; nous aurons donc l'équation de toute espèce de cylindre. On a donné (n° 627) la condition du parallélisme d'un plan avec une droite : elle devient ici (où $A = p$, $B = q$), $ap + bq = 1$, équ. cherchée. (*Voy.* p. 301.)

II. Le plan tangent au cône passe par le sommet. Mettons pour X, Y et Z, dans l'équ. (A), les coordonnées a, b, c de ce point, et l'équ. $z - c = p(x - a) + q(y - b)$, exprimant la propriété qui caractérise toute surface conique, quelle qu'en soit la base, sera l'équ. de cette surface (n° 705).

III. Imaginons qu'une droite coupe sans cesse l'axe des z et demeure horizontale, tandis qu'elle glisse le long d'une courbe : elle engendre une surface nommée *Conoïde*, à cause de sa ressemblance avec un cône dont le sommet aurait une arète. Ce qui caractérise ces surfaces, c'est qu'un plan les touche selon une génératrice horizontale : exprimons analytiquement cette propriété. En faisant $Z = z$, dans l'équation (A), nous avons $(X - x) p + (Y - y) q = 0$; ce sont les équ. d'une horizontale tracée dans le plan tangent. Pour que cette droite coupe l'axe des z, il faut que sa projection sur le plan xy passe par l'origine, ou bien que $px + qy = 0$: telle est l'équ. de tous les conoïdes.

IV. Toute normale d'une surface quelconque de révolution va couper l'axe ; donc, si l'on élimine X, Y, Z, entre les équations (B) de la normale et celles de l'axe de révolution, l'équ. résultante en x, y, z, exprimant la propriété énoncée, sera celle de la surface de révolution, quel qu'en soit le méridien. Par ex., si l'axe est celui des z, dont les équations sont $X = 0$, $Y = 0$, l'élimination donne $py = qx$, équ. de toute surface de révolution autour de l'axe des z (n° 705).

Lorsqu'on veut particulariser une espèce de surface cylindrique, conique..., il faut introduire, pour p et q, des fonctions de x et y, qui sont déterminées par la nature de la courbe directrice donnée. C'est ce qui sera examiné par la suite. (*Voy.* n°s 879 et 880.)

749. Nous avons traité (n° 720) des *maxima* des fonctions de deux variables. Il en résulte que si l'on veut trouver les z *maxima* ou *minima* d'une surface courbe, dont on a l'équation $z = f(x, y)$, il faudra poser $p = 0$, $q = 0$ (le plan tangent parallèle aux xy), et éliminer x, y et z entre ces trois équ. ; mais les coordonnées ainsi obtenues n'appartiendront à des points pourvus de la propriété dont il s'agit, qu'autant qu'elles satisferont à la condition (2) (p. 319), qui apprendra à distinguer le *maximum* du *minimum*.

750. Pour que le plan tangent soit perpend. au plan yz, il faut que son équ. soit réduite à la forme $Z - z = q(Y - y)$ (n° 615); ainsi $p = 0$. Plus généralement, soit

$$Pdx + Qdy + Rdz = 0,$$

la différentielle de l'équ. d'une surface (n° 704) ; $P = 0$ est la condition qui exprime que le plan tangent est perpend. au plan yz. Il faut donc que les coordonnées x, y, z du point de contact satisfassent à l'équ. $P = 0$, et à celle $\phi(x, y, z) = 0$ de la surface. Telles sont donc les équ. de la courbe qui jouit de la propriété que le plan tangent soit perpend. au plan yz ; cette courbe est la limite de la surface dans le sens des yz. Ainsi, en éliminant x, on a la projection de la surface sur le plan des yz. De même, celle sur le plan xy se trouve en éliminant z entre $\varphi = 0$, et $R = 0$; les deux équ. $P = 0$, $Q = 0$ se rapportent au *maximum* de z, etc.

Pour la sphère, par exemple (n° 614),

$$(x-a)^2 + (y-b)^2 + (z-c)^2 = r^2,$$

la dérivée relative à z seul est $z - c = 0$; éliminant z, on a $(x-a)^2 + (y-b)^2 = r^2$, pour l'équ. du cercle de projection sur le plan xy; ce qui est d'ailleurs visible.

751. Projetons sur le plan xy l'arc s de courbe dans l'espace, puis développons (n° 287, 4°.) le cylindre formé par le système des perpend. à ce plan : la base est un arc λ, projection de l'arc s. Or, on peut concevoir cet arc s rapporté aux coordonnées rectangles λ et z, puisque λ est étendu en ligne droite; l'aire t du cylindre et la longueur de l'arc s seront données (n°s 727 et 728) par les relations $t' = z$, $s'^2 = 1 + z'^2$, dans lesquelles les dérivées se rapportent à λ. Si l'on veut qu'elles soient relatives à x, on aura (n° 694)

$$dt = zd\lambda, \quad ds^2 = d\lambda^2 + dz^2.$$

Mais l'arc λ est rapporté aux variables du plan xy, en sorte que $d\lambda^2 = dx^2 + dy^2$; donc

$$dt = z\sqrt{(dx^2 + dy^2)},$$
$$ds^2 = dx^2 + dy^2 + dz^2.$$

Une courbe dans l'espace est donnée par les équ. de deux surfaces dont elle est l'intersection, telles que $M = 0$, $N = 0$: qu'on en tire les différentielles dy et dz en fonction de x, et qu'on substitue, l'intégration de ces formules donnera, d'une part, l'aire t du cylindre droit, qui a pour base la projection de l'arc, et qui est terminée par cet arc; et de l'autre la longueur de l'arc rectifié.

752. Supposons que le trapèze curviligne $CBMP$ (fig. 22) tourne autour de l'axe Ax; cherchons le volume v et l'aire u

du corps de révolution qu'il engendre, l'équ. de l'arc BM étant donnée, $y=fx$. Soient $v=Fx$, $u=\varphi x$; il s'agit de déterminer les fonctions F et φ. Attribuons à x l'accroissement $PP'=h$; y, v et u deviendront $y+k$, $v+i$, $u+l$; d'où

$$k=y'h+\ldots,\quad i=v'h+\ldots,\quad l=u'h+\ldots$$

Il s'agit maintenant, pour appliquer la méthode des limites, de trouver des grandeurs qui comprennent entre elles les accroissemens i et l, quelque petit que soit h.

1°. Les rectangles $MPP'Q$, LP', engendrent, dans leur révolution autour de Ax, des cylindres dont les volumes sont πy^2h et $\pi(y+k)^2h$ (n° 308) : leur rapport ayant l'unité pour limite, et le volume i, engendré par l'aire $MM'P'P$, étant toujours intermédiaire entre ceux-ci, l'unité doit être aussi la limite du rapport $\frac{i}{\pi y^2h}$ ou $\frac{v'+\text{etc.}}{\pi y^2}$; donc.... $v'=\pi y^2$.

2°. La corde MM' et la tangente MH décrivent des troncs de cône, dont les aires (n° 290, 3°.) sont $\pi(2y+k).MM'$, et $\pi(2y+y'h).HM$: le rapport de MM' à MH tend sans cesse vers l'unité (n° 727); la limite du rapport de nos deux aires est donc 1, qui est par conséquent celle du rapport

$$\frac{\pi(2y+k)\,MM'}{l}=\frac{\pi(2y+k).\sqrt{(1+y'^2+y'y''h\ldots)}}{u'+\frac{1}{2}u''h+\ldots},$$

attendu que l'aire l décrite par l'arc MM' est intermédiaire entre les premières, quelque petit que soit h. Donc

$$u'=2\pi y\sqrt{(1+y'^2)}=2\pi ys'.$$

On mettra fx pour y dans ces valeurs de v' et u', et l'on intégrera; c.-à-d. qu'on remontera aux fonctions v et u dont elles sont les dérivées (n° 811).

753. Traçons sur un plan APB (fig. 47) un trapèze $CDEF$. Soient $cdef$ sa projection sur un autre plan AQB, et α l'angle de ces deux plans; supposons que les côtés CD, EF soient perpend. à l'intersection AB, on a (n° 354) $cd=CD\times\cos\alpha$, $ef=EF\times\cos\alpha$; donc l'aire du trapèze

$$cdef = \tfrac{1}{2}\, GH \times (CD + EF) \cos\alpha = CDEF \times \cos\alpha.$$

Cette relation entre notre trapèze et sa projection a également lieu pour un triangle quelconque DIF (fig. 48), puisqu'en menant les perpend. CD, EF sur AB, et CE parallèle à DF, on forme le parallélogramme $CDEF$, dont l'aire est double de celle du triangle DIF. Or, d'une part, toute figure rectiligne est décomposable en triangles; de l'autre, on peut, par la méthode des limites, étendre aussi la proposition à toute aire plane curviligne. Donc *la projection* P *sur un plan d'une aire plane quelconque* A, *est le produit de cette aire par le cosinus de l'angle des deux plans* P = A cos α.

Soient donc α, α', α'', les angles que fait une aire plane A avec les plans coordonnés; P, P', P'', ses trois projections; on a

$$P = A \cos\alpha, \quad P' = A \cos\alpha', \quad P'' = A \cos\alpha'';$$

faisant la somme des carrés, il vient

$$A^2 = P^2 + P'^2 + P''^2,$$

à cause de $\cos^2\alpha + \cos^2\alpha' + \cos^2\alpha'' = 1$ (n° 634, 1°.). Donc, *le carré d'une aire plane quelconque est la somme des carrés de ses trois projections sur les plans rectangulaires coordonnés.*

Ces théorèmes servent à trouver l'étendue des surfaces planes situées dans l'espace, en les ramenant à être exprimées à l'aide de deux variables.

754. Soit $z = f(x, y)$ l'équ. d'une surface courbe; menons quatre plans parallèles deux à deux, à ceux des xz et des yz; cherchons le volume V et l'aire U du corps $MNEF$ (fig. 49) renfermé entre ces limites. Attribuons à x et y les accroissemens h et k; le point $M(x, y, z)$ sera comparé au point C; le corps aura pris l'accroissement renfermé entre les plans ME, SD, FM, SB; V et U sont donc des fonctions de x et y qu'il s'agit de déterminer. x étant augmenté de h, et y de k, V sera accru (n° 703) de

$$\frac{dV}{dx}h + \frac{dV}{dy}k + \frac{d^2V}{dx^2}\cdot\frac{h^2}{2} + \frac{d^2V}{dxdy}hk + \frac{d^2V}{dy^2}\cdot\frac{k^2}{2} + \ldots;$$

or, si l'on n'eût fait croître que x de h, ou bien que y de k, le corps aurait reçu l'augmentation

$$MPRBF = \frac{dV}{dx}h + \frac{d^2V}{dx^2}\frac{h^2}{2} + \ldots,$$

$$PEDMQ = \frac{dV}{dy}k + \frac{d^2V}{dy^2}\frac{k^2}{2} + \ldots;$$

donc, en retranchant, on a volume $MCRQ = \frac{d^2V}{dxdy}hk + \ldots.$

On verrait de même que l'aire $MC = \frac{d^2U}{dxdy}hk + \ldots$

Pour appliquer ici la méthode des limites, cherchons des grandeurs entre lesquelles ce volume et cette aire soient toujours renfermés, quelque petit que soit h; représentons le corps $MCRSQP$ à part (fig. 50).

1°. Le parallélépipède rectangle $MPSs$ a pour volume hkz; celui du parallélépipède construit sur la même base, et dont $SC = z + l$ est la hauteur, est $= hk(z + l)$.

Le rapport $\frac{z}{z+l}$ de ces volumes ayant l'unité pour limite, 1 est aussi la limite de

$$hkz : \frac{d^2V}{dxdy}kh + \ldots; \quad \text{d'où } \frac{d^2V}{dxdy} = z.$$

On mettra donc pour z sa valeur $f(x, y)$, puis on intégrera deux fois, d'abord relativement à x, en regardant y comme constant; enfin, on intégrera de nouveau le résultat par rapport à y seul. (*Voy.* n° 812.)

2°. Menons un plan tangent Ms' au point $M(x, y, z)$; l'aire $Mr's'q'$, qui est renfermée entre les plans MR, MQ, Qs', $s'R$, est (n° 753) le quotient de sa base $PQRS$ divisée par le cosinus de l'angle qu'elle fait avec le plan xy, savoir (n° 634, 1°.) :

$$hk : \frac{1}{\sqrt{(1 + p^2 + q^2)}} = hk\sqrt{(1 + p^2 + q^2)}.$$

Mais il est facile de voir que l'unité est la limite du rapport de $\frac{d^2U}{dxdy}hk + \ldots$ à cette quantité. Donc

$$\frac{d^2U}{dxdy} = \sqrt{(1 + p^2 + q^2)}.$$

Il faudra donc différencier l'équ. $z = f(x, y)$ de la surface, puis de $dz = pdx + qdy$, tirer les valeurs de p et q en fonction de x et y, et les substituer ici; enfin, intégrer comme on l'a dit ci-dessus. Nous donnerons des applications de ces diverses formules (nº 815).

755. Imitons en trois dimensions ce qui a été dit des osculations des courbes planes. $z = f(x, y)$, $Z = F(X, Y)$ sont les équ. de deux surfaces courbes; si elles ont un point commun (x, y, z), pour en comparer l'écartement dans les parties voisines de ce point, on changera X et x en $x + h$, Y et y en $y + k$, et l'on prendra la différence δ des z. Continuons de supposer

$$\frac{dz}{dx} = p, \ \frac{dz}{dy} = q, \ \frac{d^2z}{dx^2} = r, \ \frac{d^2z}{dxdy} = s, \ \frac{d^2z}{dy^2} = t;$$

que de même $P, Q\ldots$ aient de semblables significations pour la 2ᵉ surface. On démontrera précisément, comme nº 730, que si l'on a $P = p$, $Q = q$, la différence δ étant du 2ᵉ ordre en h et k, aucune autre surface, qui ne remplirait pas les mêmes conditions, ne pourrait approcher de la 1ʳᵉ surface autant que le fait la 2ᵉ; et si en outre, on a $R = r$, $S = s$, $T = t$, l'osculation sera du 2ᵉ ordre, et les deux surfaces auront un plus grand degré de rapprochement dans la région voisine du point commun, et ainsi de suite.

Soit, par ex., un plan $Z = AX + BY + C$; il aura un contact du 1ᵉʳ ordre avec la surface $z = f(x, y)$, si l'on détermine les constantes A, B, C par ces conditions, que le plan passe par le point donné (x, y, z), et qu'on ait $A = p$, $B = q$. De là résulte l'équ. (A) du plan tangent (nº 747).

Pour la sphère, on a l'équation

$$(X - a)^2 + (Y - b)^2 + (Z - c)^2 = n^2.$$

On établit ainsi un simple contact au point x, y, z (n° 704).

$$(x-a)^2+(y-b)^2+(z-c)^2=n^2,$$

$$(x-a)+p(z-c)=0,\quad y-b+q(z-c)=0;$$

ces trois équations déterminent les coordonnées du centre, et par conséquent la sphère, dans le cas d'un simple contact, lorsque le rayon n est connu. En posant, pour abréger, $(1+p^2+q^2)^{-\frac{1}{2}}=\varphi$, l'élimination donne

$$a=x+np\varphi,\quad b=y+nq\varphi,\quad c=z-n\varphi\ldots\ (1);$$

cette sphère a même plan tangent que la surface; son centre est sur la normale, équ. (B) p. 351. Pour que l'osculation fût du 2e ordre, il faudrait déterminer l'arbitraire n de manière à rendre $R=r, S=s, T=t$: il est clair qu'on ne peut remplir ces trois conditions, et qu'en général toute surface n'a pas une sphère osculatrice comme une courbe a un cercle osculateur.

756. Mais rendons la somme des termes du 2e ordre de la série (n° 747) les mêmes pour la sphère et notre surface, ou

$$r+2s\alpha+t\alpha^2=R+2S\alpha+T\alpha^2,$$

α étant le rapport $k:h$; on trouve pour les dérivées du 2e ordre de l'équ. de la sphère relatives à x et à y,

$$(z-c)R+1+p^2=0,\quad (z-c)S+pq=0,\quad (z-c)T+1+q^2=0:$$

$$(z-c)(r+2\alpha s+t\alpha^2)+1+p^2+2pq\alpha+(1+q^2)\alpha^2=0\ldots\ (2).$$

p, q, r, s, t sont des fonctions de x et y, qu'on tire de l'équation $z=f(x,y)$ de la surface proposée; α est la tangente de l'angle que fait, avec l'axe des x, une droite qui touche au point commun, et est menée dans une direction arbitraire. Cette équ. fait connaître $z-c$ en fonction de x, y et α; les équ. (1) donnent ensuite a, b, et le rayon n de courbure de la section faite par un plan passant par la normale et la tangente dont il s'agit. On peut donc trouver les courbures de la surface dans toutes les directions imaginables.

Ayons surtout égard aux sections dont la courbure est la plus grande; faisons varier n par rapport à α seul, et posons $n'=0$ (n° 717). Mais, d'après l'équ. (1), on a alors $c'=0$, en prenant z, p, q, constans; donc la dérivée de l'équ. (2) relative à c et α, en faisant c' nul, donne :

$$\left.\begin{array}{l}(z-c)(s+t\alpha)+pq+(1+q^2)\alpha=0\\ \text{d'où}\quad (z-c)s\alpha+pq\alpha+(z-c)r+1+p^2=0\end{array}\right\}\ldots (3),$$

en multipliant par α et retranchant de (2). Il est aisé d'éliminer α entre ces deux équ., et d'arriver à cette relation destinée à donner $z-c$,

$$A(z-c)^2+B(z-c)+\varphi^{-2}=0 \ldots (4);$$

ou $A=tr-s^2$, $B=r(1+q^2)+t(1+p^2)-2pqs$.

On en tire deux valeurs de $z-c$, et par suite (1) donne les rayons n de la plus grande et de la moindre courbure de la surface au point donné (x, y, z) ; enfin, l'une des équ. (3) fait connaître α, ou les directions de ces deux courbures.

Concevons nos deux *lignes de courbure* tracées à la surface proposée; elles sont indépendantes du système d'axes auquel celle-ci est rapportée, et restent constantes lorsqu'on change de plans coordonnés. Prenons le plan tangent pour celui des xy; il est visible que x, y, z, p et q sont nuls, et les équ. (3) deviennent

$$c(s+t\alpha)=\alpha,\quad c(s\alpha+r)=1;$$

d'où
$$s\alpha^2+\alpha(r-t)-s=0.$$

Le produit des deux racines de α étant -1, on en conclut que les deux courbes se coupent à angle droit. Donc, à l'exception des cas très particuliers où l'équ. (4) serait satisfaite d'elle-même, *sur toute surface, si l'on prend un point quelconque, il y a toujours deux plans, passant par la normale en ce point, qui sont perpend. l'un à l'autre, et donnent la plus grande et la moindre courbure de la surface.* Les équ. précédentes font connaître ces deux directions, et par suite les rayons de ces deux courbures.

757. Étant donnée une courbe dans l'espace, par les équ. de deux surfaces dont elle est l'intersection, en éliminant successivement x et y entre ces équ., on aura remplacé ces surfaces par

deux cylindres perpend. aux plans coordonnés des xz et des yz, et les équ. résultantes $z=fx$, $z=Fy$, seront celles des projections de la courbe sur ces plans. Une tang. à la courbe l'est aux cylindres, et par conséquent ses projections sont tang. à celles de la courbe; ainsi les équ. de la tang. sont

$$Z-z=p(X-x),\quad Z-z=q(Y-y).$$

Qu'on mette $f'x$ et $F'x$ pour p et q, et ces équ. seront déterminées. En éliminant x, y, z, entre nos quatre équ., on a une relation entre X, Y, Z, qui est l'équation de la tangente en un point quelconque de la courbe, c.-à-d. celle de la surface engendrée par une droite mobile sans cesse tangente. Si cette surface est un plan, la courbe est plane, autrement elle a *une double courbure* : on distinguera donc aisément ces deux cas l'un de l'autre.

Au point de contact, il y a une infinité de perpend. à la tangente; cette multitude de normales déterminent le *plan normal*, dont il est facile de trouver l'équ. (n° 628),

$$Z-z+\frac{X-x}{p}+\frac{Y-y}{q}=0.$$

758. On peut appliquer la théorie des contacts des surfaces aux courbes à double courbure, mais nous n'entrerons pas ici dans ces détails. [Voyez *Fonct. analyt.* (n° 141), et l'*Anal. appl.* de Monge.] Bornons-nous à la recherche du *plan osculateur*. Soient $z=fx$, $y=\psi x$ les équ. de la courbe; celle du plan qui passe par le point (x, y, z), est

$$Z-z=A(X-x)+B(Y-y).$$

Déterminons A et B en établissant un contact du 2ᵉ ordre. Si l'on change x en $x+h$, y et z recevront, pour la courbe, les accroissemens

$$l=hf'+\tfrac{1}{2}h^2f''\ldots\quad k=h\psi'+\tfrac{1}{2}h^2\psi''\ldots.$$

Mettons donc $x+h$, $y+k$, $z+l$ pour X, Y, Z, dans l'équ. du plan : il vient $l=Ah+Bk$, ou

$$hf'+\tfrac{1}{2}h^2f''+\ldots=(A+B\psi')h+\tfrac{1}{2}Bh^2\psi''+\ldots$$

Les arbitraires A et B seront déterminées par ces deux conditions $A + B\psi' = f'$, $B\psi'' = f''$; donc l'*équation du plan osculateur* est

$$\psi''(Z - f) = (f'\psi'' - f''\psi')(X - x) + f''(Y - \psi).$$

De la méthode infinitésimale.

759. Nous avons déjà remarqué (tome I, note, page 286), en appliquant la méthode des limites (n° 113) à une équ. entre des constantes et des variables qui peuvent être rendues aussi petites qu'on veut, que lorsqu'on n'a besoin que de la relation qui lie les termes constans, ce n'est pas commettre une erreur que de négliger dans le calcul quelques-uns des termes qu'on sait devoir disparaître par la nature même du procédé. Il en a été de même (n° 422) pour la méthode des tangentes. La certitude mathématique ne sera donc pas altérée par ces omissions volontaires, pourvu qu'on se soit assuré qu'en effet elles n'affectent que les quantités qui, par la nature même de l'opération, doivent disparaître du résultat.

On pourra donc, dans toute question semblable, omettre les termes *indéfiniment petits*, que les géomètres ont appelés, avec Leibnitz, des *infiniment petits*. En se dispensant d'y avoir égard, on abrégera beaucoup les calculs, puisqu'il est souvent difficile d'évaluer ces termes; et les résultats seront exacts. On pourra même présenter la théorie avec la rigueur géométrique, en prouvant que les quantités omises sont au rang de celles qui doivent en être supprimées. Cette méthode est précieuse, non-seulement pour graver les résultats dans la mémoire, mais encore pour les spéculations analytiques compliquées; et il importe de ne pas se priver d'un secours aussi puissant, surtout en considérant qu'on peut toujours rendre au procédé la rigueur qui lui manque en apparence.

760. Les applications de ces notions aux élémens de Géométrie sont si faciles, que nous nous dispenserons de les faire; chacun pourra aisément y suppléer. Mais venons-en à celles du Calcul différentiel.

Soient y, z, t... des fonctions données quelconques de x; si x prend l'accroissement dx, ceux que prendront y, z... résulteront des relations données qui lient ces variables à x, et l'on aura

$$\mathrm{d}y = A\mathrm{d}x + B\mathrm{d}x^2 + \ldots,\quad \mathrm{d}z = A'\mathrm{d}x + B'\mathrm{d}x^2 + \ldots$$

Or, quel que soit le but de notre opération, dy doit être combiné avec dz, dt..., de manière à former une équ. $M = 0$. Lorsqu'on aura substitué à dy, dz... leurs valeurs, dx sera facteur commun, et pourra être omis dans l'équ. $M = 0$, en sorte que les premiers coefficiens A, A',... en soient seuls exempts. Mais x, y, z... étant maintenant regardés comme des termes fixes, leurs accroissemens dx, dy... pourront être rendus aussi petits qu'on voudra, de sorte qu'en faisant d$x = 0$, l'équ. $M = 0$ devra perdre tous les termes B, B'... On pourra donc d'avance dégager le calcul de ces termes, et dire que $\mathrm{d}y = A\mathrm{d}x$, $\mathrm{d}z = A'\mathrm{d}x$...; les autres termes sont négligés comme des *infiniment petits du 2e ordre*, expression qui sert à éviter une circonlocution.

On conçoit les grandeurs comme formées de parties quelconques élémentaires, qu'on nomme *Différentielles*, et qu'on désigne par la lettre d, comme nous l'avons indiqué n° 658. Ces différentielles, comparées aux élémens véritables, n'en diffèrent que de *quantités négligeables*, c.-à-d. de valeurs que le calcul ferait disparaître si l'on y avait égard. Le résultat n'étant pas atteint de cette sorte d'erreur, en prenant ainsi des quantités défectueuses au lieu de véritables, on se trouve conduit à des calculs et à des considérations simples qui abrègent singulièrement les opérations.

dx, dy, différentielles de x et y, ne sont pas précisément les accroissemens de ces variables, quoiqu'on les traite comme tels, puisqu'au lieu de prendre $\mathrm{d}y = A\mathrm{d}x + B\mathrm{d}x^2\ldots$, on prend seulement $\mathrm{d}y = A\mathrm{d}x$; ce sont des quantités qui ne diffèrent de ces accroissemens que de parties qui s'entre-détruisent par le calcul, et qu'il est inutile de considérer.

A est la dérivée que nous avons désignée par y', et que nous savons trouver pour toute fonction. Il est, au reste, bien aisé de l'obtenir de nouveau, en partant des principes mêmes que nous venons d'exposer. En voici quelques exemples :

Soit $y = zt$, z et t étant des fonctions de x, on a

$$dy = (z + dz)(t + dt) - zt = tdz + zdt,$$

en négligeant $dz.dt$, qui ne contient que dx^2, dx^3...

Pour $y = z^m$, on a $dy = (z + dz)^m - z^m = mz^{m-1}dz$, en négligeant lès dz^2, dz^3... (*Voy.* n° 668.)

Soit $y = a^z$; d'où $dy = a^{z+dz} - a^z = a^z(a^{dz} - 1)$; mais (p. 177) on a $a^h = 1 + kh + \ldots$; donc $dy = ka^z dz$, en supprimant les dx^2, dx^3...

$y = \text{Log}\, z$ donne

$$dy = \text{Log}\,(z + dz) - \text{Log}\, z = \text{Log}\left(1 + \frac{dz}{z}\right);$$

donc $a^{dy} = 1 + \frac{dz}{z}$; or, $a^{dy} = 1 + kdy$; ainsi $dy = \frac{dz}{kz}$.

761. La méthode infinitésimale consiste, comme on voit, à substituer dans le calcul, aux véritables accroissemens qui en font l'objet, d'autres quantités dont l'erreur soit de nature à ne pas altérer le résultat. Au lieu des variations véritables, qui seraient difficiles à traiter et compliqueraient les opérations, on prend à leur place d'autres quantités plus simples, et qui se prêtent mieux aux recherches qu'on a en vue, aux calculs qu'on doit exécuter. Mais pour être en droit de prendre des valeurs défectueuses, il faut, avant tout, s'être assuré qu'il n'en résultera aucune erreur, et que si l'on ajoutait à celles-ci ce qui leur manque, ces parties ajoutées s'entre-détruiraient.

Ainsi, pour que la méthode puisse être employée en toute sûreté, il faut remplir une condition indispensable, celle de l'*égalité des limites, ou dernières raisons,* qui consiste à comparer les grandeurs véritables à celles qu'on leur substitue, à les faire varier ensemble, et à voir si, dans leur diminution progressive, leur rapport tend sans cesse vers l'unité, car *l'unité en doit être la limite*. Si un arc de courbe BM (fig. 22) a pour accroissement l'arc MM', on pourra prendre en sa place la corde MM';

cette corde sera la différentielle de l'arc, attendu qu'en rapprochant les points M et M', l'arc et la corde diminuent, et leur rapport tend vers l'unité qui en est la limite. Mais on ne doit pas prendre MQ pour différentielle de MM', sous prétexte que MM' et MQ tendent à l'égalité, et deviennent nuls ensemble, car le rapport $MM' : MQ$ n'a pas 1 pour limite. C'est ainsi que ax^2 et bx, qui deviennent nuls ensemble, ont pour rapport $\frac{ax}{b}$, dont la limite est zéro, et non pas 1.

En comparant un arc de cercle à son sinus, on peut prendre l'accroissement de l'un pour celui de l'autre : $y = \sin z$ donne $dy = \sin(z + dz) - \sin z$, ou $\sin z \cos dz + \sin dz . \cos z - \sin z$. En remplaçant $\sin dz$ par dz et $\cos dz$ par 1, parce que les rapports de ces grandeurs tendent vers l'unité, on trouve....... $dy = dz . \cos z$. On trouverait de même la différentielle de $\cos x$, de arc $(\tang = x)$....

Un principe qu'on ne doit jamais perdre de vue, dans ce genre de considérations, est celui de l'*homogénéité*, qui consiste en ce que les différentielles doivent être de même nature que la grandeur qu'on considère, et de même ordre entre elles. On ne peut donc prendre pour différentielle d'un solide qu'un autre solide; pour celle d'une surface qu'une aire, etc.; on ne doit pas regarder une ligne comme la somme d'une infinité de points, une aire comme la réunion d'une série de lignes, etc.; et en outre, *toute formule ne devra jamais renfermer que des termes où les différentielles seront de même ordre.*

Cet artifice, qui traite les différentielles comme si elles étaient exactes, donne lieu, il est vrai, à des équ. défectueuses; mais on ne doit pas s'en inquiéter, parce qu'on est convaincu que le résultat définitif n'en sera pas atteint, toutes les fois qu'on n'aura en vue que les limites, lesquelles sont les mêmes pour les différentielles et pour les élémens véritables. Ce calcul se présente d'abord comme un moyen d'approximation, puisqu'on remplace ceux-ci par des quantités qui en sont voisines; mais comme on ne destine ce calcul qu'à la détermination des dernières raisons, qui sont les mêmes pour les uns et les autres, le calcul acquiert la rigueur même de l'Algèbre ; et le langage, aussi bien que la notation, en ont toute l'exactitude, puisque dès qu'on prononce les mots d'*infiniment petit*, de *différentielle*, on entend ne faire usage du calcul que dans les problèmes qui dépendent, non plus des grandeurs qu'on a envisagées, mais des rapports de leurs dernières raisons. *Une différentielle est donc une partie de la différence, partie dont le rapport avec cette différence a l'unité pour limite.*

Dans le Calcul intégral, qui a pour but de remonter des dérivées aux fonctions primitives, on regarde l'intégrale comme la somme des élémens ou des différentielles, ainsi que nous aurons occasion de le remarquer, n°s 802, 806 et 812.

Les applications de ces principes à la Géométrie et à la Mécanique sont très fréquentes. Voici quelques exemples des premières.

762. Soient $BM = s$ (fig. 22) un arc de courbe, les coordonnées de M étant x et y; enfin $y = fx$ l'équ. de cette courbe. La tangente TM sera supposée le prolongement de l'élément infiniment petit MM' de la courbe; ce qui revient à dire que la corde de l'arc $MM' = ds$, pouvant approcher autant qu'on veut de MH, l'angle $M'MQ$, dont la tangente $= \frac{M'Q}{MQ}$, ne diffère de HMQ que d'une quantité indéfiniment petite. En résolvant le triangle $M'MQ$, dont les côtés sont dx, dy et ds, on a donc, comme n° 722 et p. 326,

$$\tang T = \frac{dy}{dx}, \quad \cos T = \frac{dx}{ds}, \quad \sin T = \frac{dy}{ds}.$$

Puisque l'arc $MM' = s$ et sa corde ont l'unité pour limite de leur rapport, on peut substituer l'arc ds à sa corde, et l'on a la longueur de l'hypoténuse, ou $ds = \sqrt{(dx^2 + dy^2)}$.

Soit t l'aire $CBMP$; le rectangle indéfiniment petit $MPP'Q = ydx$ pourra être pris pour dt; donc $dt = ydx$.

763 Appliquons ce procédé aux coordonnées polaires. Du pôle A (fig. 25) pour centre, décrivons l'arc MQ par le point

$M\,(r,\theta)$, nous aurons $\frac{MQ}{mq} = \frac{AM}{Am}$ ou $\frac{MQ}{d\theta} = \frac{r}{1}$; donc $MQ = rd\theta$. Menons AT perpendiculaire sur AM, et la tangente TM' qui se confond avec l'arc, suivant l'élément $MM' = ds$; or, les triangles semblables $MM'Q$, TMA donnent (*voy.* p. 324)

$$\frac{MQ}{M'Q} = \frac{AT}{AM}, \text{ ou } \frac{rd\theta}{dr} = \frac{AT}{r};$$

donc
$$\text{sous-tang } AT = \frac{r^2 d\theta}{dr}.$$

Dans le triangle rectangle TMA, on a

$$\text{tang } TMA = \frac{AT}{AM} = \frac{rd\theta}{dr}.$$

De plus, $MM'^2 = MQ^2 + M'Q^2$ devient $ds^2 = r^2 d\theta^2 + dr^2$. Enfin, l'aire $ABM = \tau$ comprise entre deux rayons vecteurs a pour différentielle AMM' qu'on peut regarder comme égal à AMQ ; or, $AMQ = \frac{1}{2} AM \times MQ$; d'où $d\tau = \frac{1}{2} r^2 d\theta$ (p. 327).

764. Dans sa révolution autour de Ax (fig. 22), $CBMP$ engendre un corps dont le volume est v et l'aire u ; or, l'arc MM' décrit la différentielle de u, qui est un tronc de cône, et $= \frac{1}{2} MM'$ (cir. PM + cir. $P'M'$), ou plutôt $= MM' \times$ cir. PM ; donc $du = 2\pi y ds$. De même l'aire $MPP'M'$ engendre la différentielle du volume v, qu'on peut regarder comme égal au cylindre décrit par $MPP'Q = PP' \times$ cercle PM ; donc $dv = \pi y^2 dx$. Cela est conforme au n° 752.

Soit la surface courbe BD (fig. 49) dont l'équ. $z = f(x, y)$ est donnée ; lorsqu'on fera croître x de dx, le volume $V = EFMN$ croîtra de $MBFR = \frac{dV}{dx} \cdot dx$. Si, dans ce résultat, on augmente y de dy, le volume MB croîtra de $MCSP = \frac{d^2 V}{dx dy} \cdot dx dy$.

De même l'aire $MN = U$ augmente de $MC = \frac{d^2 U}{dx dy} \cdot dx dy$.

Cela posé, 1°. le plan $Mrsq$ (fig. 50), parallèle au plan xy, forme le parallélépipède $MPSs$ dont le volume est $z dx dy$;

donc $d^2V = z dx dy$, formule qui revient à celle du n° 754.

2°. Le plan tangent $Mr's'q'$ peut être supposé confondu avec la surface dans l'étendue de MC; et comme (n° 753) la base PS ou $dy dx$ est $= MC \times \cos\alpha$, α désignant l'inclinaison de ce plan sur celui des xy, on a

$$MC = \frac{dx dy}{\cos\alpha} = dx dy \sqrt{(1 + p^2 + q^2)}, \text{ (p. 351).}$$

Donc
$$d^2U = dx dy \sqrt{(1 + p^2 + q^2)}.$$

765. Soit $M=0$ l'équ. d'une surface en x, y, z et les constantes arbitraires α et β. Si α et β reçoivent des valeurs fixes, la surface aura tous ses points déterminés dans l'espace. Mais qu'on trace à volonté une courbe sur le plan xy, $y = \varphi x$, et qu'on établisse entre β et α la même liaison, $\beta = \varphi\alpha$; en chassant β de M, on pourra ensuite attribuer à α une série de valeurs successives. $M=0$ deviendra l'équ. d'une multitude de surfaces courbes, qui ne différeront entre elles que par la grandeur des constantes α et β. La suite infinie de ces surfaces forme ce qu'on nomme *une Enveloppe*.

Pour considérer la surface qui varie par le changement de α, dans deux états infiniment voisins, il faut différencier M par rapport à α. $M=0$, $M'=0$, particularisent, pour une valeur donnée de α, la courbe d'intersection, ou plutôt de contact, des deux surfaces voisines : c'est cette courbe qu'on a appelée *Caractéristique*. Qu'on élimine α entre ces deux équ., et l'on aura une équ. en x, y, z, sans α ni β, qui appartiendra à cette courbe, quelle que soit la position de la surface mobile : ce sera donc l'équ. de l'*Enveloppe*.

De plus, pour une caractéristique, déterminée par une valeur particulière de α, si l'on fait varier α infiniment peu, M et M' devenant M' et M'', on aura une seconde caractéristique infiniment voisine de la 1re. Pour les points communs à l'une et à l'autre, on a les trois équ. $M=0$, $M'=0$, $M''=0$, les dérivées étant ici relatives à α seule. En faisant passer α par toutes les grandeurs possibles, chaque état donnera des points particuliers de l'enveloppe, lesquels sont ceux du contact des caractéristiques considérées dans leurs situations consécutives. La courbe qui les joint est nommée *arète de rebroussement;* elle est touchée par toutes les caractéristiques, précisément de la même manière que l'enveloppe touche toutes les enveloppées selon ces courbes. Les deux équ. de cette arète s'obtiennent en éliminant α entre les trois équ. précédentes.

Enfin, éliminant α entre les équ. $M=0$, $M'=0$, $M''=0$, $M'''=0$, où les dérivées sont toujours relatives à α, on verra de même qu'on obtient celui des points de l'*arète de rebroussement* qui forme lui-même un rebroussement, ou une inflexion.

766. Prenons le plan pour surface mobile, les caractéristiques seront des droites, et l'enveloppe jouira de la propriété d'être une *surface développable*, de pouvoir s'étendre sur un plan, sans rupture ni duplicature, en ne la supposant ni flexible ni extensible. En effet, si l'on fait tourner chaque élément de cette surface autour de la droite de section par l'élément voisin, on pourra visiblement amener tous ces élémens à se trouver appliqués sur un plan.

Les surfaces développables peuvent être regardées comme formées d'élémens planes d'une longueur indéfinie; tels sont le cône et le cylindre. Cherchons une équ. qui appartienne à toutes ces surfaces, sans avoir égard à la nature du mouvement que prend le plan mobile. Le plan tangent coïncidant avec un élément plane, il est clair que x, y et z peuvent varier, sans que pour cela ce plan varie. L'équ. est (A, p. 350)

$$Z=pX+qY+z-px-qy.$$

Différencions par rapport à x, y et z, et exprimons que p, q et $z-px-qy$ ne changent pas. De ces trois conditions, le calcul montre que l'une est comprise dans les deux autres, en sorte qu'on n'a que ces deux équ. $dp=0$, $dq=0$, ou plutôt (en conservant la notation de la p. 357) $r+sy'=0$, $s+ty'=0$. Ici, y' dépend de la direction selon laquelle le point de contact a changé; en éliminant y', il vient enfin, pour l'équ. de toutes les surfaces développables, quelle qu'en soit d'ailleurs la génération particulière, $rt-s^2=0$.

Voy. l'Analyse de Monge, où cet illustre géomètre a présenté une foule d'applications curieuses de la doctrine infinitésimale aux surfaces courbes.

III. INTÉGRATION DES FONCTIONS D'UNE SEULE VARIABLE.

Règles fondamentales.

767. Le calcul intégral a pour but de remonter des fonctions dérivées à leurs primitives; on y parvient à l'aide d'une suite de principes et de transformations. Pour éviter les modifications qu'il faudrait faire éprouver aux formules, en vertu des divers changemens de variable indépendante (n° 694), nous préférerons l'emploi de la notation de Leibnitz. Lorsqu'on veut marquer qu'on doit prendre l'intégrale d'une fonction, on la fait précéder du signe $\int$ qu'on prononce *Somme;* ainsi..... $y' = 4x^3$, étant la dérivée de $x^4 + c$, on écrira $\mathrm{d}y = 4x^3\mathrm{d}x$, d'où $y = \int 4x^3\mathrm{d}x = x^4 + c$.

768. Examinons la relation qui doit exister entre les fonctions primitives fx et Fx d'une même dérivée y'. Le théorème de Taylor donne

$$f(x+h) = fx + y'h + \tfrac{1}{2}y''h^2 + \ldots,$$
$$F(x+h) = Fx + y'h + \tfrac{1}{2}y''h^2 + \ldots,$$

d'où $$f(x+h) - F(x+h) = fx - Fx.$$

Il faut donc que $fx - Fx$ n'éprouve aucun changement, lorsqu'on y change x en $x+h$; ainsi $fx - Fx$ conserve la même valeur C, quel que soit x, $fx = Fx + C$. Donc, *toutes les fonctions primitives qui ont même dérivée, ne diffèrent entre elles que par la valeur du terme constant. Si l'on ajoute une constante arbitraire à toute intégrale, elle prendra la forme la plus générale dont elle soit susceptible.*

769. En renversant les règles principales du calcul des déri-

vations, on trouvera autant de règles du calcul intégral. Il sera facile d'en conclure que,

I. *L'intégrale d'un polynome est la somme des intégrales de ses divers termes ; on conserve à chaque terme son signe et son coefficient* (n° 662).

II. *Pour intégrer* $z^n dz$, *il faut augmenter l'exposant* n *d'une unité, supprimer le facteur* dz, *et diviser par l'exposant ainsi augmenté* (n° 668); ou $\int Az^n dz = \frac{Az^{n+1}}{n+1} + C$.

Pareillement $Az^{-n}dz$, ou $Adz : z^n$, a pour intégrale $\frac{Az^{-n+1}}{-n+1} = -\frac{A}{(n-1)z^{n-1}}$. Ainsi, *lorsque la variable est au dénominateur, on prend la fraction en signe contraire ; on y diminue l'exposant de la variable d'une unité, et l'on multiplie le dénominateur par cet exposant ainsi diminué.*

Ces règles s'appliquent aussi aux fonctions qu'on peut ramener à $z^n dz$. Pour $ax^{n-1}dx(b+cx^n)^m$, on remarque que la différentielle de $b+cx^n$ est $ncx^{n-1}dx$; puisque notre 1er facteur n'en diffère que par la constante nc, on le prépare pour l'amener à cette forme, et l'on a

$$\frac{a}{nc} \times ncx^{n-1}dx(b+cx^n)^m = \frac{a}{nc} z^m dz,$$

en faisant $b+cx^n = z$. On a donc, pour intégrale,

$$\frac{az^{m+1}}{nc(m+1)} + C = \frac{a}{nc(m+1)}(b+cx^n)^{m+1} + C.$$

La transformation qui a introduit z n'était même pas nécessaire, et il conviendra à l'avenir de l'éviter, parce qu'elle fait languir les calculs.

De même $\int 6\sqrt{(4x^2+3)}xdx = \frac{1}{2}(4x^2+3)^{\frac{3}{2}} + C$.

III. La règle précédente est en défaut lorsque $n = -1$, puisqu'on trouve $\int z^{-1}dz = \infty$; mais cela vient de ce que l'intégrale appartient à une autre espèce de fonction. On sait (n° 679) que $\int \frac{dz}{z} = \text{l}z + C$. De même $\int \frac{dz}{a+z} = \text{l}(a+z) + C$.

Donc, *toute fraction dont le numérateur est la différentielle du dénominateur a pour intégrale le logarithme de ce dénominateur.* Dans ce cas, nous mettrons à l'avenir, pour la commodité des calculs, la constante arbitraire sous la forme $\mathrm{l}C$.

Pour intégrer $\frac{5x^3\mathrm{d}x}{3x^4+7}$, je remarque qu'au facteur constant près 5, cette fraction rentre dans la règle précédente : je la prépare donc ainsi

$$\int\frac{5}{12}\cdot\frac{12x^3\mathrm{d}x}{3x^4+7}=\frac{5}{12}\mathrm{l}\,[C(3x^4+7)].$$

IV. *Toute fraction dont le dénominateur est un radical carré, et dont le numérateur est la différentielle de la fonction que ce radical affecte, a pour intégrale le double de ce radical* (n° 670),

ou $$\int\frac{\mathrm{d}z}{\sqrt{z}}=2\sqrt{z}+C.$$

V. Une des règles les plus importantes à considérer, est celle de l'intégration *par parties ;* voici en quoi elle consiste. On a vu (n° 663) que $\mathrm{d}(ut)=u\mathrm{d}t+t\mathrm{d}u$; donc, en intégrant,

$$ut=\int u\mathrm{d}t+\int t\mathrm{d}u$$

et $$\int u\mathrm{d}t=ut-\int t\mathrm{d}u;$$

ainsi, *après avoir décomposé une différentielle proposée en deux facteurs, dont l'un soit directement intégrable, on intégrera en regardant l'autre facteur comme constant ; mais on retranchera ensuite l'intégrale de la quantité qu'on obtient, en différenciant ce résultat par rapport à la seule fonction qu'on a prise pour constante.*

Ainsi, pour intégrer $\mathrm{l}x.\mathrm{d}x$, je regarde $\mathrm{d}x$ comme seule variable, et j'ai $x.\mathrm{l}x$; je différencie ce résultat par rapport à $\mathrm{l}x$ seul, et j'obtiens

$$\int\mathrm{l}\,x.\mathrm{d}x=x.\mathrm{l}\,x-\int x.\frac{\mathrm{d}x}{x}=x\,\mathrm{l}\,x-x+C.$$

Cette règle offre l'avantage de faire dépendre l'intégrale cherchée d'une autre intégrale ; et l'adresse de ce genre de calcul consiste à faire la décomposition, de sorte que cette dernière soit moins compliquée que la proposée.

VI. La règle du n° 683 donne, le rayon étant *un*,

$$\int \frac{dz}{\sqrt{(1-z^2)}} = \text{arc}\,(\sin = z) + C,$$

$$\int \frac{-dz}{\sqrt{(1-z^2)}} = \text{arc}\,(\cos = z) + C,$$

$$\int \frac{dz}{1+z^2} = \text{arc}\,(\text{tang} = z) + C.$$

On pourrait aussi supposer le rayon $= r$, et l'on aurait ces mêmes seconds membres pour valeurs respectives des intégrales

$$\int \frac{rdz}{\sqrt{(r^2-z^2)}}, \quad \int \frac{-rdz}{\sqrt{(r^2-z^2)}}, \quad \int \frac{r^2dz}{r^2+z^2}.$$

Pour obtenir $\int \frac{mdz}{a+bz^2}$, on divisera haut et bas par a,

$$\frac{m}{a} \cdot \frac{dz}{1+\frac{bz^2}{a}} = \frac{m}{a}\sqrt{\frac{a}{b}} \cdot \frac{dt}{1+t^2},$$

en faisant $\frac{bz^2}{a} = t^2$. Donc $\frac{m}{\sqrt{(ab)}}$ arc $(\text{tang} = t) + C$ est l'intégrale cherchée, le rayon étant un; d'où

$$\int \frac{mdz}{a+bz^2} = \frac{m}{\sqrt{(ab)}} \cdot \text{arc}\left(\text{tang} = z\sqrt{\frac{b}{a}}\right) + C.$$

On trouve de même

$$\int \frac{mdz}{\sqrt{(a^2-bz^2)}} = \frac{m}{\sqrt{b}} \cdot \text{arc}\left(\sin = \frac{z}{a}\sqrt{b}\right) + C.$$

Des fractions rationnelles.

770. Nous avons donné (p. 162) des procédés généraux pour décomposer toute fraction rationnelle $\frac{N}{D}$ en d'autres, dont la forme soit l'une des suivantes:

$$\frac{A}{x-a},\quad \frac{A}{(x-a)^n},\quad \frac{Ax+B}{x^2+px+q},\quad \frac{Ax+B}{(x^2+px+q)^n},$$

$A, B, p, q, n\ldots$, étant des constantes, et les facteurs de x^2+px+q étant imaginaires. Il s'agit donc de donner des règles pour remonter de ces fractions aux expressions dont elles sont les dérivées. Remarquons que chassant le terme px des deux dernières, par la transformation (page 44), $x=z-\frac{1}{2}p$, puis, faisant $\beta^2=q-\frac{1}{4}p^2$, quantité positive par supposition, on a simplement

$$\frac{Az+B'}{z^2+\beta^2},\quad \text{et}\quad \frac{Az+B'}{(z^2+\beta^2)^n}.$$

1er CAS. L'intégrale de $\dfrac{A\mathrm{d}x}{x-a}$ est $A\,\mathrm{l}(x-a)+\mathrm{l}c$, ou $A\,\mathrm{l}\,c(x-a)$. Par ex., on a vu (p. 163) que

$$\frac{\mathrm{d}x}{a^2-x^2}=\frac{1}{2a}\left(\frac{\mathrm{d}x}{a+x}+\frac{\mathrm{d}x}{a-x}\right);$$

donc $\dfrac{1}{2a}\,[\mathrm{l}(a+x)-\mathrm{l}(a-x)+\mathrm{l}c]$ est l'intégrale, d'où

$$\int\frac{\mathrm{d}x}{a^2-x^2}=\frac{1}{2a}\,\mathrm{l}\,\frac{c(a+x)}{a-x}.$$

De même

$$\int\frac{(2-4x)\,\mathrm{d}x}{x^2-x-2}=\int\frac{2\mathrm{d}x}{2-x}-\int\frac{2\mathrm{d}x}{x+1}$$

$$=-2\,\mathrm{l}(x-2)-2\,\mathrm{l}(x+1)+\mathrm{l}c=\mathrm{l}\,\frac{c}{(x^2-x-2)^2}.$$

2e CAS. La fraction $\dfrac{A\mathrm{d}x}{(x-a)^n}$ a pour intégrale (règle II) $\dfrac{-A}{(n-1)(x-a)^{n-1}}$. Par exemple (p. 164),

$$\frac{x^3+x^2+2}{x^5-2x^3+x}\,\mathrm{d}x=\frac{2\mathrm{d}x}{x}+\frac{\mathrm{d}x}{(x-1)^2}-\frac{\frac{3}{4}\mathrm{d}x}{x-1}-\frac{\frac{1}{4}\mathrm{d}x}{(x+1)^2}-\frac{\frac{5}{4}\mathrm{d}x}{x+1}$$

donne pour intégrale

$$2\,\mathrm{l}\,x - \frac{1}{x-1} - \tfrac{3}{4}\,\mathrm{l}(x-1) + \frac{1}{2(x+1)} - \tfrac{5}{4}\,\mathrm{l}(x+1) + c.$$

3e CAS. Pour la fraction $\frac{Az+B}{z^2+\beta^2}\,dz$, on intègre séparément $\frac{Azdz}{z^2+\beta^2}$ et $\frac{Bdz}{z^2+\beta^2}$; la première par la règle III, la deuxième par celle VI (n° 769). On trouve

$$\int \frac{(Az+B)dz}{z^2+\beta^2} = \tfrac{1}{2}A\,\mathrm{l}(z^2+\beta^2) + \frac{B}{\beta}\,\text{arc}\left(\text{tang} = \frac{z}{\beta}\right).$$

Ainsi (p. 164) on décompose

$$\int \frac{xdx}{x^3-1} \text{ en } \int \frac{\frac{1}{3}.dx}{x-1} - \int \frac{\frac{1}{3}(x-1)dx}{x^2+x+1};$$

le 1er terme $= \frac{1}{3}\,\mathrm{l}(x-1)$. Pour le 2e on fait $x = z - \frac{1}{2}$, ce qui donne $-\int \frac{\frac{1}{3}zdz}{z^2+\frac{3}{4}} + \int \frac{\frac{1}{2}dz}{z^2+\frac{3}{4}}$; l'une de ces intégrales est

$$= -\tfrac{1}{6}\,\mathrm{l}(z^2+\tfrac{3}{4}) = -\tfrac{1}{3}\,\mathrm{l}\sqrt{(x^2+x+1)};$$

l'autre donne $\frac{1}{3}\sqrt{3}$ arc $\left(\text{tang} = \frac{2z}{\sqrt{3}}\right)$. Donc

$$\int \frac{xdx}{x^3-1} = \tfrac{1}{3}\left[\mathrm{l}c(x-1) - \mathrm{l}\sqrt{(x^2+x+1)} + \sqrt{3}.\text{arc}\left(\text{tang} = \frac{2x+1}{\sqrt{3}}\right)\right].$$

Prenons pour second exemple (p. 164)

$$\frac{(x^2-x+1)dx}{(x+1)(x^2+1)} = \tfrac{3}{2}.\frac{dx}{x+1} - \tfrac{1}{2}.\frac{(x+1)dx}{x^2+1}:$$

l'intégrale est $\mathrm{l}\,\frac{c\sqrt{(x+1)^3}}{\sqrt[4]{(x^2+1)}} - \frac{1}{2}$ arc (tang $= x$).

4e CAS. Il s'agit d'intégrer une série de fractions de la forme $\frac{(Az+B)dz}{(z^2+\beta^2)^n}$, n étant successivement $= 1, 2, 3...$ Pour cela, chacune se partage en deux, $\frac{Azdz}{(z^2+\beta^2)^n}$ et $\frac{Bdz}{(z^2+\beta^2)^n}$.

La 1re s'intègre sur-le-champ (règle II) (*), et donne $\frac{-A}{2(n-1)(z^2+\beta^2)^{n-1}}$; si cependant $n=1$, on a $\frac{1}{2}A\,\mathrm{l}(z^2+\beta^2)$.

771. Quant à la 2e, on en facilite l'intégration en la faisant dépendre d'une autre plus simple. K et L étant des coefficiens indéterminés, on suppose (**)

$$\int\frac{dz}{(z^2+\beta^2)^n}=\frac{Kz}{(z^2+\beta^2)^{n-1}}+\int\frac{Ldz}{(z^2+\beta^2)^{n-1}}.$$

Pour trouver les valeurs de K et L, on différenciera cette équ.; puis on réduira au même dénominateur $(z^2+\beta^2)^n$, et l'on aura

$$1=K(z^2+\beta^2)-2K(n-1)z^2+L(z^2+\beta^2);$$

d'où, comparant terme à terme, on tire

$$K+L=2K(n-1),\quad (K+L)\beta^2=1.$$

Tirant les valeurs de K et L, et les substituant, on obtient enfin

$$\int\frac{dz}{(z^2+\beta^2)^n}=\frac{z}{2(n-1)\beta^2(z^2+\beta^2)^{n-1}}+\frac{2n-3}{2(n-1)\beta^2}\int\frac{dz}{(z^2+\beta^2)^{n-1}}.$$

L'usage de cette équ. est facile à concevoir. On a une série de fractions de la forme $\int\frac{dz}{(z^2+\beta^2)^n}$; on intégrera d'abord celle où n a la plus grande valeur, et notre formule la remplacera par deux termes, l'un intégré, et l'autre de la forme $\int\frac{dz}{(z^2+\beta^2)^{n-1}}$, qui s'ajoutera avec la fraction suivante. On continuera ainsi jus-

(*) En faisant $z^2+\beta^2=t^2$, la fraction devient monome, on a

$$\int\frac{Adt}{t^{2n-1}}=\frac{-A}{2(n-1)t^{2(n-1)}}.$$

(**) La forme de cette équ. est légitimée par la suite du calcul qui sert à trouver K et L. Cette transformation est indiquée par l'habitude de l'analyse, qui fait prévoir que le résultat ne peut contenir que des termes de deux espèces, les uns multipliés par z^2, les autres constans.

qu'à la fraction $\frac{dz}{z^2+\beta^2}$, dont l'intégrale est connue (règle VI).

Soit, par exemple,

$$\frac{(x^4+2x^3+3x^2+3)dx}{(x^2+1)^3}=\frac{(-2x+1)dx}{(x^2+1)^3}+\frac{(2x+1)dx}{(x^2+1)^2}+\frac{dx}{x^2+1};$$

les 1ers termes de chacune donnent par la règle II

$$\int\frac{-2xdx}{(x^2+1)^3}=\frac{1}{2(x^2+1)^2},\quad \int\frac{2xdx}{(x^2+1)^2}=\frac{-1}{x^2+1}.$$

Quant aux seconds termes, on a, par notre formule,

$$\int\frac{dx}{(x^2+1)^3}=\frac{x}{4(x^2+1)^2}+\tfrac{3}{4}\int\frac{dx}{(x^2+1)^2}.$$

Or, ce dernier terme, joint à celui de notre 2e fraction, donne $\frac{7}{4}\cdot\int\frac{dx}{(x^2+1)^2}$; mais on a de même

$$\tfrac{7}{4}\int\frac{dx}{(x^2+1)^2}=\frac{7x}{8(x^2+1)}+\tfrac{7}{8}\int\frac{dx}{x^2+1};$$

enfin, ajoutant ce terme à intégrer avec la troisième fraction, on trouve

$$\frac{15}{8}\int\frac{dx}{x^2+1}=\frac{15}{8}\text{ arc }(\text{tang}=x).$$

Il ne s'agit plus que de réunir ces diverses parties, et l'on a, pour l'intégrale de la fonction proposée,

$$\frac{2+x}{4(x^2+1)^2}+\frac{7x-8}{8(x^2+1)}+\frac{15}{8}\text{ arc }(\text{tang}=x)+C.$$

En opérant de même, on trouvera l'intégrale de...... $\frac{dx}{(1+x)x^2(x^2+2)(x^2+1)^2}$. Cette fraction étant décomposée (p. 165), les seuls termes dont l'intégration peut présenter quelque difficulté sont

$$\int \tfrac{1}{2}\frac{x-1}{(x^2+1)^2}\mathrm{d}x + \int \tfrac{1}{4}\frac{x-1}{x^2+1}\mathrm{d}x$$

$$= c - \frac{x+1}{4(x^2+1)} + \tfrac{1}{8}\,\mathrm{l}(x^2+1) - \tfrac{1}{2}\,\mathrm{arc}\,(\mathrm{tang} = x).$$

En voici encore deux exemples (*voy.* p. 166 et 168) :

$$\int \frac{b^3\mathrm{d}x}{x^6-a^6} = \frac{b^3}{3a^5}\Big[\mathrm{l}\,\frac{(x-a)\sqrt{(x^2-ax+a^2)}}{(x+a)\sqrt{(x^2+ax+a^2)}}$$

$$-\sqrt{3}\Big\{\mathrm{arc}\Big(\mathrm{tang} = \frac{2x-a}{a\sqrt{3}}\Big) + \mathrm{arc}\Big(\mathrm{tang} = \frac{2x+a}{a\sqrt{3}}\Big)\Big\} + C\Big].$$

$$\int \frac{x^3-6x^2+4x-1}{x^4-3x^3-3x^2+7x+6}\mathrm{d}x = \mathrm{l}\Big(\frac{(x-2)(x+1)}{x-3}\Big) + \frac{1}{x+1} + C.$$

Fonctions irrationnelles.

772. Il suit de ce qu'on vient de voir, qu'on sait intégrer toutes les fonctions algébriques rationnelles, et celles qu'on peut rendre telles par des transformations.

Voyons d'abord les radicaux monomes.

Soit
$$\frac{\sqrt[3]{x} + x\sqrt{x} + x^2}{x+\sqrt{x}}\,\mathrm{d}x;$$

il est visible qu'en faisant $x = z^6$, les irrationnalités disparaîtront, puisque 6 est divisible par les dénominateurs 3 et 2 des exposans fractionnaires proposés. Par là on aura à intégrer

$$6\mathrm{d}z \,.\, \frac{z^{14}+z^{11}+z^4}{z^3+1} = 6z^{11}\mathrm{d}z + 6z\mathrm{d}z - \frac{6z\mathrm{d}z}{z^3+1},$$

ce qui n'offre pas de difficulté.

Pour $\sqrt{x}.\mathrm{d}x : (x-1)$, on fera $x = z^2$, et l'on aura

$$\int \frac{2z^2\mathrm{d}z}{z^2-1} = 2\int \mathrm{d}z + \int \frac{2\mathrm{d}z}{z^2-1}$$

$$= 2z + \mathrm{l}(z-1) - \mathrm{l}(z+1) = 2\sqrt{x} + \mathrm{l}\Big(c\,\frac{\sqrt{x}-1}{\sqrt{x}+1}\Big).$$

773. Prenons maintenant une fonction quelconque affectée du radical $\sqrt{(A+Bx+Cx^2)}$. Après avoir dégagé x^2 de son coefficient C, en multipliant et divisant par $\sqrt{C}$, il se présente deux cas, suivant que x^2 est positif ou négatif (*).

1er CAS. Si l'on a $\sqrt{(a+bx+x^2)}$, on fera (**)

$$\sqrt{(a+bx+x^2)}=z\pm x;\quad \text{d'où}\quad a+bx=z^2\pm 2zx,$$

$$x=\frac{z^2-a}{b\mp 2z},\quad dx=\frac{bz\mp(z^2+a)}{(b\mp 2z)^2}.2dz,$$

$$\sqrt{(a+bx+x^2)}=z\pm x=\frac{bz\mp(z^2+a)}{b\mp 2z};$$

ainsi tout est devenu rationnel dans la fonction proposée.

En prenant, par ex., les signes inférieurs, on trouve

$$\int\frac{dx}{\sqrt{(a+bx+x^2)}}=\int\frac{2dz}{2z+b}=\text{l}(2z+b)+\text{const.}$$
$$=[\text{l}c(x+\tfrac{1}{2}b+\sqrt{a+bx+x^2})].$$

Donc aussi

$$\int\frac{dx}{\sqrt{(x^2\pm a^2)}}=\text{l}[c(x+\sqrt{x^2\pm a^2})].$$

Pour intégrer $dy=dx\sqrt{(a^2+x^2)}$, on fait

$$\sqrt{(a^2+x^2)}=z-x,\quad \text{d'où}\quad dy=zdx-xdx;$$

(*) X désignant une fonction rationnelle de x, on a à intégrer :

$$\frac{Xdx}{\sqrt{(a+bx\pm x^2)}},\quad \text{ou}\quad Xdx\sqrt{(a+bx\pm x^2)}$$

ces deux expressions se traitent comme il est dit ci-après. On pourrait même ramener la 2e à la 1re, en multipliant et divisant par le radical :

d'où $$\frac{X(a+bx\pm x^2)dx}{\sqrt{(a+bx\pm x^2)}}.$$

(**) On pourrait encore faire ici le radical $=x\pm z$: ce qui conduirait aux mêmes valeurs de x et dx; le radical deviendrait $=\dfrac{\pm bz-z^2-a}{b\mp 2z}$, et tout serait rendu rationnel.

ainsi, $y = -\frac{1}{2}x^2 + \int z\text{d}x$; mettant pour d$x$ sa valeur (p. 378), puis intégrant, on a $\int z\text{d}x = \frac{1}{4}z^2 + \frac{1}{2}a^2 \text{l}z$; enfin

$$y = c + \tfrac{1}{2}x\sqrt{(a^2 + x^2)} + \tfrac{1}{2}a^2 \text{l}[x + \sqrt{(a^2 + x^2)}].$$

Pour $\text{d}y = \frac{-\text{d}x}{\sqrt{(1-x^2)}}$, ou $\text{d}y\sqrt{-1} = \frac{\text{d}x}{\sqrt{(x^2-1)}}$, on a

$$y\sqrt{-1} = \text{l}[x + \sqrt{(x^2-1)}] + c;$$

mais $x = \cos y$, $\sqrt{(x^2-1)} = \sqrt{-1}.\sin y$; de plus $c = 0$, puisque $x = 1$ doit rendre y nul : on retrouve donc la formule (n° 591)

$$\pm y\sqrt{-1} = \text{l}(\cos y \pm \sqrt{-1}.\sin y).$$

774. 2ᵉ CAS. Si l'on a $\sqrt{(a + bx - x^2)}$, la méthode précédente ne peut être appliquée sans introduire des imaginaires; mais remarquons que le trinome $a + bx - x^2$ doit avoir ses facteurs réels, puisque sans cela il serait négatif, quel que fût x (p. 50). Le radical étant alors imaginaire, il faudrait, comme dans l'exemple précédent, mettre $\sqrt{-1}$ en facteur, puisqu'on ne doit pas espérer de trouver l'intégrale réelle. On retomberait alors sur le cas qu'on vient de traiter. Soient donc α et β les deux racines réelles de $x^2 - bx - a = 0$; on fera

$$\sqrt{(a + bx - x^2)} = \sqrt{(x-\alpha)(\beta - x)} = (x - \alpha)z.$$

Carrant et supprimant le facteur commun $x - \alpha$, on a.... $\beta - x = (x-\alpha)z^2$; x et dx sont donc rationnels.

C'est ainsi qu'on trouve

$$\int \frac{\text{d}x}{\sqrt{(a + bx - x^2)}} = c - 2.\text{arc}\left(\text{tang} = \sqrt{\frac{\beta - x}{x - \alpha}}\right).$$

De même pour $\int \frac{\text{d}x}{\sqrt{(1-x^2)}}$, qu'on sait d'ailleurs être l'arc dont le sinus est x, on fera $\sqrt{(1-x^2)} = (1-x)z$; d'où

$$x = \frac{z^2-1}{z^2+1},\quad \sqrt{\ } = \frac{2z}{z^2+1},\quad \text{d}x = \frac{4z\text{d}z}{(z^2+1)^2};$$

$$\int \frac{\text{d}x}{\sqrt{(1-x^2)}} = \int \frac{2\text{d}z}{z^2+1} = c + 2.\text{arc}(\text{tang} = z),$$

ou $\quad \text{arc}(\sin = x) = -\frac{1}{2}\pi + 2.\text{arc}\left[\tang = \sqrt{\left(\frac{1+x}{1-x}\right)}\right].$

Pour $dy = dx\sqrt{(a^2 - x^2)}$, on fait $\sqrt{\ } = (a - x)z$; d'où

$$dy = \frac{8a^2z^2dz}{(1+z^2)^3} = \frac{-8a^2dz}{(1+z^2)^3} + \frac{8a^2dz}{(1+z^2)^2},$$

$$y = \frac{-2a^2z}{(1+z^2)^2} + \frac{a^2z}{1+z^2} + a^2.\text{arc}(\tang = z) + C,$$

$$y = \tfrac{1}{2}x\sqrt{a^2 - x^2} + a^2.\text{arc}\left(\tang = \sqrt{\frac{a+x}{a-x}}\right) + C.$$

On pourrait appliquer ce procédé au 1er cas, lorsque les racines de $x^2 + bx + a = 0$ sont réelles.

775. L'adresse qu'on acquiert par l'habitude indique les transformations les plus favorables. Ainsi, on pourra faire disparaître le second terme sous le radical (n° 504), ce qui le mettra sous la forme $\sqrt{(z^2 \pm a^2)}$, ou $\sqrt{(a^2 \pm z^2)}$, en sorte qu'on aura pour termes à intégrer (*voy.* n° 781)

$$\frac{z^m dz}{\sqrt{(z^2 \pm a^2)}} \quad \text{ou} \quad \frac{z^m dz}{\sqrt{(a^2 \pm z^2)}}.$$

Dans ce dernier cas, l'irrationnalité disparaît en faisant... $\sqrt{(a^2 \pm z^2)} = a - uz$, parce que le carré de cette équ. est divisible par z; d'où

$$z = \frac{2au}{u^2 \mp 1}, \quad dz = -2adu.\frac{u^2 \pm 1}{(u^2 \mp 1)^2}.$$

C'est ainsi que $\dfrac{dx}{\sqrt{(2bx - x^2)}}$ devient $\dfrac{-dz}{\sqrt{(b^2 - z^2)}}$, en faisant $x = b - z$; l'intégrale est donc (règle VI)

$$c + \text{arc}\left(\cos = \frac{z}{b}\right) = c + \text{arc}\left(\cos = \frac{b-x}{b}\right).$$

On aurait pu aussi faire la transformation précédente, qui aurait donné

$$-\int \frac{2du}{u^2+1} = c' - 2.\text{arc}(\tang = u).$$

De même, en faisant $x = z - a$, on a

$$dy = \frac{adx}{\sqrt{(2ax + x^2)}} = \frac{adz}{\sqrt{(z^2 - a^2)}};$$

l'équ. de la *Chaînette* (voy. ma *Méc.*, n° 91) est donc (p. 378)

$$y = a\,l\{c[x + a + \sqrt{(2ax + x^2)}]\}.$$

Différentielles binomes.

776. Proposons-nous d'intégrer $Kx^m dx(a + bx^n)^p$, m, n, p étant quelconques, entiers ou fractionnaires, positifs ou négatifs (*); on supposera $z = a + bx^n$; d'où $x = \left(\frac{z - a}{b}\right)^{\frac{1}{n}}$: élevant les deux membres à la puissance $m + 1$, et différenciant, il viendra

$$x = \frac{(z - a)^{\frac{m+1}{n} - 1}}{n \cdot b^{\frac{m+1}{n}}} dz,$$

$$Kx^m dx(a + bx^n)^p = \frac{K}{n \cdot b^{\frac{m+1}{n}}} (z - a)^{\frac{m+1}{n} - 1} \cdot z^p dz.$$

Quand l'exposant de $z - a$ est entier, on sait intégrer la fonction. Si $\frac{m+1}{n} = 1$, on doit intégrer $z^p dz$; si $\frac{m+1}{n} - 1$ est positif et $= h$, on a une suite de monomes, en développant $(z-a)^h z^p dz$; enfin, si $\frac{m+1}{n} - 1$ est négatif, on a une fraction rationnelle. Donc *toutes les fois que l'exposant de* x *hors du binome, aug-*

(*) On pourrait rendre aisément m et n entiers par le procédé (n° 772). Ainsi $x^{\frac{1}{3}}dx\left(a + bx^{\frac{1}{2}}\right)^p$, en faisant $x = z^6$ devient $6z^7dz\ (a + bz^3)^p$. Mais cette transformation n'est nullement nécessaire pour ce qui va être dit.

menté de un, est divisible par celui de x dans le binome, on sait intégrer la fonction.

777. Ce cas n'est pas le seul où l'on sache intégrer; en divisant le binome proposé par x^n et multipliant hors du binome par x^{np}, on a

$$Kx^{m+np}(b + ax^{-n})^p dx.$$

Or, en reproduisant ici le théorème précédent, il est clair que cette expression sera intégrable pourvu qu'on ait

$$\frac{m + np + 1}{-n}, \quad \text{ou plutôt} \quad \frac{m+1}{n} + p = \text{entier}.$$

Ainsi, lorsque la condition indiquée précédemment ne sera pas remplie, on ajoutera p au résultat fractionnaire obtenu $\frac{m+1}{n}$, et, *si la somme est entière, la fonction sera intégrable par cette voie.*

778. Nous ferons remarquer que si p est fractionnaire (et ce cas est le plus important, puisque sans cela on n'aurait à intégrer qu'une suite de monomes), en supposant que q soit le dénominateur de p, il sera plus facile de faire le calcul, en faisant $a + bx^n = z^q$.

On demande, par ex., d'intégrer $x^{-2}dx(a + x^3)^{-\frac{5}{3}}$; $\frac{m+1}{n}$ est ici $-\frac{1}{3}$; mais si l'on ajoute $-\frac{5}{3}$, la somme est -2; pour intégrer il faut donc multiplier et diviser par $(x^3)^{-\frac{5}{3}}$ ou x^{-5}, et l'on a

$$x^{-7}dx(1 + ax^{-3})^{-\frac{5}{3}}.$$

On fera $1 + ax^{-3} = z^3$; d'où $x = \left(\frac{z^3 - 1}{a}\right)^{-\frac{1}{3}}$; puis élevant à la puissance -6, et différenciant, on trouve $x^{-7}dx$; d'où $-\frac{1}{a^2}(1 - z^{-3})dz$, dont l'intégrale est

$$c - \frac{1}{a^2}(z + \tfrac{1}{2}z^{-2}) = c - \frac{3x^3 + 2a}{2a^2x\sqrt[3]{(x^3 + a)^2}}.$$

De même $x^3dx(a^2+x^2)^{\frac{1}{3}}$ deviendra $\frac{3}{2}dz(z^6-a^2z^3)$, en faisant $a^2+x^2=z^3$; on en conclura pour l'intégrale de la proposée, $\frac{3}{56}\sqrt[3]{(a^2+x^2)^4}(4x^2-3a^2)+c$. On a aussi

$$\int\frac{adx}{(1+x^2)^{\frac{3}{2}}}=\int ax^{-3}dx(1+x^{-2})^{-\frac{3}{2}}=\frac{ax}{\sqrt{(1+x^2)}}+C.$$

779. Lorsque *les conditions d'intégrabilité* ne sont pas remplies, on cherche à faire dépendre l'intégrale demandée d'une autre qui soit plus facile à obtenir; c'est ce qu'on fait à l'aide de l'intégration par parties (*voy.* p. 371). En faisant toujours $z=a+bx^n$, et supposant d'abord z constant, nous aurons

$$\int x^m dx.z^p=\frac{x^{m+1}z^p}{m+1}-\frac{p}{m+1}.\int z^{p-1}x^{m+1}dz;$$

d'où $\int x^m dx.z^p=\frac{x^{m+1}z^p}{m+1}-\frac{nbp}{m+1}\int x^{m+n}dx.z^{p-1}\ldots$ (1),

à cause de $z=a+bx^n$ et $dz=nbx^{n-1}dx$.

Mais $z^p=z^{p-1}.z=z^{p-1}(a+bx^n)$;

donc

$$\int x^m dx.z^p=a\int x^m dx.z^{p-1}+b\int z^{p-1}x^{m+n}dx\ldots\ (2).$$

Égalant les valeurs (1) et (2), on trouve

$$b(m+1+np)\int z^{p-1}.x^{m+n}dx=x^{m+1}z^p-a(m+1)\int z^{p-1}.x^m dx\ldots\ (3).$$

Changeons $p-1$ en p, et $m+n$ en m, nous aurons

$$\int x^m dx.z^p=\frac{x^{m-n+1}z^{p+1}-a(m-n+1)\int x^{m-n}z^p dx}{b(m+1+np)}\ldots\ (A).$$

En mettant pour le dernier terme de l'équation (2) sa valeur que donne (3), on obtient

$$\int x^m dx.z^p=\frac{z^p x^{m+1}+anp\int x^m dx.z^{p-1}}{m+1+np}\ldots\ (B);$$

équation où l'on a $z=a+bx^n$.

780. Voici l'usage de ces diverses formules.

1°. L'équation (*A*) fait dépendre l'intégrale $\int x^m dx.z^p$ de

$\int x^{m-n}z^p dx$: *elle sert à diminuer l'exposant de* x *hors du binome* de n unités par une 1re opération; puis celui-ci de n, par une 2e, etc.; en sorte que l'intégrale proposée dépendra de $\int x^{m-in}z^p dx$, i étant un nombre entier positif.

2°. La formule (B) sert au contraire *à diminuer l'exposant* p *du binome* z, de 1, 2, 3... i unités.

3°. En résolvant les équ. (A) et (B), par rapport au terme à intégrer dans le 2e membre, on obtient, en changeant $m-n$ en m dans (A), et $p-1$ en p dans (B),

$$\int x^m dx \, . \, z^p = \frac{x^{m+1}z^{p+1} - b(m+np+n+1)\int x^{m+n} \, . \, z^p dx}{a(m+1)} \ldots (C),$$

$$\int x^m dx \, . \, z^p = \frac{-x^{m+1}z^{p+1} + (m+np+n+1)\int x^m dx \, . \, z^{p+1}}{an(p+1)} \ldots (D).$$

Ces formules servent au contraire à augmenter les exposans de x hors du binome z, et celui du binome, ce qui est utile lorsque l'un ou l'autre est négatif.

4°. On pourra donc déterminer d'avance la loi des exposans de x dans le résultat d'une intégration proposée. Ainsi, il sera facile de prévoir cette forme,

$$\int \frac{x^5 dx}{\sqrt{(1-x^2)}} = (Ax^4 + Bx^2 + C)\sqrt{(1-x^2)}.$$

On évitera donc, si l'on veut, l'usage assez pénible de nos formules, en égalant les différentielles de ces quantités, comparant ensuite terme à terme, comme dans la méthode des coefficiens indéterminés (n° 771), ce qui fera connaître A, B, C.

781. Nous donnerons ici un procédé d'intégration qui est remarquable par sa simplicité et par les nombreuses circonstances où il peut être appliqué.

Différencions la fonction $x^{n-1}\sqrt{(1-x^2)}$; nous aurons

$$d[x^{n-1}\sqrt{(1-x^2)}] = (n-1)x^{n-2}\sqrt{(1-x^2)}\,dx - \frac{x^n dx}{\sqrt{(1-x^2)}};$$

multiplions et divisons le 1er terme de cette différentielle par $\sqrt{(1-x^2)}$, il viendra

$$d[x^{n-1}\sqrt{(1-x^2)}]=(n-1)\frac{x^{n-2}dx}{\sqrt{(1-x^2)}}-\frac{nx^n dx}{\sqrt{(1-x^2)}};$$

enfin, intégrant et transposant, on a

$$\int\frac{x^n dx}{\sqrt{(1-x^2)}}=-\frac{x^{n-1}\sqrt{(1-x^2)}}{n}+\frac{n-1}{n}\int\frac{x^{n-2}dx}{\sqrt{(1-x^2)}}\ldots\ (E).$$

En appliquant le même genre de calcul à $x^{n-1}\sqrt{(x^2\pm 1)}$, on trouve

$$\int\frac{x^n dx}{\sqrt{(x^2\pm 1)}}=\frac{x^{n-1}\sqrt{(x^2\pm 1)}}{n}\mp\frac{n-1}{n}\int\frac{x^{n-2}dx}{\sqrt{(x^2\pm 1)}}\ldots\ (F).$$

Ces formules servent à intégrer toute fonction affectée du radical $\sqrt{(A+Bx+Cx^2)}$, puisqu'on peut la ramener à la forme $\frac{z^n dz}{\sqrt{(a^2\pm z^2)}}$ ou $\frac{z^n dz}{\sqrt{(z^2\pm a^2)}}$ (n° 775). Il est facile, en divisant haut et bas par a, de changer ensuite le radical en $\sqrt{(1\pm x^2)}$ ou $\sqrt{(x^2\pm 1)}$. Or, les expressions E et F serviront à faire dépendre, en dernière analyse, l'intégrale cherchée de

$$\int\frac{xdx}{\sqrt{(x^2\pm 1)}}\text{ ou }\int\frac{xdx}{\sqrt{(1-x^2)}}\ldots\text{ si } n \text{ est impair,}$$

$$\int\frac{dx}{\sqrt{(x^2\pm 1)}}\text{ ou }\int\frac{dx}{\sqrt{(1-x^2)}}\ldots\text{ si } n \text{ est pair.}$$

Les deux 1res rentrent dans la règle IV (p. 371) ; la 3e a été donnée (n° 773) ; la 4e est l'arc $(\sin = x)$.

Par exemple, on a

$$\int\frac{xdx}{\sqrt{(1-x^2)}}=-\sqrt{(1-x^2)}+c,$$

$$\int\frac{x^2dx}{\sqrt{(1-x^2)}}=-\frac{x}{2}.\sqrt{1-x^2}+\tfrac{1}{2}\text{arc}(\sin=x)+c,$$

$$\int\frac{x^3dx}{\sqrt{(1-x^2)}}=-\frac{x^2+2}{3}.\sqrt{1-x^2}+c,$$

$$\int\frac{x^4dx}{\sqrt{(1-x^2)}}=-\frac{2x^2+3}{8}.x\sqrt{1-x^2}+\frac{3}{8}\text{arc}(\sin=x)+c.$$

782. Si l'exposant n était négatif, on ne pourrait plus appliquer les formules E et F; mais en faisant $x = z^{-1}$, on retombe sur celles-ci : en effet on a

$$\frac{dx}{x^n\sqrt{(1-x^2)}} = -\frac{z^{n-1}dz}{\sqrt{(z^2-1)}},$$

$$\frac{dx}{x^n\sqrt{(x^2\pm 1)}} = -\frac{z^{n-1}dz}{\sqrt{(1\pm z^2)}}.$$

On pourrait aussi traiter le cas actuel directement par un calcul semblable au précédent (n° 781); car, en différenciant...... $x^{-n+1}\sqrt{(1-x^2)}$, etc., on trouve

$$\int\frac{dx}{x^n\sqrt{(1-x^2)}} = \frac{-\sqrt{(1-x^2)}}{(n-1)x^{n-1}} + \frac{n-2}{n-1}\int\frac{dx}{x^{n-2}\sqrt{(1-x^2)}} \ldots (G),$$

formule dont l'usage est facile à concevoir. On a d'ailleurs (n° 773)

$$\int\frac{dx}{x\sqrt{(1-x^2)}} = c + \mathrm{l}\left[\frac{1-\sqrt{(1-x^2)}}{x}\right].$$

On trouvera de même

$$\int\frac{x^m dx}{\sqrt{(2ax-x^2)}} = \frac{x^{m-1}}{m}\sqrt{2ax-x^2} + \frac{(2m-1)a}{m}\int\frac{x^{m-1}dx}{\sqrt{(2ax-x^2)}} \ldots (H).$$

Des Fonctions exponentielles.

783. Il suit des règles de la différentiation (n° 676) que

$$\int a^x dx = \frac{a^x}{\mathrm{l}a}.$$

On saura donc intégrer deux des cas particuliers que peuvent présenter les exponentielles.

1°. Si $z = f(a^x)$, la fonction $za^x dx$, en faisant $a^x = u$, deviendra $\frac{fu \cdot du}{\mathrm{l}a}$.

Par ex., $$\frac{a^x dx}{\sqrt{(1+a^{nx})}} = \frac{1}{\mathrm{l}a} \cdot \frac{du}{\sqrt{(1+u^n)}}.$$

2°. En différenciant ze^x, on a $e^x dx(z + z')$; en sorte que toute fonction exponentielle, pour laquelle le facteur de $e^x dx$

est formé de deux parties, dont l'une est la dérivée de l'autre, sera facile à intégrer. Par exemple,

$$\int e^x dx(3x^2 + x^3 - 1) = (x^3 - 1)e^x.$$

De même, en faisant $1 + x = z$, on trouve

$$\int \frac{e^x x dx}{(1+x)^2} = \int \frac{e^z}{e}\left(\frac{dz}{z} - \frac{dz}{z^2}\right) = \frac{e^z}{ez} = \frac{e^x}{1+x} + c.$$

784. Mais, dans tout autre cas, on devra recourir à l'intégration par parties (V, p. 371). Par ex., pour $x^n dx . a^x$, on regardera d'abord x^n comme constant, et l'on aura

$$\int x^n dx . a^x = \frac{a^x . x^n}{la} - \frac{n}{la}\int a^x x^{n-1} dx;$$

en traitant de même $a^x x^{n-1} dx$, et ainsi de suite, de proche en proche, on aura

$$a^x x^n dx = a^x\left(\frac{x^n}{la} - \frac{nx^{n-1}}{l^2 a} + \frac{n(n-1)x^{n-2}}{l^3 a} \ldots \pm \frac{1.2.3\ldots n}{l^{n+1} a}\right) + c.$$

Il est évident que le même calcul s'appliquera à $za^x dx$, z étant une fonction algébrique et entière de x.

Donc $$\int za^x dx = \frac{za^x}{la} - \int \frac{a^x z' dx}{la}.$$

785. Mais si *l'exposant* n *est négatif*, en réfléchissant sur l'esprit de la méthode qui vient d'être employée, on verra qu'il faudrait au contraire faire croître successivement l'exposant de x. On intégrera donc, en regardant d'abord a^x comme constant, et il viendra

$$\int \frac{a^x dx}{x^n} = \frac{-a^x}{(n-1)x^{n-1}} + \frac{la}{n-1}\int \frac{a^x dx}{x^{n-1}}.$$

En faisant ici le même raisonnement, on réduira la fonction à la forme

$$\int \frac{a^x dx}{x^n} = \frac{-a^x}{n-1}\left(\frac{1}{x^{n-1}} + \frac{la}{(n-2)x^{n-2}} + \frac{l^2 a}{(n-2)(n-3)x^{n-3}} \ldots \right.$$
$$\left. + \frac{l^{n-2} a}{1.2.3\ldots(n-2)x}\right) + \frac{l^{n-1} a}{2.3\ldots(n-1)}\int \frac{a^x dx}{x}.$$

Mais ici on ne peut pas pousser plus loin le calcul, parce qu'il faudrait ci-dessus faire $n = 1$, ce qui donnerait l'infini, langage dont l'Algèbre se sert pour indiquer qu'il y a absurdité. L'intégrale $\int \frac{a^x dx}{x}$ a long-temps exercé les analystes, et l'on est forcé de la regarder comme une transcendante d'une espèce particulière, qui ne peut dépendre des arcs de cercle, ni des logarithmes. A défaut de méthode rigoureuse, on emploie les séries (p. 177)

$$\frac{a^x}{x} = \frac{1}{x} + \mathrm{l}a + \frac{\mathrm{l}^2 a}{2} x + \frac{\mathrm{l}^3 a}{2.3} x^2 + \ldots$$

Multipliant par dx et intégrant chaque terme, il vient

$$\int \frac{a^x dx}{x} = \mathrm{l}x + x\,\mathrm{l}a + \frac{x^2 \mathrm{l}^2 a}{2.2} + \frac{x^3 \mathrm{l}^3 a}{3.2.3} + \ldots + c.$$

786. Si n était fractionnaire, l'une ou l'autre des méthodes précédentes servirait à réduire l'exposant de x à être compris entre 0 et 1 ou -1, et le développement en série (n°s 706, 800) servirait ensuite à donner, par approximation, l'intégrale cherchée.

Tout ce qu'on a dit ici peut également s'appliquer à $za^x dx$, lorsque z est une fonction quelconque algébrique de x.

Des Fonctions logarithmiques.

787. Proposons-nous d'intégrer $z dx . \mathrm{l}^n x$, z étant une fonction quelconque algébrique de x.

Si n *est entier et positif*, on intégrera par parties, en regardant d'abord $\mathrm{l}^n x$ comme constant; il viendra

$$\int z dx \mathrm{l}^n x = \mathrm{l}^n x \int z dx - n \int \left(\mathrm{l}^{n-1} x . \frac{dx}{x} \int z dx\right),$$

et comme $\int z dx$ est supposée connue par les principes antérieurs, on voit que l'intégration proposée est réduite à celle d'une fonction de même forme, où l'exposant du logarithme est moindre. Le même calcul appliqué à celle-ci, et de proche en proche aux suivantes, achèvera l'intégration.

Ainsi, pour $x^m l^n x . dx$, on a

$$\int x^m dx . l^n x = \frac{x^{m+1}}{m+1} l^n x - \frac{n}{m+1} \int (l^{n-1} x . x^m dx)$$

$$\int x^m dx . l^{n-1} x = \frac{x^{m+1}}{m+1} l^{n-1} x - \frac{n-1}{m+1} \int (l^{n-2} x . x^m dx),$$

et ainsi de suite. En réunissant ces résultats successifs, on trouvera

$$\int x^m l^n x . dx = x^{m+1} \left(\frac{l^n x}{m+1} - \frac{n l^{n-1} x}{(m+1)^2} + \frac{n(n-1) l^{n-2} x}{(m+1)^3} - \ldots \right) + c.$$

788. Mais *si* n *est entier et négatif*, on verra, comme précédemment (n° 785), que pour faire croître au contraire l'exposant du logarithme, il faut prendre d'abord z constant dans l'intégration par parties de $\int z dx l^n x$. Comme

$$\int \frac{dx}{x} . l^n x = \frac{l^{n+1} x}{n+1},$$

on partagera $z dx . l^n x$ en ces deux facteurs $zx \times \frac{dx}{x} . l^n x$, d'où

$$\int \frac{z dx}{l^n x} = \frac{zx}{-n+1} l^{-n+1} x + \frac{1}{n-1} \int [l^{-n+1} x . d(zx)],$$

formule qui remplit visiblement le but qu'on veut atteindre. Mais, pour mieux voir la nature des obstacles qu'on rencontre, appliquons ceci à

$$\int \frac{x^m dx}{l^n x} = \frac{-x^{m+1}}{(n-1) l^{n-1} x} + \frac{m+1}{n-1} \int \frac{x^m dx}{l^{n-1} x}:$$

opérant de même sur ce dernier terme, etc., puis réunissant ces divers résultats, on aura

$$\int \frac{x^m dx}{l^n x} = -\frac{x^{m+1}}{n-1} \left[\frac{1}{l^{n-1} x} + \frac{m+1}{n-2} . \frac{1}{l^{n-2} x} \right.$$

$$\left. + \frac{(m+1)^2}{(n-2)(n-3)} \frac{1}{l^{n-3} x} + \ldots \right] + \frac{(m+1)^{n-1}}{1.2.3\ldots(n-1)} \int \frac{x^m dx}{l x}.$$

Nous sommes obligés de nous arrêter ici; car nous ne pourrions prendre $n = 1$, dans notre formule, sans y introduire l'infini. Mais faisons

$$x^{m+1} = z, \quad \text{d'où } (m+1)x^m dx = dz.$$

Il vient
$$\frac{x^m dx}{lx} = \frac{dz}{lz} = \frac{e^u du}{u},$$

en posant $lz = u$. On reproduit donc ici la fonction du (n° 785), qu'on ne sait intégrer que par les séries.

789. *Lorsque* n *est fractionnaire,* soit positif, soit négatif, l'une ou l'autre de ces formules ramène l'intégrale de $zdx . l^n dx$ à celle d'une fonction de même forme, n étant compris entre 1 et -1. Après quoi il faut recourir au développement en séries (n°s 706, 800).

Des Fonctions circulaires.

790. S'il entre des arcs dans une fonction, pour l'intégrer, on remarquera que la différentielle de ces arcs est algébrique, et que, par conséquent, si l'on pratique l'intégration par parties, en regardant ces arcs d'abord comme constans (V, p. 371), la fonction proposée en sera exempte. Ainsi, z étant une fonction de x, on a

$$\int zdx . \text{arc}(\sin = x) = \text{arc}(\sin = x) \int zdx - \int \frac{dx . \int zdx}{\sqrt{(1-x^2)}}.$$

De même on trouvera

$$\int zdx . \text{arc}(\text{tang} = x) = \text{arc}(\text{tang} = x) \int zdx - \int \frac{dx . \int zdx}{1+x^2}.$$

791. Mais lorsque les fonctions renferment des lignes trigonométriques, il y a plusieurs manières de les intégrer, qui offrent tantôt plus, tantôt moins d'avantages. Nous allons exposer les principales.

1re *Méthode.* On peut toujours ramener ces fonctions aux différentielles binomes, en faisant $\sin x$ ou $\cos x = z$.

En effet, soit

$$\sin x = z,\quad \cos x = \sqrt{(1-z^2)},\quad dx = \frac{dz}{\sqrt{(1-z^2)}};$$

d'où $\sin^m x . \cos^n x . dx = z^m dz . \sqrt{(1-z^2)}^{n-1}$.

1°. Si n est impair, le radical disparaît.

2°. Si m est impair, la 1re condition d'intégrabilité (n° 776) est remplie, puisque $\frac{1}{2}(m+1)$ est entier.

3°. Si m et n sont pairs, la 2e condition (n° 777) est satisfaite, puisque $\frac{1}{2}(m+n)$ est entier.

On trouvera, par exemple,

$$\int \sin^4 x . \cos^3 x . dx = \int z^4 dz (1-z^2) = \tfrac{1}{5}\sin^5 x - \tfrac{1}{7}\sin^7 x + c,$$

$$\int \sin^3 x . dx = \int \frac{z^3 dz}{\sqrt{(1-z^2)}} = -\tfrac{1}{3}\cos x (3 - \cos^2 x) + c,$$

$$\int \sin^4 x . dx = \int \frac{z^4 dz}{\sqrt{(1-z^2)}} = -\frac{\sin^3 x + \frac{3}{2}\sin x}{4} . \cos x + \frac{1.3x}{2.4} + c.$$

792. IIe *Méthode.* Il suit du n° 682, que

$$\int dx . \cos kx = \frac{1}{k}\sin kx + c,\quad \int dx . \sin kx = -\frac{1}{k}\cos kx + c.$$

Or, on a appris (p. 190) à développer toute puissance de $\sin x$ et $\cos x$ en séries, suivant les multiples de l'arc x; on aura donc à intégrer une suite de termes de la forme ci-dessus.

Par exemple,

$$\int \cos^5 x . dx = \int (\tfrac{1}{16}\cos 5x + \tfrac{5}{16}\cos 3x + \tfrac{5}{8}\cos x) dx$$
$$= \tfrac{1}{80}\sin 5x + \tfrac{5}{48}\sin 3x + \tfrac{5}{8}\sin x + c.$$

On emploie souvent cette méthode, parce qu'il est plus facile d'obtenir les solutions numériques, quand on préfère les sinus et cosinus des multiples des arcs aux puissances de ces lignes.

793. IIIe *Méthode.* Les formules (K, n° 590) serviront aussi à traduire en exponentielles les sinus, cosinus...., ce qui ramènera l'intégrale de ceux-ci à celle des premières (n° 783).

794. La IVe *Méthode* consiste dans l'intégration par parties. Comme $- dx \sin x$ est la différentielle de $\cos x$, décomposons le

produit $\sin^m x.\cos^n x.dx$, en $dx.\sin x.\cos^n x \times \sin^{m-1}x$; le 1er facteur ayant pour intégrale $-\dfrac{\cos^{n+1}x}{n+1}$, on obtient

$$\int dx\sin^m x\cos^n x = -\frac{\sin^{m-1}x}{n+1}\cos^{n+1}x + \frac{m-1}{n+1}\int \cos^{n+2}x\sin^{m-2}x.dx.$$

Mettons pour $\cos^{n+2}x$, sa valeur $\cos^n x.\cos^2 x$, ou $\cos^n x(1-\sin^2 x)$; transposant, il vient

$$\int dx\sin^m x.\cos^n x = -\frac{\sin^{m-1}x.\cos^{n+1}x}{m+n} + \frac{m-1}{m+n}\int dx.\sin^{m-2}x.\cos^n x \ldots (I).$$

En opérant, par rapport au cosinus, de la même manière que nous venons de le faire pour le sinus, on aura

$$\int dx\sin^m x.\cos^n x = \frac{\sin^{m+1}x\cos^{n-1}x}{m+n} + \frac{n-1}{m+n}\int dx.\sin^m x.\cos^{n-2}x \ldots (K).$$

Ces formules abaissent l'exposant du sinus ou du cosinus; leur usage combiné et successif donne l'intégrale *lorsque* m *et* n *sont entiers et positifs*. Par exemple, on a

$$\int dx\sin^3 x\cos^2 x = -\tfrac{1}{5}\sin^2 x\cos^3 x + \tfrac{2}{5}\int dx\sin x\cos^2 x,$$
$$\int dx\sin x\cos^2 x = \tfrac{1}{3}\sin^2 x\cos x + \tfrac{1}{3}\int dx\sin x;$$

or, ce dernier terme $= -\frac{1}{3}\cos x + c$; réunissant ces diverses parties, on a

$$\int dx\sin^3 x\cos^2 x = \cos x\left(-\tfrac{1}{5}\sin^2 x\cos^2 x + \tfrac{2}{15}\sin^2 x - \tfrac{2}{15}\right) + c.$$

795. Mais si m ou n est négatif, ces formules exigent quelque modification. La 1re donne, en changeant n en $-n$,

$$\int\frac{dx\sin^m x}{\cos^n x} = -\frac{\sin^{m-1}x}{(m-n)\cos^{n-1}x} + \frac{m-1}{m-n}\int\frac{dx\sin^{m-2}x}{\cos^n x}\ldots (L),$$

qui fera, comme on voit, dépendre l'intégrale cherchée de celle de $\dfrac{dx\sin x}{\cos^n x}$ ou $\dfrac{dx}{\cos^n x}$, selon que m est impair ou pair. L'une de ces intégrales s'obtient en faisant $\cos x = z$, ce qui donne $-\displaystyle\int\frac{dz}{z^n} = \frac{1}{(n-1)\cos^{n-1}x}$; l'autre va être donnée (n° 796).

La seconde de nos formules, en faisant n négatif, et résolvant par rapport au dernier terme, puis changeant n en $n-2$, donne

$$\int \frac{dx \sin^m x}{\cos^n x} = \frac{\sin^{m+1} x}{(n-1)\cos^{n-1} x} - \frac{m-n+2}{n-1} \int \frac{dx \cdot \sin^m x}{\cos^{n-2} x} \ldots \quad (M).$$

L'intégrale demandée se ramène donc à celle de $dx \sin^m x$, ou à $\frac{dx \sin^m x}{\cos x}$, selon que n est pair ou impair. La 1re va être donnée, la 2e l'est par la formule (I).

796. Si l'on fait n ou m nul dans les équ. I et K, on a

$$\int \sin^m x . dx = \frac{-\cos x . \sin^{m-1} x}{m} + \frac{m-1}{m} \int dx \sin^{m-2} x,$$

$$\int \cos^n x . dx = \frac{\sin x \ . \ \cos^{n-1} x}{n} + \frac{n-1}{n} \int dx \cos^{n-2} x,$$

changeant dans ces équ. m en $-m+2$, n en $-n+2$, on trouve

$$\int \frac{dx}{\sin^m x} = \frac{-\cos x}{(m-1)\sin^{m-1} x} + \frac{m-2}{m-1} \int \frac{dx}{\sin^{m-2} x},$$

$$\int \frac{dx}{\cos^n x} = \frac{\sin x}{(n-1)\cos^{n-1} x} + \frac{n-2}{n-1} \int \frac{dx}{\cos^{n-2} x}.$$

Au lieu de déduire ainsi toutes ces formules des deux équ. I et K, on pourrait les trouver directement. Il suffirait pour cela de réfléchir à la nature de l'intégration par parties, et au but qu'on s'y doit proposer.

On pourrait encore intégrer d'une autre manière les fractions $\frac{\cos^m x . dx}{\sin^n x}$ et $\frac{\sin^m x . dx}{\cos^n x}$; car la première, par ex., si m est pair et $= 2h$, équivaut à $\frac{(1-\sin^2 x)^h dx}{\sin^n x}$; développant $(1-\sin^2 x)^h$, on a une suite de termes de la forme $\sin^k x . dx$. Si m est impair et $= 2h+1$, on a

$$\frac{\cos^{2h} x . \cos x . dx}{\sin^n x} = \frac{(1-z^2)^h dz}{z^n},$$

en faisant $\sin x = z$.

797. Pour le cas où les exposans du sinus et du cosinus sont

à la fois négatifs, en multipliant le numérateur par $\cos^2 x + \sin^2 x$, on a

$$\int\frac{dx}{\sin^m x.\cos^n x}=\int\frac{dx}{\sin^{m-2}x.\cos^n x}+\int\frac{dx}{\sin^m x.\cos^{n-2}x}.$$

On parvient donc à des fractions dégagées de $\sin x$ ou de $\cos x$. Si $m=n$, comme $\sin x\cos x=\frac{1}{2}\sin 2x$, en faisant $2x=z$, la fraction proposée se change en

$$\int\frac{dx}{\cos^n x.\sin^n x}=2^{n-1}\int\frac{dz}{\sin^n z}.$$

798. Nous intégrerons à part cinq fonctions circulaires, soit parce qu'elles offrent des calculs plus simples, soit parce que nos formules y ramènent toutes les autres.

1°. Soit $\frac{dx}{\sin x}$; en faisant $\cos x=z$, on a $-\frac{dz}{1-z^2}$, fraction rationnelle (p. 373); d'où

$$\int\frac{dx}{\sin x}=lc+\tfrac{1}{2}l\frac{1-\cos x}{1+\cos x};$$

et, comme (n° 359) $\tang^2\frac{1}{2}x=\frac{1-\cos x}{1+\cos x}$, on a

$$\int\frac{dx}{\sin x}=l\frac{c\sqrt{(1-\cos x)}}{\sqrt{(1+\cos x)}}=l.c\tang\tfrac{1}{2}x.$$

2°. Un calcul semblable, en faisant $\sin x=z$, donne

$$\int\frac{dx}{\cos x}=l\frac{c\sqrt{(1+\sin x)}}{\sqrt{(1-\sin x)}}=l.c\tang(45°+\tfrac{1}{2}x).$$

3°. Pour $\frac{dx.\cos x}{\sin x}$, comme le numérateur est la différentielle du dénominateur (règle III, p. 370), on a

$$\int\frac{dx\cos x}{\sin x}=\int\frac{dx}{\tang x}=\int dx.\cot x=l(c\sin x).$$

4°. On a de même

$$\int\frac{dx\sin x}{\cos x}=\int dx.\tang x=\int\frac{dx}{\cot x}=l\frac{c}{\cos x}.$$

5°. En ajoutant ces deux dernières formules, on trouve

$$\int \frac{dx}{\sin x \cos x} = l\,\frac{c^2 \sin x}{\cos x} = l(C \tang x).$$

Constantes arbitraires. Intégration par séries.

799. Soit P l'intégrale d'une fonction $z dx$ de x, ou.... $dP = z dx$, et c la constante arbitraire qu'on doit ajouter pour qu'elle soit la plus générale possible (n° 768), on a

$$\int z dx = P + c.$$

Tant qu'il ne s'agit que d'un calcul, c reste quelconque; mais lorsqu'on veut appliquer cette intégrale à une question déterminée, la constante c cesse d'être arbitraire, et doit satisfaire à des conditions prescrites. Si, par ex., on demande l'aire $BCPM = t$ (fig. 22), comprise entre les ordonnées BC, PM, dont la position répond aux abscisses a et b, comme (n° 728) $dt = y dx$, on a $t = \int y dx = P + c$. Or, l'aire $P + c$, commençant lorsque $x = AC = a$, t doit être nul lorsqu'on fera $x = a$ dans $P + c$, ou $A + c = 0$, A étant la valeur que prend la fonction de x désignée par P, lorsque $x = a$; on tire de là $c = -A$, d'où l'aire $t = P - A$. Il restera ensuite à mettre b pour x, et l'aire sera renfermée dans les limites prescrites.

En général, pour déterminer la constante arbitraire, d'après les conditions de la question, on cherchera quelle valeur k doit prendre l'intégrale $t = P + c$ lorsque $x = a$, savoir, $k = A + c$, d'où

$$c = k - A, \quad \text{et} \quad t = P + k - A,$$

sans qu'il soit, comme on voit, nécessaire de connaître l'*origine de l'intégrale*, c.-à-d. sans savoir pour quelle valeur a de x elle est nulle.

Toute intégrale dont l'origine n'est pas fixée, se nomme *Indéfinie*; elle n'est *Complète* que quand elle renferme une constante arbitraire. Lorsque les limites a et b sont données, on a $t = P - A$ en vertu de la 1re; mettant pour x la 2e limite b, il vient $t = B - A$, pour la valeur absolue numérique et constante de $t = \int y dx$: c'est ce qu'on nomme une *Intégrale définie*, A et B étant les valeurs que prend P lorsque $x = a$ et b. En remarquant la forme de cette expression, il est visible que pour l'obtenir, il suffit de *faire* x = a *et* x = b *dans l'intégrale indéfinie* P, *et de retrancher le premier résultat du second.* Tout ceci s'éclaircira bientôt.

M. Fourier a imaginé une notation fort commode pour désigner les intégrales définies; on affecte le signe $\int$ d'intégration de deux indices, l'un inférieur qui se rapporte à la 1re limite de l'intégrale, l'autre supérieur pour la 2e limite. $\int_a^b$ indique une intégrale prise depuis $x = a$, jusqu'à $x = b$. C'est ainsi que $\int_{2\pi}^{\pi} \sin x dx = 1$, parce que l'intégrale $-\cos x$ devient -1 et 0 aux deux limites. L'expression $\int_a^x$ indique que l'intégrale commence à $x = a$, et s'étend jusqu'à une valeur indéfinie de la variable x.

800. Lorsqu'une fonction proposée n'est pas susceptible d'une intégration exacte, on a recours aux approximations. Ainsi, pour trouver $\int z dx$, on développera z en série, suivant les puissances ascendantes ou descendantes de x (n° 706); puis multipliant chaque terme par dx, on l'intégrera. Nous n'en donnerons que deux exemples.

1°. Soit $\int \frac{dx}{1 + x^2}$; cette intégrale est arc $(\text{tang} = x)$. En développant $(1 + x^2)^{-1}$, on a (p. 23)

$$\frac{dx}{1 + x^2} = dx(1 - x^2 + x^4 - x^6 + \ldots),$$

d'où $$\text{arc}(\text{tang} = x) = x - \tfrac{1}{3}x^3 + \tfrac{1}{5}x^5 - \tfrac{1}{7}x^7 \ldots$$

2°. Pour $\int \frac{dx}{\sqrt{(1 - x^2)}} = \text{arc}(\sin = x)$, on développera

$(1-x^2)^{-\frac{1}{2}} = 1 + \frac{x^2}{2} + \frac{1.3x^4}{2.4} \dots$ (p. 16); d'où

$$\text{arc}(\sin = x) = x + \frac{x^3}{2.3} + \frac{3x^5}{2.4.5} + \frac{3.5.x^7}{2.4.6.7} + \dots$$

On n'a pas ajouté de constante, parce qu'on suppose que l'arc dont il s'agit ici est le plus petit de ceux dont x est le sinus ou la tangente, arc qui est nul quand le sin. et la tang. le sont. La 1re de ces formules a servi (n° 591) à trouver le rapport π de la circonférence au diamètre; on peut employer la 2e au même usage, car le tiers du quadrans ayant $\frac{1}{2}$ pour sinus, en faisant $x = \frac{1}{2}$, on a

$$\frac{1}{6}\pi = \frac{1}{2} + \frac{1}{2.3.2^3} + \frac{1.3}{2.4.5.2^5} + \frac{1.3.5}{2.4.6.7.2^7} \dots$$

Du reste, la loi de ces séries suit du calcul même.

801. Pour qu'une série soit de quelque usage dans les applications numériques, il faut qu'elle converge (p. 19); il est donc convenable d'avoir divers procédés pour effectuer ces sortes d'intégrations. La suivante est due à Jean Bernoulli.

Faisons $h = -x$ dans la formule de Taylor; comme $f(x-x)$ ou fo, est ce que devient y ou fx lorsque $x = 0$, fo est une constante b; donc

$$b = y - y'x + \tfrac{1}{2}y''x^2 - \dots$$

Or, la dérivée y' de y étant donnée, l'intégration consiste à trouver y; soit $\int z\text{d}x$ l'intégrale cherchée, $z = y'$, $z' = y'' \dots$, et l'on trouve

$$y = \int z\text{d}x = b + zx - \tfrac{1}{2}z'x^2 + \tfrac{1}{6}z''x^3 - \dots$$

Il suit de ce qu'on a vu (n° 701), qu'on peut obtenir des limites de la somme des termes négligés.

Par exemple, pour $\int \frac{\text{d}x}{a+x} = \text{l}(a+x)$, on a

$$b = \text{l}a,\quad z = \frac{1}{a+x},\quad z' = \frac{-1}{(a+x)^2},\quad z'' = \frac{2}{(a+x)^3} \dots,$$

et

$$l(a+x) = la + \frac{x}{a+x} + \frac{x^2}{2(a+x)^2} + \frac{x^3}{3(a+x)^3} \cdots$$

802. La formule de Taylor donne aussi pour $z = fx$,

$$f(x+h) - fx = zh + \tfrac{1}{2}z'h^2 + \tfrac{1}{6}z''h^3 \ldots,$$

d'où $f(x+b-a) - fx = z(b-a) + \frac{1}{2}z'(b-a)^2 + \ldots,$

en faisant $h = b - a$. Si l'on prend ensuite $x = a$, ce qui change z, z', z''... en des constantes A, A', A''..., on obtient

$$fb - fa = A(b-a) + \tfrac{1}{2}A'(b-a)^2 + \tfrac{1}{6}A''(b-a)^3 \ldots;$$

c'est l'intégrale $\int z dx$ entre les limites $x = a$ et $x = b$ (nº 799). Mais pour que cette série soit applicable, il faut que celle de Taylor ne soit pas fautive. On examinera donc la marche de la fonction z depuis $x = a$ jusqu'à $x = b$, afin de reconnaître si elle devient infinie, pour de certaines valeurs intermédiaires de cette variable x.

On pourra faire converger la série autant qu'on voudra; car, partageant l'intervalle $b - a$ en n parties égales i, en sorte que $b - a = ni$, on prendra d'abord l'intégrale entre les limites a et $a + i$, c.-à-d. qu'on mettra ci-dessus $a + i$ pour b. De même on prendra l'intégrale depuis $a + i$ jusqu'à $a + 2i$; ensuite depuis cette quantité jusqu'à $a + 3i$...

On fera donc successivement

$x = a$, ce qui changera z, z', z''..., en A, A', A''...
$x = a + i$........................ B, B', B''...
$x = a + 2i$........................ C, C', C''...
etc.;

d'où

$$\begin{aligned} f(a+i) - fa &= Ai + \tfrac{1}{2}A'i^2 + \tfrac{1}{6}A''i^3 + \ldots, \\ f(a+2i) - f(a+i) &= Bi + \tfrac{1}{2}B'i^2 + \tfrac{1}{6}B''i^3 + \ldots, \\ f(a+3i) - f(a+2i) &= Ci + \tfrac{1}{2}C'i^2 + \tfrac{1}{6}C''i^3 + \ldots \end{aligned}$$

etc...

$$f(a+ni) - f[a+(n-1)i] = Mi + \tfrac{1}{2}M'i^2 + \tfrac{1}{6}M''i^3 + \ldots$$

803. La somme de ces équations est

$$f(a+ni)-fa=fb-fa=\int z\mathrm{d}x=$$
$$(A+B+C...+M)i+\tfrac{1}{2}(A'+B'...+M')i^2+\tfrac{1}{6}(A''+...+M'')i^3...;$$

telle est l'intégrale de $\int z\mathrm{d}x$ entre les limites de a à b. Si l'on prend i assez petit pour se borner au seul 1er terme, on a

$$\int z\mathrm{d}x=Ai+Bi+Ci...+Mi,$$

série dont les divers termes sont les valeurs que prend successivement la fonction $z\mathrm{d}x$, lorsqu'on fait x égal à a, $a+i$, $a+2i$... C'est pour cela que dans la méthode infinitésimale on regarde l'intégrale comme la *Somme* d'un nombre infini d'élémens, qui sont les valeurs consécutives que prend la fonction lorsqu'on fait passer la variable par toutes les valeurs intermédiaires entre ses limites; c'est ce qui s'éclaircira par la suite (n° 806, 2°.).

Consultez sur les approximations des intégrales définies un beau Mémoire de M. Poisson, inséré parmi ceux de l'Institut, 1826. M. Cauchy a aussi écrit sur le même sujet, et en a fait des applications à des questions de Géométrie et de Mécanique très curieuses. La *Théorie de la chaleur*, par M. Fourier, renferme un grand nombre de questions qui se rapportent aux intégrales définies.

804. Nous ne dirons rien des intégrations du 2e, 3e... ordre des fonctions d'une seule variable, puisqu'elles rentrent dans ce qu'on a exposé. Il y a alors, 2, 3.... constantes arbitraires. (*Voy.* n° 831.)

Par exemple, pour $\iint\frac{(a^2-x^2)\mathrm{d}x^2}{(x^2+a^2)^2}$, on intégrera une première fois; et comme la fraction proposée se décompose (p. 164) en $\frac{2a^2\mathrm{d}x}{(x^2+a^2)^2}-\frac{\mathrm{d}x}{x^2+a^2}$, et que la première donne (n° 771) $\frac{x}{x^2+a^2}+\int\frac{\mathrm{d}x}{x^2+a^2}+c$, il reste à intégrer de nouveau $\frac{x\mathrm{d}x}{x^2+a^2}+c\mathrm{d}x$. On a donc

$$\iint\frac{(a^2-x^2)\mathrm{d}x^2}{(x^2+a^2)^2}=\mathrm{l}\sqrt{(x^2+a^2)}+cx+c'.$$

Des Quadratures et Rectifications.

805. L'aire t d'une courbe plane (n° 728) est $=\int y dx$, et il s'agit d'intégrer cette expression entre les limites convenables; c'est pour cela qu'on a donné le nom de *Méthode des quadratures* aux procédés qui nous ont occupés jusqu'ici, par lesquels on obtient l'intégrale des fonctions d'une seule variable. En voici divers exemples.

I. Pour la parabole AM (fig. 51), $y^2 = 2px$; donc

$$t = \int \sqrt{(2p)} \cdot x^{\frac{1}{2}} dx = \tfrac{2}{3} \sqrt{(2p)} \cdot x^{\frac{3}{2}} + c = \tfrac{2}{3} xy + c.$$

Quand l'aire doit partir du sommet A, $x = 0$ donne $t = 0$, ainsi c est nul; donc *l'aire* MAM′ *d'un segment de parabole est les deux tiers du rectangle circonscrit* M′N′NM.

Si l'aire est comprise entre BC et PM, en faisant $AB = a$, $BC = b = \sqrt{(2pa)}$, t est nul lorsque $x = a$, d'où $c = -\frac{2}{3} ab$, puis $t = \frac{2}{3}(xy - ab)$. L'aire $C'CMM'$ est les deux tiers de la différence des rectangles $N'M$ et $D'C$.

Pour les paraboles de tous les degrés $y^m = ax^n$; on a $t = \dfrac{mxy}{m+n}$. Toutes ces courbes sont donc *carrables*.

II. Pour l'hyperbole équilatère MN (fig. 52) entre ses asymptotes Ax, Ay, on a $xy = m^2$ (n° 418); donc

$$t = \int y dx = m^2 \cdot \int \frac{dx}{x} = m^2 \mathrm{l} x + c;$$

l'aire t ne peut être prise depuis l'axe Ay, parce que $x = 0$ donnerait $t = 0$ et $c = -m^2 \mathrm{l}\, 0 = \infty$. Mais si l'aire doit commencer à l'ordonnée BC qui passe par le sommet C, comme $AB = m$ (n° 418), on a $c = -m^2 \mathrm{l} m$, d'où $t = m^2 \mathrm{l} \dfrac{x}{m}$. On voit donc que si $m = 1$, on a $t = \mathrm{l} x$: *chaque aire prise à partir de* BC, *est donc le logarithme népérien de l'abscisse.*

Lorsque l'angle des asymptotes est α, l'aire est (p. 327), $t = \int y dx \cdot \sin\alpha = \int \dfrac{\sin \alpha dx}{x}$, en faisant $m = 1$; donc $t = \mathrm{Log}\, x$, en prenant pour système de log. celui dont le module est $M = \sin\alpha$ (n° 678). Si l'angle α est droit, $M = 1$, on retombe sur le 1er cas, et l'on obtient les log. népériens ; mais on voit qu'en faisant varier l'angle α des asymptotes, on peut obtenir tous les systèmes pour lesquels $M < 1$. Ainsi, lorsque la base est 10, on a $M = 0,43429\,44819$; l'angle qui a ce nombre pour sinus, le rayon étant un, est $\alpha = 25^\circ\,44'\,25'',47$: tel est l'angle que doivent former les asymptotes d'une hyperbole dont la puissance est un, pour que chaque aire soit le log. tabulaire de son abscisse. On voit par là que c'est très improprement qu'on avait donné la dénomination de *Logarithmes hyperboliques* aux log. népériens, puisque tous les systèmes de log. trouvent leurs représentations dans les aires de diverses hyperboles.

III. Pour le cercle $y^2 = a^2 - x^2$, l'origine étant au centre C (*fig.* 53), on a

$$t = \int \sqrt{(a^2 - x^2)}\mathrm{d}x = \int \frac{a^2\mathrm{d}x}{\sqrt{(a^2 - x^2)}} - \int \frac{x^2\mathrm{d}x}{\sqrt{(a^2 - x^2)}},$$

en multipliant et divisant par $\sqrt{(a^2 - x^2)}$. Or, ce dernier terme est facile à intégrer par parties, puisque $\dfrac{x\mathrm{d}x}{\sqrt{(a^2 - x^2)}}$ est la différentielle de $-\sqrt{(a^2 - x^2)}$; donc

$$\int \frac{x^2\mathrm{d}x}{\sqrt{(a^2 - x^2)}} = -x\sqrt{(a^2 - x^2)} + \int \mathrm{d}x\sqrt{(a^2 - x^2)} = -xy + t.$$

Substituons et transposons t, nous aurons

$$t = \tfrac{1}{2}xy + \tfrac{1}{2}a\int \frac{a\mathrm{d}x}{\sqrt{(a^2 - x^2)}};$$

mais la formule $\mathrm{d}s^2 = \mathrm{d}x^2 + \mathrm{d}y^2$ appliquée à notre cercle, donne $\mathrm{d}s = \dfrac{a\mathrm{d}x}{y} = \dfrac{a\mathrm{d}x}{\sqrt{(a^2 - x^2)}}$; donc, en prenant l'arc s dans les mêmes limites que l'intégrale proposée, on a enfin $t = \frac{1}{2}xy + \frac{1}{2}as + c$. Soient $CA = b$, $AB = k$: doublons et intégrons depuis $x = a$ jusqu'à $x = b$, pour obtenir l'aire du segment BOB'; nous aurons (n° 799) $\frac{1}{2}a \times \text{arc}\,BOB' - bk$: puis ajoutant le triangle CBB', il vient le secteur $CBOB' = \frac{1}{2} CO \times \text{arc } BOB'$.

IV. Pour l'ellipse (fig. 53) $y = \frac{b}{a}\sqrt{(a^2 - x^2)}$, d'où

$$t = \int \frac{b}{a}\sqrt{(a^2 - x^2)}dx = \frac{b}{a} \times z,$$

z désignant la partie de l'aire du cercle circonscrit qui est comprise entre les ordonnées limites. Les aires t et z sont donc dans le rapport constant de b à a. Ainsi, *l'aire du cercle est à celle de l'ellipse, ou l'aire d'un segment de cercle est à celle du segment de l'ellipse inscrite qui est terminée par les mêmes ordonnées, comme le grand axe est au petit;* et, puisque l'aire du cercle circonscrit est πa^2, celle de l'ellipse entière est πab.

V. Pour la cycloïde FMA (fig. 23), mettons l'origine en F, et soit $FS = x$, $SM = y$; nous aurons (n° 723, VI),

$$\frac{dy}{dx} = \sqrt{\left(\frac{y}{2r - y}\right)}, \quad t = \int y dx = \int \sqrt{(2ry - y^2)} dy;$$

cette intégrale est l'aire de la portion FKN du cercle générateur; donc l'aire $FyAM = FKEF = \frac{1}{2}\pi r^2$. Comme d'ailleurs $AE = \pi r$, le rectangle $yE = 2\pi r^2$, d'où $AFE = \frac{3}{2}\pi r^2$: l'aire AFA' *de la cycloïde entière est triple de celle du cercle générateur.*

VI. La méthode de Simpson pour *évaluer les aires curvilignes planes* par approximation, mérite d'être exposée. Et d'abord cherchons celle d'un petit segment CEM (fig. 51) d'une courbe quelconque rapportée aux axes Ax, Ay, et nommons α l'angle MCH formé par la corde CM avec Ax. Au milieu K entre les ordonnées CB, PM, menons l'ordonnée KE : nous pouvons très sensiblement regarder l'arc CEM comme étant celui d'une parabole dont le sommet L répond au milieu I de la corde; l'aire est donc $CEMI = \frac{2}{3} CM.LI$; or les triangles rectangles LEI, MCH donnent $LI = EI \cos\alpha$, $CM = CH : \cos\alpha$, d'où $CEMI = \frac{2}{3} EI \times CH$.

Cela posé, faisons $BK = KP = h$, $CB = y'$, $KE = y''$, $PM = y'''$, l'aire $CBPM$ se compose du trapèze $CBPM = h(y' + y''')$, et de $CEMI = \frac{4}{3}h.EI$; or $EI = EK - IG - GK = \frac{1}{2}(2y'' - y' - y''')$, à cause que $IG = \frac{1}{2}MH$: partant, le segment $CEMI = \frac{2}{3}h(2y'' - y' - y''')$, et la petite aire $CEMPB = \frac{2}{3}h(\frac{1}{2}y' + 2y'' + \frac{1}{2}y''')$.

Supposons que l'aire plane qu'on veut évaluer soit limitée latéralement par deux parallèles, et qu'on a pris l'axe Ax perpend. à ces droites, comme on le voit fig. 138, pl. VI du 1er volume. On mènera une suite de lignes parallèles à celles-ci et équidistantes, qui couperont l'aire proposée en parties dont l'évaluation sera donnée par notre formule, h étant la distance commune de ces parallèles, et y', y'', y'''... leurs longueurs respectives. En sorte que pour les aires suivantes prises 2 à 2, on aura

$$\frac{2}{3}h(\frac{1}{2}y''' + 2y^{IV} + \frac{1}{2}y^{V}), \quad \frac{2}{3}h(\frac{1}{2}y^{V} + 2y^{VI} + \frac{1}{2}y^{VII}), \text{ etc.};$$

ajoutant,

$$\text{l'aire totale} = \frac{2}{3}h(\frac{1}{2}y' + 2y'' + y''' + 2y^{IV} + y^{V} + 2y^{VI} \ldots \frac{1}{2}y'').$$

On voit donc qu'*après avoir coupé l'aire proposée par une suite de parallèles en nombre impair, menées à égale distance* h, *on fera deux sommes, l'une des lignes de rang pair qu'on doublera, l'autre de celles de rang impair; on retranchera de la somme totale la moitié des lignes extrêmes, et l'on multipliera le reste par* $\frac{2}{3}$h : le produit sera d'autant plus approché de l'aire proposée, que les parallèles seront plus voisines, ou que h sera plus petit. Tel est le théorème de Simpson.

806. Nous ferons ici quelques remarques.

1°. Si l'aire t est comprise entre les branches BM, DK, d'une même courbe (fig. 55), ou entre deux courbes différentes données, en nommant $Y = Fx$, $y = fx$, les ordonnées PM, PE, on a

$$BCPM = \int Y dx,\ DCPE = \int y dx, \text{ d'où } BDEM = \int (Y - y) dx.$$

2°. Selon la méthode infinitésimale (nos 762, 803) l'aire

t peut être considérée comme la somme de rectangles tels que m (fig. 55), dont dx et dy sont les côtés; dxdy est donc l'élément de l'aire t, et il s'agit d'intégrer entre les limites convenables.

Pareillement, concevons que dans le cercle C (fig. 54) on ait pris un élément m en un lieu quelconque; sa distance au centre, ou $Cm = r$, et l'angle $mCx = \theta$ en fixent la position. L'aire de l'élément peut être représentée par dr.dθ, dont l'intégrale relative à θ est θdr : en la prenant depuis $\theta = 0$ jusqu'à $\theta = 2\pi r$, on a l'aire d'une couronne circulaire $= 2\pi r$dr, dont l'épaisseur dr est infiniment petite. L'intégrale est πr^2; prise depuis le centre C où $r = 0$, jusqu'à la circonférence B où $r = R =$ le rayon du cercle, on a πR^2 pour l'aire du cercle.

3°. Quand l'aire sera renfermée entre deux courbes BM, DE (fig. 55), dont on a les équ. $Y = Fx$, $y = fx$, on intégrera l'élément $m =$ dydx depuis PE jusqu'à PM, c.-à-d. que ydx devenant $(Y - y)$dx, sera une fonction connue de x, représentant l'élément ME compris entre deux ordonnées infiniment voisines. Il restera à intégrer relativement à x entre les limites AC, AP; et si l'aire est comprise dans le contour d'une courbe fermée, on intégrera $(Y - y)$dx depuis la moindre valeur de x jusqu'à la plus grande. Lorsque l'aire est renfermée entre quatre branches de courbes, telles que BM, BI, IK, KM, il est facile de la partager par des droites parallèles aux axes, en parties qu'on sache évaluer séparément d'après les principes précédens.

Les paraboles opposées AF, AF' (fig. 59) ont pour équ. $y^2 = \pm 2px$; intégrons l'élément $m =$ dxdy relativement à x, de M' en M, c.-à-d. depuis $-\frac{y^2}{2p}$ jusqu'à $+\frac{y^2}{2p}$; xdy donne $\frac{y^2 dy}{p}$ pour l'aire de la tranche MM'. Intégrant de nouveau de A en C, ou depuis $y = 0$, l'aire $F'AFC$ sera $\frac{y^3}{3p}$ ou $\frac{2}{3}xy$.

4°. L'ordonnée y de la courbe ne doit pas devenir infinie entre les limites de l'aire (n° 802).

5°. L'élément ydx change de signe avec y ou x, d'où il suit que l'aire devient négative lorsque x ou y sont de signes contraires.

Lorsque la courbe coupe l'axe des x entre les limites de l'aire, il faut chercher chacune des deux parties et ajouter, parce que l'une est positive et l'autre négative, et que la somme demandée doit être obtenue sans avoir égard à ce dernier signe.

Par ex., la courbe $KACD$ (fig. 56) a pour équ. $y=x-x^3$, $AK=AI=1$; l'origine est en A. L'aire $t=\frac{1}{2}x^2-\frac{1}{4}x^4+c$; si elle doit commencer au point B pour lequel $AB=\sqrt{\frac{1}{3}}$, on trouve $c=-\frac{5}{36}$; d'où $t=\frac{1}{2}x^2-\frac{1}{4}x^4-\frac{5}{36}$: et si l'aire doit être terminée en ED, où $AE=\sqrt{\frac{5}{3}}$, on trouve $t=0$; ce qui indique seulement que les aires BCI, IED sont égales et de signes contraires. En effet, on voit aisément que $BCI=\frac{1}{9}=-DIE$. De même, l'aire prise depuis K jusqu'en I est nulle, parce que $ACI=\frac{1}{4}=-KOA$.

807. Pour donner une application de la formule (n° 729), $\tau'=\frac{1}{2}(xy'-y)$, qui sert à trouver l'aire τ comprise entre deux rayons vecteurs, cherchons l'aire CMO (fig. 53) dans l'ellipse ODO'; on a $a^2y^2+b^2x^2=a^2b^2$, $y'=-\dfrac{b^2x}{a^2y}$, d'où

$$\tau'=-\tfrac{1}{2}\left(\frac{b^2x^2}{a^2y}+y\right)=-\frac{b^2}{2y},\quad d\tau=-\frac{abdx}{2\sqrt{(a^2-x^2)}}.$$

Comme l'aire τ est comptée depuis un rayon fixe, tel que CO, jusqu'au rayon CM, le signe $-$ provient de ce que x décroît quand τ croît (n° 702).

Mais la formule (n° 727) des rectifications, appliquée au cercle dont le rayon est a, donne pour longueur de son arc s,

$$ds=-\frac{adx}{\sqrt{(a^2-x^2)}};$$ d'où $d\tau=\frac{1}{2}bds$, et $\tau=\frac{1}{2}bs$, en prenant l'arc s entre les mêmes limites que τ, $x=CO$ et $x=CA$. Quand $b=a$, on a $\tau=\frac{1}{2}as$; ainsi, le secteur circulaire $BCO=\frac{1}{2}CO\times\text{arc }BO$; et

le secteur elliptique $MCO=\frac{1}{2}b\times\text{arc }BO=\dfrac{b}{a}\times OCB$.

Pour l'hyperbole MN (fig. 52), on a $xy=m^2$, d'où $\tau'=-y$ et $d\tau=-ydx$, $\tau=-\int ydx$: donc le secteur quelconque hyperbolique $CAM=CBPM$.

808. Lorsque les coordonnées sont polaires (fig. 25), on a (n° 729), $d\tau=\frac{1}{2}r^2d\theta$. Ainsi, dans la spirale d'Archimède (n° 472), où $2\pi r=a\theta$, on trouve $\tau=\frac{\pi}{a}\int r^2dr=\frac{\pi}{a}\cdot\frac{r^3}{3}+c$. Pour l'aire AOI formée par une révolution entière du rayon vecteur AM, il faut prendre l'intégrale depuis $r=0$ jusqu'à $r=a$. On obtient $AOI=\frac{1}{3}\pi a^2=$ le tiers du cercle dont le rayon est AI.

Remarquons que pour pouvoir étendre l'intégrale au-delà de $\theta=360°$, il faut avoir égard à ce que cette 2e aire contient celle qu'on vient d'obtenir, comme (n° 806, 5°.).

809. Donnons quelques exemples de la formule (n° 727) des rectifications, $s=\int\sqrt{(dx^2+dy^2)}$.

I. Pour la parabole, $y^2=2px$ donne

$$ydy=pdx,\quad s=\int\frac{dy}{p}\sqrt{(y^2+p^2)}.$$

Cette intégrale est (n° 773, p. 378)

$$s=c+\frac{y}{2p}\sqrt{(p^2+y^2)}+\tfrac{1}{2}p\,l\,[y+\sqrt{(p^2+y^2)}].$$

Si l'arc s commence en A (fig. 51), $y=0$ donne $s=0$: on en tire $c=-\frac{1}{2}p\,l\,p$; donc

$$ACM=\frac{y\sqrt{(p^2+y^2)}}{2p}+\tfrac{1}{2}p\,l\left(\frac{y+\sqrt{(p^2+y^2)}}{p}\right).$$

II. Pour la seconde parabole cubique $y^3=ax^2$, on a

$$s=\int dy\sqrt{\left(1+\frac{9y}{4a}\right)}=\tfrac{8}{27}a\sqrt{\left(1+\frac{9y}{4a}\right)^3}+c.$$

En général, $y=ax^n$ représente toutes les paraboles ou les hyperboles, suivant que n est une fraction positive ou négative : on obtient $s=\int dx\sqrt{(1+n^2a^2x^{2n-2})}$. Toutes les fois (n° 776) que $2(n-1)$ est exactement contenu dans 1, ou que $\frac{1}{2(n-1)}+\frac{1}{2}$ est entier, on aura l'arc s sous forme finie.

III. Pour le cercle, suivant que l'origine est au centre ou à l'extrémité du diamètre, on a $y^2=r^2-x^2$, ou $y^2=2rx-x^2$. Dans ces deux cas, il vient $s=\int\frac{r\mathrm{d}x}{y}$. En mettant pour y sa valeur en x, on voit que l'intégration ne peut s'effectuer que par séries (n° 800), ou par des arcs de cercle, ce qui ramène la question au point d'où l'on est parti.

IV. Pour l'ellipse; $a^2y^2+b^2x^2=a^2b^2$ donne

$$s=\int\frac{\mathrm{d}x}{a}\sqrt{\left(\frac{a^4-x^2(a^2-b^2)}{a^2-x^2}\right)}=\int\mathrm{d}x\,\frac{\sqrt{(a^2-e^2x^2)}}{\sqrt{(a^2-x^2)}},$$

en faisant $ae=\sqrt{(a^2-b^2)}$; e désigne le rapport de l'excentricité au demi-grand axe. On ne peut intégrer cette expression que par une série; mais il faudra disposer le calcul de manière à la rendre convergente. Ainsi on pourra développer (n° 485, II), $\sqrt{(a^2-e^2x^2)}$.

Ou bien on fera l'arc OB (fig 53) du cercle circonscrit $=\theta$,

d'où $$CA=x=a\cos\theta \text{ et } \frac{\mathrm{d}x}{\sqrt{(a^2-x^2)}}=-\mathrm{d}\theta,$$

puis $$s=-a\int\mathrm{d}\theta\sqrt{(1-e^2\cos^2\theta)}.$$

On aura à intégrer une suite de termes de la forme $A\cos^{2m}\theta.\mathrm{d}\theta$ (n° 796); par là l'arc OM dépendra, à l'aide d'une série, de l'arc correspondant OB du cercle circonscrit.

La rectification de l'hyperbole offre un calcul semblable.

V. Dans la cycloïde (fig. 23), l'origine étant en F, on a (n° 723, VI)

$$y'=\sqrt{\frac{y}{2r-y}},\quad s=\int\frac{\sqrt{2r}}{\sqrt{y}}\mathrm{d}y=2\sqrt{(2ry)}.$$

On n'ajoute pas de constante, lorsque l'arc s commence en F. Or $\sqrt{(2ry)}=KF$; donc $FM=2$ fois la corde KF.

810. Si les coordonnées sont polaires (n° 729), on a $\mathrm{d}s=\sqrt{(r^2\mathrm{d}\theta^2+\mathrm{d}r^2)}$. Ainsi, la spirale d'Archimède, ou $2\pi r=a\theta$,

donne $$s=\int\frac{2\pi dr}{a}\sqrt{\left(\frac{a^2}{4\pi^2}+r^2\right)}.$$

En comparant cette expression à celle de l'arc de parabole, on voit que les longueurs des arcs de ces courbes sont égales, lorsque r est l'ordonnée de la parabole, et $\frac{a}{\pi}$ le paramètre.

Dans la spirale logarithmique (n° 474), $\theta=\text{l}r$; on trouve $s=\int dr\sqrt{2}=r\sqrt{2}+c$: si l'arc commence au pôle, $c=0$, et l'on a $s=r\sqrt{2}$. Ainsi, quoique la courbe n'atteigne son pôle qu'après un nombre infini de révolutions, l'arc s est fini et égal à la diagonale du carré construit sur le rayon vecteur qui le termine.

Voyez, pour les courbes à double courbure, ce qu'on a dit n° 751.

Des aires et des volumes des Corps.

811. Le volume v et l'aire u d'un corps de révolution autour de l'axe des x s'obtiennent (n° 752) en intégrant

$$v=\int\pi y^2dx,\quad u=\int 2\pi y ds=\int 2\pi y\sqrt{(dx^2+dy^2)}.$$

Voici quelques applications de ces formules.

I. Pour l'ellipse, en recourant à la valeur de ds (n° 809, IV); on trouve

$$v=\frac{\pi b^2}{a^2}\int(a^2-x^2)dx,\quad u=\frac{2\pi be}{a}\int\sqrt{\left(\frac{a^2}{e^2}-x^2\right)}dx.$$

La 1re donne $v=\pi b^2\left(x-\frac{x^3}{3a^2}+c\right)$: si le sommet est une des limites, $c=-\frac{2}{3}a$. Soit donc z la hauteur du segment d'ellipsoïde, ou $x=a-z$, le volume $=\frac{\pi b^2z^2}{3a^2}(3a-z)$. Pour l'ellipsoïde entier, $z=2a$, et l'on a $\frac{4}{3}\pi b^2a$. Il en résulte que, 1°. le volume de la sphère $=\frac{4}{3}\pi a^3$; 2°. l'ellipsoïde de révolution est à la sphère circonscrite $::\ b^2:a^2$; 3°. chacun de ces corps est les $\frac{2}{3}$ du cylindre qui lui est circonscrit; 4°. enfin le segment sphérique $=\pi z^2(a-\frac{1}{3}z)$.

L'intégrale qui entre dans la valeur de u est visiblement l'aire d'une portion de cercle concentrique à l'ellipse comprise entre les mêmes limites que l'arc générateur, et dont le rayon est $\frac{a}{e}$. Soit z cette aire facile à obtenir ; on aura $u = \frac{2\pi bez}{a}$.

S'il s'agit de la sphère, on a (n° 809, III), $ds = \frac{rdx}{y}$; d'où $u = \int 2\pi r dx$. On trouve aisément $2\pi rz$ pour la surface de la calotte ou de la zone dont z est la hauteur ; et $4\pi r^2$ pour l'aire de la sphère entière.

II. Pour la parabole $y^2 = 2ax$, on trouve

$$v = \int 2\pi ax \,.\, dx = \pi ax^2 + c,$$

$$u = \int \frac{2\pi}{a} \,.\, y dy \sqrt{(y^2 + a^2)} = \frac{2\pi}{3a} [\sqrt{(y^2 + a^2)^3} + C],$$

si l'origine est au sommet, $c = 0$ et $C = -a^3$. On a donc ainsi le volume et l'aire d'un segment de paraboloïde de révolution.

III. Soit $y^m = ax^n$; on en tire

$$v = \int \pi \sqrt[m]{a^2} \,.\, \sqrt[m]{x^{2n}} . dx = \frac{m\pi x}{m + 2n} \sqrt[m]{(ax^n)^2} = \frac{m\pi x y^2}{m + 2n}.$$

Ce calcul se rapporte aux paraboles et aux hyperboles, suivant que n est positif ou négatif.

812. Le volume V et l'aire U d'un corps sont donnés par les formules (n° 754)

$$V = \iint z dx dy, \quad U = \iint dx dy \sqrt{(1 + p^2 + q^2)}.$$

Voici comment on doit entendre ces doubles intégrales. Après avoir mis pour z, p et q leurs valeurs en x et en y, tirées de l'équ. de la surface proposée (n° 747), on intégrera, en regardant comme constant x ou y à volonté, suivant que l'une offrira des calculs plus simples que l'autre. On aura ensuite égard aux limites que la question détermine.

Par ex., si l'aire U, qu'on demande, doit être comprise entre deux plans parallèles aux xz, $y = a$, $y = b$, et qu'on ait intégré par rapport à y, on prendra l'intégrale entre les limites a et b, x étant regardé comme constant. On aura ainsi l'aire MB (fig. 49) d'une tranche dont l'épaisseur est infiniment petite $= dx$, terminée aux deux plans ME, NB, dont il s'agit. Cette 1re intégrale sera de la forme $\varphi x . dx$, c.-à-d. délivrée de y, mais contenant x. On intégrera de nouveau, relativement à x, depuis la plus petite jusqu'à la plus grande valeur de cette variable, et l'on aura l'aire demandée, qu'on regarde comme la somme d'une série infinie de tranches semblables.

Si le corps est terminé latéralement par des surfaces courbes, on devra introduire, dans la 1re intégrale, des fonctions de x, pour les limites de y, en opérant d'une manière analogue au n° 806. Des exemples éclairciront tout ceci.

Pour la sphère (fig. 57), $x^2 + y^2 + z^2 = r^2$; d'où

$$p = -\frac{x}{z}, \quad q = -\frac{y}{z}, \quad \sqrt{(1 + p^2 + q^2)} = \frac{r}{z},$$

$$U = \iint \frac{r dx dy}{\sqrt{(r^2 - x^2 - y^2)}}, \quad V = \iint dx dy \sqrt{r^2 - x^2 - y^2}.$$

On fera d'abord y constant, et $r^2 - y^2 = A^2$; d'où

$$U = \iint \frac{r dx}{\sqrt{(A^2 - x^2)}} dy, \quad V = \iint dx dy \sqrt{(A^2 - x^2)}.$$

Une 1re intégration donne, pour l'une, $r dy . \text{arc}\left(\sin = \frac{x}{A}\right)$. Or, le plan xy coupe la sphère suivant un cercle Cy, dont l'équation est $x^2 + y^2 = r^2$, et dans lequel l'abscisse $AF = \pm \sqrt{(r^2 - y^2)} = \pm A$ est le rayon du cercle formé par le plan coupant DmC. Si donc on prend cette intégrale depuis $x = -A$ jusqu'à $x = +A$, on aura l'aire infiniment étroite DmC d'une bande parallèle aux xz, et tracée sur l'hémisphère supérieur.

Faisant donc $x = -A$ et $x = +A$ dans notre arc ci-dessus, puis retranchant le 1er résultat du 2e, nous aurons $\pi r dy$, parce que l'arc dont le sinus $= 1$, est $\frac{1}{2}\pi$. Intégrons par rapport à y, qu'on a prise pour constante; nous aurons $\pi r y$ pour 2e intégrale, et les limites étant $-r$ et r, qui sont la plus petite et la plus grande valeur de y, $2\pi r^2$ sera l'aire de l'hémisphère supérieur.

Disons-en autant pour le volume V (p. 385);

$$\int \sqrt{(A^2 - x^2)}dx = \tfrac{1}{2}x\sqrt{(A^2 - x^2)} + \tfrac{1}{2}A^2 \operatorname{arc}\left(\sin = \frac{x}{A}\right).$$

Prenons les limites $-A$ et $+A$, comme ci-dessus; le 1er terme disparaît, et l'on a $\frac{1}{2}\pi A^2$. Il faut donc intégrer de nouveau $\frac{1}{2}\pi(r^2 - y^2)dy$, qui représente le volume de la tranche $DmCE$; et l'on a $\frac{1}{2}\pi(r^2 y - \frac{1}{3}y^3)$, qui revient à $V = \frac{2}{3}\pi r^3$ entre les limites $-r$ et $+r$. C'est le volume de la demi-sphère.

L'élément du volume V est $dxdydz$: on intègre d'abord par rapport à z, depuis le z de la surface inférieure, qui limite le corps, jusqu'au z de la surface supérieure : ainsi, l'on met dans $zdxdy$ ces deux valeurs de z en fonction de x et y, telles qu'on les tire des équ. de ces deux surfaces : on a ainsi le parallélépipède compris entre elles, et élevé sur la base $dxdy$. On intègre ensuite relativement à x, pour former la somme de tous les prismes qui composent une tranche dont dy est l'épaisseur, et qui est comprise entre deux plans parallèles aux xz. Supposons que le volume V soit compris dans un cylindre MNg (fig. 58), élevé sur une base donnée mng, les limites de cette 2e intégrale résultent d'une section quelconque Pmn, faite dans le corps par un plan perpend. aux y : ainsi l'on prendra l'intégrale depuis $x = Pm$ jusqu'à $x = Pn$, valeurs qu'on tire en fonction de y de l'équ. de la courbe $mfng$, base de notre cylindre. Soient $x = fy$ et Fy ces valeurs; on les mettra successivement pour x dans l'intégrale, et l'on retranchera les résultats l'un de l'autre. Il ne restera plus qu'à intégrer une fonction de y, depuis la moindre valeur AB de y jusqu'à la plus grande AC, valeurs qu'on tire encore de l'équ. de la base fng.

Cherchons, par ex., le volume du cône droit. Prenons son axe pour celui des y, et le sommet pour origine : l'équ. est (nº 621) $l^2y^2 = z^2 + x^2$, l étant la tang. de l'angle formé par l'axe et les génératrices. Or, $zdxdy$ devient $2\sqrt{(l^2y^2 - x^2)}dxdy$, depuis le z inférieur jusqu'au supérieur, puisque $z = \pm\sqrt{(l^2y^2 - x^2)}$. L'intégrale relative à x a été donnée ci-dessus et p. 380, savoir,

$$x\sqrt{(l^2y^2-x^2)}+2l^2y^2.\text{arc}\left(\text{tang}=\sqrt{\frac{ly+x}{ly-x}}\right)+c.$$

Comme en faisant $z=0$, l'équ. du cône donne $x=\pm ly$ pour les limites du corps, il faut changer ici x en $-ly$ (ce qui donne zéro), puis en $+ly$ [d'où $2l^2y^2.\text{arc}\,(\text{tang.}=\infty)=\pi l^2y^2$] ; il vient, en retranchant, πl^2y^2dy, qu'il faut intégrer depuis $y=0$, ou le sommet, jusqu'à $y=h$, qui répond à la base. Donc enfin le volume du cône droit est $\frac{1}{3}\pi l^2h^3$, ce qui revient au théorème connu.

De même, si les limites de l'aire sont déterminées par une courbe *FMNG* tracée sur la surface dont il s'agit, on cherchera sa projection *fg* sur le plan *xy* (n° 616), qui déterminera un cylindre droit, pour lequel on raisonnera précisément de la même manière. On intégrera donc $dxdy\sqrt{(1+p^2+q^2)}$ entre les limites ci-dessus désignées.

En voici un exemple.

Soient tracées, sur le plan *xy*, les deux paraboles égales et opposées *FAE*, *F'AE'* (fig. 59), dont $y^2=nx$, $y^2=-nx$ sont les équ.; puis la parallèle *FF'* à l'axe des *x*, *AC* étant $=b$. De plus, concevons un cône droit à base circulaire, dont le sommet serait à l'origine *A*, et qui aurait pour axe celui des *z*, l'équ. étant $z=k\sqrt{(x^2+y^2)}$, (n° 621). On demande de trouver l'aire du cône comprise dans le cylindre droit élevé sur *AMFF'M'*. L'équ. du cône donne

$$p=\frac{kx}{\sqrt{(x^2+y^2)}},\quad q=\frac{ky}{\sqrt{(x^2+y^2)}},\quad 1+p^2+q^2=1+k^2;$$

l'élément de l'aire du cône est $\sqrt{(1+k^2)}dxdy$, sa projection est en *m*. L'intégrale relative à x est $\sqrt{(1+k^2)}xdy$, qu'il faut prendre depuis *M'* jusqu'en *M*, et l'on aura l'aire de la bande infiniment étroite qui est projetée en *MM'*. Or les équ. des paraboles donnent, pour les abscisses des points *M'* et *M*, limites de l'intégrale,

$$x=-\frac{y^2}{n},\quad x=+\frac{y^2}{n};\quad \text{d'où}\ \frac{2y^2}{n}\sqrt{(1+k^2)}dy.$$

Opérant maintenant pour y sur cette 1re intégrale, il vient $\frac{2y^3}{3n}\sqrt{(1+k^2)}$, qu'il faut prendre de A en C, c.-à-d. depuis $y=0$ jusqu'à $y=b$. On obtient, pour l'aire demandée, $\frac{2b^3}{3n}\sqrt{(1+k^2)}$.

L'application de ces principes à la recherche des centres de gravité et des momens d'inertie est surtout remarquable. (*Voy.* ma *Mécanique*, n°s 64 et 241.)

IV. INTÉGRATION DES ÉQUATIONS ENTRE DEUX VARIABLES.

Séparation des Variables ; Équations homogènes.

813. Intégrons les équ. du 1er ordre entre deux variables.

Soit proposée l'équ. différentielle $M\mathrm{d}y + N\mathrm{d}x = 0$, qui est du 1er ordre entre les deux variables x et y. Il est clair que si elles ne sont pas mêlées, en sorte que M ne contienne pas x, et que N soit sans y, l'intégrale de l'équ. sera la somme des intégrales qu'on trouvera par les principes antérieurs,

$$\int M\mathrm{d}y + \int N\mathrm{d}x = \text{const.}$$

Il en sera de même de toute équ. dont on pourra *séparer* les variables. Le cas le plus simple est celui où M est fonction de x, et N de y seulement ; car, divisant l'équation par MN, on a

$$\frac{\mathrm{d}y}{N} + \frac{dx}{M} = 0.$$

C'est ainsi que $\quad \mathrm{d}x\sqrt{(1+y^2)} - x\mathrm{d}y = 0$

donne $\quad \dfrac{\mathrm{d}x}{x} = \dfrac{\mathrm{d}y}{\sqrt{(1+y^2)}}$; d'où (n° 773)

$$\mathrm{l}(cx) = \mathrm{l}[y + \sqrt{(1+y^2)}], \quad \text{et} \quad cx = y + \sqrt{(1+y^2)}.$$

814. Si $M = XY$, $N = X_{\prime}Y_{\prime}$, X et $X_{\prime}$, étant des fonctions

de x, Y et $Y_{,}$ des fonctions de y, on a $XYdy + X_{,}Y_{,}dx = 0$; qui donne, en divisant par $XY_{,}$,

$$\frac{Y}{Y_{,}}\,dy + \frac{X_{,}}{X}\,dx = 0.$$

815. La séparation des variables est encore possible dans les équ. *homogènes* (n° 322) par rapport à x et y. Soit m le degré de chaque terme Ay^kx^h, ou $m = h + k$; en divisant l'équ. par x^m, le terme Ay^kx^h devient $A\left(\frac{y}{x}\right)^k = Az^k$, en faisant $y = xz$. On voit donc que M et N deviendront des fonctions de z seul, en sorte que si l'on divise par M l'équ. $Mdy + Ndx = 0$, on aura $dy + Zdx = 0$. Mais $y = xz$ donne $dy = xdz + zdx$, donc $xdz + (z + Z)\,dx = 0$; d'où

$$\frac{dx}{x} + \frac{dz}{z + Z} = 0, \quad \text{et} \quad lx + \int \frac{dz}{z + Z} = 0.$$

I. Prenons, pour 1er ex., $(ax + by)dy + (fx + gy)dx = 0$. Divisons par $ax + by$; nous trouverons

$$dy + \frac{f + gz}{a + bz}\,dx = 0, \quad \text{d'où} \quad \frac{dx}{x} + \frac{(a + bz)dz}{bz^2 + (a + g)z + f} = 0,$$

équ. facile à intégrer. Il faudra ensuite substituer $\frac{y}{x}$ pour z.

C'est ainsi que $ydy + (x + 2y)dx = 0$, à cause de $a = 0$, $b = f = 1$, $g = 2$, donne $\frac{dx}{x} + \frac{zdz}{z^2 + 2z + 1} = 0$; on ajoute dz au numérateur du 2e terme, qui devient $\frac{dz(1 + z)}{(1 + z)^2}$ ou $\frac{dz}{1 + z}$. On a donc à intégrer

$$\frac{dx}{x} + \frac{dz}{1 + z} - \frac{dz}{(1 + z)^2} = 0;$$

d'où
$$l(cx) + l(1 + z) + \frac{1}{1 + z} = 0,$$

ou
$$l.c(x + xz) = \frac{-1}{1 + z}, \quad lc(x + y) + \frac{x}{x + y} = 0.$$

II. Pour $ay^m dy + (x^m + by^m)dx = 0$, on a

$$dy + \frac{1 + bz^m}{az^m}dx = 0, \quad \frac{dx}{x} + \frac{az^m dz}{az^{m+1} + bz^m + 1} = 0.$$

III. Soit $xdy - ydx = dx\sqrt{(x^2 + y^2)}$; posant $y = xz$, et divisant par x, on trouve

$$dy - zdx = dx\sqrt{(1 + z^2)}, \text{ d'où } \frac{dx}{x} = \frac{dz}{\sqrt{(1 + z^2)}},$$

dont l'intégrale (n° 773) est $x = cz + c\sqrt{(1 + z^2)}$, ou......
$x^2 = cy + c\sqrt{(x^2 + y^2)}$, qu'on réduit à $x^2 = 2cy + c^2$, en transposant cy et élevant au carré.

IV. Quelle est la courbe dont l'aire $BCMP$ (fig. 51) est égale au cube de l'ordonnée PM, qui la termine, divisé par l'abscisse, et cela pour chacun de ses points, à partir d'une ordonnée fixe BC? De $\int ydx = \frac{y^3}{x}$, on tire, en différenciant, $(x^2y + y^3)dx = 3xy^2dy$; faisant $y = zx$, on trouve (p. 372) $\frac{dx}{x} = \frac{3zdz}{1 - 2z^2}$, d'où $x^4(1 - 2z^2)^3 = c$, puis enfin

$$(x^2 - 2y^2)^3 = cx^2.$$

816. Toute équation qu'on pourra rendre homogène sera donc intégrable. Ainsi pour

$$(ax + by + c)\,dy + (mx + ny + p)\,dx = 0,$$

on fait $ax + by + c = z$, $mx + ny + p = t$,

d'où $adx + bdy = dz$ $mdx + ndy = dt$;

puis $dy = \frac{mdz - adt}{mb - na}$, $dx = \frac{bdt - ndz}{mb - na}$;

la proposée devient homogène,

$$zdy + tdx = 0, \quad \text{ou} \quad (mz - nt)\,dz + (bt - az)\,dt = 0.$$

Quand $mb - na = 0$, ce calcul cesse d'être possible, mais alors $m = \frac{na}{b}$, et la proposée est

$$bcdy + bpdx + (ax + by)\,(bdy + ndx) = 0,$$

dont on sépare les variables en faisant $ax + by = v$; on substitue cette valeur, et $dy = \frac{dv - adx}{b}$, etc.

817. Prenons l'équation *linéaire*, ou du 1er degré en y,

$$dy + Pydx = Qdx,$$

P et Q étant des fonctions de x; on fera $y = zt$, d'où

$$zdt + tdz + Pztdx = Qdx;$$

et, comme on peut disposer à volonté de l'une des indéterminées z et t, on égalera à zéro le coefficient de z; donc

$$dt + Ptdx = 0, \quad tdz = Qdx.$$

La première donne $\frac{dt}{t} = -Pdx$, d'où $lt = -\int Pdx = -u$, et comme Pdx ne contient pas y, l'intégrale u de Pdx est facile à trouver. On a donc

$$lt = -u + a, \quad \text{ou} \quad t = e^{-u+a} = e^a e^{-u} = Ae^{-u},$$

en faisant la constante $e^a = A$. On substitue cette valeur dans $tdz = Qdx$, et l'on a $Adz = Qe^u dx$; d'où

$$Az = \int Qe^u dx + c.$$

Q et u sont des fonctions connues de x, et l'intégrale $\int Qe^u dx$ étant obtenue, on remettra pour Az sa valeur $\frac{Ay}{t}$ ou ye^u, ce qui donnera enfin

$$ye^u = \int Qe^u dx + c, \quad \text{équ. où } u = \int Pdx.$$

Il suit de ce calcul, qu'il est inutile d'ajouter une constante a à l'intégrale $\int Pdx = u$.

Soit, par exemple, $dy + ydx = ax^3 dx$; on a

$$P = 1, \quad Q = ax^3, \quad u = \int Pdx = x,$$

$$\int Qe^u dx = \int ax^3 e^x dx = ae^x (x^3 - 3x^2 + 6x - 6);$$

donc $$y = ce^{-x} + a(x^3 - 3x^2 + 6x - 6).$$

Pour l'équ. $(1+x^2)\,dy - yx\,dx = a\,dx$, on a

$$P=\frac{-x}{1+x^2},\quad Q=\frac{a}{1+x^2},\ u=-\int\frac{x\,dx}{1+x^2}=-l\sqrt{(1+x^2)};$$

donc $e^u=(1+x^2)^{-\frac{1}{2}}$ (*Voy.* n° 149, 12°.);

$$\int Qe^u dx=\int\frac{a\,dx}{(1+x^2)^{\frac{3}{2}}}=\frac{ax}{\sqrt{(1+x^2)}}+c \text{ (page 383)};$$

enfin, $$y=ax+c\sqrt{(1+x^2)}.$$

818. Traitons enfin *l'équ. de Riccati*, ainsi nommée parce que ce savant s'en est le premier occupé :

$$dy+by^2dx=ax^m dx;$$

1°. Si $m=0$, on a (p. 163)

$$\frac{dy}{a-by^2}=dx=\frac{1}{2\sqrt{a}}\left(\frac{dy}{\sqrt{a}+y\sqrt{b}}+\frac{dy}{\sqrt{a}-y\sqrt{b}}\right);$$

donc $2x\sqrt{(ab)}+c=l(\sqrt{a}+y\sqrt{b})-l(\sqrt{a}-y\sqrt{b})$.

2°. Quand m n'est pas nul, on pose $y=b^{-1}x^{-1}+zx^{-2}$, et l'on trouve

$$x^2dz+bz^2dx=ax^{m+4}dx,$$

transformée homogène si $m=-2$, et qu'on intègre en séparant les variables, quand $m=-4$.

3°. Dans tout autre cas, soit fait $z=t^{-1}$, $x^{m+3}=u$, puis

$$n=-\frac{m+4}{m+3},\quad b'=\frac{a}{m+3},\quad a'=\frac{b}{m+3},$$

et l'on a cette équ. semblable à la proposée,

$$dt+b't^2du=a'u^n du;$$

on pourra donc la traiter comme ci-dessus, et l'intégrer lorsque n sera -2 ou -4.

Et si n n'est pas -2 ou -4, en effectuant une transformation semblable, et continuant de proche en proche, selon les mêmes procédés, on sera ramené à des équ. de mêmes formes que la proposée, ayant pour la variable, dans le 2ᵉ membre, un exposant successivement $= -\frac{m+4}{m+3}, -\frac{n+4}{n+3}, -\frac{p+4}{p+3}$, c.-à-d. que cet exposant est

$$= -\frac{m+4}{m+3}, \quad -\frac{3m+8}{2m+5}, \quad -\frac{5m+12}{3m+7}, \quad -\frac{7m+16}{4m+9} \ldots$$

Que l'une de ces fractions soit nulle, ou -2, ou -4, l'intégrale sera facile à trouver; savoir, $m = \frac{-4i}{2i-1}$, i étant un entier quelconque, positif, ou zéro.

Si l'on eût commencé par faire $y = t^{-1}$, $x^{m+1} = z$, dans la proposée, le même calcul aurait conduit à trouver que l'intégration est possible lorsque $m = \frac{-4i}{2i+1}$; ainsi $m = \frac{-4i}{2i \pm 1}$ est la condition d'intégrabilité de l'équ. de Riccati.

Du Facteur propre à rendre intégrable.

819. L'équ. $M\mathrm{d}y + N\mathrm{d}x = 0$ ne résulte pas toujours immédiatement de la différenciation d'une équ. $f(x, y) = 0$; car on a pu, après ce calcul, multiplier ou diviser toute l'équ. par une fonction quelconque, ou en éliminer une constante (nº 687) à l'aide de $f(x, y) = 0$, ou enfin faire telle combinaison qu'on voudra de ces équ. entre elles. L'équ. proposée peut donc ne pas être une *différentielle exacte*.

En général, soit $u = f(x, y)$, la différentielle étant, ... $\mathrm{d}u = M\mathrm{d}y + N\mathrm{d}x$, la relation $\frac{\mathrm{d}^2u}{\mathrm{d}x\mathrm{d}y} = \frac{\mathrm{d}^2u}{\mathrm{d}y\mathrm{d}x}$ devient ici

$$\frac{\mathrm{d}M}{\mathrm{d}x} = \frac{\mathrm{d}N}{\mathrm{d}y} \ldots \quad (1).$$

Ainsi, *toutes les fois que* M$\mathrm{d}y$ + N$\mathrm{d}x$ *est une différentielle exacte, la condition* (1) *doit être remplie. Réciproquement,* M *et* N *satisfont à la condition* (1), M$\mathrm{d}y$ + N$\mathrm{d}x$ *est une différentielle exacte qu'il sera toujours possible d'intégrer.*

Pour démontrer cette réciproque, intégrons $M\mathrm{d}y$ en regardant x constant, et soit P l'intégrale, fonction connue de x et y, résultant de $\int M\mathrm{d}y$, relative à y seul, ou $M = \frac{\mathrm{d}P}{\mathrm{d}y}$. Prenant pour la constante arbitraire une quantité X, qui pourra contenir x, nous aurons $P + X$ pour l'intégrale de $M\mathrm{d}y$ relative à y. Prouvons que $P + X$ est l'intégrale de $M\mathrm{d}y + N\mathrm{d}x$, quand l'équ. (1) a lieu.

La différentielle complète de $P + X$ est

$$\frac{\mathrm{d}P}{\mathrm{d}x}\mathrm{d}x + \frac{\mathrm{d}P}{\mathrm{d}y}\mathrm{d}y + \mathrm{d}X \quad \text{ou} \quad \frac{\mathrm{d}P}{\mathrm{d}x}\mathrm{d}x + M\mathrm{d}y + \mathrm{d}X\,;$$

d'où l'on doit conclure que $P + X$ sera l'intégrale de $M\mathrm{d}y + N\mathrm{d}x$ (qui sera par conséquent une différentielle exacte), si l'on peut déterminer X de sorte que ce trinome soit $= M\mathrm{d}y + N\mathrm{d}x$, ou

$$N\mathrm{d}x = \frac{\mathrm{d}P}{\mathrm{d}x}\mathrm{d}x + \mathrm{d}X, \quad \text{ou} \quad \mathrm{d}X = \left(N - \frac{\mathrm{d}P}{\mathrm{d}x}\right)\mathrm{d}x \ldots \quad (2).$$

Or, en différenciant $M = \frac{\mathrm{d}P}{\mathrm{d}y}$ par rapport à x, on trouve, en vertu de la condition supposée (1),

$$\frac{\mathrm{d}M}{\mathrm{d}x} = \frac{\mathrm{d}^2P}{\mathrm{d}y\mathrm{d}x} = \frac{\mathrm{d}N}{\mathrm{d}y}, \quad \text{ou} \quad \frac{\mathrm{d}N}{\mathrm{d}y} - \frac{\mathrm{d}^2P}{\mathrm{d}y\mathrm{d}x} = 0,$$

ou $0 = \mathrm{d}\left(N - \frac{\mathrm{d}P}{\mathrm{d}x}\right)$, relative à y; $N - \frac{\mathrm{d}P}{\mathrm{d}x}$ est donc une fonction de x, ce qu'il s'agissait de démontrer.

L'intégrale cherchée est donc $P + X$, P étant celle de $M\mathrm{d}y$ par rapport à y seul, et X l'intégrale de la fonction de x donnée par l'équ. (2). Nous avons donc démontré notre réciproque en même temps que nous avons donné un procédé d'intégration de $M\mathrm{d}y + N\mathrm{d}x$.

Il est inutile de dire qu'on peut également commencer par intégrer $N\mathrm{d}x$, y étant constant, et compléter l'intégrale par une fonction Y de y, etc... On préférera celle de ces deux voies qui facilitera davantage le calcul.

I. Soit proposé d'intégrer $\frac{dx}{\sqrt{(1+x^2)}}+adx+2bydy$, où

$$M=2by,\quad N=\frac{1}{\sqrt{(1+x^2)}}+a:$$

on trouve $P=by^2$; ainsi by^2+X est l'intégrale cherchée, puisque la condition (1) est remplie. La différentielle de by^2+X relative à x, comparée à Ndx, donne (p. 378)

$$dX=\frac{dx}{\sqrt{(1+x^2)}}+adx,\ \text{d'où}\ X=ax+\text{l.}c[x+\sqrt{(1+x^2)}];$$

donc, on a $by^2+ax+\text{l.}c[x+\sqrt{(1+x^2)}]$.

II. De même pour

$$\frac{a(xdx+ydy)}{\sqrt{(x^2+y^2)}}+\frac{ydx-xdy}{x^2+y^2}+3by^2dy,$$

$$M=\frac{ay}{\sqrt{(x^2+y^2)}}-\frac{x}{x^2+y^2}+3by^2,$$

$$N=\frac{ax}{\sqrt{(x^2+y^2)}}+\frac{y}{x^2+y^2}.$$

Après avoir reconnu que l'équ. (1) est satisfaite, on intégrera Ndx par rapport à x; on trouvera

$$a\sqrt{(x^2+y^2)}+\text{arc}\left(\text{tang}=\frac{x}{y}\right)+Y,$$

en désignant par Y une fonction de y. Différenciant cette expression par rapport à y, et comparant à Mdy, on aura..... $dY=3by^2dy$, d'où $Y=by^3+c$. Ainsi l'intégrale est obtenue complètement. En faisant $a=b=0$, on trouve

$$\int\frac{ydx-xdy}{x^2+y^2}=\text{arc}\left(\text{tang}=\frac{x}{y}\right)+c.$$

Cette intégrale, employée par M. Laplace (*Mécan. cél.*, t. I, p. 6), est un cas particulier de la précédente. (*Voyez* n° 704).

III. On trouvera de même

$$\int \frac{dx[x+\sqrt{(x^2+y^2)}]+ydy}{[x+\sqrt{(x^2+y^2)}]\sqrt{(x^2+y^2)}} = \mathrm{l}.c[x+\sqrt{(x^2+y^2)}].$$

820. Quand $M\mathrm{d}y + N\mathrm{d}x$ ne satisfait pas à la condition d'intégrabilité, on peut se proposer de trouver si, en multipliant cette expression par une fonction z de x et y, elle pourrait devenir une différentielle exacte. $M\mathrm{d}y + N\mathrm{d}x = 0$ résulte de l'élimination d'une constante entre la primitive $f(x, y, c) = 0$, et sa différentielle immédiate. Mettons ces équations sous la forme $y' + K = 0$, $c = \varphi(x, y)$, ce qui est permis; K représente une fonction quelconque de x et y. La dérivée de $c = \varphi(x, y)$ étant $\varphi' = Py' + Q = 0$, on a $y' + \frac{Q}{P} = 0$; et, comme la constante c n'entre plus ici, cette expression (n° 687) est identique avec $y' + K$, ou

$$y' + K = \frac{Py' + Q}{P} = \frac{\varphi'}{P}; \quad \text{on a} \quad \varphi' = P(y' + K);$$

comme ces deux membres sont identiques, et que φ' est une dérivée exacte, $P(y' + K)$ doit également en être une, ce qui prouve qu'*il y a toujours un facteur* P *propre à rendre intégrable la fonction* $y' + \mathrm{K}$, *ainsi que toute équation différentielle du premier ordre entre* x *et* y.

Cherchons ce facteur, que nous représenterons par z.

$Mz\mathrm{d}y + Nz\mathrm{d}x$ ne peut être différentielle exacte qu'autant que

$$\frac{\mathrm{d}(Mz)}{\mathrm{d}x} = \frac{\mathrm{d}(Nz)}{\mathrm{d}y}, \text{ ou } z\left(\frac{\mathrm{d}M}{\mathrm{d}x} - \frac{\mathrm{d}N}{\mathrm{d}y}\right) = N.\frac{\mathrm{d}z}{\mathrm{d}y} - M.\frac{\mathrm{d}z}{\mathrm{d}x} \ldots (3).$$

Cette équ. aux différentielles partielles est rarement utile à cause de la difficulté des calculs; mais on peut en tirer quelques propriétés remarquables.

1°. Si l'intégrale u de $z(M\mathrm{d}y + N\mathrm{d}x)$ était connue, le facteur z serait facile à trouver; car en comparant $\frac{\mathrm{d}u}{\mathrm{d}x}\mathrm{d}x + \frac{\mathrm{d}u}{\mathrm{d}y}\mathrm{d}y$ avec $z(M\mathrm{d}y + N\mathrm{d}x)$, qui lui est identique, on en tirerait aisément z.

2°. Multipliant l'équ. $du = z(Mdy + Ndx)$ par une fonction quelconque de u, telle que φu, nous avons

$$\varphi u . du = z\varphi u(Mdy + Ndx).$$

Or, le premier membre étant une différentielle exacte, le deuxième, qui lui est identique, doit jouir de la même propriété; d'où il suit qu'il y a une infinité de facteurs $z.\varphi u$ propres à rendre intégrable toute fonction de x et de y, et que la connaissance de l'un d'entre eux z suffit pour en obtenir un nombre infini d'autres $z.\varphi u$.

3°. Si le facteur z ne contient que l'une des variables x ou y, on le trouve aisément; car soit z fonction de x seul, l'équ. (3) se réduit à

$$\frac{dz}{z} = \frac{dx}{M}\left(\frac{dN}{dy} - \frac{dM}{dx}\right) \dots (4),$$

parce que $\frac{dz}{dy} = 0$, et que $\frac{dz}{dx}$ n'est plus une différence partielle. L'intégration de cette équ. donnera z; car l'hypothèse exige que le 2e membre soit indépendant de y; on reconnaîtra même à ce caractère si la supposition est légitime.

De même, si z est fonction de y seul, on a

$$\frac{dz}{z} = \frac{dy}{N}\left(\frac{dM}{dx} - \frac{dN}{dy}\right) \dots (5),$$

et le 2e membre doit être indépendant de x. On remarque dans les équ. (4) et (5) que la partie renfermée dans les parenthèses est nulle, lorsque $Mdy + Ndx$ est une différentielle exacte.

(*Voyez* n°s 824, 6°., et 828).

I. Soit, par exemple, $dx + (adx + 2bydy)\sqrt{(1 + x^2)} = 0$; la condition d'intégrabilité n'est pas remplie, puisque

$$\frac{dN}{dy} - \frac{dM}{dx} = -\frac{2byx}{\sqrt{(1 + x^2)}};$$

mais cette quantité, divisée par M ou $2by\sqrt{(1 + x^2)}$, donne pour quotient cette fonction de x, $\frac{-x}{1 + x^2}$; donc l'équ. sera rendue intégrable par un facteur fonction de x. L'équation (4) donne

$$lz=\int\frac{-xdx}{1+x^2}=-\tfrac{1}{2}l(1+x^2)=-l\sqrt{(1+x^2)}.$$

Donc $z=\frac{1}{\sqrt{(1+x^2)}}$. La proposée prend alors la forme qu'on a traitée n° 819, I.

II. L'équ. linéaire $dy+Pydx=Qdx$ donne $\frac{dN}{dy}-\frac{dM}{dx}=P$, ainsi la condition (1) n'a pas lieu; mais cette fonction P, divisée par $M=1$, donne une fonction de x; ainsi $\frac{dz}{z}=Pdx$, d'où $lz=\int Pdx=u$, et $z=e^u$. Tel est le facteur qui rend la proposée intégrable. Elle devient $e^udy+e^u(Py-Q)dx=0$; il ne s'agit plus que de suivre le procédé du n° 819. Intégrant e^udy par rapport à y, on a e^uy+X, dont la différentielle relative à x, comparée à $e^u(Py-Q)dx$, donne $dX=-e^uQdx$; donc l'intégrale cherchée est, comme on le sait déjà (n° 817),

$$e^uy=\int Qe^udx+c,\quad \text{équ. où } u=\int Pdx.$$

III. De même, $x^3dy+\left(4x^2y-\frac{1}{\sqrt{(1-x^2)}}\right)dx=0$, donne $lz=lx$; ainsi, il faut multiplier la proposée par x pour qu'elle soit intégrable. On trouve enfin, pour intégrale,

$$x^4y+\sqrt{(1-x^2)}=c.$$

IV. Le facteur propre à rendre intégrables les fonctions homogènes se trouve aisément. Soit m le degré (n° 322) d'une telle fonction F des variables $x, y\ldots$; si on les remplace par $lx, ly\ldots$, l étant un nombre quelconque, F deviendra l^mF; faisant $l=1+h$, F devient donc

$$(1+h)^mF=F\left(1+mh+m.\frac{m-1}{2}h^2\ldots\right).$$

D'un autre côté, $x, y\ldots$ sont devenus $x+hx$; $y+hy\ldots$, et la fonction F de $(x+hx)$, $(y+hy)\ldots$ se développe suivant le théorème (n° 703),

$$F+\frac{dF}{dx}hx+\frac{dF}{dy}hy+\frac{d^2F}{dx^2}\frac{h^2x^2}{2}+\frac{d^2F}{dxdy}h^2xy+\frac{d^2F}{dy^2}\frac{h^2y^2}{2}\dots;$$

Comparant les puissances semblables de h, dans ces deux développemens, on trouve

$$mF=\frac{dF}{dx}x+\frac{dF}{dy}y\dots,$$

$$m(m-1)F=\frac{d^2F}{dx^2}x^2+\frac{d^2F}{dxdy}2xy+\frac{d^2F}{dy^2}y^2+\dots$$

821. Pour appliquer ce théorème à $Mdy+Ndx$, M et N étant homogènes du degré p, cherchons s'il existe un facteur homogène z, qui rende $zMdy+zNdx$ une différentielle exacte; soit n le degré de z. Comme Nz est homogène du degré $p+n$, la propriété ci-dessus donne

$$(p+n)\,Nz=x\,\frac{d(Nz)}{dx}+y\,\frac{d(Nz)}{dy};$$

or, on suppose $$\frac{d(Mz)}{dx}=\frac{d(Nz)}{dy};$$

en substituant dans la précédente pour ce dernier terme sa valeur, il vient

$$(p+n)\,Nz=x\frac{d(Nz)}{dx}+\frac{d(Myz)}{dx}=\frac{d(Nxz+Myz)}{dx}-Nz,$$

ou $$(p+n+1)\,Nz=\frac{d[z(My+Nx)]}{dx}:$$

cette équation est satisfaite, en faisant $z=\frac{1}{My+Nx}$; car $p=-n-1$. Donc $\frac{Mdy+Ndx}{My+Nx}$ est intégrable; l'intégration ne présente plus ensuite de difficulté (n° 819).

On trouve que $xdy-dx[y+\sqrt{(x^2+y^2)}]=0$, doit être divisé par $x\sqrt{(x^2+y^2)}$; intégrant $\frac{dy}{\sqrt{(x^2+y^2)}}$, par rapport à y, on a $l[y+\sqrt{(x^2+y^2)}]$ (n° 773); ajoutant X, différentiant par rapport à x, et comparant, il vient

$$dX = -dx\left(\frac{y+\sqrt{(x^2+y^2)}}{x\sqrt{(x^2+y^2)}} + \frac{x}{\sqrt{(x^2+y^2)}\,[y+\sqrt{(x^2+y^2)}]}\right)$$

$$= -2dx\left(\frac{x^2+y^2+y\sqrt{(x^2+y^2)}}{x\sqrt{(x^2+y^2)}\,[y+\sqrt{(x^2+y^2)}]}\right) = -\frac{2dx}{x},$$

ainsi, $X = lc - lx^2$, et l'intégrale cherchée est

$$cy + c\sqrt{(x^2+y^2)} = x^2,$$

comme n° 815, III.

822. On a quelquefois besoin de différencier, relativement à y, des fonctions qui, telles que $u = \int M dx$, sont affectées du signe d'intégration par rapport à x; on différencie alors sous le signe $\int$. En effet, puisqu'on a

$$\frac{du}{dx} = M, \quad \frac{d^2u}{dydx} = \frac{d^2u}{dxdy} = \frac{dM}{dy};$$

et intégrant par rapport à x, on trouve $\frac{du}{dy} = \int \frac{dM}{dy} dx$.

Sur les Solutions singulières ou particulières.

823. Soit proposée une équ. différentielle $V = 0$, qui ait pour intégrale complète $f(x, y, c) = 0$, c étant la constante arbitraire. La différentielle immédiate de cette équation sera $Pdy + Qdx = 0$; la proposée doit résulter de l'élimination de c entre ces deux dernières (n° 687). Tant que celles-ci demeurent les mêmes, on doit retomber sur la proposée $V = 0$, par l'élimination de c, quelque grandeur qu'on prenne pour c, dans l'une et l'autre, quand même c serait une fonction de x et y : cela est évident. Différenciant f par rapport à x, y et c, on a

$$Pdy + Qdx + Cdc = 0,$$

qui se réduit à $Pdy + Qdx = 0$, en posant $Cdc = 0$; donc, toute valeur de c qui satisfait à cette condition, change $f = 0$ en une équation $S = 0$, telle que sa différentielle est encore $Pdy + Qdx = 0$: l'élimination de c entre les équ. $Cdc = 0, f = 0$

redonnera la proposée $V=0$; donc $S=0$ est une relation entre x et y qui satisfait à l'équ. $V=0$, et en est une intégrale.

$Cdc=0$ donne,

1°. $dc=0$, $c=$ const., et la fonction f reste la même.

2°. $C=0$ peut donner une valeur constante et déterminée de c; f devient alors *une intégrale particulière*, qui n'offre rien de remarquable : c'est un cas renfermé dans le précédent, où l'on a pris pour c un nombre désigné.

3°. C ne contient pas c, quand c n'est dans f qu'au 1er degré; alors on ne doit pas poser $C=0$, cette équ. ne pouvant donner de valeur de c; ou plutôt $C=0$ donne une intégrale particulière, qui répond à c infini.

4°. $C=0$, ou $\frac{df}{dc}=0$, peut donner pour c une fonction variable, $c=\varphi(x, y)$: φ étant substituée à c dans $f=0$, on aura une équ. $S=0$, dont la différentielle sera encore $Pdy+Qdx=0$, en éliminant φ.

En général, S n'est pas compris dans $f(x, y, c)$, puisque c ne peut y recevoir que des valeurs constantes, tandis que c est devenu variable. L'équ. $S=0$, qui ne renferme pas de constante arbitraire, offre donc une relation entre x et y, qui satisfait à la proposée $V=0$, quoique n'étant pas comprise dans son intégrale générale. C'est ce qu'on nomme une *Solution singulière* ou *particulière*.

Par exemple, l'élimination de la constante c entre l'équation $y^2-2cy+x^2=c^2$ et sa dérivée, donne (n° 687)

$$(x^2-2y^2)\,y'^2-4xyy'-x^2=0;$$

mais si l'on regarde c comme seule variable dans l'équation primitive proposée, on aura $c=-y$, ce qui la changera en $x^2+2y^2=0$. On peut aisément s'assurer par le calcul que cette équ. satisfait à notre équ. différentielle, quoiqu'elle ne soit pas comprise dans son intégrale.

Pareillement $x^2-2cy-b-c^2=0$, a pour dérivée, après l'élimination de c,

$$y'^2(x^2-b)-2xyy'=x^2.$$

La dérivée relative à c seul donne $y+c=0$; d'où $c=-y$, puis $x^2+y^2=b$; c'est la solution singulière de notre équation dérivée.

L'équ. $y=x+(c-1)^2\sqrt{x}$, donne $C=2(c-1)\sqrt{x}=0$; d'où $c=1$, puis $y=x$, cas particulier de l'intégrale complète; ce n'est donc pas une solution singulière. Ceci se rapporte à ce qui a été dit (2°.).

Enfin, l'équ. $y^2+x^2=2cx$, donne $C=2x=0$, qui, ne contenant pas c, ne donne encore qu'une intégrale particulière relative à $c=\infty$. (*Voyez* le cas 3°.)

824. Nous ferons ici quelques remarques.

1°. Les solutions singulières doivent être cherchées avec autant de soin que les intégrales complètes, parce qu'elles peuvent renfermer la vraie solution du problème, qui conduit à l'équation différentielle qu'on a intégrée.

2°. L'équ. $\frac{df}{dc}=0$ exprime la condition pour que $f(x,y,c)=0$ ait des racines égales relatives à c (n° 524). Si donc, à l'aide de l'équ. singulière, on chasse x ou y, l'intégrale complète de l'équ. résultante aura des facteurs égaux. C'est ainsi que, dans notre 1er exemple, si l'on fait $x^2=-2y^2$, la proposée devient.

$$y^2+2cy+c^2=(y+c)^2=0.$$

3°. Puisque la constante c est arbitraire, on peut considérer l'intégrale complète $f(x,y,c)=0$ comme l'équ. d'une infinité de courbes, dont le paramètre c est différent. Si donc on attribue à c toutes les valeurs possibles, ces lignes consécutives se couperont deux à deux en une série de points, dont le système formera une courbe tangente à chacune. L'équation.... $f(x,y,c)=0$ appartient à l'une de nos courbes, ainsi qu'à la courbe qui les embrasse toutes; seulement c est constant dans la 1er cas, quels que soient x et y, tandis que dans le 2e, c est une fonction variable des coordonnées du point de contact. La tangente, en ce point, étant déterminée par y', est la même pour l'une et pour l'autre; y' doit donc conserver la même valeur, que c soit constant ou variable dans $f(x, y, c) = 0$; d'où il suit que si l'on élimine c entre $f = 0$, et $\frac{df}{dc} = 0$, l'équ. résultante en x et y, qui est *la solution singulière, appartient à la ligne de contact des courbes comprises dans l'intégrale complète.* (*Voyez* n° 765.)

4°. Résolvons par rapport à c l'équ. $f(x, y, c) = 0$, et soit $c = \psi(x, y)$. Si l'on substituait $\psi(x, y)$ pour c, dans $f(x, y, c) = 0$, le résultat serait identiquement nul, ainsi que toutes les dérivées relatives, soit à x, soit à y. On a donc (n° 672)

$$\frac{df}{dx} + \frac{df}{dc} \cdot \frac{dc}{dx} = 0, \quad \text{d'où} \quad \frac{dc}{dx} = -\frac{df}{dx} : \frac{df}{dc};$$

or, $\frac{df}{dc} = 0$, donne $\frac{dc}{dx} = \infty$; de même $\frac{dc}{dy} = \infty$. Ce caractère, propre aux solutions singulières, offre encore un moyen de les obtenir.

De $x^2 - 2cy - c^2 - b = 0$, on tire

$$c = -y + \sqrt{(x^2 + y^2 - b)}, \quad \frac{dc}{dx} = \frac{x}{\sqrt{(x^2 + y^2 - b)}};$$

donc $x^2 + y^2 = b$, qui rend cette fraction infinie, est la solution singulière.

En posant $\frac{dc}{dx}$ ou $\frac{dc}{dy}$ infini, il conviendra de s'assurer si la relation entre x et y, qui en résulte, combinée avec la proposée, ne donne pas $\varphi(x, y) = \text{const.}$; car alors on n'aurait qu'une intégrale particulière.

5°. L'existence des solutions singulières est une conséquence de ce que l'équ. $\frac{df}{dc} = C = 0$, donne pour c une valeur variable $c = \varphi(x, y)$: mais il se peut que la fonction φ soit réductible à une constante, en vertu de l'intégrale complète... $f(x, y, c) = 0$, ou que f contînt c sous la forme $(c - a)(c - \varphi)$, en sorte que $c = \varphi$ reviendrait à $c = a$; alors on n'aurait plus qu'une intégrale particulière, comme si l'on eût pris un nombre déterminé pour c. Donc, *pour que* C = o *donne une solution singulière, il faut qu'il n'en résulte pour* c, *ni une constante, ni même une fonction variable* φ *qui, mise dans* f, *reviendrait à* y *prendre pour* c *une valeur constante.*

Par exemple,

$$(x^2+y^2-b)(y^2-2cy)+(x^2-b)c^2=0,$$

donne $$C=-y(x^2+y^2-b)+(x^2-b)c=0;$$

d'où $c=\dfrac{y(x^2+y^2-b)}{x^2-b}$, puis $y^2(y^2+x^2-b)=0$.

Cette équ. n'est qu'une intégrale particulière provenue de $c=0$.

De même $c^2-(x+y)c-c+x+y=0$, donne

$$C=2c-x-y-1=0,\quad c=\tfrac{1}{2}(x+y+1);$$

la proposée, qui revient à $(c-1)(c-x-y)=0$, devient $(x+y-1)^2=0$; ainsi on a $x+y=1$, intégrale particulière provenue de $c=1$, après avoir divisé par $c-1$.

L'équ. $y=x+(c-1)^2(c-x)^2$, donne

$$C=(c-x)(c-1)(2c-x-1)=0.$$

$c=1$ donne l'intégrale particulière $y=x$; $c=x$ donne la même chose, et non pas une solution singulière, quoique c soit variable.

Enfin, $c=\frac{1}{2}(x+1)$ donne la solution singulière.

6°. Soit z le multiplicateur qui rend dérivée exacte l'équation $y'+K=0$, en sorte que $z(y'+K)=\varphi'=0$ ait pour primitive $\varphi(x,y)=c$; la solution singulière $S=0$ ne doit pas être comprise dans cette équation. Par conséquent, si de $S=0$, on tire y en fonction de x, $y=\psi x$, la substitution dans la fonction $\varphi(x,y)$ ne doit pas la réduire à une constante; ainsi sa dérivée φ' ne doit pas être nulle.

On voit donc que des deux expressions $y'+K$, et φ' ou $z(y'+K)$, l'une doit être nulle en vertu de $y=\psi x$, tandis que l'autre ne doit pas l'être; ce qui ne peut avoir lieu qu'autant que z est infini. Il en résulte que les solutions singulières rendent infinis tous les facteurs propres à rendre intégrable l'équ. différentielle proposée; ou plutôt, que les solutions singulières de cette équ. ne sont autre chose que les facteurs algébriques, que l'on peut mettre en évidence, et séparer entièrement de cette équ. par une transformation convenable.

(*Voyez* un Mémoire de M. Poisson, 13ᵉ *Journ. Polyt.*, où il est démontré qu'on peut toujours délivrer une équ. du 1ᵉʳ ordre de sa solution particulière, ou en introduire une à volonté.)

825. Concevons que $y = X$ satisfasse à une équ. proposée $y' = F(x, y)$, X étant une fonction donnée de x, et qu'on ait

$$X' = F(x, X) \ldots\ldots (1);$$

cherchons à reconnaître si $y = X$ *est une solution singulière, ou une intégrale particulière;* X ne renfermant pas de constante arbitraire. Soit $y = \psi(x, a)$ l'intégrale complète de $y' = F(x, y)$; a étant la constante arbitraire : si $y = X$ est un cas particulier de $y = \psi(x, a)$, en sorte que $\psi(x, a)$ devienne X lorsqu'on attribue à a une valeur b, il faut que $\psi(x, a) - X$ soit zéro pour $a = b$: donc (nº 500)

$$\psi(x, a) - X = (a - b)^m z,$$

m étant la plus haute puissance de $a - b$, et z une fonction de x et a qui ne devient 0, ni ∞, pour $a = b$. Représentons la constante $(a - b)^m$ par c; l'intégrale complète de $y' = F(x, y)$ sera donc
$$y = X + cz.$$

Si l'on substitue cette valeur de y dans $y' = F(x, y)$, cette relation deviendra identique,

$$X' + cz' = F(x, X + cz).$$

Or, d'une part, le développement de z suivant les puissances ascendantes de c, a la forme (nº 698) $z = K + Ac^\alpha + Bc^\beta + \ldots$ les exposans α, β... étant croissans et positifs, et K, A, B... des fonctions de x; car z n'est ni ∞, ni 0, lorsque $c = 0$. Donc

$$X' + cz' = X' + K'c + A'c^{\alpha+1} + \ldots$$

De l'autre part, le développement de $F(x, X+cz)$ doit pareillement être $F(x, X)+Nc^nz^n+Mc^mz^m+\ldots$ $n, m\ldots$ étant croissans et positifs. Cette série est d'ailleurs facile à obtenir (nº 706), et l'on doit regarder comme connus les nombres n; $m\ldots$, ainsi que les fonctions de x désignées par $N, M\ldots$. Si donc l'on met ici pour z sa valeur développée, on a, en vertu de (1),

$$K'c+A'c^{a+1}+\ldots = Nc^n(K+Ac^a+\ldots)^n$$
$$+Mc^m(K+Ac^a+\ldots)^m+\text{etc.}$$

Il s'agit donc de savoir s'il est possible de déterminer z, ou plutôt les coefficiens A, $B\ldots$ en fonction de x, et les nombres $a, b\ldots$, de manière à rendre cette équ. identique; car, si cela n'est pas possible, $y=X$ est une solution singulière; dans le cas contraire, on a une intégrale particulière.

Il se présente trois cas.

1°. Si $n>1$, le terme $K'c$ n'en rencontre pas de semblable qui puisse le détruire : on fera donc $K'=0$, d'où $K=$const. Puis on posera $a+1=n$, $A'=NK^n$, ce qui déterminera $a=n-1$, et $A=\int NK^n dx$; et ainsi des autres termes. L'identité sera donc toujours possible, et $y=X$ sera une intégrale particulière.

2°. Si $n=1$, la même chose aura lieu; car, posant $K'=NK$, on aura $lK=\int N dx$: il sera facile ensuite d'ordonner les deux membres, et de comparer les exposans et les coefficiens respectifs des termes de même rang. On déterminera ainsi les exposans $a, b\ldots$, et les coefficiens $K, A, B\ldots$

3°. Enfin, si $n<1$, le terme Nc^nK^n n'en trouvera aucun autre qui lui soit semblable, puisqu'il n'y a pas d'exposant de c qui soit <1 dans le 1er membre : et comme K ne peut être nul, il ne sera possible en aucune manière de satisfaire à l'identité : $y=X$ sera donc une solution singulière.

826. Puisque $n<1$ dans ce dernier cas, en mettant $X+cz$ pour y dans $F(x, y)$, si le développement de Taylor est fautif entre le 1er et le 2e terme, c.-à-d. si la dérivée de $F(x, y)$

relative à y est infinie (n° 696, 3°.), $y=X$ est une solution singulière. Réciproquement une valeur $y=X$ qui satisfait à $y'=F(x,y)$, et rend $\frac{dF}{dy}$ infini, est une solution singulière, puisqu'elle donne au développement de $F(x, X+cz)$ la forme $X'+Nc^nK^n\ldots$, n étant <1.

La condition $\frac{dF}{dy}$ ou $\frac{dy'}{dy}=\infty$ forme donc le véritable caractère des solutions singulières, et l'on voit que pour qu'elle soit remplie, si la fonction F est algébrique, elle doit renfermer un radical (n° 699, 3°.) que l'hypothèse $y=X$ fait disparaître. Dans le 2ᵉ de nos exemples, p. 426, on a

$$y'=\frac{x[y\pm\sqrt{(x^2+y^2-b)}]}{x^2-b},\quad \frac{dy'}{dy}=\frac{x}{x^2-b}\left(1\pm\frac{y}{\sqrt{(x^2+y^2-b)}}\right),$$

et cette dernière fraction est rendue infinie par la solution singulière $y^2=b-x^2$.

827. *Il est donc facile d'obtenir les solutions singulières sans connaître l'intégrale complète;* car, en tirant la valeur de $\frac{dy'}{dy}$, on l'égalera à l'infini : soit $\frac{dy'}{dy}=\frac{U}{T}$, on fera $T=0$, ou $U=\infty$. Considérant tous les facteurs de ces équations, les résultats qui satisferont à $y'=F(x,y)$ seront seuls les solutions singulières.

Pour $y'=a(y-n)^k$, on a $ak(y-n)^{k-1}=\infty$, ce qui exige que k soit <1, et $y=n$: et comme la proposée n'est satisfaite par $y=n$ que quand k est positif, on voit qu'elle n'est susceptible de solution singulière que quand k est entre 0 et 1. L'intégrale complète est $\frac{(y-n)^{1-k}}{1-k}=ax+c$.

Il n'est pas nécessaire de donner à l'équation dérivée la forme explicite $y'=F(x,y)$ pour appliquer notre théorème; car, soit $V=0$, la relation donnée entre x, y et y'; on peut considérer y' comme une fonction de x et y, que cette équation détermine; ainsi, la différence partielle de y' relative à y, sera donnée (n° 672) par

$$\frac{dV}{dy}+\frac{dV}{dy'}\cdot\frac{dy'}{dy}=0;$$

or, $\frac{dy'}{dy}$ est infini quand $\frac{dV}{dy'}=0$, ou $\frac{dV}{dy}=\infty$:

en sorte qu'on obtiendra toutes les solutions singulières par cette voie. S'il arrive même que la fonction V soit algébrique, rationnelle et entière, cette dernière condition ne sera pas possible. Il faudra ensuite éliminer y' entre $V=0$ et $\frac{dV}{dy'}=0$. On ne devra d'ailleurs prendre que les facteurs de cette dernière, qui ne sont pas communs entre $\frac{dV}{dy'}$ et $\frac{dV}{dy}$.

Ce calcul ne fera connaître que celles des solutions singulières qui contiennent y; celles qui ne renferment que x échappent à cette règle; pour obtenir celles-ci, on devra raisonner de même par rapport à x: on trouvera ainsi, outre les solutions déjà connues où entrent x et y, celles qui ne dépendent pas de y.

1°. Ainsi, $(x^2-2y^2)y'^2-4xyy'-x^2=0$ donne

$$(x^2-2y^2)y'-2xy=0,$$

en différenciant par rapport à y' seul: éliminant y' entre ces équ., on trouve la solution singulière, qui est $x^2+2y^2=0$.

2°. De même $xdx+ydy=dy\sqrt{(x^2+y^2-c^2)}$,

ou $$x^2+2xyy'+y'^2(c^2-x^2)=0$$

donne $xy+y'(c^2-x^2)=0$, puis $x^2+y^2=c^2$.

3°. Pour $ydx-xdy=ads$, où $ds=a\sqrt{(dx^2+dy^2)}$, on trouve

$$y^2-a^2=2xyy'+y'^2(a^2-x^2),$$

d'où $xy=y'(x^2-a^2)$; puis éliminant y', on a, pour la solution singulière, $x^2+y^2=a^2$.

4°. Celle de $y=xy'+Y'$, où Y' est une fonction quelconque de y', s'obtient en éliminant y' à l'aide de $x+\frac{dY'}{dy'}=0$.

828. Puisque sans connaître l'intégrale complète d'une équ. dérivée $V=0$, on sait en trouver les solutions singulières, et que le facteur z, propre à rendre intégrable la proposée, est alors infini (nº 824, 6º.), on peut souvent, par des artifices d'analyse, trouver ce facteur z. Un exemple tiré du *Mémoire* de Trembley (Acad. Turin, 1790—91) suffira pour faire entendre ce procédé.

Dans l'ex. 3ᵉ nous avons trouvé $x^2+y^2-a^2=0$ pour solution singulière; la proposée résolue par rapport à y', donne

$$(a^2-x^2)y'+xy=a\sqrt{(y^2+x^2-a^2)},$$

qui est visiblement satisfaite par $x^2-a^2=0$: on essaiera si le facteur z a la forme $(x^2-a^2)^m(y^2+x^2-a^2)^n$, m et n étant des indéterminées. Pour cela, on multipliera l'équ. ci-dessus par cette fonction, et l'on posera la condition (1) (nº 819), puis on verra qu'elle est remplie en prenant $m=-1$, $n=-\frac{1}{2}$; ainsi, le facteur qui rend la proposée intégrable est

$$(x^2-a^2)^{-1}(y^2+x^2-a^2)^{-\frac{1}{2}}.$$

Des Équations où les Différentielles passent le premier degré.

829. Cherchons l'intégrale de $F(x, y, y', y'^2 \ldots y'^m)=0$. Comme cette équ. ne peut provenir que de l'élimination d'une constante c entre l'équ. intégrale et sa dérivée immédiate, dans lesquelles c entre à la puissance m, soit $c=\varphi(x, y)$ la valeur de cette constante tirée de l'intégrale; $\varphi'(x, y)=0$ ne contiendra y' qu'au 1ᵉʳ degré, et l'on pourra en tirer $y'=X$, X contenant x et y affectés de radicaux : et puisqu'en les faisant disparaître par des élévations de puissances, on doit reproduire la proposée $F=0$, il s'ensuit que $y'-X$ doit être facteur de F.

Si donc on résout la proposée par rapport à y', et qu'on intègre ses facteurs $y'-X=0$, $y'-X_1=0\ldots$, on voit que ces intégrales seront celles de la proposée qui répondent aux diverses valeurs de $c = \varphi(x, y)$. Soient $P = 0$, $Q = 0$, $R = 0$..., ces intégrales; leurs produits $PQ = 0$, $PQR = 0$..., satisferont aussi à la proposée, car la dérivée du produit PQR..... étant $P'QR\ldots + PQ'R\ldots + PQR'\ldots +$ etc., chaque terme est nul en particulier.

Par exemple, $yy'^2 + 2xy' = y$ donne

$$y' = \frac{-x \pm \sqrt{(y^2 + x^2)}}{y}, \quad \text{d'où} \quad \frac{yy' + x}{\sqrt{y^2 + x^2}} = \pm 1;$$

et comme le 1er membre est visiblement (n° 769, IV) la dérivée de $\sqrt{(x^2 + y^2)}$, on a pour intégrale

$$\pm \sqrt{(y^2 + x^2)} = x + c, \quad \text{ou} \quad y^2 = 2cx + c^2.$$

830. Au reste, il est des cas où l'on peut, par des artifices de calcul, éviter la résolution des équ. par rapport à y' : les deux exemples qui suivent sont dans ce cas.

I. Supposons que l'équ. ne contienne que x et y', et soit facile à résoudre par rapport à x, en sorte qu'on ait $x = Fy'$. Comme $dy = y'dx$ donne (n° 769, V) $y = xy' - \int x dy'$, en mettant pour x sa valeur Fy', on a

$$y = y'.Fy' - \int Fy'.dy'.$$

Après avoir intégré $\int Fy'.dy'$, ce qui rentre dans les quadratures, on éliminera y' à l'aide de la proposée $x = Fy'$.

Ainsi pour $(1 + y'^2)x = 1$, on a

$$Fy' = \frac{1}{1 + y'^2}; \quad y = \frac{y'}{1 + y'^2} - \int \frac{dy'}{1 + y'^2};$$

ce dernier terme = arc (tang $= y'$) $+ c$; éliminant y', on trouve enfin, pour l'intégrale demandée,

$$y = \sqrt{(x - x^2)} - \text{arc}\left(\text{tang} = \sqrt{\frac{1 - x}{x}}\right) + c.$$

II. Si l'équ. a la forme $y = y'x + Fy'$, en différenciant, on a

$$dy = y'dx + \left(x + \frac{dF}{dy'}\right)dy', \quad \text{ou} \quad \left(x + \frac{dF}{dy'}\right)dy' = 0,$$

à cause de $dy = y'dx$.

En égalant chaque facteur à o, il vient $y' = c$ et $x + \frac{dF}{dy'} = o$.
Il ne reste plus qu'à éliminer y', entre la proposée et l'une ou l'autre de ces équ. Celle-ci ne donne qu'une solution singulière (n° 827, 4°.) : la 1re conduit à l'intégrale complète $y = cx + C$, en désignant par C ce que devient Fy' lorsqu'on y remplace y' par c, ou $C = Fc$.

Ainsi, $ydx - xdy = a\sqrt{(dx^2 + dy^2)}$ se met sous la forme

$$y = y'x + a\sqrt{(1 + y'^2)}:$$

d'où
$$y' = c \text{ et } x + \frac{ay'}{\sqrt{(1 + y'^2)}} = o;$$

la 1re donne pour intégrale complète $y = cx + a\sqrt{(1 + c^2)}$; la 2e conduit à la solution singulière $y^2 + x^2 = a^2$, lorsqu'on en tire la valeur de y' pour la substituer dans la proposée.

Des Constantes arbitraires ; de l'Intégration des équations différentielles à l'aide des séries et de leurs constructions.

831. Reprenons la série de Maclaurin (n° 706),

$$y = fx = f + xf' + \tfrac{1}{2}x^2 f'' + \text{etc.},$$

dans laquelle f, f', f''... sont les valeurs constantes que prennent fx, $f'x$, $f''x$...., lorsqu'on fait $x = o$. Si l'équ. dérivée donnée est du 1er ordre, on en tirera y', y'', y'''... en fonction de y et x, par des dérivations successives. Puisque $x = o$ répond à $y = f$, en substituant ces deux valeurs dans y', y''..., on aura celles de f', f''..., et, par conséquent, tout sera connu dans notre série, excepté f qui demeurera arbitraire.

De même, si la dérivée donnée est du 2e ordre, on en tire y'', y'''... en fonction de x, y et y' ; or, $x = o$ répond à $y = f$ et $y' = f'$; mettant ces valeurs dans celles de y'', y'''..., puis dans la série, tout y est connu, excepté les constantes f et f' qui sont quelconques.

Et ainsi des ordres supérieurs.

Ce mode d'intégration ne peut être employé lorsqu'on rencontre l'infini en faisant $x=0$, dans $fx, f'x, f''x\ldots$, et la série de Maclaurin ne subsiste plus. Mais faisons $x=a$ dans celle de Taylor, a étant un nombre quelconque, qui ne rende infinie aucune de ces fonctions (n° 695); en désignant par A, A', $A''\ldots$ les valeurs qu'elles prennent alors, nous avons

$$f(a+h)=A+A'h+\tfrac{1}{2}A''h^2+\tfrac{1}{6}A'''h^3\ldots;$$

d'où $y=fx=A+A'(x-a)+\frac{1}{2}A''(x-a)^2+\frac{1}{6}A'''\ldots,$

en posant l'arbitraire $h=x-a$. Le même raisonnement que ci-dessus montre que tout est ici connu, excepté la constante A, si l'équ. proposée est du 1er ordre; excepté A et A', si elle est du 2e, etc.; du reste, quoiqu'on ait pris a à volonté, cette lettre ne compte pas pour une constante arbitraire; c'est la valeur A que prend alors y qui en tient lieu.

Concluons de là que, 1°. *il existe toujours une série qui est l'intégrale de toute équ. différentielle entre deux variables; on sait trouver cette série, aux difficultés près que le calcul peut offrir.*

2°. *L'intégrale renferme toujours autant de constantes arbitraires qu'il y a d'unités dans l'ordre de la dérivée.* Quoique fondée sur la théorie des suites, cette conséquence a pourtant toute la rigueur convenable, puisqu'on peut regarder toute série comme le développement d'une expression finie $y=fx$, laquelle doit contenir autant de constantes arbitraires que la série.

3°. *De quelque manière qu'on soit parvenu à une intégrale, qui renferme le nombre convenable de constantes arbitraires, cette équ. sera la primitive de la proposée, et renfermera nécessairement toute autre intégrale qui y satisferait aussi avec le même nombre de constantes arbitraires.*

832. En faisant $h=-x$ dans

$$\begin{aligned}
f(x+h) &= y + y'h + \tfrac{1}{2}y''h^2 + \ldots,\\
f'(x+h) &= y' + y''h + \tfrac{1}{2}y'''h^2 + \ldots,\\
f''(x+h) &= y'' + y'''h + \tfrac{1}{2}y^{\text{IV}}h^2 + \ldots, \text{ etc.}
\end{aligned}$$

on a
$$(1)\ldots f = y - y'x + \tfrac{1}{2}y''x^2 - \ldots,$$
$$(2)\ldots f' = y' - y''x + \tfrac{1}{2}y'''x^2 - \ldots,$$
$$(3)\ldots f'' = y'' - y'''x + \tfrac{1}{2}y^{\text{IV}}x^2 - \ldots, \text{ etc.}$$

Donc, 1°. si l'équ. dérivée donnée est du 1er ordre, on aura y', y''... en fonction de x et y; en sorte qu'en substituant dans la formule (1), on aura l'intégrale, f étant la constante arbitraire.

2°. Si l'équation proposée est du 2e ordre, y'', y'''... seront donnés en x, y et y'; en sorte qu'en substituant dans (1) et (2), on aura deux équ. entre x, y et y', chacune contenant une constante arbitraire, ce qui formera deux équ. intégrales du 1er ordre.

Et ainsi de suite. Il est d'ailleurs évident, par la forme même de ces intégrales, qu'elles sont différentes. Ainsi, *toute équ. du* n*e ordre, a* n *intégrales de l'ordre* n — 1. Si ces dernières étaient connues, l'intégrale finie le serait bientôt, puisqu'il suffirait d'éliminer entre elles y', y''..., y^{n-1}. Donc, ayant une équ. dérivée du 2e ordre, on aura également sa primitive absolue; soit en éliminant y' entre ses deux dérivées du 1er ordre, soit en cherchant une relation finie entre x et y, qui contienne deux constantes arbitraires, et qui satisfasse à la proposée. On en dira autant des autres ordres.

Il nous resterait à démontrer, sur l'intégration des équ. des ordres supérieurs, plusieurs théorèmes relatifs aux facteurs propres à rendre intégrables et aux solutions singulières; mais comme ils s'éloignent de notre but, nous renverrons au XIIe *Journ. Polyt.*, leçons 13, 14 et 15, par Lagrange.

833. La théorie que nous venons d'exposer est démontrée complètement; mais elle n'est pas toujours propre à faire connaître l'intégrale approximative, à moins qu'on ne recoure à des transformations qui amènent la fonction à l'état nécessaire pour qu'on puisse y appliquer les principes précédens.

Lorsque l'intégrale ne doit pas procéder suivant les puissances entières et positives de x, on aura

$$y = Ax^a + Bx^b + Cx^c + \ldots \quad (1),$$

et il s'agira de déterminer les exposans a, b, c..., et les coefficiens A, B, C... Pour cela, on en tirera les valeurs de y', y''... et on les substituera dans la dérivée proposée, que nous supposons du 1er ordre, et qui devra être rendue identique; puis ordonnant par rapport à x, on comparera terme à terme les puissances de même ordre, ainsi que leurs coefficiens, comme pages 182 et 195; ce qui déterminera A, a, B, b...

Ainsi, pour $(1+y')y=1$, on aura

$$(1+Aax^{a-1}+Bbx^{b-1}+\dots)(Ax^a+Bx^b+\dots)=1;$$

d'où
$$\left.\begin{array}{llll} A^2ax^{2a-1} & +ABax^{a+b-1} & +ACax^{a+c-1} & +\dots \\ & +ABbx^{a+b-1} & +B^2bx^{2b-1} & +\dots \\ & & +ACcx^{a+c-1} & +\dots \\ -1 & +Ax^a & +Bx^b & +\dots \end{array}\right\} = 0.$$

Donc
$$2a-1=0,\quad a+b-1=a,\quad a+c-1=b=2b-1\dots;$$
$$a=\tfrac{1}{2},\qquad b=1,\qquad c=\tfrac{3}{2}\dots;$$

puis
$$A^2a=1,\quad AB(a+b)+A=0\dots;$$
$$A=\sqrt{2},\quad B=-\tfrac{2}{3},\quad C=\tfrac{1}{18}\sqrt{2}\dots,$$

et
$$y=x^{\frac{1}{2}}\sqrt{2}-\tfrac{2}{3}x^{\frac{2}{2}}+\tfrac{1}{18}x^{\frac{3}{2}}\sqrt{2}-\dots$$

Si l'on eût pu présumer la loi des exposans, $\frac{1}{2}$, $\frac{2}{2}$, $\frac{3}{2}$..., on les aurait employés sur-le-champ dans la série (1), ce qui aurait simplifié les calculs; ou plutôt, faisant la transformation $z^2=x$, on aurait pu ensuite appliquer la série de Maclaurin.

On verra de même que l'équ. $dy+ydx=ax^m dx$, donne

$$\frac{y}{a}=\frac{x^{m+1}}{m+1}-\frac{x^{m+2}}{(m+1)(m+2)}+\frac{x^{m+3}}{(m+1)\dots(m+3)}-\dots$$

834. L'intégrale ainsi obtenue manque de généralité, parce qu'elle est privée de constante arbitraire; mais si l'on change dans l'équ. différentielle proposée x en $z+a$, et y en $t+b$, on développera t en z; en sorte que la série t soit nulle lorsque $z=0$; puis substituant pour z et t leurs valeurs $x-a$ et $y-b$, on aura l'intégrale cherchée, où a et b tiendront lieu de la constante arbitraire c, puisque dans l'intégrale $f(x, y, c)=0$,

c peut être déterminé en fonction de a et b. Il sera aisé d'étendre ces principes aux ordres supérieurs.

835. On peut aussi approcher des intégrales à l'aide des fractions continues. Soit $y = Ax^a, Bx^b, Cx^c \ldots$, en suivant la notation p. 128, cette valeur de y sera représentée par $y = \frac{Ax^a}{1+z}$, z désignant le reste de la fraction continue, ou $z = Bx^b, Cx^c \ldots$ Substituant dans l'équ. différentielle proposée pour y cette valeur, en négligeant z, ou faisant $y = Ax^a$, on ne conservera que les 1ers termes, parce qu'on regardera x comme très petit (note, page 237). On trouvera A et a par la comparaison des coefficiens et des exposans; puis on fera, dans l'équ. différentielle proposée, $y = \frac{Ax^a}{1+z}$; raisonnant de même pour la transformée en z, on fera $z = Bx^b$; puis, après avoir trouvé B et b, on posera $z = \frac{Bx^b}{1+t}$ dans l'équ. en z; et ainsi de suite.

Par ex., $my + (1+x)y' = 0$, en faisant $y = Ax^a$, devient $(m+a)Ax^a + aAx^{a-1} = 0$, qui se réduit à $aAx^{a-1} = 0$, à cause de x très petit; donc $a = 0$, et A reste indéterminé. On fait ensuite $y = \frac{A}{1+z}$, et l'on a $m(1+z) = (1+x)z'$; d'où posant $z = Bx^b$, on tire $m + Bx^b(m-b) = bBx^{b-1}$; ou plutôt $m = bBx^{b-1}$; donc $b = 1$, et $B = m$. On fera ensuite $z = \frac{mx}{1+t} \ldots$: enfin on obtiendra cette fraction continue pour intégrale :

$$y = A,\ mx,\ -\tfrac{1}{2}(m-1)x,\ \tfrac{1}{6}(m+1)x,\ -\tfrac{1}{6}(m-2)x, \ldots$$

Comme l'équ. proposée a pour intégrale $y = A(1+x)^{-m}$, on a ainsi le développement de cette fonction en fraction continue.

On pourrait en déduire l'intégrale sous la forme d'une série. (*Voy.* la note, p. 132.)

De même, l'équ. $dx = (1+x^2)dy$ donne ce développement de l'arc en fonction de la tangente

$$y = \text{arc}\,(\text{tang} = x) = x, \frac{x^2}{3}, \frac{(2x)^2}{3.5}, \frac{(3x)^2}{5.7}, \frac{(4x)^2}{7.9} \ldots$$

Consultez sur ce sujet le Calcul intégral de M. Lacroix, t. II, n° 668, ouvrage dont on ne saurait trop recommander la lecture, et dans lequel on trouve réuni tout ce qui est connu sur la doctrine de l'Intégration.

836. Lorsqu'une équ. différentielle proposée appartient à une courbe, il peut être utile de la construire sans intégrer; or, c'est ce qui est toujours possible, et voici comment :

Supposons d'abord que l'équation soit du premier ordre, $F(x, y, y') = 0$; concevons que la constante soit déterminée par la condition que $x = a$ donne $y = b$. On prendra (fig. 60) $AB = a$, $BC = b$, et le point C sera sur la courbe cherchée. En substituant a et b pour x et y dans $F = 0$, on en tirera pour y' une valeur qui fixera la direction de la tangente KC au point C. Prenons un point D assez voisin de C, pour qu'on puisse, sans erreur notable, regarder la droite CD comme confondue avec l'arc de courbe ; $AF = a'$, $FD = b'$ seront les coordonnées d'un autre point D de notre courbe; en sorte qu'on pourra faire $x = a'$, et $y = b'$ dans $F = 0$, et en tirer la valeur de y' correspondante, et par conséquent la situation de la tangente IE, qui s'écartera très peu de la 1re. On continuera d'opérer de même; et l'on voit que la courbe sera remplacée par un polygone $CDEZ$.

On pourrait encore raisonner de la manière suivante. On tirerait de l'équ. $F = 0$ et de sa dérivée les valeurs de y' et y'', en fonction de x et y, et on les substituerait dans celle du rayon de courbure R (n° 733); puis, traçant la tangente KC, et menant une perpend. CN égale à ce rayon, x et y étant remplacés par a et b, on décrirait du centre N un arc de cercle CD; on regarderait ensuite le point D comme étant sur la courbe, ses coordonnées étant a' et b'. On mènerait de nouveau la tangente ID et le rayon de courbure DO, etc. La courbe serait alors remplacée par un système d'arcs de cercles contigus. Il est même évident que l'erreur serait moindre qu'en se servant des tangentes seules, et qu'on pourrait en conséquence prendre les points C, D, E... plus écartés les uns des autres; ce qui rendrait les constructions moins pénibles.

837. Si l'équation différentielle proposée est du 2ᵉ ordre, $F(x, y', y'') = 0$; après avoir choisi de même un point arbitraire C pour un de ceux de la courbe, il faut en outre prendre à volonté une droite quelconque KC pour tang. en C; cette double condition détermine les deux constantes. On tirera la valeur de y'', et par suite celle du rayon de courbure R, en fonction de x, y et y'; et comme ces quantités sont connues pour le point C, on décrira l'arc de cercle CD, comme précédemment. Le point D de cet arc étant supposé sur la courbe, on décrira sa normale DN, en menant au premier centre N une ligne droite. Pour le second point D, on connaîtra donc ses coordonnées a', b', et la valeur de y' qui résulte de la direction de la tangente ID en D, et l'on calculera la valeur de R pour ce point D : prenant $OD = R$, on décrira l'arc DE, et l'on aura un 3ᵉ point E, dont on connaît les coordonnées et la direction de la tangente; et ainsi de suite.

Un raisonnement semblable donne le moyen de remplacer la courbe par une série d'arcs de paraboles osculatrices.

On pourrait aussi appliquer ces principes aux équ. différentielles du 3ᵉ ordre; mais alors non-seulement il faudrait prendre arbitrairement un point C et sa tangente KC, mais encore le rayon CN du cercle osculateur en ce premier point, ce qui déterminerait les trois constantes arbitraires. On ne pourrait ensuite remplacer la courbe que par une suite de paraboles dont le contact serait du 3ᵉ ordre. On en dira autant des ordres supérieurs.

Concluons de là que *toute équ. différentielle entre deux variables peut être construite par une courbe, qui a autant de paramètres arbitraires que d'unités dans l'ordre de l'équation.* Ceci s'accorde avec le nᵒ 831, où l'on a prouvé que cette équ. a toujours une intégrale.

Des Équations des ordres supérieurs, et en particulier du second ordre.

838. Dans les équ. du 1er ordre, on a pu prendre pour principale telle principale qu'on a voulu, sans que pour cela les procédés d'intégration exigeassent des modifications : c'est un des avantages qu'offre la notation de Leibnitz (nº 694). Mais il est maintenant indispensable d'indiquer, dans chaque équ., quelle est la différentielle qu'on a prise pour constante, et d'y avoir égard à chaque transformation que peut nécessiter le calcul.

Si donc on veut que dx soit constant, au lieu de toute autre différentielle, qu'on a regardée comme telle, dans une équation donnée, il faut modifier cette équ. à l'aide de la théorie connue (nº 691). Ainsi, pour $ds.dy = ad^2x$, ou $ax'' = y'$, on a pris pour constante $ds = \sqrt{(dx^2 + dy^2)}$; donc $a(s'x'' - x's'') = y's'^2$; puis posant $x' = 1$, on a $x'' = 0$, $s'^2 = 1 + y'^2$, $s's'' = y'y''$,

$$y's'^2 = -as'',\ s'^3 = -ay'',\ \text{ou}\ (dx^2 + dy^2)^{\frac{3}{2}} = -adxd^2y,$$

où dx est constant. Cette équation, mise sous la forme..... $ay'' + (1 + y'^2)^{\frac{3}{2}} = 0$, va bientôt être intégrée (nº 840).

Pareillement, pour que dx soit constant au lieu de ds dans $(dx^2 + dy^2)\dfrac{d^2y}{dx^4} = \dfrac{1}{a}.\cos\dfrac{x}{c}$, on remarquera que cette équation équivaut à

$$\frac{d^2y}{ds^2} = \frac{dx^4}{ds^4}.\frac{1}{a}\cos\frac{x}{c};$$

qu'on écrit $y'' = x'^4.\dfrac{1}{a}\cos\dfrac{x}{c}$, s étant toujours variable principale ; d'où $\dfrac{s'y'' - s''y'}{s'^3} = \dfrac{x'^4}{s'^4}.\dfrac{1}{a}\cos\dfrac{x}{c}$, aucune dérivée n'étant constante. Enfin, $x' = 1$, donne $s'^2 = 1 + y'^2$, $s's'' = y'y''$, puis

$$y'' = \frac{1}{a}\cos\frac{x}{c}, \quad \text{ou} \quad dy' = \frac{dx}{a}\cos\frac{x}{c};$$

dx est constant, et k et b sont les constantes arbitraires,

$$y' = \frac{c}{a}\sin\frac{x}{c} + b, \quad \text{d'où} \quad y = k + bx - \frac{c^2}{a}\cos\frac{x}{c}.$$

Ce n'est pas, au reste, qu'on ne puisse quelquefois préférer à x toute autre variable principale, et intégrer; mais par la suite, à moins que nous n'avertissions du contraire, nous prendrons toujours dx constant.

839. L'équation la plus générale du 2ᵉ ordre a la forme $F(y'', y', y, x) = 0$; il convient d'examiner d'abord les cas particuliers où elle ne renfermerait pas les quatre quantités y'', y', y et x. S'il n'en entre que deux, l'équ. peut avoir l'une de ces trois formes,

$$F(y'', x) = 0, \quad F(y'', y') = 0, \quad F(y'', y) = 0.$$

Quand y'' n'est accompagné que de y' et x, ou de y' et y, l'équ. est de l'une des deux formes :

$$F(y'', y', x) = 0, \quad F(y'', y', y) = 0.$$

Intégrons d'abord ces cinq cas particuliers.

I. Si l'on a $y'' = fx$, comme $y''dx = dy'$, la proposée revient à $dy' = fx.dx$. Soit $y' = X + C$, l'intégrale de cette équ.; comme $y'dx = dy$, on a

$$dy = Xdx + Cdx: \quad \text{d'où} \quad y = A + Cx + \int Xdx.$$

Soit, par ex., $d^2y = adx^2$, ou $dy' = adx$; il vient d'abord

$$y' = c + ax, \text{ ou } dy = cdx + axdx; \text{ enfin } y = A + cx + \tfrac{1}{2}ax^2.$$

De même, soit $d^2y = ax^n dx^2$, ou $y'' = ax^n$, ou enfin....

$dy' = ax^n dx$; on trouve $y = A + cx + \dfrac{ax^{n+2}}{(n+1)(n+2)}$. Si $n = -1$, on obtient $y = A + cx + axlx$; et si $n = -2$, on a $y = A + cx - alx$.

Observez que le calcul ci-dessus s'applique également à

$$y^{(n)}=fx,\quad \text{ou}\quad \mathrm{d}.y^{(n-1)}=fx.\mathrm{d}x,\quad \text{d'où}\quad y^{n-1}=c+X.$$

Il ne s'agit plus que d'opérer de nouveau comme sur la proposée. L'intégrale a la forme

$$y=A+Bx+Cx^2\ldots+Kx^{n-1}+\Sigma fx.\mathrm{d}x^n,$$

le signe Σ désignant n intégrations successives.

II. 840. Si la proposée a la forme $F(y'',y')=0$, en mettant $\frac{\mathrm{d}y'}{\mathrm{d}x}$ pour y'', elle devient du 1er ordre entre y' et x; et l'on en tire $\mathrm{d}x=fy'.\mathrm{d}y'$. De plus, comme $\mathrm{d}y=y'\mathrm{d}x$, on a $\mathrm{d}y=y'f'y'.\mathrm{d}y'$. Ces deux équ. étant intégrées, désignons-en les intégrales par

$$x=M+A,\quad y=N+B;$$

A et B étant les constantes arbitraires, M et N des fonctions connues de y'. On voit donc qu'il ne s'agit plus que d'éliminer y' entre ces équ. (n° 832), et l'on aura l'intégrale cherchée avec ses deux constantes.

Soit $ay''+(1+y'^2)^{\frac{3}{2}}=0$; on trouve

$$-a\mathrm{d}y'=(1+y'^2)^{\frac{3}{2}}\mathrm{d}x;$$

d'où $$\mathrm{d}x=\frac{-a\mathrm{d}y'}{(1+y'^2)^{\frac{3}{2}}},\quad \mathrm{d}y=\frac{-ay'\mathrm{d}y'}{(1+y'^2)^{\frac{3}{2}}},$$

puis (n° 777) $$x=A-\frac{ay'}{\sqrt{(1+y'^2)}},\quad y=B+\frac{a}{\sqrt{(1+y'^2)}};$$

et enfin $$(A-x)^2+(B-y)^2=a^2.$$

Cette intégration donne la solution de ce problème : quelle est la courbe dont le rayon de courbure est constant, ou $R=a$? Le cercle jouit seul de cette propriété.

Ce procédé s'applique à tous les ordres, pourvu que l'équ. soit de la forme $F[y^{(n)},y^{(n-1)}]=0$. Ainsi pour $f(y''',y'')=0$, on fera $\quad dy'' = y'''dx$, d'où $x = \int Fy''.dy''$,

et $\quad y' = \int y''dx = \int (Fy''.y''dy'')$.

Mettant ensuite pour y' cette intégrale dans $dy = y'dx$, on parvient à des valeurs de x et de y exprimées en y'', et renfermant trois constantes arbitraires : on élimine ensuite y'' entre elles (nº 832).

III. 841. Passons aux équ. de la forme $y'' = Fy$; en multipliant $dy' = y''dx$ par $y'dx = dy$, on trouve

$$y'dy' = y''dy \dots \quad (A);$$

mettant ici pour y'' sa valeur Fy, on a $y'dy' = Fy.dy$; d'où

$$\tfrac{1}{2}y'^2 = \tfrac{1}{2}c + \int Fy.dy, \quad y' = \sqrt{(c + 2\int Fy.dy)};$$

puis $$x = \int \frac{dy}{y'} = \int \frac{dy}{\sqrt{(c + 2\int Fy.dy)}}.$$

Par exemple, $a^2d^2y + ydx^2 = 0$, ou $a^2y'' = -y$, devient $a^2y'dy' = -ydy$, d'où $a^2y'^2 = c^2 - y^2$; puis $dx = \dfrac{ady}{\sqrt{(c^2 - y^2)}}$; donc, intégrant, on a

$$x = a.\text{arc}\left(\sin = \frac{y}{c}\right) + b, \quad \text{ou} \quad \frac{y}{c} = \sin\left(\frac{x - b}{a}\right),$$

qui équivaut à $y = c \sin \dfrac{x}{a} + c' \cos \dfrac{x}{a}$.

De même $d^2y.\sqrt{(ay)} = dx^2$ donne $\tfrac{1}{4}ay'^2 = C + \sqrt{(ay)}$; d'où $2dx = \dfrac{dy.\sqrt[4]{a}}{\sqrt{(c + \sqrt{y})}}$: on fait $c + \sqrt{y} = z^2$; on intègre et on trouve enfin

$$x = \tfrac{2}{3}\sqrt[4]{a}.(\sqrt{y} - 2c)\sqrt{(c + \sqrt{y})} + b.$$

Ce procédé s'applique à toutes les équations de la forme $y^{(n)} = Fy^{(n-2)}$; car soit, par exemple, $y^{\text{IV}} = Fy''$; comme... $y^{\text{IV}}dx^2 = d^2y'' = Fy''.dx^2$, on intégrera deux fois, et l'on aura $x = \varphi y''$, avec deux constantes. D'ailleurs, $y' = \int y''dx$ s'intègre après avoir mis pour dx sa valeur en y'' : substituant ensuite cette valeur de $\mathrm{d}x$ et celle de y' dans $y=\int y'\mathrm{d}x$, on obtient aussi y en y''. Il ne reste plus qu'à éliminer y'' à l'aide de $x=\varphi y''$; et le résultat, qui contient quatre constantes arbitraires, est l'intégrale complète cherchée.

IV. 842. Si l'équ. a la forme $F(x, y', y'')=0$, *elle ne contient pas* y; on la ramène au 1er ordre en mettant $\frac{\mathrm{d}y'}{\mathrm{d}x}$ pour y'', puisqu'elle ne renferme plus que y' et x; elle rentre alors dans les cas déjà traités, et l'on sait l'intégrer toutes les fois qu'elle est séparable, ou homogène, ou, etc. (*Voy.* p. 413.)

Supposons donc cette intégration effectuée, et soit...... $\psi(x, y', c)=0$ cette intégrale; il se présentera trois cas :

1°. Lorsqu'on sait résoudre l'intégrale par rapport à y', et qu'on a $y'=fx$, on en tire $y=\int y'\mathrm{d}x=\int fx.\mathrm{d}x$.

2°. Si, au contraire, on peut tirer la valeur de x en y', telle que $x=fy'$, on a $y=\int y'\mathrm{d}x$, et à l'aide de l'intégration par parties, $y=xy'-\int x\mathrm{d}y'=xy'-\int fy'.\mathrm{d}y'$. On élimine ensuite y' à l'aide de $x=fy'$.

3°. Si l'on ne peut employer l'une ou l'autre de ces voies, on cherchera à exprimer x et y', à l'aide de quelque transformation, par des fonctions X et Y d'une 3e variable z; car $x=X$ et $y'=Y$, donne $y=\int y'\mathrm{d}x=\int Y\mathrm{d}X$.

Quelle est la courbe dont le rayon de courbure R est réciproque à l'abscisse? Soit $R=\frac{a^2}{2x}$; d'où (n° 733)

$$2x(1+y'^2)^{\frac{3}{2}}=a^2y'',$$

ou $2x(1+y'^2)^{\frac{3}{2}}\mathrm{d}x=a^2\mathrm{d}y'$, équ. qui est séparable :

$$2x\mathrm{d}x=\frac{a^2\mathrm{d}y'}{(1+y'^2)^{\frac{3}{2}}},\quad x^2+c=\frac{a^2y'}{\sqrt{(1+y'^2)}}.$$

En tirant la valeur de y', $y=\int y'\mathrm{d}x$ donne

$$y=\int\frac{(x^2+c)\mathrm{d}x}{\sqrt{[a^4-(x^2+c)^2]}};$$

la ligne demandée est formée par une lame *élastique* qu'on courbe. (*Voyez* n° 898.)

Si l'on eût voulu que R fût une fonction donnée X de l'abscisse x, on aurait posé $(1+y'^2)^{\frac{3}{2}}=Xy''$. Le même calcul aurait donné

$$\frac{y'}{\sqrt{(1+y'^2)}}=\int\frac{dx}{X}=V;\quad \text{d'où}\quad y=\int\frac{Vdx}{\sqrt{(1-V^2)}}.$$

Telle est la solution du *problème inverse des rayons de courbure.*

Soit $(1+y'^2)+xy'y''=ay''\sqrt{(1+y'^2)}$: on met cette équ. sous la forme

$$dx(1+y'^2)+xy'dy'=ady'.\sqrt{(1+y'^2)}$$

qui est linéaire (n° 817) et devient intégrable en la divisant par $\sqrt{(1+y)^2}$. (*Voy.* p. 423.) On trouve

$$x=\frac{ay'+b}{\sqrt{(1+y'^2)}}.$$

Mais $y=y'x-\int xdy'$, devient

$$y=y'x-a\sqrt{(1+y'^2)}-bl[y'+\sqrt{(1+y'^2)}]+blc$$
$$=\frac{by'-a}{\sqrt{(1+y'^2)}}-bl\left(\frac{y'+\sqrt{(1+y'^2)}}{c}\right);$$

il ne reste plus qu'à chasser de là y', à l'aide de la valeur de x. On trouve, tout calcul fait, et en faisant, pour abréger, $z=\sqrt{(a^2+b^2-x^2)}$,

$$y=z+bl\frac{x+a}{c(b+z)}.$$

Enfin $2(a^2y'^2+x^2)y''=xy'$ donne l'équ. homogène (n° 815) $2(a^2y'^2+x^2)dy'=xy'dx$, qu'on sépare en posant $x=y'z$; d'où

$$\frac{dy'}{y'}=\frac{zdz}{2a^2+z^2}.$$

On intègre par log., et il vient

$$y'=c\sqrt{(2a^2+z^2)},\quad \text{et}\quad x=cz\sqrt{(2a^2+z^2)};$$

or, $y = \int y' \mathrm{d}x$, lorsqu'on met pour y' et $\mathrm{d}x$ leurs valeurs en z, devient $y = \frac{2}{3} c^2 z (3a^2 + z^2) + b$. Il faudra enfin éliminer z entre ces valeurs de x et de y.

843. V. Supposons que l'équation du 2e ordre ait la forme $F(y'', y', y) = 0$, c.-à-d. que x *n'y entre pas*. La substitution de la valeur (A, p. 446) de y'', réduira la proposée au 1er ordre entre y et y'.

Par ex., si $y'' = f(y', y)$, on trouve $y'\mathrm{d}y' = \mathrm{d}y . f(y', y)$, dont la forme est assez simple.

1°. Si l'intégrale qu'on obtiendra est résoluble par rapport à y', en sorte que $y' = fy$, on aura $\mathrm{d}x = \frac{\mathrm{d}y}{y'} = \frac{\mathrm{d}y}{fy}$, et l'on en conclura aisément x en y.

2°. Si l'on peut tirer y en fonction de y', ou $y = fy'$, $\mathrm{d}y = y'\,\mathrm{d}x$ donnera

$$x = \int \frac{\mathrm{d}.fy'}{y'} = \frac{fy'}{y'} + \int \frac{fy'}{y'^2} \cdot \mathrm{d}y';$$

on chassera ensuite y' de l'intégrale à l'aide de $y = fy'$.

3°. Enfin, si ces deux cas n'ont pas lieu, on cherchera à exprimer y' et y en fonctions d'une 3e variable z, et $y'\mathrm{d}x = \mathrm{d}y$ deviendra $Z\mathrm{d}x = T\mathrm{d}z$, etc.

L'équ. $y''(yy' + a) = y'(1 + y'^2)$ se change en

$$\mathrm{d}y'(yy' + a) = \mathrm{d}y(1 + y'^2);$$

d'où (p. 416) $\quad y = ay' + c\sqrt{(1 + y'^2)},$

$$x = \int \frac{\mathrm{d}y}{y'} = a\,\mathrm{l}(by') + c\,\mathrm{l}[y' + \sqrt{(1 + y'^2)}].$$

Il faut ensuite éliminer y' entre ces équ. On trouve, par ex., lorsque $c = 0$,

$$x = a\,\mathrm{l}\left(\frac{by}{a}\right); \text{ d'où } y = Ce^{\frac{x}{a}}.$$

L'équ. $aby'' = \sqrt{(y^2 + a^2y'^2)}$ devient

$$aby'\mathrm{d}y' = \mathrm{d}y\sqrt{(y^2 + a^2y'^2)}.$$

Pour intégrer, on fera $y' = \frac{y}{z}$ à cause de l'homogénéité, et l'on aura $abz\mathrm{d}y - aby\mathrm{d}z = z^2\mathrm{d}y\sqrt{(z^2+a^2)}$; l'équation est séparable, et faisant ensuite $\sqrt{(z^2+a^2)} = tz$, on en tire z, $\mathrm{d}z$, et l'on substitue; on trouve $\frac{\mathrm{d}y}{y} = \frac{-bt\mathrm{d}t}{bt^2-at-b}$; il sera aisé d'obtenir y en fonction de t, ainsi que y' : par conséquent aussi $x = \int \frac{\mathrm{d}y}{y'}$. On éliminera ensuite t.

Soit $y'' + Ay' + By = 0$, A et B étant constans: on a l'équ. homogène $y'\mathrm{d}y' + Ay'\mathrm{d}y + By\mathrm{d}y = 0$; on fait $y' = yu$;

d'où $$\frac{\mathrm{d}y}{y} = \frac{-u\mathrm{d}u}{u^2+Au+B} = \frac{-u\mathrm{d}u}{(u-a)(u-b)},$$

en désignant par a et b les racines de $u^2+Au+B=0$;

puis $$\mathrm{d}x = \frac{\mathrm{d}y}{y'} = \frac{\mathrm{d}y}{uy} = \frac{-\mathrm{d}u}{(u-a)(u-b)}.$$

Donc $$\frac{\mathrm{d}y}{y} - a\mathrm{d}x = \frac{-\mathrm{d}u}{u-b},\quad \frac{\mathrm{d}y}{y} - b\mathrm{d}x = \frac{-\mathrm{d}u}{u-a},$$

$$\mathrm{l}y - ax = \mathrm{l}\left(\frac{m}{u-b}\right),\quad \mathrm{l}y - bx = \mathrm{l}\left(\frac{n}{u-a}\right),$$

$$u - a = \frac{n}{y}e^{bx},\quad u - b = \frac{m}{y}e^{ax};$$

enfin, retranchant, on obtient, pour intégrale complète, $y(b-a) = -me^{ax} + ne^{bx}$, qu'on peut mettre sous la forme $y = Ce^{ax} + De^{bx}$, C et D étant des constantes arbitraires.

Si a et b sont imaginaires, ou $a = k - h\sqrt{-1}$, $b = k + h\sqrt{-1}$, on trouve, en substituant ci-dessus,

$$y = e^{kx}\left(Ce^{-hx\sqrt{-1}} + De^{hx\sqrt{-1}}\right).$$

Mettant pour $e^{\pm hx\sqrt{-1}}$ sa valeur (*L*, p. 187), on a

$$y = e^{kx}(C'\cos hx + D'\sin hx) = C''e^{kx}\cos(hx+f).$$

Enfin, si $a = b$, en reprenant le calcul, on a

$$\frac{dy}{y} = \frac{-udu}{(u-a)^2},\ \text{d'où}\ y(u-a) = ce^{\frac{a}{u-a}};$$

or, $dx = \dfrac{dy}{y'} = \dfrac{dy}{yu} = \dfrac{-du}{(u-a)^2}$; d'où $u - a = \dfrac{1}{x+k}$:

éliminant $u-a$, on trouve enfin

$$y = ce^{a(x+k)}(x+k) = Ce^{ax}(x+k).$$

844. L'équ. $y'' + Py' + Qy = 0$, P et Q étant des fonctions quelconques de x, s'intègre par une transformation très simple. On fait

$$y = e^{\int u dx},\quad y' = ue^{\int u dx},\quad y'' = e^{\int u dx}(u' + u^2);$$

d'où $$u' + (u^2 + Pu + Q) = 0,$$

parce que le facteur commun $e^{\int u dx}$ disparaît. Le calcul est donc réduit à l'intégration de l'équation du premier ordre, $du + (u^2 + Pu + Q)dx = 0$.

Par exemple, si P et Q sont constans, et a, b les racines de $u^2 + Pu + Q = 0$, il est évident que $u = a$ et $u = b$ satisfont à cette transformée : donc on a $\int u dx = ax + m$, ou $= bx + n$, et

$$y = e^{ax+m} = Ce^{ax},\ \text{ou}\ y = e^{bx+n} = De^{bx}.$$

La somme de ces valeurs de y satisfait donc à la proposée; ainsi son intégrale complète est, à cause des deux constantes arbitraires C et D, $y = Ce^{ax} + De^{bx}$.

Quand les racines de $u^2 + Pu + Q = 0$ sont imaginaires, ou $u = k \pm h\sqrt{-1}$, on a vu (p. 450) comment ce résultat prend la forme $y = Ce^{kx}\cos(hx + f)$: et si les racines sont égales, il faut intégrer l'équation $du + (u-a)^2dx = 0$, qui donne $u - a = \dfrac{1}{x+k}$; d'où

$$\int u dx = \mathrm{l}(x+k) + ax + D,\ y = e^{\int u dx} = Ce^{ax}(x+k).$$

On retrouve donc ainsi les résultats obtenus dans le dernier exemple.

29..

845. Intégrons l'équ. *linéaire* ou du 1er *degré* en y,

$$y''+Py'+Qy=R,$$

P, Q et R étant des fonctions quelconques de x seul. Il est aisé de ramener l'intégrale de cette équ. à celle du paragraphe précédent, en faisant disparaître le terme R. Pour cela, faisons, comme n° 817, $y=tz$; d'où

$$y'=tz'+zt', \quad y''=tz''+2z't'+zt''.$$

En substituant et partageant l'équ. résultante en deux autres, à cause des variables t et z, on a

$$z''+Pz'+Qz=0 \quad . \quad . \quad . \quad (1),$$

et
$$t''+t'\left(P+\frac{2z'}{z}\right)=\frac{R}{z},$$

ou
$$dt'+t'\left(P+\frac{2z'}{z'}\right)dx=\frac{Rdx}{z} \quad . \quad . \quad . \quad (2).$$

Supposons que la 1re soit intégrée (n° 844), et qu'on en ait tiré la valeur de z en x; la 2e sera linéaire du 1er ordre entre t' et x, et sera facile à intégrer d'après ce qu'on a vu (n° 817).

En changeant n° 817, y en t', P en $P+\frac{2dz}{z}$, Q en $\frac{R}{z}$, on a

$$u=\int Pdx+2lz,$$

$$e^u=e^{\int Pdx}.e^{lz^2}=\varphi.z^2 \text{ (n° 419, 12°.), en faisant, pour abréger,}$$

$$\varphi=e^{\int Pdx} \quad . \quad . \quad . \quad . \quad (3).$$

Donc on a
$$\varphi z^2t'=\int R\varphi zdx,$$

puis
$$y=tz=z\int\left(\frac{dx}{\varphi z^2}\int R\varphi zdx\right) \quad . \quad . \quad . \quad (4).$$

La double intégration que renferme ce résultat introduit deux constantes arbitraires, et par conséquent l'intégrale complète de la proposée permet d'employer pour les valeurs de z et φ des fonctions quelconques de x qui satisfassent aux équ. (1) et (3).

Appliquons ces préceptes à $y''+\frac{y'}{x}-\frac{y}{x^2}=\frac{a}{x^2-1}$, équ. où $P=\frac{1}{x}$, $Q=-\frac{1}{x^2}$, $R=\frac{a}{x^2-1}$;

1°. l'équ. (1) devient

$$z''+\frac{z'}{x}=\frac{z}{x^2}; \text{ d'où } du+\left(u^2+\frac{u}{x}-\frac{1}{x^2}\right)dx=0,$$

à cause de $z=e^{\int u dx}$ (n° 844) : cette équ. est rendue homogène en faisant $u=v^{-1}$, et l'on sépare ensuite, en posant $x=vs$ (n° 815). On trouve

$$\frac{dv}{v}=-\frac{s^2+s-1}{s(s^2-1)}ds, \quad \text{d'où} \quad v=\frac{1}{s}\sqrt{\left(\frac{s+1}{s-1}\right)}:$$

on n'ajoute pas de constante. Restituant pour v et s leurs valeurs u^{-1} et ux, on obtient

$$u=\frac{x^2+1}{x(x^2-1)}, \ \int u dx=1\frac{x^2-1}{x}, \ z=e^{\int u dx}=\frac{x^2-1}{x}.$$

2°. D'un autre côté, l'équ. (3) donne $\varphi=x$; d'où l'on tire $\int R\varphi z dx=\int a dx=ax+b$, et l'équ. (4) devient

$$y=\frac{x^2-1}{x}\int\frac{(ax+b)x dx}{(x^2-1)^2}:$$

cette dernière intégrale revient (n° 577) au quart de

$$\int\left(\frac{a-b}{(x+1)^2}-\frac{a}{x+1}+\frac{a+b}{(x-1)^2}+\frac{a}{x-1}\right)dx=-2\frac{ax+b}{x^2-1}+a\,l\left(c\frac{x-1}{x+1}\right):$$

donc $$y=-\frac{ax+b}{2x}+\frac{x^2-1}{4x}a\,l\left[c\left(\frac{x-1}{x+1}\right)\right].$$

De même $y''-\frac{a^2-1}{4x^2}y=\frac{m}{\sqrt{x^{a+1}}}$ donne pour l'équ. (1),

$$z''-\frac{(a^2-1)z}{4x^2}=0; \text{ on y satisfait en prenant } z=\sqrt{x^{a+1}}.$$

D'ailleurs $\varphi=1$, et $\int R\varphi z dx=\int m dx=mx+b$; donc

$$y=z\int\frac{(mx+b)dx}{x^{a+1}}=\frac{1}{\sqrt{x^{a-1}}}\left(cx^a-\frac{b}{a}-\frac{mx}{a-1}\right).$$

846. Lorsqu'en comptant y, x, dy, dx, et d^2y, chacun pour un facteur, l'équ. est *homogène*, on l'intègre en posant

$$y = ux,\ \mathrm{d}y = y'\mathrm{d}x,\ y''x = z \ldots (1),$$

u, y' et z étant de nouvelles variables. En effet, la transformée, dans notre hypothèse d'homogénéité, aura partout x en facteur à la même puissance, attendu que y' et y'' sont censés être des degrés, o et -1 (n° 815). Ainsi, la division dégageant l'équ. de la variable x, elle sera réduite à la forme $z = f(y', u)$.

Or, on a $\mathrm{d}y = y'\mathrm{d}x = u\mathrm{d}x + x\mathrm{d}u$, $x\mathrm{d}y' = z\mathrm{d}x$,

$$(2) \ldots \frac{\mathrm{d}x}{x} = \frac{\mathrm{d}u}{y' - u},\quad \text{ou}\ \frac{\mathrm{d}y'}{z} = \frac{\mathrm{d}u}{y' - u} \ldots (3);$$

mettant f pour z dans (3), cette équ. est du 1er ordre en y et u, et on l'intégrera : qu'on tire de là $y' = \varphi u$, et qu'on substitue dans (2), cette équ. séparée aura pour intégrale $\mathrm{l}x = \psi u$; il restera à éliminer u, à l'aide de $y = ux$, et l'on aura l'intégrale complète, puisque les équ. (3) et (2) ont introduit chacune une constante arbitraire.

Par ex., $x\mathrm{d}^2y = \mathrm{d}y\mathrm{d}x$, ou $xy'' = y'$, donne $z = y'$, et (3) devient $\mathrm{d}y'(y' - u) = y'\mathrm{d}u$, d'où $\frac{1}{2}y'^2 = \int(u\mathrm{d}y' + y'\mathrm{d}u) = y'u + \frac{1}{2}c$.

Or, $\frac{\mathrm{d}x}{x} = \frac{\mathrm{d}y'}{y'}$ donne $x = ay'$; ainsi, éliminant y' entre ces deux intégrales, il vient $x^2 - 2axu = C$; puis, éliminant u de $y = ux$, $x^2 - 2ay = C$ est l'intégrale cherchée.

847. Soit l'équ. $Ay + By' + \ldots\ldots Ky^{(n)} = 0$, dont les coefficiens sont constans; faisons $y = ce^{hx}$, d'où

$$A + Bh + Ch^2 + \ldots\ Kh^n = 0 \ldots (M).$$

Donc, si l'on prend pour h les n racines h, k, l.... de cette éq., et pour c les n constantes c, c', c''..., la proposée sera satisfaite par toutes les valeurs $y = ce^{hx}$, ainsi que par la somme de ces quantités : l'intégrale complète est donc

$$y = ce^{hx} + c'e^{kx} + c''e^{lx} + \ldots (N).$$

S'il y a des racines imaginaires, elles seront par couples, $h = a \pm b\sqrt{-1}$, et deux de nos termes réunis formeront $e^{ax}(ce^{bx\sqrt{-1}} + c'e^{-bx\sqrt{-1}})$, qu'on réduit (équ. L, p. 187) à

$$e^{ax}(m\cos bx + n\sin bx) = ke^{ax}\sin(bx + l).$$

848. Lorsque l'équ. (M) a des racines égales, (N) n'est plus qu'une intégrale particulière. Que $h=k$, par ex., les deux 1ers termes de (N) se réduisent à $(c+c')\,e^{hx}$, où $c+c'$ ne compte que pour une seule constante, et il n'y a plus que $n-1$ arbitraires.

1°. Si toutes les racines de (M) sont égales, la proposée est

$$h^n y - nh^{n-1}y' + \tfrac{1}{2}n(n-1)\,h^{n-2}y'' \ldots \pm y^{(n)} = 0 \ldots (P),$$

puisque (M) revient alors à $(h-h)^n = 0$. Or, soit $y = ut$ d'où $y' = ut' + tu'$, $y'' = ut'' + 2t'u' + u''t$, $y''' = ut''' + 3$ etc...., faisons $t = e^{hx}$; comme $t' = he^{hx} = ht$, $t'' = h^2t \ldots$, $t^{(i)} = h^i t$. on trouve

$$y = ut,\ y' = t(hu + u'),\ y'' = t(h^2u + 2hu' + u'') \ldots$$

$$y^{(i)} = t(h^iu + ih^{i-1}u' + \tfrac{1}{2}i(i-1)h^{i-2}u'' \ldots + u^{(i)}).$$

Substituons dans (P), et nous aurons une équ. dont tous les termes s'entre-détruiront, excepté le dernier $u^{(n)}$; donc $u^{(n)}=0$, savoir $u = a + bx + cx^2 \ldots + fx^{n-1}$; et il vient pour l'intégrale complète, dans le cas supposé,

$$y = ut = (a + bx + cx^2 \ldots + fx^{n-1})e^{hx}.$$

2°. Quand l'équ. (M) a m racines $= \alpha$, elle a $(h-\alpha)^m$ pour facteur, sous la forme $h^m + Ah^{m-1} + Bh^{m-2} + \ldots + \alpha^m$. Composons l'équ.

$$h^m y + Ah^{m-1}y' + Bh^{m-2}y'' \ldots \pm y^{(m)} = 0.$$

On a vu que l'intégrale de celle-ci est $(a + bx \ldots + fx^{m-1})e^{\alpha x}$. D'un autre côté, la proposée est satisfaite par $y = ce^{hx}$, $c'e^{lx} \ldots$, valeurs correspondantes aux $n-m$ racines inégales de h dans l'éq. (M). Comme, par la propriété des équ. linéaires, la somme de ces solutions doit aussi satisfaire à la proposée, l'intégrale complète est

$$y = (a + bx \ldots + fx^{m-1})e^{\alpha x} + ce^{hx} + c'e^{lx} + \ldots$$

$a, b \ldots f, c, c' \ldots$ sont les n constantes arbitraires; $\alpha, h, l \ldots$ sont les racines de l'équ. (M).

Ainsi pour $y - 2y' + 2y'' - 2y''' + y^{\text{IV}} = 0$, on trouve

$$1 - 2h + 2h^2 - 2h^3 + h^4 = 0 = (1-h)^2\,(1+h^2),$$

d'où
$$y = (a+bx)e^x + ce^{x\sqrt{-1}} + de^{x\sqrt{-1}},$$
$$y = e^x(a+bx) + A\cos x + B\sin x.$$

849. L'équation *Linéaire de tous les ordres est*

$$Ay + By' + Cy'' + \ldots + Ky^{(n)} = X.$$

Supposons que X désigne une fonction donnée de x, et que $A, B\ldots$ soient constans. On sait toujours réduire l'intégration à la résolution des équ. par le procédé suivant, que nous appliquerons seulement au 2ᵉ ordre :

$$Ay + By' + Cy'' = X.$$

Soit $e^{-hx}dx$ le facteur qui rend cette équ. intégrable : comme $Xe^{-hx}dx$ est la différentielle d'une fonction de x, telle que P, le 1ᵉʳ membre $e^{-hx}dx(Ay + By' + Cy'')$, est aussi celle d'une fonction de la forme $e^{-hx}(ay + by')$. Différencions donc ce résultat, et comparons terme à terme, nous aurons

$$-ha = A,\quad -hb + a = B,\quad b = C,$$

d'où
$$A + Bh + Ch^2 = 0,\quad a = -\frac{A}{h},\quad b = C.$$

La constante inconnue h est l'une des racines de la 1ʳᵉ de ces équ.; les deux autres donnent a et b, et l'intégrale du 1ᵉʳ ordre,

$$ay + by' = e^{hx}(P + c).$$

Il faudra de nouveau opérer sur cette équ., ou plutôt mettre pour h les deux racines h' et h'', puis éliminer y' entre les deux résultats, ce qui donnera l'intégrale complète (nº 832).

Pour l'équation du degré n, le même raisonnement prouve que h est racine de l'équ.

$$A + Bh + Ch^2 \ldots + Kh^n = 0,$$

et autant on connaîtra de ces racines, autant on aura d'intégrales de l'ordre $n-1$, de la forme

$$ay + by' + cy'' + \ldots ky^{(n-1)} = e^{hx}(P + c),$$

entre lesquelles on éliminera un nombre égal de quantités $y^{(n-1)}$, $y^{(n-2)}\ldots$, ce qui réduira le problème à un ordre d'autant moindre, ou même fera connaître l'intégrale complète, si l'on a toutes les racines h. (*Voyez* le *Calcul intégr. d'Euler*, t. II, p. 402.) On a

$$a = -\frac{A}{h}, \quad b = \frac{a - B}{h}, \quad c = \frac{b - C}{h} \ldots\ l = \frac{k - L}{h}.$$

Élimination entre les Équations différentielles.

850. Si l'on a deux équ. entre x, y et t, l'élimination de t conduira à une relation entre x et y; mais si ces équ. sont différentielles, ce calcul exige des procédés nouveaux.

$$(Mx + Ny)\mathrm{d}t + P\,\mathrm{d}x + Q\,\mathrm{d}y = r\,\mathrm{d}t,$$
$$(M_{,}x + N_{,}y)\mathrm{d}t + P_{,}\mathrm{d}x + Q_{,}\mathrm{d}y = r_{,}\mathrm{d}t,$$

étant les équ. les plus générales à trois inconnues, éliminons $\mathrm{d}y$, divisons par le coefficient de $\mathrm{d}x$, et faisons-en autant pour $\mathrm{d}x$; nos équ. seront mises sous la forme la plus simple

$$(ax + by)\mathrm{d}t + \mathrm{d}x = T\mathrm{d}t,$$
$$(a'x + b'y)\mathrm{d}t + \mathrm{d}y = S\mathrm{d}t.$$

Nous supposerons ici que les coefficiens sont constans, et T, S des fonctions de t. Multiplions la 2e par une indéterminée k, et ajoutons à la 1re, nous aurons

$$(a + a'k)\left(x + \frac{b + b'k}{a + a'k}y\right)\mathrm{d}t + (\mathrm{d}x + k\mathrm{d}y) = (T + Sk)\mathrm{d}t.$$

Cela posé, il est visible que le 2e terme $\mathrm{d}x + k\mathrm{d}y$ serait la différentielle du 1er, abstraction faite de $(a + a'k)\mathrm{d}t$, si l'on avait

$$k = \frac{b + b'k}{a + a'k} \text{ ou } a'k^2 + (a - b')\,k = b.$$

Prenant pour k l'une des racines de cette équ., l'on aura

$$(a+a'k)(x+ky)dt+dx+kdy=(T+Sk)dt,$$

ou $$(a+a'k)udt+du=(T+Sk)dt,$$

en faisant $x+ky=u$. Il sera aisé d'intégrer cette équation linéaire (nº 817), et d'en tirer la valeur de u en fonction de t, ou $x+ky=ft$; on mettra tour à tour pour k les deux racines de notre équ., et il ne restera plus qu'à éliminer t entre les résultats.

Si les racines de k sont imaginaires, on remplace les exponentielles par des sin. et cos., comme nºˢ 843 et 844. Et si elles sont égales, on n'obtient, il est vrai, qu'une seule intégrale entre x, y et t; mais en tirant la valeur de l'une de ces variables, et substituant dans l'une des proposées, on doit intégrer de nouveau l'équ. résultante à deux variables.

851. Si l'on a trois équ. et quatre variables x, y, z et t; pour éliminer z et t, et obtenir une relation entre x et y, on posera

$$(ax+by+cz)dt+dx=Tdt,$$
$$(a'x+b'y+c'z)dt+dy=Sdt;$$
$$(a''x+b''y+c''z)dt+dz=Rdt.$$

Nous supposons que T, S et R sont fonctions de t seul; et que les autres coefficiens sont constans. Pour opérer de même, multiplions la 2ᵉ par k et la 3ᵉ par l, k et l étant deux indéterminées; puis, ajoutant le tout, mettons le résultat sous la forme

$$(a+a'k+a''l)\left(x+\frac{b+b'k+b''l}{a+a'k+a''l}y+\frac{c+c'k+c''l}{a+a'k+a''l}z\right)dt$$
$$+dx+kdy+ldz=(T+Sk+Rl)dt.$$

Or, il est clair que la partie renfermée entre les crochets aura pour différentielle $dx+kdy+ldz$, si l'on détermine l et k par les conditions

$$\frac{b+b'k+b''l}{a+a'k+a''l}=k,\quad \frac{c+c'k+c''l}{a+a'k+a''l}=l;$$

donc, si l'on fait $x+ky+lz=u$, on aura

$$(a + a'k + a''l)u\mathrm{d}t + \mathrm{d}u = (T + Sk + Rl)\mathrm{d}t.$$

Intégrant cette équ. linéaire, il viendra u en fonction de t, ou $x + ky + lz = ft$; et comme k et l sont donnés par des équ. du 3ᵉ degré, en en substituant les racines dans cette intégrale, elle donnera trois équ. entre x, y, t et z, qui serviront à éliminer t et z.

852. Si l'on a les équ. du 2ᵉ ordre

$$\mathrm{d}^2y + (a\mathrm{d}y + b\mathrm{d}x)\mathrm{d}t + (cy + gx)\mathrm{d}t^2 = T\mathrm{d}t^2,$$
$$\mathrm{d}^2x + (a'\mathrm{d}y + b'\mathrm{d}x)\mathrm{d}t + (c'y + g'x)\mathrm{d}t^2 = S\mathrm{d}t^2,$$

on fera $\mathrm{d}y = p\mathrm{d}t, \quad \mathrm{d}x = q\mathrm{d}t,$

et l'on aura $\mathrm{d}p + (ap + bq + cy + gx)\mathrm{d}t = T\mathrm{d}t,$

$$\mathrm{d}q + (a'p + b'q + c'y + g'x)\mathrm{d}t = S\mathrm{d}t;$$

on aura donc quatre équ. entre les cinq variables p, q, x, y et t. et on les traitera par le procédé expliqué ci-dessus. On voit que ce genre de calcul s'applique en général aux équ. du 1ᵉʳ degré et de tous les ordres, quel que soit leur nombre.

Quelques Problèmes de Géométrie.

853. Lorsque, dans l'équ. $F(x, y, c) = 0$ d'une courbe, la constante c est arbitraire, et qu'on lui attribue successivement toutes les valeurs possibles, on a un système infini de lignes. On nomme *Trajectoires* les courbes qui coupent celles-ci sous le même angle; en sorte que si, par ex., la trajectoire est *Orthogonale*, en menant des tangentes à cette courbe et à la courbe variable, à leur point d'intersection, ces tangentes soient à angles droits.

Voici le moyen général d'obtenir l'équ. $f(x, y) = 0$ des trajectoires. Soit $F(Y, X, c) = 0$ l'équ. de la courbe mobile, à raison du paramètre variable c. Pour une valeur de c, cette courbe prend une situation déterminée AM (fig. 61) : menons des tangentes à cette ligne et à la trajectoire DM en leur point commun M; Y' et y' en fixeront les inclinaisons sur l'axe des x, et l'angle $T'MT$ qu'elles forment entre elles a pour tangente $a = \frac{y' - Y'}{1 + Y'y'}$, d'où

$$(1 + Y'y')a + Y' - y' = 0 \ldots\ldots (1).$$

Il faut ici remplacer Y et X par y et x, parce qu'il s'agit d'un point commun aux deux courbes : a est une constante ou une fonction donnée. Le raisonnement du n° 462 démontre que si l'on élimine c entre cette équ. et celle $F(y, x, c) = 0$ de la courbe coupée, et qu'on intègre, on aura celle de la trajectoire. Si elle est orthogonale, on trouve simplement, au lieu de (1), l'éq.

$$1 + Y'y' = 0 \ldots\ldots (2).$$

Par ex., si l'on demande la courbe qui coupe à angle droit une droite qui tourne autour de l'origine, $Y = cX$ donnera $Y' = c$, et l'équation (2) deviendra $1 + cy' = 0$: éliminant c à l'aide de $y = cx$, on trouve $xdx + ydy = 0$; d'où $x^2 + y^2 = A^2$. Donc la trajectoire est un cercle de rayon arbitraire.

Mais si la droite doit être coupée sous un angle donné, dont a est la tangente, le même calcul appliqué à l'équ. (1) donne, pour la trajectoire, cette équ. différ. homogène (n° 815)

$$y + ax = y'(x - ay);$$

d'où $$al\left(c\sqrt{x^2 + y^2}\right) = \text{arc}\left(\text{tang.} = \frac{y}{x}\right),$$

équ. qui appartient à la spirale logarithmique (n° 473), ainsi qu'on peut s'en convaincre en traduisant cette relation en coordonnées polaires (n° 385).

Pour l'équ. $X^m Y^n = c$, qui appartient aux hyperboles et paraboles de tous les ordres, le même calcul donne l'équ. homogène $(nx + amy)y' = anx - my$. Quand la trajectoire doit être orthogonale, $myy' = nx$ ayant pour intégrale $my^2 - nx^2 = A$, cette courbe est une hyperbole du 2ᵉ degré, ou une ellipse, suivant que l'exposant n est positif ou négatif.

La trajectoire orthogonale du cercle qui a pour équation $y^2 = 2cx - x^2$, est un autre cercle dont l'équ. est $y^2 + x^2 = Ay$.

On le construit en prenant pour centre un point quelconque de l'axe des y, et pour rayon la distance de ce point à l'origine.

854. Lorsqu'on se propose de trouver une courbe dont la soutangente ou la tangente.... soit une fonction donnée φ de x et de y, il suit des formules (n° 722) qu'il faut intégrer l s équ. $y = y'\varphi$, $y\sqrt{(1 + y'^2)} = y'\varphi$.... C'est pour cela qu'on a donné le nom de *Méthode inverse des tangentes* à la branche de calcul qui est relative à l'intégration des équ. du 1er ordre entre x et y.

En voici quelques exemples.

Quelle est la courbe dont en chaque point la longueur n de la normale et l'abscisse t du pied de cette droite, ont entre elles une relation donnée $n = Ft$? Puisque (n° 722) on a $t = x + yy'$ et $n = y\sqrt{(1 + y'^2)}$, il est clair que le problème proposé se réduit à intégrer l'équ. $y\sqrt{(1 + y'^2)} = F(x + yy')$.

Si l'on veut que n et t soient les coordonnées d'une parabole, dont $2p$ est le paramètre, il faut que $n^2 = 2pt$, d'où

$$y^2(1 + y'^2) = 2p(x + yy').$$

Pour intégrer cette équ., résolvons-la par rapport à yy', puis divisons tout par le radical, nous aurons

$$\frac{p - yy'}{\sqrt{(p^2 + 2px - y^2)}} + 1 = 0:$$

or, le 1er terme est visiblement la dérivée de $\sqrt{(p^2 + 2px - y^2)}$; donc $\sqrt{(p^2 + 2px - y^2)} = a - x$. Si l'on carre, on obtient, en mettant c au lieu de la constante arbitraire $a + p$,

$$y^2 + x^2 - 2cx + c^2 - 2pc = 0.$$

La courbe cherchée est donc un cercle dont le centre est en un lieu quelconque de l'axe des x, et dont le rayon est moyen proportionnel entre $2p$ et la distance de ce point à l'origine. C'est, au reste, ce qui est d'ailleurs visible.

Mais, outre cette multitude infinie de cercles qui satisfont au problème, il y a encore pour solution une parabole; car, en remontant aux procédés des n°s 823 et 827, on trouvera l'équ. singulière $y^2 = 2px + p^2$. Il est facile de vérifier (comme on l'a vu n° 824, 3°.) que cette parabole résulte de l'intersection continuelle de tous les cercles successifs compris dans la solution générale.

855. Trouver une courbe telle, que les perpend. abaissées de deux points fixes sur toutes ses tangentes forment un rectangle constant $= k$. Prenons pour axe des x la ligne qui joint les deux points, l'un étant à l'origine, et l'autre distant de $2a$: le n° 374 fait connaître les expressions des distances de ces deux points à la tangente, qui a pour équ. $Y - y = y'(X - x)$, et l'on trouve

$$(2ay' + y - y'x)\ (y - y'x) = k(1 + y'^2) \ldots \quad (1).$$

Cette équ. s'intègre en la différenciant d'abord ; y'' est facteur commun, et l'on trouve $y'' = 0$, et

$$-x(2ay' + y - y'x) + (y - y'x)\ (2a - x) = 2ky' \ldots \quad (2);$$

la 1re donne $y' = c$, qui change la proposée en

$$(2ac + y - cx)\ (y - cx) = k(1 + c^2);$$

ce sont les équ. de deux droites ; et il est aisé de s'assurer qu'elles répondent en effet au problème. Le nombre des droites comprises par couple dans cette relation est d'ailleurs infini.

Quant à l'équ. (2), si l'on en tire la valeur de y', et qu'on la substitue dans (1), en changeant x en $x + a$, on a

$$y^2(a^2 + k) + x^2 = k(a^2 + k).$$

On trouve donc une ellipse qui a pour foyers les points fixes donnés, et pour demi-axes $\sqrt{(k + a^2)}$ et $\sqrt{k}$. Cette courbe est une solution singulière du problème, et résulte de l'intersection successive des droites comprises dans l'intégrale complète.

On pourra s'exercer encore aux questions suivantes :

Trouver une courbe telle, que toutes les perpend. abaissées d'un point donné sur ses tangentes soient égales.

Quelle est la courbe telle, que les lignes menées à deux points fixes, d'un point quelconque de son cours, soient également inclinées sur la tangente ?

V. INTÉGRATION DES ÉQUATIONS QUI RENFERMENT TROIS VARIABLES.

Équations différentielles totales.

856. Puisque l'équ. $dz = pdx + qdy$ résulte de la somme des dérivées (n° 704) de $z = f(x, y)$, prises relativement à x et y considérées comme variables indépendantes, on en conclut que les fonctions de x et y représentées par p et q doivent être telles, qu'on ait (n° 703)

$$\frac{dp}{dy} = \frac{dq}{dx} \dots\dots (1).$$

Si une équ. proposée satisfait à cette condition, on intégrera la différentielle exacte $pdx + qdy$, par le procédé du n° 819; le résultat sera la valeur de z ou $f(x, y)$. C'est ainsi que, d'après l'ex. I, p. 420, l'on voit que l'intégrale de

$$dz = \frac{dx}{\sqrt{(1+x^2)}} + adx + 2by\,dy,$$

est $$z = by^2 + ax + lc\,(x + \sqrt{1+x^2}).$$

857. Si l'équ. différentielle proposée est implicite,

$$Pdx + Qdy + Rdz = 0;$$

P, Q et R étant des fonctions de x, y et z, on pourra la mettre sous la forme $dz = pdx + qdy$, en faisant.........
$p = -\frac{P}{R}$, $q = -\frac{Q}{R}$. Pour reconnaître si la condition (1) est remplie, comme p contient z qui est fonction de x et y, pour obtenir le premier membre de l'équ. (1), il ne faut pas se borner à regarder x comme constant dans p, et y comme variable; il faut en outre faire varier z par rapport à y; d'où (n° 704) $\frac{dp}{dy} + q \cdot \frac{dp}{dz}$, à cause de $q = \frac{dz}{dy}$. On en dira autant de q rela-

tivement à x; on a donc, au lieu de la condition (1),

$$\frac{dp}{dy}+q\frac{dp}{dz}=\frac{dq}{dx}+p\frac{dq}{dz}.$$

Remettant pour p et q leurs valeurs, on a

$$P\frac{dR}{dy}-R\frac{dP}{dy}+R\frac{dQ}{dx}-Q\frac{dR}{dx}+Q\frac{dP}{dz}-P\frac{dQ}{dz}=0\ldots(2),$$

équ. qui exprime que z est une fonction de deux variables indépendantes, auxquelles elle est liée par une seule équ.

858. Soit F le facteur qui rend l'équ. $Pdx+Qdy+Rdz=0$, la différentielle exacte de $f(x, y, z)=0$. Il suit des principes développés (p. 298), que si l'on fait x constant, ou $dx=0$, l'équ. $FQdy+FRdz=0$ doit être une différentielle exacte entre y et z: on doit en dire autant pour $dy=0$ et $dz=0$; d'où l'on tire

$$\frac{d.FR}{dy}=\frac{d.FQ}{dz},\quad \frac{d.FP}{dz}=\frac{d.FR}{dx},\quad \frac{d.FQ}{dx}=\frac{d.FP}{dy},$$

ou

$$\left.\begin{aligned} F\left\{\frac{dR}{dy}-\frac{dQ}{dz}\right\}&=Q\frac{dF}{dz}-R\frac{dF}{dy}\\ F\left\{\frac{dP}{dz}-\frac{dR}{dx}\right\}&=R\frac{dF}{dx}-P\frac{dF}{dz}\\ F\left\{\frac{dQ}{dx}-\frac{dP}{dy}\right\}&=P\frac{dF}{dy}-Q\frac{dF}{dx}\end{aligned}\right\}\ldots\ (3).$$

Or, si l'on multiplie respectivement ces équ. par P, Q et R, et qu'on les ajoute, les 2es membres se détruiront, en sorte que le facteur commun F disparaissant, on retombera sur la relation (2); donc on ne peut espérer de rendre la proposée intégrable à l'aide d'un facteur F, qu'autant que la condition (2) est satisfaite. Toute équ. entre deux variables est intégrable, au moins par approximation, tandis qu'il n'en est pas de même des équ. à trois variables ou plus.

859. Si les différentielles passent le 1er degré, voici ce qui a lieu. Quelle que soit l'intégrale cherchée, en la différenciant, il

est clair qu'on peut la mettre sous la forme $Pdx + Qdy + Rdz = 0$, à laquelle la proposée doit être réductible; donc, si l'on résout la proposée par rapport à dz, les dx et dy ne doivent pas demeurer engagés sous le radical: elle n'est donc intégrable qu'autant qu'elle est décomposable en facteurs rationnels. Pour

$$Adx^2 + Bdy^2 + Cdz^2 + Ddxdy + Edxdz + Fdydz = 0,$$

le radical compris dans la valeur de dz est

$$\sqrt{[(E^2 - 4AC)\,dx^2 + 2(EF - 2DC)dxdy + (F^2 - 4BC)\,dy^2]}:$$

en le soumettant à la condition connue (n° 138), on trouve

$$(EF - 2DC)^2 - (E^2 - 4AC)(F^2 - 4BC) = 0 \ldots \quad (4).$$

Si cette équ. est satisfaite, on aura à intégrer deux équ. de la forme $Pdx + Qdy + Rdz = 0$, dont la proposée est le produit.

860. Pour intégrer $Pdx + Qdy + Rdz = 0$, lorsque la condition (2) est remplie, on regardera comme constante l'une des variables, telle que z; puis on intégrera $Pdx + Qdy = 0$. Soit $f(x, y, z, Z) = 0$ l'intégrale, Z étant la constante arbitraire qui peut contenir z: on différenciera cette équ. complètement, et l'on comparera à la proposée; il devra en résulter pour dZ une expression indépendante de x et y, fonction de z et Z seuls; l'intégration fera connaître Z. Ce procédé résulte des principes mêmes de la différentiation des équ. (n° 704).

I. Soit $dx(y + z) + dy(x + z) + dz(x + y) = 0$; en faisant $dz = 0$, on a $dx(y + z) + dy(x + z) = 0$, dont l'intégrale (n° 813) est $(x + z)(y + z) = Z$. Différencions ce résultat, et comparons à la proposée, nous aurons $dZ = 2zdz$, d'où $Z = z^2 + c$. Donc l'intégrale demandée est $xz + yz + xy = c$.

II. Avant de traiter l'équ. $zdx + xdy + ydz = 0$, on la soumettra à la condition (2); et comme $x + y + z$ n'est pas nul, on voit que l'équ. n'est pas intégrable. Si l'on exécutait le calcul indiqué pour l'intégration, on trouverait que Z ne peut être dégagé de x et y.

III. Pour $[x(x - a) + y(y - b)]\,dz = (z - c)(xdx + ydy)$,

la même chose a lieu, à moins que a et b ne soient nuls. Dans ce cas, on a $(x^2+y^2)\,dz=(z-c)\,(xdx+ydy)$; on intègre en faisant $dz=0$; d'où $x^2+y^2=Z^2$. Différenciant et comparant à la proposée, on trouve $Zdz=(z-c)dZ$; d'où $Z=A(z-c)$. Ainsi l'intégrale est $x^2+y^2=A^2(z-c)^2$.

IV. Soit encore proposée l'équ.

$$(y^2+yz+z^2)\,dx+(x^2+xz+z^2)\,dy+(x^2+xy+y^2)\,dz=0.$$

En faisant dz nul, on doit intégrer

$$\frac{dx}{x^2+xz+z^2}+\frac{dy}{y^2+yz+z^2}=0;\ \text{d'où}$$

$$\frac{2}{z\sqrt{3}}\left[\text{arc}\left(\text{tang}=\frac{z+2x}{z\sqrt{3}}\right)+\text{arc}\left(\text{tang}=\frac{z+2y}{z\sqrt{3}}\right)\right]=fz,$$

ou (*) $$\text{arc}\left(\text{tang}=\frac{(x+y+z)\,z\sqrt{3}}{z^2-zx-zy-2xy}\right)=\tfrac{1}{2}z\sqrt{3}\,.fz.$$

Puisque cet arc est une fonction de z, sa tangente l'est aussi, et l'on peut poser, en faisant le dénominateur $=\varphi$,

$$\frac{(x+y+z)z}{z^2-zx-zy-2xy}=\frac{(x+y+z)z}{\varphi}=Z.\quad .\quad (a).$$

Différencions cette équ., chassons le dénominateur φ^2, et comparons à la proposée multipliée par $2z$; comme les termes en dx et dy sont les mêmes des deux parts, on égale entre eux les autres termes, savoir :

$$2(x^2+xy+y^2)zdz=-2(z^2x+z^2y+2xyz+x^2y+y^2x)dz-\varphi^2.dZ,$$
$$2(x^2z+3xyz+y^2z+z^2x+z^2y+x^2y+y^2x)dz+\varphi^2.dZ=0.$$

(*) On trouve souvent des formules dans lesquelles on doit ajouter des arcs donnés par leurs tang. Soit arc (tang$=\alpha$) + arc (tang$=\beta$) ; m et n désignant ces deux arcs, on $\alpha=\text{tang}\,m$, $\beta=\text{tang}\,n$, il s'agit de trouver l'expression de l'arc $m+n$. On a (équ. K, n° 359).

$$\text{tang}(m+n)=\frac{\alpha+\beta}{1-\alpha\beta};\ \text{d'où}\ m+n=\text{arc}\left(\text{tang}=\frac{\alpha+\beta}{1-\alpha\beta}\right).$$

C'est ainsi qu'on a réduit l'équ. ci-dessus.

Mettons pour φ sa valeur tirée de (a), et supprimons le facteur commun $x+y+z$,

$$2(xy+yz+xz)Z^2dz+(x+y+z)z^2.dZ=0.$$

C'est cette équ. qui est destinée à donner Z en z, et qui doit ne pas contenir x et y. On tire de (a)

$$xz+yz=\frac{z^2Z-z^2-2xyZ}{Z+1}.$$

Substituant, on trouve que $2Z(z^2-xy)$ est facteur commun; et l'on a $Z(Z-1)dz+z.dZ=0$; donc

$$\frac{dz}{z}=\frac{dZ}{Z}-\frac{dZ}{Z-1},\quad z=\frac{cZ}{Z-1},\quad Z=\frac{z}{z-c}.$$

Avec cette valeur de Z, l'équ. (a) est l'intégrale demandée, qu'on peut écrire $xy+xz+yz=c(x+y+z)$.

861. Si la condition (2) n'est pas satisfaite, en suivant le procédé qu'on vient d'indiquer, dZ ne peut plus être exprimé en z et Z seuls. F étant le facteur qui rend intégrable $Pdx+Qdy$, et $u+Z$ l'intégrale de $FPdx+FQdy$; comparons la différentielle de $u+Z=0$ avec $FPdx+FQdy+FRdz=0$; nous trouvons

$$u+Z=0;\quad \frac{du}{dz}+\frac{dZ}{dz}=FR\ldots\ldots\quad (5).$$

x, y et z entrent ici, en sorte qu'on ne peut en tirer Z, ni l'intégrale demandée $u+Z=0$, comme cela arrive quand la condition d'intégrabilité est remplie. Il n'en résulte pas moins que $u+Z=0$ satisferait à la proposée et en serait l'intégrale, si l'on déterminait Z en fonction de z, $Z=\varphi z$, de manière à avoir en même temps la relation (5). Or, on a vu (n° 704) que, dans la différentiation des équ., on suppose tacitement que les variables x et y sont dépendantes, en vertu d'une relation arbitraire qui les lie l'une à l'autre. Dans le cas actuel, on ne peut intégrer sans établir cette dépendance : on voit que, si l'on pose $Z=\varphi z$, le système de nos deux équ.

$$u+\varphi z=0,\quad \frac{du}{dz}+\varphi' z=FR\ldots\quad (6)$$

satisfait à la proposée, quelle que soit d'ailleurs la forme de la fonction φ.

Les équ. qui ne satisfont point à la condition d'intégrabilité étaient autrefois appelées *Absurdes* : on établissait en principe qu'elles ne signifiaient rien, et qu'un problème susceptible de solution ne pouvait jamais conduire à ces sortes de relations, qu'on prétendait équivaloir aux imaginaires. Monge prouva que cette opinion est fausse, en donnant la théorie précédente.

Si l'on cherche une surface courbe qui remplisse certaines conditions, lesquelles, traduites en analyse, conduisent à une équ. différentielle entre les coordonnées x, y et z, les points de l'espace qui satisfont au problème sont donc, dans le cas présent, non pas ceux d'une surface, mais ceux d'une courbe à double courbure, parce que l'équ. ne peut exister qu'en se partageant d'elle-même en deux, ainsi que cela s'est souvent rencontré d'ailleurs (nos 112, 533, 576). Bien plus, comme φ est arbitraire, ce n'est pas une seule courbe qui répond au problème, mais une infinité de courbes soumises à une loi commune.

Ainsi, pour $zdx+xdy+ydz=0$, on trouvera

$$F=x^{-1},\quad R=y,\quad y+z\,\mathrm{l}\,x=u;$$

d'où $\quad y+z\,\mathrm{l}\,x+\varphi z=0,\quad \mathrm{l}x+\varphi' z=yx^{-1},$

pour les équ. (6) dont le système satisfait à la proposée, quelle que soit la fonction φ.

Dans l'ex. III du n° 860, on a

$$R=-x(x-a)-y(y-b),\quad F=(z-c)^{-1};\ \text{donc}$$

$$x^2+y^2+2\varphi z=0,\quad (z-c)\varphi' z+x(x-a)+y(y-b)=0.$$

Équations différentielles partielles du premier ordre.

862. Soit l'équ. $dz=pdx+qdy$; p et q sont les différentielles partielles de z, par rapport à x et y respectivement.

Nous avons donné les moyens de remonter de cette équ. à son intégrale $z=f(x,y)$; proposons-nous maintenant de trouver l'équ. $z=f(x,y)$ par la seule connaissance de l'un des coefficiens p et q, ou d'une relation entre eux.

Prenons d'abord le cas où q n'entre pas dans la relation, savoir, $F(p,x,y,z)=0$. On sait que les variables x et y sont indépendantes dans l'intégrale $z=f(x,y)$, l'une pouvant varier sans l'autre (n° 704); comme q n'est pas dans la proposée, cette équ. se rapporte au cas où x et z ont seuls varié, puisque si y variait, la relation donnée $F=0$ demeurerait la même. Il s'agit donc de faire $p=\frac{dz}{dx}$ dans la proposée, et d'intégrer une équ. entre les variables x et z, y étant supposé constant. Alors la constante additive à l'intégrale devra être *une fonction arbitraire de* y, que nous représenterons par φy.

Donc, *pour intégrer l'équation* $F(p, x, y, z)=0$, *il faut en éliminer* p *à l'aide de* $dz=pdx$, *intégrer en prenant* y *constant, et ajouter* φy.

On raisonnera de même à l'égard de q pour intégrer l'équ.

$$F(q,x,y,z)=0.$$

Par ex., $p=3x^2$ a pour intégrale $z=x^3+\varphi y$.

Celle de $x=p\sqrt{(x^2+y^2)}$, est $z=\sqrt{(x^2+y^2)}+\varphi y$.

Pour $p\sqrt{(a^2-y^2-x^2)}=a$, on trouve

$$z=a.\text{arc}\left(\sin=\frac{x}{\sqrt{(a^2-y^2)}}\right)+\varphi y.$$

Soit $qxy+az=0$; on intègre $xydz+azdy=0$, x étant constant, et l'on a $l(z^xy^a)=lc$; d'où $z^x.y^a=\varphi x$.

Enfin, soit $p(y^2+x^2)=y^2+z^2$; d'où résulte l'équ. homogène $(y^2+x^2)dz=(y^2+z^2)dx$, puis

$$\text{arc}\left(\text{tang}=\frac{z}{y}\right)-\text{arc}\left(\text{tang}=\frac{x}{y}\right)=c,$$

ou (note page 466)

$$\text{arc}\left(\text{tang}=\frac{y(z-x)}{y^2+xz}\right)=c,\quad \frac{z-x}{y^2+xz}=\varphi y.$$

863. Prenons l'équ. générale *linéaire du* 1er *ordre*

$$Pp + Qq = V,$$

P, Q, V étant des fonctions données de x, y, z. Éliminons p de $dz = pdx + qdy$, nous aurons

$$Pdz - Vdx = q(Pdy - Qdx) \ldots (1),$$

équ. à laquelle il faut satisfaire de la manière la plus générale, q étant quelconque, puisque, d'après l'équ. proposée, q reste indéterminé. Quand les variables x, y, z sont séparées dans cette équ., chaque membre peut être rendu intégrable en particulier. Soient $\pi = \alpha$, $\rho = \beta$, les intégrales des équations respectives

$$Pdz - Vdx = 0, \quad Pdy - Qdx = 0 \ldots (2);$$

l'équation revient à $\mu d\pi = q\mu' d\rho$, μ et μ' étant les facteurs qui rendent les équ. (2) intégrables ; et pour que cette équ. le soit elle-même, il faut que $\frac{\mu'}{\mu}q$ soit une fonction de ρ, savoir... $\pi = \varphi\rho$, φ désignant une fonction tout-à-fait arbitraire.

Lorsque les x, y, z sont mêlées dans les équ. (2), si $\pi = \alpha$, et $\rho = \beta$, sont des fonctions qui y satisfont, la proposée a encore pour intégrale $\pi = \varphi\rho$; et c'est ce qui nous reste à démontrer.

En effet, pour reconnaître si la proposée est satisfaite par une équ. quelconque $\pi = \varphi\rho$, il faut qu'en la différenciant sous la forme $dz = pdx + qdy$, les valeurs qu'on trouvera pour p et q, étant substituées, donnent $Pp + Qq = V$. Les différentielles de $\pi = \alpha$, $\rho = \beta$ étant

$$d\pi = Adx + Bdy + Cdz = 0, \quad d\rho = adx + bdy + cdz = 0,$$

on trouve pour la différentielle de $\pi - \varphi\rho = 0$, relative

$$\text{à } z \text{ et } x \ldots (C - c.\varphi'\rho)p + A - a.\varphi'\rho = 0,$$
$$\text{à } z \text{ et } y \ldots (C - c.\varphi'\rho)q + B - b.\varphi'\rho = 0.$$

Tirant de là p et q, pour substituer dans $Pp + Qq = V$, on trouve que l'équ. $\pi = \varphi\rho$ satisfait à la proposée, si l'on a

$$AP+BQ+CV=\varphi'\rho\times(aP+bQ+cV);$$

mais si l'on admet que les fonctions π et ρ ont été choisies de manière à satisfaire aux équ. (2), on peut tirer de celles-ci dz et dx pour substituer dans d$\pi=0$ et d$\rho=0$; et l'on trouve que les équ. qui expriment la condition déterminante de π et ρ, sont

$$AP+BQ+CV=0,\quad aP+bQ+cV=0;$$

ainsi $\pi=\varphi\rho$ satisfait à la proposée, la fonction φ demeurant arbitraire, et $\pi=\varphi\rho$ est l'intégrale demandée.

Si l'on élimine dx entre les équ. (2), il vient $Q\text{d}z-V\text{d}y=0$; deux des équ. suivantes contiennent donc la 3e, et peuvent être employées indifféremment:

$$P\text{d}z-V\text{d}x=0,\ P\text{d}y-Q\text{d}x=0,\ Q\text{d}z-V\text{d}y=0\ldots\ (3).$$

Concluons de là, que *l'intégration de l'équ. aux différentielles partielles du 1er ordre $Pp+Qq=V$, se réduit à satisfaire à deux des équ.* (3), *par des fonctions $\pi=\alpha$, $\rho=\beta$, et à poser $\pi=\varphi\rho$, φ désignant une fonction arbitraire*, α et β des constantes, qui n'entrent pas dans l'intégrale, attendu que la fonction φ contient autant de constantes qu'on veut.

Si l'on fait $\varphi\rho=$ const., on a $\pi=$ const., qui satisfait aussi à la proposée; en sorte que $\pi=\alpha$ et $\rho=\beta$ en sont des intégrales particulières.

864. Examinons d'abord ce qui arrive dans divers cas.

1°. Si V est nul, l'une de nos équ. (3) est d$z=0$, $z=\alpha=\pi$; il ne restera donc, dans la 2e, que les deux variables x et y; l'intégrale $\rho=\beta$ s'obtiendra ensuite (chap. IV), et $z=\varphi\rho$ sera l'intégrale de $Pp+Qq=0$.

Par ex., $py=qx$, donne $P=y$, $Q=-x$, $y\text{d}y+x\text{d}x=0$, d'où $\rho=x^2+y^2$, puis $z=\varphi(x^2+y^2)$, équ. finie des surfaces de révolution autour de l'axe des z (n°s 622 et 705).

Pour $px+qy=0$, on trouve $x\text{d}y-y\text{d}x=0$, l$y=$lax, $y=ax$, $\dfrac{y}{x}=\rho$; enfin $z=\varphi\left(\dfrac{y}{x}\right)$; c'est l'équ. des conoïdes (n° 748).

De même, soit $q=pP$, P ne contenant pas z, l'intégrale est

$$z=\phi\rho,\quad \rho=\int F(\mathrm{d}x+P\mathrm{d}y),$$

F étant le facteur qui rend intégrable $\mathrm{d}x+P\mathrm{d}y$.

2°. Quand il arrive que deux des équ. (3) ne contiennent que deux variables et leurs différentielles, l'intégration donne aisément π et ρ.

Soit proposée l'équation $px+qy=nz$; d'où $x\mathrm{d}z=nz\mathrm{d}x$, $x\mathrm{d}y=y\mathrm{d}x$, puis $z=\alpha x^n$, $y=\beta x$; on en tire α et β, valeurs de π et ρ, et par suite l'intégrale cherchée $z=x^n\phi\left(\frac{y}{x}\right)$. On voit que ϕ est homogène et quelconque; et comme la proposée est l'énoncé du théorème des fonctions homogènes (p. 423), on en retrouve ainsi la démonstration pour le cas de deux variables.

Pour $px^2+qy^2=z^2$; on a $x^2\mathrm{d}z=z^2\mathrm{d}x$, $x^2\mathrm{d}y=y^2\mathrm{d}x$; d'où $z^{-1}-x^{-1}=\pi$, $y^{-1}-x^{-1}=\rho$; donc l'intégrale est

$$\frac{1}{z}-\frac{1}{x}=\phi\left(\frac{1}{y}-\frac{1}{x}\right),\quad \text{ou}\quad \frac{x-z}{xz}=\phi\left(\frac{x-y}{xy}\right).$$

X et V étant des fonctions de x seul, l'équ. $q=pX+V$, donne $X\mathrm{d}z+V\mathrm{d}x=0$, $X\mathrm{d}y+\mathrm{d}x=0$, et

$$z=-\int\frac{V\mathrm{d}x}{X}+\phi\left(y+\int\frac{\mathrm{d}x}{X}\right).$$

3°. Quand l'une des équ. (3) est seule entre deux variables, après l'avoir intégrée, on élimine à l'aide de ce résultat $\pi=\alpha$, l'une des variables de la 2ᵉ ou 3ᵉ de nos équ., puis on intègre, et l'on a $\rho=\beta$; on remet π pour α dans ρ, et l'on a $\pi=\phi\rho$, ou $\rho=\phi\pi$.

Soit $qxy-px^2=y^2$; d'où $x^2\mathrm{d}z+y^2\mathrm{d}x=0$, $x^2\mathrm{d}y+xy\mathrm{d}x=0$; celle-ci donne $xy=\beta$; mettant dans l'autre βx^{-1} pour y, il vient $\mathrm{d}z+\beta^2x^{-4}\mathrm{d}x=0$; d'où $z=\frac{1}{3}\beta^2x^{-3}+\alpha$; remettant ici xy pour β, on a $z-\frac{1}{3}y^2x^{-1}=\alpha=\pi$; partant, l'intégrale demandée est $3zx=y^2+3x\phi(xy)$.

Pour $px+qy=n\sqrt{(x^2+y^2)}$, on a

$$x\mathrm{d}z = n\mathrm{d}x\sqrt{(x^2+y^2)},\quad x\mathrm{d}y = y\mathrm{d}x;$$

la 2e donne $y=\beta x$; chassant y de la 1re, elle devient

$$\mathrm{d}z = n\sqrt{(1+\beta^2)}\mathrm{d}x;\text{ d'où } z - nx\sqrt{(1+\beta^2)} = \alpha,$$

puis $$\pi = z - n\sqrt{(x^2+y^2)},\ \rho = yx^{-1};$$

et enfin $$z = n\sqrt{(x^2+y^2)} + \varphi\left(\frac{y}{x}\right).$$

865. Mais quand x, y et z sont mêlées dans les équ. (3), il n'est plus possible d'intégrer chacune en particulier, car y ne peut être supposé constant dans la 1re, ni z dans la 2e..... On est alors obligé de recourir à des artifices particuliers d'analyse. C'est ainsi qu'on parvient souvent à intégrer, en substituant pour p ou q, dans les équ. suivantes, la valeur tirée de la proposée; ces équ. résultent de $\mathrm{d}z = p\mathrm{d}x + q\mathrm{d}y$, traité par l'intégration par parties.

$$z = px + \int(q\mathrm{d}y - x\mathrm{d}p) \ldots\ldots \quad (4),$$
$$z = qy + \int(p\mathrm{d}x - y\mathrm{d}q) \ldots\ldots \quad (5),$$
$$z = px + qy - \int(x\mathrm{d}p + y\mathrm{d}q) \ldots\ldots \quad (6),$$

Par ex., si p est une fonction donnée de q, telle que $p=Q$, la relation (6) devient

$$z = Qx + qy - \int(xQ' + y)\mathrm{d}q;$$

d'où il suit que le facteur de $\mathrm{d}q$ doit ne contenir ni x, ni y,

$$xQ' + y = \varphi' q,\quad z = Qx + qy - \varphi q;$$

la fonction φ est arbitraire. L'intégrale résulte ensuite de l'élimination de q entre ces deux équ., lorsque cette fonction φ a été déterminée (n° 879).

866. Après avoir mis dans $\mathrm{d}z = p\mathrm{d}x + q\mathrm{d}y$, la valeur de p ou celle de q, tirée de la proposée, on a une équ. différentielle entre les quatre variables x, y, z et q ou p. Supposons que cette équ. soit réductible à être une différentielle exacte; en prenant pour constante p ou q, ou une fonction θ de cette lettre; et soit $f(x, y, z, \theta) = c$, l'intégrale dans cette hypo-

thèse de θ constant. Il est visible que si l'on différencie cette équ., on reproduira celle d'où on l'a tirée, non-seulement θ et c demeurant constans, mais même si θ et c sont des variables, pourvu qu'on ait $\frac{df}{d\theta}d\theta - dc = 0$. Ainsi, pour rendre à θ son état de fonction variable quelconque dans l'équ. différentielle, et que cependant l'équ. $f=c$ en soit toujours l'intégrale, il suffira de supposer que c est une fonction arbitraire de θ, telle, qu'on ait ensemble

$$f(x,y,z,\theta)=\varphi\theta,\quad \frac{df}{d\theta}=\varphi'\theta.$$

Dans le cas où la proposée est différentielle exacte, θ *étant pris pour constant, on intégrera dans cette hypothèse, et l'on aura la* 1re *de ces équ., qu'on différenciera ensuite relativement à* θ *seul, pour former la* 2e; le système de ces deux équ. satisfera à la proposée, φ étant une fonction arbitraire. Quand on aura déterminé φ (n° 879), il restera à éliminer θ entre elles, et l'on aura l'intégrale demandée.

Il suit de ce qu'on a vu (n° 765), que si la 1re équ. est considérée comme appartenant à une surface courbe dont θ serait un paramètre variable, ces deux équ. sont celles de la caractéristique; la recherche de cette courbe revient, comme on voit, à l'intégration de l'équ. proposée.

Soit donnée l'équ. $z=pq$; on trouve

$$dz=\frac{zdx}{q}+qdy,\quad dy=\frac{qdz-zdx}{q^2}=\frac{(\theta+x)\,dz-zdx}{(\theta+x)^2},$$

en posant $q=\theta+x$; l'intégrale est, pour θ constant,

$$y=\frac{z}{x+\theta}+\varphi\theta,\quad \text{d'où}\quad \frac{z}{(x+\theta)^2}=\varphi'\theta,$$

en différenciant relativement à θ seul. Le système de ces deux équ. est l'intégrale de la proposée $z=pq$.

867. On facilite souvent l'intégration en introduisant une indéterminée θ, qui permette de partager l'équation proposée en

deux. Soit $f(p,x) = F(q,y)$; faisons $f(p,x) = \theta$; d'où..... $F(q,y) = \theta$; résolvons ces équ. par rapport à p et q, nous aurons

$$p = \psi(x,\theta), \quad q = \chi(y,\theta), \quad dz = \psi dx + \chi dy.$$

Intégrons en prenant θ constant, d'après ce qu'on vient de dire;

$$z + \varphi\theta = \int \psi dx + \int \chi dy:$$

il restera à différencier relativement à θ seul, et à éliminer θ entre ces équ., après avoir déterminé la fonction φ.

Par ex., pour l'équ. $a^2pq = x^2y^2$, on a

$$\frac{ap}{x^2} = \frac{y^2}{aq} = \theta, \quad p = \frac{x^2\theta}{a} = \psi, \quad q = \frac{y^2}{a\theta} = \chi.$$

Donc

$$3az + \varphi\theta = x^3\theta + \frac{y^3}{\theta}, \quad \varphi'\theta = x^3 - \frac{y^3}{\theta^2}.$$

868. Quand l'équ. $Pp + Qq = V$, est homogène en x, y, z, on fait $x = tz$, $y = uz$; P, Q, V se changent en $P_1 z^n$, $Q_1 z^n$, $V_1 z^n$ (n° 815), et les équ. (3) donnent

$$(P_1 - tV_1)dz = zV_1 dt, \quad (Q_1 - uV_1)dz = zV_1 du;$$

d'où
$$(P_1 - tV_1)du = (Q_1 - uV_1)dt.$$

L'intégrale de cette équ. en t et u étant trouvée, on s'en servira pour éliminer soit t, soit u, de l'une des précédentes, qu'on sait alors intégrer; enfin, éliminant u et t par $x = tz$, $y = uz$, on a les solutions π et ρ des équ. (3), et par suite l'intégrale $\pi = \varphi\rho$.

Pour l'équ. $pxz + qyz = x^2$, on trouve

$$(1 - t^2)dz = ztdt, \quad u(1 - t^2)dz = zt^2du;$$

d'où
$$udt = tdu, \quad t = \alpha u, \quad z\sqrt{(1 - t^2)} = \beta;$$

enfin, $x = \alpha y$, $\sqrt{(z^2 - x^2)} = \beta$, $z^2 = x^2 + \varphi\left(\frac{x}{y}\right)$.

Équations différentielles partielles du 2e ordre.

869. Outre les coefficiens p et q du 1er ordre, l'équation peut contenir

$$\frac{d^2z}{dx^2}=r,\quad \frac{d^2z}{dxdy}=\frac{d^2z}{dydx}=s,\quad \frac{d^2z}{dy^2}=t\ldots (A);$$

d'où $\quad dp=rdx+sdy,\quad dq=sdx+tdy\ldots (B),$

$$d^2z=dpdx+dqdy=rdx^2+2sdxdy+tdy^2.$$

Il s'agit d'intégrer l'équ. $f(x,y,z,p,q,r,s,t)=0$.

Remarquons d'abord qu'on doit considérer y comme constant dans l'équ. qui a la forme $r=Pp+Q$, qui revient à $\frac{d^2z}{dx^2}=P\frac{dz}{dx}+Q$, P et Q étant des fonctions de x, y et z; car les différentielles partielles q, s et t, qui se rapportent à la variation de y, n'entrent pas ici (n° 862) : on a alors à intégrer une équ. aux différentielles ordinaires du 2e ordre entre x et z; mais au lieu de la constante additive, on prendra une fonction arbitraire φy.

Par exemple, si z n'entre pas dans P et Q, en substituant $\frac{dz}{dx}$ pour p, on a $\frac{dp}{dx}=Pp+Q$; la fonction $(Pp+Q)dx$ est linéaire entre les variables p et x; y est d'ailleurs constant; l'intégrale est donc (n° 817), en faisant $u=\int Pdx$,

$$p=\frac{dz}{dx}=e^u(\int e^{-u}Qdx+\varphi y);$$

intégrant de nouveau, et ajoutant une nouvelle fonction arbitraire ψy, on a l'intégrale demandée.

Lorsque $P=0$, on a $p=\int Qdx+\varphi y$; d'où

$$z=\int dx\int Qdx+x\varphi y+\psi y.$$

Pour l'équ. $xyr=(n-1)py+a$, comme dans cet exemple

on a $\quad P=\frac{n-1}{x},\quad Q=\frac{a}{xy},$

on obtient

$$\frac{dz}{dx} = \frac{-a}{(n-1)y} + x^{n-1}\varphi y, \quad z = \frac{-ax}{(n-1)y} + \frac{x^n}{n}\varphi y + \psi y.$$

Enfin soit $xr = (n-1)p$, on a $nz = x^n\varphi y + \psi y$.

870. Pour intégrer $t = Pq + Q$, ou $\frac{d^2z}{dy^2} = P\frac{dz}{dy} + Q$, il faut prendre x constant, et ajouter φx et ψx.

Soit $at = xy$; on a d'abord $q = \frac{dz}{dy} = \frac{y^2x}{2a} + \varphi x$; puis

$$6az = y^3x + y\varphi x + \psi x.$$

871. L'intégrale de $s = M$, ou $\frac{d^2z}{dxdy} = M$, rentre dans la théorie des cubatures (n°. 812);

$$z = \int dx \int M dy + \varphi x + \psi y.$$

C'est ainsi que $s = ax + by$, donne

$$z = \tfrac{1}{2}xy(ax + by) + \varphi x + \psi y.$$

872. Soit $s = Mp + N$, M et N étant connus en x et y, ou

$$\frac{d^2z}{dxdy} = \frac{dp}{dy} = Mp + N;$$

p et y sont ici seules variables, et l'on retombe sur une équ. linéaire (n° 817); donc, faisant $u = \int M dy$, on a

$$p = \frac{dz}{dx} = e^u(\varphi' x + \int e^{-u}.N dy).$$

Intégrant ensuite, par rapport à x, il vient

$$z = \int(e^u dx \int e^{-u} N dy) + \int e^u \varphi' x . dx + \psi y.$$

Par ex., pour $sxy = bpx + ay$, on trouve

$$p = \frac{-ay}{(b-1)x} + y^b\varphi' x, \quad z = \frac{aylx}{1-b} + y^b.\varphi x + \psi y.$$

873. Prenons l'équ. *linéaire du* 2e *ordre*

$$Rr + Ss + Tt = V, \text{ ou } R\frac{d^2z}{dx^2} + S\frac{d^2z}{dxdy} + T\frac{d^2z}{dy^2} = V,$$

R, S, T, V sont donnés en x, y, z, p et q. Éliminant r et t par les équ. (B), qui servent de définition à ces fonctions, on a

$$Rdpdy + Tdqdx - Vdxdy = s(Rdy^2 - Sdxdy + Tdx^2).$$

Supposons qu'on connaisse deux fonctions π, ρ, qui rendent nul chaque membre respectif, ou qu'on ait $\pi = \alpha$, $\rho = \beta$, avec

$$Rdy^2 + Tdx^2 = Sdxdy,$$
$$Rdpdy + Tdqdx = Vdxdy.$$

Il s'agit de prouver qu'ici, comme au n° 863, $\pi = \varphi\rho$ satisfera à la proposée, quelle que soit la fonction φ, π et ρ contenant x, y, z, p et q. Pour le démontrer, ramenons d'abord ces équ. au 1er ordre, en posant $dy = \Omega dx$, il vient

$$R\Omega^2 - S\Omega + T = 0 \ldots (1),$$
$$dy = \Omega dx, \quad R\Omega dp + Tdq = V\Omega dx \ldots (2).$$

La 1re de ces équ. donne pour Ω deux valeurs en x, y, z, p, q; et l'on suppose que $\pi = \alpha$ et $\rho = \beta$ ont été déterminés de manière à satisfaire aux équ. (2). Formons donc les différentielles complètes $d\pi = 0$, $d\rho = 0$, sous la forme

$$Adx + Bdy + Cdz + Ddp + Edq = 0, \quad adx + bdy \ldots edq = 0.$$

Mettons $pdx + qdy$ pour dz, Ωdx pour dy; enfin, pour dq sa valeur tirée de (2), nous aurons deux sortes de termes dans chaque équ., les uns facteurs de dx, les autres de dp; en les égalant séparément à zéro (attendu que la proposée...... $Rr + Ss \ldots = V$, ne pouvant déterminer qu'une des quantités r, s, t, en fonction des autres, et de x, y, z, p et q, dx et dp restent indépendans), il vient

$$A + \Omega B + (p + q\Omega)C + \frac{EV\Omega}{T} = 0, \quad D = \frac{ER\Omega}{T},$$

$$a + \Omega b + (p + q\Omega)c + \frac{eV\Omega}{T} = 0, \quad d = \frac{eR\Omega}{T}.$$

Ces équ. expriment la condition que π et ρ satisfont aux conditions (2). Cela posé, pour reconnaître si en effet l'équation $\pi = \varphi\rho$ satisfait à la proposée, prenons sa différentielle complète $d\pi = \varphi'\rho . d\rho$, ou

$$Adx + Bdy ... Edq = \varphi'\rho . (adx + bdy ... edq);$$

substituons-y pour $A, D, a, d,$ leurs valeurs tirées des quatre équ. précédentes, et $pdx + qdy$ pour dz; enfin, réunissant les termes qui ont pour coefficiens B, C, E, b, c, e, nous voyons qu'ils ont pour facteur l'une ou l'autre des quantités

$$R\Omega dp + Tdq - V\Omega dx, \quad dy - \Omega dx,$$

lesquelles sont nulles en vertu des équ. (2), et cela quelle que soit la fonction φ; donc $\pi = \phi\rho$ *est l'intégrale première de la proposée,* φ *désignant une fonction arbitraire de* x *et* y.

On se trouve ainsi conduit à traiter les équ. (2); mais il faut remarquer qu'outre ces deux relations, on a $dz = pdx + qdy$, ce qui ne fait que trois équ. entre les cinq variables x, y, z, p et q. Il pourrait donc se faire que l'équ. qu'on obtiendrait entre trois de ces quantités, par l'élimination, ne remplit pas la condition d'intégrabilité (n° 857); dans ce cas, elle ne proviendrait pas d'une équ. unique. On serait alors conduit à une intégration inexécutable, sans que pour cela on fût en droit de conclure qu'elle n'est pas possible, et que l'équ. différentielle proposée ne résulte pas d'une seule primitive.

Concluons de là que, pour intégrer l'équ. linéaire du 2e ordre $Rr + Ss + Tt = V$, on posera les équ. (1) et (2); celle-là fera connaître Ω, dont la valeur, substituée dans (2), donnera deux équ. auxquelles il faudra satisfaire par des intégrales $\pi = \alpha$, $\rho = \beta$: on fera $\pi = \varphi\rho$, et il restera à intégrer cette équ. du 1er ordre.

Comme l'équ. (1) est du 2e degré, on en tire deux valeurs de Ω; on préférera celle qui se prêtera mieux aux calculs ultérieurs.

874. Prenons, par exemple, $q^2r - 2pqs + p^2t = 0$; $R = q^2$, $S = -2pq$, $T = p^2$, $V = 0$, donnent, pour l'équation (1),

$q^2\Omega^2 + 2pq\Omega + p^2 = 0$; d'où $q\Omega + p = 0$; et chassant Ω des équ. (2),

$$pdx + qdy = 0, \quad qdp = pdq.$$

Celle-ci donne $p = \beta q$; l'autre revient à $dz = 0$, $z = \alpha$; et $\beta = \varphi\alpha$, ou $p = q\varphi z$, reste à intégrer de nouveau.

Appliquons la méthode du n° 863, qui donne

$$dz = 0, \quad dy = -dx.\varphi z; \quad \text{d'où} \quad z = \alpha, \quad y + x\varphi\alpha = \beta;$$

posant $\beta = \psi\alpha$, il vient enfin pour l'intégrale cherchée, φ et ψ étant les deux fonctions arbitraires, $y + x\varphi z = \psi z$.

L'équation $rx^2 + 2xys + y^2t = 0$, ou $R = x^2$, $S = 2xy\ldots$, donne $\Omega x = y$, et les équations (2) deviennent $ydx = xdy$, $xdp + ydq = 0$. La 1re donne $y = \alpha x$; chassant y de la 2e, elle devient $dp + \alpha dq = 0$; d'où $p + \alpha q = \beta$; enfin, $\beta = \varphi\alpha$ donne pour l'intégrale première, $px + qy = x\varphi\left(\frac{y}{x}\right)$.

Les équ. (2) du n° 863 sont ici $dz = dx.\varphi$, $xdy = ydx$; on tire de cette dernière $y = \alpha x$; chassant y de l'autre, $dz = dx.\varphi\alpha$,

$z = x\varphi\alpha + \beta$; enfin, $\beta = \psi\alpha$, donne $z = x\varphi\left(\frac{y}{x}\right) + \psi\left(\frac{y}{x}\right)$.

Dans l'exemple suivant on a fait $p + q = m$,

$$r(1 + qm) + s(q - p)m = t(1 + pm).$$

L'équation (1) est

$$(1 + qm)\Omega^2 - (q - p)m\Omega = 1 + pm;$$

d'où $\Omega = 1$. Quant à l'autre racine de Ω, comme elle conduirait à une intégrale première, contenant $p + q$ sous le signe φ, et hors ce signe, elle ne peut être employée. Les équ. (2) sont

$$dy = dx, \quad (1 + qm)dp = (1 + pm)dq.$$

On a $x - y = \alpha$; pour intégrer la 2e faisons $p - q = n$, et $p + q = m$; on en tire les valeurs de p, q, dp, dq, et l'on a cette équation séparable $mndm = (2 + m^2)dn$, qui donne... $n = \beta\sqrt{(2 + m^2)}$; ainsi, $\beta = \varphi\alpha$ devient

$$n = \sqrt{2+m^2}.\varphi'(x-y), \quad p = q + \sqrt{2+(p+q)^2}.\varphi'(x-y).$$

Pour intégrer de nouveau cette équ., mettons pour p et q leurs valeurs en m et n dans $dz = pdx + qdy$; il vient

$$\begin{aligned} 2dz &= (m+n)dx + (m-n)dy \\ &= m(dx+dy) + (dx-dy)\sqrt{(2+m^2)}.\varphi'(x-y). \end{aligned}$$

Intégrons, en supposant m constant, par la méthode du n° 866, et nous trouvons que l'intégrale cherchée est représentée par le système des deux équations

$$2z + \psi m = m(x+y) + \sqrt{(2+m^2)}\,\varphi(x-y),$$

$$\psi' m = (x+y) + \frac{m}{\sqrt{(2+m^2)}}\,\varphi(x-y).$$

875. La complication de ces calculs empêche très souvent qu'ils ne réussissent; mais dans le cas où les coefficiens R, S et T sont constans, et V fonction de x et y, l'équ. (1) donne pour Ω deux valeurs numériques, telles que m et n : et les relations (2), auxquelles $\pi = \alpha$ et $\rho = \beta$ doivent satisfaire, s'intègrent et donnent, pour la racine m,

$$y = mx + \alpha \quad \text{et} \quad Rmp + Tq = m\int V dx:$$

On devra substituer dans V, pour y, sa valeur $mx + \alpha$; puis $\int V dx$ ne dépendra plus que des quadratures. L'intégration faite, on ajoutera une constante β, et l'on remettra pour α sa valeur $y - mx$. On aura donc les équ. cherchées $\pi = \alpha$, $\rho = \beta$, en sorte que $\rho = \varphi'\pi = \varphi'(y - mx)$, deviendra

$$Rmp + Tq = m\int V dx + \varphi'(y - mx).$$

On raisonnera de même pour la 2e racine n de Ω, ou plutôt on changera ici m en n : mais il suffit de traiter l'un de ces deux cas, parce que l'autre conduit au même résultat. On choisit celui qui se prête le mieux au calcul.

Il s'agit maintenant d'intégrer de nouveau : pour cela, reprenons notre 1re intégrale, et tirons-en la valeur de p pour la mettre dans $dz = pdx + qdy$: remarquant que par la nature des deux racines m et n de Ω, on a $Rmn = T$, on trouve

$$Rdz - dx\int Vdx - dx\varphi'(y - mx) = Rq(dy - ndx);$$

en comprenant dans φ' le diviseur constant m. Or, pour intégrer cette équ. (n° 863), on égalera à zéro chaque membre séparément; d'où

$$y = nx + c,\quad Rz - \int dx\int Vdx - \int dx.\varphi'(y - mx) = b.$$

Il convient, avant tout, de faire quelques remarques:

1°. On devra mettre $nx + c$ pour y dans la 2ᵉ équ., et intégrer par rapport à x; puis on remettra $y - nx$ pour c dans le résultat.

2°. Les deux intégrales $\int dx\int Vdx$ nécessitent une distinction importante, puisqu'on a d'abord mis $mx + \alpha$ pour y dans V, et $y - mx$ pour α dans le résultat; tandis qu'on doit faire $y = nx + c$ dans $dx\int Vdx$, et restituer $y - nx$ pour c.

3°. $\int dx.\varphi'(y - mx)$ devient $\int dx.\varphi'[x(n - m) + c]$, ou $\frac{\varphi}{n - m}$, ou plutôt $\varphi[(n - m)x + c]$, en comprenant la constante $n - m$ dans φ; ainsi, l'on a $\varphi(y - mx)$.

4°. Enfin, la constante b est une fonction quelconque ψ de c, ou $b = \psi(y - nx)$. Donc

$$Rz = \int dx\int Vdx + \varphi(y - mx) + \psi(y - nx).$$

Par ex., pour $r - s - 2t = ky^{-1}$, on a

$\Omega^2 + \Omega = 2$, d'où $m = 1$, $n = -2$ et $y = x + \alpha$, $y = \alpha' - 2x$.

Donc

$$\int Vdx = \int \frac{kdx}{x + \alpha} = k\,\mathrm{l}(x + \alpha) = k\,\mathrm{l}y,$$

$$\int dx\int Vdx = \int kdx\,\mathrm{l}\,y = \int kdx\,\mathrm{l}(\alpha' - 2x).$$

Cette intégrale s'obtient aisément (n° 787, ou 769, V); elle devient $-kx - ky\,\mathrm{l}\sqrt{y}$, en remettant $2x + y$ pour α'. Ainsi,

$$z + k(x + y\,\mathrm{l}\sqrt{y}) = \varphi(y - x) + \psi(y + 2x).$$

Pour $r = b^2t$ ou $\frac{d^2z}{dx^2} = b^2\,\frac{d^2z}{dy^2}$, qui est l'équ. des cordes vibrantes (*voy.* ma *Mécanique*, n° 310), on a $R=1$, $T=-b^2$, $S=0=V$, d'où $\Omega^2=b^2$, $m=b=-n$, $y=bx+\alpha$, ou $y=\alpha'-bx$; enfin $\int dx\int V dx=0$. Donc

$$z=\varphi(y-bx)+\psi(y+bx).$$

Nous renvoyons, pour de plus amples détails sur cette matière, au *Calcul intégral* de M. Lacroix.

876. On intègre quelquefois en suivant le procédé du n° 867, qui consiste à partager la proposée en deux équ. à l'aide d'une indéterminée θ. Par ex., l'équ. $rt=s^2$, des surfaces développables (n° 766), donne $\frac{r}{s}=\theta=\frac{s}{t}$, d'où $r=s\theta$, $s=t\theta$,

$$rdx+sdy=\theta(sdx+tdy),\quad \text{ou}\quad dp=\theta dq\ (B, \text{n° } 869).$$

Cette équ. n'est intégrable qu'autant que θ est fonction de q; donc $p=\varphi q$ est l'intégrale 1re. L'équ. $dz=pdx+qdy$ devient $dz=dx.\varphi q+qdy$: supposant q constant, par la méthode du n° 866, il vient

$$z=x\varphi q+qy+\psi q,\quad x\varphi' q+y+\psi' q=0.$$

Toutes les surfaces développables sont comprises dans le système de ces deux équ., et pour l'une d'elles qu'on déterminerait en particulier, il faudrait trouver les fonctions φ et ψ, puis éliminer q entre les deux équ. résultantes.

Intégration des Équations différentielles partielles par les séries.

877. Prenons le 2e ordre pour ex. des intégrales approchées. Soit donnée une équ. entre $r, s, t \ldots x$; choisissons l'une des variables, telle que x, et posons la formule de Maclaurin (n° 706)

$$z=f+xf'+\tfrac{1}{2}x^2f''+\tfrac{1}{6}x^3f'''+\ldots$$

$f, f', f''\ldots$ désignent ici des fonctions cherchées de y, qui sont ce que deviennent l'intégrale $z=f(x, y)$ et ses dérivées relatives à x, lorsqu'on fait $x=0$ (*). Qu'on tire de la proposée $r=F(t,s,p,q,x,y)$, il est clair que si l'on change x en zéro, z en f, p en f', enfin s ou $\frac{dp}{dy}$ en $\frac{df'}{dy}$, il n'entrera dans la valeur de r que f, f', et leurs dérivées par rapport à y, puisque q devient $\frac{df}{dy}$, et $t=\frac{d^2f}{dy^2}$: ainsi, r deviendra f''. De même la dérivée de r, relative à x, donnera f''', à l'aide des mêmes fonctions f et f', qui demeurent quelconques : et ainsi pour f^{IV}, f^{V}.... en sorte que la série contiendra deux fonctions arbitraires de y.

Pour le 3ᵉ ordre, le même raisonnement prouve que la série ci-dessus est l'intégrale et contient les trois fonctions quelconques f, f', f''. En général, *toute équ. différ. partielle d'ordre* n *a une intégrale qui contient* n *fonctions arbitraires.*

878. Lagrange a encore proposé d'approcher des intégrales par la méthode des coefficiens indéterminés. On pose

$$z=\varphi+x\psi+x^2\chi+x^3\varkappa+x^4\omega\dots.$$

En prenant les différentielles convenables, substituant dans la proposée, et égalant entre eux les termes où x entre au même degré, on a diverses équ. qui servent à trouver celles des fonctions de y qui ne doivent pas rester arbitraires.

Par ex., pour $r=q$, on trouve

$$\frac{d^2z}{dx^2}=r=2\chi+6x\varkappa+12x^2\omega\dots,$$

$$\frac{dz}{dy}=q=\varphi'+x\psi'+x^2\chi'\dots;$$

substituant dans $r=q$ et comparant, on trouve

$$z=\varphi+x\psi+\tfrac{1}{2}x^2\varphi'+\tfrac{1}{6}x^3\psi'+\tfrac{1}{24}x^4\varphi''\dots.$$

(*) Si la fonction $f(x,y)$ devait être de nature à donner l'infini pour quelque valeur de f, f', f''..., il faudrait, comme on l'a fait nº 831, changer x en $x-a$; dans la proposée, a étant une constante qu'on prend à volonté, de manière à ne plus rencontrer de dérivées infinies dans les calculs qu'on va exposer.

De même pour l'équ. $\frac{d^2z}{dx^2}+\frac{d^2z}{dy^2}+\frac{d^2z}{dt^2}=0$, on trouve

$$z=\varphi+x\psi-\frac{x^2}{2}\left(\frac{d^2\varphi}{dy^2}+\frac{d^2\varphi}{dt^2}\right)-\frac{x^3}{2.3}\left(\frac{d^2\psi}{dy^2}+\frac{d^2\psi}{dt^2}\right)\ldots$$

Des Fonctions arbitraires.

879. On dira pour les fonctions arbitraires φ, ψ..... des équ. différ. partielles, ce qu'on a dit (n° 799) pour les constantes introduites dans les intégrations ordinaires. Tant qu'on ne veut qu'intégrer, c.-à-d. composer une expression qui, soumise aux règles du Calcul différentiel, satisfasse à la proposée, ces fonctions φ, ψ..... sont en effet quelconques. Mais si les résultats doivent être appliqués à des questions de Géométrie, de Mécanique, etc., ces fonctions peuvent cesser d'être arbitraires. Quelques exemples suffiront pour l'intelligence de cet exposé.

On a vu (n°s 620, 705) que l'équ. des surfaces cylindriques est

$$y-bz=\varphi(x-az),\quad \text{ou } ap+bq=1.$$

La 1re est l'intégrale de la 2e, la forme de la fonction φ dépendant de la courbe directrice. Or, si la base du cylindre sur le plan xy est donnée par son équ. $y=fx$, il faudra que φ soit telle, que cette base soit comprise parmi les points de l'espace que désigne l'équ. $y-bz=\varphi(x-az)$. Si donc on y fait $z=0$, les équ. $y=\varphi x$, $y=fx$ seront identiques. Donc les fonctions φ et f ont même forme, c.-à-d. que si l'on change dans $y=fx$, y en $y-bz$, et x en $x-az$, l'équ. qu'on obtiendra sera celle du cylindre particulier dont il s'agit (n° 748, I).

Généralement, soient $M=0$, $N=0$ les équ. de la directrice : on fera $x-az=u$, et éliminant entre ces trois équ., on en tirera les valeurs de x, y et z, et par suite celle de $y-bz$ ou φu, en fonction de u, c.-à-d. qu'on aura la manière dont φu est composé en u. Il ne restera plus qu'à mettre $x-az$ pour u, dans $y-bz=\varphi u$, pour avoir l'équ. de la surface cylindrique particulière dont il s'agit.

Pareillement les surfaces de révolution autour de l'axe des z ont pour équ. $py=qx$, dont l'intégrale est $x^2+y^2=\varphi z$ (nos 622, 705); la fonction φ demeure indéterminée tant que la génératrice de la surface reste quelconque : mais si cette courbe est donnée par ses équ. $M=0$; $N=0$, dans toutes ses situations elle sera sur la surface; les x, y et z seront les mêmes. Posons $z=u$, éliminons x, y et z entre ces trois équ., puis substituons leurs valeurs dans $x^2+y^2=\varphi u$, nous saurons comment la fonction φ est composée en u; remettant donc z pour u, et x^2+y^2 pour φu, nous aurons particularisé φ, de manière que l'équ. appartiendra exclusivement à la surface proposée.

Et si le corps est engendré par la révolution d'une surface mobile, qui serait invariablement liée à l'axe des z, et dont on aurait l'équ. $M=0$, en la considérant dans l'une de ses positions, différenciant, on trouvera les expressions de p et q en x, y et z; substituées dans $py-qx=0$, on aura l'équ. $N=0$ de la courbe de contact du corps générateur avec la surface engendrée, puisque les plans tangens sont communs à l'une et à l'autre. On a ainsi les équ. d'une courbe qu'on peut regarder comme génératrice, et l'on retombe sur le cas précédent.

Le conoïde a pour équ. $px+qy=0$, dont l'intégrale est $y=x\varphi z$ (p. 352, 471). Faisons $z=u$, et tirons x, y et z en u, à l'aide des équ. $M=0$, $N=0$ de la courbe directrice; enfin, mettons pour x et y leurs valeurs dans $y=x.\varphi u$, et nous saurons comment φu est composé en u. Enfin, remplaçant u par z, nous aurons φz, et l'équ. particulière $y=x\varphi z$ du conoïde proposé.

Quand la directrice est un cercle tracé dans un plan parallèle aux yz, dont les équ. sont $x=a$; $y^2+z^2=b^2$, on trouve $a^2y^2+z^2x^2=b^2x^2$.

L'équ. des cônes est $z-c=p(x-a)+q(y-b)$, dont l'intégrale est $\dfrac{y-b}{z-c}=\varphi\left(\dfrac{x-a}{z-c}\right)$ (nos 621, 705). Pour que la base soit un cercle tracé sur le plan xy et le centre à l'origine, on a

$$z=0,\quad x^2+y^2=r^2,\quad \text{et } x-a=u(z-c),$$

d'où $\quad z=0,\quad x=a-cu,\quad y=\sqrt{[r^2-(a-cu)^2]}.$

Substituant dans $y-b=(z-c)\varphi u$, pour x, y et z ces valeurs, on a $c\varphi u=b-\sqrt{[r^2-(a-cu)^2]}$. Enfin, remettant pour u et φu leurs valeurs, on a pour l'équ. du cône, comme page 229,

$$(cy-bz)^2+(az-cx)^2=r^2(z-c)^2.$$

880. Ces ex. suffisent pour montrer comment on doit déterminer les fonctions arbitraires, lorsqu'on veut appliquer les calculs généraux aux cas particuliers. Soit en général $K=\varphi(L)$ une intégrale contenant une fonction arbitraire φ, K et L étant des fonctions données de x, y et z : la condition prescrite établit que l'éq. devient $F(x, y, z)=0$, lorsqu'on suppose $f(x, y, z)=0$. Cette condition revient, en Géométrie, à demander que la surface cherchée dont l'équ. est $K=\varphi L$, passe par la courbe donnée dont les éq. sont $F=0$, $f=0$. Pour satisfaire à cette condition, on fera $L=u$; et l'on tirera x, y et z en u de ces trois éq. : puis, substituant ces valeurs dans K, on aura pour résultat une fonction K_1, qui sera $=\varphi u$ exprimé en u, ce qui déterminera la composition de la fonction φ. Enfin, on remettra L pour u, dans $K=K_1$, et l'on aura l'intégrale cherchée.

S'il y avait deux fonctions arbitraires à déterminer, il faudrait donner deux conditions. Un calcul semblable au précédent ferait connaître ces fonctions.

881. Mais si la nature de la question, et cela a lieu dans un grand nombre de problèmes de Physique et de Géométrie transcendante, ne permet pas de déterminer les fonctions arbitraires, elles restent quelconques, et les propriétés qu'on découvre, sans particulariser ces fonctions, ont lieu en général. Pour tirer nos explications de la Géométrie, s'il entre un terme de la forme φx, et qu'on décrive sur le plan xy la ligne qui a pour équ. $y=\varphi x$, toutes ses ordonnées y seront les valeurs de la fonction φ, en sorte que cette courbe soit non-seulement quelconque, mais même puisse être tracée à la main par un

mouvement libre et irrégulier : la courbe peut même être *Discontinue*, c.-à-d. formée de branches différentes placées bout à bout, ou *Discontiguë*, c.-à-d. formée de parties isolées et séparées les unes des autres. C'est Euler qui a mis ces principes hors de doute, même contre l'avis de d'Alembert, qu'on peut regarder comme l'inventeur du calcul aux différences partielles ; calcul dont les ressources sont immenses, les applications d'une utilité sans bornes, et qui, comme on voit, est le moyen dont on se sert pour soumettre les fonctions irrégulières à l'analyse mathématique.

VI. CALCUL DES VARIATIONS.

882. Les problèmes des *Isopérimètres* avaient déjà été résolus par divers géomètres avant la découverte du Calcul des variations ; mais les procédés dont on se servait ne formaient pas un corps de doctrine, et chacun de ces problèmes n'était résolu que par une méthode qui lui était particulière, et par des artifices d'analyse souvent très détournés. Il appartenait au célèbre Lagrange de ramener toutes les solutions à une méthode uniforme. Voici en quoi elle consiste.

Étant donnée une fonction $Z = F(x, y, y', y'' \ldots)$, en désignant par $y', y'' \ldots$ les dérivées de y considéré comme fonction de x, $y = \varphi x$, on peut se proposer de faire jouir Z de diverses propriétés (telle que d'être un *maximum*, ou toute autre), soit en assignant aux variables x, y, des *valeurs numériques*, soit en établissant des relations entre ces variables, et les *liant par des équations*. Quand l'équ. $y = \varphi x$ est donnée, on en déduit y, y', $y'' \ldots$ en fonction de x, et substituant, Z devient $= fx$. On peut assigner, par les règles connues du Calcul différentiel, quelles sont les valeurs de x qui rendent fx un *maximum* ou un *minimum*. On détermine ainsi quels sont les points d'une courbe donnée, pour lesquels la fonction proposée Z est plus grande ou moindre que pour tout autre point de la même courbe.

Mais si l'équ. $y = \varphi x$ n'est point donnée, alors, prenant successivement pour φx différentes formes, la fonction $Z = fx$

prendra elle-même différentes expressions en x; on peut se proposer d'assigner à φx une forme propre à rendre Z plus grande ou plus petite que pour toute autre forme de φx, *pour la même valeur numérique de* x, *quelle qu'elle soit d'ailleurs*. Cette dernière espèce de problème appartient au calcul des *Variations*. Il s'en faut de beaucoup qu'il se borne à la théorie des *maxima* et *minima*; mais nous nous contenterons de traiter cette matière, parce qu'elle suffit pour l'intelligence complète des règles de ce calcul. N'oublions pas toutefois que, dans ce qui va être dit, les *variables* x *et* y *ne sont pas indépendantes*, mais seulement que l'équ. $y=\varphi x$, qui les lie entre elles, est inconnue, et qu'on ne la suppose donnée que pour faciliter la résolution du problème. x doit être regardée comme une quantité quelconque qui reste la même pour les différentes formes $y=\varphi x$; les formes de φ, φ', φ''... sont donc variables, tandis que x est constant.

883. Dans $Z=F(x, y, y', y''\ldots)$ mettons $y+k$ pour y, $y'+k'$ pour $y'\ldots$, k étant une fonction arbitraire de x, et k', k''... ses dérivées. Or, Z deviendra

$$Z_1=F(x,\ y+k,\ y'+k',\ y''+k''\ldots).$$

Le théorème de Taylor (n° 703) a lieu, que les quantités x, y, i, k soient dépendantes ou indépendantes; ainsi, l'on a

$$Z_1=Z+\left(k.\frac{dZ}{dy}+k'\frac{dZ}{dy'}+k''\frac{dZ}{dy''}+\text{etc.}\right)+\text{etc.},$$

de sorte qu'on peut regarder $x, y, y', y''\ldots$ comme autant de variables indépendantes, en tant qu'il ne s'agit que de trouver ce développement.

Cela posé, la nature de la question exige que l'équ. $y=\varphi x$ ait été déterminée de manière que, pour la même valeur de x, on ait toujours $Z_1>Z$, ou $Z_1<Z$: en raisonnant comme dans la théorie des *maxima* et *minima* ordinaires (n° 717), on voit qu'il faut que les termes du 1er ordre soient nuls, et qu'on ait

$$k.\frac{dZ}{dy}+k'.\frac{dZ}{dy'}+k''.\frac{dZ}{dy''}+\text{etc.}=0.$$

Puisque k est arbitraire pour chaque valeur de x, et qu'il n'est pas nécessaire que sa valeur, ou sa forme, restent les mêmes, quand x varie ou est constant, k', k''... sont aussi arbitraires que k. Car, pour une valeur quelconque $x=X$, on peut supposer $k=a+b(x-X)+\frac{1}{2}c(x-X)^2+$ etc., X, a, b, c.... étant prises à volonté; et comme cette équ. et ses différentielles doivent avoir lieu, quel que soit x, elles devront subsister lorsque $x=X$, ce qui donne $k=a$, $k'=b$, $k''=c$..... Donc, notre équ. $Z_1=Z+$... ne peut être satisfaite, vu l'indépendance de a, b, c..., à moins que chaque terme ne soit nul. Ainsi, elle se partage en autant d'autres qu'elle renferme de termes, et l'on a

$$\frac{dZ}{dy}=0, \quad \frac{dZ}{dy'}=0, \quad \frac{dZ}{dy''}=0\ldots, \quad \frac{dZ}{dy^{(n)}}=0,$$

(n) étant l'ordre le plus élevé de y dans Z. Ces diverses équ. devront s'accorder toutes entre elles, et subsister en même temps, quel que soit x. Si cet accord a lieu, il y aura *maximum* ou *minimum*, et la relation qui en résultera entre y et x sera l'équ. cherchée, $y=\varphi x$, qui aura la propriété de rendre Z plus grand ou plus petit que ne pourrait faire toute autre relation entre x et y. On distinguera le *maximum* du *minimum*, suivant les théories ordinaires, d'après les signes des termes du 2ᵉ ordre de Z_1. (*Voyez* page 319.)

Mais si toutes ces équ. donnent des relations différentes entre x et y, le problème sera impossible dans l'état de généralité qu'on lui a donné; et s'il arrive que quelques-unes seulement de ces équ. s'accordent entre elles, alors la fonction Z aura des *maxima* et *minima*, relatifs à quelques-unes des quantités y, y', y''..., sans en avoir d'absolus et de communs à toutes ces quantités. Les équ. qui s'accordent entre elles donneront les relations qui établissent les *maxima* et *minima* relatifs. Et si l'on ne veut rendre X un *maximum* ou un *minimum* que par rapport à l'une des quantités y, y', y''.... comme alors il ne faudra satisfaire qu'à une équ., le problème sera toujours possible.

884. Il suit des considérations précédentes, que,

1°. Les quantités x et y sont dépendantes l'une de l'autre, et que néanmoins on doit les faire varier comme si elles étaient indépendantes, puisque ce n'est qu'un procédé de calcul pour parvenir au résultat.

2°. Ces variations ne sont pas infiniment petites; et si l'on emploie le Calcul différentiel pour les obtenir, ce n'est que comme un moyen expéditif d'avoir le second terme du développement, le seul qui soit ici nécessaire.

Appliquons ces notions générales à des exemples.

I. Prenons sur l'axe des x d'une courbe deux abscisses m et n, et menons des parallèles indéfinies à l'axe des y. Soit $y=\varphi x$ l'équ. de cette courbe : si par un point quelconque on mène une tangente, elle coupera nos parallèles en des points qui ont (n° 722) pour ordonnées $l=y+y'(m-x)$ et $h=y+y'(n-x)$. Si la forme de φ est donnée, tout est ici connu; mais si elle ne l'est point, on peut demander quelle est la courbe qui jouit de la propriété d'avoir, pour chaque point de tangence, le produit de ces deux ordonnées plus petit que pour toute autre courbe. On a ici $Z=l\times h$, ou

$$Z=[y+(m-x)y'][y+(n-x)y'].$$

D'après l'énoncé du problème, les courbes *qui passent par un même point* (x, y), ont des tangentes de directions diverses, et celle qu'on cherche doit avoir une tangente telle, que la condition $Z=$ *maximum* soit remplie. On doit donc regarder x et y comme constans dans $dZ=0$; d'où

$$\frac{dZ}{dy'}=0,\quad \frac{2y'}{y}=\frac{2x-m-n}{(x-m)(x-n)}=\frac{1}{x-m}+\frac{1}{(x-n)};$$

puis intégrant, $\quad y^2=C(x-m)(x-n).$

La courbe est une ellipse ou une hyperbole, selon que C est négatif ou positif; les sommets sont donnés par $x=m$ et $=n$: dans le 1.er cas, le produit $l.h$, ou Z, est un *maximum*, parce que y'' a le signe $-$; dans le 2°, Z est un *minimum*, ou plutôt un *maximum* négatif : ce produit est d'ailleurs constant...

$lh = -\frac{1}{4}C(m-n)^2$, carré du demi-second axe; c'est ce qu'on trouve en substituant dans Z pour y' et y leurs valeurs.

II. Quelle est la courbe pour laquelle, en chacun de ses points, le carré de la sous-normale augmentée de l'abscisse, est un *minimum*? On a $Z=(yy'+x)^2$, d'où l'on tire deux équ., qui s'accordent en faisant $yy'+x=0$, et par suite $x^2+y^2=r^2$. Donc tous les cercles décrits de l'origine comme centre, satisfont seuls à la question.

885. La théorie que nous venons d'exposer n'est pas d'une grande étendue; mais elle sert de développement préliminaire, utile pour l'intelligence du problème beaucoup plus intéressant qui nous reste à résoudre. Il s'agit d'appliquer tous les raisonnemens précédens à une fonction de la forme $\int Z$: le signe $\int$ indique que la fonction Z est différentielle, et qu'après l'avoir intégrée entre les limites désignées, on veut la faire jouir des propriétés précédentes. La difficulté qui se rencontre ici vient donc de ce qu'il faut résoudre le problème sans faire l'intégration; car on voit assez qu'il est en général impossible de l'exécuter.

Lorsqu'un corps se meut, on peut comparer entre eux, soit les divers points du corps dans l'une de ses positions, soit le lieu qu'occupe successivement un point désigné dans les instans suivans. Dans le 1er cas, le corps est considéré comme fixe, et le signe d se rapportera aux changemens des coordonnées de sa surface; dans le 2e, on doit exprimer, par un signe nouveau, des *variations* tout-à-fait indépendantes des 1res, et nous nous servirons de δ. Quand nous considérons une courbe immobile, ou même variable, mais prise dans l'une de ses positions, dx, dy... annoncent une comparaison entre ses coordonnées; mais, pour avoir égard aux divers lieux qu'occupe un même point d'une courbe, variable de forme selon une loi quelconque, nous écrirons δx, δy....., qui désignent les accroissemens considérés sous ce point de vue, et sont des fonctions de x, y.... Pareillement dx devenant $d(x+\delta x)$, croîtra de $d\delta x$; d^2x croîtra de $d^2\delta x$, etc.

Observons que les variations indiquées par le signe δ sont finies, et tout-à-fait indépendantes de celles que désigne la caractéristique d : les opérations auxquelles ces signes se rapportent étant pareillement indépendantes, l'ordre dans lequel on les exécutera doit être indifférent pour le résultat. De sorte que $\delta.dx$ et $d.\delta x$ sont deux choses identiques, aussi bien que $d^2.\delta x$ et $\delta.d^2x\ldots$, et que $\int\delta U$ et $\delta\int U$.

Il s'agit maintenant d'établir des relations entre $x, y, z\ldots$, de manière que $\int Z$ soit un *maximum* ou un *minimum entre des limites désignées*. Afin de rendre les calculs plus symétriques, nous ne supposerons aucune différentielle constante : d'ailleurs nous n'introduirons ici que trois variables, parce qu'il sera aisé de généraliser les résultats, et que cela suffit pour entendre la théorie. Pour abréger, remplaçons dx, $d^2x\ldots$, dy, $d^2y\ldots$, etc., par $x_{,}$, $x_{,,}\ldots$, $y_{,}$, $y_{,,}\ldots$, etc., de sorte que

$$Z = F(x, x_{,}, x_{,,}\ldots, y, y_{,}, y_{,,}\ldots z, z_{,}, z_{,,}\ldots).$$

x, y et z recevant les accroissemens arbitraires et finis $\delta x, \delta y, \delta z$, dx ou $x_{,}$ devient $d(x+\delta x) = dx + \delta dx$ ou $x_{,} + \delta x_{,}$; de même $x_{,,}$ croît de $\delta x_{,,}$, et ainsi des autres ; de sorte qu'en développant Z_1, par le théorème de Taylor, et intégrant, $\int Z$ devient

$$\int Z_1 = \int Z + \int\left(\frac{dZ}{dx}.\delta x + \frac{dZ}{dy}.\delta y + \frac{dZ}{dz}.\delta z + \frac{dZ}{dx_{,}}.\delta x_{,} + \frac{dZ}{dy_{,}}dy_{,}\right.$$
$$\left.+\frac{dZ}{dz_{,}}.\delta z_{,} + \frac{dZ}{dx_{,,}}.\delta x_{,,} + \frac{dZ}{dy_{,,}}.\delta y_{,,} + \frac{dZ}{dz_{,,}}.\delta z'' + \ldots\right) + \int \text{etc.}$$

La condition du *maximum* et du *minimum* exige que l'intégrale des termes du 1er ordre soit nulle entre les limites désignées, *quels que soient* δx, δy et δz, ainsi qu'on l'a vu précédemment. Prenons la différentielle de la fonction connue Z, en regardant $x, x_{,}, x_{,,}\ldots y, y_{,}, y_{,,}\ldots$, comme autant de variables indépendantes; nous aurons

$$dZ = m dx + n dx_{,} + p dx_{,,}\ldots + M dy + N dy_{,}\ldots + \mu dz + \nu dz_{,}\ldots,$$

$m, n\ldots, M, N\ldots, \mu, \nu\ldots$, étant les coefficiens des différences partielles de Z par rapport à x, $x_{,}...$, y, $y_{,}...$, z, $z_{,}...$, traités comme autant de variables; ce sont donc des fonctions connues pour chaque valeur proposée de Z. En pratiquant cette différenciation absolument de la même manière par le signe δ, on a

$$\left.\begin{array}{l}\delta Z = m.\delta x + n.\delta \mathrm{d}x + p.\delta \mathrm{d}^2x + q.\delta \mathrm{d}^3x + \ldots \\ \quad + M.\delta y + N.\delta \mathrm{d}y + P.\delta \mathrm{d}^2y + Q.\delta \mathrm{d}^3y + \ldots \\ \quad + \mu.\delta z + \nu.\delta \mathrm{d}z + \pi.\delta \mathrm{d}^2z + \chi.\delta \mathrm{d}^3z + \ldots\end{array}\right\}\ldots(A).$$

Or, cette quantité connue, et dont le nombre des termes est limité, est précisément celle qui est sous le signe $\int$, dans les termes du 1er ordre de notre développement : en sorte que la condition du *maximum* ou du *minimum* demandée, est que $\int \delta Z = 0$, entre les limites désignées, quelles que soient les variations δx, δy, δz. Observons qu'ici, comme précédemment, le calcul différentiel n'est employé que comme un moyen facile d'obtenir l'assemblage des termes qu'il faut égaler à zéro; de sorte que les variations sont encore finies et quelconques.

Nous avons dit qu'on pouvait mettre $\mathrm{d}.\delta x$ au lieu de $\delta \mathrm{d}x$; ainsi la 1re ligne de l'équ. équivaut à

$$m.\delta x + n.\mathrm{d}\delta x + p.\mathrm{d}^2\delta x + q.\mathrm{d}^3\delta x + \text{etc.}$$

m, n... contiennent des différ., de sorte que le défaut d'homogénéité n'est ici qu'apparent. Il s'agit maintenant d'intégrer; or, la suite du calcul fera voir qu'il est nécessaire de dégager du signe $\int$, autant que possible, les termes qui contiennent $\mathrm{d}\delta$. Pour y parvenir, on emploie la formule de l'intégration par parties (p. 371);

$$\int n.\mathrm{d}\delta x = n.\delta x - \int \mathrm{d}n.\delta x,$$

$$\int p.\mathrm{d}^2\delta x = p.\mathrm{d}\delta x - \mathrm{d}p.\delta x + \int \mathrm{d}^2p.\delta x,$$

$$\int q.\mathrm{d}^3\delta x = q.\mathrm{d}^2\delta x - \mathrm{d}q.\mathrm{d}\delta x + \mathrm{d}^2q.\delta x - \int \mathrm{d}^3q.\delta x, \text{ etc.}$$

En réunissant ces résultats, on a cette suite dont la loi est facile à saisir,

$$\int (m - \mathrm{d}n + \mathrm{d}^2p - \mathrm{d}^3q + \mathrm{d}^4r - \ldots)\delta x$$

$$+ (n - \mathrm{d}p + \mathrm{d}^2q - \mathrm{d}^3r\ldots)\delta x + (p - \mathrm{d}q + \mathrm{d}^2r\ldots)\mathrm{d}\delta x + (q - \mathrm{d}r\ldots)\mathrm{d}^2\delta x\ldots$$

L'intégrale de (A), ou $\int.\delta Z = 0$, devient donc

$$(B)\ldots\int[(m-\mathrm{d}n+\mathrm{d}^2p\ldots)\delta x+(M-\mathrm{d}N+\mathrm{d}^2P\ldots)\delta y+(\mu-\mathrm{d}\nu\ldots)\delta z]=0,$$

$$(C)\ldots\left\{\begin{array}{l}(n-\mathrm{d}p+\mathrm{d}^2q\ldots)\delta x+(N-\mathrm{d}P+\mathrm{d}^2Q\ldots)\delta y+(\nu-\mathrm{d}\pi+\ldots)\delta z\\ +(p-\mathrm{d}q+\mathrm{d}^2r\ldots)\mathrm{d}\delta x+(P-\mathrm{d}Q\ldots\ldots)\mathrm{d}\delta y+(\pi-\mathrm{d}\chi\ldots)\mathrm{d}\delta z\\ +(q-\mathrm{d}r\ldots)\mathrm{d}^2\delta x+(\mathrm{etc}\ldots\ldots\ldots\ldots)+K=0,\end{array}\right.$$

K étant la constante arbitraire. Nous avons coupé notre équ. en deux, parce que les termes qui restent sous le signe $\int$ ne pouvant être intégrés, à moins qu'on ne donne à δx, δy, δz, des valeurs particulières, ce qui est contre l'hypothèse, $\int\delta Z$ ne peut devenir $=0$, qu'autant que ces termes sont nuls à part; et même si la nature de la question n'établit entre δx, δy et δz, aucune relation, l'indépendance de ces variations exige que l'équ. (B) se partage en trois autres,

$$\left.\begin{array}{l}0=m-\mathrm{d}n+\mathrm{d}^2p-\mathrm{d}^3q+\mathrm{d}^4r-\ldots\\ 0=M-\mathrm{d}N+\mathrm{d}^2P-\mathrm{d}^3Q+\mathrm{d}^4R-\ldots\\ 0=\mu-\mathrm{d}\nu+\mathrm{d}^2\pi-\mathrm{d}^3\chi+\mathrm{d}^4\rho-\ldots\end{array}\right\}\ldots\ (D).$$

886. Donc pour trouver les relations entre x, y et z, qui rendent $\int Z$ un *maximum*, on prendra la différentielle de la fonction donnée Z, en considérant x, y, z, $\mathrm{d}x$, $\mathrm{d}y$, $\mathrm{d}z$, d^2x... comme autant de variables indépendantes, et en se servant de la lettre δ pour désigner les accroissemens; c'est ce qu'on appelle *prendre la variation* de Z. Comparant le résultat à l'équ. (A), on en tirera les valeurs de m, M, μ, n, N..., en x, y, z, et leurs différentielles exprimées par d. Il faudra ensuite les substituer dans les équ. C et D; la 1re se rapporte aux limites entre lesquelles le *maximum* doit exister; les équ. (D) constituent les relations cherchées : elles sont différentielles entre x, y et z; et, sauf le cas d'absurdité, elles ne peuvent former des conditions distinctes, puisqu'elles détermineraient des valeurs numériques pour les variables. Si la question proposée se rapporte à la Géométrie, ces équ. sont celles de la courbe ou de la surface qui jouit de la propriété demandée.

887. Comme l'intégration est effectuée et doit être prise entre des limites désignées, les termes qui restent et composent l'équa-

tion (C) se rapportent à ces limites; elle est devenue de la forme $K+L=0$, L étant une fonction de x, y, z, δx, δy, δz... Marquons d'un accent les valeurs numériques de ces variables à la 1re limite, et de deux à la 2e. Comme l'intégrale doit être prise entre ces limites, il faut marquer les divers termes de L, qui composent l'équ. (C) d'abord d'un, puis de deux accens; retrancher le 1er résultat du 2e, et égaler à zéro (nº 799); de sorte que l'équ. $L_{\prime\prime}-L_{\prime}=0$ ne renfermera plus de variables, puisque x, δx... auront pris les valeurs $x_{\prime}$, $\delta x_{\prime}$..., $x_{\prime\prime}$, $\delta x_{\prime\prime}$..., assignées par les limites de l'intégration. On ne doit pas oublier que ces accens se rapportent aux limites de l'intégrale, et ne désignent pas des dérivées.

Il se présente maintenant quatre cas.

1°. *Si les limites sont données et fixes* (*), c.-à-d. si les valeurs extrêmes de x, y et z sont constantes, comme $\delta x_{\prime}$, $d\delta x_{\prime}$, etc., $\delta x_{\prime\prime}$, $d\delta x_{\prime\prime}$, etc., sont nuls, tous les termes de $L_{\prime}$ et $L_{\prime\prime}$ sont zéro, et l'équation (C) est satisfaite d'elle-même. Alors on détermine les constantes que l'intégration introduit dans les équ. (D), par les conditions que comportent les limites.

2°. *Si les limites sont arbitraires et indépendantes*, alors chacun des coefficiens de $\delta x_{\prime}$, $\delta x_{\prime\prime}$..., dans l'équ. (C), est nul en particulier.

3°. *S'il existe des équ. de conditions* pour les limites (**), c.-à-d. si la nature de la question lie entre elles, par des équ., quelques-unes des quantités $x_{\prime}$, $y_{\prime}$, $z_{\prime}$, $x_{\prime\prime}$, $y_{\prime\prime}$, $z_{\prime\prime}$, on se servira des différ. de ces équ. pour obtenir plusieurs des variations

---

(*) Ce cas revient, en Géométrie, à celui où l'on cherche une courbe qui, outre qu'elle doit jouir de la propriété de *maximum* ou *minimum* demandée, doit encore passer par deux points donnés. Les équ. (D) sont celles de la courbe cherchée; on en détermine les constantes par la condition que cette courbe passe par les deux points dont il s'agit.

(**) Cela signifie, en Géométrie, que la courbe cherchée doit être terminée à des points qui ne sont plus fixes, mais qui doivent être situés sur deux courbes ou deux surfaces données.

$\delta x_{,}$, $\delta y_{,}$, $\delta z_{,}$, $\delta x_{,,}$..., en fonction des autres; en substituant dans $L_{,,}-L_{,}=0$, ces variations se trouveront réduites au plus petit nombre possible : ces dernières étant absolument indépendantes, l'équ. se partagera en plusieurs autres, en égalant leurs coefficiens à zéro.

Au lieu de cette marche, on peut prendre la suivante, qui est plus élégante. Soient $u=0$, $v=0$..., les équ. de conditions données; on multipliera leurs variations δu, δv..., par des indéterminées λ, λ'...; ce qui donnera $\lambda\delta u+\lambda'\delta v+$..., fonction connue de $\delta x_{,}$, $\delta x_{,,}$, $\delta y_{,}$... Ajoutant cette somme à $L_{,,}-L_{,}$, on aura

$$L_{,,}-L_{,}+\lambda\delta u+\lambda'\delta v+\ldots=0\ldots\ (E).$$

On traitera toutes les variations $\delta x_{,}$, $\delta x_{,,}$..., comme indépendantes, et égalant leurs coefficiens à zéro, on éliminera entre ces équ. les indéterminées λ, λ'... On parviendra par ce calcul au même résultat que par la méthode précédente; car on n'a fait que des opérations permises, et l'on obtient ainsi le même nombre d'équ. finales. Ce calcul revient à la méthode d'élimination donnée dans l'Algèbre (n° 111).

Il faut observer qu'on ne doit pas conclure des équ. $u=0$, $v=0$..., qu'aux limites on ait $du=0$, $dv=0$...; ces conditions sont indépendantes, et peuvent fort bien ne pas coexister. Si toutefois la chose avait eu lieu ainsi (*), il faudrait regarder $du=0$, $dv=0$..., comme de nouvelles conditions, et outre le terme $\lambda\delta u$, il faudrait aussi comprendre $\lambda'\delta du$...

4°. Nous ne dirons rien pour le cas où l'une des limites est fixe et l'autre assujettie à certaines conditions, ou même tout-à-fait arbitraire (**), parce qu'il rentre dans les trois cas précédens.

(*) S'il s'agit d'une question de Géométrie, la courbe cherchée doit, dans ce cas, avoir à sa limite un contact d'un certain ordre avec la courbe ou la surface dont l'équ. est $u=0$.

(**) Alors la courbe cherchée a l'une de ses extrémités assujettie à passer par un point fixe, tandis que l'autre doit être ou quelconque, ou située sur une courbe ou une surface donnée.

888. Il pourrait aussi arriver que la nature de la question assujettît les variations δx, δy et δz à de certaines conditions données par des équ. $\varepsilon = 0$, $\theta = 0 \ldots$, et cela indépendamment des limites; comme, par ex., lorsque la courbe cherchée doit être tracée sur une surface courbe donnée. Alors l'équ. (B) ne se partagerait plus en trois, et les équ. (D) n'auraient plus lieu. Il faudrait d'abord réduire, comme ci-dessus, les variations au plus petit nombre possible dans la formule (B) à l'aide des équ. de condition, et égaler à zéro les coefficiens des variations restantes; ou, ce qui revient au même, ajouter à (B) les termes $\lambda\delta\varepsilon + \lambda'\delta\theta + \ldots$; partager cette équ. en d'autres en y regardant δx, δy, δz comme indépendantes; enfin, éliminer les indéterminées λ, $\lambda' \ldots$

Nous ferons observer que, dans les cas particuliers, il est souvent préférable de faire, sur la fonction donnée Z, tous les calculs qui ont conduit aux équ. (B) et (C), au lieu de comparer chaque cas particulier aux formules générales précédemment données.

Tels sont les principes généraux du calcul des variations : appliquons-les à des exemples.

889. *Quelle est la courbe* CMK *plane* (fig. 24) *dont la longueur* MK, *comprise entre deux rayons vecteurs* AM *et* AK, *est la plus petite possible?* On a (n°s 763, 729) $s = \int \sqrt{(r^2 d\theta^2 + dr^2)} = Z$, il s'agit de trouver la relation $r = \varphi\theta$, qui rend Z un *minimum*. La variation est

$$\delta Z = \frac{r d\theta^2 . \delta r + r^2 d\theta . \delta d\theta + dr . \delta dr}{\sqrt{(r^2 d\theta^2 + dr^2)}},$$

comparant à l'équ. (A), où l'on supposera $x = r, y = \theta$, on a

$$m = \frac{r d\theta^2}{ds}, \quad n = \frac{dr}{ds}, \quad M = 0, \quad N = \frac{r^2 d\theta}{ds}, 0 = p = P = \pi = \ldots$$

les équ. (D) sont

$$\frac{r d\theta^2}{ds} = d\left(\frac{dr}{ds}\right), \quad \frac{r^2 d\theta}{ds} = c.$$

En éliminant $d\theta$, puis ds, entre ces équ. et $ds^2 = r^2 d\theta^2 + dr^2$, on reconnaît qu'elles s'accordent; en sorte qu'il suffit d'intégrer l'une. Mais la perpend. AI, abaissée de l'origine A sur une tangente quelconque TM, est

$$AI = AM \times \sin AMT = r \sin \beta,$$

qui équivaut (page 366) à

$$AI = \frac{r \tang \beta}{\sqrt{(1 + \tang^2 \beta)}}, \quad \text{où} \quad \frac{r^2 d\theta}{\sqrt{(r^2 d\theta^2 + dr^2)}} = \frac{r^2 d\theta}{ds} = c;$$

comme cette perpend. est ici constante, la ligne cherchée est droite. Les limites M et K étant indéterminées, l'emploi des équ. (C) n'a pas été nécessaire.

890. *Trouver la plus courte ligne entre deux points donnés, ou deux courbes données.*

La longueur s de la ligne est $\int Z = \int \sqrt{(dx^2 + dy^2 + dz^2)}$, (n° 751); il s'agit de rendre cette quantité un *minimum*; on a

$$\delta Z = \frac{dx}{ds}\delta dx + \frac{dy}{ds}\delta dy + \frac{dz}{ds}\delta dz;$$

et comparant avec la formule (A), on trouve

$$m = 0, \quad M = 0, \quad \mu = 0, \quad n = \frac{dx}{ds}, \quad N = \frac{dy}{ds}, \quad \nu = \frac{dz}{ds}:$$

les autres coefficiens P, p, π... sont nuls. Les équations (D) deviennent donc ici

$$d\left(\frac{dx}{ds}\right) = 0, \quad d\left(\frac{dy}{ds}\right) = 0, \quad d\left(\frac{dz}{ds}\right) = 0;$$

d'où l'on conclut $dx = a\,ds$, $dy = b\,ds$ et $dz = c\,ds$. En carrant et ajoutant, on obtient $a^2 + b^2 + c^2 = 1$, condition que les constantes a, b, c doivent remplir pour que ces équ. soient compatibles entre elles. Par la division, on trouve

$$\frac{dy}{dx} = \frac{b}{a}, \quad \frac{dz}{dx} = \frac{c}{a}; \quad \text{d'où} \quad bx = ay + a', \quad cx = az + b';$$

les projections de la ligne cherchée sont donc des droites; ainsi cette ligne est elle-même une droite.

Pour en déterminer la position, il faut connaître les cinq constantes a, b, c, a' et b'. S'il s'agit de trouver la plus courte distance entre deux points fixes donnés (fig. 62), $A(x_{,}, y_{,}, z_{,})$, $C(x_{,,}, y_{,,}, z_{,,})$, il est clair que $\delta x_{,}$, $\delta x_{,,}$, $\delta y_{,}$... sont nuls, et que l'équ. (C) a lieu d'elle-même. En assujettissant nos deux équations à être satisfaites lorsqu'on y substitue $x_{,}$, $x_{,,}$, $y_{,}$ etc., pour x, y et z, on obtiendra quatre équ., qui, avec $a^2+b^2+c^2=1$, détermineront nos cinq constantes.

Supposons que la 2e limite soit un point fixe C dans le plan xy, et la 1re une courbe AB, située aussi dans ce plan; l'équation $bx=ay+a'$ suffit alors. Soit $y_{,}=fx_{,}$, l'équ. de AB; on tire $\delta y_{,}=A\delta x_{,}$; l'équ. ($C$) devient $L=\frac{dx}{ds}.\delta x+\frac{dy}{ds}.\delta y$; et comme la 2e limite C est fixe, il suffit de combiner ensemble les équ. $\delta y_{,}=A\delta x_{,}$, et $dx_{,}.\delta x_{,}+dy_{,}.\delta y_{,}=0$. En éliminant $\delta y_{,}$ on obtient $dx_{,}+Ady_{,}=0$.

On aurait pu aussi multiplier l'équation de condition... $\delta y_{,}-A\delta x_{,}=0$ par l'indéterminée λ, et ajouter à $L_{,}$, ce qui eût donné

$$\frac{dx_{,}}{ds_{,}}.\delta x_{,}+\frac{dy_{,}}{ds_{,}}.\delta y_{,}+\lambda\delta y_{,}-\lambda A.\delta x_{,}=0,$$

d'où $$\frac{dx_{,}}{ds_{,}}-\lambda A=0,\quad \frac{dy_{,}}{ds_{,}}+\lambda=0.$$

Éliminant λ, on obtient de même $dx_{,}+Ady_{,}=0$.

Mais puisque le point $A(x_{,}, y_{,})$ est sur notre droite AC, on a aussi $bdx_{,}=ady_{,}$; d'où $a=-bA$, et $\frac{dy}{dx}=-\frac{1}{A}=\frac{b}{a}$; ce qui fait voir que la droite AC est normale (n° 722) à la courbe proposée AB. La constante a' se détermine par la considération de la 2e limite qui est fixe et donnée.

Il serait facile d'appliquer le raisonnement précédent aux trois dimensions, on parviendrait à la même conséquence; on peut donc conclure qu'en général, la plus courte distance AC (fig. 63), entre deux courbes AB, CD, est la droite AC qui est normale à l'une et à l'autre.

Si la plus courte ligne demandée devait être tracée sur une surface courbe, dont $u=0$ serait l'équ., alors l'équ. (B) ne se décomposerait plus en trois, à moins qu'on n'y ajoutât le terme $\lambda\delta u$; alors on pourrait regarder δx, δy et δz comme indépendans, et l'on trouverait les relations

$$d\frac{dx}{ds}+\lambda\frac{du}{dx}=0,\quad d\frac{dy}{ds}+\lambda\frac{du}{dy}=0,\quad d\frac{dz}{ds}+\lambda\frac{du}{dz}=0.$$

Éliminant λ, on a les deux équations

$$\frac{du}{dz}d\left(\frac{dx}{ds}\right)=\left(\frac{du}{dx}\right)d\left(\frac{dz}{ds}\right),\quad \left(\frac{du}{dy}\right)d\left(\frac{dz}{ds}\right)=\left(\frac{du}{dz}\right)d\left(\frac{dy}{ds}\right),$$

qui sont celles de la courbe cherchée.

Prenons pour exemple la moindre distance $A'C'$ mesurée sur une sphère qui a son centre à l'origine : d'où

$$u=x^2+y^2+z^2-r^2=0,\quad \frac{du}{dx}=2x,\quad \frac{du}{dy}=2y,\quad \frac{du}{dz}=2z.$$

Nos équations deviennent, en prenant ds constant,

$$zd^2x=xd^2z,\quad zd^2y=yd^2z,\quad \text{d'où}\quad yd^2x=xd^2y.$$

Intégrant, on a

$$zdx-xdz=ads,\quad zdy-ydz=bds,\quad ydx-xdy=cds.$$

En multipliant la 1re de ces équ. par $-y$, la 2e par x, la 3e par z, et ajoutant, on trouve $ay=bx+cz$, équ. d'un plan qui passe par l'origine des coordonnées. Ainsi, la courbe cherchée est le grand cercle $A'C'$ (fig. 63), qui passe par les deux points donnés A' et C', ou qui est normale aux deux courbes $A'B$ et $C'D$, qui servent de limites, et sont données sur la surface sphérique.

891. Lorsqu'un corps se meut dans un fluide, il en éprouve une résistance qui dépend de sa forme, toutes circonstances égales d'ailleurs : si ce corps est de révolution et se meut dans le sens de son axe, la Mécanique prouve que la résistance est la moindre possible, quand l'équation de la courbe génératrice remplit la condition

$$\int \frac{y\mathrm{d}y^3}{\mathrm{d}x^2+\mathrm{d}y^2} = minimum, \text{ d'où } Z = \frac{yy'^3\mathrm{d}x}{1+y'^2}.$$

Déterminons cette courbe génératrice du *solide de moindre résistance*. En prenant la variation, on trouve

$$m=0, \quad n=\frac{-2y\mathrm{d}y^3\mathrm{d}x}{(\mathrm{d}x^2+\mathrm{d}y^2)^2}=\frac{-2yy'^3}{(1+y'^2)^2}, \quad p=0\ldots,$$

$$M=\frac{\mathrm{d}y^3}{\mathrm{d}x^2+\mathrm{d}y^2}=\frac{y'^3\mathrm{d}x}{1+y'^2}, \quad N=\frac{yy'^2(3+y'^2)}{(1+y'^2)^2}\ldots,$$

la 2ᵉ équ. (D) est $M-\mathrm{d}N=0$; et il suit du calcul qu'on vient de faire sur Z, que

$$\mathrm{d}\left(\frac{y'^3y}{1+y'^2}\right)=M.\frac{\mathrm{d}y}{\mathrm{d}x}+N\mathrm{d}y'=y'\mathrm{d}N+N\mathrm{d}y',$$

à cause de $M=\mathrm{d}N$. Ainsi, en intégrant, on a

$$a+\frac{y'^3y}{1+y'^2}=Ny'=\frac{yy'^3(3+y'^2)}{(1+y'^2)^2}.$$

Donc $a(1+y'^2)^2=2yy'^3$. Observez que la 1ʳᵉ des équ. (D), ou $m-\mathrm{d}n=0$, aurait donné de suite ce même résultat, savoir $-\mathrm{d}n=0$, ou $-n=a$; en sorte que ces deux équ. conduisent au même but. On a

$$y=\frac{a(1+y'^2)^2}{2y'^3}, \quad x=\int\frac{\mathrm{d}y}{y'}=\frac{y}{y'}+\int\frac{y\mathrm{d}y'}{y'^2};$$

en substituant pour y sa valeur, cette intégrale est facile à obtenir; il reste ensuite à éliminer y' entre ces valeurs de x et de y, et l'on obtient l'équ. de la courbe demandée, contenant deux constantes qu'on déterminera d'après des conditions données.

892. *Quelle est la courbe* ABM (fig. 26), *dans laquelle l'aire* BODM, *comprise entre l'arc* BM, *les rayons de courbure* BO, MD, *qui le terminent, et l'arc* OD *de la développée, est un minimum?* L'élément de l'arc AM est $\mathrm{d}s=\mathrm{d}x\sqrt{(1+y'^2)}$; le rayon de courbure MD est $\frac{(1+y'^2)^{\frac{3}{2}}}{y''}$, (nº 733, p. 331); le produit est l'élément de l'aire proposée,

$$Z = \frac{(1+y'^2)^2 . dx}{y''} = \frac{(dx^2+dy^2)^2}{dx . d^2y}.$$

Il s'agit de trouver l'équ. $y = fx$, qui rend $\int Z$ un *minimum*. Prenons la variation δZ, et nous bornant à la 2ᵉ des équations (D), qui suffit à notre objet, nous trouvons

$$M = 0, \quad N - dP = 4a,$$

$$N = \frac{dx^2+dy^2}{dx.d^2y} . 4dy = \frac{1+y'^2}{y''} . 4y', \quad P = -\frac{(1+y'^2)^2}{y''^2 . dx}.$$

Or,

$$d\left(\frac{(1+y'^2)^2}{y''}\right) = Ndy' + Pdy'' . dx = 4ady' + dP . dy' + Pdy'' . dx,$$

en mettant $4a + dP$ pour N. D'ailleurs $y''dx = dy'$, change ces deux derniers termes en

$$(y''dP + Pdy'')dx = d(Py'') . dx = -d\left(\frac{(1+y'^2)^2}{y''}\right).$$

Donc, en intégrant, $\frac{(1+y'^2)^2}{2y''} = ay' + b$,

$$y'' = \frac{(1+y'^2)^2}{2(ay'+b)} = \frac{dy'}{dx}, \quad dx = \frac{2(ay'+b)dy'}{(1+y'^2)^2},$$

enfin,

$$x = c + \frac{by'-a}{1+y'^2} + b . \text{arc} (\text{tang} = y');$$

d'un autre côté, $y = \int y'dx = y'x - \int xdy'$, ou

$$y = y'x - cy' - \int \frac{by'-a}{1+y'^2} dy' - \int bdy' . \text{arc}(\text{tang} = y');$$

ce dernier terme s'intègre par parties, et l'on a

$$y = y'x - cy' - (by'-a) \text{ arc} (\text{tang} = y') + f.$$

Éliminons l'arc tang. entre ces valeurs de x et de y,

$$by = a(x-c) + \frac{(by'-a)^2}{1+y'^2} + bf,$$

$$\sqrt{(by-ax+g)}=\frac{(by'-a)\mathrm{d}x}{\mathrm{d}s},\quad \mathrm{d}s=\frac{b\mathrm{d}y-a\mathrm{d}x}{\sqrt{(by-ax+g)}};$$

enfin (IV, p. 371) $s=2\sqrt{(by-ax+g)}+h.$

Cette équation, rapprochée de celle de la page 407, montre que la courbe cherchée est une cycloïde, dont on déterminera les quatre constantes d'après un égal nombre de conditions données.

893. Prenons pour 3e ex. la fonction $Z=\frac{\mathrm{d}s}{\sqrt{(z-h)}}$, s étant un arc de courbe, ou $\mathrm{d}s^2=\mathrm{d}x^2+\mathrm{d}y^2+\mathrm{d}z^2$: il s'agit de rendre $\int Z$ un *minimum*. Ce problème revient à trouver la courbe AC' (fig. 62) suivant laquelle un corps pesant doit tomber, pour mettre le moins de temps possible à passer de C' en A. (*Voy.* ma *Mécanique*, n° 192). Formant la variation δz, nous trouvons

$$\mu=\frac{-\mathrm{d}s}{2\sqrt{(z-h)^3}},\ n=\frac{\mathrm{d}x}{\mathrm{d}s\sqrt{(z-h)}},\ N=\frac{\mathrm{d}y}{\mathrm{d}s\sqrt{(z-h)}},\ \nu=\frac{\mathrm{d}z}{\mathrm{d}s\sqrt{(z-h)}};$$

enfin, $m=M=p\ldots=0$. Les équ. D deviennent

$$\mathrm{d}\left(\frac{\mathrm{d}x}{\mathrm{d}s\sqrt{(z-h)}}\right)=0,\quad \mathrm{d}\left(\frac{\mathrm{d}y}{\mathrm{d}s\sqrt{(z-h)}}\right)=0.\quad (1).$$

Nous omettons ici la 3e équ., qu'on peut démontrer être comprise dans les deux autres, condition sans laquelle le problème proposé serait absurde. En intégrant, et divisant l'un par l'autre les résultats, on obtient $\mathrm{d}y=a\mathrm{d}x$; ce qui prouve que la projection de la courbe sur le plan xy est une droite, et que, par conséquent, cette courbe est décrite dans un plan perpend. aux xy. Prenons ce plan pour celui des xz ; la 1re des équ. (1) suffira, et nous aurons $k\mathrm{d}x=\mathrm{d}s\sqrt{(z-h)}$; et comme $\mathrm{d}s^2=\mathrm{d}x^2+\mathrm{d}z^2$, on trouve $\mathrm{d}x=\frac{\mathrm{d}z\,.\sqrt{(z-h)}}{\sqrt{(k^2+h-z)}}$. En posant $z=k^2+h-u$, on reconnaît que cette équ. est celle d'une cycloïde (*voy.* p. 323) dont k^2 est le diamètre du cercle générateur.

Quand les limites sont deux points fixes A et C' (fig. 62), il n'y a aucune autre condition à remplir, si ce n'est de faire passer la cycloïde AC' par ces deux points, ce qui détermine les valeurs des constantes k et h.

Si la 2e limite est un point fixe C', et si la 1re est une courbe AB située, ainsi que le point fixe, dans le plan vertical des xz on a $\delta x_{\prime\prime} = \delta z_{\prime\prime} = 0$,

et $$L_{\prime} = \frac{dx_{\prime}}{ds_{\prime}\sqrt{(z_{\prime} - h)}}.\delta x_{\prime} + \frac{dz_{\prime}}{ds_{\prime}\sqrt{(z_{\prime} - h)}}.\delta z'.$$

Il suffit de rendre $L_{\prime}$ nul, en ayant égard à la 1re limite qui est une courbe AB dont $x_{\prime} = fz_{\prime}$ est l'équ. donnée. On en déduit $\delta x_{\prime} - A\delta z_{\prime} = 0$; multipliant par λ, ajoutant à $L_{\prime}$ on trouve les deux équ.

$$\frac{dx_{\prime}}{ds_{\prime}\sqrt{(z_{\prime} - h)}} + \lambda = 0, \quad \frac{dz_{\prime}}{ds_{\prime}\sqrt{(z_{\prime} - h)}} - A\lambda = 0.$$

En éliminant λ, on obtient $dz_{\prime} + Adx_{\prime} = 0$. La cycloïde devra donc couper à angle droit la courbe donnée AB; la constante k sera déterminée en comparant l'équ. de la cycloïde à la précédente.

On trouverait dans les trois dimensions la même conséquence, de sorte que la courbe de plus vite descente, en partant d'une courbe quelconque CD (fig. 63), pour aller à une autre AB, est une cycloïde $A'C'$ normale à ces deux dernières. La même chose aurait aussi lieu si les deux limites étaient prises sur deux surfaces courbes, ainsi qu'on peut s'en convaincre.

Quand la courbe doit être tracée sur une surface donnée par son équation $u = 0$, (B) ne se partage en trois équ. qu'après avoir ajouté $\lambda\delta u$, ce qui donne, au lieu des équ. (1), trois équ. entre lesquelles, éliminant λ, on aurait celles de la courbe cherchée. Si l'on avait pour limites deux points fixes, les constantes seraient déterminées par la condition que la courbe passât par ces deux points : lorsqu'on a pour limites deux courbes, celle qu'on cherche doit les couper à angle droit comme ci-dessus. Ainsi, le reste du problème est le même dans les deux cas.

894. *Quelle est la courbe* BM (fig. 55) *dont la longueur* s

est donnée, qui passe en B *et en* M, *et qui intercepte entre ses ordonnées terminales* BC, PM *et l'axe* Ax, *l'aire la plus grande?* $\int y dx$ doit être un *maximum*, l'arc s étant constant : il faut donc combiner la variation de $\int Z = \int y dx$ avec celle de $\int \sqrt{(dx^2 + dy^2)} - \text{const.} = 0$, suivant ce qu'on a vu n° 888, afin de pouvoir partager l'équ. B en deux autres. On trouve pour la variation complète

$$\int \left(y.\delta dx + dx.\delta y + \frac{\lambda dx.\delta dx + \lambda dy.\delta dy}{ds} \right) = 0,$$

d'où $\quad m = 0, \; n = y + \lambda \frac{dx}{ds}, \; M = dx, \; N = \lambda \frac{dy}{ds},$

et $$y + \lambda \frac{dx}{ds} = c, \quad x - \lambda \frac{dy}{ds} = c'.$$

Ces équ. sont identiques, puisqu'en intégrant l'une ou l'autre on parvient au même résultat; on ne doit donc pas éliminer λ entre elles. La 1re donne, en mettant $\sqrt{(dx^2 + dy^2)}$ pour ds,

$$\frac{dy}{dx} = \frac{\sqrt{[\lambda^2 - (y-c)^2]}}{y - c}, \text{ d'où } (x - c')^2 + (y - c)^2 = \lambda^2.$$

La courbe cherchée est donc un cercle; suivant qu'il tourne sa convexité ou sa concavité à l'axe des x, l'aire est un *minimum* ou un *maximum*. On doit déterminer les constantes c, c' et λ par la condition que le cercle passe par les points B et M, et que l'arc BM ait la longueur exigée. Tel est le plus simple des problèmes d'*Isopérimètres*.

895. *Quelle est la courbe* BM (fig. 55), *pour laquelle l'aire* BCMP *soit donnée, l'arc* BM *étant le plus court possible?* On a ici $\int \sqrt{(dx^2 + dy^2)} = minimum$, avec la condition.... $\int y dx - \text{const.} = 0$. En imitant le raisonnement ci-dessus, on obtient

$$\frac{dx}{ds} + \lambda y = c, \quad \lambda x - \frac{dy}{ds} = c',$$

équ. visiblement les mêmes que celles que nous venons de trouver : le cercle est donc encore la courbe demandée.

896. *On demande quelle doit être la courbe* MK (fig. 24) *la plus courte possible, l'aire* MAK *comprise entre les deux rayons vecteurs* AM, AK *étant donnée?*

On doit avoir $s = \int\sqrt{(dx^2 + dy^2)} =$ *minimum*, avec la condition (n° 729), $\int\frac{1}{2}(xdy - ydx) =$ const.: ce qui donne

$$\frac{dx.\delta dx + dy.\delta dy}{ds} + \tfrac{1}{2}\lambda(dy.\delta x + x.\delta dy - dx.\delta y - y.\delta dx) = 0.$$

$$\tfrac{1}{2}\lambda dy - d\left(\frac{dx}{ds} - \tfrac{1}{2}\lambda y\right) = 0, \quad \tfrac{1}{2}\lambda dx + d\left(\frac{dy}{ds} + \tfrac{1}{2}\lambda x\right) = 0.$$

Ces équ. s'accordent visiblement, et il suffit d'intégrer la 1re, λ étant une constante arbitraire; il vient

$$\lambda y + c = \frac{dx}{ds}, \text{ ou } (\lambda y + c)dy = dx\sqrt{[1 - (\lambda y + c)^2]}.$$

On fera $\lambda y + c = z$, et l'intégration sera facile (n° 769, IV): on trouvera $(\lambda x + b)^2 + (\lambda y + c)^2 = 1$, ou, si l'on veut, $(x + b')^2 + (y + c')^2 = k^2$. La courbe cherchée est donc un cercle, assujetti à passer par les points *M* et *K*, et à former l'aire *MAK* de grandeur donnée. En sorte que toute autre courbe, passant par deux points *M* et *K* de cette circonférence, et formant la même aire, aurait l'arc intercepté dans l'angle *MAK* plus long que l'arc de cercle, quels que soient les points *M* et *K*. On verra de même que le cercle répond aussi au problème inverse: *de toutes les courbes, d'égale longueur entre deux points donnés, quelle est celle dont l'aire* MAK *est un* maximum?

897. *Parmi toutes les courbes planes, terminées par deux ordonnées* BC, PM (fig. 51), *qui engendrent dans leurs révolutions des corps dont l'aire est la même, on demande quelle est celle qui produit le plus grand volume?*

On a $\int\pi y^2 dx =$ *maximum*, et $\int 2\pi y\sqrt{(dx^2 + dy^2)} =$ const. D'où il est facile de tirer

$$\frac{2\lambda y dx}{ds} + y^2 = c, \quad ydx + \lambda ds = d\left(\frac{\lambda y dy}{ds}\right).$$

Ces équ. s'accordent entre elles, et la 1re donne

$$dx = \frac{(c - y^2)\,dy}{\sqrt{[4\lambda^2 y^2 - (c - y^2)^2]}} \dots (1).$$

Si la constante $c = 0$, on trouve $dx = \frac{-y\,dy}{\sqrt{(4\lambda^2 - y^2)}}$, d'où $(x-b)^2 + y^2 = 4\lambda^2$; équ. d'un cercle dont le centre est en un lieu quelconque de l'axe des x, et qui doit passer par les deux points donnés. Toutefois ce cercle ne répond au problème qu'autant que l'aire engendrée par la révolution de l'arc CM se trouve avoir l'étendue exigée: en effet, l'équ. intégrale ne renferme que deux constantes, qu'on déterminera par la condition que la ligne passe par les points C et M. La solution générale du problème est donnée par l'équ. (1).

898. *De toutes les courbes planes, d'égale longueur entre deux points donnés, quelle est celle qui, dans sa révolution, engendre un volume ou une aire* maximum?

Dans les deux cas, $\int\sqrt{(dx^2 + dy^2)} = \text{const}$. En outre, dans l'un $\int \pi y^2 dx$, et dans l'autre $\int 2\pi y\,ds$ (n° 752), doit être un *maximum*. D'abord, dans le 1er cas, $Z = \pi y^2 dx$. En raisonnant comme ci-dessus, on trouve

$$\pi y^2 + \frac{\lambda\,dx}{ds} = c, \quad \text{d'où} \quad dx = \frac{(c - \pi y^2)\,dy}{\sqrt{[\lambda^2 - (c - \pi y^2)^2]}}.$$

La courbe dont il s'agit ici jouit de la propriété que son rayon de courbure R est $= \frac{\lambda}{2\pi y}$ (n° 734, 6°.); en effet, on a

$$y' = \sqrt{\left[\left(\frac{\lambda}{c - \pi y^2}\right)^2 - 1\right]}, \quad y'' = \frac{2\lambda^2 \pi y}{(c - \pi y^2)^3}, \quad s' = \frac{\lambda}{c - \pi y^2}.$$

Cette courbe est l'*Élastique*, dont le rayon de courbure est en raison inverse de l'ordonnée. Outre c et λ, on a une 3e constante; les conditions que la courbe passe par les deux points donnés, et ait la longueur exigée, servent à déterminer ces trois quantités.

Dans le 2e cas, $Z = \int 2\pi y \sqrt{(dx^2 + dy^2)}$, d'où

$$\frac{2\pi y\mathrm{d}x + \lambda\mathrm{d}x}{\mathrm{d}s} = c, \quad \mathrm{d}x = \frac{c\mathrm{d}y}{\sqrt{[(2\pi y + \lambda)^2 - c^2]}}.$$

La courbe demandée est une *Chaînette* (p. 381), dont l'axe est horizontal : il y a *maximum* ou *minimum*, suivant qu'elle présente à l'axe des x sa concavité ou sa convexité.

899. *Quelle est la courbe de longueur donnée* s, *entre deux points fixes, pour laquelle* $\int y\mathrm{d}s$ *est un* maximum? On trouvera aisément

$$(y + \lambda)\frac{\mathrm{d}x}{\mathrm{d}s} = c, \quad \text{d'où} \quad \mathrm{d}x = \frac{c\mathrm{d}y}{\sqrt{[(y + \lambda)^2 - c^2]}}.$$

On obtient la même courbe que ci-dessus. Comme $\frac{\int y\mathrm{d}s}{s}$ est l'ordonnée verticale du centre de gravité d'un arc de courbe dont s est la longueur (*voy.* ma *Mécanique*, n° 64), on voit que le centre de gravité d'un arc quelconque de la chaînette est plus bas que celui d'un arc de toute autre courbe terminé aux mêmes points.

900. En raisonnant de même pour $\int y^2\mathrm{d}x = minimum$, et $\int y\mathrm{d}x = \text{const.}$, on trouve $y^2 + \lambda y = c$, ou plutôt $y = c$: on a une droite parallèle aux x. Comme $\frac{\int y^2\mathrm{d}x}{2\int y\mathrm{d}x}$ est l'ordonnée verticale du centre de gravité de toute aire plane (*voyez* ma *Mécanique*, n° 68), celui d'un rectangle vertical dont un côté est horizontal, est le plus bas possible. En sorte que toute masse d'eau dont la surface supérieure est horizontale, a son centre de gravité le plus profondément situé.

Consultez l'ouvrage d'Euler, intitulé *Methodus inveniendi lineas curvas maximi minimive proprietate gaudentes.*

V. DIFFÉRENCES ET SÉRIES.

Méthode directe des Différences. Interpolation.

901. Étant donnée une série a, b, c, d...., retranchons chaque terme du suivant; $a'=b-a$, $b'=c-b$, $c'=d-c$... formeront la série a', b', c', d'... des *différences premières.*

On trouve de même la série a'', b'', c'', d''..... des *différences secondes*, $a''=b'-a'$, $b''=c'-b'$, $c''=d'-c'$....; celles-ci donnent les *différences troisièmes* $a'''=b''-a''$, $b'''=c''-b''$...; et ainsi de suite. Ces différences sont indiquées par Δ, et l'on donne à cette caractéristique un exposant qui en marque l'ordre; Δ^n est un terme de la suite des différences n^{es}. On conserve d'ailleurs à chaque différence son signe, lequel est $-$, quand on la tire d'une suite décroissante.

Par exemple, la fonction $y=x^3-9x+6$, en faisant successivement $x=0, 1, 2, 3, 4$... donne une série de nombres, dont y est le terme général, et d'où l'on tire les différences, ainsi qu'il suit :

pour	$x=$	0,	1,	2,	3,	4,	5,	6,	7.....
série	$y=$	6,	-2,	-4,	6,	34,	86,	168,	286...
diff. 1res	$\Delta y=$	-8,	-2,	10,	28,	52,	82,	118....	
diff. 2es	$\Delta^2 y=$	6,	12,	18,	24,	30,	36......		
diff. 3es	$\Delta^3 y=$	6,	6,	6,	6,	6........			

902. On voit que les différences troisièmes sont ici constantes, et que les différences deuxièmes font une équidifférence : on arrive à des différences constantes toutes les fois que y est une fonction rationnelle et entière de x, ainsi que nous l'allons démontrer.

Que dans le monome kx^m on fasse $x=\alpha, \beta, \gamma... \theta, \varkappa, \lambda$ (ces nombres ayant h pour différence constante), on a la série $k\alpha^m$, $k\beta^m$, $k\gamma^m$... $k\theta^m$, $k\varkappa^m$, $k\lambda^m$. Comme $\varkappa=\lambda-h$, en développant $k\varkappa^m=k(\lambda-h)^m$, et désignant par m, A', A''.... les coefficiens de la formule du binome, on trouve

$$k(\lambda^m - \varkappa^m) = kmh\lambda^{m-1} - kA'h^2\lambda^{m-2} + kA''h^3\lambda^{m-3}\ldots$$

Telle est la différence première entre deux termes quelconques de la série $k\alpha^m$, $k\beta^m$, $k\gamma^m$.... La différence entre les termes qui précèdent, ou $k(\varkappa^m - \theta^m)$, s'en déduit en changeant λ en $\varkappa$, $\varkappa$ en θ; et comme $\varkappa = \lambda - h$, il faut mettre $\lambda - h$ pour λ dans ce 2e membre:

$$kmh(\lambda-h)^{m-1}-kA'h^2(\lambda-h)^{m-2}\ldots = kmh\lambda^{m-1}-[A'+m(m-1)]kh^2\lambda^{m-2}\ldots$$

Retranchant ces résultats, les deux premiers termes disparaissent, et il vient, pour la différence 2e d'un rang arbitraire,

$$km(m-1)\,h^2\lambda^{m-2} - kB'h^3\lambda^{m-3} + \ldots$$

Changeant de même λ en $\lambda - h$ dans ce dernier développement, et retranchant, les deux 1ers termes disparaissent, et l'on a pour différ. 3e,

$$km(m-1)(m-2)h^3\lambda^{m-3} - kB''h^4\lambda^{m-4}\ldots,$$

et ainsi de suite. Chacune de ces différences a un terme de moins dans son développement que la précédente; la 1re a m termes; la 2e en a $m-1$, la 3e $m-2$...., etc.; d'après la forme du 1er terme, qui finit par rester seul dans la différence m^e, on voit que celle-ci se réduit à la quantité constante $1.2.3\ldots mkh^m$.

Si dans les fonctions M et N, on prend pour x deux nombres, les résultats étant m et n, celui qui provient de $M+N$ est $m+n$. Soient de même m' et n' les résultats donnés par deux autres valeurs de x; la différence 1re, provenue de $M+N$, est visiblement $(m-m')+(n-n')$. Il en faut dire autant des différ. 3es, 4es... : *la différ. de la somme est la somme des différ.*

Donc, si l'on fait $x = \alpha, \beta, \gamma\ldots$ dans $kx^m + px^{m-1} + \ldots$, la différ. $(m-1)^e$ de px^{m-1} étant constante, la m^e sera nulle, donc pour notre polynome la différ. m^e est la même que s'il n'y avait que son 1er terme kx^m. Donc, *la différence* me *est constante, lorsqu'on substitue à* x *des nombres équidifférens, dans une fonction rationnelle et entière de degré* m.

903. On voit donc que, si l'on est conduit à substituer des

nombres équidifférens, ainsi qu'on le fait pour résoudre une équ. numérique (page 78 et 155), il suffira de chercher les $(m+1)$ 1ers résultats, d'en former les différences 1res, 2es...: la m^e n'aura qu'un terme; comme on sait qu'elle est constante et $=1.2.3\ldots mkh^m$, on prolongera cette série à volonté. On prolongera ensuite, par des additions successives, la série des différ. $(m-1)^{es}$ au-delà des deux termes connus; celle de $(m-2)^{es}$ sera de même prolongée...; enfin la série des résultats provenus de ces substitutions, le sera aussi, autant qu'on voudra, par de simples additions.

C'est ce qu'on voit dans cet ex. : x^3-x^2-2x+1.

$x=$	0.	1.	2.	3
Donne..	1.	$-$1.	1.	13
1re diff.		$-$2.	2.	12
2e.........			4.	10
3e...........				6

Diff. 3^{es}	6.	6.	6.	6.	6.	6.	6...
2^{es}	4.	10.	16.	22.	28.	34.	40...
1res	$-$2.	2.	12.	28.	50.	78.	112...
Résultats	1.	$-$1.	1.	13.	41.	91.	169...
Pour $x=$	0.	1.	2.	3.	4.	5.	6...

Ces séries se déduisent de celle qui est constamment 6.6.6... et des termes initiaux déjà trouvés pour chacune : *un terme s'obtient en ajoutant celui qui est à sa gauche, avec le nombre écrit au-dessus de ce dernier.* On peut aussi continuer les séries dans le sens contraire, pour obtenir les résultats de...... $x=-1, -2, -3\ldots$ *Un terme s'obtient alors en retranchant le nombre inscrit au-dessus de l'inconnue de celui qui est à droite de celle-ci.*

Dans le but qu'on se propose, de résoudre une équ., il n'est plus besoin de pousser la série des résultats au-delà du terme où l'on ne doit rencontrer que des nombres de même signe, ce qui arrive dès que tous les termes d'une colonne quelconque sont positifs du côté gauche, et alternatifs dans le sens opposé, puisque les additions ou soustractions qui servent à prolonger les séries conservent constamment ces mêmes signes aux résultats. On obtient donc, par cette voie, des limites des racines soit positives, soit négatives.

904. A l'avenir, nous désignerons par y_x la fonction de x qui est le terme général de la série proposée, et engendre tous

les termes, en faisant $x=0, 1, 2, 3\ldots$; par ex., y_5 désignera, qu'on y a fait $x=5$, ou qu'on a égard au terme qui en a 5 avant lui (le nombre 91, dans le dernier ex.). D'après cela,

$$y_1-y_0=\Delta y_0,\quad y_2-y_1=\Delta y_1,\quad y_3-y_2=\Delta y_2\ldots$$
$$\Delta y_1-\Delta y_0=\Delta^2 y_0,\quad \Delta y_2-\Delta y_1=\Delta^2 y_1,\quad \Delta y_3-\Delta y_2=\Delta^2 y_2\ldots$$
$$\Delta^2 y_1-\Delta^2 y_0=\Delta^3 y_0,\quad \Delta^2 y_2-\Delta^2 y_1=\Delta^3 y_1,\quad \Delta^2 y_3-\text{etc.}$$

En général,

$$y_x-y_{x-1}=\Delta y_{x-1},$$
$$\Delta y_x-\Delta y_{x-1}=\Delta^2 y_{x-1},$$
$$\Delta^2 y_x-\Delta^2 y_{x-1}=\Delta^3 y_{x-1},\ \text{etc.}$$

905. Formons les différences de la série quelconque

$a\,.\,b\,.\,c\,.\,d\,.\,e\ldots\ldots$	$b=a+a',\quad c=b+b',\quad d=c+c'\ldots,$
$\Delta^1.\ a'.\,b'.\,c'.\,d'.\,e'\ldots$	$b'=a'+a'',\quad c'=b'+b'',\quad d'=c'+c''\ldots,$
$\Delta^2\ldots\ a''.\,b''.\,c''.\,d''\ldots$	$b''=a''+a''',\quad c''=b''+b''',\quad d''=c''+c'''\ldots,$
$\Delta^3\ldots\ a'''.\,b'''.\,c'''$ etc.	$b'''=a'''+a^{\text{IV}},\quad c'''=b'''+b^{\text{IV}},\quad d'''=c'''+c^{\text{IV}}\ldots,$

En éliminant b, b', c, $c'\ldots$, des équations de la 1re ligne, on réduit le 2e membre à ne contenir que a, a', $a''\ldots$. On peut aussi obtenir des valeurs de a', a'', $a'''\ldots$, qui ne renferment aucune lettre accentuée : on trouve

$$b=a+a',\quad c=a+2a'+a'',\quad d=a+3a'+3a''+a''',$$
$$e=a+4a'+6a''+4a'''+a^{\text{IV}},\quad f=a+5a'+10a''\ \text{etc.}$$
$$a'=b-a,\quad a''=c-2b+a,\quad a'''=d-3c+3b-a\ldots$$

Comme les initiales a', a'', $a'''\ldots$ sont Δy_0, $\Delta^2 y_0$, $\Delta^3 y_0\ldots$, et que a, b, c, $d\ldots$ sont y_0, y_1, y_2, $y_3\ldots$, on trouve

$y_1=y_0+\Delta y_0,$	$\Delta y_0=y_1-y_0,$
$y_2=y_0+2\Delta y_0+\Delta^2 y_0,$	$\Delta^2 y_0=y_2-2y_1+y_0,$
$y_3=y_0+3\Delta y_0+3\Delta^2 y_0+\Delta^3 y_0,$	$\Delta^3 y_0=y_3-3y_2+3y_1-y_0,$
$y_4=y_0+4\Delta y_0+6\Delta^2 y_0$ etc.	$\Delta^4 y_0=y_4-4y_3+6y_2$ etc.

En général,

$$y_x=y_0+x\Delta y_0+x\frac{x-1}{2}\Delta^2 y_0+x\frac{x-1}{2}\cdot\frac{x-2}{3}\Delta^3 y_0\ldots (A),$$

$$\Delta^n y_0=y_n-ny_{n-1}+n\frac{n-1}{2}y_{n-2}-n\frac{n-1}{2}\cdot\frac{n-2}{3}y_{n-3}+\ldots (B),$$

906. Ces équ. donnent, l'une un terme quelconque de rang x (le terme général de la série), quand on connaît le 1er terme de tous les ordres de différences; l'autre l'initial de la série des n^{es} différences, connaissant tous les termes de la série $y_0, y_1, y_2 \ldots$ Pour appliquer la 1re à l'ex. du nº 903, on fera

$$y_0 = 1, \ \Delta y_0 = -2, \ \Delta^2 y_0 = 4, \ \Delta^3 = 6, \ \Delta^4 = 0 \ldots$$

d'où $y_x = 1 - 2x + 2x(x-1) + x(x-1)(x-2) = x^3 - x^2 - 2x + 1$.

On se grave dans la mémoire les équations (A) et (B), en remarquant que

$$y_x = (1 + \Delta y_0)^x, \quad \Delta^n y_0 = (y - 1)^n,$$

pourvû que, dans les développemens de ces puissances, on transforme les puissances de Δy_0, en exposans de Δ, pour marquer l'ordre des différences, et les puissances de y en indices, pourvu qu'on mette y^0 au lieu du 1er terme 1.

907. Quelle que soit la série proposée $a, b, c, d \ldots$, on peut toujours la concevoir tirée d'une autre dont on aurait omis périodiquement certains termes, par ex., dont on aurait pris les termes de 2 en 2, ou de 3 en 3, ou de 4 en 4... Étant donnée la 1re série $a, b, c \ldots$ ou plutôt son terme général y_x(équ. A), proposons-nous de retrouver cette suite primitive, que nous désignerons par

$$a.a'.a'' \ldots a^{h-1}.b.b'.b'' \ldots b^{h-1}.c.c'.c'' \ldots \text{ etc.} \quad (C).$$

On voit qu'on suppose ici que $h - 1$ termes ont été supprimés entre a et b, entre b et $c \ldots$, lesquels termes étaient soumis à la même loi de génération que la série $a.b.c \ldots$ qui en fait partie. L'*interpolation* consiste à insérer entre les termes d'une suite proposée, un nombre désigné de termes soumis à la même loi : pour *interpoler*, il faut donc trouver ces intermédiaires, ou plutôt le terme général de la série (C). Il suffit visiblement de poser dans l'équ. (A), terme général de $a, b, c \ldots$, la condition $x = \frac{z}{h}$, z marquant le rang d'un terme de la nouvelle série (C); car en faisant

$$z=0,\ 1,\ 2,\ 3\ldots\ldots\ h,\ h+1,\ h+2\ldots\ 2h\ldots \text{ etc.},$$

on a $x=0,\ldots(h-1)$ termes... $1\ldots(h-1)$ termes...2... etc. On retrouve donc ainsi les mêmes nombres $a, b, c\ldots$ que si l'on eût fait $x=0, 1, 2\ldots$ dans A, et en outre $h-1$ termes intermédiaires. Cette substitution donne l'équ.

$$y_z=y_0+\frac{z\Delta^1}{h}+\frac{z(z-h)\Delta^2}{2.h^2}+\frac{z(z-h)(z-2h)\Delta^3}{2.3.h^3}\text{ etc}\ldots (D).$$

Cette équ. donnera y_x quand $x=z$, z étant entier ou fractionnaire. On tire de la série proposée, $a, b, c, d\ldots$, les différences de tous les ordres, et le terme initial de ces séries représente Δ^1, $\Delta^2\ldots$

Mais, pour pouvoir appliquer cette formule, il faut qu'on soit conduit à des différences constantes, afin qu'elle soit terminée, ou au moins qu'elle ait pour Δ^1, $\Delta^2\ldots$ des valeurs décroissantes qui rendent la suite D convergente : le développement donne alors la grandeur approchée d'un terme répondant à $x=z$; bien entendu qu'il ne faut pas que les facteurs de Δ croissent assez pour détruire cette convergence, ce qui restreint z à ne pas dépasser une limite.

Par ex., on trouve n° 364, X que

l'arc de 60° a pour corde	1000,0		
65............	1074,6	$\Delta^1=74,6$	$\Delta^2=-2,0$
70............	1147,2	72,6	
75............	1217,5	70,3	$-2,3$

Puisque la différence est à peu près constante, du moins de 60° à 75°, on peut, dans cette étendue, employer l'équ. (D); faisant $h=5$; il vient, pour la quantité à ajouter à $y_0=1000$,

$$\tfrac{1}{5}.74,6.z-\tfrac{2}{50}z(z-5)=15,12.z-0,04.z^2.$$

Ainsi, en prenant $z=1, 2, 3\ldots$, puis ajoutant 1000, on en tire les cordes de 61°, 62°, 63°... ; et même prenant pour z des valeurs fractionnaires, on a la corde d'un arc quelconque intermédiaire entre 60° et 75°. Mais on ne doit guère étendre l'usage de différences ainsi obtenues, au-delà des limites d'où elles ont été tirées. Voici encore un ex.

On a log 3100 = y_m	= 4913617	$\Delta_{\cdot} = 13987$	
log 3110	= 4927604	13942	$\Delta^2 = -45$
log 3120	= 4941546	13897	-45
log 3130	= 4955443		

Nous considérons ici la partie décimale du log. comme étant un nombre entier. En faisant $h = 10$, il vient, pour la partie additive à log 3100,

$$1400,95.z - 0,225.z^2.$$

Pour avoir les log. de 3101, 3102, 3103..., on fera $z = 1, 2, 3...$, et même, si l'on veut log 3107,58, on prendra $z = 7,58$, d'où résultera 10606 pour quantité à ajouter au log. de 3100; savoir : log 310758 = 5,4924223.

908. Ces procédés s'emploient utilement pour abréger le calcul des tables de log. de sinus, de cordes, etc. On se borne à chercher directement des résultats d'espace à autre, et on comble ensuite l'intervalle par *Interpolation*.

Le plus souvent la série proposée $a, b, c, \ldots$, ou la table de nombres qu'on veut interpoler, répond aux rangs 1, 2, 3..., alors $h = 1$, et l'on cherche quelque terme intermédiaire à y_0 et y_1 répondant au rang z; l'équ. (D) devient alors

$$y_z = y_0 + z\Delta^1 + z.\frac{z-1}{2}\Delta^2 + z.\frac{z-1}{2}.\frac{z-2}{3}\Delta^3 + \text{etc.}\ldots (E).$$

1°. Quand il arrive que Δ^2 est nul, ou très petit, la série se réduit à $y_0 + z\Delta^1$; d'où l'on tire que la diff. $z\Delta^1$ croît proportionnellement à z; c.-à-d., *qu'il faut ajouter à* y_0 *une partie de* Δ^1 *proportionnelle à* z. Nous avons fait souvent usage de cette remarque (n°s 91, III, et 586).

2°. Lorsque Δ^2 est constant, ou Δ^3 très petit, ce qui arrive le plus souvent,

$$y_z = y_0 + z[\Delta^1 + \tfrac{1}{2}(z-1)\Delta^2].$$

Ainsi *formez* $\frac{1}{2}(z-1)\Delta^2$, *et corrigez* Δ^1 *de cette quantité;*

puis considérez la série comme ayant ce résultat pour différ. 1re, *et que la différ. seconde y fût nulle;* ce qui ramène la recherche au cas précédent. Par ex.

log 310 = 2,4913617 = y_0			
log 311 = 27604	13987 = Δ'		
log 312 = 41546	13942	$-45 = \Delta^2$	
log 313 = 55443	13897	-45	

Comme les Δ^2 sont constans, pour avoir log 310,758, on fait $z = 0,758$, d'où $\frac{1}{2}(z-1)\Delta^2 = 0,121.45 = 5,445$; ajoutant à Δ^1, on a 13992,445 qu'il faut multiplier par z; le produit est 10606,27; donc log 310,758 = 2,4924223.

3°. Quand Δ^3 est constant, ou que Δ^4 est négligeable, la série (E) n'a que quatre termes, et l'on voit qu'il faut corriger Δ^2 de $\frac{1}{3}(z-2)\Delta^3$, et regarder cette quantité Δ^2 comme une différ. 2e constante; et ainsi de suite.

On peut voir des applications de cette théorie à la p. 101 des tables de log. de Callet, où l'on calcule ces log. avec 20 décimales.

4°. Réciproquement, si les termes y_z et y_0 sont donnés et qu'on demande le rang z du 1er, la différ. 2e étant constante, on a

$$z = \frac{y_z - y_0}{\Delta^1 + \frac{1}{2}(z-1)\Delta^2} \ldots (F).$$

On fait d'abord le calcul en négligeant le 2e terme du dénom., ce qui donne une valeur approchée de z, qu'on substitue ensuite pour z dans la formule (F) sans y rien omettre.

Si l'on connaît le résultat du calcul, dans l'ex. précédent, on en tire le numér. $y_z - y_0 = 10606$, qui, divisé par $\Delta^1 = 13987$, donne une 1re approximation, $z = 0,758$: cette valeur mise pour z, dans F, donne $z = \frac{10606}{13992} = 0,758$.

Ce problème inverse se résoudra de même lorsque Δ^3 sera constant, etc. (*V.* Conn. des Tems 1819, p. 303.)

909. Voici une manière commode de diriger le calcul quand

Δ^2 est constant, et qu'on veut trouver n nombres intermédiaires successifs entre y_0 et y_1. En changeant z en $z+1$ dans (D) et retranchant, on a la valeur générale de la differ. 1re pour la nouvelle série interpolée : faisant de même sur celle-ci, on obtient la différ. 2e, savoir :

$$\text{Différ. 1}^{\text{re}}\ \delta^1 = \frac{\Delta^1}{h} + \frac{2z-h+1}{2h^2}\Delta^2, \quad \text{Différ. 2}^{\text{e}}\ \delta^2 = \frac{\Delta^2}{h^2}.$$

On veut insérer n termes entre y_0 et y_1; il faut prendre $h=n+1$; puis faisant $z=0$, on a le terme initial des différences

$$\delta^2 = \frac{\Delta^2}{(n+1)^2}, \quad \delta^1 = \frac{\Delta^1}{n+1} - \tfrac{1}{2}n\delta^2;$$

on calculera δ^2, puis δ^1; ce terme initial δ^1 servira à composer la suite des différences 1res de la série interpolée (δ^2 en est la differ. contante); puis, enfin, on a cette série par de simples additions.

Veut-on, dans l'ex. de la p. 516, calculer les log. de 3101, 3102, 3103..., on interpolera 9 nombres entre ceux qui sont donnés : d'où $n=9$, $\delta^2=-0,45$, $\delta^1=1400,725$. On forme d'abord l'équidifférence qui a δ^1 pour terme initial, et $-0,45$ pour constante, les différ. premières sont

1400,725, 1400,275, 1399,825, 1399,375, 1398,925...

Des additions successives, en partant de log 3100, donneront les log. consécutifs qu'on cherche.

Je suppose qu'on ait observé un phénomène physique de 12^h^ en 12^h^, et que les résultats mesurés aient donné

à 0^h...	$y_0 = 78$		
12.......	300	$\Delta^1 = 222$	
24.......	666	366	$\Delta^2 = 144$
36.......	1176	510	144

Si je veux trouver l'état qui répond à 4^h, 8^h, 12^h..., j'interpolerai 2 termes, d'où $n=2$, $\delta^2=16$, $\delta^1=58$; composant l'équidifférence qui commence par 58, et dont la raison est 16, j'aurai les différences 1res de la nouvelle série, et par suite celles-ci :

Diff. 1res	δ^1...	58.74.90.106.122.138...,
Série.......		78.136.210.300.406.528.666...,
		0^h, 4^h, 8^h, 12^h, 16^h, 20^h, 24^h...,

La supposition des différ. 2es constantes convient à presque tous les cas, lorsqu'on peut choisir des durées convenables. On fait fréquemment usage de cette méthode en Astronomie; et même quand l'observation, ou le calcul, donne des résultats dont les différ. 2es offrent une marche peu régulière, on impute ce défaut à des erreurs, qu'on corrige en rétablissant une marche uniforme.

910. Les tables astronomiques, géodésiques...., se forment d'après ces principes. On calcule directement divers termes, qu'on prend assez rapprochés pour que les différences 1res ou 2es soient constantes; puis on interpole pour obtenir les nombres intermédiaires.

Ainsi, quand une série convergente donne la valeur de y, à l'aide de celle d'une variable x; au lieu de calculer y chaque fois que x est connu, quand la formule est d'un fréquent usage, on détermine les résultats y pour des grandeurs de x graduellement croissantes, de manière que les y soient peu différens : on inscrit, en forme de table, chaque valeur de y près de celle de x, qu'on nomme l'*Argument* de cette table. Pour des nombres x intermédiaires, de simples proportions donnent y, comme on l'a vu pour les log. (1er vol., page 121), et à la simple inspection on obtient les résultats cherchés.

Quand la série a deux variables, ou argumens, x et z, les valeurs de y se disposent en table à *double entrée*, comme celle de Pythagore (n° 14) ; en prenant pour coordonnées x et z, le résultat est contenu dans la case déterminée ainsi. Par ex., ayant pris $z=1$, on rangera sur la 1re ligne toutes les valeurs de y correspondantes à $x=1, 2, 3$...; on mettra sur une 2e ligne, celles que donne $z=2$; dans une 3e, celles de $z=3$... Pour obtenir le résultat qui répond à $x=3$ et $z=5$, on s'arrêtera à la case qui, dans la 3e colonne, occupe le 5e rang. Les valeurs intermédiaires s'obtiennent d'une manière analogue à ce qui a été dit.

911. Nous avons supposé jusqu'ici que les x croissent par équidifférence. S'il n'en est pas ainsi, et qu'on connaisse les résultats $y = a, b, c, d$... provenus des suppositions quelconques $x = \alpha, \beta, \gamma, \delta$..., on peut recourir à la théorie exposée n° 465, lorsqu'il s'agissait de faire passer une courbe parabolique par une suite de points donnés : ce problème n'est en effet qu'une interpolation. On peut aussi opérer comme il suit :

A l'aide des valeurs correspondantes connues a, α, b, β..., formez les fractions consécutives:

$$A = \frac{b - a}{\beta - \alpha},\quad A_1 = \frac{c - b}{\gamma - \beta},\quad A_2 = \frac{d - c}{\delta - \gamma},\quad A_3 = \frac{e - d}{\varepsilon - \delta}\ldots,$$

$$B = \frac{A_1 - A}{\gamma - \alpha},\quad B_1 = \frac{A_2 - A_1}{\delta - \beta},\quad B_2 = \frac{A_3 - A_2}{\varepsilon - \gamma}\ldots,$$

$$C = \frac{B_1 - B}{\delta - \alpha},\quad C_1 = \frac{B_2 - B_1}{\varepsilon - \beta}\ldots\ldots\ldots\ldots,\quad D = \frac{C_1 - C}{\varepsilon - \alpha}\ldots$$

Éliminant entre ces équ., on trouve successivement

$$b = a + A(\beta - \alpha),$$

$$c = a + A(\gamma - \alpha) + B(\gamma - \alpha)(\gamma - \beta),$$

$$d = a + A(\delta - \alpha) + B(\delta - \alpha)(\delta - \beta) + C(\delta - \alpha)(\delta - \beta)(\delta - \gamma),$$

et en général

$$y_x = a + A(x - \alpha) + B(x - \alpha)(x - \beta) + C(x - \alpha)(x - \beta)(x - \gamma)\ldots$$

On cherchera donc les différences 1res entre les résultats a, b, c..., et l'on divisera par les différences entre les suppositions α, β, γ..., ce qui donnera A, A_1, A_2...; traitant ces nombres d'une manière analogue, on en déduira B, B_1, B_2...; ceux-ci donnent C, C_1...; et enfin substituant, on a le terme général demandé.

En exécutant les multiplications, l'expression reçoit la forme $a + a'x + a''x^2 \ldots$ de tout polynome rationnel et entier; cela vient de ce qu'on a négligé les différences supérieures (n° 902).

Corde de 60° $= 1000$				
	35	$A = 15$		
62.20′ $= 1035$			$-0{,}18$	$B = -0{,}035$
	42	$A_1 = 14{,}82$		
65.10 $= 1077$			$-0{,}21$	$B_1 = -0{,}031$
	56	$A_2 = 14{,}61$		
69. 0 $= 1133$				

on a $\alpha = 0, \quad \beta = 2\frac{1}{3}, \quad \gamma = 5\frac{1}{6}, \quad \delta = 9.$

On peut négliger les différences 3es, et poser

$$y_x = 1000 + 15{,}082 . x - 0{,}035 x^2.$$

912. En considérant toute fonction de x, y_x, comme étant le terme général de la série que donne $x = m$, $m + h$, $m + 2h \ldots$, si l'on prend les différences entre ces résultats, pour obtenir une nouvelle série, le terme général sera ce qu'on nomme la *Différence première* de la fonction proposée y_x, qui est représentée par Δy_x. Ainsi, on obtient cette différ. en changeant x en $x + h$ dans y_x, et retranchant y_x du résultat; le reste engendrera la série des différences 1res, en faisant $x = m$, $m + h$, $m + 2h$, etc. C'est ainsi que

$$y_x = \frac{x^2}{a + x} \quad \text{donne} \quad \Delta y_x = \frac{(x + h)^2}{a + x + h} - \frac{x^2}{a + x}.$$

Il restera à réduire cette expression, ou à la développer selon les puissances de h...

En général, il suit du théorème de Taylor, que

$$\Delta y_x = y'h + \tfrac{1}{2} y'' h^2 + \tfrac{1}{6} y''' h^3 + \ldots$$

Pour obtenir la différence 2e, il faudrait opérer sur Δy_x, comme on a fait pour la proposée; et ainsi des différences 3es, 4es...

Intégration des Différences. Sommation des Suites.

913. L'intégration a ici pour but de remonter d'une différence donnée en x, à la fonction qui l'a produite; c.-à-d. de

retrouver le terme général y_x d'une série y_m, y_{m+h}, $y_{m+2h}\ldots$, connaissant celui de la série d'une différence d'ordre quelconque connue. Cette opération s'indique par le signe Σ.

Par ex., $\Sigma(3x^2+x-2)$ doit rappeler l'idée suivante, sachant que $h=1$: une fonction y_x engendre une série, en y faisant $x=0, 1, 2, 3\ldots$; les différences 1res qui s'ensuivent forment une autre suite dont $3x^2+x-2$ est le terme général (elle est $-2, 2, 12, 28\ldots$). L'objet qu'on se propose en intégrant, est donc de trouver y_x, fonction qui, si l'on met $x+1$ pour x, donnera, en retranchant, le reste $3x^2+x-2$.

Il est facile de voir que, 1°. les signes Σ et Δ se détruisent (comme $\int$ et d); ainsi, $\Sigma\Delta fx = fx$.

2°. $\Delta(ay)=a\Delta y$; donc $\Sigma ay = a\Sigma y$.

3°. Comme $\Delta(At-Bu)=A\Delta t-B\Delta u$, de même, on a $\Sigma(At-Bu)=A\Sigma t-B\Sigma u$, t et u étant des fonctions de x.

914. Le problème de déterminer y_x par sa différence 1re, ne renferme pas les données nécessaires pour être résolu complètement; car pour recomposer la série provenue de y_x, en partant de $-2, 2, 12, 28\ldots$, faisons le 1er terme $y_0=a$, nous trouvons, par des additions successives, a, $a-2$, a, $a+12\ldots$, et a demeure arbitraire.

Toute intégrale peut être considérée comme comprise dans l'équ: (A) (p. 513); car en prenant $x=0, 1, 2, 3\ldots$, dans la différence 1re donnée en x, on formera la suite des différences 1res; retranchant celles-ci consécutivement, on aura les différences 2es, puis les 3es, 4es... Le terme initial de ces séries sera $\Delta^1 y_0$, $\Delta^2 y_0\ldots$, et ces valeurs substituées dans (A) donnent y_x. Ainsi, dans l'exemple ci-dessus (qui n'est que celui du n° 903, quand $a=1$), on a (n° 906)

$$\Delta^1 y_0=-2,\quad \Delta^2 y_0=4,\quad \Delta^3 y_0=6,\quad \Delta^4 y_0=0\ldots;$$

d'où
$$y_x=y_0-2x-x^2+x^3.$$

En général, le 1er terme y_0 de l'équ. (A) est une constante arbitraire, qui doit s'ajouter à l'intégrale. Si la fonction donnée est une différence 2e, il faudra, par une 1re intégration, remonter à la différence 1re, et de celle-ci à y_x; ainsi, l'on aura deux constantes arbitraires; et, en effet, l'équ. (A) fait connaître encore y_x, en trouvant Δ^2, Δ^3..., seulement y_0 et $\Delta' y_0$ restent quelconques. Et ainsi des ordres supérieurs.

915. Proposons-nous de trouver Σx^m, l'exposant m étant entier et positif. Représentons ce développement par

$$\Sigma x^m = px^a + qx^b + rx^c \ldots,$$

a, b, c... étant des exposans décroissans qu'il s'agit de déterminer, aussi bien que les coefficiens p, q... Prenons la différence 1re, en supprimant le Σ au 1er membre, puis changeant x en $x+h$ dans le 2e, et retranchant. En nous bornant aux deux 1ers termes, nous avons

$$x^m = pahx^{a-1} + \tfrac{1}{2}pa(a-1)h^2x^{a-2} \ldots + qbhx^{b-1} \ldots$$

Or, pour que l'identité soit établie, les exposans doivent donner les équ. $a-1=m$, $a-2=b-1$; d'où $a=m+1$, $b=m$; de plus, les coefficiens donnent

$$1 = pah,\quad -\tfrac{1}{2}pa(a-1)h = qb;\ \text{d'où}\ p = \frac{1}{(m+1)h},\quad q = -\tfrac{1}{2}.$$

Quant aux autres termes, il est visible que les exposans sont tous entiers et positifs; et l'on peut même reconnaître qu'ils manquent de 2 en 2; c'est, au reste, ce qui suit du calcul ci-après. Posons donc

$$\Sigma x^m = px^{m+1} - \tfrac{1}{2}x^m + \alpha x^{m-1} + \beta x^{m-3} + \gamma x^{m-5} \ldots,$$

et déterminons α, β, γ... Prenons, comme ci-dessus, la différence 1re, en mettant $x+h$ pour x, et retranchant : et d'abord en transposant $px^{m+1} - \frac{1}{2}x^m$, on trouve que le 1er membre, à cause de $ph(m+1)=1$, se réduit à

$$A' \cdot \frac{h^2}{2.3} \cdot x^{m-2} + A'' \cdot \frac{m-3}{4} \cdot \frac{3h^4}{2.5} \cdot x^{m-4} + A^{\text{IV}} \cdot \frac{m-5}{6} \cdot \frac{5h^6}{2.7} \cdot x^{m-6} \ldots$$

Pour abréger, nous omettons ici les termes du développement de 2 en 2, que le calcul prouverait s'entre-détruire; et nous désignons par 1, m, A', A''... les coefficiens du binome. Venons-en au deuxième membre, et faisons le même calcul sur... $\alpha x^{m-1}+\beta x^{m-3}$..., nous aurons, avec les mêmes puissances respectives de x et de h,

$$(m-1)\alpha+m-1\,.\,\frac{m-2}{2}\,.\,\frac{m-3}{3}\alpha+m-1\,.\,\frac{m-2}{2}\cdots\frac{m-4}{5}\alpha+\ldots$$
$$+\;(m-3)\beta+m-3\,.\,\frac{m-4}{2}\,.\,\frac{m-5}{3}\beta+\ldots$$
$$+\;(m-5)\gamma+\ldots$$

En comparant terme à terme, on en tire aisément

$$\alpha=\frac{mh}{3.4},\quad \beta=\frac{-A''h^3}{2.3.4.5},\quad \gamma=\frac{A^{\text{IV}}h^5}{6.6.7}\cdots;$$

d'où l'on tire enfin

$$\Sigma x^m=\frac{x^{m+1}}{(m+1)h}-\frac{x^m}{2}+mahx^{m-1}+A''bh^3x^{m-3}$$
$$+A^{\text{IV}}ch^5x^{m-5}+A^{\text{VI}}dh^7x^{m-7}+\ldots\;(D).$$

Ce développement a pour coefficiens ceux du binome de deux en deux termes, multipliés par de certains facteurs numériques a, b, c..., qu'on a nommés *Nombres Bernoulliens*, parce que Jacques Bernoulli les a le premier déterminés. Ces facteurs sont d'un fréquent usage dans la théorie des suites; nous donnerons un moyen plus facile de les évaluer (nº 917) : en voici d'avance les valeurs.

$$a=\tfrac{1}{12},\quad b=-\tfrac{1}{120},\quad c=\tfrac{1}{252},\quad d=-\tfrac{1}{240},\quad e=\tfrac{1}{132},$$
$$f=-\tfrac{691}{32760},\quad g=\tfrac{1}{12},\quad h=-\tfrac{3617}{8160},\quad i=\tfrac{43867}{14364}\ldots$$

916. Concluons de là que, pour obtenir Σx^m, m étant un nombre donné entier et positif, il faut, outre les deux premiers termes $\dfrac{x^{m+1}}{(m+1)h}-\dfrac{x^m}{2}$, prendre le développement de $(x+h)^m$, en rejetant les termes de rangs impairs, 1er, 3e, 5e..., et multiplier les termes conservés, respectivement par a, b, c...

x *et* h *n'ont que des exposans pairs quand* m *est impair, et réci-*

proquement; en sorte qu'on doit aussi rejeter le dernier terme h^m, lorsqu'il vient en rang inutile; la quotité des termes est $\frac{1}{2}m + 2$, quand m est pair; et $\frac{1}{2}(m + 3)$ quand m est impair, c.-à-d. la même pour un nombre pair et pour l'impair qui suit.

Veut-on Σx^{10}? outre $\frac{x^{11}}{11h} - \frac{1}{2}x^{10}$, on développera $(x + h)^{10}$, et conservant les 2es, 4es, 6es... termes, on aura

$$10x^9ah + 120x^7bh^3 + 252\ldots;$$

donc

$$\Sigma x^{10} = \frac{x^{11}}{11h} - \frac{1}{2}x^{10} + \frac{5}{6}x^9h - x^7h^3 + x^5h^5 - \frac{1}{2}x^3h^7 + \frac{5}{66}xh^9.$$

C'est ainsi qu'on obtient

$$\Sigma x^0 = \frac{x}{h}, \quad \Sigma x^1 = \frac{x^2}{2h} - \frac{x}{2},$$

$$\Sigma x^2 = \frac{x^3}{3h} - \frac{x^2}{2} + \frac{hx}{6},$$

$$\Sigma x^3 = \frac{x^4}{4h} - \frac{x^3}{2} + \frac{hx^2}{4},$$

$$\Sigma x^4 = \frac{x^5}{5h} - \frac{x^4}{2} + \frac{hx^3}{3} - \frac{h^3x}{30},$$

$$\Sigma x^5 = \frac{x^6}{6h} - \frac{x^5}{2} + \frac{5hx^4}{12} - \frac{h^3x^2}{12},$$

$$\Sigma x^6 = \frac{x^7}{7h} - \frac{x^6}{2} + \frac{hx^5}{2} - \frac{h^3x^3}{6} + \frac{h^5x}{42},$$

$$\Sigma x^7 = \frac{x^8}{8h} - \frac{x^7}{2} + \frac{7hx^6}{12} - \frac{7h^3x^4}{24} + \frac{h^5x^2}{12},$$

$$\Sigma x^8 = \frac{x^9}{9h} - \frac{x^8}{2} + \frac{2hx^7}{3} - \frac{7h^3x^5}{15} + \frac{2h^5x^3}{9} - \frac{h^7x}{30},$$

$$\Sigma x^9 = \frac{x^{10}}{10h} - \frac{x^9}{2} + \frac{3hx^8}{4} - \frac{7h^3x^6}{10} + \frac{h^5x^4}{2} - \frac{3h^7x^2}{20},$$

Σx^{10} = etc. (*Voyez* ci-dessus.)

917. Voici un moyen facile d'étendre aussi loin qu'on veut

les valeurs des nombres bernoulliens a, b, c... Qu'on fasse $x=h=1$, dans l'équ. (D); Σx^m est le terme général de la série qui a x^m pour différence 1re; nous considérons ici $\Sigma 1$, et cette série est la suite naturelle 0, 1, 2, 3... Prenons zéro pour 1er membre, et transposons $\frac{1}{m+1}-\frac{1}{2}=\frac{1-m}{2(m+1)}$;

$$\frac{m-1}{2(m+1)}=am+bA''+cA^{\text{IV}}+dA^{\text{VI}}\ldots+km.$$

En faisant $m=2$, le 2e membre se réduit à am, d'où l'on tire $a=\frac{1}{12}$; $m=4$ donne $am+bA''$ ou $4a+4b$, pour 2e membre; on trouve $am+bA''+6c$, pour $m=6$...; ainsi, en procédant selon les nombres pairs $m=2, 4, 6, 8$..., on obtient chaque fois une équ. qui a un terme de plus, et sert à trouver de proche en proche le dernier terme $2a$, $4b$, $6c$... mk.

918. Prenons la différence du produit

$$y_x=(x-h)\,x\,(x+h)\,(x+2h)\ldots(x+ih),$$

en mettant $x+h$ pour x, et retranchant: il vient

$$\Delta y_x=x(x+h)\,(x+2h)\ldots(x+ih)\times(i+2)h;$$

divisant par ce dernier facteur constant, intégrant, et remettant pour y_x sa valeur, on trouve

$$\Sigma x\,(x+h)\,(x+2h)\ldots(x+ih)$$

$$=\frac{x-h}{(i+2)h}\times x(x+h)\,(x+2h)\ldots(x+ih).$$

Cette équation donne *l'intégrale du produit de facteurs qui forment une équidifférence.*

919. En prenant la différence du 2e membre, on vérifie l'équation

$$\Sigma\,\frac{1}{x(x+h)(x+2h)\ldots(x+ih)}=\frac{-1}{ihx(x+h)\ldots[x+(i-1)h]}.$$

920. Soit $y_x=a^x$; la différence est

$$\Delta y_x = a^x(a^h - 1); \quad \text{d'où} \quad y_x = \Sigma a^x(a^h - 1) = a^x;$$

donc
$$\Sigma a^x = \frac{a^x}{a^h - 1} + \text{const.}$$

921. L'équ. suivante est dans la note de la p. 362, 1er vol.,

$$\cos B - \cos A = 2\sin\tfrac{1}{2}(A + B) \, . \sin\tfrac{1}{2}(A - B);$$

or,

$$\Delta \cos x = \cos(x + h) - \cos x = -2\sin(x + \tfrac{1}{2}h).\sin\tfrac{1}{2}h;$$

intégrant et changeant $x + \frac{1}{2}h$ en z, on a

$$\Sigma \sin z = -\frac{\cos(z - \frac{1}{2}h)}{2\sin\frac{1}{2}h} + \text{const.};$$

on trouverait de même

$$\Sigma \cos z = \frac{\sin(z - \frac{1}{2}h)}{2\sin\frac{1}{2}h} + \text{const.}$$

Lorsqu'on veut intégrer des puissances de sinus et cosinus, on les traduit en sin. et cos. d'arcs multiples (*voy.* p. 191), et on a des termes de la forme $A\sin qx$, $A\cos qx$; faisant $qx = z$, l'intégration est donnée par les équ. précédentes.

922. Soit représentée l'intégrale d'un produit uz par

$$\Sigma(uz) = u\Sigma z + t,$$

u, z et t représentant des fonctions de x, celle-ci inconnue, u et z données. En changeant x en $x + h$ dans $u\Sigma z + t$, u devient $u + \Delta u$, z devient $z + \Delta z$, etc., et l'on a

$$u\Sigma z + uz + \Delta u.\Sigma(z + \Delta z) + t + \Delta t;$$

retranchant notre 2e membre $u\Delta z + t$, on en obtient la différence, ou celle de uz; de là résulte l'équation

$$0 = \Delta u.\Sigma(z + \Delta z) + \Delta t; \quad \text{d'où} \quad t = -\Sigma[\Delta u.\Sigma(z + \Delta z)].$$

Donc
$$\Sigma(u.z) = u\Sigma z - \Sigma[\Delta u.\Sigma(z + \Delta z)];$$

cette formule répond à l'intégration par parties des fonctions différentielles, p. 371.

923. Il n'y a qu'un petit nombre de fonctions dont on sait trouver l'intégrale finie; on a recours aux séries quand on ne sait pas intégrer exactement. Celle de Taylor $\Delta y_x = y'h + ..$ (n° 912), donne

$$y_x = h\Sigma y' + \tfrac{1}{2}h^2\Sigma y'' + \ldots,$$

où y', y''... sont les dérivées successives de y_x. Regardons y' comme une fonction z donnée en x; il faudra faire $y' = z$, $y'' = z'$, $y''' = z''$..., et $y_x = \int y'dx = \int zdx$; d'où

$$\int zdx = h\Sigma z + \tfrac{1}{2}h^2\Sigma z' + \ldots;$$

puis $$\Sigma z = h^{-1}\int zdx - \tfrac{1}{2}h\Sigma z' - \tfrac{1}{6}h^2\Sigma z'' \ldots$$

Cette équ. donne Σz, quand on sait trouver $\Sigma z'$, $\Sigma z''$...; prenons la dérivée des deux membres; celle du 1er sera $\Sigma z'$, ainsi qu'on peut s'en assurer. On tirera de là $\Sigma z''$, puis $\Sigma z'''$...; et, même sans faire ces calculs, il est aisé de voir que le résultat de la substitution de ces valeurs sera de la forme

$$\Sigma z = h^{-1}\int zdx + Az + Bhz' + Ch^2z'' \ldots$$

Il reste à déterminer les facteurs A, B, C... Or, si $z = x^m$, on en tire $\int zdx$, z', z''..., et, substituant, il vient une série qui doit être identique avec (D), et, par conséquent, privée des puissances $m-2$, $m-4$... En sorte qu'on posera

$$\Sigma z = \frac{\int zdx}{h} - \frac{z}{2} + \frac{ahz'}{1} + \frac{bh^3z'''}{1.2} + \frac{ch^5z^{v}}{2.3.4} + \frac{dh^7z^{vii}}{2\ldots6}, \text{ etc.}$$

a, b, c... étant les nombres bernoulliens.

Par ex. si $z = lx$, $h = 1$, $\int lx.dx = xlx - x$, $z' = x^{-1}$, $z'' =$ etc.; donc $\Sigma lx = C + xlx - x - \tfrac{1}{2}lx + ax^{-1} + bx^{-3} + cx^{-5}$, etc.

924. La série a, b, c, d.....k, l, ayant pour différ. 1re a', b', c'..., on a vu (n° 905) que

$$b = a + a', \quad c = b + b', \quad d = c + c' \ldots l = k + k';$$

équ. dont la somme donne $l = a + a' + b' + c' \ldots + k'$.

Si les nombres a', b', c'.. sont connus, on peut les considérer comme étant les différ. 1res d'une autre série a, b, c..., puisqu'il est aisé de composer celle-ci à l'aide de la 1re et du terme initial a. Par définition (n° 913) nous savons qu'un terme quelconque l', pris dans la série donnée a', b', c'..., n'est autre chose que Δl, puisque $l' = m - l$; en intégrant $l' = \Delta l$, on a $\Sigma l' = l$, ou

$$\Sigma l' = a' + b' + c' + \ldots\ldots + k',$$

en supposant l'initial a compris dans la constante du signe Σ. Donc, *en prenant l'intégrale d'un terme quelconque d'une série, on obtient la somme de tous les termes qui le précèdent,*

$$\Sigma y_x = y_0 + y_1 + y_2 \ldots + y_{x-1}.$$

Bien entendu que pour avoir la somme de la série, y compris le terme général y_x, il faut ajouter y_x à l'intégrale, ou bien y changer x en $x+1$, ou enfin changer x en $x+1$ dans y_x avant d'intégrer. Du reste, on détermine la constante en rendant la somme $= y_0$ quand $x = 1$.

925. *On sait donc trouver le terme sommatoire de toute série dont on connaît le terme général, en fonction rationnelle et entière de* x. Soit $y_x = Ax^m - Bx^n + C$, m et n étant entiers et positifs, on a $A\Sigma x^m - B\Sigma x^n + C\Sigma x^0$ pour somme des termes jusqu'à y_x exclusivement. Cette intégrale une fois trouvée par l'équ. D, on changera x en $x+1$, et l'on déterminera convenablement la constante.

Soit, par ex., $y_x = x(2x-1)$; changeons x en $x+1$, et intégrons le résultat; nous trouvons

$$2\Sigma x^2 + 3\Sigma x + \Sigma x^0 = \frac{4x^3 + 3x^2 - x}{2.3} = x \frac{x+1}{2} \cdot \frac{4x-1}{3};$$

on n'ajoute pas de constante, parce que $x = 0$ doit rendre la somme nulle (*voy.* p. 24).

La série 1^m, 2^m, 3^m... des puissances m^{es} des nombres naturels, se trouve en prenant Σx^m (équ. D) : mais il faut ensuite ajouter le xe terme qui est x^m, c.-à-d. qu'il suffit de changer $-\frac{1}{2}x^m$, 2e terme de l'équ. D, en $+\frac{1}{2}x^m$: il reste ensuite à déterminer la constante, d'après le terme auquel on veut que la somme commence. Par ex., pour la suite des carrés, on prend Σx^2, p. 525, en changeant le signe du 2e terme, et l'on a

$$\tfrac{1}{3}x^3+\tfrac{1}{2}x^2+\tfrac{1}{6}x=x.\frac{2x+1}{2}.\frac{x+1}{3};$$

la constante est $=0$, parce que la somme est nulle quand $x=0$. Mais si l'on veut que la somme s'étende de n^2 à x^2, elle est nulle quand $x=n-1$; et l'on a const. $=-n\dfrac{n-1}{2}.\dfrac{2n-1}{3}$.

Cette théorie s'applique à la sommation des nombres figurés. Par ex., pour ajouter les x 1ers nombres pyramidaux 1.4.10.20.. (p. 22), il faut intégrer le terme général $\frac{1}{6}x(x+1)(x+2)$; on trouve (n° 918) $\frac{1}{24}(x-1)x(x+1)(x+2)$: enfin il faut changer x en $x+1$, et l'on a, pour la somme demandée, $\frac{1}{24}x(x+1)(x+2)(x+3)$. La constante est nulle.

926. *Les nombres figurés inverses* sont des fractions qui ont 1 pour numérateur, et pour dénominateur une suite figurée. Le xe terme de l'ordre p est (p. 22)

$$\frac{1.2.3\ldots(p-1)}{x(x+1)\ldots(x+p-2)},\text{ donc } C-\frac{1.2.3\ldots(p-1)}{(p-2)x(x+1)\ldots(x+p-3)}$$

est l'intégrale (n° 919). Changeons x en $x+1$, puis déterminons la constante en rendant la somme nulle quand $x=0$, nous aurons $C=\dfrac{p-1}{p-2}$; et la somme des x 1ers termes est

$$\frac{p-1}{p-2}-\frac{1.2.3\ldots(p-1)}{(p-2)(x+1)(x+2)\ldots(x+p-2)}.$$

Faisons successivement $p=3, 4, 5\ldots$, et nous aurons

$$\tfrac{1}{1}+\tfrac{1}{3}+\tfrac{1}{6}+\tfrac{1}{10}\ldots\quad\frac{1.2}{x(x+1)}=\tfrac{2}{1}-\frac{2}{x+1},$$

$$\tfrac{1}{1}+\tfrac{1}{4}+\tfrac{1}{10}+\tfrac{1}{20}\ldots\quad\frac{1.2.3}{x(x+1)(x+2)}=\tfrac{3}{2}-\frac{3}{(x+1)(x+2)},$$

$$\tfrac{1}{1}+\tfrac{1}{5}+\tfrac{1}{15}+\tfrac{1}{35}\ldots\quad\frac{1.2.3.4}{x\ldots\ldots(x+3)}=\tfrac{4}{3}-\frac{2.4}{(x+1)\ldots(x+3)},$$

$$\tfrac{1}{1}+\tfrac{1}{6}+\tfrac{1}{21}+\tfrac{1}{56}\ldots\frac{1.2.3.4.5}{x\ldots\ldots(x+4)}=\tfrac{5}{4}-\frac{2.3.5}{(x+1)\ldots(x+4)},$$

et ainsi de suite. Pour obtenir la somme totale de nos séries, il faut rendre x infini, ce qui donne $\frac{p-1}{p-2}$ pour la limite dont elles approchent sans cesse.

Pour la série $\sin a$, $\sin(a+h)$, $\sin(a+2h)\ldots\ldots$, on a (n° 921)

$$\Sigma \sin(a+hx)=C-\frac{\cos(a+hx-\frac{1}{2}h)}{2\sin\frac{1}{2}h};$$

changeant x en $x+1$, et déterminant C par la condition que $x=-1$ rend la somme nulle, on trouve, pour terme sommatoire,

$$\frac{\cos(a-\frac{1}{2}h)-\cos(a+hx+\frac{1}{2}h)}{2\sin\frac{1}{2}h},$$

ou

$$\frac{\sin(a+\frac{1}{2}hx).\sin[\frac{1}{2}h(x+1)]}{\sin\frac{1}{2}h},$$

en vertu de l'équ. de la note p. 362, Ier vol.

La suite $\cos a$, $\cos(a+h)$, $\cos(a+2h)\ldots$ donne de même, pour terme sommatoire,

$$\frac{\cos(a+\frac{1}{2}hx).\sin[\frac{1}{2}h(x+1)]}{\sin\frac{1}{2}h}.$$

FIN.

TABLE DES MATIÈRES

CONTENUES

DANS LE SECOND VOLUME.

LIVRE V. ALGÈBRE SUPÉRIEURE.

LIVRE VI. ANALYSE A TROIS DIMENSIONS.

LIVRE VII. CALCUL DIFFÉRENTIEL ET INTÉGRAL.

LIVRE VIII. CALCUL DES DIFFÉRENCES.

FIN DE LA TABLE DU SECOND VOLUME.

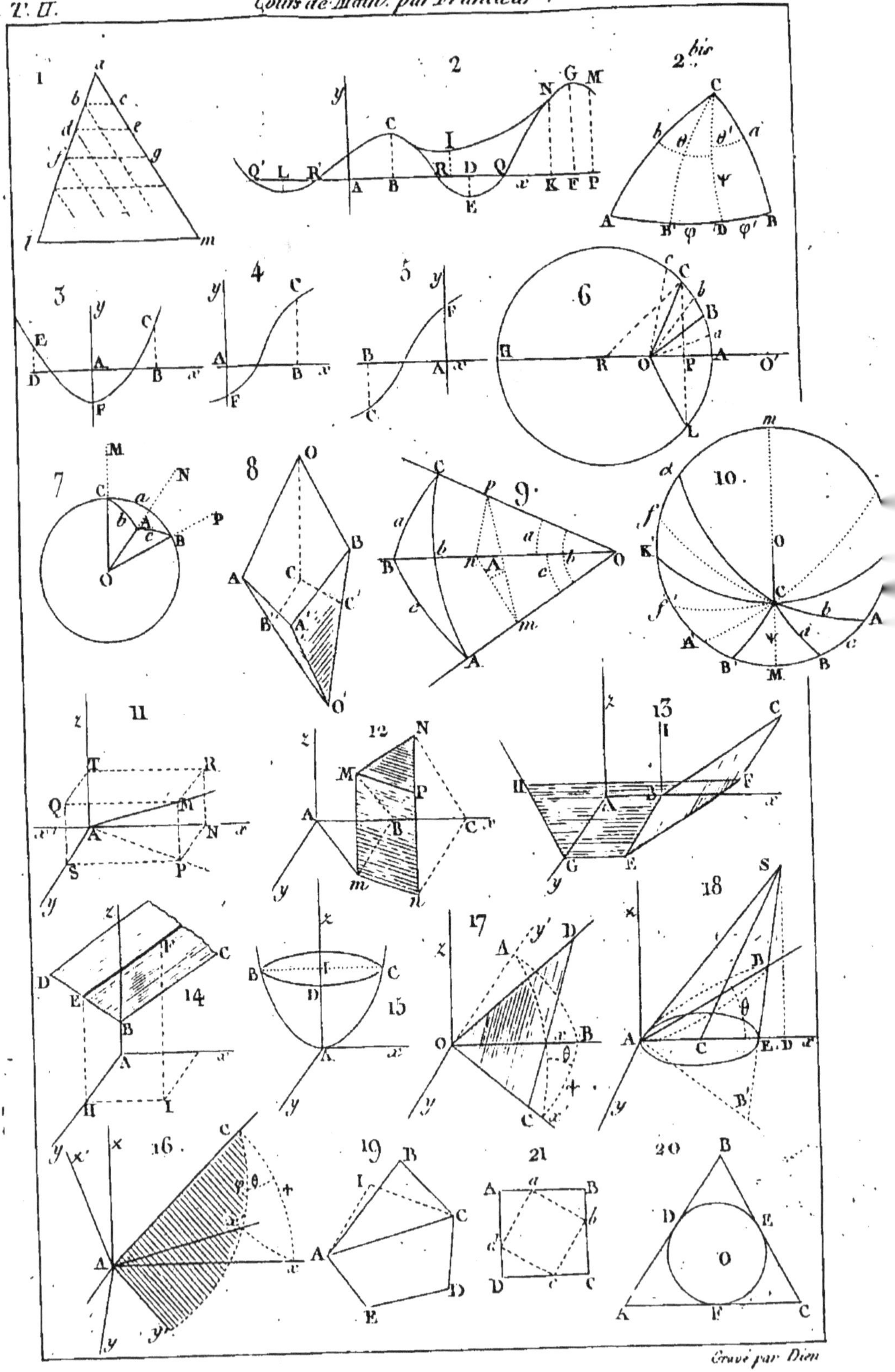

Gravé par Dien

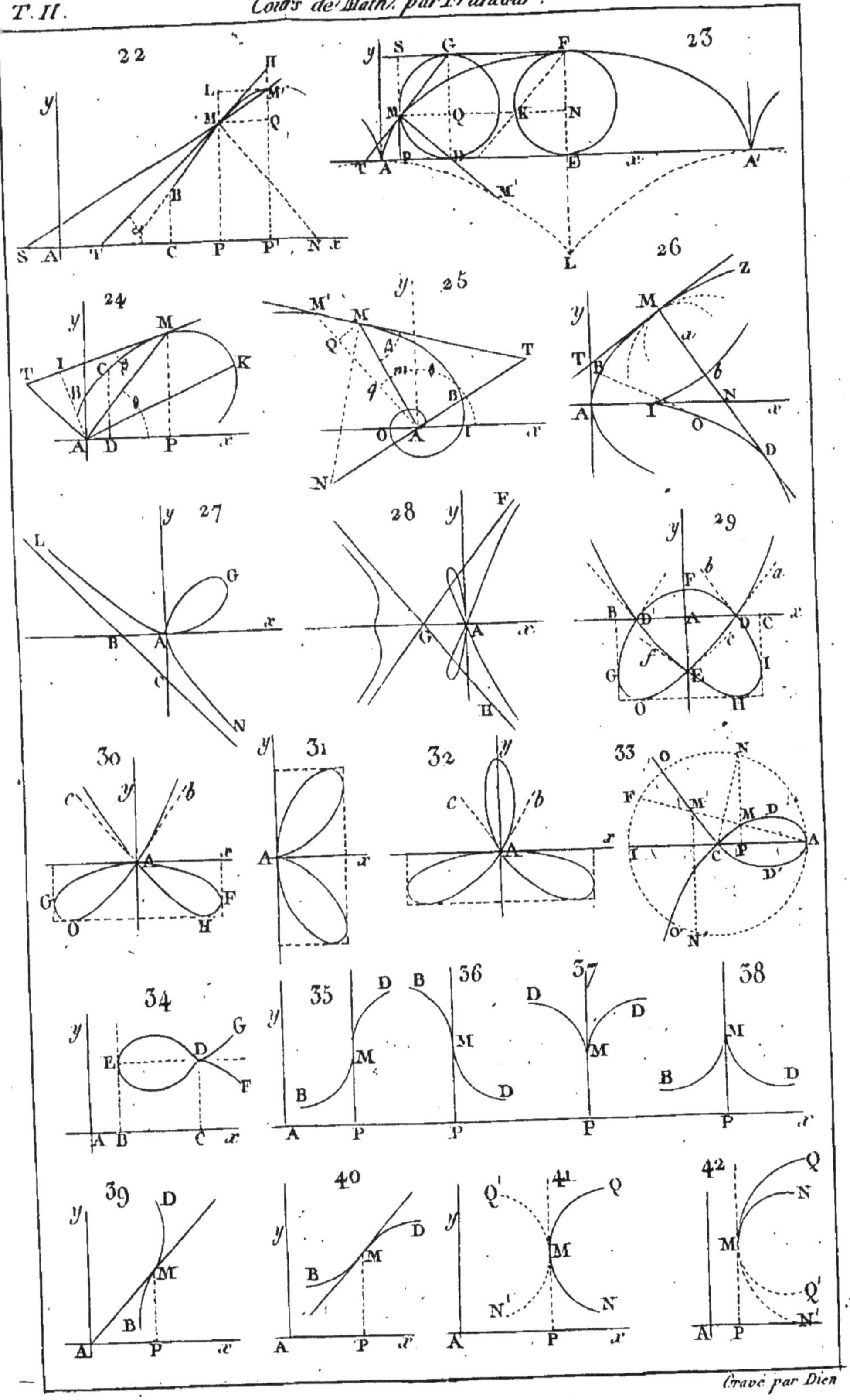

Gravé par Dien

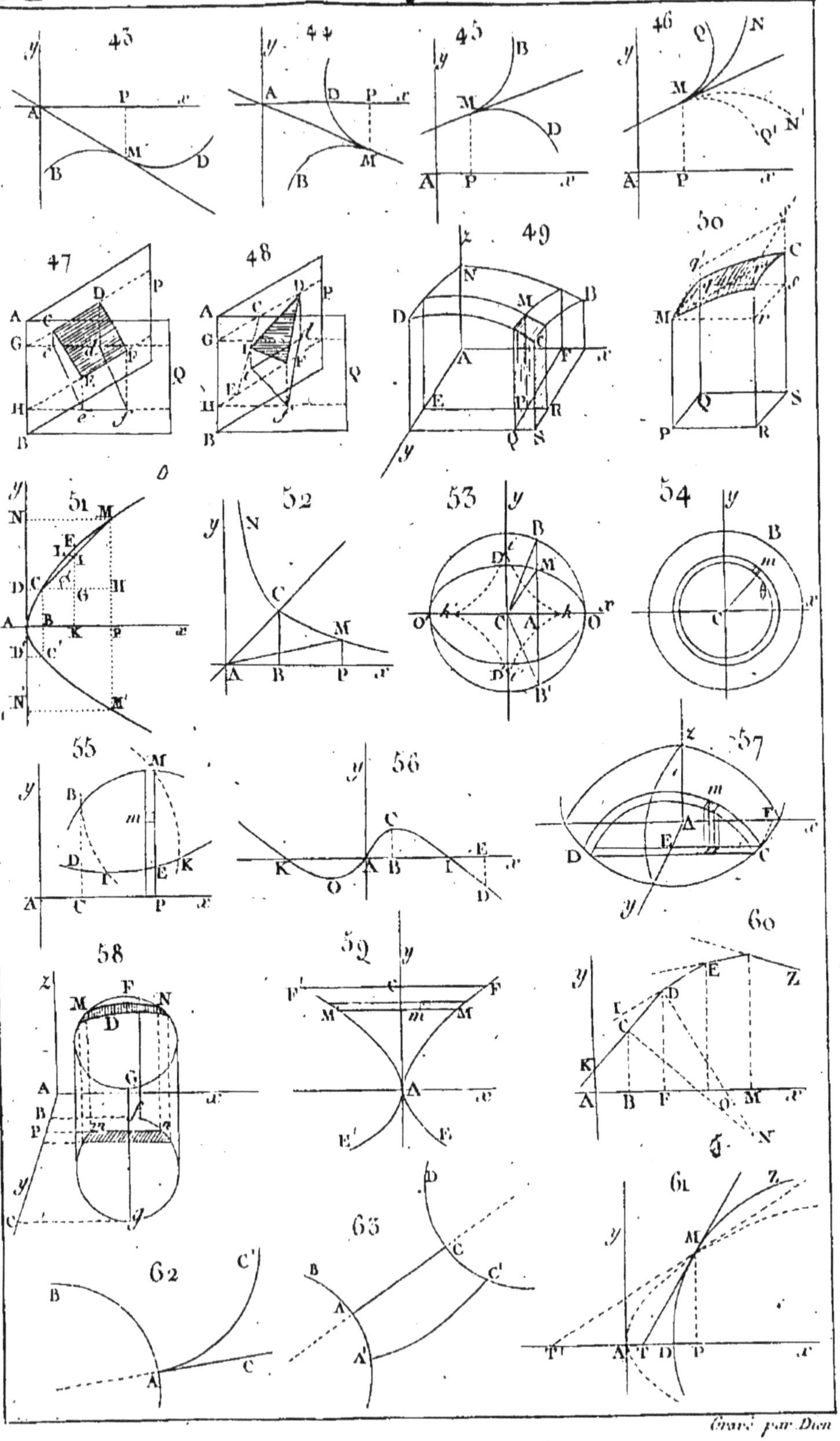

Gravé par Dien

www.ingramcontent.com/pod-product-compliance
Lightning Source LLC
Chambersburg PA
CBHW052056230326
41599CB00054B/2868